Dr. Thomas Millack

Naturwissenschaft und Glaube im Gespräch

Zwei Wege, die Welt zu entdecken

Oncken Verlag, Kassel

oncken:

Dr. Thomas Millack, Naturwissenschaft und Glaube im Gespräch.
Zwei Wege, die Welt zu entdecken
1. Auflage 2009

oncken:

Oncken Verlag
Postfach 20 01 52
34080 Kassel
www.oncken.de

Foto Buchtitel: Charakterkopf, ISO K° - photography - Fotolia.com
Umschlaggestaltung: sons.
Satz: KNOTH-Design, Kassel, www.knoth-design.de
Drucklegung und Herstellung: Hubert & Co., Göttingen

Printed in Germany
ISBN 978-3-87939-612-2
Best.-Nr. 639 612

Inhalt

Inhalt

In diesem Buch wird anhand des zentralen Beispiels Evolution und Schöpfung ein systematischer Brückenschlag zwischen der Naturwissenschaft und dem christlichen Glauben versucht. Ausgehend von der Geschichte des Konflikts zwischen diesen beiden Denkrichtungen, werden die Grundlagen, auf denen die Naturwissenschaft beruht, diskutiert. Die Stärken, aber auch die Grenzen der naturwissenschaftlichen Vorgehensweise werden aufgezeigt. So ausgestattet kann man dann sowohl die Evolutionstheorie als auch den Kurzzeit-Kreationismus daraufhin untersuchen, ob und wie viel Naturwissenschaft verwendet wird. Als Gegenmodell zum Kurzzeit-Kreationismus wird die Interpretation der theistischen Evolution ausführlich dargestellt, begründet und gegen Kritik verteidigt.

Über den Autor

Der Autor ist promovierter, theoretischer Physiker und hat fünf Jahre lang in der naturwissenschaftlichen Forschung gearbeitet, bevor er in das Gebiet der Software-Entwicklung gewechselt ist. Der Autor ist Christ und gehört zu einer evangelisch-freikirchlichen Gemeinde, in der er unter anderem als Laienprediger tätig ist.

Danksagung

Ein Buch wie das vorliegende hätte ich nicht schreiben können ohne die Unterstützung und Ermutigung von vielen Menschen. Allen voran möchte ich mich bei meiner Frau bedanken, die die merkwürdigen Ideen ihres Mannes immer mit Verständnis und Geduld getragen hat. Sodann gilt mein Dank meinem Sohn, der mir durch seine Fragen immer wieder gezeigt hat, warum dieses Thema wichtig ist. Ein spezieller Dank geht an Pastor Lothar Peitz für seine Mühen beim Lesen des Manuskripts und für seine ermutigenden Kommentare und an Thomas Waschke für viele hilfreiche und kritische Bemerkungen.

1. Einleitung

Woher komme ich? Wie hat alles angefangen? Das sind Fragen, die sich jeder Mensch irgendwann einmal stellt. Dies galt auch schon in den früheren Zeiten und so gehören die Mythen über die Entstehung der Welt und des Menschen zu den grundlegenden kulturellen Errungenschaften der Menschheit.

Für unsere Vorfahren, egal woher sie kamen, war dabei eine Sache klar. Die Entstehung der Welt war das Werk eines oder mehrerer Götter, die in irgendeiner Weise den Prozess der Entstehung in Gang setzten, sei es mit einer besonderen Absicht, sei es als eher zufällig erscheinendes Nebenprodukt.

Dieses Bild wird in der westlich geprägten Zivilisation seit nunmehr einigen hundert Jahren zunehmend in Zweifel gezogen. Die Naturwissenschaften haben ihren Siegeszug angetreten und mit Hilfe dieser neuen Denkweise wurde auch die Frage nach unserem Ursprung neu angegangen. Das Ergebnis dieser Entwicklung ist die Evolutionstheorie, die besagt, dass sich das Universum, unser Sonnensystem, die Erde, das Leben und schließlich auch der Mensch im Verlauf der Jahrmilliarden langsam entwickelt hat. Dabei scheint kein Gott nötig gewesen zu sein und damit wird die Naturwissenschaft im Allgemeinen und die Evolutionstheorie im Speziellen zu einem Eckpfeiler, mit dem viele Menschen die Abschaffung Gottes deklarieren.

Dies musste natürlich den Widerspruch der Menschen hervorrufen, die in dem Glauben und den Traditionen, welche besagen, dass es einen Gott gibt, der mit seiner Macht und seiner Liebe unsere Existenz bestimmt, verankert sind. Und so war die Geschichte der Naturwissenschaft von Beginn an auch eine Geschichte des Konflikts mit dem Glauben und dessen Vertreterin, der Kirche. Dabei scheint die Naturwissenschaft immer wieder stärker gewesen zu sein – aus dem neuen Denken wurde eine Krise des Glaubens und der Kirche.

Doch gerade das Thema Evolution oder Schöpfung ist über die Jahrhunderte unverändert aktuell geblieben. Die Diskussion hat sich zwar verändert, die Inhalte haben sich verschoben, aber das Thema an sich ist bis heute eines, das auf beiden Seiten unversöhnliche Vertreter hervorbringt, die sich mit Argumenten und – nur zu oft – auch Beleidigungen bewerfen.

In den letzten Jahrzehnten hat diese Diskussion nun eine weitere neue Wendung genommen. Dies liegt einmal an den neuen Medien Internet und elektronische Publikation, die es auch einem kleinen Kreis ermöglichen, sehr viele Menschen zu erreichen und zum anderen an einer Krise der Naturwissenschaften selbst. Die Geschichte hat gezeigt, dass auch die als Heilsbringer und Problemlöser angesehene Naturwissenschaft nicht alle Fragen beantworten und nicht alle Probleme lösen kann, sondern im Gegenteil neue und grundlegende Probleme erzeugt.

Das führt dazu, dass sich immer mehr Menschen enttäuscht von den Naturwissenschaften abwenden und etwas anderes suchen, das ihre innere Leere überwindet und ihnen eine Perspektive für das Leben ermöglicht. Ist das die Chance für den Glauben, wieder stärker in das Bewusstsein der Menschen zu treten? Vielleicht – aber es ist zumindest die Chance für die Vertreter bestimmter Glaubensrichtungen wieder stärkeren Einfluss in Politik und öffentlichem Leben zu gewinnen. Dies wird besonders deutlich am Kurzzeit-Kreationismus, der, ausgehend von den USA, versucht, den christlichen Schöpfungsglauben als Lehraussage in den Schulen zu verankern und die Evolutionstheorie zu diskreditieren.

Es gibt viele Menschen, die das Gefühl haben, dass dieser Gegensatz zwischen dem christlichen Glauben und der Naturwissenschaft nicht sein muss. Wenn man aber auf die Publikationen schaut, auf die Stimmen, die sich zu diesem Thema in der Öffentlichkeit erheben, dann sind Menschen, die einen solchen Brückenschlag systematisch versuchen, eher selten zu hören. Dies liegt daran, dass sich auf der Seite der Naturwissenschaftler in der Regel sehr einseitige Haltungen herausbilden. Entweder sind diese sehr pro Naturwissenschaft, aber atheistisch, oder sie sind gläubige Christen, drängen aber die Methoden der Naturwissenschaften sehr stark in den Hintergrund. Theologen wiederum, die einen Brückenschlag versuchen, sind oft zwar gute Kenner der Naturwissenschaften, aber nicht von Haus aus darin ausgebildet.

Als ausgebildeter Physiker und als überzeugter Christ möchte ich in diesem Buch einen systematischen Brückenschlag zwischen den Naturwissenschaften und dem Glauben an Gott versuchen. Es geht mir darum, aufzuzeigen, dass beide Seiten – die Naturwissenschaft und der persönliche Glaube – eine gute Begründung und einen Platz haben. Es geht darum zu zeigen, dass beide Teile sich ergänzen.

Die Naturwissenschaft ist nicht der Heilsbringer wie man früher zu oft gedacht hat, aber das ist nicht die Schuld der Naturwissenschaft oder der Naturwissenschaftler. Naturwissenschaft kann vom Prinzip her die Fragen, um die es oft geht, gar nicht beantworten. Um das zu verstehen, muss man tiefer in das Wesen und die Möglichkeiten der Naturwissenschaften einsteigen und die Grenzen der Naturwissenschaften erkennen, die es tatsächlich gibt.

Genauso muss man die Fundierung eines Glaubens an Gott erkennen, muss sehen, wie man Gott begegnen kann und wie sich eine solche Begegnung mit dem in Einklang bringen lässt, was man im Rahmen der Naturwissenschaften tun kann. Aus diesem Vergleich erwächst eine Möglichkeit Evolution und Schöpfung nicht als Gegensatz, sondern als Partner zu sehen, zu sehen wie sich Gott der evolutionären Prinzipien bedient, um in unserem Universum zu handeln.

Als ich mich auf den Weg machte, um diese Möglichkeit auszuloten, war mir nicht klar, wohin mich dieser Weg führen würde. Spezialist bin ich auf dem Gebiet der Physik, genau genommen auf dem Gebiet der Quantentheorie. Vom Interesse her bin ich Amateurtheologe und Laienprediger in einer evangelisch-freikirchlichen Gemeinde, das waren meine Startpunkte.

Aber um das Thema Evolution oder Schöpfung gründlich zu durchdenken, war ich gezwungen, mich auch auf die Gebiete der Chemie, Geologie, Biologie, Anthropologie, Philosophie, Archäologie, Geschichte und Gesellschaftskunde zu begeben, das Thema erwies sich als wahrhaft umfassend.

Dabei geht es mir nicht nur darum, die Diskussion um dieses Thema darzustellen, sondern es geht mir auch darum zu verstehen, warum die verschiedenen Menschen in bestimmter Weise denken oder reagieren. Warum wird der christliche Glaube in der heutigen modernen Gesellschaft so oft abgelehnt, warum sind die gläubigen Christen mit dem Bild der Evolution so oft nicht zufrieden, warum stehen sich die beiden Seiten so oft so unversöhnlich gegenüber? Selbst wenn ich persönlich die Ideen oder die Vorstellungen meines Gegenübers nicht teile bzw. sie sogar ablehne, ist es mir wichtig zu verstehen, warum mein Gegenüber so denkt wie er denkt. Nur darüber bekomme ich ein tieferes Verständnis auch dafür, warum ich selber so denke wie ich denke.

Und nur über ein solches Verstehen ist ein Brückenschlag überhaupt möglich. Nur wenn ich weiß, woran sich mein Gegenüber stört, nur dann kann ich nach Wegen suchen, diese Störungen aus dem Weg zu räumen oder zu umgehen. Das werde ich in diesem Buch versuchen, auch wenn es natürlich und unvermeidlich aus einer eigenen Position heraus passieren soll.

Ich bin Physiker und bleibe dies, auch wenn ich als Christ einen bestimmten Glauben habe. Das bedeutet für mich, die Naturwissenschaft zutiefst ernst zu nehmen, zu den Möglichkeiten und den Erfolgen der Naturwissenschaft auch aus vollem Herzen ja zu sagen. Aber ich bin auch Christ. Das bedeutet für mich, den Glauben an Gott Vater, Sohn und heiligen Geist in vollem Umfang ernst zu nehmen und auch dazu ja zu sagen. Das Ergebnis ist an manchen Stellen eine Gratwanderung und auf diese Wanderung möchte ich Sie mitnehmen.

2. Schöpfung oder Evolution – ein Konflikt

2.1 Der Grundstein des Konflikts

Auch die Diskussion um Evolution oder Schöpfung hat ihre Geschichte. Sie liegt begründet in der europäischen Kulturgeschichte und insbesondere in der Zeit, als die Naturwissenschaften begründet wurden. Das berühmteste Beispiel für den Konflikt zwischen Naturwissenschaft und Glaube, das auch als Musterbeispiel des Konflikts um Evolution und Schöpfung dienen kann, ist der Fall Galileo Galilei. Dieser hat nicht nur das Verhältnis zwischen Glauben und Naturwissenschaft geprägt, sondern auch den Boden bereitet für die Diskussion, die nach den Arbeiten Darwins aufgekommen ist.

2.1.1 Die Situation der Kirche zu Beginn der Neuzeit

Zu Beginn der Neuzeit war die Situation der Kirche in Europa nicht einfach. Der Dreißigjährige Krieg hatte die Gegensätze verschärft, die zentrale Autorität des Papstes war durch Fehlverhalten und die verschiedenen Abspaltungen in Form der protestantischen Kirchen geschwächt, Kolumbus hatte Amerika entdeckt und dabei endgültig gezeigt, dass die alte Lehre, dass die Erde eine Scheibe ist, nicht korrekt ist. Zusätzlich wurden neue Technologien entwickelt, die den Handel und damit den Austausch zwischen den Völkern verstärkten. Und als Krönung gelangte antikes griechisches Wissen in immer stärkerem Umfang in die Hände von Gelehrten.

Damit war der Boden bereitet für eine geistige Revolution. Diese Atmosphäre machte auch vor der Kirche selbst nicht halt. Die verschiedensten Denkrichtungen kamen auf und selbst innerhalb z. B. der katholischen Kirche gab es zunehmend Kritik an der zentralistischen Herrschaft des Papstes. Der Glaube, die Existenz Gottes – das alles war nach wie vor unumstritten, geradezu selbstverständlich, aber die Traditionen, die sich herausgebildet hatten, das Machtstreben und die Einflussnahme auf das persönliche Leben durch die Kirche, wurden zunehmend in Frage gestellt.

Doch war Kritik nicht immer ungefährlich. Noch hatte die Kirche – gerade in den katholischen Ländern – einen hohen Einfluss und die Institutionen der Inquisition existierten und konnten gegen Abweichler eingesetzt werden. Dem konnte man – wie dies Luther getan hatte – nur entgehen, indem man sich unter den Schutz eines protestantisch gesinnten Landesfürsten stellte oder indem man auswanderte. Die neuen Länder in Nord- und Südamerika boten sich dafür an.

Gerade für die Geschichte des Kurzzeit-Kreationismus, auf die ich gleich kommen werde, war es wichtig, dass eine der neuen Ideen, die aufkamen, die war, dass im Glaubensleben nicht länger die Traditionen zählen sollten, sondern allein das, was in der Bibel überliefert war. Die Entwicklung war durch Luther in Gang gesetzt worden, der entdeckte, dass das traditionelle katholische Verständnis von Schuld und Sühne nicht durch die Überlieferungen der Bibel gedeckt war. Stattdessen zeigte Luther auf, dass im neuen Testament der Gedanke der Gnade Gottes überwog. Letztlich führte diese Entdeckung zu der Bildung der evangelischen Kirche.

Aber während die evangelische Kirche in vielen Dingen noch sehr traditionell dachte, gingen andere Reformatoren weiter. Und so entstanden eine größere Anzahl von Gruppierungen mit eigener Bibelinterpretation und auch eigenen Machtstrukturen. Diese Loslösung im geistlichen Bereich machte sich dann oft auch durch eine Loslösung im gesellschaftlichen Bereich bemerkbar. Das führte zu Konflikten und Verfolgungen, denen viele dieser Gruppen durch eine Auswanderung auswichen. Nicht nur die berühmten „Pilgrim Fathers“, die die Stadt New York gründeten, waren religiöse Separatisten, die in den neuen Ländern die Chance suchten, das gelobte Land aufzubauen.

Wie ich im nächsten Kapitel noch darlegen werde, mündeten die Änderungen im Denken der Menschen schließlich in der wissenschaftlichen Revolution. Die Gelehrten, die Wissenschaft betrieben, machten sich von dem Autoritätsdenken unabhängig. Das musste zwangsläufig zu Konflikten mit der Kirche führen, weil diese nach wie vor im Wesentlichen auf dem Autoritätsdenken aufgebaut war. Kirchliche Dogmen, die Interpretationen biblischer Inhalte, waren durch den Bezug auf Autoritäten festgelegt und reichten bis in den Bereich privater Lebensführung. Mit dem Auftauchen der Idee, dass es möglich ist, eine objektive Entscheidungsinstanz unabhängig von Autoritäten zu haben, bestand die Gefahr, dass die Menschen anfangen würden, diese autoritären Einflüsse abzulehnen und damit die Machtstrukturen, auf denen die Kirche aufbaute, zum Zusammenbrechen bringen würden.

2.1.2 Der Fall Galileo Galilei

Der Prozess Galileo Galilei gehört zu den bekanntesten Pyrrhus-Siegen der katholischen bzw. christlichen Kirche. Scheinbar war der Prozess erfolgreich und ein unbequemer Querdenker wurde zum Schweigen verurteilt. Tatsächlich wurde der Prozess aber zum Sinnbild des Kampfes der Kirche und damit des Glaubens an Gott, gegen die Wahrheit. Der Schaden, den dieser

Prozess dem Ansehen der Kirche und damit der Bereitschaft der Menschen, der Botschaft von einem liebenden, christlichen Gott Glauben zu schenken, zugefügt hat, kann kaum überschätzt werden. In geradezu fataler Weise wiederholt sich dieses Ereignis im Rahmen des Kurzzeit-Kreationismus bis heute, auch wenn die öffentlichen Auswirkungen bei Weitem nicht so groß sind, da die christlichen Gruppen, die den Kurzzeit-Kreationismus in dieser Weise falsch vertreten, einen ungleich geringeren Einfluss haben als die katholische Kirche damals.

Aus diesem Grund ist es wichtig, den Prozess Galileo Galilei und seine Hintergründe etwas zu beleuchten. Ausgangspunkt war der Bezug auf eine Autorität, die Arbeiten des Aristoteles und auch des Ptolemäus, der im zweiten Jahrhundert nach Christus das Weltbild systematisierte, das die Erde in den Mittelpunkt stellte und die Sonne, die Planeten und die Sterne in Sphären um die Erde darstellte. Ptolemäus und die Gelehrten, die auf ihm aufbauten, entwickelten ein ausgefeiltes System, um dieses Modell mit den Beobachtungen in Einklang zu bringen, das System der Epizyklen. Tatsächlich konnte man mit Hilfe dieses Systems die Beobachtungen mit für damalige Verhältnisse sehr guter Genauigkeit beschreiben. Mathematisch ist dies durchaus verständlich, denn hinter dem System der Epizyklen steckt das mathematische Prinzip der Fourierentwicklung, mit dem jede periodische Funktion gut angenähert werden kann.

Aber wie ich noch im Kapitel 3.1.2 erläutern werde, war das Ptolemäische Modell durch die Entdeckung der neuen Welt und durch das Bekanntwerden alter griechischer Ideen ins Wanken geraten. Es war Kopernikus, der im Jahre 1543, kurz vor seinem Tod, ein alternatives Modell formulierte, das die Sonne in den Mittelpunkt stellte. Kopernikus war sich der Gefährlichkeit seiner Ideen durchaus bewusst, aber er versuchte sie damit abzumildern, dass er sie als rein theoretisches Gedankenmodell darstellte. Und durch das System der Epizyklen war das Modell des Ptolemäus auch noch besser untermauert als das heliozentrische Modell.

Tatsächlich war es so, dass man innerhalb der Kirche durchaus solche Gedankenspielereien betreiben konnte. Solange man nicht behauptete, dass es tatsächlich so war, dass die Erde um die Sonne kreiste, sondern dass dies lediglich ein theoretisches Modell war, wie Gott die Dinge eventuell auch anders hätte gestalten können, solange ging die ganze Debatte als Disput mit wenig praktischem Nährwert durch und konnte auch zu der damaligen Zeit innerhalb der kirchlichen Institutionen geführt werden.

Doch die Ideen des Kopernikus hatten auch eine politische Dimension. Die Machtstruktur der katholischen Kirche hatte viele Gegner, die nach

Gelegenheiten suchten, den Einfluss des Papstes zu schwächen. Da kam die Tatsache, dass sich in der Vergangenheit viele katholische Autoritäten für das Bild des Ptolemäus ausgesprochen hatten, gerade richtig. Das waren Autoritäten, auf die sich die katholische Kirche auch in anderen Fragen berief und die einen großen Teil ihres Einflusses ausmachten. Konnte man nachweisen, dass diese Menschen sich in einer Frage geirrt hatten, dann konnte man deren Anspruch auch in anderen Bereichen in Frage stellen.

Und so wurde das Modell von Kopernikus gerade von den Gegnern der katholischen Kirche aufgegriffen und das brachte die Notwendigkeit mit sich, dass die katholischen Instanzen reagierten und Stellung bezogen. Ein erster Höhepunkt in dieser Hinsicht war sicherlich die Hinrichtung von Giordano Bruno im Jahre 1600. Die Urteilsbegründung lautete auf Ketzerei. Der eigentliche Hintergrund war hier also nicht die Diskussion um ein astronomisches Modell – aber es hat sicherlich nicht geholfen, dass Bruno auch noch ein Anhänger der kopernikanischen Ideen war. Ähnlich verhielt es sich mit Tommaso Campanella, der um 1599 einen Aufstand in Süditalien organisierte und der ebenfalls Anhänger der Ideen des Kopernikus war.

Lange Zeit gab es nichts anderes als philosophische Argumente, die man für oder gegen das eine oder andere Modell anbringen konnte. Es war hauptsächlich Galileo Galilei, der das änderte. Im Jahre 1609 entdeckte er mit Hilfe eines selbst gebauten und verbesserten Fernrohrs die Monde des Jupiter, die Phasen, die die Venus zeigt, wenn sie von der Sonne angestrahlt wird und die Sonnenflecken und damit die Drehung der Sonne. Diese Entdeckungen machten Galilei endgültig zu einem Anhänger des heliozentrischen Modells, zu dem er sich schon 1597 erstmals in einem Brief an Kepler bekannt hatte. Und als er dann später Professor in Florenz wurde, sprach er sich offen für diese Lehre aus und verbreitete seine Argumente sogar in Florentinisch, so dass auch nicht gelehrte Menschen verstehen konnten, was er anzubringen hatte.

Dies führte dann zunächst 1616 zu einem Verbot, diese Lehren weiter zu verbreiten, an das sich Galilei aber schließlich nicht lange hielt. Nach der Veröffentlichung eines in Florentinisch geschriebenen Buches „Dialog über die beiden hauptsächlichen Weltsysteme“ im Jahre 1632, in dem die Anhänger des ptolemäischen Modells nicht gut aussahen, kam es zum berühmten Prozess gegen Galilei, in dem Galilei hoffte, durch seine Argumente und auch durch seine durchaus guten Beziehungen, bestehen zu können. Doch die Furcht vor den Folgen der neuen Lehre war stärker. Auch die Methodik, die Galilei anwandte, war Ziel von Kritik. Nicht ohne Grund befürchteten die kirchlichen Würdenträger, dass eine Abkehr von der Autoritätsgläubigkeit und die Einführung von Experimenten zur Verifikation, dazu führen würden, dass die Leute anfangen würden, auch die gesellschaftlichen Aussagen der Kirche überprüfen zu wollen. Und so kam es 1633 zu dem berühmten Urteil, in dem Galileo Galilei dem kopernikanischen Modell abschwören musste, mit dem das Buch Galileis verboten wurde und Galilei zu Hausarrest verurteilt wurde.

In unserem Zusammenhang ist es wichtig, dass die Argumentation für und gegen die Interpretation Galileis wenig mit biblischer Begründung zu tun hatte. Es waren die Beobachtungen Galileis und das philosophische Modell, die zur Argumentation benutzt wurden. Biblische Begründungen konnten beide Seiten für sich in Anspruch nehmen.

1642 starb Galileo Galilei in Verbitterung und in dem Bewusstsein, dass eine Kirche, in deren Bekenntnis die Wahrheit und die Liebe im Vordergrund stehen, mit weltlicher Macht gerade diese Wahrheit zu unterdrücken versucht hatte.

2.1.3 Die Folgen des Falls Galileo Galilei

Doch Galilei hatte mehr erreicht, als er sich erträumt hatte. Seine Methodik – und zwar seine naturwissenschaftliche Methodik und nicht seine exegetische Bibelauslegung – und seine Argumente waren bald ein fester Bestandteil der gelehrten Welt und die Wahrheit war nicht mehr totzuschweigen. Gerade seine Verurteilung hat entscheidend dazu beigetragen, dass die Kirche den Großteil ihres Einflusses auf die sich entwickelnden Wissenschaften verlor. Politisch und gesellschaftlich hat die Kirche zwar auch an Einfluss verloren, aber sie hat trotzdem bis heute in vielen Ländern eine starke Stellung behalten. Doch aus der wissenschaftlichen Diskussion verschwanden theologische Argumente oder Bezüge auf biblische Interpretationen fast vollständig. Schon ein Leibniz oder ein Newton entwickelten die neuen Erkenntnisse allein auf der Basis von Modellbildung und Experimenten.

Diese Entwicklung war von allerhöchster Wichtigkeit für die neuen Denkweisen und spielt bis heute eine wesentliche Rolle. Nur wenn der wissenschaftlich Forschende frei ist in der Entwicklung seiner Ideen, nur wenn er sich keinem mit Zwang geführten Weltbild unterwerfen muss, ist er in der Lage, unerwartete und neue Erkenntnisse zu finden. Das heißt nicht, dass der Forschende kein Weltbild besitzen darf. Viele der frühen Wissenschaftler waren gläubige Christen und auch später hat das Weltbild, das einzelne Forscher hatten, durchaus einen großen Einfluss ausgeübt, aber bei der Darstellung und bei der Formulierung von wissenschaftlichen Ideen dürfen diese Weltbilder keine Rolle spielen (siehe dazu das Stichwort methodischer Atheismus Kapitel 4.1.4. Diese Beziehung zwischen Weltbild und wissenschaftlichen Ergebnissen wird uns in den späteren Kapiteln noch im Detail beschäftigen, denn tatsächlich findet eine Beeinflussung in zwei Richtungen statt, vom Weltbild auf die wissenschaftlichen Ergebnisse und von den wissenschaftlichen Ergebnissen auf das Weltbild.

Aus dem Fall Galileo Galilei hat aber nicht nur die Wissenschaft ihre Lehren gezogen, auch die Kirche hat daraus gelernt. Nachdem innerhalb kurzer Zeit klar wurde, dass die Vordenker der kirchlichen Machtansprüche auf ganzer Linie falsch gelegen hatten und dass das heliozentrische Modell tatsächlich das war, das die Tatsachen korrekt beschreiben konnte, reagierte die Kirche, im Wesentlichen die katholische Kirche, zu stark. Wissenschaftliche Erkenntnisse wurden fast so etwas wie Tabuthemen, zu denen sich die Kirche nicht mehr äußerte. Gesellschaftliche und politische Entwicklungen waren die Themen, zu denen sich Glaubenskongregation und Papst äußerten, aber wissenschaftliche Erkenntnisse blieben mit wenigen Ausnahmen außen vor.

Dadurch kam es zu so etwas wie einer Trennung zwischen verschiedenen Welten. Bis in das 20. Jahrhundert hinein wurde in den Kreisen der Gelehrten mit wenig Bezug auf Glaubensgrundsätze diskutiert, während in den Kreisen der Gemeinden die wissenschaftlichen Erkenntnisse kaum eine Rolle spielten. Insbesondere die Tatsache, dass viele Personen, die einen wichtigen Einfluss auf das Glaubensleben hatten, wenig bis gar keine Ahnung von der Methodik und den Ergebnissen der wissenschaftlichen Welt hatten, hat diese Trennung weiter vorangetrieben.

In diesem Punkt war die katholische Kirche sogar fortschrittlicher und besser aufgestellt als die protestantischen Kirchen. In der katholischen Kirche war eine auf guter Bildung beruhende Gelehrsamkeit durchaus üblich und so gab es auch immer wieder katholische Geistliche, die an vorderster Front der wissenschaftlichen Erkenntnis mitarbeiteten und auch die Beziehung zwischen Glauben und Wissenschaft mit gestalteten. Das berühmteste Beispiel aus dem letzten Jahrhundert ist gewiss Teilhard de Chardin, der mit seinen Überlegungen zu Glaube und Naturwissenschaft seiner Zeit weit voraus war. Und so trifft man auch heute viel häufiger einen katholischen Priester, der sich intensiv mit wissenschaftlichen Ergebnissen auseinander gesetzt hat, als einen evangelischen Pfarrer oder gar einen freikirchlichen Pastor.

Denn während in der katholischen Kirche die Gelehrsamkeit nach wie vor in hohem Ansehen steht, setzte eine parallele Entwicklung in den protestantischen Kirchen ein, die in eine andere Richtung ging und der Gelehrsamkeit gegenüber gleichgültig, misstrauisch oder gar feindselig eingestellt war. Diese Entwicklung wurde im Wesentlichen in den Kirchen der Vereinigten Staaten vorangetrieben. Die Konsequenzen machten sich dann im 20. Jahrhundert bemerkbar, als die Opposition gegen die Ideen der Evolutionstheorie durch einzelne Menschen aus den Gemeinden der USA organisiert wurde. Der Anti-Evolutionismus hat sich lange Zeit hindurch durch eine Minderheit von religiös motivierten Einzelgängern gehalten, bevor ihm in den 70er Jahren ein auch weltweiter Durchbruch gelang. Genährt wurde dieses Denken über Jahre hinaus aus einer separatistischen und anti-intellektuellen Haltung in den christlichen Gemeinden der USA.

2.1.4 Zusammenfassung

Der Fall Galileo Galilei war der erste und prominenteste Konflikt zwischen den Naturwissenschaften und dem theologisch, kirchlichen Glaubens-Denken. Er zeigt exemplarisch, dass eine auf Glauben basierende Aussage, die sich auf nachprüfbare Fakten bezieht, sich selbst mit Gewalt nicht gegen die Überzeugungskraft experimenteller Fakten durchsetzen kann.

Dieser Prozess hat der Kirche und der Überzeugungskraft des Glaubens an den einen und liebenden Gott sehr schweren Schaden zugefügt. Dadurch, dass sich die theologischen Überzeugungen der Kirchenväter im Fall der Stellung der Sonne als falsch erwiesen haben, wurde deren Überzeugungskraft auch in anderen Fragen in Zweifel gezogen.

Daneben hat sich, insbesondere in den USA, eine latente Feindseligkeit der christlichen Gemeinschaften gegen das naturwissenschaftliche Denken entwickelt. Dies hat dazu beigetragen, im Verlauf des letzten Jahrhunderts dem Anti-Evolutionismus zum Erfolg zu verhelfen und ihn insbesondere in den USA populär zu machen.

2.2 Die Entstehung der Evolutionstheorie und des Kurzzeit-Kreationismus

Der Konflikt zwischen dem Modell der Evolution und dem Modell der Schöpfung konnte erst entstehen nachdem das Modell der Evolution entstanden war. Aber das geschah ziemlich schnell. Sobald Darwin mit seinen Ideen an die Öffentlichkeit ging, entbrannte die Diskussion darum mit großer Heftigkeit. Es ist interessant, die Argumente aus dieser Anfangszeit der Debatte zu betrachten, denn man wird feststellen, dass sich an den Argumenten gegen die Evolution bis heute nur wenig geändert hat. Parallel zur Ausbreitung der Evolutionstheorie entstand der Kurzzeit-Kreationismus als der Versuch eines christlichen Gegenmodells zur Evolutionstheorie.

2.2.1 Die Debatte beginnt

Den offiziellen Beginn der Debatte zwischen Evolution und Schöpfung kann man vielleicht auf den 30.06.1860 datieren. An diesem Tag endete in Oxford, England, die Oxforder Debatte, die erste ausführliche Auseinandersetzung zwischen Vertretern der damals neuen Evolutionstheorie und Vertretern aus Wissenschaft und Kirche, die diesen neuen Ideen ablehnend gegenüberstanden. Hauptprotagonisten der Debatte waren Henry Huxley auf Seiten der Evolutionstheorie, der sich auch die Bulldogge Darwins nannte und Samuel Wilberforce auf Seiten der Kritiker, ein anglikanischer Bischof und Sohn des William Wilberforce, der für die Abschaffung der Sklaverei in England gekämpft hatte.

Auslöser der Debatte war die Publikation von Darwins Hauptwerk „On the Origin of Species by means of natural selection" (Die Entstehung der Arten durch natürliche Auslese) im Jahre 1859. Dieses Buch fiel auf fruchtbaren Boden und kam schon fast zu spät. Darwin hatte seine berühmte Forschungsreise mit der Beagle in den Jahren 1831-1836 gemacht. Dort sammelte er die Daten, die die Grundlage der Idee bildeten, dass die Tierarten keine unveränderlichen, ein für alle Mal feststehenden Eigenschaften besaßen, sondern dass sich Tierarten veränderten und sich im Verlauf der Zeit an ihre jeweilige Umwelt anpassen konnten. Spätestens 1838 war Darwins Theorie in den Grundzügen entwickelt.

Doch Darwin schrieb diese Theorie nicht auf, sondern sammelte weiter Daten, um die Idee zu festigen und die noch offenen Fragen anzugehen. Aber er diskutierte natürlich darüber und in den Kreisen der Gelehrten war Darwin als Quelle dieser Ideen durchaus bekannt. Im Jahre 1857 schickte der englische Biologe Alfred Wallace Darwin ein Manuskript, das die Ideen Darwins im Wesentlichen enthielt und das Wallace mit Darwins Unterstützung veröffentlichen wollte. Durch dieses Manuskript wurde Darwin vermutlich deutlich, dass er seine Ideen nun aufschreiben musste, da er ansonsten Gefahr lief, die Urheberschaft der neuen Ideen zu verlieren. Daher legte er kurze Zeit später die Arbeiten von Wallace zusammen mit einer eigenen Kurzfassung seines Buches der Linnean Society vor, die die Urheberschaft Darwins anerkannte.

1859 erschien dann Darwins Buch, das sofort nach seinem Erscheinen vergriffen war. Schon bevor es erschien, hatte die Diskussion angefangen. Allein auf naturwissenschaftlicher Seite warf die Evolutionstheorie sehr viele Fragen auf. Darwins Darstellung berief sich fast ausschließlich auf die systematische Anordnung und das In-den-Zusammenhang-Stellen von einzelnen Fakten. Die Grundlage der Variabilität der biologischen Arten, die Genetik, war ja noch unbekannt und viele Daten, die wir heute in den Zusammenhang stellen können, waren damals noch nicht gesammelt. Auch das Arbeiten mit Begriffen wie Zufall und Statistik befand sich zu dieser Zeit noch in den Kinderschuhen.

Aber trotz der damals durchaus berechtigten wissenschaftlichen Einwände war das Problem, das für die Gegner Darwins die meiste emotionale Wirkung besaß, dass das Prinzip der Schöpfung abgeschafft werden sollte. In der damaligen Zeit – und zumal im sehr kirchlich geprägten Oxford – bestand die Grundhaltung der Mehrheit der Wissenschaftler aus einer Mischung aus Theologie und Wissenschaft, die auf dem Glauben an einen Schöpfergott aufbaute und die Wissenschaft als ein Hilfsinstrument der Theologie ansah, das den Glauben an Gott zu unterstützen und zu bestätigen hatte.

Darwins Theorie stellte dieses Denken in Frage. Nimmt man an, dass die Arten sich verändern und sich mit der Zeit auch in ganz andere Arten verwandeln könnten, so könnte man den Faden weiter spinnen bis hin zu einer Entwicklung des Lebens selbst. Eine schöpferische Kraft schien damit nicht mehr notwendig zu sein und ein solcher Gedanke kam vielen als Angriff auf Gott selber vor.

Im Grunde wiederholte sich der Vorgang, der sich schon beim Prozess gegen Galileo Galilei abgespielt hatte. Die Menschen hatten ein bestimmtes Weltbild, in dem Gott vorkommt und das bestimmte Strukturen aufwies. Eine gewisse Klasse von Fragen war in ihrer Antwort Gott vorbehalten, diese Menschen hatten also ein bestimmtes, fixiertes Gottesbild. Dadurch kam es, dass im Umkehrschluss, Gott über diese Fragen definiert und festgelegt wurde. Geht der Mensch jetzt hin und untersucht diese Fragen mit naturwissenschaftlichen Methoden, so kann es unvermutet zu ganz anderen Antworten kommen. Dies stellt dann aber im Umkehrschluss automatisch Gott in Frage. Diejenigen, die sich mit diesem In-Frage-Stellen nicht abfinden können, wenden sich automatisch gegen die neuen wissenschaftlichen Erkenntnisse. Dieser Prozess passiert bis heute genauso immer wieder und bestimmt auch die Debatte um Evolutionstheorie und Schöpfung in wesentlichen Teilen mit.

Tatsächlich stellt sich mit diesem geschichtlichen Rückblick die Frage nach der Beziehung, die Religion und Wissenschaft prinzipiell haben oder haben sollten. An den Wendepunkten der Wissenschaft geraten diese Beziehungen, die sich im Laufe der Zeit eingespielt hatten, ins Wanken und aus der Krise geht eine neue Art der Beziehung hervor. Dieses Buch ist ein Versuch, die Beziehungen so zu definieren, dass die nächste Krise, die nach allem, was zu erkennen ist, unmittelbar bevor steht, überwunden werden kann. Ich werde auf diese Gedanken im Kapitel 6 zurückkommen.

2.2.2 Die Oxforder Debatte

Was waren denn nun die Argumente, mit denen in der Oxforder Debatte gerungen wurde und woher kam es, dass diese Debatte schon 30 Jahre nach ihrem Stattfinden Teil eines Mythos geworden war? Es gibt nämlich die Geschichte, dass am Ende der langen und mit gut 1.000 Zuschauern sehr gut besuchten Debatte Wilberforce an Huxley die ironisch gemeinte Frage richtete: „Sind Sie denn über ihren Großvater oder über ihre Großmutter mit den Affen verwandt?" Angeblich soll sich Huxley bei dieser Frage an seinen Nachbarn gerichtet haben und ihm zugeflüstert haben „Jetzt hat ihn Gott in meine Hand gegeben" und erwiderte Wilberforce: „Ich würde lieber einen armseligen Affen als Vorfahren haben als einen Mann, der seine überragenden Fähigkeiten und seinen Intellekt dazu einsetzt, die Wahrheit und eine ernsthafte wissenschaftliche Debatte zu verhöhnen." Dieser Austausch soll dazu geführt haben, dass eine Zuhörerin in Ohnmacht fiel und Huxley als Sieger aus der Diskussion hervorging.

Es gibt aber gute geschichtswissenschaftliche Gründe dafür anzunehmen, dass sich diese Episode nicht in dieser Form abgespielt hat. Die Debatte hatte auch keinen klaren Sieger, dafür waren die wissenschaftlichen Argumente von Wilberforce zu gut und die Lücken in der neuen Theorie noch zu groß. Die Geschichte kam auch erst 30 Jahre später auf, als sich die Evolutionstheorie an breiter wissenschaftlicher Front durchgesetzt hatte und Huxley und andere auf dieses Ereignis zurückblickten. Tatsächlich muss der Ausgang der Debatte eher als ein Unentschieden gewertet werden, was den Anhängern der neuen Evolutionstheorie aber wie ein Sieg vorgekommen sein musste.

Denn Darwin hatte nicht nur eine neue Idee skizziert, sondern auch eine neue wissenschaftliche Methode angewandt. Ursprünglich war das wissenschaftliche Vorgehen induktiv, das heißt, man sammelte Fakten und schloss von der Faktenlage auf die Strukturen der zugrunde liegenden Theorie. So war es von Francis Bacon formuliert und in ein philosophisches Umfeld gestellt worden. Das englische Oxford war natürlich in besonderer Weise von diesen Gedanken beeinflusst und jeder Wissenschaftler, der etwas von sich hielt – so zum Beispiel auch Samuel Wilberforce – hat sich daran gehalten.

Doch Darwin musste anders vorgehen. Die Fakten, die er sammelte, waren zu vielfältig, zu komplex, um diese Methode anwenden zu können. Die Mechanismen, auf denen die Daten beruhten, waren gar nicht bekannt und auch messtechnisch erst hundert Jahre später zugänglich. Darwin musste deduktiv vorgehen. Er stellte eine Hypothese auf und prüfte die Standhaftigkeit dieser Hypothese an Hand der Fakten. Aber da die Mechanismen, auf denen der Zusammenhang beruhte, noch unbekannt waren, argumentierte Darwin hypothetisch in der Form: „Die Fakten legen nahe, dass es einen Zusammenhang gibt.“ Solche Argumente bezeichnete Wilberforce als „Phantasie“, „Spekulation“ oder „Torheit“ und solche Argumente waren ein wichtiger wissenschaftstheoretischer Angriffspunkt für die Gegner Darwins.

Von der eigentlichen Oxforder Debatte ist leider kein Protokoll vorhanden und die überlieferten Erinnerungen einiger Teilnehmer sind rar. Aber kurz vor der Debatte, als Reaktion auf Darwins Buch, veröffentlichte Samuel Wilberforce eine Rezension des Buches und es ist anzunehmen, dass die Argumente in dieser Rezension auch die Argumente waren, die er während der Debatte vorgetragen hat. In der Debatte, im direkten Austausch der Argumente, mag es die eine oder andere emotionale Entgleisung, analog zu der oben erwähnten Geschichte, gegeben haben, aber wenn man sich allein für die Argumente interessiert, die die beiden Seiten vertreten haben, dann ist der Artikel von Wilberforce die wesentliche Quelle.

Die Argumentation Darwins

Darwins Buch war im Wesentlichen eine großartige Vision, die die Möglichkeiten von Zusammenhängen aufzeigte, die damals in vielen Fällen höchstens erahnt werden konnten. Zusätzlich vertrat Darwin eine Sicht auf die Wissenschaft, die uns sehr normal vorkommt, die aber damals höchst modern war. Darwin Argumentation baut sich in etwa folgendermaßen auf:

- Darwin startet mit der Beobachtung von Variationen innerhalb einer Tierart, die er auf seiner Reise gemacht hatte.
- Nach dem Forscher Linnaeus wächst eine Population sehr stark, das Wachstum wird nur begrenzt durch die zur Verfügung stehenden Ressourcen.
- Aufbauend auf diesen beiden Beobachtungen stellt Darwin seine Grundthesen auf, die wie folgt aussehen:
  - Die beobachteten Variationen treten bei den Nachkommen eines einzelnen Vorfahren einer Art auf.
  - Viele der Variationen tendieren dazu, die Eigenschaften der Art zu verbessern.

  - Durch die ständig stattfindende Selektion dieser vorteilhaften Variationen eines Vorfahren werden die Eigenschaften der Art insgesamt verbessert, potenziell unbegrenzt.
  - Es gibt in der Natur eine ständig wirkende Kraft, die diese Selektion erzeugt und so die Verbesserungen fixiert; die Verbesserungen können also an die nächste Generation weitergegeben werden.
- Diese Thesen plausibilisiert Darwin durch verschiedenste Beobachtungen und Überlegungen. Er zeigt sowohl Beispiele, wo seine Abstammungsvermutung offensichtlich scheint, als auch Beispiele, wo diese Vermutung schwierig ist, wie z. B. das Auge.
- Im Einzelnen geht Darwin auf geologische Erkenntnisse ein. Er schätzt das Alter der Erde auf ungewöhnlich hohe 300 Millionen Jahre.
- Darwin argumentiert gegen die vorherrschende Schöpfungslehre, dass sie wenig bis nichts erklärt, was die Ähnlichkeiten zwischen den Arten betrifft.
- Darwin schließt mit der Aussage, dass die von ihm präsentierte Theorie sehr viele Einzelheiten erklären und in einen gemeinsamen Blickwinkel stellen würde. Er konnte sich einfach nicht vorstellen, dass eine Theorie, die eine derartige Erklärungskraft hat, falsch sein könnte.

Die Gegenargumente von Samuel Wilberforce

Der Artikel von 1860, in dem Samuel Wilberforce Darwins Buch rezensierte, entstand höchstwahrscheinlich unter aktiver Mitarbeit von Richard Owen, Darwins früherem Lehrer. Owen war der Spezialist in Biologie, wo sich Wilberforce wenig auskannte. Demgemäß hat Wilberforce auch ausführlich aus Owens Werken zitiert. Im einzelnen führt er die folgenden Punkte ins Feld:

- Zu Beginn lobt Wilberforce Darwin als einen exzellenten Beobachter und guten Schreiber.
- Zentral in Wilberforce Argumentation ist der Bezug auf die Philosophie von Francis Bacon. Diese fordert, dass man von den Fakten ausgeht und von diesen auf die zugrunde liegende Theorie schließt. Diesen Ansatz sieht Wilberforce bei Darwin zutiefst verletzt.
- Wilberforce akzeptiert das Vorhandensein von Selektionsmechanismen, aber er vertritt die damals wohl übliche Auffassung, dass solche Variationen nicht permanent sind, sondern dass die Nachkommen dieser Variationen wieder in das übliche Schema einer Art zurückfallen.
- Ein weiteres Argument von Wilberforce ist die Tatsache, dass man solche Veränderungen wie Darwin sie annimmt, über den Zeitraum menschlicher Geschichte nicht beobachtet hat.

- Dann kritisiert Wilberforce, dass in der Natur keinerlei Übergangsformen zu beobachten sind. Insbesondere bei Fossilien sieht er keine Übergangsformen, sondern nur eigene Arten.
- Er sieht auch keine Möglichkeit, dass sich Arten grundlegend ändern, zumal Kreuzungen zwischen verschiedenen Arten oft steril sind.
- In Bezug auf die Probleme Darwins mit der Schöpfungstheorie argumentiert Wilberforce, dass es bei einer Schöpfung unvermeidlich ist, dass die geschaffene Tierart so aussieht als hätte sie eine Vergangenheit, eine Entwicklung hinter sich.
- Im letzten Teil seiner Rezension wird Wilberforce regelrecht beschwörend. Er sieht keine Möglichkeit, das christliche Konzept von Sünde, vom Tod als Folge von Sünde und von der Rettungstat Jesu mit der Idee der Entwicklung der Arten zu verbinden. Er sieht vielmehr, dass mit der Idee von Darwin Gott aus der Natur und damit aus den Gedanken der Menschen herausgedrängt wird.

Die Bewertung der Diskussion

Die geschilderten Argumente beider Seiten sind bis heute in vielen Aspekten unverändert geblieben. Die Aussagen Darwins müssen angesichts der damals noch gar nicht vorhandenen Daten teilweise als hellseherisch bezeichnet werden und die Aussagen Wilberforce werden wir in dem Kapitel über den Kurzzeit-Kreationismus zu den meisten Teilen wiederfinden.

Bewertet man die reine naturwissenschaftliche Aussage der beiden Theorien in Bezug auf die zur Verfügung stehenden Daten, dann muss man sagen, dass der Standpunkt von Samuel Wilberforce besser war als der von Darwin. Darwin hatte eine Vision, eine durchdringende Idee, aber wenig Fakten, die für diese Vision sprachen.

Es besteht kein Zweifel, dass sich Wilberforce in Bezug auf die Daten, in Bezug auf das wissenschaftliche Vorgehen und in Bezug auf die theologische Interpretation im Recht fühlte. Darwin war sich dessen vermutlich wohl bewusst, wie die sehr vorsichtigen Formulierungen und das gründliche Eingehen auf die Gegenargumente zeigen. In einer Wortschlacht wäre Darwin – vermutlich auch von seinem Charakter her – einem Samuel Wilberforce klar unterlegen gewesen. Insofern war es nicht verwunderlich, dass sich jemand wie Huxley als der Streiter für die neue Theorie hervortat, denn in einem Wortgefecht kommt es neben wissenschaftlichen Argumenten auch auf die rhetorischen Fähigkeiten an.

Wie oben erwähnt konnten die Vertreter der Evolutionstheorie mit dem Unentschieden aus der Diskussion mehr als zufrieden sein. Sie hatten eine neue Theorie aufgestellt und diese in den ersten Angriffen verteidigt. Nun ging es darum, diese Theorie weiter zu untermauern und zu versuchen, die Lücken zu füllen, die zu der damaligen Zeit nur zu offensichtlich waren.

2.2.3 Die Evolutionstheorie setzt sich durch

Trotz der auch auf wissenschaftlicher Seite recht massiven Kritik an der Theorie Darwins, setzte sie sich innerhalb von nur dreißig Jahren fast vollständig durch. Gegen Ende des 19. Jahrhunderts gab es praktisch keine Publikation in der Biologie oder Geologie mehr, die nicht in der einen oder anderen Form von einer Jahrmillionen langen Entwicklung ausgegangen wäre. Aber vor allem ging jede Referenz auf einen Schöpfungsakt zu Beginn oder mitten während solcher Entwicklungsprozesse verloren, solche Bemerkungen wurden zunehmend als unwissenschaftlich betrachtet. Da aber die eigentlichen Grundlagen z. B. der biologischen Entwicklung noch gar nicht entdeckt waren (Mendels Untersuchungen wurden erst gegen 1900 wieder entdeckt) und auch der Geologie noch viele chemische und physikalische Grundlagen fehlten, kann dieser Durchbruch eigentlich nicht durch die Verbesserung der Modellierung erklärt werden. Es ist dagegen stark zu vermuten, dass die zunehmende Professionalisierung der Naturwissenschaften und die endgültige Trennung der Naturwissenschaft von der Religion die eigentliche Ursache für diesen Erfolg der Darwinschen Theorie ist.

Diese Trennung war in den Basiswissenschaften Physik und Chemie schon im Verlauf des 18. Jahrhunderts erfolgt. Aufbauend auf den grundlegenden Arbeiten von Newton in der Physik und einer ganzen Reihe von Gelehrten in der Chemie konnten physikalische und chemische Prozesse auf der Basis einfacher und mathematisch formulierter Gesetzmäßigkeiten verstanden und kontrolliert werden. Der Rückgriff auf eine spezielle Schöpfungstätigkeit Gottes war hier nicht notwendig, alles schien viel mehr den Eindruck einer regelhaft und gesetzmäßig ablaufenden Maschine zu haben.

In der Biologie und Geologie war dieses Vorgehen erst einmal nicht von Erfolg gekrönt, es schien keine einfachen Grundgesetze zu geben. Dazu war in der Biologie die Komplexität und Vielfalt zu groß und in der Geologie die Möglichkeit, experimentell zu arbeiten aufgrund der Langsamkeit der Prozesse zu eingeschränkt. Es gab zu viele Phänomene, die nicht in einfache Regeln zu passen schienen und die Einführung spezieller Schöpfungszeitpunkte war ein normales Denken noch zur Zeit Wilberforce. Diese Gebiete wurden auch sehr oft von klerikalen Gelehrten bearbeitet, die in ihrer Doppelfunktion damit zwei Herren dienten, was allerdings auch nicht als Widerspruch angesehen wurde.

Mitte des 19. Jahrhunderts änderte sich die wissenschaftliche Landschaft. Thomas Huxley z. B. verkörperte eine neue Art Gelehrter, die professionell und glaubensmäßig ungebunden die jeweiligen Felder bearbeiteten. Es setzte sich die Sichtweise durch, dass die Forschung und die Modellierung nicht von einer bestimmten Glaubensrichtung abhängig sein dürfte, die Objektivität der Naturwissenschaften, wie ich sie in Kapitel 3.2.2 beschreiben werde, wurde in der Biologie und Geologie erstmals konsequent umgesetzt. Dies entspricht dem methodischen Atheismus, der auch in der Diskussion um Evolution oder Schöpfung eine wichtige Rolle spielt (siehe Kapitel 4.1.4 und 5.1.6).

Damit war den Kritikern der Theorie von einer Entwicklung des Lebens bei einem Großteil der Einwände der Boden entzogen. Das Konzept der Entwicklung war das einzige tragfähige Konzept für die Biologie. Das heißt aber nicht, dass damit die Vorstellungen Darwins automatisch akzeptiert wurden. Das Gegenteil war der Fall.

Die Idee einer Entwicklung der Arten war schon vor Darwin durch Lamarck formuliert worden. Anders als Darwin setzte Lamarck dabei nicht auf Mutation als einem Mechanismus zur Veränderung von Erbanlagen, sondern postulierte, dass Tiere ihr erworbenes Wissen, also gelernte Eigenschaften an ihre Nachkommen weitergeben und so eine Höherentwicklung der Arten hervorrufen. Diese Lamarcksche Form der Evolution wurde gegen Ende des 19. und Anfang des 20. Jahrhunderts populär und drohte die Ideen Darwins zu verdrängen.

Zusätzlich entwickelte sich ein Streit über die Art und Weise, wie eventuelle Mutationen eine Fortentwicklung von Arten vorantreiben. Darwin war noch davon ausgegangen, dass langsame, stetige Veränderungen einen Übergang von einer Art zur anderen vollziehen, dagegen gab es auch die Vorstellung, dass diese Übergänge sehr plötzlich – getrieben über einen sehr kurzen Zeitraum – vor sich gehen.

Durch die zunehmenden Erkenntnisse auf dem Gebiet der Genetik wurden diese Kontroversen beigelegt und die Lamarcksche Form der Evolution zurückgewiesen. Das Ergebnis war die synthetische Theorie, die zwischen den 20er und 40er Jahren des letzten Jahrhunderts die Theorie Darwins mit den neuen Entwicklungen vereinte. Daher wird dies auch manchmal als Neo-Darwinismus bezeichnet. Die synthetische Theorie ist heute der Standard und neue Ansätze müssen sich mit den Möglichkeiten und Erfolgen dieser Theorie messen.

In der Geologie waren die systematischen Grundlagen bereits vor Darwin gelegt worden. Die wesentlichen geologischen Schichten waren identifiziert und mit den Fossilfunden korreliert. Doch zur Zeit Darwins waren dies alles relative Einordnungen. Die bis zur Jahrhundertwende kursierenden Zeitbestimmungen beruhten alle auf indirekten Schätzungen aus geologischen Prozessen.

Mit der Entdeckung der Radioaktivität und der Zerfallsreihen verschiedener Elemente hatte die Geologie endlich ein Instrument zur absoluten Altersbestimmung, das bis heute immer weiter ausgebaut und verfeinert wurde. Dazu kamen wesentliche neue Erkenntnisse zur Geodynamik, wie z. B. die Erkenntnisse zur Plattentektonik und zur Bewegung kontinentaler Platten. Dies hat die alten Systematiken der Geologie nicht wesentlich verändert, aber mit einer vernünftigen mathematischen Modellierung ergänzt.

Damit sind sowohl Biologie als auch Geologie denselben Weg gegangen, den auch schon Physik und Chemie vorher gegangen waren. Die Trennung von Glaube und naturwissenschaftlicher Modellierung hat erheblich zu den Fortschritten, die diese Wissenschaften gemacht haben, beigetragen.

2.2.4 Die Entstehung des Kurzzeit-Kreationismus

Die Evolutionstheorie von Darwin war – wie wir gesehen haben – von Beginn an unter Beschuss. Auch wenn die Wissenschaft die neuen Ideen bald aufgriff, veränderte und weiterentwickelte, so waren viele gläubige Menschen der Ansicht, dass mit der Evolutionstheorie Gott abgesetzt wurde. Die Christen setzten nach wie vor darauf, dass Gott das Universum, die Erde und das Leben geschaffen habe und dass man diesem Schöpfungsvorgang nicht mit Hilfe der Wissenschaft auf den Grund gehen können sollte. Ich werde mich mit diesem Argument noch ausführlich in Kapitel 6 auseinander setzen, hier genügt es erst einmal festzustellen, dass die zunehmende Säkularisierung der Gesellschaft auch mit Hilfe der Evolutionstheorie begründet wurde. Die Evolutionstheorie wurde auf diese Weise zu einem Synonym für die Aussage: „Ich glaube nicht an Gott."

Menschen, die diese Aussage nicht nachvollziehen können, sondern stattdessen an einen göttlichen Ursprung allen Seins glauben, könnte man im Kontrast dazu Kreationisten nennen: Menschen, die an eine Schöpfung glauben. Die überwiegende Mehrheit der Menschen, die in den vergangenen Jahrhunderten Wissenschaft entwickelten, auch Darwin, waren Kreationisten. Doch in den letzten Jahrzehnten hat sich dieser Begriff verändert. Heute bezeichnet er ausschließlich eine besondere Form des christlichen Glaubens, nämlich die Menschen, die versuchen als Christen den Genesistext in der Bibel wörtlich zu lesen und die daher jede Form der Entwicklung – egal ob die des Universums oder der Erde oder des Lebens – ablehnen. Stattdessen wird behauptet, dass alles zusammen vor ca. 6.000 Jahren entstanden ist und zwar so, wie es der biblische Text beschreibt. Ich werde mich mit dem Gedankengut dieser Richtung ausführlich in Kapitel 5 auseinander setzen. Um dieses Gedankengut von dem allgemeinen Glauben an einen Schöpfer abzusetzen, verwende ich in diesem Buch den Begriff Kurzzeit-Kreationismus, wenn ich betonen möchte, dass der Glaube an einen Schöpfergott verknüpft ist mit der Überzeugung, dass Gott diese Schöpfung in sehr kurzer Zeit und vor sehr kurzer Zeit vollzogen hat.

Tatsächlich begann der Kurzzeit-Kreationismus heutiger Machart im Wesentlichen als Anti-Evolutionismus. Die Vorstellungen, die die Menschen hatten, die sich unter diesem Banner sammelten, waren teilweise höchst unterschiedlich. Ronald L. Numbers stellt in seinem Buch „The creationists“ diese Menschen ausführlich vor und vermittelt einen faszinierenden Einblick in die Entwicklung dieser Richtung des christlichen Fundamentalismus. Er macht vor allem klar, dass in der öffentlichen Debatte der Konflikt zwischen Glauben und Naturwissenschaft zu Beginn des 20. Jahrhunderts praktisch nicht mehr existierte. Die große Mehrheit der Christen, die eine entsprechende wissenschaftliche Ausbildung besaßen, akzeptierten die neuen Entwicklungen in der Geologie und in der Biologie.

In der Geologie waren die Argumente für ein hohes Alter der Erde inzwischen so gut abgesichert, dass niemand, der diese Argumente selbst nachprüfte, an ihrer Richtigkeit zweifelte. Von der Bibel her ergab sich ein Problem mit diesen Tatsachen dadurch, dass ein wörtliches Auslegen der ersten zwei Kapitel des ersten Buches Moses den Schluss nahe legen, dass die Erde nicht alt ist (auch wenn dieser Schluss nur höchst indirekt gezogen werden kann). Die Mehrheit der Christen hatte zu Beginn des 20. Jahrhunderts andere Vorstellungen. Die, die an der Diskussion Evolution oder Schöpfung überhaupt interessiert waren, teilten sich in drei Hauptströmungen:

Anhänger der gap-Theorie

In dieser Interpretation des Genesistextes aus der Bibel kann zwischen den sechs Schöpfungstagen, von denen dort die Rede ist, eine beliebig lange Zeit verstreichen (die „gaps“). In dieser – in der Bibel nicht genannten Zeit – können all die Vorgänge vor sich gehen, die in der Geologie beschrieben werden. Dort können die Sedimentationsvorgänge stattfinden, sich Kontinente formen, sich Berge erheben und wieder abgetragen werden. Allerdings lehnten viele Anhänger dieser Vorstellung eine biologische Evolution trotzdem ab, das heißt, eine Entwicklung der Erde wurde zugestimmt, eine Entwicklung aller Arten aber nicht. Hier sahen diese Christen trotzdem Gottes schöpferisches Handeln als notwendig an.

Anhänger der day-age-Theorie

In dieser Interpretation des Genesistextes entsprachen die dort genannten sechs Tage Zeitaltern von nicht spezifizierter Dauer. Insgesamt konnte sich also ein beliebig großer Entwicklungszeitraum ergeben. Anhänger dieser Vorstellung waren fasziniert davon, dass auch die Bibel von einer gewissen Reihenfolge der Entstehung redet und versuchten, diese Reihenfolge mit der von den Wissenschaftlern gefundenen Fakten in Einklang zu bringen. Durch die Zeitalter ergaben sich auch bei der Entwicklung des Lebens die von den Naturwissenschaften identifizierten Zeiträume und eine biologische Evolution schien möglich. Trotzdem verlangten viele Anhänger dieser Interpretation, dass die Entwicklung nicht über Tierartengrenzen hinweg möglich wäre – und damit einen speziellen göttlichen Eingriff.

Anhänger der theistischen Evolution

Diese, besonders in Europa verbreitete Ansicht, akzeptierte alle Interpretationen und Modelle der Naturwissenschaften hinsichtlich der Zeiträume und Entwicklungszusammenhänge, so wie sie in den Naturwissenschaften formuliert wurden. Statt eines irgendwie gearteten Zufalls sahen diese Christen aber Gottes Wirken hinter der Entwicklung. Der Genesistext wurde in diesem Zusammenhang nicht naturwissenschaftlich gedeutet, das heißt, es wurde betont, dass die darin enthaltene zentrale Aussage keine Rückschlüsse auf die Naturwissenschaft zulässt. In dem vorliegenden Buch wird genau diese Richtung auch vertreten und ich werde mich in den Kapiteln 6 und 7 noch ausführlich mit dieser Interpretation auseinandersetzen.

Christen, die die langen Zeiträume, die die Geologie forderte, ablehnten, waren in dieser Zeit Mangelware. Trotzdem wurde damals die Grundlage für den Kurzzeit-Kreationismus heutiger Machart gelegt und zwar ganz wesentlich durch George McCready Price, der im Jahre 1923 ein fragwürdiges Buch mit dem Titel „The New Geology“ veröffentlichte. Price war Mitglied in der christlichen Gemeinschaft der Siebenten-Tags-Adventisten, einer Richtung des Christentums, der sowohl das nahe Ende der Erde als auch die Bedeutung des Sabbats als Feiertag besonders am Herzen lag. Die Begründung für die Heiligkeit des Sabbats wird in der Bibel eben mit diesen sechs Schöpfungstagen aus dem Buch Genesis gegeben. Die Bibel sagt: Wenn Gott sechs Tage arbeitete und am siebten ruhte, dann sollen wir Menschen dies auch tun. Aus diesem Grund war die Auslegung der Schöpfung als Zeitraum von sechs tatsächlichen 24-Stunden-Tagen dieser Gruppierung und auch Price sehr wichtig.

Price hatte immer den Wunsch gehabt, schriftstellerisch tätig zu sein und auch akademische Ehren zu erwerben. Doch diese blieben ihm, außer einigen Ehrendoktorwürden, Zeit seines Lebens verwehrt. Er interessierte sich als Hobby für Geologie, hatte aber niemals eine formale Ausbildung und hat sich auch niemals in akademischen Kreisen den dort üblichen Diskussionen ausgesetzt. Sein Buch schrieb er unter hohem persönlichen Einsatz fast im Alleingang. Darin konzentrierte er sich stark auf angebliche Fehler der Geologie, wie z. B. die Verwerfungen – geologische Strukturen, in denen die Reihenfolge der Schichten gegenüber der normalen Reihenfolge vertauscht ist. Solche Phänomene deutete Price dahingehend, dass die gesamte Geologie ein einziger Fehler sei. Stattdessen behauptete er, alle Schichten, geologische Strukturen und die darin enthaltenen Fossilien seien in kurzer Zeit durch die Sintflut entstanden. Auf diese Weise argumentierte Price die geologische Zeitskala auf die 6.000 Jahre hinunter, die er für seine wörtliche Interpretation des Genesistextes benötigte.

Doch sein Buch wurde auch in den fundamentalistischen Kreisen keineswegs mit Begeisterung empfangen. Zwar gelang es Price durch unermüdliche Vortragstätigkeit die Inhalte im Laufe der Jahrzehnte unter den Christen der USA zu verbreiten, aber tatsächliche Anhänger hatte diese neue, alte Katastrophentheorie nur sehr wenige. Insbesondere gab es bis zum Jahre 1980 keinen einzigen ausgebildeten Geologen, der sich zu dieser Theorie bekannte. Die Fluttheorie blieb bis in die 60er Jahre des 20. Jahrhunderts eine Randerscheinung unter den Christen. Allerdings bot das Buch von Price den naturwissenschaftlich ungebildeten Laien eine Möglichkeit, ihren Wunsch nach wörtlicher Interpretation des Genesistextes damit zu begründen, dass „es Wissenschaftler gibt, die nachgewiesen haben, dass die Erde erst etwa 6.000 Jahre alt ist". Insofern spielte das Buch eine wichtige Rolle als bis dahin einziger Rettungsanker, den viele Christen im Kampf gegen die atheistische Interpretation der naturwissenschaftlichen Erkenntnisse sahen.

Damit spiegelt die Entstehung des Kurzzeit-Kreationismus heutiger Machart sehr gut die gesellschaftlichen Entwicklungen wider. Bis in die 60er Jahre hinein waren die Menschen geprägt von Technik-Begeisterung und einem überbordenden Optimismus bezüglich technischer Machbarkeit.

Dieser Zeitgeist ging auch an den christlichen Gemeinden nicht vorbei. Die Christen teilten diese Begeisterung zum größten Teil und vermieden daher Konflikte, in denen Aussagen der Bibel mit klaren Modellaussagen der Naturwissenschaften aufeinander prallten. Daher auch die weite Verbreitung der gap- bzw. day-age-Theorie. Doch diese Übereinstimmung mit der Technik-Begeisterung führte auch zu einer sehr defensiven Haltung gegenüber den atheistischen Interpretationen aus den naturwissenschaftlichen Kreisen, zumal die Naturwissenschaft selber wenig Anhaltspunkte dafür zu liefern schien, dass für Gott und sein Wirken überhaupt Platz ist.

Dies alles änderte sich im Verlauf der 60er und 70er Jahre des 20. Jahrhunderts. Die technologische Entwicklung zeigte zunehmend seine Schattenseite und immer mehr Menschen wurde klar, wie wenige Fragen die Naturwissenschaft tatsächlich beantworten konnte. Diese Abkehr von den Naturwissenschaften, die sich bis heute fortsetzt, ging in den christlichen Gemeinden der USA einher mit einem wieder Erstarken von Interpretationen, die ganze Zweige der Naturwissenschaft in das Reich des Bösen verbannten. Letztlich führte diese Entwicklung zu einer Dominanz des „scientific creationism“ mit seinen gesellschaftlichen und politischen Einflüssen.

2.2.5 Der Scopes-Prozess

Die gesellschaftlichen und politischen Dimensionen der Diskussion um Evolution und Schöpfung machten sich das erste Mal im Jahre 1925 bemerkbar, als der Scopes-Prozess die Aufmerksamkeit der Menschen erregte. Von der Verfassung her sind in den USA Kirche und Staat getrennt. Doch in der Geschichte der USA waren es oftmals religiöse Gruppierungen, die in die USA auswanderten und dort ihre Freiheit suchten. Dieses Erbe hat zur Folge, dass christliche Fragestellungen oft eine stärkere politische Dimension haben als in Europa. Diese Durchdringung der Gesellschaft mit Religion ist besonders im Mittelwesten und Süden der USA ausgeprägt.

Zu Beginn des 20. Jahrhunderts war die Diskussion um Schöpfung oder Evolution auch in den USA kein Thema. Die Evolutionstheorie verbreitete sich auch dort und fand gemäß ihrer wissenschaftlichen Bedeutung auch langsam Eingang in die Schulbücher. Dies hat sicherlich den Unwillen so mancher christlich eingestellter Eltern gefunden, aber es gab keine Diskussion darüber, weil ein öffentliches Forum dafür einfach fehlte.

Es lag wieder an einem einzelnen Mann, dass sich dies änderte. Es war William Jennings Bryan, dreifacher demokratischer Präsidentschaftskandidat, der sich die Vertreibung der Evolutionslehre auf seine Fahnen schrieb und eine Bewegung ins Leben rief, die zum Ziel hatte, das Lehren der Evolutionstheorie zu verbieten. Bryan war geprägt von seinen Erlebnissen im Ersten Weltkrieg und wohl besonders beeindruckt von den Aussagen einiger deutscher Offiziere, die den Einsatz von Giftgas im Krieg damit begründeten, dass sich der Stärkere gemäß der Lehre Darwins durchsetzen musste. Dies ließ in Bryan die Überzeugung wachsen, dass die Evolutionslehre die Wurzel alles Bösen sei und so begann er mit Kampagnen, die die Kinder vor diesem Übel schützen sollten.

In drei Staaten – Tennessee, Mississippi und Arkansas – hatte er Erfolg, dort wurden Gesetze verabschiedet, die die Lehre von Evolution an Schulen verbot. In mehr als zwanzig Staaten wurden entsprechende Gesetzesentwürfe eingebracht. Doch die Bewegung erzeugte eine Gegenbewegung. Die amerikanische Bürgerrechtsbewegung ACLU, die American civil liberties union, sah in den Gesetzen eine Beschränkung der Freiheit und wollte über einen Musterprozess die Widersprüchlichkeit und die Willkür des Gesetzes feststellen lassen. Sie gewann den Lehrer John Thomas Scopes aus Dayton, Tennessee, für diesen Zweck. Nachdem dort im Februar 1925 das Anti-Evolutionsgesetz in Kraft getreten war, gab er seiner Klasse im April 1925 eine Evolutionslehrstunde. Im Mai 1925 wurde er verhaftet und der Prozess begann im Juli 1925. Er erregte großes Aufsehen und ging als „monkey trial" in die Geschichte ein.

William Jennings Bryan und A. T. Stewart führten die Anklage, die Verteidiger waren Dudley Field Malone, Garfield Hays und Clarence Darrow. Die Verteidigung bestritt, dass Scopes durch die Evolutionslehrstunde die Bibel verleugnet und gelehrt hatte, dass die Menschheit von einer niederen Tierstufe abstammt. Sie ließ eine Bombe platzen, als sie als Bibelexperten ausgerechnet den Ankläger Bryan in den Zeugenstand rief. Dort kam die Behauptung der Evolutionsgegner auf den Prüfstand, allein sie würden durch die wörtliche Lesart eine korrekte Interpretation der Bibel besitzen. Im Zeugenstand vermochte Bryan diese Einstellung nicht zu verteidigen, vor den Augen der ganzen Nation verwickelte er sich immer stärker in Widersprüche und machte damit den christlichen Glauben lächerlich.

Das Ende des Prozesses wurde dann von Prozesstaktik bestimmt. Die Verteidigung entwaffnete die Anklage, indem sie im Sinne des Gesetzes auf schuldig plädierte, sie wollte das Urteil anfechten und in der Revision das Gesetz zu Fall bringen. Doch wegen eines Formfehlers wurde die Revision nicht zugelassen und da Scopes mittlerweile seine Lehrtätigkeit hatte aufgeben müssen, verlief der Prozess im Sande. Das Ergebnis war eine Art Unentschieden, denn die Gesetze in den drei genannten Staaten blieben bestehen, aber die anderen Gesetzesvorhaben wurden durch den schlechten Eindruck, den die Christen in diesem Prozess machten, gestoppt.

Dieser Status Quo blieb in den folgenden 40 Jahren bestehen, bis im Verlauf der 60er Jahre die Anti-Evolutionsgesetze für verfassungswidrig erklärt wurden. Der Prozess demonstriert aber sehr gut die politische Dimension des Streits um Schöpfung und Evolution und macht deutlich, dass dieser

Streit letztlich nicht mit Sachargumenten lösbar ist. Hinter den verschiedenen Positionen stehen Weltanschauungen, die – wie man im Fall von Bryan gesehen hat – auch logische Widersprüche überdecken können. Obwohl in dem Prozess die Inkonsistenz der Argumente von Bryan sehr gut gezeigt wurde, wurde diese Tatsache nicht dazu verwendet, über die Position nachzudenken, die zu diesen Widersprüchen geführt hat.

2.2.6 Zusammenfassung

In der Debatte um Evolution oder Schöpfung ging es von Beginn an wenig um eine naturwissenschaftliche Diskussion, sondern um eine weltanschauliche. Zwar war die Theorie Darwins gerade naturwissenschaftlich zu Beginn außerordentlich löchrig, aber die treibende Motivation der Gegner der Evolutionstheorie war, dass sie sahen, dass durch die Ideen Darwins der Glauben an Gott gefährdet war. Sie machten diese Theorie für den sich ausbreitenden Atheismus in der westlichen Gesellschaft und für Phänomene wie Rassismus, Gewalt und am Ende auch Faschismus verantwortlich.

Unter dem Deckmantel, die Kinder vor diesen negativen Entwicklungen der Gesellschaft schützen zu wollen, bekam die Diskussion in den USA eine gesellschaftlich-politische Dimension, die sie dort bis heute beibehalten hat. Statt durch die Überzeugungskraft der Liebe und des Glaubens, wollte man das Lehren der Evolutionstheorie per Gesetz verbieten. Dadurch kam es zum nächsten großen Prozess, in der eine Glaubensüberzeugung gegen eine naturwissenschaftliche Lehre stand und wieder zogen die Christen den Kürzeren und machten ihren Glauben und damit Gott in der Öffentlichkeit lächerlich.

Dabei war das Konfliktpotenzial zwischen christlichem Glauben und Naturwissenschaft zu Beginn des 20. Jahrhunderts gering. In der Biologie und Geologie vollzog sich endgültig die längst fällige Trennung zwischen Naturwissenschaft und Theologie und in den Gemeinden herrschte, mindestens in Europa, parallel zur gesellschaftlichen Einstellung, eine sehr positive Haltung gegenüber Naturwissenschaft und Technik.

Doch zurückblickend muss man wohl sagen, dass diese positive Haltung an einer zu optimistischen Einschätzung dessen gelegen hat, was Naturwissenschaft zu leisten vermag. Die Steigerung der Lebensqualität, die die Menschen im Westen durch Naturwissenschaft und Technik über Jahrhunderte erfahren haben, kam nach dem Zweiten Weltkrieg langsam zum Stillstand und die negativen Auswirkungen der zunehmenden Technisierung kommen heutzutage immer mehr ans Licht. Damit wenden sich die Menschen auch zunehmend von der Naturwissenschaft ab und haben damit den Boden bereitet für ein wieder Erstarken des christlich motivierten Anti-Evolutionismus.

2.3 Die Debatte in der Neuzeit

Im Verlauf der 60er und 70er Jahre des vorigen Jahrhunderts hat der Kurzzeit-Kreationismus einen neuen Anfang genommen. Aus einem auf die USA beschränkten Phänomen ist eine weltweite Bewegung geworden, die es nötig macht, dass sich auch die Naturwissenschaftler mit diesem Phänomen auseinander setzen müssen. Wie sich dies in den letzten Jahren entwickelt hat und wie die spezielle Haltung in Deutschland aussieht, möchte ich zum Abschluss meines geschichtlichen Rückblicks erörtern.

2.3.1 Entwicklung der Evolutionstheorie

Die Evolutionstheorie ist heute ein integraler Bestandteil der Naturwissenschaften, sie hat sich zur Standardtheorie gemausert. Tatsächlich ist diese Aussage wesentlich breiter als sie üblicherweise verstanden wird. Denn die meisten Menschen verstehen unter Evolutionstheorie die Theorie der biologischen Entwicklung des Lebens. Doch schon zur Zeit Darwins war klar, dass sich eine solche Theorie nicht unabhängig von der Entwicklung der Erde aufstellen lässt, auf der das Leben beheimatet ist. Nur wenn die Prozesse, die man in der Geologie für die Erde feststellt, zeitlich und faktisch in das passen, was man bei der Entwicklung des Lebens modelliert, nur dann kann und darf man von einer guten Theorie sprechen (eigentlich von einem guten Modell, siehe Kapitel 3.3).

Im Verlauf des 20. Jahrhunderts kam eine weitere Komponente hinzu. Die Entwicklung der Erde kann und darf man wiederum nicht unabhängig von der Entwicklung des Sonnensystems betrachten und diese wiederum ist eingebettet in die Entwicklung des gesamten Universums. Nur wenn die Fakten, die man in diesem Zusammenhang feststellt, zu dem passen, was mit uns auf der Erde geschehen sein soll, nur dann kann man von einem guten Modell sprechen. Insofern ist die Kosmologie als das naturwissenschaftliche Modell der Entwicklung des Universums als weitere Komponente im Verlauf des 20. Jahrhunderts dazugekommen.

Für das Bild, wie wir es heute vorfinden, ist es wichtig, dass Zeiträume und Prozesse zueinander passen, obwohl die Beschreibung in den verschiedenen Teilen der Wissenschaft zum Teil mit höchst unterschiedlichen Mitteln funktioniert.

Entwicklung der Kosmologie

In der Kosmologie ist die Physik die beherrschende Naturwissenschaft. Hier ist die Modellierung schon sehr weit fortgeschritten bis hin zu den sehr komplexen Quantenfeldtheorien oder gar den noch unbewiesenen String- oder n-brane-Theorien. Hier feiert die Naturwissenschaft auch die größten Erfolge bei dem Versuch, in bislang unentdeckte Gebiete vorzudringen, wie der Frage nach der Gültigkeit der uns bekannten Physik in ferner Vergangenheit oder extremer Entfernung.

Die Kosmologie als eigener Zweig der Wissenschaft wurde im Prinzip durch Einstein und Hubble begründet. Einstein entwickelte die allgemeine Relativitätstheorie und damit die zentrale Grundlage aller theoretischen Modellierung eines sich entwickelnden Kosmos und Hubble entdeckte die Rotverschiebung entfernter Galaxien und versetzte damit den bis dahin vorherrschenden Modellen eines statischen Universums den Todesstoß. Doch von der Erkenntnis Hubbles, dass sich der Kosmos dynamisch bewegt bis zu der heute vorherrschenden Urknalltheorie war es ein langer Weg. Bis in die 50er Jahre hinein konkurrierten verschiedene Szenarien in der Kosmologie. Eines der populärsten Modelle war das bekannte steady-state-Modell, in dem angenommen wurde, dass im Universum beständig Energie entsteht und vernichtet wird. Insgesamt bevorzugten die Physiker Modelle, die dem Universum eine unendliche Lebenszeit zubilligen.

Dies änderte sich, als im Jahre 1953 der Mikrowellenhintergrund entdeckt wurde. Die Vorhersage eines, das Universum gleichmäßig erfüllenden, Lichtfeldes war nur in einem der existierenden Modelle gemacht worden und das war das Urknallmodell. Dies konnte die drei Hauptbeobachtungen der Kosmologie korrekt deuten – den Mikrowellenhintergrund, das beobachtete Verhältnis von Helium zu Wasserstoff im Universum und die Hubble-Expansion. Damit etablierte sich das Urknallmodell zum Standardmodell der Kosmologie.

Eine weitere Entwicklung verstärkte dies. In den letzten Jahrzehnten des 20. Jahrhunderts gelang es den Physikern, immer genauere Modelle des extrem Kleinen zu entwickeln. Experimentell abgesicherte Begriffe wie Quarks, Bosonen, Fermionen, schwache Wechselwirkung und Gluonen sind mit dieser Entwicklung verbunden. Aber auch spekulative Begriffe wie Strings, Supersymmetrie oder zusätzliche Dimensionen wurden immer populärer. In den 80er Jahren wurde dann erkannt, dass sich eine faszinierende Verbindung zwischen dem extrem Kleinen und dem extrem Großen ergibt. Stammt das Universum wirklich aus einem sehr dichten und heißen Ursprung, dann müssen die Prozesse, die die Physiker im extrem Kleinen gefunden haben, gerade in der Frühzeit des Universums passiert sein und haben damit eventuell die Eigenschaften von dem, was wir in extrem großer Entfernung beobachten können, beeinflusst. Insofern entwickelte sich eine fruchtbare Zusammenarbeit zwischen den Hochenergiephysikern und den Kosmologen.

Trotzdem könnte die Kosmologie vor einem noch größeren Wandel stehen. Mit den Begriffen „dunkle Materie" und „dunkle Energie" sind Phänomene verbunden, die darauf hindeuten, das die uns bekannten Modelle der Physik in der Kosmologie eigentlich nur eine Nebenrolle spielen. Dazu werden durch die besser werdende Messtechnik immer mehr Daten verfügbar, von denen einige nicht in ein einfaches Urknall-Modell passen. Durch diese potenziellen Revolutionen übt die Kosmologie eine starke Faszination aus und ist auch das Thema vieler verschiedener populärwissenschaftlicher Darstellungen.

Entwicklungen in der Geologie

Die Geologie hatte ihre Zeit der Helden bereits in der Zeit um oder vor Darwin. In dieser Zeit wurden die Grundlagen der heutigen Systematik gelegt, wurde die Klassifizierung der Gesteine nach chemischen und kristallografischen Eigenschaften durchgeführt und die relative Datierung der geologischen Schichten und Zeiträume vollzogen.

Aber in dieser Zeit blieb die Geologie sehr heuristisch. Der Schwerpunkt lag auf dem Einordnen und Systematisieren von Fakten. Modelle, wie die beobachteten Fakten zustande kamen, hatten es schwer. Doch viele zeitliche Abschätzungen hingen in ihren Ergebnissen von solchen Modellen ab und daher waren viele Aussagen zu zeitlichen Größen nur mit äußerster Vorsicht zu genießen. Hier lag auch der Grund, warum über viele Datierungen keine Einigkeit zu erzielen war. Viele rechneten mit Jahreszahlen von hunderttausenden von Jahren, andere hatten Millionen Jahre im Sinn und nur einige wenige sahen die Möglichkeit, dass einige Prozesse sogar Milliarden Jahre benötigt haben. Dennoch war es die Geologie, die von Anfang an die von den Kurzzeit-Kreationisten heute vertretenen 6.000 Jahre bezweifelt und wesentlich längere Zeiträume zugrunde gelegt hat.

Die Entwicklung der Geologie zu einer exakten Naturwissenschaft wurde dann im letzten Jahrhundert durch die Entdeckung der Radioaktivität vorangetrieben. Die Erkenntnis, dass sich durch das Studium von radioaktiven Zerfallsreihen lange und sehr lange Zeiträume untersuchen lassen, hat das Fach revolutioniert. Konnten vorher geologische Schichten nur relativ zueinander eingeordnet werden und war es sehr schwierig, die relativen Zeitskalen in absolute Zeiten umzurechnen, hatte man jetzt Instrumente in der Hand, mit denen man auch lange Zeiträume direkt datieren konnte.

Eine weitere wichtige Entwicklung der Geologie des letzten Jahrhunderts war die Erkenntnis, dass die Erde und auch unsere Kontinente kein festes, unveränderliches Etwas sind, sondern sich in ständiger Bewegung und Veränderung befinden. Veränderungen durch katastrophale Ereignisse wie Erdbeben oder Vulkanausbrüche waren ja von Beginn an Teil der menschlichen Vorstellungskraft, aber die Erkenntnis, dass sich unsere Kontinente auch unabhängig von solchen Geschehnissen bewegen, ist relativ neu und hat sich nur mit Mühe durchsetzen können.

Begründet wurde das Ganze durch die Erkenntnis, dass das Innere unserer Erde immer noch aus glühend heißem und flüssigem Gestein besteht und dass die Oberfläche in Schollen darauf wie auf einem See aus Feuer schwimmt. Die daraus folgende Kontinentalverschiebung und die dann entwickelten komplexen Modellen über Wärmeaustausch, Gesteinsverschiebung und Materialverteilung bilden das Rückgrat für das Verständnis der Geologie heute. Damit wurde es möglich, sehr viel genauere und auch besser gesicherte Zeitangaben über die Veränderungen in geologischen Vorgängen zu gewinnen.

Die Entwicklung in der Biologie

Die Entdeckung der Genetik und die Entwicklungen auf dem Gebiet der Gentechnik in den letzten dreißig Jahren muss man in Bezug auf die biologische Evolutionstheorie als absolut fundamental bezeichnen. Nicht nur, dass dadurch ein völlig neues experimentelles Gebiet zugänglich geworden ist; die Techniken ermöglichen auch völlig neue Messmethoden, die dazu führen, biologische und evolutionäre Zusammenhänge in einem neuem Licht zu sehen.

Die Genetik ist inzwischen nicht nur die Basis, auf der biologische Evolution überhaupt verstanden werden muss, sie ermöglicht auch in viel präziserer Form als vorher, Verwandtschaftsverhältnisse und Veränderungen nachzuverfolgen. Die traditionellen Argumente zu Zusammengehörigkeit und Verwandtschaft von Arten beruhten auf Vergleich des äußeren Erscheinungsbildes und dem Versuch, an Hand von kleinen Änderungen Abstammungslinien zu erschließen. Genetische Untersuchungen können hier viel präziser sein, auch wenn die notwendigen Untersuchungen noch lange nicht schlüssig sind.

Die Entschlüsselung vollständiger Gene von Arten ermöglicht weiterhin, Veränderungen durch Vergleich viel besser zu bestimmen und durch Abschätzung von Veränderungsraten erhält man neue Zeitskalen, die dazu verwendet werden können, andere Zeitskalen zu prüfen oder zu ergänzen. Ein momentan intensiv bearbeitetes Forschungsgebiet ist die evolutionäre Abstammung des Menschen, das durch die neuen Methoden gute Fortschritte machen konnte. Hier hatte man in der Vergangenheit die Vorstellung einer recht lineare Entwicklung von dem gemeinsamen Vorfahren mit den Affen hin zum Menschen. Dies hat sich inzwischen geändert, da man herausgefunden hat, dass eine Vielzahl von Wanderungsbewegungen und lokalen Veränderungen die verschiedensten Arten der Gattung Homo hervorgebracht haben. Diese haben sich dann entweder durch Vermischung weiterentwickelt oder eine besser entwickelte Art hat die andere verdrängt. Die Details dieses so entstehenden Beziehungsgeflechts sind immer noch nicht vollständig bekannt, aber das sich ergebende Bild ist doch anders als die früheren Vorstellungen und gestattet auch einen wichtigen Einblick in die evolutionären Vorgänge.

Doch während die Genetik die wesentliche Grundlage für das Verständnis der Evolution bildet, ist sie leider nicht benutzbar, wenn es um längere Zeiträume geht. In den Fossilien ist ab einem Alter von etwa 60.000 Jahren kein genetisches Material mehr nachweisbar und so können genetische Tests nicht eingesetzt werden. Aber auch hier gab es wichtige Fortschritte durch die Verfeinerung der Messmethodik und der biologischen Systematik. Auch das Finden und Auswerten von neuen Stellen, in denen eine große Menge an Fossilien zu finden ist, hat viele neue Erkenntnisse gebracht. Die Fundstellen werden auch mit immer neuen Methoden bearbeitet und bringen damit neue Erkenntnisse und Zusammenhänge. Auf diese Weise ist der Wissensstand über die Vorgänge in der biologischen Evolution in den letzten Jahrzehnten stark erweitert worden

Dennoch klaffen gerade in dem Verständnis der biologischen Evolution noch beträchtliche Lücken, insbesondere in den Details. Aus diesem Grund ist auch und gerade die synthetische Theorie unter Beschuss. Es wird von vielen Wissenschaftlern empfunden, dass es an der Zeit für neue Modellansätze ist. Wie die Entwicklung in dieser Hinsicht weitergeht, wird erst die Zukunft zeigen. Auf jeden Fall ist das Gebiet auch wegen der Verquickung mit der modernen Gentechnologie ein hochinteressantes Forschungsgebiet.

Entwicklung in der Computerwissenschaft

In den vergangenen Jahrzehnten hat ein neues, unerwartetes Gebiet angefangen, überraschend zur Erforschung der Evolution beizutragen – die Computerwissenschaft. Die biologische Evolutionsforschung leidet unter dem Problem, dass Veränderungen – gerade mit höher entwickelten Arten – eine große Anzahl von Generationen benötigen und sich so die Experimente über einen zu langen Zeitraum erstrecken. Ein anderes Problem sind die Schwierigkeiten, mit denen man zu kämpfen hat, um die Bedingungen, unter denen Veränderungen stattfinden, zu kontrollieren.

Nun ist es aber nicht unbedingt das erste Ziel der Forschung, eine in allen Details realistische Situation nachzubilden, sondern es geht erst einmal nur darum, vereinfachte Modelle für evolutionäre Entwicklungen zu erhalten. Das Ziel ist, zu verstehen, was eigentlich vor sich geht. Hier kann die Computerwissenschaft einen wesentlichen Beitrag leisten. Die evolutionären Prozesse werden auf dem Computer nachgebildet. Man schreibt kleine Programme, die die Fähigkeit haben, sich selbst innerhalb der Computers – eventuell fehlerhaft (Mutation) – zu vervielfältigen. Dann stellt man diese Programme in einen Wettstreit (Selektion) und versucht entweder Programme mit ganz bestimmten Eigenschaften zu erzeugen oder versucht zu untersuchen, warum sich welche Programme in den Generationsfolgen durchsetzen.

Auch wenn wir noch weit davon entfernt sind, die tatsächliche Komplexität biologischer Evolution nachzubilden, so ermöglichen es solche Experimente doch, im Detail die verschiedenen Wirkungsweisen zu studieren und auf diese Weise Rückschlüsse auf mögliche biologische Prozesse zu erkennen.

Eine wichtige Frage, die vor kurzem tatsächlich mit dieser Methodik untersucht werden konnte, ist die Frage, ob es mit diesen Mechanismen möglich ist, Informationen anzuhäufen, also über Mutation und Selektion einen Zuwachs an Codierungsinformation innerhalb des (künstlichen) Genoms zu erhalten. Die Experimente haben gezeigt, dass dies tatsächlich möglich ist und auch, auf welchem Weg dieser Informationszuwachs ermöglicht wird (siehe die Diskussion in Kapitel 4.4.3). Auch wenn die künstliche Welt um ein vielfaches einfacher ist als die tatsächliche Welt, können auf diese Weise Erkenntnisse gewonnen werden, die dann an biologischen Prozessen überprüft werden können.

Was lernen wir aus diesem Überblick?

Man kann sagen, dass die Evolutionstheorie – gemeint als Evolution des Universums, Evolution der Erde und Evolution des Lebens – in den 150 Jahren seit Darwin enorme Fortschritte gemacht hat. Sie ist sowohl in ihrer Anlage auf die verschiedensten Gebiete wie die Physik oder die Sozialwissenschaft erweitert, als auch in ihren Grundlagen – wie der Genetik, der terrestrischen Dynamik oder der Astrophysik – ausgearbeitet worden. Obwohl teilweise unabhängige, naturwissenschaftliche Gebiete beteiligt sind, ist die Verzahnung dieser Gebiete durch die Evolutionstheorie so groß, dass von einer gegenseitigen Prüfung und Korrektur gesprochen werden kann. Gerade wenn es um die zeitliche Bestimmung geht, kann es innerhalb der einzelnen Gebiete zu keinen massiven Änderungen kommen, ohne dass andere

Gebiete unmittelbar betroffen werden. Wie wir noch sehen werden, ist es gerade diese Eigenschaft, die es so schwierig macht, ein grundlegend alternatives Modell aufzubauen.

2.3.2 Entwicklung der Schöpfungstheorie

Interne Richtungskämpfe

Mit dem Scopes-Prozess hatte die amerikanische Form des Kurzzeit-Kreationismus eine kurze Zeit der öffentlichen Aufmerksamkeit erlebt und versank danach wieder in den Tiefen des amerikanischen Gemeindelebens. Die folgenden Jahrzehnte waren eher durch Richtungsstreitigkeiten geprägt als durch eine gemeinsame Front gegen die Evolutionstheorie. Es ging hauptsächlich um die Frage, ob die korrekte Interpretation der Bibel durch die day-age- oder gap-Theorie gesichert ist oder ob allein der Kurzzeit-Kreationismus eine biblisch korrekte Interpretation wiedergibt.

Zusätzlich tauchte in dieser Zeit ein neuer Feind auf, der sehr viel gefährlicher erschien als die Evolutionstheorie – die Theologie. In der Zeit vor dem Zweiten Weltkrieg wurde die historisch-kritische Methode in der Theologie entwickelt, die den Vertretern aller drei Schöpfungsinterpretationen massiv die Argumente entzog. Insofern wurde in den Diskussionen viel mehr diese neue Art des Denkens kritisiert und der Evolutionstheorie weniger Raum eingeräumt.

Dennoch gab es immer eine kleine Gruppe, die sich in erster Linie durch ihre Gegnerschaft zur Evolution definierte. Es gab in den USA mehrere Versuche, Vereine oder Gesellschaften zu gründen, die die Bemühungen gegen die Evolutionstheorie vereinen sollten, aber erst in den 60er Jahren waren diese von dauerhaftem Erfolg gekrönt. Dies war dann auch die Zeit, in der der Kurzzeit-Kreationismus anfing sich durchzusetzen. Um diese Zeit fing die Bewegung auch an, sich zu internationalisieren. Der Kurzzeit-Kreationismus war vorher im Wesentlichen ein US-amerikanisches Phänomen, während in Europa, Australien, Kanada und Süd-Afrika die Christen in relativ friedlicher Koexistenz mit der Evolutionstheorie und den Erkenntnissen der Naturwissenschaft ihren Glauben lebten.

Dieser Übergang ging allerdings nicht ohne weiteres von statten. So wurde die American Science Affiliation (ASA) zunächst gegründet, um gegen die Evolutionstheorie „Front zu machen“. Die Absicht war, dies mit wissenschaftlichen Methoden zu erreichen und so wurde viel Wert darauf gelegt, dass nur Personen mit entsprechender wissenschaftlicher Ausbildung Mitglieder dieses Vereins wurden. Einer dieser Mitglieder war J. L. Kulp, der zunächst ein Befürworter der Fluttheorie und des Kurzzeit-Kreationismus war. Er erlangte großen wissenschaftlichen Ruhm als Mitentwickler der C-14 Datierung, heute die Standardmethode bei der Datierung von biologischen Proben, deren Alter 40.000 Jahre nicht übersteigt. Doch seine Arbeit und die Ergebnisse, die Kulp in der Geologie erhielt, machten ihn zu einem Gegner der Fluttheorie. Kulp ließ sich schlicht von seinen experimentellen Daten überzeugen. Aber er blieb Christ und Mitglied der ASA und wandelte diese Organisation nach dem Zweiten Weltkrieg in eine Organisation um, die die Ergebnisse der Geologie und Biologie akzeptierte und damit in Richtung theistische Evolution tendierte.

Die verbleibenden Vertreter der Fluttheorie fanden sich danach nicht mehr durch die ASA repräsentiert und versuchten eine andere Gesellschaft ins Leben zu rufen. Dies war schließlich die Creation Research Society, die 1963 ins Leben gerufen wurde und dessen Vorstand 1964 beschloss: „Keine Publikation der Society wird jemals eine Alte-Erde-Theorie in der Geologie vertreten." Aus der Creation Research Society ging schließlich 1973 das Creation Research Institute hervor, das heute das führende Institut ist, das den Kurzzeit-Kreationismus propagiert und vertritt.

The Genesis Flood

Ein wichtiger Aufhänger und methodischer Ankerpunkt für die Entwicklung des Kurzzeit-Kreationismus war die Publikation eines neuen Buches, das die Fluttheorie von George McCready Price in neuem Gewand auflegte: „The Genesis Flood" von John Whitcomb Jr. und Henry Morris im Jahre 1961.

Angeregt hatte dieses Buch John Whitcomb Jr., ein Pfarrer und Theologe, der eigentlich eine im Wesentlichen wissenschaftliche Abhandlung zur Fluttheorie schreiben wollte. Seine eigenen mangelnden wissenschaftlichen Kenntnisse wollte er durch einen Geologen ergänzen lassen, da ihm schon bald klar wurde, dass ein rein theologisch basiertes Buch wenig Einfluss haben würde. Allein, zu seiner Zeit gab es nicht einen einzigen Geologen, der sich zur Fluttheorie bekannte. Also fand Whitcomb Jr. schließlich Henry Morris als Co-Autor, der als Elektro-Ingenieur wenigstens eine halbwegs technische Ausbildung hatte.

Das Buch enthielt wenig neue Ideen oder Argumente verglichen mit „the new geology", aber es war wichtig, dass es fast keine Referenz auf McCready Price enthielt. Price war aufgrund seiner Zugehörigkeit zu den Adventisten eher schlecht angesehen. Dadurch, dass Whitcomb Jr. und Morris weniger „verdächtigen" Gruppierungen angehörten, waren mehr Christen bereit, das

Buch zu lesen und so fand das Gedankengut schnell eine weitere Verbreitung als das Buch von Price. Aber insbesondere war die Zeit reif, um der Überzeugung vieler Christen, dass „es Wissenschaftler gibt, die zeigen, dass die Evolution völlig falsch ist“, den Boden zu bereiten.

Die Hauptargumente, die Whitcomb Jr. und Morris in diesem Buch verwendeten um die Evolutionstheorie abzulehnen, beruhen auf zwei Punkten. Einmal die Existenz von „thrust faults“, Verwerfungen, die auch schon bei Price eine zentrale Rolle gespielt haben. Verwerfungen sind geologische Gebiete, in denen die Reihenfolge der geologischen Schichten gegenüber der normalen Reihenfolge umgekehrt ist. Price und in Folge Morris argumentieren, dass diese Umkehrung zeige, dass die Schichtentstehung nicht in der Form vor sich gegangen sein könnte, wie dies durch das normale geologische Modell formuliert wird. Allerdings haben Verwerfungen in der Geologie im Rahmen der Standardmodelle ganz vernünftige Erklärungen, so dass dieses Argument heute auch unter Kurzzeit-Kreationisten kaum noch verwendet wird.

Der andere Punkt, den sie verwendeten, sind Funde, die darauf hinzudeuten schienen, dass Dinosaurier und Menschen zur selben Zeit Fußabdrücke hinterlassen haben. Das kann nach der Evolutionstheorie nicht möglich sein. Wieder ist der Ansatz von Whitcomb Jr. und Morris, zu argumentieren, dass dann die gesamte Evolutionstheorie nicht korrekt sein kann. Die Daten zu diesen Funden hatten die Autoren von Clifford Burdick bekommen, einer höchst schillernden Figur in der kurzzeit-kreationistischen Szene.

Clifford Burdick hatte lange Zeit versucht, einen wissenschaftlichen Abschluss zu erhalten, war aber in verschiedenen Anläufen an verschiedenen Hochschulen gescheitert. Seine Behauptungen und Daten, insbesondere zu den besagten Fußspuren, waren in der Regel nicht durch unabhängige Untersuchungen zu bestätigen. Selbst in kurzzeit-kreationistischen Kreisen war Burdick umstritten. Kurze Zeit nach Veröffentlichung von „The Genesis Flood“ tauchten ernsthafte Zweifel an den Burdickschen Angaben auf. Heute werden seine Argumente nur noch höchst selten verwendet.

Abgesehen von der Ablehnung der Evolutionstheorie enthält „The Genesis Flood“ die Wiederholung des Price'schen Entwurfs, die geologischen Schichten durch eine weltweite Flut zu erklären. Im Lauf der Zeit war die Idee etwas erweitert worden, wie z. B. um die Idee, dass sich die Tiere getrennt nach Dinosauriern, Säugetieren usw. gemäß der Ordnung in verschiedenen Gegenden aufgehalten hatten, als die Flut kam und so die Einordnung der Fossilien in die verschiedenen Schichten bewerkstelligt wurde. Diese Idee wird auch heute noch propagiert und ich werde in Kapitel 5.3.3 darauf zurückkommen.

Kurzzeit-Kreationismus und Anti-Evolutionismus

Die meisten Publikationen der Kurzzeit-Kreationisten – vor und nach „The Genesis Flood" – konzentrierten sich ebenfalls zum größten Teil auf eine Evolutionskritik. Versuche, eigene Modelle zu bilden, waren spärlich und sind auch heute noch spärlich. Auch wenn „The Genesis Flood" die wieder aufgegriffene Grundidee eines Modells der Geologie beschreibt, so ignorieren die Kurzzeit-Kreationisten bis heute, dass die Geologie – ebenso wie die Biologie – längst keine abgetrennten Gebiete mehr sind. Die Kritik war daher auch immer nur auf einzelne Punkte konzentriert.

Außerdem kann man häufig das Phänomen beobachten, dass einzelne Kurzzeit-Kreationisten ihr Lieblingsthema hatten, auf das sie ständig zurückkamen. So baute Price z. B. auf den „thrust faults", den Verwerfungen auf, bei denen die normale Schichtreihenfolge in einem Gestein umgekehrt ist. Der amerikanische Kreationist Robert V. Gentry hatte als Thema radioaktive Halos von Polonium (1965), die man in manchen Gesteinen beobachten kann, die deshalb bemerkenswert sind, weil Polonium ein sehr kurzlebiges Element ist. Der deutsche Kurzzeit-Kreationist Gitt hat als Thema die Behauptung, dass Information durch die Prozesse Mutation und Selektion nicht anwachsen kann usw. Solche Lieblingsthemen sind in der Regel dadurch gekennzeichnet, dass die jeweiligen „Prediger" Gegenargumenten oder Kritik gegenüber völlig taub sind und nicht auf Kritik eingehen.

Eine wichtige Diskussion unter den Kreationisten war die heftig geführte Debatte über die Veränderlichkeit einer Art. Der traditionelle Standpunkt war, dass Arten prinzipiell völlig unveränderlich sein müssen. So interpretierte man die entsprechenden Stellen aus dem 1. Buch Mose der Bibel. Die wissenschaftlichen Hinweise auf Änderungsprozesse wurden lange Zeit ignoriert. Erst als die Kreationisten gezwungen wurden, ihre Stoßrichtung zu verändern und eine stärkere wissenschaftliche Linie zu vertreten, kam die Meinung auf, man müsste eine gewisse beschränkte Veränderlichkeit – Mikroevolution genannt – zugestehen. Doch die Vertreter dieser Denkweise – die heute als Standard anzusehen ist – brauchten längere Zeit, um sich gegen die traditionelle Denkweise durchzusetzen. Mit dem Thema Mikroevolution werde ich mich in Kapitel 5.4.3 noch näher beschäftigen.

Dem neu entwickelten Gebiet der Kosmologie hatten die Kurzzeit-Kreationisten lange Zeit wenig entgegenzusetzen. Ihre Standardreaktion war zunächst, die dort gewonnenen Erkenntnisse erst einmal abzulehnen. So wurde bis in die 80er Jahre des 20. Jahrhunderts behauptet, die Entfernungsbestimmungen im Universum stimmten nicht und die Bestimmungen auf Millionen oder Milliarden Lichtjahre wären alle falsch. Erst in den letzten

Jahren setzte sich langsam auch in diesen Gruppen die Erkenntnis durch, dass die Entfernungen der Realität entsprechen. Dementsprechend spärlich sind die Versuche mit den Daten zurechtzukommen. Der interessantesten Ansatz in diese Richtung wurde von E. Humphreys gestartet und hat demgemäß auch viele Hoffnungen geweckt. Ich werde mich mit dem Ansatz von Humphreys in Kapitel 5.2.3 noch auseinander setzen.

Der Fall der Scopes-Gesetze

Die 60er Jahre des 20. Jahrhunderts stellten in mancherlei Hinsicht eine Wendezeit in der Geschichte des Kurzzeit-Kreationismus dar, nicht nur wegen des Buches „The Genesis Flood", das im Verlauf der 70er Jahre zu immer mehr Einfluss gelangte, auch politisch waren die 60er Jahre eine Wendezeit. Die Scopes-Gesetze waren über die Zeit immer wieder angegriffen worden, aber erst in den 60er Jahren zeigten diese Angriffe Erfolg. Der Gedanke der religiösen Neutralität des Staates, die in der amerikanischen Verfassung verankert ist, wurde zunehmend ernst genommen. 1968 schließlich wurden die Scopes-Gesetze in Arkansas für illegal erklärt.

Doch die Kurzzeit-Kreationisten fanden darauf eine mögliche Antwort. Unter wesentlichem Betreiben von Henry Morris wurde die „Creation Science" erfunden, ein Terminus, der ausdrücken soll, dass die Schöpfungstheorie eine wissenschaftliche Theorie ist. Wenn es zwar untersagt ist, an einer Schule Religion zu unterrichten, so soll es doch wenigstens erlaubt sein, den Kindern Wissenschaft beizubringen und die Schöpfungslehre gehört dazu. Die Stoßrichtung der Kreationisten änderte sich – weg von dem Versuch, die Evolutionstheorie schlicht zu verbieten, hin zu dem Versuch, die Schöpfungslehre als gleichwertige wissenschaftliche Theorie in der Schule zu lehren.

Der Trick, mit dem die Kreationisten dieses bewerkstelligen wollten, war das Nicht-Nennen von biblischen Hinweisen und das Streichen der expliziten Bezeichnung „Gott". Stattdessen ging die Entwicklung immer mehr dahin, von einem unbestimmten – religiös neutralen – Designer zu reden. Das Ganze ist unter dem Begriff „intelligent Design" der aktuelle Trend im Gebiet des Kurzzeit-Kreationismus.

Der Kampf um die Schulen

Auch wenn mit dem Fall der Scopes-Gesetze die direkte Abwehr der Evolutionstheorie als Schulstoff sogar in den Südstaaten der USA gescheitert war, gaben die Kurzzeit-Kreationisten den Kampf um die Schulen nicht auf. War es schon nicht möglich, Evolution zu verbieten, so sollten die Lehrer

– unabhängig von deren persönlichem Weltbild – wenigstens gezwungen werden, den Schöpfungsgedanken als Weltbild parallel zur Evolutionstheorie zu lehren.

Der erste Versuch in dieser Richtung konzentrierte sich auf die Biologiebücher. Man versuchte mit staatlichen Mitteln oder über den Druck von Eltern, den Inhalt der Biologiebücher so zu manipulieren, dass beide Gedanken – Evolution und Schöpfung – gleichwertig dargestellt wurden. Etwa um 1970 endeten diese Versuche in einem Unentschieden. Die „creation science" blieb aus den Biologiebüchern heraus, dafür wurden evolutionswissenschaftliche Themen ebenfalls immer weiter zurückgedrängt.

Der zweite Versuch war, die „creation science" als Teil des Lehrplans in den Schulen zu etablieren, eben mit der Begründung, dass dieses doch Wissenschaft sei. Im Jahre 1981 trat in Arkansas ein Gesetz zur gleichwertigen Behandlung von Schöpfung und Evolution in Kraft, mit dem die Schulen zu entsprechenden Lehrplänen gezwungen wurden. Doch dieses Gesetz wurde sofort angefochten und 1982 als der amerikanischen Verfassung widersprechend eingeordnet. In einem Grundsatzurteil stellte das höchste amerikanische Gericht 1987 fest, dass „creation science" nicht als Wissenschaft angesehen werden kann und daher auch nicht als Wissenschaft in den Lehrplan mit aufgenommen werden kann.

Dennoch gewann der Kurzzeit-Kreationismus auch in Schule und Lehre an Fahrt. Entscheidend dazu beigetragen hat die Publikation eines Biologie-Lehrbuchs um 1980, das die verschiedenen biologischen Themen ausschließlich unter dem Aspekt des Kurzzeit-Kreationismus interpretiert. Da in den USA die Schulen Lehrbücher für den Unterricht zu großen Teilen auf Kosten und unter Beteiligung der Eltern verwenden, gelang es, an vielen Schulen dieses Buch als das Lehrbuch für Biologie zu etablieren. Die Folgen waren nicht nur eine noch weitere Verbreitung der Ideen des Kurzzeit-Kreationismus, sondern auch eine erhebliche finanzielle Aufwertung der Institutionen, die diese Ideen förderten, allen voran das CRI, das Creation Research Institute.

Dem in der Zeit vor 1980 eklatanten Mangel an Anhängern des Kurzzeit-Kreationismus mit einem wissenschaftlichen Grad wurde ab 1981 das Angebot eines Master-Abschlusses am CRI entgegengestellt. Die Lehrinhalte eines zum staatlichen Abschluss berechtigten Institutes waren im Wesentlichen dem Institut überlassen und so benötigte das CRI lediglich eine Genehmigung, die beim Einhalten gewisser Mindeststandards auch erteilt wird. 1990 gab es einen Versuch, dem CRI die Lehrerlaubnis wieder zu entziehen, was aber 1992 durch einen Gerichtsentscheid wieder rückgängig gemacht wurde.

Zusätzlich gibt das CRI auch eine Reihe von Zeitschriften heraus, in denen wissenschaftliche Artikel erscheinen, falls sie den Ideen des Kurzzeit-Kreationismus entsprechen. Die Artikel werden – wie in der wissenschaftlichen Welt üblich – einem Review-Prozess unterzogen und können daher nur erscheinen, wenn sie die Zustimmung der Gutachter erhalten. Insofern sind diese Zeitschriften also dem Standard entsprechend. Allerdings ist das Bekenntnis zum Kurzzeit-Kreationismus die Voraussetzung für das Veröffentlichen von Artikeln in diesen Zeitschriften.

Auf diese Weise macht sich in den USA eine zunehmende Abspaltung der Anhänger des Kurzzeit-Kreationismus von der restlichen Gesellschaft bemerkbar. In der Schule, in der Lehre, in der Universität und auch politisch gehen die Anhänger dieser Denkrichtung eigene Wege. Das fördert eine Polarisierung und ideologische Gegnerschaft, die eine Diskussion zwischen den verschiedenen Denkrichtungen erheblich erschwert. Mit Sachargumenten ist dieser Gegnerschaft in den USA kaum noch beizukommen.

2.3.3 Der Kurzzeit-Kreationismus in Deutschland

In Europa im Allgemeinen und in Deutschland im Besonderen hatte die Diskussion um Schöpfung oder Evolution niemals den fundamentalen Charakter, wie sie ihn in den USA hatte und hat. Vor den 60er Jahren des letzten Jahrhunderts war die Diskussion als solche auf spezielle theologische oder gemeindliche Gelegenheiten ohne besondere öffentliche Aufmerksamkeit beschränkt. Selbst heute weiß die Mehrheit der Deutschen mit dem Begriff Kreationismus nichts anzufangen. Falls er überhaupt wahrgenommen wird, dann eher als spezielle amerikanische Unart des religiösen Fanatismus, der weder zur europäischen Kultur noch zur europäischen Denkart passt.

Dennoch ist im Untergrund der christlichen Gemeinden, insbesondere in den freikirchlichen Gemeinden, eine größere Anzahl von Anhängern des Kurzzeit-Kreationismus gewachsen, die eine Bewegung stützt, die die amerikanische Interpretation und die amerikanische Denkweise nach Europa bzw. Deutschland importiert hat. Hauptstützpfeiler dieser Bewegung sind Vorträge und Evangelisationsveranstaltungen in den Gemeinden, Buch-Publikationen und in zunehmendem Maße auch das Internet. Bis in die 80er Jahre hinein waren die Darstellungen und Argumente der Vertreter dieser Bewegung noch klar amerikanisch geprägt, aber im Verlauf der letzten Jahre entstand eine neue Generation von deutschen bzw. deutschsprachigen Kurzzeit-Kreationisten, die sich in Stil und Argumentation von ihren amerikanischen Vettern abzusetzen versucht. So gibt es heute sowohl auf der Seite der Vertreter der Evolutionstheorie als auch der des Kurzzeit-Kreationismus Vertreter, die versuchen, die Diskussion sachlich zu halten. Ich werde mich in den Kapiteln 4 und 5 hauptsächlich auf die Argumente dieser Personen stützen.

Die Ursprünge des Kurzzeit-Kreationismus in Deutschland

Interessanterweise war Deutschland zu Beginn des 20. Jahrhunderts, als sich der Darwinismus auf breiter Front durchzusetzen begann, eher der Ursprung einer Bewegung, die die Theorien Darwins sehr kritisch gesehen hat. Diese Bewegung war allerdings nicht religiös, sondern naturwissenschaftlich und philosophisch geprägt. Die christlichen Gemeinden hatten eben angefangen, sich mit dem neuen Denken zu arrangieren, da bekam der Darwinismus aus den Naturwissenschaften Gegenwind. Viele Christen hatten damals das Gefühl, sie hätten ihren Glauben verraten, indem sie sich vorschnell mit etwas abfanden, was dann doch keinen Bestand hatte.

Aber der Darwinismus setzte sich schließlich auch in Deutschland durch und die Kirchen fanden sich damit ab, zumal die Menschen in Deutschland mit zwei Weltkriegen andere Sorgen hatten. Nach dem Zweiten Weltkrieg dominierten zunächst die Staatskirchen und das Denken einer liberalen Theologie das Bild. Insofern war auch eine Kontroverse zwischen Schöpfung und Evolution kein Thema.

Im Verlauf der 60er Jahre des vorigen Jahrhunderts setzen auch in Deutschland gesellschaftliche Veränderungen ein und die staatlichen Kirchen begannen zunehmend, Mitglieder zu verlieren. Bei den Freikirchen war der Trend allerdings zunächst anders. Da die Mitgliedschaft in diesen Gemeinden bewusst und freiwillig war und diese Gemeinden gerade junge Familien ansprachen und ihr Gemeindeleben viel lebendiger gestalteten, wuchs ihre Anzahl und damit auch ihr Einfluss in Deutschland.

Gleichzeitig begann Dr. A. E. Wilder-Smith seine Missionstätigkeit in Europa und erlangte gerade auch in Deutschland mit seiner Idee des Kurzzeit-Kreationismus viel Einfluss in den freikirchlichen Gemeinden. Der aus England stammende Dr. Wilder-Smith erwarb seine Doktorgrade in Chemie und Pharmakologie und war stark von den religiösen Vorstellungen in den USA geprägt. Nach einer durchaus sehr erfolgreichen normalen beruflichen Karriere begann er durch Vorträge, Bücher und Missionsveranstaltungen in den Gemeinden Europas zu wirken. Damit baute er das Fundament einer Bewegung des Kurzzeit-Kreationismus, die in Deutschland Mitte der 70er Jahre anfing sich zu sammeln.

Ein Meilenstein dieser Bewegung war die Gründung der „Studiengemeinschaft Wort und Wissen" im Jahre 1979. Initiatoren dieser Gemeinschaft waren Horst Beck und Theodor Ellinger. Ihr Motiv zur Gründung von Wort und Wissen war die Absicht, eine „Denk-Diakonie" zu leisten. Als Christen hatten sie immer wieder festgestellt, dass Naturwissenschaftler oft deswegen die Vorstellung von Gott ablehnten, weil sie sich dadurch gezwungen sahen, den Schöpfungsbericht der Bibel zu akzeptieren, der im Licht der aktuellen Forschung nicht als wörtlich akzeptabel gesehen werden kann.

Dies interpretierten die Väter von Wort und Wissen als eine Denkblockade, die es zu beseitigen galt. Das Ziel der Studiengemeinschaft war es daher, durch Forschungsarbeiten und wissenschaftlich hochwertige Artikel darauf hinzuweisen, dass der wörtlich verstandene Schöpfungsbericht bzw. – allgemeiner – alle naturwissenschaftlich deutbaren Aussagen der Bibel, mit den naturwissenschaftlichen Erkenntnissen kompatibel sind. In der Satzung der Gemeinschaft steht unter Zielsetzung:

„Die Mitarbeiter möchten zeigen, dass die Fakten dieser Welt in Wissenschaft, Technik und Gesellschaft aus der biblischen Diagnose besser und stichhaltiger gedeutet werden können als aus den evolutionären Denkvorstellungen und postulierten Zufallsmechanismen heraus."

Ebenso ist in der Satzung festgelegt, dass die Mitglieder der Gemeinschaft den Schöpfungsbericht der Bibel als Tatsachenbericht zu lesen haben.

In der Anfangszeit von Wort und Wissen wurden die aus dem Amerikanischen stammenden Kritikpunkte an der Evolutionstheorie im Wesentlichen übernommen. Grundlage dazu bildete das Buch von Whitcomb Jr. und Morris, sowie die Schriften von Wilder-Smith. Recht bald gesellte sich der deutsche Kurzzeit-Kreationist Werner Gitt dazu, Informatiker und bis 2002 Direktor der Abteilung Informationstechnologie der Physikalisch-Technischen Bundesanstalt in Braunschweig. Ihren Anspruch versuchte die Studiengemeinschaft durch Herausgabe von Schriften und Büchern zu erfüllen, die aber fast nur in den freien evangelischen Gemeinden Aufmerksamkeit erregten.

Der deutsche Weg des Kurzzeit-Kreationismus

Zu Beginn formte sich in Deutschland die Bewegung des Kurzzeit-Kreationismus wie auch in den USA als Anti-Evolutionismus mit einer gehörigen Portion Wissenschaftsfeindlichkeit. Aber die Änderung der Stoßrichtung hin zu „Schöpfungswissenschaft" und „Intelligent Design" griff bald auch nach Deutschland über. Tatsächlich entsprach dies auch eher dem deutschen Denken, da die Debatte hier niemals die verbissenen ideologischen Wurzeln hatte wie in den USA.

Am deutlichsten wird der Wandel durch das Auftauchen einer neuen Generation von Vertretern des Kurzzeit-Kreationismus, die versuchen, die

Diskussion viel stärker auf der sachlichen Ebene zu gestalten und die sich auch bemühen, wissenschaftliche Gegenmodelle zu entwickeln. Als führender Vertreter in dieser Hinsicht kann heute Reinhard Junker angesehen werden, der seit Mitte der 80er Jahre in Zusammenarbeit mit Professor Scherer von Wort und Wissen eine Darstellung der biologischen Evolution aus der Sicht des Kurzzeit-Kreationismus entwickelte.

In den letzten Jahren begann Reinhard Junker verstärkt, seine eigene Internetpräsenz aufzubauen und damit seine Wurzeln aus Wort und Wissen zu ergänzen. Unter www.genesisnet.info findet sich eine stetig wachsende Zusammenfassung aller Argumente und aller Denkmodelle des modernen Kurzzeit-Kreationismus und man merkt dieser Webseite den Versuch an, verschiedene im Internet befindliche, deutsche Quellen zu bündeln und pädagogisch wirksam zu präsentieren. Die Stärke von Dr. Junker liegt eindeutig in der hervorragenden Präsentation seiner Argumente.

Junker geht dabei auch ganz bewusst eigene und neue Wege, die bis dato im Rahmen des Kurzzeit-Kreationismus nicht gesehen wurden. Junker ist fähig, fehlerhafte Argumente auf der eigenen Seite zu erkennen und dies auch zuzugeben. Viele kurzzeit-kreationistische Publikationen werden in den Rezensionen von Wort und Wissen scharf angegriffen ob ihrer unwissenschaftlichen Darstellung und ihrer schlecht recherchierten Argumentation. Damit öffnet sich Wort und Wissen einer neuen sachlichen Argumentation.

Auch der Versuch, wissenschaftliche Gegenmodelle zu entwickeln, findet bei Wort und Wissen mehr Beachtung, als dies bis dahin in dem Gebiet des Kurzzeit-Kreationismus üblich war. Allerdings konzentrieren sich diese Versuche auf das Gebiet der Biologie und finden auch nicht nur Zustimmung. Bemerkenswert in diesem Zusammenhang ist eine schon seit längerem angehende Diskussion zwischen Scherer und Junker auf der einen und Prof. Kutschera und Dr. Neukamm auf der anderen Seite, die im Internet und über Publikationen weitere Kreise gezogen hat, auf die ich in Kapitel 4.4.6 noch einmal zurückkommen werde. Leider lässt diese Diskussion zu oft an Sachlichkeit zu wünschen übrig und die Sachargumente sind in vielen Veröffentlichungen gar nicht mehr erkennbar.

Man merkt den Vertretern von Wort und Wissen aber an, dass sie einen spezifischen deutschen Weg der Sachlichkeit gehen wollen. Damit heben sie sich deutlich von der Diskussion in den USA ab, wo der Ton auch und gerade in den letzten Jahren zunehmend schärfer und dogmatischer geworden ist.

Letztlich hat dieses Verhalten der deutschsprachigen Kurzzeit-Kreationisten mich bewogen, das vorliegende Buch zu schreiben. In einer dogmatischen Atmosphäre sind Argumente verschwendet und man gerät immer in die Gefahr, sich nur noch frontal gegenüberzustehen. Aber Wort und Wissen im Allgemeinen und Dr. Junker im Speziellen haben einige Themen, die die theistische Evolution angehen, in sachlicher Art angegriffen, so dass eine entsprechend sachliche Erwiderung notwendig ist.

2.3.4 Die Haltung der Kirchen zu der Debatte

Bislang war hauptsächlich von Freikirchen und ihren Ausprägungen in den USA die Rede, die die Debatte um Schöpfung oder Evolution anheizen und tragen. Die großen Kirchen kamen fast überhaupt nicht zu Wort. Das hat seinen Grund einfach darin, dass sowohl die katholische als auch die evangelische Kirche seit Beginn des 20. Jahrhunderts hinter einer theistischen Interpretation der Evolution stand und diese auch theologisch ausführlich begründet hat. Diese Haltung hat eine Auseinandersetzung mit naturwissenschaftlichen Entwicklungen und Denkweisen nicht herausgefordert.

Die Haltung der katholischen Kirche

Die Interpretation der Diskussion in der katholischen Kirche wird durch die Zentralisierung der theologischen Denkweise durch die päpstliche Autorität klar ausgerichtet. Die katholische Kirche hat aus dem Fall Galileo Galilei gelernt und war von Beginn an den Gedanken Darwins gegenüber eher offen. Dies mag auch damit zusammenhängen, dass unter der katholischen Priesterschaft eine wissenschaftliche Ausbildung weit verbreitet war und die führenden Bischöfe sehr gut informiert waren. Wesentlichen Anteil an der Formulierung des Verhältnisses von Schöpfung und Evolution hatte der berühmte Philosoph und Theologe Teilhard de Chardin, der den Gedanken der theistischen Evolution erstmals theologisch ausformulierte.

Bald nach dem Zweiten Weltkrieg, im Jahre 1950, fasste der damalige Papst Pius XII. in seiner Enzyklika Humani Generis das Verhältnis des Glaubens zur Evolutionstheorie zusammen. In ihr wurde der Evolutionsgedanke als eine naturwissenschaftliche Theorie grundsätzlich gutgeheißen bzw. betont, dass der Glaube einem solchen Denken nicht prinzipiell widerspricht.

In der Enzyklika geht Papst Pius XII. zunächst auf die neueren Entwicklungen in Wissenschaft und Theologie ein und erteilt sowohl denjenigen eine Absage, die alle Werte und Überlieferungen der katholischen Kirche abschaffen wollen, als auch denjenigen, die um einer bestimmten Bibelinterpretation willen den menschlichen Verstand bekämpfen.

Der Papst bekennt sich zu den Bemühungen für Reformen und für das Einbringen neuer Gedanken, wenn dadurch die Grundprinzipien der überlieferten Glaubensaussagen nicht verletzt werden. In diesem Zusammenhang bezeichnet er die Evolutionstheorie als eine ernst zu nehmende Hypothese, die sorgfältig geprüft werden muss. Er gesteht zu, dass der menschliche Körper möglicherweise aus einem Entwicklungsprozess hervorgegangen ist.

In zwei Punkten beharrt er darauf, dass die traditionelle biblische Interpretation erhalten bleiben muss. Einmal in der Aussage, dass die Erschaffung des Menschen dadurch vollzogen wurde, dass Gott die Seele erschaffen hat und zum anderen in der tatsächlichen Historizität Adams. Auf beide Punkte werde ich in den Kapiteln 6 und 7 im Detail zurückkommen und diese theologischen Vorstellungen des Papstes durch naturwissenschaftliche Erkenntnisse ergänzen.

In einer Grußbotschaft an die Mitglieder der päpstlichen Akademie der Wissenschaft am 22.10.1996 hat Papst Johannes Paul II. diese Ansichten der katholischen Kirche bestärkt. Er verweist darin ausdrücklich darauf, dass nach den zunehmenden Erkenntnissen seit 1950 die Evolutionstheorie inzwischen mehr ist als nur eine Hypothese. Er bestätigt auch die Auffassung, dass der Körper durch die Evolution hervorgebracht wurde, die Seele aber von Gott geschaffen wurde. Damit akzeptiert er die Evolution als Wissenschaft, erteilt aber den Folgetheorien der Evolutionsmodellierung eine Absage, die auch den menschlichen Geist als reines materielles Produkt sehen wollen. Dieser Punkt wird mich im kommenden Kapitel ebenfalls beschäftigen.

Generell wird in der Theologie, auch der katholischen Theologie, die Auffassung vertreten, dass die Theologie und der Glaube sich auf einer anderen Ebene bewegen als dies die Naturwissenschaften tun. Insofern sei die Gefahr eines Gegensatzes eher gering. Die biblische Offenbarung bezeugt den Bruch der Beziehung des Menschen zu Gott und die Sündhaftigkeit des Menschen, die Naturwissenschaft beschreibt dagegen, wie alles geworden ist.

Der ehemalige Leiter der katholischen Glaubenskongregation Kardinal Josef Ratzinger, heute Papst Benedikt XVI., hat diese Gedanken in einigen Schriften noch weiter vertieft. Er hat versucht, die Beziehungspunkte, die es notwendigerweise gibt, vom theologischen Standpunkt aus zu untersuchen, so z. B. die Frage, wann der Mensch im Verlauf der Evolution zum Menschen geworden ist. Dabei ist er vom philosophischen Standpunkt aus recht nahe an die Ideen gekommen, die ich in der Entwicklung meiner Vorstellungen noch darlegen werde.

Insgesamt hat die klare Haltung der katholischen Führung eine Problematisierung der Frage um Schöpfung oder Evolution abgewendet und es den katholischen Priestern und Lehrern ermöglicht, zwanglos und offen mit der Evolutionstheorie umzugehen.

Die Haltung der evangelischen Kirche

Die evangelische Kirche ist bei weitem nicht so zentralisiert ausgerichtet wie die katholische Kirche, trotzdem ist auch hier eine generelle Akzeptanz einer theistischen Evolution zu beobachten. Die Haltung der evangelischen Landeskirchen wurde dabei im Wesentlichen durch die evangelische Theologie mitbestimmt.

Eine herausragende Rolle hatte dabei der Theologe Karl Heim, dessen Lebenswerk die Versöhnung der Theologie mit der Naturwissenschaft war. Sein Standpunkt war eine Akzeptanz der Evolutionstheorie, auch wenn man seinen Werken anmerkt, dass ihm diese Akzeptanz nicht leicht gefallen ist. Doch er erkannte die Hinweise auf Evolution als so klar und überzeugend, dass er sich mit dem Gedanken wohl oder übel anfreunden musste.

Ähnlich wie in der katholischen Theologie unterscheidet Karl Heim zwischen der Frage nach dem „Wie“, für die die Naturwissenschaft zuständig ist und der Frage nach dem „Warum“ oder dem „Wer“, für die die Theologie zuständig ist. Karl Heim lässt dabei in den Geschehnissen der Naturwissenschaft Raum für Gottes Eingreifen, ohne ein konkretes Modell liefern zu können. Karl Heims Denken wird sich in meiner Modellierung des Verhältnisses zwischen Naturabläufen und Gottes Handeln in Kapitel 6.3 wiederfinden.

Theologisch stützt sich Karl Heim auf den Gedanken, dass auch in der Bibel etwas, das sich entwickelt hat, als Geschöpf Gottes bezeichnet wird. Damit sieht er die Aussagen in der Schöpfungsgeschichte als nicht im Widerspruch zu der Entwicklung, die die Welt und der Mensch genommen haben. Karl Heims Ansinnen wird heute durch die Karl-Heim-Gesellschaft weitergeführt, die regelmäßig Tagungen zum Dialog zwischen Theologie und Naturwissenschaften durchführt.

Generell hat sich zumindest in Deutschland eine sehr freie evangelische Theologie entwickelt, wobei auch die Impulse aus der evangelischen Theologie erwachsen sind, die in die Richtung gehen, die Bibel insgesamt lediglich rein mythisch zu deuten. Warum mir dieser Schritt wiederum zu weit geht und warum das aus naturwissenschaftlicher Sicht auch gar nicht notwendig ist, möchte ich in Kapitel 6 erläutern. Es scheint also, dass die evangelische Theologie hier Schritte durchgeführt hat, die eher zu weit gehen – sie haben zu viel von der eigentlichen Substanz des Christseins preisgegeben.

Daher ist in der evangelischen Landeskirche heutzutage auch eine Konzentration auf soziale und praxisnahe Fragen zu beobachten. Diakonie, Behindertenarbeit, Jugendarbeit, soziale Hilfsprojekte sind fast in jeder Gemeinde zu finden, während Dinge wie Glaubenskurse, Bibelabende und Hauskreise in der evangelischen Kirche immer noch eher selten sind. Auf diese Weise kommt auch gar kein Konfliktpotenzial mit einer Naturwissenschaft auf, die ihre Aussagen zwangsläufig mit atheistischen Modellen machen muss (siehe Kapitel 3.2 und 4.1.4). Demgemäß ist das Thema Evolution oder Schöpfung sehr selten zu finden, es ist schon eine Ausnahme, dass die evangelische Landeskirche in Thüringen einen eigenen Beauftragten für Naturwissenschaft und Glauben besitzt.

Die Haltung bei anderen Religionen

Noch bis vor wenigen Jahren scheint das Thema Evolution und Schöpfung im Islam kaum vorgekommen zu sein. Zu gering war einfach der Anteil der Moslems, die Zugang zu modernen wissenschaftlichen Modellen hatten. Doch diese Situation hat sich in den vergangenen Jahrzehnten deutlich geändert. Immer mehr auch moslemisch orientierte Länder fördern die Bildung im eigenen Land und durch die Rolle in der Weltwirtschaft und Weltpolitik wächst auch die Zahl der Menschen, die sich mit dem Thema Evolutionstheorie beschäftigen.

Ähnlich wie im Christentum, ist das Thema für die gemäßigten Anhänger des Islam keines oder nur eines von geringem Interesse. Dagegen schießen die radikaleren Gruppen inzwischen aus allen Rohren gegen die Evolutionstheorie. Dabei kommt es ihnen gelegen, dass dieses Verhalten durch die kurzzeit-kreationistischen christlichen Gruppen vorgebildet worden ist. Studiert man die entsprechenden Internetseiten oder Foren, so kann man fast dieselbe Argumentationsweise wie bei den Kurzzeit-Kreationisten feststellen. Allerdings liegt der Schwerpunkt hier noch geradewegs auf der Verteufelung des naturwissenschaftlichen Gedankenguts. Im Gegensatz zu den christlichen Gruppen ist den radikalen islamischen Gruppen eine Abwertung der westlichen, wissenschaftlichen Denkweise gerade Recht.

Die östlichen Religionen Buddhismus und Hinduismus sind der Evolutionstheorie gegenüber generell aufgeschlossener, da in deren Tradition eine zeitlich lange Geschichte der Erde üblich ist. Trotzdem sind in den letzten Jahren in den östlich beeinflussten esoterischen Zirkeln verstärkte Tendenzen zu beobachten, die Wissenschaft im Allgemeinen und die Evolutionstheorie im Besonderen anzugreifen. Dies findet durchaus offene Ohren bei den Menschen, die in den Naturwissenschaften keine Orientierung und keinen Halt mehr finden und sich daher den esoterischen Denkweisen anschließen. Auch hier ist festzustellen, dass die Art der Argumentation in vielen Dingen dem Stil und dem Vorgehen ähnelt, die sich z. B. im Internet auf einigen amerikanisch geprägten christlichen Anti-Evolutions-Seiten finden.

Diese Beispiele zeigen, dass die Evolutionskritik, wenn sie sich auf Weltanschauungen und nicht auf naturwissenschaftliche Argumente stützt, auf ganz bestimmte Weise das naturwissenschaftliche Denken selbst durchbricht. So wird Anti-Evolution letztlich ein Instrument zur Bekämpfung der naturwissenschaftlichen, technischen Kultur des Westens. Ob die spezifisch deutschen Versuche, die Evolutionstheorie zu kritisieren, ohne die Akzeptanz der Naturwissenschaft an sich aufzugeben, in dieser allgemeinen und emotionell aufgeladenen Diskussion Bestand haben werden, muss sich erst noch zeigen. Auch mein Versuch, Naturwissenschaft und Glauben miteinander zu versöhnen, hat als Ansatz mit Sachargumenten gegen diese Emotionalisierung wenig Durchschlagskraft.

2.3.5 Zusammenfassung

Der geschichtliche Überblick hat gezeigt, dass die Debatte um Evolution und Schöpfung seit dem Tag tobt, an dem Darwin seine Evolutionstheorie veröffentlicht hat. Zwischenzeitlich schien es, als könnten sich die Christen mit diesem Konzept versöhnen, aber mit der Krise der technisierten Sichtweise, die in den westlichen Staaten in den letzten Jahrzehnten um sich gegriffen hat, kehrte auch dieser Konflikt mit neuer Schärfe zurück.

Die Evolutionstheorie hat sich zwischenzeitlich zur Standardtheorie gemausert, die fest in den Gesamtkontext aller naturwissenschaftlichen Modelle eingebettet ist, die das Universum, die Erde und das Leben beschreiben. Damit nimmt sie einen Platz ein, der sehr schwer angreifbar ist, denn es geht nicht nur darum, eine Idee zu ersetzen, sondern die Erklärungsfähigkeit im Gesamtkontext. Und das ist, wie wir noch sehen werden, außerordentlich schwierig.

Der Kurzzeit-Kreationismus ist als Gegnerschaft zu Darwins Theorie entstanden und hat sich aus sehr bescheidenen Anfängen zu einer weltweiten Bewegung entwickelt. Die Argumente, mit denen diese Bewegung gegen die Evolutionstheorie vorzugehen versucht, sind an der Basis dieselben geblieben, die auch schon Samuel Wilberforce verwendet hat und liegen in einer Sichtweise begründet, die die Naturwissenschaft als etwas sehen, das den Glauben an den schöpferischen Gott zerstört.

Dies zeigt, dass es in dem Konflikt nicht primär um Sachargumente geht, sondern um Weltbilder, um dogmatische oder ideologische Sichtweisen. Demgemäß kann der Konflikt auch nicht mit Sachargumenten gelöst werden, sondern allein mit der Entscheidung, ihn lösen zu wollen. Wie dies geschehen kann, ohne dass eine der beiden Seiten ihr jeweiliges Zentrum verliert, sollen die folgenden Kapitel zeigen.

2.4 Literatur

Bücher

Bellinger, Gerhardt J., Knaurs Lexikon der Mythologie, Arena Verlag, 2005
Darwin, Charles, Die Entstehung der Arten durch natürliche Zuchtwahl, Reclam Verlag (1986)
Jordan, Michael, Die Mythen der Welt, Patmos Verlag (2005)
Larson, Edward J., Summer for the Gods: The Scopes Trial and America's Continuing Debate over Science and Religion, Harvard University Press, 1997
Lüke, U., Schnakenberg, J., Souvignier, G. (Hrsg.), Darwin und Gott, Das Verhältnis von Evolution und Religion, Wissenschaftliche Buchgesellschaft (2004)
Numbers, Ronald L., The creationists, University of California press, 1992
Reston, James, Galileo Galilei, eine Biographie, Orbis Verlag (2000)
Shea, W. R., Artigas M., Galileo Galilei, Aufstieg und Fall eines Genies, Primus Verlag (2006)
Stone, Irving, Thaler, Willy, Der Schöpfung wunderbare Wege, Das Leben des Charles Darwin, Rowohlt Verlag (2005)
Heim, Karl, Weltschöpfung und Weltende, Wuppertal (1974)

Weblinks

Hinweis: Die hier aufgeführten Weblinks wurden von mir im Nov. 2006 geprüft. Web-Inhalte können sich aber kurzfristig ändern. Für die zitierten Inhalte kann ich also keine Haftung übernehmen.

Zum Leben und Werk Galileo Galileis: http://de.wikipedia.org/wiki/Galileo_Galilei
Zur historischen Einordnung der Oxforder Debatte (siehe auch die folgenden Lectures, im Weblink die Zahl 1 durch 2 bis 6 ersetzen): http://www.st-edmunds.cam.ac.uk/cis/brooke/lecture1.html
Einordnung des Kreationismus: http://de.wikipedia.org/wiki/Kreationismus
Geschichte des Kreationismus in den USA: http://www.gavagai.de/HHP29.htm
Über das Leben von T. Huxley: http://aleph0.clarku.edu/huxley/index.html
Review von Darwins Hauptwerk durch S. Wilberforce: http://www.scholars.nus.edu.sg/landow/victorian/science/science_texts/wilberforce.htm
Enzyklika Humani Generis (12.08.1950): www.stjosef.at/dokumente/humani_generis.htm
„Christliches Menschenbild und moderne Evolutionstheorien“, Grußbotschaft

von Papst Johannes Paul II an die Mitglieder der päpstlichen Akademie der Wissenschaft (22.10.1996): www.stjosef.at/dokumente/evolutio.htm
Das Werk von Karl Heim: http://de.wikipedia.org/wiki/Karl_Heim_%28Theologe%29#Grundbegriffe_der_Dimensionenlehre_Karl_Heims
Zum Leben und Werk Karl Heims und die Fortführung seiner Arbeit: http://www.karl-heim-gesellschaft.de/
Web Seite des Beauftragen für Glaube, Wissenschaft und Umwelt der evangelischen Kirche in Sachsen: http://www.krause-schoenberg.de/
Grußwort von Theodor Ellinger zur 20. Hauptkonferenz von Wort und Wissen (2003): http://www.wort-und-wissen.de/index2.php?artikel=info/i03/2/i03-2.html

Andere Quellen

Satzung der Studiengemeinschaft Wort und Wissen e. V. (Stand 2004)

3. Was ist und was kann Naturwissenschaft?

Wer sich mit dem Verhältnis von Evolution und Schöpfung beschäftigen will, ist gezwungen, bis auf die Grundlagen der jeweiligen Konzeption zu gehen. Dabei tut man das sehr gerne bei der Denkweise, die einem nicht gelegen ist. Aber über die Grundlagen nachzudenken, die dem eigenen Denken zugrunde liegen ist nicht sehr häufig. Es ist erstaunlich, wie wenige Menschen mit naturwissenschaftlich motivierter Sichtweise über die Grundlage der Naturwissenschaft überhaupt Bescheid wissen.

Dabei hat die Naturwissenschaft heutzutage einen fast religiösen Status erreicht. Etwas, was naturwissenschaftlich nachgewiesen ist, hat den Nimbus von etwas Endgültigem, etwas dem niemand mehr widersprechen kann. Das zeigt, dass viele Menschen geneigt sind, naturwissenschaftlichen Erkenntnissen absoluten Wahrheitsgehalt zuzubilligen. Dies ist auch die typische Einstellung, die man in der Schule vermittelt bekommt, wie Aussagen von Schülern zeigen, dass dies oder das ja doch von Naturwissenschaftlern bewiesen wurde und deshalb nicht angezweifelt werden kann. Diese Einstellung ist dabei weder völlig falsch noch wirklich korrekt.

Jeder, der eine naturwissenschaftliche Ausbildung bekommt, kann die Grenzen einer solchen Einstellung erahnen. Es muss eigentlich jedem naturwissenschaftlich ausgebildeten Menschen klar sein, dass es so etwas wie eine Grenze gibt zwischen dem, was naturwissenschaftlich sicher ausgesagt werden kann und dem, was irgendwie nur glaubensmäßig erfasst werden kann. Aber diese Grenze einigermaßen präzise zu beschreiben, ist selbst für gestandene Naturwissenschaftler schwer, zumal wenn das eigene Weltbild damit verbunden ist.

In dem Verhältnis zwischen Evolution und Schöpfung wird diese Grenze aber häufig nicht beachtet. Grenzüberschreitungen sind sehr oft zu beobachten, und zwar in beide Richtungen. Will man einen Konsens zwischen den beiden Denkrichtungen herstellen, so ist es die allererste Aufgabe, das Kerngebiet zu definieren, das die jeweilige Denkrichtung zu Recht für sich beanspruchen kann.

In diesem Kapitel möchte ich mit den Grundlagen der Naturwissenschaft beginnen. Die Ausführungen, die ich hier präsentiere, erwachsen teils aus allgemeiner Wissenschaftsphilosophie und teils aus meiner eigenen Erfahrung in der theoretischen Physik. Sie sind absolut grundlegend und fundamental für die Überlegungen, die ich ab Kapitel 6 anstellen werde.

3.1 Geschichte der Naturwissenschaften

Was macht die Naturwissenschaft zu etwas Besonderem? Dass sie für unsere heutige technisierte Zivilisation grundlegend ist, ist jedem klar. Aber woher kommt das? Um das zu verstehen, ist es wieder einmal hilfreich, in die Geschichte zu schauen. Auch vor der naturwissenschaftlichen Revolution haben die Menschen Naturphänomene beobachtet, haben versucht, ihre Umwelt zu verstehen. Aber irgendwie waren sie nicht in der Lage, daraus die technischen Konsequenzen zu ziehen, die uns heute unsere Art zu leben ermöglichen. Also lautet die Frage: Was hat sich damals vor etwa 400 Jahren verändert?

3.1.1 Wie unsere Vorväter Naturwissenschaften betrieben

Angesichts der vielfältigen und schon bewundernswerten technischen Errungenschaften unserer Zeit scheint es fast so, dass unsere Vorväter in der Antike und im Mittelalter irgendwie dümmer gewesen sein müssen als wir heute. Denn warum haben die Chinesen keine Kanonen erfunden, wo sie doch das Schwarzpulver kannten? Warum haben nicht schon die alten Griechen die moderne Technik entwickelt, wo doch die meisten mathematischen und philosophischen Grundlagen bereits vorhanden waren? Der Grund dafür liegt aber keineswegs darin, dass unsere Vorfahren weniger intelligent waren als wir heute. Neben anderen Gründen war es die naturwissenschaftliche Methode, die Art und Weise vorzugehen und aufeinander aufzubauen, die bei den Griechen, den Römern, den Arabern, den Chinesen und den Europäern anders aussah, als das, was wir heutzutage als Naturwissenschaft betreiben.

Um ein Gefühl dafür zu bekommen, wie die Methodik unserer Vorväter gestaltet war, möchte ich zwei Beispiele nennen, die charakteristisch sind für die Art und Weise, wie damals Wissenschaft (worunter man Mathematik, Philosophie, Medizin und Theologie verstand) betrieben wurde.

Der Disput über die Form der Erde

Soviel wir wissen war die Vorstellung, dass die Erde im Mittelpunkt des Universums sitzt, das normale Bild von der Form der Erde, das unter den Menschen der Antike bis zum Mittelalter gang und gäbe war. Man stellte sich vor, dass der Himmel sich in Kugelschalen um die Erde wölbte und dass die Sonne und der Mond in Wagen über diese Halbkugel gezogen würden. Oft ging damit die Vorstellung einher, dass die Erde eine Scheibe ist, allerdings erweisen neuere Untersuchungen, dass die Tatsache, dass die Erde eine Kugel ist, im Mittelalter durchaus allgemein bekannt war.

Die Frage, ob die Erde eine Kugel oder eine Scheibe ist, war lange Zeit umstritten, tatsächlich war es erst Ptolemäus um etwa 150 n. Chr., der dieses Bild dokumentierte und zum Standardmodell des Mittelalters machte. Bereits lange vor Ptolemäus wurde diskutiert, ob denn die Erde nicht vielleicht doch eine Kugelform besitzt.

Bereits Aristoteles vermutete, dass die Erde kugelförmig ist, da eine Kugel vom philosophischen Standpunkt her ein idealer Körper ist. Auch Eratosthenes vertrat um 270 v. Chr. die Meinung, dass die Erde eine Kugel ist und berechnete aus dem Schattenwurf von ägyptischen Stelen sogar den Erdumfang mit verblüffender Genauigkeit. Es war unter den griechischen Gelehrten auch durchaus bekannt, dass ein aus dem Hafen fahrendes Schiff langsam unter dem Horizont verschwindet. Aus der bekannten Höhe des Schiffes, dessen Geschwindigkeit und der Zeit, die es dauert, bis die Spitze des Mastes nicht mehr zu sehen ist, konnte man dann eine ziemlich gute Schätzung des Durchmessers der Erde liefern.

Dennoch war die Frage, ob die Erde denn nun eine Kugel ist, immer umstritten und das Wissen um die Argumente für die Kugelform ging dann zu Beginn des Mittelalters verloren. Das Bild des Ptolemäus erlangte dogmatischen Charakter und bestimmte in den folgenden Jahrhunderten die Vorstellungen der Menschen.

Im Gegensatz zu dem Konflikt um Galileo Galilei – den ich in Kapitel 2.1.2 besprochen hatte – waren die Beobachtung der griechischen Gelehrten nicht wesentlich. Wenn man experimentelle Hinweise für eine Idee vorzuweisen hatte, so war das ein gutes Argument, aber es zählte letztlich nicht als schlagendes Argument. Der Disput verlief in rein rhetorischer Form. Es ging darum, die besseren und eindrucksvolleren Ideen zu haben, sich auf die größeren Autoritäten berufen zu können und durch rednerische Gabe seinem Standpunkt Anhänger zu verschaffen.

Der Idee von der Kugelform fehlte der Rückhalt von Tradition und Autorität. Sie konnte sich auf keinen bedeutenden Lehrer berufen, der sie vertreten hätte und wurde so schließlich in den Hintergrund gedrängt bis Kopernikus ihr eine neue, solide Form gab.

Die Sache mit den Zähnen

König Ludwig XIV. von Frankreich – der Sonnenkönig – war ein sehr mächtiger Mann. Aber dass das König-Sein nicht immer angenehm ist, zeigt seine Lebensgeschichte. Im Gegensatz zu vielen seiner Zeitgenossen konnte er sich Leibärzte leisten – nicht unbedingt zu seinem Vorteil.

Einer seiner Ärzte, ein sehr angesehener und geachteter Mann, hatte die Theorie entwickelt, dass alle Krankheit von den Zähnen ausgeht. Konsequenterweise musste man, um gesund zu sein, die Zähne loswerden. Und da er der Leibarzt des Sonnenkönigs war und der König natürlich gesund sein sollte, ließ er Ludwig dem XIV. alle seine Zähne ziehen. Fortan musste der König auf alle festen Speisen verzichten und nahm nur noch flüssige Nahrung zu sich.

Niemand – und schon gar nicht besagter Leibarzt – kam auf die Idee, die merkwürdige Theorie auf ihren Wahrheitsgehalt hin zu prüfen. Hinauszuschauen in die wirkliche Welt war unter aller Würde. Schließlich war man der Leibarzt des Königs und eine anerkannte Kapazität. Also verlegte man sich auf das Disputieren und Argumentieren und bewies die Theorie damit, dass man sie auf Aussagen zurückführte, die Aristoteles gemacht haben sollte.

Wissenschaft als Glaube an Autorität

Die Beispiele zeigen ganz gut, worauf es bei der alten Form der Wissenschaft ankam. Man musste seinen Standpunkt – egal wie absurd oder merkwürdig er war – nur gut genug rhetorisch vortragen und man musste sich auf anerkannte Autoritäten berufen, dann genügte das, um seinem Standpunkt das Prädikat „korrekt" zuzuweisen.

Die Beobachtungsgabe unserer Vorväter war ganz hervorragend, teilweise sogar besser und scharfsinniger als das, was heute üblich ist, aber die Ergebnisse dieser Beobachtungen wurden nicht in eine systematische Theorie formuliert und ebenso nicht systematisch überprüft. Das heißt, es fehlten zwei wesentliche Aspekte, die in den modernen Naturwissenschaften normal sind:

- Eine Theorie wurde nicht überprüft, also nicht durch Vorhersage und Experiment kontrolliert. Man konzentrierte sich auf die Ausgangspunkte seiner Idee, auf das, was einen zu der Theorie bewogen hat.
- Die Theorie wurde lediglich rhetorisch formuliert. Mit anderen Worten: Die Alltagssprache war das Mittel, um die Theorie zu begründen und zu formulieren. Man musste etwas nur in richtiger Weise vortragen, um überzeugend zu sein. Dass wir gegen die Wirkung der Rhetorik auch heutzutage nicht gefeit sind, zeigt das Phänomen der Werbung, die einem mit schönen Worten und emotionalen Assoziationen alles Mögliche einredet, was bei logischer Betrachtung keinen Pfifferling wert ist.

Wegen dieser beiden Punkte und der Maßgabe, dass man sich auf eine Autorität beziehen musste, blieb es bei den vielen guten Ansätzen. Ein Fortschritt wurde nur dann erzielt, wenn handfeste wirtschaftliche oder machtpolitische Vorteile eine unmittelbare Folge waren. So hat es über die Jahrhunderte gut sichtbar viele technische Fortschritte gegeben, aber die Wandlung der Technik zur führenden Art und Weise die Welt zu betrachten, kam erst mit der naturwissenschaftlichen Revolution.

3.1.2 Die naturwissenschaftliche Revolution

Die naturwissenschaftliche Revolution begann im Verlauf des 16. Jahrhunderts, als Größen wie Leonardo da Vinci, Kopernikus, Tycho Brahe, Kepler und Galileo Galilei eine Revolution einläuteten, die nicht nur das Gesicht der Erde, sondern insbesondere das Denken der Menschen nachhaltig verändern sollte.

Die Gründungsväter der Naturwissenschaften waren nicht nur ganz exzellente Beobachter und scharfsinnige Gelehrte, sie waren es auch, die die Grundlagen der Wissenschaft änderten, indem Sie die Berufung auf die Autoritäten im Wesentlichen abschafften und stattdessen die Überprüfung durch Experimente als Leitprinzip einführten.

Der Übergang war dabei durchaus fließend. Viele Arbeiten dieser Gelehrten waren noch ganz im Stil des alten Vorgehens – scharfsinnige Überlegungen und rhetorische Überzeugungsgabe waren nach wie vor wesentliche Elemente. Aber sie blieben eben nicht dabei stehen. Neue Erfindungen und technische Entwicklungen – wie das Fernrohr – ermöglichten ihnen, ihre Schlussfolgerungen experimentell zu überprüfen. Wie in den Jahrhunderten vor ihnen gab es zu einzelnen Themen oft gegensätzliche Ansichten und Theorien, aber zum ersten Mal in der Geschichte der Menschheit wurde es möglich, zu Gunsten der einen oder anderen Theorie zu entscheiden, indem man die Elemente Vorhersage und Experiment verwendete.

Die Sonne rückt in den Mittelpunkt

Ein gutes Beispiel für das neue Vorgehen war der Fall Galileo Galilei, den ich schon in Kapitel 2.1.2 diskutiert habe. Kopernikus hatte sein Alternativmodell beschrieben und Galileo hatte dieses aufgegriffen und begann es zu untersuchen.

Es war ja tatsächlich so, dass das geozentrische Bild der Erde zu dieser Zeit besser belegt war als das heliozentrische. Es fehlten einfach genauere Daten. Doch diese Daten wurden jetzt geliefert. Brahe, Kepler und Galileo Galilei nutzten die neuen Erfindungen, um immer bessere und umfangreichere Beobachtungen über Planetenbewegung, Sonnenphasen und die Unterschiede von Planeten und Fixsternen zu sammeln.

Es war die Art und Weise, wie Galileo argumentiert hatte, die die Gelehrten überzeugte, sofern sie nicht aus dogmatischen Gründen an der alten Sichtweise festhielten. Galileo sagte ja, dass nicht er in seiner Autorität und Weisheit oder aufgrund seiner besseren Bibelinterpretation das neue Bild vorgab, er argumentierte mit Beobachtungen und Schlussfolgerungen, die man daraus durch Logik ableiten konnte. Die Fakten sprachen für das neue Bild und an Hand dieser Fakten konnte sich jeder selbst von der Richtigkeit der einen oder anderen Theorie überzeugen.

Die Daten und Fakten ließen sich nicht zum Schweigen bringen. Der von Galileo begonnene Weg wurde fortgesetzt und die neuen Ideen verbreiteten sich wie ein Flächenbrand. Ein neues Denken war entstanden und die naturwissenschaftliche Methode war geboren.

Was hat sich geändert?

Bei der Darstellung der Geschehnisse ist es eine schwierige Frage, was genau sich verändert hat. Denn Menschen, die an Hand von Fakten entscheiden, hat es auch schon im Mittelalter und in der Antike gegeben. Und auch umgekehrt: Der Autoritätsglaube ist heutzutage noch lange nicht verschwunden. Es hat immer noch mehr Bedeutung, wenn eine Meinung von einer wissenschaftlichen Kapazität ausgesprochen wird, als wenn meinetwegen eine alte, ungebildete, aber lebenserfahrene Frau eine Meinung äußert. Waren im Mittelalter die Priester und Bischöfe die Entscheidungsinstanz, so sind es heute z. B. Gutachter, die den Nimbus der Unfehlbarkeit mit sich tragen.

Mit diesen Überlegungen ist es klar, dass das, was sich geändert hat, subtiler ist als „nur“ die Entdeckung, dass Fakten dazu verwendet werden können, zwischen verschiedenen Sichtweisen zu unterscheiden. Die Änderung, die geschehen ist, war eigentlich ein gesellschaftlicher Prozess, der dazu führte, dass die neue Methodik als die Führende angesehen wurde.

Dass es das Element der experimentellen Überprüfung schon vorher gegeben hat, kann man an dem Beispiel des Eratosthenes sehr gut sehen. Aber seine Art vorzugehen war nicht die akzeptierte Art und deshalb wurden seine Argumente größtenteils ignoriert. Mit der naturwissenschaftlichen Revolution wurde die Übereinkunft, wie Wissenschaft zu betreiben ist, geändert. Die Universitäten begannen ihre Studenten entsprechend auszubilden und die Art des naturwissenschaftlichen Arbeitens wurde zu einem Konsens, der von der überwiegenden Mehrheit der Wissenschaftler geteilt wurde.

Die alte Art ist dabei niemals vergessen worden, dazu hatte sie zu viele Vorteile, wenn es darum ging, sich ein Beziehungsgeflecht zu schaffen und sich in eine persönliche Machtstellung zu bringen. Aber es war in dem, was als wissenschaftlicher Fortschritt angesehen wurde, nicht mehr die führende Denkart.

Wie sich in den späteren Kapiteln noch zeigen wird, ist die Diskussion um Evolution und Schöpfung letztlich eine Diskussion um diesen gesellschaftlichen Konsens. Die Gegner des Evolutionsgedankens möchten sich von der faktenorientierten Vorgehensweise lösen und zurückkehren zu einer dogmatisch orientierten Vorgehensweise, die nur in den Lücken die Fakten zur Geltung bringen will. Sie erwarten dabei, dass die Nachteile, die die alte Denkweise mit sich gebracht hatte, vermieden werden können.

3.1.3 Zusammenfassung

Der Blick in die Geschichte zeigt, dass die naturwissenschaftliche Revolution nicht primär eine technische Erfindung und noch nicht einmal die Erfindung einer neuen Methode gewesen ist. Sie war eine gesellschaftliche Veränderung, die die Naturwissenschaft erst auf eine Grundlage stellte, die es ihr ermöglichte zu gedeihen. Nur mit dieser Grundlage wurde es möglich, dass naturwissenschaftliche Kenntnisse aufeinander aufbauen konnten und sich daraus wiederum neue Techniken entwickeln konnten.

Das glaubenszentrierte, dogmatische Vorgehen der Antike und des Mittelalters beruhte im Wesentlichen auf den Meinungen von Autoritäten, aus deren Sätzen mit natürlicher Sprache logisch oder scheinbar logisch, aber in erster Linie rhetorisch, Schlussfolgerungen gezogen und Konsequenzen abgeleitet wurden. Die neue Methode rückte die experimentelle Überprüfung in den Vordergrund. Das Neue daran war, dass sich im Prinzip jeder selbst von der Richtigkeit der Schlussfolgerungen überzeugen konnte, wenn er sich nur daran machte, die Fakten zu prüfen.

3.2 Die Prinzipien der Naturwissenschaft

Im letzten Kapitel war bereits davon die Rede, dass mit der naturwissenschaftlichen Revolution eine neue Methode als Standardmethode in die Naturwissenschaft eingeführt wurde. Naturwissenschaft definiert sich geradezu über diese Methode. In diesem Kapitel soll dieses nun näher erläutert und beschrieben werden. Für die Diskussion um Evolution und Schöpfung ist ein tiefes Verständnis der naturwissenschaftlichen Methode grundlegend. Dieses Kapitel dient also als Basis für die Diskussionen, die ich im Rest des Buches vorstellen werde. Es ist auch die Basis für das Verständnis dafür, was Naturwissenschaft kann und was sie eben nicht kann.

3.2.1 Die naturwissenschaftliche Methodik

Die naturwissenschaftliche Methodik ist, wie der Name schon sagt, eine Beschreibung der Vorgehensweise. Sie sagt also, wie man als Naturwissenschaftler vorgehen muss, wenn man seine Arbeit ordentlich machen möchte. Will man die naturwissenschaftliche Methodik in Kurzform charakterisieren, so kann man sie beschreiben als das Zusammenspiel der vier Begriffe: **Beobachtung, Modellbildung, Verifikation** und **Vorhersage.** Schauen wir uns diese vier Begriffe einmal im Einzelnen an.

Das Element der Beobachtung

Grundlage jeder Naturwissenschaft sind Beobachtungen, experimentelle Daten. Dies sind schlicht und ergreifend Fakten, die festgestellt werden können. Dabei können zwei Arten von Beobachtungen unterschieden werden: subjektive Beobachtungen und Einzelfälle, und objektivierbare Beobachtungen.

Grundsätzlich ist jede Beobachtung subjektiv, denn es ist letztlich die einzelne Person, die sie macht. Aber je nach Art der Beobachtung kann diese von verschiedenen Personen, zu verschiedenen Zeiten immer wieder angestellt und durch andere Menschen bestätigt werden. Am deutlichsten wird dies, wenn man einmal ein paar Beispiele betrachtet.

Man nehme zuerst einmal die Beobachtung, dass der Jupiter Monde hat. Dies ist eine objektivierbare Beobachtung, denn jeder, der ein Fernrohr besitzt und es zur richtigen Nachtzeit auf den Jupiter richtet, wird die Beobachtung bestätigen können. Das zeigt auch, dass eine objektivierbare Beobachtung nicht notwendig von allen Menschen nachvollzogen werden muss, denn nicht alle Menschen haben ein Fernrohr oder sind in der Lage, es korrekt zu benutzen. Ein wichtiges Kriterium für Objektivierbarkeit ist, dass es möglich ist, eine Beobachtung aufzuzeichnen, z. B. durch einen Film oder ein Photo. Nimmt man als Beispiel einen Einbruch, bei dem der Einbrecher durch eine Überwachungskamera gefilmt wurde, so zählt das als objektivierbare Beobachtung, auch wenn niemand dabei war, als der Einbruch geschah.

Nimmt man als nächstes Beispiel eine Vision, wie zum Beispiel eine Gotteserscheinung, wäre dies der Prototyp einer subjektiven Beobachtung. Das bleibt so, selbst wenn es sehr viele Menschen gibt, die von solchen Visionen berichten. Hier wäre ein entscheidendes Kriterium, dass man diese Beobachtung nicht aufzeichnen kann, denn sie geschieht im Kopf desjenigen, der die Vision hat. Es sei betont, dass ich an dieser Stelle erst einmal nichts dazu aussage, wie sich der Begriff der Realität zu dieser Art der Beobachtung verhält. Eine subjektive Beobachtung kann prinzipiell zunächst genauso der Realität entsprechen wie dies im Allgemeinen von einer objektivierbaren Beobachtung angenommen wird.

Grenzfälle zwischen diesen beiden klar abgesteckten Seiten sind Einzelfälle. So ist ein Verkehrsunfall prinzipiell ein Vorgang, der objektivierbar beobachtet werden kann. Aber wenn niemand da war, ihn zu beobachten außer den beiden Fahrern, die Gegensätzliches berichten und sich an Hand der Spuren nicht feststellen lässt, wer von beiden denn nun die Wahrheit sagt, bleibt dieser Einzelfall ungeklärt – nicht objektiv entscheidbar. Auch Vorfälle wie der Bericht, dass Jesus über den See Genezareth gelaufen ist, bleiben in dieser Weise unklar, zumindest was die Beobachtung betrifft. Im letzten Fall spielt die Modellbildung aber noch eine wichtige Rolle, auf die ich gleich zu sprechen kommen werde.

Wesentlich in der naturwissenschaftlichen Methodik ist, dass allein objektivierbare Beobachtungen diejenigen sind, die zählen. Subjektive Beobachtungen und nicht entscheidbare Einzelfälle müssen aus der Betrachtung ausgeschlossen werden. Darum geht es in den Naturwissenschaften oft darum, Beobachtungen objektivierbar zu machen. Dazu zählt, dass die Umstände festgelegt werden müssen, unter denen die Beobachtung zu machen ist, um das behauptete Ereignis beobachten zu können. Ich werde darauf im Rahmen des Punktes der Vorhersage noch zurückkommen.

Gerade im Zusammenhang mit dem nächsten Punkt, der Modellbildung, kann es von entscheidender Bedeutung sein, Beobachtungen präzise zu machen. Generell gilt: je genauer desto besser. Aber trotzdem hängt der Wert der Präzision von dem Ziel ab, das man verfolgt. Wenn jemand ein Fahrzeug beobachtet und sagt: „Es war zu schnell“, so war das möglicherweise eine objektivierbare Beobachtung, aber besonders präzise war sie nicht. Sagt man, dass das Fahrzeug 62,387256345 km/h schnell war, dann ist das eine sehr präzise Beobachtung, allerdings eventuell für die Frage, ob der Fahrer ein Knöllchen bekommen soll oder nicht, unnötig präzise.

Trotzdem ist auch hier eine Ungenauigkeit in der Angabe, denn wir haben die Geschwindigkeit ja nur auf neun Stellen hinter dem Komma angegeben, aber die zehnte und die weiteren Stellen kennen wir nicht. Es sollte klar sein, dass die Genauigkeit jeder Beobachtung prinzipiell beschränkt ist. Um sagen zu können, ob die Genauigkeit ausreichend ist oder nicht, kommt es immer darauf an, welche Frage man verfolgt.

Daher lernt jeder Naturwissenschaftler bereits zu Beginn seiner Ausbildung die Wichtigkeit einer Fehlerbetrachtung kennen, mit der bei jeder Beobachtung festgestellt wird, wie groß die Ungenauigkeit der Einzelbeobachtungen ist und wie sich diese Ungenauigkeit auf das Endergebnis auswirkt. So manche glorreiche Entdeckung ist sang- und klanglos untergegangen, weil die Beteiligten in ihrer Begeisterung dieses einfache Grundprinzip nicht beachtet hatten.

Der Begriff der Beobachtung beinhaltet aber auch eine unerwartete Falle und das ist die, dass wir nichts beobachten können, was wir nicht definieren können. Etwas, was wir nicht in Worte fassen können, das können wir auch nicht wahrnehmen und damit auch nicht beobachten. Zu Beginn der Naturwissenschaften war dieses Problem nicht so wichtig, denn es gab unendlich viel zu beobachten und festzustellen. Aber heute kommen wir so manches Mal an diese Grenze und auch hier, in der Diskussion um Schöpfung oder Evolution, werden wir auf diese Grenze stoßen.

So bleibt erst einmal festzustellen, dass objektivierbare Beobachtungen eine Grundlage der Naturwissenschaften bilden. Ob und was wir alles beobachten können, ist eine Frage, mit der wir uns noch beschäftigen werden.

Die Modellbildung

Modellbildung ist der naturwissenschaftlich exakte Begriff für das, was man fast automatisch macht, wenn man etwas beobachtet. Man versucht das Beobachtete in ein Schema zu packen, die Regelmäßigkeit, die Gesetzmäßigkeit dahinter zu finden und so zu formulieren, dass man das, was man beobachtet hat, in dieses Schema einordnen kann. Dahinter stecken zwei ganz wichtige Fragen, die gerade auch viele Kinder dahin bringen, sich mit den Naturwissenschaften zu beschäftigen: die Fragen nach dem Wie und nach dem Warum.

Die Frage nach dem Wie ist die Frage nach dem Ablauf der Dinge. Man sieht einen Apfel zu Boden fallen und fragt sich, wie er das tut. Fliegt er gerade oder krumm, wird er schneller oder nicht, fällt ein schwerer Apfel anders als ein leichter Apfel und so weiter. Es ist die Frage, was sich in Zukunft ereignen wird, wenn man einen Zustand zum aktuellen Zeitpunkt kennt.

Hinter der zweiten Frage – nach dem Warum – steckt eine enorme Sprengkraft. Sie ist eine Frage, die eigentlich über die Naturwissenschaft hinausgeht, aber sie ist trotzdem ein ganz wesentlicher Motor der Naturwissenschaft. Die Frage ist zunächst ganz einfach die Frage nach einem Grund, nach einem Prinzip oder nach einem Schema, das hinter einer Beobachtung steckt. Der Apfel fällt zu Boden – warum? Die Sterne leuchten in verschiedenen Farben – warum? Der Motor des Autos macht Lärm – warum?

Die Warum-Frage steht am Anfang jeder intellektuellen Entwicklung. Aber jeder, der schon einmal kleine Kinder erzogen hat, wird mir Recht geben, wenn ich sage, dass jedes Warum-Fragen einmal ein Ende hat. Wenn kleine Kinder ihre Eltern mit diesen Fragen löchern, dann ist man am Anfang stolz auf den Wissensdurst seines Sprösslings, aber nach der zehnten oder zwanzigsten Warum-Frage ist man am Ende. Man merkt, dass einem einfach die Antworten ausgehen und man nur noch sagen kann: „Das ist eben so."

In den Naturwissenschaften ist das nicht anders. Zu Anfang ist die Warum-Frage sehr nützlich und fruchtbar, aber irgendwann stößt man an eine Grenze, hinter der es nicht mehr weitergeht. Mit dieser Grenze werden wir uns im letzten Teil dieses Kapitels ausführlicher beschäftigen. Aber in den ersten Schritten beantwortet sich die Warum-Frage dadurch, dass man die Beobachtungen in einen Zusammenhang stellt, die diese als logische und möglicherweise zwangsläufige Konsequenz des Zusammenhangs darstellt. Diesen Zusammenhang nennt man Modell und das Modell ist der ultimative Mittelpunkt des naturwissenschaftlichen Arbeitens. Durch das Modell erhalten die Beobachtungen einen Rahmen, durch das Modell lassen sich Schlussfolgerungen ziehen und durch das Modell werden die wesentlichen Schritte der Verifikation und Vorhersage möglich, auf die ich noch kommen werde.

Wichtig ist auch, dass in dem Begriff „Modell" eine Grenze enthalten ist. Ein Modell ist immer auf bestimmten Vorstellungen und Näherungen aufgebaut, die die Formulierung des Modells erst möglich machen. Dadurch kann man die Warum-Frage innerhalb dieser Annahmen und Näherungen beantworten. Wenn man aber Fragen stellt, die über das Modell hinausgehen, dann ist es schlicht und ergreifend nicht mehr zuständig und liefert in der Regel unsinnige Antworten.

Um das zu sehen, braucht man sich nur die Verwendung dieses Begriffes im Alltag anzuschauen. Wenn man zum Beispiel das Modell eines Bauwerks anschaut, so wird dieses viel von den Proportionen, Farben und den Gesamtzusammenhang des Bauwerkes wiedergeben, das Modell spiegelt die Realität also in vielen Punkten wieder. Aber niemand darf sich beschweren, wenn man an dem Modell nicht herausbekommen kann, wie es z. B. ist, wenn man in dem Bauwerk drin steht, denn ein Modell kann man normalerweise nicht betreten. Um diese Frage zu beantworten, muss ich warten, bis ich das reale Bauwerk habe oder ein wesentlich teureres Modell bauen, das ich betreten kann. Der Begriff Modell beinhaltet also eine prinzipielle Grenze, die auch und gerade in den Naturwissenschaften eine wichtige Rolle spielt.

Ein weiterer wichtiger Punkt ist, dass in die Modellbildung nicht nur die Beobachtungen einfließen. Wie ein Modell aussieht, hängt ganz wesentlich von dem Menschen ab, der es formuliert. Die Modellbildung ist der wirklich kreative Teil in der Naturwissenschaft, hier spielen Ideenreichtum, Vorstellungskraft, logisches und mathematisches Können und manchmal einfach Glück eine wichtige Rolle. So manches erfolgreiche naturwissenschaftliche Modell ist entstanden, weil der beteiligte Wissenschaftler durch ganz unvermutete Umstände einen neuen und ungewohnten Blick auf sein Problem erlangt hat und dadurch die Idee bekam, die ihm zu einem Durchbruch verholfen hat.

Wie sehr das Weltbild – die Sicht auf das Universum – die Modellbildung beeinflussen kann und wieso man trotz einer falschen Weltsicht möglicherweise trotzdem ein gutes Ergebnis bekommen kann, sollen zwei kleine Beispiele verdeutlichen.

Die Äthertheorie

In der Mitte des 19. Jahrhunderts wurden die aufregenden neuen Phänomene des Elektromagnetismus entdeckt. Viele Forscher beschäftigten sich damit und die verschiedenen Erkenntnisse wurden durch den Physiker Maxwell in Form der Maxwellschen Gleichungen zusammengefasst. Aus diesen Gleichungen konnte abgeleitet werden, dass sich der Elektromagnetismus in Form von Wellen ausbreitet und tatsächlich wurden diese Wellen dann von Heinrich Hertz nachgewiesen und in Form von Funk und Radio auch technisch genutzt.

Aber mit Wellen hatte man ein Problem. Bis dato waren nur Wellen bekannt, die sich auf einem Medium ausbildeten, so wie Wasserwellen eben auf Wasser entstehen. Ein solches Medium schien für die elektromagnetischen Wellen zu fehlen. Also, so die damalige Sicht, postulierten die Physiker ein solches Medium, weil sie aufgrund ihrer Vorstellung – ihres Weltbildes – ein solches Gebilde brauchten. Dieses Gebilde wurde Äther genannt und die Forscher begannen aus den Beobachtungen Folgerungen zu diesem Gebilde zu ziehen, das man gar nicht direkt beobachten konnte.

Über die Jahre wurde der Äther zu einem immer merkwürdigeren Gebilde und bekam immer seltsamere Eigenschaften, die so waren, dass so mancher Physiker anfing zu vermuten, dass da etwas nicht stimmen konnte. Es war Einstein, der diesen Knoten dann durchschlug. Er führte die spezielle Relativitätstheorie ein und konnte zeigen, dass so etwas wie der Äther gar nicht mehr nötig war. Das falsche Weltbild hatte die Physiker dazu gebracht an einem Gebilde festzuhalten, das sich schließlich als überhaupt nicht notwendig herausstellte.

Da das Modell von Einstein besser war als die vorher formulierte Äthertheorie, wurde daraufhin der Äther aus den naturwissenschaftlichen Beschreibungen verbannt. Die Physiker änderten ihr Weltbild ab und konnten so einen Fortschritt erzielen. Wichtig war, dass sie bereit waren, ihr Weltbild in diesem Punkt durch die Beobachtungen und die bessere Modellierung von Einstein korrigieren zu lassen.

Die Schrödingergleichung

Ein anderes Geschehen ereignete sich im ersten Viertel des 20. Jahrhunderts, als die Quantentheorie – die Beschreibung der Vorgänge in Atomen und Atomkernen – entwickelt wurde. Wieder waren es Beobachtungen, die zu dieser Zeit klarmachten, dass die klassischen Modelle, die man hatte, für das, was in Atomen ablief, nicht mehr geeignet waren. Man hatte die Grenze der Gültigkeit der klassischen Beschreibungen erreicht.

Teil des Problems war die Erkenntnis, dass Elementarteilchen merkwürdige Zwittergebilde sind. Klassisch gesehen waren Elementarteilchen punktförmige Gebilde, die einen bestimmten Ort besetzten und eine bestimmte Geschwindigkeit hatten. Davon unterschieden waren Wellen, die keinen bestimmten Ort hatten und auch keine bestimmte Geschwindigkeit, da es zwei Möglichkeiten gibt, in einer Welle eine Geschwindigkeit zu definieren. Von daher waren klassisch gesehen Teilchen und Welle zwei grundsätzlich verschiedene Dinge. Doch die Beobachtungen ergaben, dass bei Abständen in der Größenordnung von Atomen oder kleiner, diese zwei Konzepte plötzlich anfingen ineinander überzugehen. Elementarteilchen fingen an, sich wie Wellen zu verhalten und Wellen zeigten Tendenzen, sich wie Teilchen zu verhalten. Das war höchst verwirrend. In dieser Situation entwickelte Werner Heisenberg dann ein Modell, das diesen Dualismus in Form der berühmten Heisenbergschen Unschärferelation beschrieb. Diese Relation besagt, dass es unmöglich ist, den Ort und die Geschwindigkeit von Elementarteilchen gleichzeitig beliebig genau zu bestimmen. Man kann den Ort beliebig genau bestimmen, aber dann verliert man alle Möglichkeiten, etwas über die Geschwindigkeit zu sagen und umgekehrt, man kann die Geschwindigkeit beliebig genau messen, aber dann verliert man die Bestimmung des Ortes.

Erwin Schrödinger, ein österreichischer Physiker, war mit diesen Ideen nicht einverstanden. In seiner Vorstellung waren die Konzepte Welle und Teilchen so verschieden, dass ein Sowohl-als-auch undenkbar war. Er beschloss, den Begriff des Teilchens abzuschaffen und hatte die Idee, alles als Welle zu beschreiben. Auf dieser Idee entwickelte er eine Gleichung, die heute unter dem Namen Schrödingergleichung berühmt ist. Tatsächlich konnte er zeigen, dass diese Gleichung die Beobachtungen genauso gut beschreiben konnte wie das Modell, das Heisenberg vorher entwickelt hatte.

Doch so richtig die Schrödingergleichung ist, so falsch war die Idee, auf deren Grundlage Schrödinger seine Gleichung entwickelt hatte. Innerhalb kurzer Zeit konnte man zeigen, dass Schrödingers Gleichung und Heisenbergs Modell äquivalent sind und man konnte die Heisenbergsche Unschärferelation aus Schrödingers Gleichung ableiten. Der Welle-Teilchen-Dualismus blieb und Schrödingers Weltbild bekam einen Todesstoß, was Schrödinger dazu brachte, sich nicht mehr an der Weiterentwicklung der neuen Quantenmechanik zu beteiligen.

Das Beispiel zeigt, dass manchmal auch ein falsches Weltbild die kreativen Ideen entwickeln kann, die die Naturwissenschaft voranbringen. Aber die Qualität eines Modells entscheidet sich nicht an dem Weltbild, sondern an der Fähigkeit, die Beobachtungen zu beschreiben und Vorhersagen zu machen. Letztlich ist das Modell, wenn es denn brauchbar ist, unabhängig von dem zugrunde liegenden Weltbild. Dieses Phänomen wird uns in der Diskussion um Evolution und Schöpfung noch ausführlich beschäftigen.

Ein weiterer wichtiger Punkt im Zusammenhang mit der Modellbildung ist, dass das Modell in einer speziellen Sprache formuliert sein muss. Bei den alten Griechen und im Mittelalter war das eigentlich die Alltagssprache, verbunden mit den Künsten der Rhetorik und Logik. Aber die Alltagssprache ist zu begrenzt und zu mehrdeutig, um komplexe Sachverhalte wirklich fruchtbar darzustellen. Derjenige, der das Modell formulierte, wusste zwar im Allgemeinen, was er sagen wollte, aber andere mussten ihn auch verstehen. Und wenn dieses Verständnis begrenzt ist, dann kann auch das Modell in seinen Konsequenzen nur begrenzt untersucht werden. Daher hat sich in den Naturwissenschaften, insbesondere in der Physik, die Mathematik als die Sprache entwickelt, in der das Modell zu formulieren ist. Mit Hilfe der Mathematik ist es möglich, erheblich weiter und genauer auf die Konsequenzen eines Modells einzugehen.

Der Aspekt der Verifikation

Damit kommen wir bereits auf den nächsten Punkt der wissenschaftlichen Methodik, die Verifikation oder Überprüfung des Modells. Das Modell wurde ja entwickelt, um bestimmte Beobachtungen zusammenzufassen, einzuordnen, zu erklären. Hat man das Modell dann erst einmal formuliert, dann ist kritisch zu fragen, ob das Modell seine Aufgabe denn tatsächlich erfüllt. Dieser Schritt ist gar nicht so einfach und selbstverständlich, wie er sich anhört. Man könnte fragen, wozu er denn überhaupt notwendig ist, da man doch das Modell gerade im Hinblick auf die Beobachtungen entwickelt hat.

Aber dieser Schritt ist tatsächlich sehr wichtig, weil bei der Formulierung des Modells noch viele andere Dinge einfließen als nur die Beobachtungen, insbesondere die kreative Vorstellung des Forschers. Es ist oft genug geschehen, dass ein Forscher im Eifer des Gefechts eine nur oberflächlich wahrgenommene Beobachtung genommen hat und dann mit den Worten: „Das bestätigt meine Ansicht, dass ..." ein Modell vorgetragen hat, das er ganz unabhängig von der Beobachtung sowieso schon vertreten hat.

Eine solche Reaktion ist nur zu menschlich. Denn hat man erst einmal ein Modell entwickelt, das man selber vertritt und mit dem man – eventuell über Jahre – sehr gute Erfahrungen gemacht hat, dann wird man nur sehr zögerlich die Grundlagen wieder fallen lassen.

Dabei spielt ein anderes Phänomen eine Rolle, das Phänomen der Näherung. Es passiert oft, dass ein Modell eine Beobachtung nur ungefähr, nur näherungsweise wiedergibt. Ein gutes Beispiel dafür ist der freie Fall mit dem dazu gehörenden Modell von Newton, so wie man es z. B. in der Schule lernt. Dieses Modell von Newton besagt, dass Körper im Gravitationsfeld der Erde immer schneller werden und unabhängig davon fallen, welche Masse sie haben. Tatsächlich entspricht dieses Modell nicht den täglichen Beobachtungen. So fällt ein Kilo Watte ganz anders als ein Kilo Stein und Fallschirmspringer leben u. a. davon, dass sie irgendwann einmal eben nicht mehr schneller werden. Die Ursache der Diskrepanz ist, dass in dem einfachen Modell von Newton, wie es in der Schule gelehrt wird, die Reibung der Luft vernachlässigt wird. Die Aussagen der Unabhängigkeit des Fallens von der Masse gelten eben nur dann, wenn die Bewegungen auf einem Planeten ohne Atmosphäre stattfinden. Insofern ist das in der Schule gelehrte Modell nicht falsch, es gilt eben nur unter bestimmten Näherungen. Hat man ein Phänomen, in dem diese Näherung nicht gilt, so muss man das Modell erweitern, wenn man vernünftige Aussagen bekommen will.

Die Formulierung solcher Näherungen ist in den Naturwissenschaften tägliches Brot und dadurch kommt es eben zu Differenzen zwischen den Aussagen des Modells und den tatsächlichen Beobachtungen. Zu der Verifikation gehört also auch, genau darzulegen, wo die Näherungen und Vernachlässigungen in dem Modell sind.

Die Bewertung der Näherung ist dann oft die Ursache für einen heftigen Disput zwischen den Forschern und die Hauptursache für die verschiedenen Ausprägungen und Vorstellungen, die man sich von den Vorgängen der Natur macht. Denn eine Näherung ist nur dann eine gute Näherung, wenn das, was da in dem, was man beschreiben will, vernachlässigt wird, eben tatsächlich vernachlässigbar ist. Aber die Einschätzung, was genau tatsächlich wichtig ist, ist oft subjektiv und nicht klar festzulegen. Aus diesem Grund kommen unterschiedliche Forscher oft auf unterschiedliche Einschätzungen darüber, wie eine Näherung zu bewerten ist. Auch in der Diskussion um Evolution oder Schöpfung ist die Frage, ob eine Näherung gut ist, das eine oder andere Mal die Ursache von heftigen Auseinandersetzungen.

Das Erstellen von Vorhersagen

Wir kommen zu dem meines Erachtens wichtigsten Teil der naturwissenschaftlichen Methodik, den Vorhersagen. Kein naturwissenschaftliches Modell ist etwas wert, wenn es nicht in der Lage ist, das Ergebnis von Messungen vorherzusagen. Die Vorhersagen sind auch der Grund, warum es wichtig ist, ein Modell in mathematischer Sprache zu formulieren. Erst mit Hilfe der Mathematik ist es möglich, wirklich systematisch nach Konsequenzen zu suchen und damit Vorhersagen zu formulieren. Mit Hilfe von Vorhersagen gelingt es dann auch, zwischen verschiedenen Modellen zu unterscheiden. Hat man zwei Modelle, die nach gegenwärtigem Erkenntnisstand beide in etwa gleichwertig die Beobachtungen beschreiben, dann muss man sich auf die Unterschiede der Modelle konzentrieren und dafür Vorhersagen machen. Dies führt dann zu Schlüsselexperimenten, mit denen man eine Entscheidung zwischen den beiden widerstreitenden Modellen treffen kann.

Ein schönes Beispiel für diesen Vorgang ist die Frage, wie sich Licht ausbreitet. Zu Zeiten Newtons waren die Eigenschaften der Brechung und der Spieglung von Licht bekannt und man hatte zwei verschiedene Modelle, wie diese Phänomene zu erklären sind. Da war einmal das Korpuskularmodell, nach dem das Licht aus sehr vielen kleinen Teilchen besteht und dann war da das Wellenmodell, das besagte, dass das Licht sich in Form von Wellen ausbreitet. Mit beiden Modellen konnte man die Beobachtungen der Brechung und Spiegelung beschreiben.

Also benötigte man eine Eigenschaft, mit der man zwischen diesen beiden Modellen unterscheiden konnte. Diese fand man dann in der Eigenschaft Interferenz, was Überlagerung bedeutet. Wellen haben sowohl Wellentäler als auch Wellenberge. Überlagern sich zwei Wellen kann es daher zu einer gegenseitigen Auslöschung kommen, wenn ein Tal auf einen Berg trifft, oder zu einer Verstärkung, wenn zwei Täler oder Berge aufeinandertreffen. Interferenz ist charakteristisch für Wellen und tritt bei Teilchen nicht auf.

Die Interferenz von Licht wurde dann 1650 von Christiaan Huygens nachgewiesen und der Wellencharakter des Lichtes war damit bewiesen – zumindest vorläufig. Denn 1905 erklärte Einstein einen neuen merkwürdigen Effekt – den lichtelektrischen Effekt – damit, dass sich Licht so verhält, als ob es aus vielen Teilchen, den Photonen, bestehen würde. Gleichzeitig waren die Experimente zur Interferenz noch nach wie vor gültig und auch die Erklärung der Interferenz als Eigenschaft von Wellen. Somit zwangen die neuen Experimente die Physiker ein ganz neues Modell zu entwickeln, das Licht sowohl als Welle als auch als Teilchen beschreibt. Dies zeigt auch sehr schön, wie Beobachtung und Modellbildung so zusammenwirken, dass eventuell etwas herauskommt, was dem Forscher gar nicht gefällt.

Es sind in der Vergangenheit auch schon Modelle entwickelt worden, mit denen keine Vorhersagen möglich sind. Wenn man solche Modelle detailliert anschaut, dann wird man oft finden, dass dies keine guten naturwissenschaftlichen Modelle sind, insofern als dass sie entweder auf Dingen beruhen, die nicht naturwissenschaftlich zugänglich sind oder weil sie einfach noch keinen richtigen Modellstatus erreicht haben.

Wie ich im Kapitel 4 noch diskutieren werde, ist die Evolutionstheorie an vielen Stellen noch in einem unvollständigen Status. Das macht es schwierig oder unmöglich, exakte Vorhersagen zu machen, insbesondere, wenn es um Langzeitvorhersagen geht. Aber mit den Langzeitvorhersagen ist es sowieso so eine Sache. Damit meine ich, dass es unter Umständen grundsätzlich unmöglich ist, Langzeitvorhersagen zu machen.

Ein Beispiel in diese Richtung ist die Wettervorhersage. Kein Meteorologe, der einen Hauch von Seriosität hat, wird das Wetter länger als ein paar Tage vorhersagen. Die Vorhersagen sind mit den besseren Wetterdaten, die man inzwischen erhebt, zwar sehr viel zuverlässiger geworden, aber aus prinzipiellen Gründen ist eine Vorhersage nur in Einzelfällen möglich, wenn der Zeitraum größer ist als ein paar Tage.

Ursache dieses Phänomens sind nicht die schlechten Modelle oder der Umstand, dass so etwas wie ein Gott das Wetter beeinflusst, Ursache sind zwei Tatsachen, die auch später in meiner Diskussion eine wichtige Rolle spielen werden. Einmal die Tatsache, dass Wetter ein chaotisches, nichtlineares System ist, bei dem die kleinste Änderung riesige Auswirkungen haben kann, wie dies einmal durch die prägnante Formulierung ausgedrückt wurde: „Wenn in China ein Schmetterling mit den Flügeln schlägt, ändert sich in den USA das Wetter.“

Durch diese Empfindlichkeit ist man gezwungen, immer mehr Details in seinem Modell zu berücksichtigen, je weiter man die Wettervorhersage treiben möchte. Man könnte nun sagen, dass dies nur ein praktisches Hindernis ist, theoretisch könnte ich ja beliebig genau messen. Aber hier genau kommt die zweite Tatsache zum Tragen: Es ist prinzipiell unmöglich, beliebig genau zu messen. Irgendwann einmal wird man in den Bereich der Atome vorstoßen und dort macht sich die bereits beschriebene Unschärferelation bemerkbar. Durch diese begrenzt sich die Genauigkeit, mit der ich messen kann, prinzipiell und damit begrenzt sich meine Vorhersagemöglichkeit prinzipiell. Oder anders ausgedrückt: Selbst wenn mein Modell in jeder nur denkbaren Möglichkeit absolut perfekt wäre, es gibt Vorhersagen, die ich prinzipiell nicht machen kann. Diesen Umstand werden wir bei der Beschreibung der Evolutionstheorie wiedertreffen.

Hier bleibt nur zu betonen, dass die Vorhersagemöglichkeit ein wesentliches Element eines naturwissenschaftlichen Modells darstellt.

3.2.2 Die Eigenschaften der Naturwissenschaften

Fasst man die Ausführungen des letzten Abschnitts zusammen, so hat man also einen aufeinander aufbauenden und sich selbst kontrollierenden Prozess, den man die wissenschaftliche Methodik nennt. Damit diese Methodik die Methodik der Naturwissenschaft wird, sind allerdings bestimmte Eigenschaften in den methodischen Schritten nötig, mit denen ich mich als Nächstes beschäftigen möchte und die ich auch schon teilweise angedeutet habe.

Die Eigenschaften, die charakteristisch für die Naturwissenschaften sind und die letztlich festlegen, was Naturwissenschaft ist und was mit Naturwissenschaften erreicht werden kann, sind durch die Begriffe **objektiv, wiederholbar** und **formal** beschrieben. Im Folgenden möchte ich erläutern, was unter diesen Begriffen zu verstehen ist.

Naturwissenschaft ist objektiv

Objektivität ist vermutlich die allerwichtigste Eigenschaft der Naturwissenschaft und kennzeichnet gleichzeitig am deutlichsten die Abkehr von den Autoritäten, die die Wissenschaften des Mittelalters bestimmt haben. Objektivität bedeutet, dass eine Beobachtung oder ein Experiment oder die Beschreibung eines Modells nicht von der Person abhängen darf, die die Beobachtung macht oder das Modell studiert.

Für Beobachtungen ist diese Eigenschaft, wie oben schon betont, recht schnell einzusehen. Es dürfen nur die Beobachtungen zählen, die andere in genau derselben Weise machen können. Es ist nicht mehr wichtig, was andere gesagt haben oder welcher Meinung andere sind, es ist nur wichtig, was sie beobachtet haben und dass man dieselbe Beobachtung auch machen kann. Da die Beobachtung die Grundlage der Modelle ist, die in der Naturwissenschaft formuliert werden, bedeutet das, dass die Modelle selbst auch etwas von dieser Objektivierbarkeit mitbekommen. Das heißt nun nicht, dass naturwissenschaftliche Modelle prinzipiell objektiv sind, denn es gehen in diese Modelle oft auch philosophische und weltanschauliche Vorstellungen ein. Und diese Vorstellungen sind durchaus sehr subjektiv. Allerdings stellt man fest, dass diese Vorstellungen meist erst dann eine Rolle spielen, wenn es um die Interpretation des Modells geht. Und eine Interpretation ist oft sehr notwendig, wie ich im Zusammenhang mit der Eigenschaft „formal" noch erläutern werde.

So einfach und einleuchtend es ist, wenn man sagt, dass naturwissenschaftliche Beobachtungen oder Modelle unabhängig von der Person sein müssen, so schwer kann es im Einzelfall sein, die genaue Grenze zwischen subjektiv und objektiv festzustellen. Dazu möchte ich einige Beispiele betrachten:

Wenn jemand sagt: „Lasse ich einen Apfel aus einer gewissen Höhe fallen, so beschleunigt er mit 9,81 m/sec^2 und prallt schließlich mit der und der Geschwindigkeit auf dem Boden auf", dann ist das eine Beobachtung, die relativ präzise auch von anderen gemacht werden kann. Dies wäre also eine objektivierbare Beobachtung, auch wenn es unter Umständen notwendig ist, dass man noch eine Reihe von Randbedingungen klären muss, wie zum Beispiel, dass es windstill ist und nicht gerade ein Hurrikan tobt. Wichtig ist in diesem Fall, dass sich die Randbedingungen recht gut formulieren und kontrollieren lassen.

Wenn jemand sagt: „Ich habe Gott erfahren", dann sieht das anders aus. Zwar kann derjenige, der die Aussage macht, genau beschreiben, wie es zu seiner Erfahrung gekommen ist und es gibt auch sehr viele Menschen, die diese Erfahrung bestätigen können, aber die Umstände und vor allem der innere Zustand des Beobachters lassen sich schlicht nicht genau festlegen. Damit ist diese Beobachtung subjektiv. Wir haben weder eine Möglichkeit festzustellen, dass die verschiedenen Menschen, die sagen, dass sie Gott erfahren haben, dieselbe Erfahrung gemacht haben, noch haben wir die Möglichkeit jemandem, der diese Erfahrung nicht machen kann, zu sagen, was er denn falsch macht.

Diese beiden Beispiele lassen sich recht klar eingrenzen, aber diese Eingrenzung funktioniert nicht immer. Wenn zum Beispiel Wissenschaftler aus CERN – dem Elementarteilchenbeschleuniger in der Nähe von Genf – berichten, sie hätten das Ergebnis eines Experimentes analysiert und hätten etwas beobachtet, das sie elektroschwache Vektorbosonen nennen, dann ist das so eine Sache. Der Normalbürger ist schlicht nicht in der Lage, diese Beobachtung nachzuvollziehen, denn erstens besitzt er nicht die Milliarden, die notwendig sind, um so einen Beschleuniger zu bauen und zu betreiben und zweitens besitzt er nicht die mathematisch-physikalischen Kenntnisse, die notwendig sind, um so etwas wie die elektroschwachen Vektorbosonen überhaupt zu definieren. Dennoch würden die meisten Menschen darauf vertrauen, dass diese Beobachtung eine objektivierbare Beobachtung ist, die jederzeit wieder gemacht werden kann. Dieses Vertrauen ist auch durchaus berechtigt, denn unter den Menschen, die sowohl Zugang zu Elementarteilchenbeschleunigern als auch die notwendigen Kenntnisse haben, hat sich ein Verhaltenskodex entwickelt, der diese Objektivität in vielen Fällen sicherstellt. Auf diesen Verhaltenskodex werde ich in den nächsten Kapiteln noch zu sprechen kommen.

Ein anderes Beispiel wäre es, wenn jemand nach einem Unfall berichtet, wie er den Ablauf des Unfalls beobachtet hat. Festzustellen, dass diese Beobachtung objektiv war, d. h. dass jeder andere Mensch dieselbe Beobachtung hätte machen können, kann extrem schwer sein. Es ist nämlich durchaus möglich, dass derjenige, der von seiner Beobachtung berichtet, schlicht lügt oder – was relativ häufig vorkommt – eigentlich gar nicht so viel beobachtet hat, sondern sich nur eine Vorstellung von dem Ablauf gemacht hat und nun diese Vorstellung als Beobachtung wiedergibt. Hängt von der Beobachtung die Schuldfrage des Unfalls ab, so kann es sehr schwierig und aufwendig sein, nachzuweisen, dass die Beobachtung tatsächlich objektiv war.

Wir können also feststellen, dass objektivierbare Beobachtungen zwar Grundlage der Naturwissenschaften sind, dass aber subjektive Beobachtungen ein ganz natürlicher Bestandteil des täglichen Lebens sind. Naturwissenschaft blendet hier also ganz bewusst eine ganze Klasse von Beobachtungen aus.

Naturwissenschaft ist wiederholbar

Die nächste Eigenschaft, die Naturwissenschaft besitzt und die zu der Grundlage des neuen Denkens gehört, ist die Wiederholbarkeit. Für die Naturwissenschaften zählen keine Einzelereignisse. Hat jemand eine Beobachtung gemacht, dann ist es notwendig, dass diese Beobachtung wiederholt werden kann, damit sie als Bestandteil eines naturwissenschaftlichen Modells verwendet werden darf. Damit eine Beobachtung wiederholt werden kann, sind einige Voraussetzungen nötig. Zunächst einmal muss die zu wiederholende Beobachtung gut genug beschrieben sein. Dazu kommt, dass man die Rahmenbedingungen und die wichtigsten Einflussparameter der Beobachtung kennen muss. Diese Bedingungen sind manchmal recht schwer herzustellen und können damit die Entscheidung, ob eine Beobachtung ernst genommen werden kann, erheblich erschweren. An der Wiederholbarkeit sind so manche scheinbar revolutionären Entdeckungen gescheitert.

Ein nettes Beispiel ist das der kalten Fusion. Die Fusion von Wasserstoff zu Helium ist unsere wichtigste Energiequelle, denn dies ist der Prozess, der im Inneren der Sonne abläuft und das Leben auf der Erde erst ermöglicht. Seit dieser Prozess bekannt ist, träumt man davon, ihn auf der Erde nachzubilden. Es hat sich aber als extrem schwer herausgestellt, dies zu erreichen, da der Wasserstoff dazu auf ungeheuer hohe Temperaturen gebracht werden muss. Da wäre es natürlich revolutionär, wenn man die Fusion bei erheblich niedrigeren Temperaturen auf katalytischem Weg zustande brächte. Die Entdeckung genau eines solchen Weges ging Anfang der 90er Jahre durch die Weltpresse. Ein Forscherteam hatte Reaktionen beobachtet, die in diese Richtung gingen und wollten dies auch veröffentlichen. Aber sie missachteten in ihrer Aufregung die normalen Prozeduren für solche Veröffentlichungen und plötzlich war das Thema in allen Tageszeitungen. Wie groß war dann die Enttäuschung, als es anderen Gruppen nicht gelang, die Messergebnisse zu wiederholen und sich die ganze Sache als nicht tragfähig erwies. Hätten die Forscher die normalen Vorgehensweisen beachtet, dann wäre der Schaden für die Wissenschaft und auch für die Forscher selbst nicht so groß gewesen.

Nun kann es vorkommen – und wir werden sehen, dass das sogar der Normalfall ist – dass man Beobachtungen zwar wiederholen kann, es aber nicht möglich ist, die Einzelergebnisse exakt vorauszusehen. Das heißt, die Beobachtung wird wiederholt und immer kommt etwas anderes heraus. In diesem Fall steht der Naturwissenschaft das sehr mächtige Instrument der Statistik zur Verfügung. In der Regel ist es in diesem Fall zwar nicht möglich, eine klare Einzelvorhersage zu machen, also: „Wenn ich das und das mache, dann geschieht das“, aber es ist möglich, eine statistische Vorhersage zu machen, also: „Wenn ich das und das mache, dann geschieht mit einer Wahrscheinlichkeit von x % das.“ In so einem Fall ist also die wiederholbare – und damit naturwissenschaftliche – Beobachtung die, die beobachtet, mit welcher Wahrscheinlichkeit ein Ereignis auftritt.

Dies zeigt, dass die Forderung nach Wiederholbarkeit bedeutet, dass für die Naturwissenschaft Einzelereignisse völlig irrelevant sind. Erst wenn wir etwas wiederholen können, können wir Naturwissenschaft betreiben. Geschieht etwas nur einmal, dann geht dieses Ereignis nicht in die Naturwissenschaft ein und wird von ihr ignoriert. Diese Eigenschaft der Naturwissenschaft wird uns später noch ausführlich beschäftigen.

Naturwissenschaft ist formal

Eine wichtige und die kreative Tätigkeit im naturwissenschaftlichen Arbeiten ist das Erstellen von Modellen. In einem Modell versucht man, die Beobachtungen, die man objektiv und wiederholbar gemacht hat, zu verstehen, auf einen Nenner zu bringen und damit den Zusammenhang zu erkennen. Nur mit Hilfe eines Modells ist man dann in der Lage Vorhersagen zu treffen.

Ein Modell macht man praktisch automatisch. Ich habe einmal meinen Sohn beobachtet als er nur wenige Monate alt war. Er saß in seinem Hochstuhl und eines der Spielchen, die er sehr gerne spielte, war das Herunterwerfen von Sachen, weil er es ganz toll fand, wie diese Sachen wie durch Zauberei plötzlich wieder auftauchten und von Mama oder Papa an ihren jeweiligen Platz zurückgelegt wurden. Doch es bestand natürlich die Frage, wohin diese Sachen eigentlich verschwanden. Wie diese Frage meinen kleinen Sohn beschäftigte, erkannte ich, als er eines Tages versehentlich eine Gabel von seinem Hochstuhl stieß. Das hatte er nicht beabsichtigt und ich sah, wie er stutzte und nachdachte. Und dann beugte er sich ganz plötzlich nach links, um nach der Gabel zu schauen. Das Ganze war richtig lustig, weil die Gabel nämlich rechts vom Hochstuhl heruntergefallen war. Man konnte förmlich sehen, wie er das Modell entwickelte, dass ein vom Hochstuhl fallender Gegenstand nicht einfach nur weg war, sondern weiter existieren und damit sichtbar sein würde. Also müsste man ihn sehen können. Möglicherweise hätte sich mein Sohn auch nach der richtigen Seite gebeugt, aber er war zu diesem Zeitpunkt rein motorisch nur in der Lage, sich nach links zu beugen, ohne ins Schwanken zu kommen.

Das Beispiel macht deutlich, dass sich jeder Mensch fast automatisch ein Modell von seiner Umwelt macht. Das war auch schon so, lange bevor die naturwissenschaftliche Methodik entwickelt wurde. Die natürliche Art und Weise, einem anderen Menschen das Modell mitzuteilen, das man im Sinn hat, ist, das Modell mit der normalen Sprache zu beschreiben.

Diese Art und Weise der Modellbeschreibung wurde lange Zeit gepflegt und von den griechischen Philosophen zu einer Kunst entwickelt. Rhetorik galt bei den Griechen und bis in die Neuzeit hinein als Teil des wissenschaftlichen Vorgehens. Aber jeder sollte wissen, wie trügerisch der Boden einer rhetorischen Beschreibung sein kann. Jemand erzählt einem etwas mit glasklarer Logik und unwiderstehlichen Argumenten und man glaubt, alles verstanden zu haben, aber dann stellt sich heraus, dass alles doch irgendwie anders ist. Insbesondere im 20. Jahrhundert in den großen Diktaturen und mit Aufkommen der Massenmedien und der globalen Werbung werden die Schattenseiten einer auf Assoziationen, Rhetorik und Gefühle abgestellten Argumentationsweise deutlich.

Um zumindest die Verständnisschwierigkeiten zu minimieren und eine globale Form der Kommunikation zu schaffen, muss Naturwissenschaft formal sein. Das bedeutet, dass die Aussagen und Modelle der Naturwissenschaft in einer universellen Sprache – der Mathematik – abgefasst sein müssen. Tatsächlich ist die Mathematik nichts anderes als eine eigene Sprache, die eben lediglich vollständig auf der mathematischen Logik aufgebaut ist. Damit ist sie die logische Weiterentwicklung der Methode der alten Griechen, die zwar die natürliche Sprache verwendeten, dabei aber versuchten, die Logik als den leitenden Mechanismus der Argumentation zu verwenden.

Mit Hilfe der Mathematik ist es möglich, alle Konsequenzen und Inhalte eines Modells vollständig und objektiv festzustellen. Alles das, was logisch in einem Modell enthalten ist, lässt sich mit Hilfe der Mathematik herausarbeiten. Und mit dieser Methodik lassen sich dann auch die Stellen eines Modells finden, an denen Verbesserungen möglich sind, durch die das Modell weiterentwickelt werden kann.

Aber ein solches Modell entwickelt sich nicht von alleine. Es benötigt eine Grundlage. Aus diesem Grund ist die philosophische Fundierung naturwissenschaftlicher Aussagen sehr wichtig. Und genau hier beginnt die Abkehr von der Objektivität in der Naturwissenschaft. Sowohl diese Fundierung als auch die später erfolgende Interpretation der Resultate erfordern die Verwendung von Ideen, Konzepten und normaler Sprache. Und so kann ich zu völlig anderen Ergebnissen kommen, wenn ich nur die Fundierung ändere. Denn letztlich ist die Mathematik nur ein Hilfe.

Und so ergibt sich auch bei dieser Eigenschaft der Naturwissenschaften bereits eine Einschränkung, über die ich die Naturwissenschaft verlasse. Naturwissenschaft ist formal, aber dieser Zwang zum formalen Formulieren behindert meine assoziative Freiheit und damit kann sich ein naturwissenschaftliches Modell nicht unbedingt in die gedanklichen Höhen erheben, die z. B. ein künstlerischer Ausdruck erreichen kann. Genauso wie bei den anderen beiden Eigenschaften der Naturwissenschaften bringt diese Beschränkung aber so viele Vorteile, dass es besser ist aufzuhören, von Naturwissenschaft zu sprechen, als diese Eigenschaft aufzugeben.

Es ist wichtig, sich das im Bewusstsein zu halten, denn gerade in der Diskussion um Schöpfung oder Evolution werden die Grenzen der Naturwissenschaften oft erreicht und überschritten, ohne sich das bewusst zu machen oder dem Diskussionspartner mitzuteilen. Das Ergebnis ist oft ein heftiger Streit, der auf ganz verschiedenen Ebenen abläuft und genau aus diesem Grund nicht zu schlichten ist. Mein Ziel ist es, diese Mechanismen des Streites zumindest bewusst zu machen, wenn nicht sogar, einen Brückenschlag zwischen den Konfliktpartnern zu versuchen.

Zusammenfassung
Wenn man von Naturwissenschaft spricht, so hat man ein bestimmtes Vorgehen im Sinn, das bestimmte Eigenschaften aufweist. Das Vorgehen besteht aus den Schritten Beobachtung, Modellbildung, Verifikation und Vorhersage, die Eigenschaften ergeben sich daraus als objektiv (bzw. objektivierbar), wiederholbar und formal.

Absolut zentral für diesen Abschnitt ist die Erkenntnis, dass diese Methode und diese Eigenschaften eine Beschränkung darstellen. Naturwissenschaft verwertet eben nicht jede Beobachtung, sondern ausschließlich die objektivierbaren und wiederholbaren Aussagen und beschränkt sich eben auf die Prüfungen und Vorhersagen, die formal hergeleitet werden können. Allein diese Eigenschaften bestimmen die Möglichkeiten der Naturwissenschaft und genau in diesen Eigenschaften liegt die Kraft der Naturwissenschaft.

Will man sich von diesem Fundament lösen, so ist es besser aufzuhören, überhaupt von Naturwissenschaft zu reden. Wir werden in dem Kapitel über Kurzzeit-Kreationismus sehen, dass genau dies der Weg ist, den glaubensbasierte Modellierungen der Schöpfung gehen sollten. Dies zeigt bereits hier, inwieweit sich kurzzeit-kreationistisches Denken von dem wegbewegt, was heute die Grundlage unserer westlichen Zivilisation ist.

Es ist aber auch jetzt bereits klar, dass die Meinung vieler Menschen, dass sich alles und jedes durch Naturwissenschaften erklären lässt, vom Grundsatz her falsch ist. Naturwissenschaft wurde nicht als das Alles-Erklärende entwickelt und ist auch grundsätzlich nicht in der Lage, alles zu erklären. Es gibt eine genau definierte und präzise Grenze, an der Naturwissenschaft ihre Zuständigkeit verliert.

3.3 Gibt es Naturgesetze?

Ein wichtiger Punkt in der Diskussion um Evolution und Schöpfung wird sich um den Begriff des Naturgesetzes drehen. Sowohl von Seiten der Vertreter der Evolutionstheorie als auch von Seiten des Kurzzeit-Kreationismus wird dieser Begriff verwendet, um weltanschauliche Ansichten zu begründen. Tatsächlich ist dieser Begriff aber grundsätzlich falsch. Er macht nur dann Sinn, wenn man ihn in sehr eingeschränkter Weise verwendet, doch gerade diese Einschränkungen sind den meisten Menschen nicht bewusst. Statt des Begriffs des Naturgesetzes ist der Begriff des Modells viel näher an dem, was Naturwissenschaft tatsächlich tut.

Die Überschrift dieses Kapitels soll verblüffen, denn wir haben es uns – auch in der Naturwissenschaft – angewöhnt von Natur**gesetzen** zu sprechen. Die meisten Menschen werden sich fragen, wieso es denn keine Naturgesetze geben solle, das ist es doch, womit sich Naturwissenschaftler den lieben langen Tag beschäftigen.

Ich gebe zu, auch ich verwende den Begriff Naturgesetz, aber ich habe immer wieder festgestellt, dass der Begriff eine Art Eigendynamik entwickelt und mit den Vorgängen in der Wissenschaft dann nichts mehr zu tun hat. Ich werde deshalb in diesem Buch konsequent von Modellen und Modellbildung sprechen. Was dahinter steckt, möchte ich in diesem Kapitel ein wenig beleuchten.

3.3.1 Was sind Naturgesetze?

Der Begriff Naturgesetz ist schon von Beginn an außerordentlich schwammig. Im Allgemeinen versteht man darunter einen gesetzartigen Ablauf, den die Natur uns vorgibt von der Sorte: Wenn das und das vorliegt, dann geschieht das und das. Nehmen wir als Beispiel die Aussage: „Wenn zwei Körper die Massen m_1 und m_2 haben, dann ziehen sie sich gegenseitig mit einer Kraft an, die proportional zu $m_1 \cdot m_2 / r^2$ ist". Das ist nichts anderes als Newtons Gravitationsgesetz und für viele Belange ein Musterbeispiel eines Naturgesetzes.

Ein Naturgesetz ist irgendwie immer etwas Übergreifendes, generell Geltendes. Die Menschen, die den Begriff verwenden, stellen sich dahinter so eine Art zwanghafte Beziehung vor, die – unabhängig von jedem menschlichen Wollen oder Tun – immer gelten muss. Ein Naturgesetz ist so etwas wie ein menschliches Gesetz, nur dass niemand auch nur einen Hauch von Chance hat, diesem zu entgehen. Wenn man jemanden klar machen möchte, dass er gar keine andere Wahl hat, dann sagt man ihm, das und das ist ein Naturgesetz.

Doch wenn sich Naturwissenschaftler einem unbekannten Phänomen nähern, dann geschieht das nicht so, dass man immer gleich den großen Wurf entdeckt. Auch Newton hätte sein Gesetz niemals formulieren können, wenn es nicht eine große Menge an Vorarbeiten gegeben hätten, sei es von Kepler, sei es von Tycho Brahe, sei es von anderen Wissenschaftlern. Auch Kepler hatte bei der Erforschung der Planetenbewegungen schon Regeln erkannt und diese in der Form der Keplerschen Gesetze formuliert. Diese – so stellte sich dann heraus – sind spezielle Konsequenzen aus dem Gesetz, das Newton dann formulierte. Waren denn die Keplerschen Gesetze auch bereits Naturgesetze? Oder ist es nur der allgemeinere Fall, die Newtonschen

Gesetze, aus denen die von Kepler abgeleitet werden können? Schon an dieser Frage scheiden sich die Geister.

Soll man bereits den Spezialfall als Naturgesetz betrachten? Die Konsequenz wäre, dass es bei der Formulierung eines Naturgesetzes notwendig ist, alle Bedingungen mitzubedenken, unter denen es gilt. Der Vorteil dieser Betrachtungsweise ist, dass dann das Denken „ein Gesetz gilt immer und überall" von vorne herein abgeschwächt wird, weil man von Beginn an im Bewusstsein haben muss, dass spezielle Bedingungen gelten müssen, damit man die Aussage machen darf. Auf der anderen Seite führt diese Betrachtung dazu, dass man jede Regelhaftigkeit, die ein Naturwissenschaftler formuliert, gleich als Naturgesetz deklariert. Und es gibt viele Beispiele, in denen das zu einem unangenehmen Gefühl führt, weil es irgendwie nicht richtig zu sein scheint.

Ein schönes Beispiel ist die Löchertheorie bei Halbleitern. Halbleiter sind bestimmte Feststoffe wie zum Beispiel Silizium, die in der modernen Elektronik eine herausragende Rolle spielen. Als Festkörper bestehen diese aus Atomkernen und Elektronen, also erwartet man von einem Naturgesetz, das das Verhalten der Halbleiter beschreibt, dass es sich mit Elektronen und Atomkernen beschäftigt. Es bilden sich aber bei Festkörpern durch das Zusammenwirken all der Atome, die sich in dem Verbund zusammenlagern, Leitungsbänder heraus, das sind auf der Energieskala ganze Gegenden, in denen sich – energetisch gesehen – einzelne Elektronen frei bewegen können, falls genügend Platz vorhanden ist. Leitungsbänder sind durch eine Energielücke voneinander getrennt. Halbleiter zeichnen sich nun dadurch aus, das das untere Leitungsband voll ist, sich Elektronen dort also nicht bewegen können, weil kein Platz da ist, das obere Leitungsband aber leer ist, so dass sich dort keine Elektronen befinden. Aus diesem Grund kann ein Halbleiter eigentlich keinen elektrischen Strom leiten.

Diese Aussage gilt aber nur für einen perfekten Festkörper. Baut man in den Festkörper nun ein Atom ein, dem gegenüber dem eigentlichen Halbleiteratom ein Elektron fehlt, dann entsteht in der ganzen Struktur ein Platz, an dem ein Elektron fehlt – ein Loch. Und dieses Loch kann sich nun dadurch, dass die benachbarten Elektronen in dieses Loch springen und ihrerseits ein Loch hinterlassen, wie ein Elektron bewegen, es hat die Größe und die Masse eines Elektrons, nur eben die entgegengesetzte Ladung. Will man also das Verhalten eines solchen „verschmutzten" Halbleiters beschreiben, dann tut man dies mit Hilfe von herumziehenden Löchern. Das ist die Löchertheorie bei Halbleitern und diese geht einfach von der Sichtweise aus, dass ein verschmutzter Halbleiter gar nicht aus Atomkernen und Elektronen besteht, sondern aus positiv geladenen Löchern, deren Bewegungen und Interaktion die Eigenschaften des Halbleiters beschreiben.

Aber irgendwie hat man bei der Aussage: „Ein Halbleiter besteht aus Löchern“, ein ungutes Gefühl, viel richtiger wäre die Aussage: „Ein Halbleiter verhält sich unter bestimmten Umständen, als würde er aus Löchern bestehen.“ Aber eine solche Aussage bezieht sich auf die Praktikabilität des Modells und macht sich keine Gedanken über die Fundamente der Theorie, wie man es von einem Naturgesetz eigentlich erwartet. Dies zeigt, wie die Erwartungen, die man an einen Begriff wie Naturgesetz hat, das Bild bestimmen, unter denen er verwendet wird.

Ein anderes Bild, das sich bei dem Begriff Naturgesetz ergibt, ist das der immer währenden Gültigkeit. Ein Naturgesetz ist ein Gesetz und damit gilt es – Punkt. Nimmt man zum Beispiel das Gravitationsgesetz von Newton, dann erwartet man dies auch. Aber aus heutiger Sicht lassen sich zwei Dinge zum Gravitationsgesetz von Newton sagen: Das Gravitationsgesetz von Newton gilt nicht überall und selbst da, wo es im Prinzip gilt, lässt sich niemals beweisen, dass es immer gilt.

In der ersten Aussage steckt die einfache Tatsache, dass die Formulierungen von Newton auf Erfahrungen – Experimenten – beruhen, die in unserem Umfeld gemacht wurden. Dies bedeutet eine bestimmte Energie der beobachteten Teilchen und bestimmte Entfernungen. Bei hohen Energien – also hohen Geschwindigkeiten – weiß man schon, dass man Newtons Gesetze erweitern muss und eigentlich die allgemeine Relativitätstheorie von Einstein korrekt ist. Bei extrem großen oder sehr kleinen Entfernungen weiß man zum Teil gar nicht, ob da Newtons Gesetze noch gelten, weil man hier schlicht noch gar keine Experimente gemacht hat.

Egal was wir machen, wir können niemals feststellen, dass ein Naturgesetz immer und überall gilt, wir können nur sagen: „Unter diesen und jenen Umständen haben wir die Gültigkeit festgestellt. Wir nehmen an, dass dies allgemein so ist.“ Wenn morgen plötzlich das Gravitationsgesetz nicht mehr gilt, dann wären wir zwar alle ziemlich überrascht, aber wir hätten nichts und niemanden, bei dem wir uns beschweren könnten; denn woher haben wir eigentlich den Hochmut genommen anzunehmen, dass es immer gelten müsste?

Man sieht, das Wort Naturgesetz beinhaltet ein allgemeines Verständnis von den Naturvorgängen, das auf Annahmen beruht, die zum Teil gar nicht zutreffen oder zumindest nicht beweisbar sind. Für einen Wissenschaftler ist die Erfahrung, dass eine Vorstellung, die er sich von Vorgängen gemacht hat, zusammenbricht und durch eine andere ersetzt werden muss, eigentlich Teil der beruflichen Praxis.

3.3.2 Naturwissenschaft beschreibt Modelle

Wegen der unrichtigen Implikationen, die das Wort Naturgesetz mit sich bringt, verwenden ich und die Mehrheit der Naturwissenschaftler lieber das Wort Modell. Ein Modell ist ein Abbild von etwas. Es soll dem Original möglichst gut entsprechen, kann aber eventuell – je nach Qualität eines Modells – durchaus Abweichungen vom Original haben. Ein Modell eines Bauwerkes besteht zum Beispiel nicht aus dem gleichen Material wie das Bauwerk selbst und hat auch nicht dieselben absoluten Größenmaßstäbe. Aber in Aussehen und relativen Verhältnissen soll es das Original detailliert widerspiegeln.

Ähnlich ist es mit den naturwissenschaftlichen Modellen. Das Original ist die Natur – eigen und unnachahmlich. Unser Modell besteht aus mathematischen Konstruktionen und Begriffen mit der sie verbindenden Logik. Die Hoffnung und Erwartung ist, dass die Eigenschaften des Modells das möglichst gut und umfassend widerspiegeln, was man in der Natur tatsächlich objektiv finden kann.

Das Wort Modell beinhaltet aber auch, dass die Möglichkeit von Abweichungen gegeben sind. Ein naturwissenschaftliches Modell umfasst niemals alles. Es muss immer und immer wieder geschaut werden, wo Modell und Beobachtung übereinstimmen und wo nicht. Und da wo beides nicht übereinstimmt, da kann dann die Suche nach einem besseren Modell beginnen.

Dabei bereitet die Natur einem immer wieder die merkwürdigsten Überraschungen. Ein nettes Beispiel ist die Entwicklung der Theorie der Quarks in den 70er Jahren des letzten Jahrhunderts. Durch viele Experimente hatten die Physiker herausgefunden, dass es nicht nur Protonen, Neutronen und Elektronen gibt, sondern dass eine ganze Vielzahl von zum Teil höchst exotischen Elementarteilchen auftauchen, sobald man die bei den Experimenten verwendeten Energien höher schraubt. Dies brachte schließlich Physiker wie Gell-Mann dazu zu vermuten, dass die angeblich elementaren Teilchen ihrerseits aus noch elementareren zusammengesetzt sind – den Quarks. Auf dieser Vermutung wurde die bis heute gültige Standardtheorie für diese Teilchen entwickelt – die Quantenchromodynamik. Doch diese Theorie besagte nicht, wie viele verschiedene Quarks es eigentlich gibt. Dies musste man durch Experimente erschließen und bis zum Jahre 1974 waren es drei verschiedene Quarks. Damit waren die Physiker eigentlich ganz zufrieden und stellten ihre Modelle auf diese Anzahl ein.

Doch 1974 tauchte bei weiteren Experimenten ein Elementarteilchen auf, dessen Eigenschaften die Physiker zwangen umzudenken. Es wurde bald klar, dass es ein viertes Quark geben musste. Einer der führenden Wissenschaftler nannte es „das Quark, das niemand haben wollte“. Aber alles Ärgern nutzte nichts. Es sind nicht die Modelle, die der Natur vorschreiben, was sie zu tun hat – auch dann nicht, wenn man das Modell Naturgesetz nennt, sondern es ist die Natur, die den Wissenschaftlern vorschreibt, wie sie ihre Modelle zu gestalten haben. Also bauten sie ihre Modelle um und als dann 1981 auch noch ein fünftes Quark gefunden wurde, waren diese Modelle wieder in Gefahr. Aber diesmal war die Situation etwas anders, denn die neuen Modelle würden ihre Gültigkeit behalten, wenn es noch ein sechstes Quark geben würde. Das war aber kein Ärgernis, sondern eine Herausforderung und so war es eigentlich keine Überraschung als das sechste Quark Ende der 90er Jahre dann tatsächlich gefunden wurde.

Das Beispiel zeigt, wie die tägliche Arbeit der Naturwissenschaftler automatisch dazu führt, mit dem Begriff Modell zu arbeiten. Nicht alles, was man vor 1974 formuliert hatte, war verkehrt und die Methoden, die man da verwendete, bleiben auch noch korrekt, wenn man sich in dem Energiebereich bewegt, in dem das vierte Quark noch nicht auftaucht. Aber eben nur beschränkt auf diesen Bereich.

Damit wird klar, dass man einem Modell nicht die Begriffe richtig oder falsch zuweisen kann, wie man das mit einem Naturgesetz gerne tut. Ein Modell ist gut oder schlecht, nützlich oder überflüssig. Und das kann dazu führen, dass man ein Modell verwendet, selbst wenn man weiß, dass es unter anderen Umständen eigentlich völlig falsche Ergebnisse liefert.

3.3.3 Kann man Modelle widerlegen?

Wir kommen nun zu einem Punkt, der in der Diskussion um Schöpfung und Evolution noch eine große Rolle spielen wird. Die Frage, ob man Modelle eigentlich widerlegen – falsifizieren – kann.

Ausgangspunkt sind die recht bekannten Überlegungen des Philosophen Karl Popper zur Wissenschaftstheorie. Popper verwendet noch den Begriff des Naturgesetzes und hat sich Gedanken darüber gemacht, was man mit naturwissenschaftlichen Erkenntnismethoden zu erreichen vermag und was nicht. Popper geht auch davon aus, dass das, was die Naturwissenschaftler tun, dem Versuch entspricht, Gesetze der Natur zu enthüllen.

Unter diesen Umständen – so Popper – ist es unmöglich, ein Naturgesetz zu beweisen. Denn um ein Naturgesetz zu beweisen, müsste man durch Experimente zeigen, dass es immer und überall und unter allen Umständen gültig ist. Und das ist unmöglich, da die Anzahl der Umstände größer ist als die Anzahl der Experimente, die man je gemacht hat oder je machen wird. Wenn man also ein Naturgesetz nicht beweisen kann, so kann man es doch falsifizieren. Die Widerlegbarkeit ist für Popper ein grundlegendes Merkmal von Naturgesetzen. Um ein Naturgesetz zu widerlegen, müsste man lediglich ein einziges Beispiel finden, wo es nicht gilt. Wichtig ist, dass das Naturgesetz einen in die Lage versetzt, dies zu tun – wenn dies prinzipiell nicht möglich ist, dann liegt kein Naturgesetz vor.

Die Überlegungen Poppers gehen sehr tief und sind durchaus korrekt. Aber sie so verkürzt darzustellen, wie ich das hier gemacht habe, führt in die Irre. Denn die Umstände sind tatsächlich erheblich komplizierter als diese kurzen Argumente glauben machen könnte. Wenn man Poppers Überlegungen in der kurzen Form nimmt, wie ich sie eben dargestellt habe, dann muss die harte Folgerung lauten: Wir kennen heute nicht ein einziges Naturgesetz, das den strengen Popperschen Kriterien genügt und das noch nicht widerlegt ist. Nehmen wir als Beispiel die Gravitationstheorie von Newton. Diese Theorie als Naturgesetz ist im Popperschen Sinne falsch, denn sie gilt nicht, wenn man zu sehr starken Gravitationsfeldern übergeht bzw. zu sehr hohen Geschwindigkeiten. Nun, wird man sich sagen, dann nimmt man eben die Einsteinsche Erweiterung, die allgemeine Relativitätstheorie. Aber auch die ist falsch, denn wir wissen, das diese Theorie ihre Gültigkeit verliert, sobald Quanteneffekte ins Spiel kommen, was etwa am Ereignishorizont eines schwarzen Lochs der Fall ist. Und eine Theorie, die in einem schwarzen Loch gilt und die allgemeine Relativitätstheorie umfasst, gibt es bislang lediglich als Spekulation, nicht aber als mit Experimenten unterlegtes naturwissenschaftliches Modell.

Na gut, wird man sich sagen, die Gravitation ist eben sehr schwierig. Wie steht es denn bei dem Elektromagnetismus? Nun, da gibt es erst einmal die Maxwellschen Gleichungen, die die klassische Elektrodynamik umfassen. Aber auch die sind falsch, wenn man zum quantenhaften Verhalten der Natur übergeht.

Die Theorie, die das Verhalten elektromagnetischer Phänomene bei atomaren Dimensionen beschreibt, ist die Quantenelektrodynamik. Diese Theorie hat eine unerreichte Präzision. Aber auch hier muss man Ergänzungen machen, wenn die Phänomene der Paarbildung ins Spiel kommen, was bei genügend hohen Energien der Fall ist. Für diesen Fall springt die Standardtheorie der starken, schwachen und elektromagnetischen Wechselwirkung ein. Diese Königin aller physikalischen Theorien war lange Zeit ohne experimentelle Falsifizierung, obwohl die Theoretiker schon sehr früh vermuteten, dass diese Theorie nicht der Weisheit letzter Schluss sein kann.

Aber sogar diese erfolgreichste aller Theorien zur Beschreibung der Natur ist falsifiziert. Es gibt seit Kurzem Experimente, die klar zeigen, dass es Abweichungen von dieser Standardtheorie gibt. Diese besagt nämlich, dass eine Klasse von Elementarteilchen – die Neutrinos – keine Masse besitzen, während die Experimente gezeigt haben, dass Neutrinos tatsächlich Masse besitzen. Im Popperschen Sinn kennen wir damit nicht ein einziges wahres Naturgesetz. Die Physiker träumen zwar von der sogenannten „theory of everything", der Theorie für alles, aber bisher ist diese nichts weiter als ein Traum. Und selbst wenn die Menschheit diese Theorie entdecken würde, so wird sich herausstellen, dass sie eben doch nicht alles beschreiben kann, wie wir im Kapitel 4.2.6 noch sehen werden.

Damit erweisen sich die Popperschen Überlegungen zwar als durchaus korrekt, aber unfruchtbar. Der Grund ist die Verquickung mit diesem Begriff Naturgesetz. Naturwissenschaftliche Arbeit beruht nun einmal nicht auf einem mystischen Entschleiern der Geheimnisse der Natur, sondern ganz profan auf Beobachtungen und dem Versuch, diesen Beobachtungen in mathematisch-logischer Form eine Beschreibung zu geben. Das wird durch den Begriff Modell am besten ausdrückt.

Damit ist auch klar, dass ein Modell eigentlich niemals richtig oder falsch sein kann. Es kann eventuell überflüssig werden, aber nicht im eigentlichen Sinne falsch. Es ist auch so, dass man mit Modellen nichts eigentlich beweisen kann. Man kann nur feststellen, dass die Modelle die Beobachtungen, die man gerade macht, gut wiedergeben. Aber es gibt keine Garantie, dass nicht schon bald bessere Modelle notwendig sein könnten. Ich möchte das an drei Beispielen erläutern.

Die Phlogiston-Theorie

Zu Beginn des naturwissenschaftlichen Zeitalters lag ein Hauptaugenmerk der Forscher auf der Chemie. Eines der Phänomene, das den Leuten Kopfzerbrechen bereitete, war das Phänomen der Verbrennung. Warum und wann brennt ein Stoff, war die Frage.

Das Modell, das zu Beginn des 18. Jahrhunderts von Georg Ernst Stahl ausgearbeitet worden war, ist die Phlogiston-Theorie. Stahls Vorstellung war, dass es einen einzelnen Stoff gibt, der die Phänomene der Hitzeentwicklung und der Flammen beim Brennen erzeugt, wenn er aus dem Material entwich, in dem er enthalten war. Diesen Stoff nannte er Phlogiston.

Das Modell war, dass ein gut brennbarer Stoff wie z. B. Papier sehr viel Phlogiston enthielt und ein unbrennbarer wie z. B. Eisen wenig bis gar keins. Phlogiston konnte aus der Luft aufgenommen werden und hatte teilweise recht merkwürdige Eigenschaften. Diese Vorstellung des Verbrennungsvorgangs war lange Zeit die führende Vorstellung und beschrieb so manche Beobachtung eigentlich ganz gut. Die gedankliche Grundvorstellung, die hinter dem Modell steckte, war die Aufteilung der Materie in verschiedene Stoffe bzw. Prinzipien. Das war die weltanschauliche Sicht, die dieses Modell antrieb.

Aber bessere Experimente zeigten schließlich, dass an der Vorstellung etwas nicht stimmen konnte. Ein Stoff brannte nicht, weil Phlogiston aus ihm entwich, sondern weil er etwas aus der umgebenden Luft aufnahm. Es erwies sich auch als unmöglich, das Phlogiston direkt nachzuweisen.

Schließlich wurde klar, dass es der Sauerstoff der Luft war, der bei der Verbrennung aufgenommen wurde und die Phlogiston-Vorstellung wurde zu Gunsten der Oxidations-Theorie gekippt. Die experimentellen Fakten waren immer noch dieselben, aber der Rahmen, innerhalb dessen diese Fakten verstanden werden konnten, hatte sich geändert. Ein neues Modell war entstanden, das alte Modell war abgelöst.

Dies ist ein Beispiel, bei dem das alte Modell nicht wieder verwendet wurde, ähnlich wie bei der oben schon beschriebenen Äther-Theorie. Manchmal gehen gewisse Vorstellungen von der Beschaffenheit der Welt in solch ein Modell ein, aber letztlich sind es die experimentellen Fakten, die entscheiden, welches Modell akzeptiert werden kann.

Die V-A-Theorie

Ein anderes schönes Beispiel ist die V-A-Theorie der schwachen Wechselwirkung. Als in den Jahren nach Entdeckung der Quantenmechanik die Phänomene experimentell zugänglich wurden, die in einem Atomkern vor sich gehen, wurde schnell klar, dass dort zwei unterschiedliche Kräfte am Werk sind. Einmal die starke Kernkraft, die dafür sorgt, dass sich zwei Protonen trotz der elektromagnetischen Abstoßung gegenseitig anziehen, wenn sie nur nahe genug beieinander sind. Diese Kraft sorgt für die Stabilität der Atomkerne.

Die andere Kraft – die schwache Kernkraft – sorgt für Veränderungen im Atomkern, indem sie nämlich verschiedene Elementarteilchen ineinander umwandelt (zum Beispiel ein Neutron in ein Proton, ein Elektron und ein Neutrino) und so das Phänomen der Radioaktivität mit hervorruft.

Die Herausforderung für die Physiker war nun, Modelle zu entwickeln, wie diese Kräfte wirken und von welchen Parametern sie kontrolliert wurden. Und eines dieser Modelle war die V-A-Theorie für die schwache Wechselwirkung, deren genaue Gestalt hier jetzt nicht so wichtig ist. Diese Theorie wurde fast gleichzeitig von mehreren Physikern formuliert, darunter von Richard Feynman, der 1965 den Nobelpreis für seinen Beitrag in der Entwicklung der Quantenelektrodynamik erhielt.

Feynman hat eine Autobiographie geschrieben, in der er darstellte, dass für ihn die Entdeckung der V-A-Theorie wichtiger war als die Beiträge zur Quantenelektrodynamik, da er bei der V-A-Theorie das Empfinden hatte, erstmals ein fundamentales Naturgesetz entdeckt zu haben, alles andere war nur technische Ergänzung bekannter Naturgesetze. Aber die V-A-Theorie ist kein fundamentales Modell. Es wurde schnell klar, dass es ein effektives Modell ist, das heißt, es beschreibt zwar den Vorgang der Wechselwirkung korrekt, aber nicht auf der fundamentalsten Ebene. Diese wurde dann 15 Jahre später im Quarkmodell formuliert.

Vom Standpunkt der Popperschen Überlegungen hatte Feynman also ein falsches Naturgesetz formuliert, aber von Standpunkt der Modellierung her war es durchaus korrekt und ist auch heute noch korrekt. Bewege ich mich in dem Energiebereich, für den das V-A-Modell formuliert wurde, dann ist es nach wie vor nützlich, gültig und korrekt. Erst wenn ich mich in die Energiebereiche begebe, in denen die fundamentaleren Eigenschaften der schwachen Wechselwirkung wichtig sind, muss ich auf das Quark-Modell übergehen. Im Gegensatz zur Äther-Theorie ist die V-A-Theorie also nicht überflüssig geworden. Das genauere und bessere Modell hat sie nicht vollständig verdrängt, weil es nach wie vor Situationen gibt, in denen es nützlich und verwendbar ist.

Gekrümmter Raum oder Austauschteilchen

Ein letztes Beispiel für Modellbildung und ihre Entwicklung ist das Beispiel der allgemeinen Relativitätstheorie bzw. der Beschreibung der Gravitation. Wie auch allgemein bekannt ist, wurde die Newtonsche Modellierung der Gravitation als Kraft zwischen zwei Massen zu Beginn des vorigen Jahrhunderts ersetzt durch Einsteins allgemeine Relativitätstheorie.

Diese ist getragen von der Idee, dass es gar keine Kraft gibt, sondern dass es der Raum des Universums ist, der sich in Gegenwart einer Masse krümmt. Durch die Krümmung bewegen sich Probemassen in der Nähe einer großen Masse anders als wenn keine Masse da wäre. Im Ergebnis kommt man auf dieselben Resultate, wie mit Newtons Modell, bis auf sehr kleine Korrekturen – wie bei der Drehung des Merkur um die Sonne oder der Ablenkung von Licht durch die Sonne – die zeigen, dass Einsteins Modell das genauere ist.

Nicht so bekannt ist, dass es später eine weitere Formulierung der allgemeinen Gravitationstheorie gegeben hat, an der auch Feynman maßgeblich beteiligt war, der im letzten Abschnitt schon erwähnt wurde. Diese Formulierung benutzt den Austausch von Teilchen als Ursache für die Kraft. Bei der Gravitation wären das die hypothetischen Gravitonen, die bislang aber noch nicht direkt nachgewiesen werden konnten. In diesem Modell ist also nicht der Raum gekrümmt, sondern die Anziehung wird durch die ausgetauschten Teilchen vermittelt. Von diesem Modell konnte man zeigen, dass es klassisch dieselben Ergebnisse liefert wie das Modell von Einstein. Trotzdem ist die Grundvorstellung eine grundsätzlich andere. Hier ein gekrümmter Raum, dort Austauschteilchen als die Ursache für die Anziehung. Welche der beiden Vorstellungen nun „richtig" ist, ist nicht entscheidbar, denn wenn man auf die zu messenden Größen kommt, liefern beide Modelle dieselben Ergebnisse.

Die Physiker haben sich daran gewöhnt und halten die Frage nach der Richtigkeit der Vorstellung für irrelevant. Aber dieses Beispiel zeigt, dass es Modelle geben kann, denen höchst unterschiedliche Weltanschauungen zugrunde liegen, die aber trotzdem nicht unterscheidbar sind. In so einem Fall ist es besonders ungeschickt, von einem Naturgesetz zu reden, denn es ist eben eine Modellvorstellung, die wir uns machen. Die kann gut oder schlecht sein, aber die Frage, was nun wirklich das Gesetz ist, ist eine Frage, die aus der Naturwissenschaft gar nicht beantwortet werden kann.

Sind Modelle nun falsifizierbar?

Wenn wir wieder auf unsere ursprüngliche Frage zurückkehren, ob Modelle falsifizierbar sind, dann muss die Antwort strengerweise „nein" lauten. Ein Modell wird auch nicht dadurch ungültig, dass man experimentelle Fakten aufzählt, die nicht in das Modell hineinpassen. Von einem Modell wird geradezu erwartet, dass es Ecken hat, wo es eben nicht perfekt in die Wirkungsmechanismen der Natur hineinpasst. Nein, ein Modell kann lediglich ersetzt werden, nämlich durch ein anderes Modell, das weniger Probleme hat, mehr korrekt beschreibt und mehr korrekt vorhersagt. Dies ist der normale naturwissenschaftliche Mechanismus und das ist die tägliche Arbeit eines Naturwissenschaftlers, nämlich immer bessere und aussagekräftigere Modelle zu finden.

Dies gilt zum Beispiel auch für die Frage der Beschreibung der Gravitation aus dem letzten Abschnitt. Es wird erwartet, dass die Beschreibung als Austauschteilchen auch dann standhält, wenn wir zu Phänomenen kommen, die sich beispielsweise in einem schwarzen Loch abspielen. Wäre dem so, so würde Einsteins Modell als weniger präzise aufgefasst werden, als die Beschreibung über Austauschteilchen. Aber noch ist es niemandem gelungen, diesen Schritt zu vollziehen und so wird man abwarten müssen, ob nicht vielleicht eine ganz andere Vorstellung am Ende das Rennen macht.

Mit diesem Beispiel ist es klar, dass es passieren kann, dass zwei – oder noch mehr – Modelle für lange Zeit parallel nebeneinander existieren und die Naturwissenschaftler in dauerhaftem Streit miteinander liegen. Wenn die experimentelle Lage sehr schwierig ist und die Ergebnisse nicht eindeutig, dann kann es sein, dass die Modelle gleichwertig sind und es nicht so einfach ist, ein Schlüsselexperiment zu finden, das gut zwischen den Modellen entscheidet. Hat man ein solches Schlüsselexperiment, müsste man eigentlich aufgrund der Logik für das Modell sein, das in diesem Experiment die richtigen Vorhersagen macht.

Aber oft ist das nicht der Fall. Es passiert durchaus, dass Naturwissenschaftler sich nicht von einem eigentlich unterlegenen Modell trennen mögen, weil weltanschauliche Gründe dagegen sprechen. Ein Beispiel ist Albert Einstein, der Zeit seines Lebens das neue Modell der Quantenmechanik nicht als fundamental akzeptieren konnte. Er tat das aufgrund seiner weltanschaulichen Sicht von der Realität und wie sie funktioniert, nicht weil er die Quantenmechanik nicht verstehen konnte. Verstanden hat er alles, sogar besser als so mancher Kollege, aber abfinden wollte er sich nicht damit.

Insgesamt ist der Umgang der Naturwissenschaftler mit dem Begriff Modell viel entspannter als mit dem Begriff Naturgesetz. Die Last, die das Wort Naturgesetz mit sich herumschleppt, ist für den normalen Menschen so gewaltig, dass man seinen Gebrauch eigentlich gänzlich vermeiden sollte.

3.3.4 Zusammenfassung

Der Begriff des Naturgesetzes hat im Denken der Menschen in der Vergangenheit viel Schaden angerichtet. Die Meinung, Naturwissenschaftler würden irgendwelche geheimnisvollen Gesetze aufdecken, die unumstößlich so gelten müssen, wie sie die Menschen formulieren, ist vom Grundsatz her falsch.

Richtig ist, dass die Natur auf ihre Art funktioniert und die Naturwissenschaftler Modelle formulieren, die versuchen dieses Funktionieren nachzubilden. Aber es ist immer die Natur, die vorgibt, was genau passiert, niemals die Modelle. Modelle können gut oder schlecht sein und Aspekte der Natur richtig oder falsch beschreiben. Das ist normal und es ist die Arbeit der Naturwissenschaftler, die Modelle zu verbessern. Manchmal stellt sich heraus, dass Modelle auf einer Vorstellung basieren, die wohl nicht der Realität entspricht, aber es gibt auch Modelle, die aufgrund verschiedener Vorstellungen basieren und trotzdem dieselben Ergebnisse liefern. Wichtig ist, dass man mit Modellen nichts irgendwie beweisen kann, wie das viele

Leute glauben. Man kann nur feststellen, dass ein Modell zuverlässig ist und seine Vorhersagen daher ernst genommen werden sollten. Insbesondere in der Diskussion um Evolution und Schöpfung ist der Begriff des Naturgesetzes schädlich. Hier ist es wesentlich klarer und auch förderlicher, mit dem Begriff des Modells zu arbeiten.

Es ist eine grundlegende Eigenschaft eines Modells, dass dieses Modell begrenzt ist. An dieser Tatsache können wir nichts ändern, aber es ist wichtig zu erkennen und zu wissen, wo genau diese Grenzen sind. Nur wenn wir dieses Wissen haben, können wir abschätzen, wann wir Ergebnisse, die wir auch so nachmessen können, erwarten können und wann dies eben nicht der Fall ist. Oftmals kennen wir die Grenzen aber nicht so genau, dann müssen die Messungen an der Natur ergeben, wo sich die Grenzen genau befinden.

3.4 Grenzen der Naturwissenschaft

An einigen Stellen ist bereits angeklungen, dass es nicht nur die Modelle sind, die Grenzen haben, sondern dass die Methodik der Naturwissenschaft selbst begrenzt ist. In diesem Kapitel möchte ich detailliert beschreiben, in welcher Hinsicht die Naturwissenschaft prinzipiell die Realität nicht vollständig beschreiben kann und wie man damit umgeht. Diese prinzipiellen Grenzen führen automatisch dazu, dass sich Menschen zusätzlich zu den Naturwissenschaften weltanschauliche Vorstellungen machen, die aber – ebenso grundsätzlich – einen anderen Stellenwert haben, als die Ergebnisse, die die Naturwissenschaft erzielen kann.

Die Möglichkeiten der Naturwissenschaften sind begrenzt. Diese Erkenntnis ist noch lange nicht zu allen Menschen durchgedrungen und auch einige Naturwissenschaftler bestreiten dieses Faktum. Der Grund dafür, diese einfache Erkenntnis nicht wahrzunehmen, ist in der Regel das Auftreten in der Öffentlichkeit und der Rausch des eigenen Erfolges. Die Öffentlichkeit erwartet oft Antworten – einfache und nachvollziehbare Antworten. Und wenn diese nicht gebracht werden können, dann gerät der Ehrliche in die Kritik und die Menschen entziehen ihm Aufmerksamkeit oder, noch schlimmer, das Geld. Dabei ist die Aussage über die Begrenztheit der Naturwissenschaft ganz einfach einzusehen und von fundamentaler Begründung. Man braucht sich nur die Eigenschaften der Naturwissenschaften anzusehen und zu vergleichen, wie es mit unserer alltäglichen Erfahrung in Bezug auf diese Eigenschaften aussieht.

Die zentrale Aussage dieses Kapitels wird sein, dass die Naturwissenschaften nicht in der Lage sind, jede Facette unserer Realität zu beschreiben, das heißt, egal wie genau, wie umfassend und wie komplex ein naturwissenschaftliches Modell auch ist, es vermag nicht unsere gesamte Realität zu beschreiben. Das hat Konsequenzen und mit diesen Konsequenzen werde ich mich am Ende auch noch beschäftigen.

3.4.1 Ihre Eigenschaften begrenzen die Naturwissenschaften

In Kapitel 3.2.2 habe ich die drei fundamentalen Eigenschaften der Naturwissenschaften erläutert: Objektivierbarkeit, Wiederholbarkeit und Formalität. Jede dieser drei Eigenschaften ist ein wesentlicher Teil und ohne diesen jeweiligen Teil ist die Naturwissenschaft keine Naturwissenschaft mehr. Und zu jedem dieser Teile gibt es Beispiele aus unserer Realität, aus unserer Erfahrungswelt, wo dieser Teil nicht gilt.

Begrenzung der Objektivität

Die Objektivierbarkeit war ein wesentlicher Schritt weg vom traditionalistischen Autoritätsdenken in der Wissenschaft. Die Aussagen der Naturwissenschaften sollen und müssen ausschließlich auf objektiv feststellbaren Tatsachen beruhen. Aber ein kleiner Blick in unsere tägliche Welt ergibt, dass Subjektivität unser ständiger Begleiter ist. Zwar kann man bei vielen dieser subjektiven Eindrücke vermuten, dass es „im Prinzip" möglich wäre, denselben Eindruck auch objektiv zu bekommen, aber diese Vermutung ist nichts weiter als eine Annahme, die wir wiederum gar nicht objektiv beweisen können.

Als gutes Beispiel kann uns hier die alte philosophische Frage dienen, wie wir denn herausbekommen können, dass wir nicht alles um uns herum träumen, sondern dass das alles Wirklichkeit ist. Descartes ist einer der berühmteren Philosophen, der sich damit auseinander gesetzt hat und sein Ansatz war der berühmte Spruch: „Ich denke, also bin ich." Aber selbst dieser Ansatz wurde später kritisiert und letztendlich mussten die Philosophen aufgeben und die Frage rein praktisch lösen, indem sie sagen, dass es keinen Sinn macht, über merkwürdige Szenarien nachzudenken, in denen man sich nicht mehr darauf verlassen kann, korrekte Sinneseindrücke zu erhalten oder nicht davon ausgehen kann, dass andere Menschen in ähnlicher Weise Sinneseindrücke erhalten.

Naturwissenschaft geht einfach davon aus, dass wir etwas von der Realität wahrnehmen und dass diese Wahrnehmung bei allen bzw. der Mehrheit der Menschen ähnlich funktioniert. Aber selbst unter dieser Annahme ist die

Feststellung einer Wahrnehmung als objektiv alles andere als einfach und manchmal auch völlig unmöglich.

Das beste Beispiel hier sind Gefühle. Wenn jemand zu seinem Partner sagt: „Ich liebe Dich“, dann drückt er ein Gefühl aus. Wie soll der andere aber feststellen, dass das korrekt ist? Es gibt ganze Romane zu dem Thema und die normale Antwort ist: „Wenn Du mich liebst, dann ...“ Aber wir alle wissen, dass der Zusammenhang zwischen Gefühl und Tat keineswegs eindeutig und beweisbar ist. Einen objektiven Zusammenhang können wir einfach nicht herstellen.

Ein anderes beliebtes Beispiel ist der Streit, z. B. zwischen Kindern. Da geht die Prügelei so richtig heiß her und der Erwachsene, der einschreitet, hat die Aufgabe, nicht nur den Streit zu schlichten, sondern auch Gerechtigkeit walten zu lassen. Und beide Streithähne behaupten unter Tränen, dass der andere angefangen hat und deshalb gehörig bestraft gehört. Der Erwachsene ist einer solchen Situation selten gewachsen und selbst, wenn man die ganze Szene auf Video mitgeschnitten hätte, wäre es unter Umständen unmöglich, objektiv festzustellen, wie es zu diesem Streit gekommen ist. Denn in solchen Situationen sind die Gefühle und zum Teil die Erfahrungen und Weltbilder der Beteiligten von entscheidender Bedeutung.

Solche Subjektivitäten sind fundamentaler Natur, egal welche Mittel wir uns ausdenken, sie lassen sich nicht objektivieren. Aber jeder wird zugeben müssen, dass sie Teil unser aller Realität sind. Das bedeutet, dass die Naturwissenschaften sie nicht vollständig erfassen können, egal welche Mittel wir uns dazu ausdenken. Es ist unmöglich, mit Hilfe eines naturwissenschaftlichen Modells diese Situationen zu beschreiben.

Man könnte jetzt einwenden, dass doch die Psychologie genau das macht. Die Psychologie verwendet mathematische Methoden, um Aussagen über Menschen und Gefühle zu machen. Das ist erst einmal nur halb korrekt, denn ein wesentlicher Ansatzpunkt in der Psychologie ist es, einen einzelnen Menschen mit seinen ganz persönlichen Wahrnehmungen und Gefühlen völlig ernst zu nehmen. Wenn der Patient z. B. behauptet, von einem UFO entführt worden zu sein, dann wird der Psychologe dem erst einmal gar nicht widersprechen, sondern die Aussage als wichtiges Indiz hinnehmen. Erst wenn es daran geht, eine Diagnose zu stellen oder eine Therapie zu entwickeln, wendet der Psychologe mathematische Modelle an, die dann von statistischer Natur sind. Die Art und Weise, wie Psychologen vorgehen, ist von allgemeinem Interesse, so dass ich später noch ausführlich darauf zurückkommen werde. Ein anderer Einwand, der gegen meine Aussage gemacht werden kann, dass man Dinge wie Gefühle oder Gedanken nicht objektiv feststellen kann, ist, dass dies nur wegen begrenzter Messmethoden noch nicht möglich ist. Mit zunehmender Genauigkeit der Messung von Hirnaktivitäten, wird es möglich sein, auch diese Vorgänge zu objektivieren.

Aber diese Hoffnung ist in Bezug auf meinen Einwand trügerisch. Die Art der Ergebnisse in der Hirnforschung sind, ähnlich wie in der Psychologie, allein statistischer Natur. Man wird zwar sagen können, dass es einen Zusammenhang gibt zwischen den Leuten, die sagen, sie wären verliebt und bestimmten Gehirnbereichen, aber mit großer Wahrscheinlichkeit werden dieselben Gehirnbereiche aktiv, wenn man sich nur an eine Verliebtheit erinnert oder sich vorstellt, jemand anderes wäre verliebt. Diese Techniken der Messung von Gehirnaktivitäten sind so, dass es unmöglich ist, den Umkehrschluss zu ziehen, also wenn man diese und jene Gehirnaktivität feststellt, dann ist das der Beweis dafür, dass der Mensch in genau diese oder jene Person verliebt ist. Für solche Untersuchungen sind auch die Begriffe, mit denen man da hantiert viel zu ungenau.

Ähnlich sieht es aus, wenn jemand sagt, er wäre Gott begegnet. Zwar gibt es Gehirnbereiche, in denen viel Aktivität stattfindet, wenn man meditiert oder das Gefühl hat, einem höheren Wesen zu begegnen oder wenn man betet. Aber wieder sind das keine Messungen, die man dazu nutzen könnte, zutiefst subjektive Erfahrungen auf die objektive Ebene zu ziehen.

Grenzen der Wiederholbarkeit

Wiederholbarkeit war eine weitere wesentliche Eigenschaft der Naturwissenschaften. Und auch hier gilt, dass es Vorgänge in der Natur gibt, die prinzipiell nicht wiederholbar sind. In der täglichen Erfahrung sind diese nicht wiederholbaren Vorgänge erst einmal oft mit der oben bereits erwähnten Subjektivität verknüpft. Dadurch, dass ein Mensch etwas Einmaliges, Subjektives ist, ist eine Situation, die diesen Menschen mit einbezieht einmalig. Oftmals ist es auch so, dass diese Situation auch dann nicht wiederholbar ist, wenn man denselben Menschen involviert.

Aber die Nicht-Wiederholbarkeit gilt auch unabhängig von der Subjektivität. Es gibt objektiv beobachtbare Situationen, die nicht wiederholbar sind. Ein Beispiel in diese Richtung, das ich im Folgenden einige Male benutzen werde, ist der Zeitpunkt eines radioaktiven Zerfalls.

Radioaktivität bedeutet, dass ein Atomkern eines radioaktiven Stoffes etwas aussendet und zwar – je nach Art der Radioaktivität – einen Heliumkern (Alpha-Strahler), ein Elektron (Beta-Strahler) oder Röntgenstrahlung (Gamma-Strahler). Nun ist es heutzutage technisch möglich, ein einzelnes radioaktives Atom in einer magnetischen Falle zu fangen. Man stelle sich vor, dass man dies getan hat und nun darauf wartet, dass dieses eine Atom zerfällt. Sobald dies geschehen ist, stellt man fest, wie lange man gewartet hat. Wenn man dieses Experiment wiederholt, dann wird man feststellen, dass der Zerfall zu einem anderen Zeitpunkt stattgefunden hat. Egal was man tut, man wird immer einen anderen Zeitpunkt feststellen.

So weit ist das erst einmal kein Problem. Das, was man normalerweise aus dieser Situation lernt, ist, dass das radioaktive Atom eine Halbwertszeit hat. Die Halbwertszeit ist die Zeit, nach der – bei einer großen Menge an Atomen – die Hälfte der Atome zerfallen ist. Bei einem einzelnen Atom ist die Halbwertszeit die Zeit, nach der mit 50 % Wahrscheinlichkeit dieses Atom zerfallen ist.

Wie bei der Psychologie kommt auch hier wieder die Statistik ins Spiel. Aber unsere Ausgangsfrage war nicht, mit welcher Wahrscheinlichkeit das Atom zerfällt, sondern wann es zerfällt. Lange Zeit dachten die Physiker, dass man diese Frage nur deswegen nicht beantworten kann, weil wir nicht alle Umstände des radioaktiven Zerfalls kennen, die Statistik also ein Ausdruck des Unwissens ist. In den letzten Jahrzehnten aber wurde klar, dass das nicht der Fall ist. Die Frage lässt sich aus prinzipiellen Gründen nicht beantworten, die Unbeantwortbarkeit dieser Frage ist eine grundlegende Eigenschaft der Natur.

Für unseren Teil kann man damit dann feststellen: Egal, wie gut wir unser Experiment aufbauen, wir werden niemals in der Lage sein, die Situation, in der das Atom nach exakt der und der Zeit zerfallen ist, zu wiederholen, obwohl wir durchaus durch Aufzeichnen des Messablaufes objektiv feststellen können, dass dieser Zerfall nach der angegebenen Zeit stattgefunden hat.

Um diesen Umstand noch etwas besser verständlich zu machen und auch klar zu machen, wie fundamental diese Unmöglichkeit für das Verständnis von Natur und Naturwissenschaft ist, will ich noch auf die detaillierten Diskussionen eingehen, die die Physik zu diesem Punkt hinter sich hat. Basis der Unmöglichkeit, den Zeitpunkt des Zerfalls vorherzusagen, ist die Heisenbergsche Unschärferelation, die ich bereits in der Geschichte zu Schrödingers Gleichung erwähnt habe. Diese Relation drückt die ganze Merkwürdigkeit der Quantenwelt aus und bei ihrer Entdeckung fragten sich viele Physiker, wie eine solche Relation denn wahr sein könnte.

Es gab viele, die der festen Überzeugung waren, dass diese Relation nur deshalb herauskam, weil wir die wirklich grundlegende Theorie noch nicht kannten. Der berühmteste Kritiker in dieser Hinsicht war Einstein. Er konnte und wollte sich nicht mit der Quantentheorie anfreunden, obwohl er mit dem lichtelektrischen Effekt selber einen wesentlichen Baustein zu der Entwicklung des Modells beigetragen hatte.

Einstein verstand die weltanschaulichen und philosophischen Folgen der Quantentheorie wohl am besten und war damit nicht einverstanden. Er versuchte ständig, die Probleme dieser Theorie klarzulegen. Der Berühmteste dieser Versuche ist als Einstein-Podolsky-Rosen-Paradoxon in die Geschichte eingegangen. Dieses Paradoxon zeigt, dass wenn man die Quantentheorie ernst nimmt, alle Teile des Universums in einer sehr subtilen Art und Weise miteinander in Zusammenhang stehen und zwar augenblicklich, ohne jeden Zeitverlust.

Aber alle Versuche Einsteins, der Quantenmechanik den Boden zu entziehen, fruchteten nichts. Während auf der einen Seite auf seine Einwände jahrelang keine Antwort gefunden werden konnte, zeigte die Quantenmechanik ein ums andere Mal ihre Qualität als Modell.

Die Dinge begannen sich in den 60er Jahren des vorherigen Jahrhunderts endgültig gegen Einstein zu wenden. Der Physiker Bell nahm sich des Themas an und es gelang ihm, alleine auf der Basis der Annahme, es gäbe ein Modell, wie Einstein es sich erträumt hat (ohne zu nennen, wie dieses Modell genau aussehen würde), eine Reihe von Ungleichungen herzuleiten, die Bellschen Ungleichungen. Ein Modell, das die Quantenmechanik ablösen konnte und die Eigenschaften enthielt, die Einstein für real hielt, würde die Ungleichungen erfüllen, die Quantenmechanik erfüllt diese Ungleichungen nicht.

In den 70er Jahren wurde dann eine Reihe von Experimenten durchgeführt, die diese Ungleichungen testeten. Und man fand, dass die Natur, dass unser Universum diese Ungleichungen nicht erfüllt. Das zeigt, dass es das Modell, von dem Einstein geträumt hat, niemals geben wird und dass die Eigenschaft der Nicht-Vorhersagbarkeit von Einzelereignissen eine grundlegende Eigenschaft des Universums ist.

Damit ist klar, dass es von der Fragestellung abhängt, ob wir mit Naturwissenschaft etwas erreichen können oder nicht. Fragen wir: „Nach welcher Zeit wird das Atom zerfallen“, dann versagt die Naturwissenschaft und wir erhalten keine Antwort. Fragen wir: „Mit welcher Wahrscheinlichkeit zerfällt das Atom nach der und der Zeit?“, dann erhalten wir eine klare, objektive und wiederholbare Antwort.

Der Punkt ist, dass sich das Universum selbst sehr wohl entscheidet. Irgendwann zerfällt jeder radioaktive Atomkern. Nur eben wann, das weiß niemand und kann aus Prinzip auch niemand wissen. Die Frage, wer denn die Entscheidung fällt, hat mit Naturwissenschaft dann nichts mehr zu tun. Ich werde auf diese Frage in Kapitel 6.3 zurückkommen.

Es ist Teil der naturwissenschaftlichen Ausbildung, die richtigen Fragen zu lernen, die wir in den Naturwissenschaften stellen können, aber wir sollten nicht vergessen, dass es auch die anderen Fragen noch gibt. Nur weil die Naturwissenschaft uns keine Antwort geben kann, dürfen wir die Fragen nicht aus den Augen verlieren.

Grenzen der Formalität

Aber auch die dritte Eigenschaft der Naturwissenschaft – die Formalität – ist begrenzt. Dieser Punkt ist nur etwas schwieriger zu erläutern, denn die Möglichkeiten, einen Umstand in formaler (mathematisch logischer) Form darzustellen, sind ziemlich groß. Wenn es mir gelingt, etwas gut in Worte zu packen, dann kann man es auch formal darstellen, das macht gerade die Macht dieser Darstellungsweise aus.

Am besten sieht man die Begrenzungen, wenn man sich klar macht, dass es Begriffe gibt, die jeder mehr oder weniger gut versteht, wo man aber einfach scheitert, wenn man versucht, diese genau zu definieren. Ein Beispiel wäre der Begriff Geist oder Seele. Jeder hat ein gewisses Gespür dafür, was diese Begriffe bedeuten. Es ist klar, dass sie irgendwie die Gesamtheit des Menschen darstellen, sein Wesen.

Aber wenn man versucht, so etwas wie Geist naturwissenschaftlich zu definieren, dann stößt man an seine Grenzen. Diese Grenzen sind bis heute ein Grund dafür, dass es so schwierig ist, Aussagen über den Geist eines Menschen zu machen. Es ist kein Problem von Körperfunktionen oder Gehirnfunktionen zu reden, aber was soll man anstellen, um den Geist eines Menschen zu vermessen?

Auch in der Philosophie ist diese Begrenzung bereits erkannt worden. Ein ganzer Zweig der Philosophie beschäftigt sich mit der Natur und den Möglichkeiten der Sprache. Die philosophische Grundaussage ist, dass man nicht denken kann, was man nicht in Sprache ausdrücken kann. Aber diese Formulierung macht klar, dass es sich um eine Begrenzung handelt.

Es gibt aber auch andere Ansatzpunkte für die Erkenntnis, dass man nicht alles, was real ist, formal darstellen kann. Herzstück einer formalen Beschreibung ist die Logik, die dem Ansatz zugrunde liegt. Aber bei der Übertragung der Logik in die tägliche Umwelt bekommt man schnell Probleme. So besagt die zweiwertige Logik, dass eine Aussage entweder richtig oder falsch ist. In der Praxis sind aber die „grauen“ Aussagen, gerade in der Politik, wohlbekannt, die nicht falsch, aber auch nicht richtig sind.

Solche Probleme haben dazu geführt, dass der Begriff der mathematischen Logik erweitert worden ist, etwa unter dem Stichwort „Fuzzy Logic“ oder

„mehrwertige Logik". Aber auch diese Erweiterungen vermögen immer nur einen Teilaspekt der Realität zu umfassen.

Es gibt einen weiteren Ansatzpunkt, an dem man ableiten kann, dass es nicht möglich ist, die ganze Realität mit Hilfe formaler Ausdrücke zu beschreiben und das ist Gödels Beweis der Unvollständigkeit der Mathematik. Gödel konnte zeigen, dass die Mathematik nicht in sich selbst vollständig ist. Das heißt, dass es wahre Sätze in der Mathematik gibt, die man innerhalb des Axiomensystems, in dem man diese Sätze erzeugt hat, nicht beweisen kann, also man nicht zeigen kann, dass sie tatsächlich wahr sind. Man muss diesen Teil der Mathematik verlassen, um einzusehen, dass die Sätze tatsächlich wahr sind.

Nun sind formale Ausdrücke aber nichts anderes als mathematische Ausdrücke und Gödels Beweis gilt auch für diese. Man kann nun versuchen, mit Hilfe von Gödels Beweisidee herzuleiten, dass es Dinge in der Realität gibt, die sich nicht mit Hilfe von mathematischen Ausdrücken beschreiben lassen. Das ist zumindest der Weg, den Penrose gegangen ist, um zu zeigen, dass der Geist eines Menschen nicht mit herkömmlichen physikalischen Methoden beschrieben werden kann. Aber es gibt einige Leute, die die Korrektheit des Beweises von Penrose anzweifeln, so dass dieser Weg zunächst noch nicht als handfestes Argument zu werten ist, sondern eher als Ahnung, dass auf diese Weise ein Argument konstruiert werden kann.

Eine zweite Möglichkeit, Gödels Beweis der Unvollständigkeit der Mathematik zu verwenden, ist es, auf die strukturelle Analogie des Vorgehens in Mathematik, Naturwissenschaft und Computerberechnungen hinzuweisen. In allen drei Bereichen geht man im Grunde sehr ähnlich vor:

Mathematik: Axiome –> Schlussfolgerungen –> Sätze
Naturwissenschaft: Modell –>Berechnungen –> Vorhersagen
Computer: Algorithmus –> Ausführung –> Datenausgabe

Man sieht, dass in allen drei Bereichen das Ziel darin besteht, eine umfassende Beschreibung der Forschungsgegenstände auf der Basis einer möglichst kleinen Menge an Grundlagen zu erhalten. In der Naturwissenschaft sind dies die Modelle, im Extremfall der Traum der „Theorie von allem" (siehe Kapitel 4.2.6), bei dem nur ein einziges Modell alles beschreiben soll.

Aber von der Mathematik wissen wir aufgrund von Gödels Beweis, dass es unendlich viele wahre Sätze gibt, die sich prinzipiell nicht auf der Basis von Axiomen beweisen lassen. Genauso kann man in der Computerwissenschaft eindeutig definierte Zahlen beschreiben, die sich durch keinen Computer des Universums berechnen lassen (siehe Literatur, Chaitin, Gregory, Spektrum der Wissenschaft 2006). Es liegt nahe, dass auch die Versuche der Modellierung der Realität in den Naturwissenschaften in analoger Weise begrenzt sind, d. h. dass es unendlich viele reale Abläufe gibt, die sich nicht an Hand von Modellen vorhersagen lassen.

Welche Folgen hat eine solche Begrenzung der Formalität? Zunächst einmal soll uns dies darauf hinweisen, dass wir uns nicht wundern dürfen, wenn die Logik nicht ausreicht, die Realität zu erfassen, bzw. dass wir logische Probleme bekommen. Viele Menschen meinen, sie könnten die Idee eines Gottes ablehnen, weil man Begriffe wie allmächtig oder allwissend nicht logisch konsistent definieren kann. Solche Menschen übersehen leicht, dass auch ganz normale Menschen in vielen Dingen höchst unlogisch sind. Trotzdem wird deren Existenz nicht angezweifelt. Aber diese Gedanken würden hier erst einmal zu weit gehen, ich möchte nur betonen, dass wir nicht erwarten dürfen und nicht erwarten können, mit einer formalen Beschreibung alle Aspekte des Seins umschreiben zu können.

3.4.2 Die Rolle des Zufalls in der Natur

Die Begrenzungen, die im letzten Kapitel zur Sprache kamen, sind den Naturwissenschaftlern durchaus bewusst und es fragt sich, wie in der Naturwissenschaft damit umgegangen wird. Was mache ich, wenn ich nur subjektiv erlebte Ereignisse beschreiben kann oder einen einmaligen Vorgang vorliegen habe?

Die Antwort ist eigentlich ganz einfach. Ich versuche, diese Subjektivität und Einmaligkeit zu überwinden, indem ich die Situation mit verschiedenen Menschen immer wieder nachstelle und versuche so, die Eigenschaften des Ereignisses festzumachen, die einer naturwissenschaftlichen Beschreibung zugänglich sind. Das führt automatisch auf ein sehr mächtiges Werkzeug der Naturwissenschaften – die Statistik.

Die Statistik kommt immer dann ins Spiel, wenn ich nicht in der Lage bin, einen Ablauf oder alle beeinflussenden Parameter im Detail zu kontrollieren. Der Ausweg in diesem Fall ist, alle möglichen Werte dieser Parameter zugrunde zu legen und dabei zu berücksichtigen, mit welcher Wahrscheinlichkeit ein bestimmter Wert angenommen wird. Man rechnet also mit Größen, von denen man gar nicht weiß, welchen Wert sie wann annehmen. Insofern ist Statistik ein Ausdruck von Nicht-Wissen. Die spannende Frage dabei ist, ob dieses Nicht-Wissen prinzipieller Natur ist oder nicht.

Das Beispiel der statistischen Gasdynamik

Ein Beispiel für die großen Erfolge, die die Statistik in der Naturwissenschaft gefeiert hat, ist die statistische Mechanik, die hauptsächlich von Boltzmann im vorletzten Jahrhundert entwickelt worden ist. Die Physiker beschäftigten sich zu dieser Zeit intensiv mit der Eigenschaft von Gasen und bei dieser Beschäftigung sind verschiedene Regeln entdeckt worden, die auch heute noch in der Schule jedem Schüler im Physikunterricht beigebracht werden. So beobachtete man, dass es unmöglich ist, mit Hilfe eines kalten Gases ein warmes Gas noch weiter zu erwärmen, obwohl das von der Seite der Energiebetrachtung durchaus möglich wäre.

Um dieses Phänomen zu erklären, erfanden die Physiker eine neue Größe – die Entropie – und formulierten einen fundamentalen Satz, der besagt, dass in einem abgeschlossenen System die Entropie niemals abnimmt. Damit konnte man zeigen, dass die Entropie von zwei verschieden warmen Gasen um so kleiner ist, je größer der Temperaturunterschied zwischen den Gasen ist. Also ist es nicht möglich, diesen Unterschied weiter zu vergrößern, ohne das Gasgemisch mit einer Außenwelt in Kontakt zu bringen.

Trotz dieser guten Modellierung der beobachteten Vorgänge blieb der Begriff der Entropie suspekt, denn er schien irgendwie nicht von fundamentaler Natur zu sein, wie der Begriff der Energie. Es war Boltzmann, der auf die Idee kam, zu versuchen, die Eigenschaften eines Gases aus den Eigenschaften der Grundlagen des Gases – den Atomen und Molekülen – heraus zu berechnen. Nun gibt es bei einem Gas aber so viele Moleküle, dass es unmöglich ist, jedes einzelne Molekül zu verfolgen und festzustellen, welchen Ort und welche Geschwindigkeit dieses Molekül besitzt. Um mit diesem Nicht-Wissen umzugehen, setzte Boltzmann die Mittel der Statistik ein. Statt also z. B. zu sagen, welche Geschwindigkeit ein Molekül hat, benutzte er die Geschwindigkeitsverteilung, die besagt, mit welcher Wahrscheinlichkeit ein Molekül welche Geschwindigkeit hat. Das besondere an der Geschwindigkeitsverteilung ist, dass sie in ihrer Form im Wesentlichen davon abhängt, welche Temperatur das Gas hat.

Mit diesen Mitteln gelang es Boltzmann, einen Ausdruck für die Entropie auf Basis der prinzipiell möglichen Zustände eines Gases zu entwickeln. Er konnte zeigen, dass das Gesetz der Entropiezunahme tatsächlich erfüllt ist – fast immer. Das Besondere am Entropiegesetz ist, dass Ausnahmen möglich sind, dass diese Ausnahmen aber wegen der extrem großen Zahl an Molekülen eines Gases so extrem selten sind, dass selbst ein Warten von vielen Milliarden Jahren nicht genug ist, um einmal eine Ausnahme beobachten zu können. Tatsächlich ist es in den letzten Jahren gelungen, Situationen zu erzeugen, die nicht so extrem selten eine Ausnahme zeigen und in denen tatsächlich beobachtet wurde, wie kalte Moleküle ihre Energie auf heiße Moleküle übertragen haben.

Das Besondere an diesem Beispiel ist aber, dass in diesem Fall das Nicht-Wissen nach dem Verständnis der damaligen Zeit nicht prinzipieller Natur war. Man könnte – so dachte man damals – durchaus den Ort und die Geschwindigkeit der Moleküle ermitteln und damit Abstand nehmen von der Statistik. Statistik – und damit der Begriff des Zufalls – ist lediglich ein Hilfsmittel, solange uns nicht beliebig viele Informationen zur Verfügung stehen.

Das Beispiel zeigt auch, wie man aufgrund des Unwissens die Fragen, die man stellt, in subtiler Weise verändert. Statt zu fragen, welchen Ort und welche Geschwindigkeit ein einzelnes Molekül denn nun hat, fragt man, wie die Verteilung dieser Größen über sehr viele Moleküle aussieht. Dies macht klar, dass alle Aussagen der Gasdynamik hinterfragt werden müssen, wenn wir eben nicht sehr viele Moleküle vorliegen haben, sondern uns mit einem einzelnen Molekül beschäftigen.

Zufall als prinzipielle Eigenschaft der Natur

Die Vorstellung, dass Statistik lediglich ein überwindbares Hilfsmittel der Beschreibung ist, hat sich in der Physik im Verlauf des letzten Jahrhunderts grundlegend geändert. Aus der Sicht der heutigen Erkenntnis muss man sagen, dass Zufall eine prinzipielle Eigenschaft der Natur ist, die wir nicht beseitigen können, egal wie ausgefeilt unsere Wissenschaft noch wird. Die Ursache für dieses Umdenken liegt in den Modellen, die man für die Vorgänge im allerkleinsten, den Atomen und Atomkernen, formuliert hat und die man unter dem Begriff des quantenhaften Verhaltens der Natur kennt.

Als Beispiel kann das Verhalten von radioaktiven Atomkernen dienen, das ich oben schon einmal als Beispiel genommen habe. Der radioaktive Zerfall ist ein Phänomen, das in klassischer Sicht eigentlich gar nicht auftreten dürfte. Man betrachte beispielsweise den Alpha-Zerfall, bei dem ein Helium-Kern mit zwei Protonen und zwei Neutronen den radioaktiven Kern verlässt. Von seiner Energie her könnte er das gar nicht tun, aber im Bereich der Quantenmechanik gilt die bereits erwähnte Unschärferelation. Diese besagt, dass es komplementäre Messgrößen gibt, die nicht gleichzeitig beliebig genau sein können, wie die schon erwähnten Ort und Geschwindigkeit. Zwei solche komplementäre Größen sind auch Energie und Zeit. Diese sind es, die den radioaktiven Zerfall regeln.

Aufgrund der Unschärfe besteht eine gewisse Wahrscheinlichkeit, dass der in dem radioaktiven Atomkern befindliche Helium-Kern diesen verlassen kann, obwohl er nicht genug Energie dafür hat. Dafür kann man aber auch nicht bestimmen, wann das der Fall sein wird. Da die Unschärferelation prinzipieller Natur ist und es nach heutigem Wissen keine Alternative dazu gibt, ist diese Unmöglichkeit, den Zeitpunkt des Zerfalls zu bestimmen ebenfalls prinzipieller Natur. Egal, was wir an Modellen erfinden, wir kommen über dieses Nicht-Wissen nicht herum.

Wie im Fall der statistischen Mechanik von Boltzmann behilft man sich in diesem Fall mit Statistik. Wir können aus den Modellen zwar nicht ermitteln, wann der Atomkern radioaktiv zerfallen wird, wohl aber, mit welcher Wahrscheinlichkeit er zerfällt. Also benötigt man lediglich eine genügend große Menge von diesen radioaktiven Atomkernen, um so etwas wie die Halbwertszeit definieren zu können. Der Unterschied dieses Beispiels zu der statistischen Mechanik ist, dass es prinzipiell keinen Weg gibt, das Unwissen zu überwinden, das uns dazu gebracht hat, eine statistische Formulierung zu benutzen. Wir werden, egal wie viel wir forschen, egal wie viel Wissen wir noch anhäufen, niemals vorhersagen können, wann ein einzelner Atomkern genau zerfällt.

Die Konsequenz des Chaos

Das oben Genannte hat fundamentale Auswirkungen auf unsere Erkenntnisfähigkeit. Auch das Modell von Boltzmann, die statistische Mechanik, wird damit ein Modell, in dem prinzipielles Nicht-Wissen enthalten ist. Denn die Argumentation war ja, dass man im Prinzip den Ort und die Geschwindigkeit jedes einzelnen Moleküls bestimmen könnte. Und genau das kann man nach der Quantenmechanik gerade nicht. Die Vorstellung, man könnte alle Abläufe des Universums kontrollieren, wenn man nur genügend Informationen über den aktuellen Zustand besitzt, erweist sich als Illusion.

Aber es gibt doch viele Dinge, die sich in den Naturwissenschaften genau vorhersagen lassen, mag man versucht sein einzuwenden. Wenn ich von einer Mauer springe, dann lande ich unten, wenn zwei Kugel gegeneinander stoßen, dann verhalten sie sich so genau, dass ich sogar komplexe Billardaufgaben lösen kann. Wieso behaupte ich, dass sich prinzipiell keine genauen Vorhersagen machen lassen, wenn diese Beispiele doch zeigen, dass es sehr wohl möglich ist?

Die Antwort auf diesen berechtigten Einwand ist, dass es Phänomene gibt, die so strukturiert sind, dass sich die Unsicherheiten im Mittel gegenseitig neutralisieren und eine klare Vorhersage bleibt. So lange ich nicht genau genug schaue, ist der freie Fall so ein Beispiel und auch der Stoß zweier Billardkugeln. Hier stecken in der Regel lineare Beziehungen in diesen Phänomenen. Lineare Beziehungen sind solche, wo eine Größe in genau derselben Weise größer oder kleiner wird wie die andere. Aber es gibt auch

Phänomene, die nicht-linear sind und wo eine lineare Beziehung noch nicht einmal näherungsweise verwendet werden kann.

Ein Beispiel dafür ist das Wetter. Die Gleichungen, mit denen man das Wetter beschreibt, sind in hohem Maß nicht-linear und solche Beziehungen führen zu dem Phänomen des Chaos. Das typische Verhalten einer nichtlinearen Beziehung ist, dass selbst die kleinsten Unsicherheiten in einem Ausgangszustand mit der Zeit in beliebig große Größen aufgeblasen werden können. Deshalb ist eine Wettervorhersage so schwer und deshalb kann man das Wetter auch nicht mehr als ein paar Tage vorhersagen. Irgendwann spielt selbst die kleinste Luftbewegung eine Rolle, wenn es darum geht, das Wetter zu bestimmen und der Unterschied zwischen schwerem Sturm und strahlendem Sonnenschein liegt an der Bewegung eines Schmetterlingsflügels. Und genau hierin ist auch die prinzipielle Unmöglichkeit zu sehen, das Wetter auf lange Sicht vorherzusagen. Irgendwann werden halt auch die Bewegungen der Atome bei solchen Vorhersagen wichtig und spätestens dann ist es vorbei mit der Vorhersagekraft.

Dies zeigt, dass wir in einem Universum wohnen, in dem es nicht möglich ist, den Gang der Geschichte vorherzubestimmen. Man kann über Möglichkeiten spekulieren, man kann eventuell sogar Wahrscheinlichkeiten berechnen, aber sagen, was morgen sein wird, genau das kann niemand.

Das Beispiel Psychologie

Bisher habe ich mich lediglich mit physikalischen Fragestellungen beschäftigt, die sich dadurch auszeichnen, dass sie sich mit recht unpersönlichen Dingen beschäftigen wie einem Teilchen, einem Atomkern oder dem Licht. Was ist aber, wenn ich mich darüber hinaus mit Individuen beschäftige, die überdies noch einen eigenen Willen mit sich bringen und nicht starr nach Regeln handeln? Auch hier haben wir es mit einer fundamentalen Situation des Nicht-Wissens zu tun. Wir billigen den Individuen Räume für ihre Entscheidungsfreiheit zu und wissen nicht, wie die Entscheidung in einer spezifischen Situation zu einem spezifischen Zeitpunkt aussehen wird.

Hier ist erst einmal anzumerken, dass die Entscheidungsräume eines Individuums nicht beliebig sind. Auch Menschen handeln in gewissen Grenzen regelhaft, auch wenn sie viel häufiger aus ihren Regeln ausbrechen können als meinetwegen Elementarteilchen. Es ist die Aufgabe der Psychologie, diese, wenn auch nur vage vorhandenen, Regeln festzustellen und mit ihnen Krankheitsbilder und Behandlungsmethoden zu entwickeln. Auch in der Psychologie ist dabei das wesentliche Instrument die Statistik.

Es ist bemerkenswert, dass die Statistik auch hier dazu dient, über die Hürde des Nicht-Wissens hinwegzuhelfen. Da die Individualität der Menschen die Ursache dieses Nicht-Wissens ist, versucht die Psychologie mit Hilfe der Statistik gerade über diese Individualität hinauszugehen. Die typischen Fragen sind also: „Wie verhält sich ein Mensch üblicherweise?“, „Welches Ergebnis dieses Tests ist bei gesunden Menschen normal?“, usw. Ein guter Psychologe wird sich auch immer der Schwächen dieses Ansatzes bewusst sein und die statistischen Aussagen lediglich als Hilfsmittel nehmen, um dann individuell auf den Patienten zu reagieren.

Man kann natürlich darüber streiten, ob man die Psychologie als Naturwissenschaft bezeichnen kann, denn in diesem Vorgehen steckt der Versuch, Dinge zu behandeln, die in ihrem Kern eben nicht naturwissenschaftlich sind. Menschen sind als Individuen subjektiv, sie handeln oft nicht wiederholbar und ihr Verhalten lässt sich nicht mit formaler Logik beschreiben. Damit werden Menschen zum Musterbeispiel von nicht naturwissenschaftlich beschreibbaren Systemen und genau damit muss die Psychologie umgehen. Die Art und Weise, wie in der Psychologie die Statistik eingesetzt wird, kann also als Musterbeispiel dienen, wie die Statistik einem helfen kann, die nicht-naturwissenschaftlichen Teile unserer Realität zu beschreiben.

Was spielt der Zufall dabei für eine Rolle?

Gerade am Beispiel der Psychologie kann man gut erkennen, wie die Verwendung der Statistik und die normale Interpretation, die Menschen sehr oft verwenden, in bemerkenswerter Weise gegeneinander prallen. In der Diskussion um Evolution oder Schöpfung spielt ein ganz wesentliches Problem eine Rolle, nämlich dass die Menschen denken, wenn etwas mit Hilfe von Statistik beschrieben wird, besitzt eine ominöse Macht namens Zufall die Herrschaft. Spiele ich Lotto und treffe die richtige Kombination, so war es der Zufall, der diese ausgewählt hat; habe ich einen dummen Unfall, so war es das Zusammentreffen von zufälligen Umständen; fliegt ein Elektron durch ein Magnetfeld, dreht es sich per Zufall in eine von zwei möglichen Richtungen; ändert sich der Gencode einer Art, so hat der Zufall diese Änderung bewirkt usw.

Aber auch in der Psychologie wird ja Statistik eingesetzt und hier sind es immer einzelne Menschen, die entscheiden. Auch wenn ich Aussagen mache: „Die Mehrheit der Menschen wendet sich am Eingang eines Kaufhauses nach rechts“, so sind es doch die Menschen, die dies tun – aus eigenem Antrieb. Es ist keine ominöse Macht Zufall, die sie treibt. Dies zeigt, dass der Begriff eigentlich eine Projektion ist, nichts Wirkliches. Die Natur reagiert wie sie reagiert. Die Einzelereignisse geschehen und das kann man eben nur mit Statistik beschreiben. Naturwissenschaftlich steckt nicht mehr und nicht weniger dahinter.

Dadurch, dass statistische Beschreibungen der Natur allgegenwärtig sind, besitzt der Zufall durch eine falsche Interpretation plötzlich die Rolle eines Gottes, der allgegenwärtig die Entscheidungen trifft, die wir nicht vorhersehen können. Hier wäre zu betonen, dass diese Sprechweise eine reine Sprachgewohnheit ist, die keinerlei naturwissenschaftliche Basis besitzt. Naturwissenschaft beschäftigt sich nicht mit dem „Wer" hinter den Geschehnissen. Naturwissenschaft beschreibt das „Wie" und verwendet die Statistik in den Fällen, in denen einzelne Vorhersagen nicht möglich sind. Insofern beschreibt Naturwissenschaft die Möglichkeiten, aber – außer in Einzelfällen – nicht das, was wirklich passieren wird.

Da es so wichtig ist, will ich diese Aussage noch einmal mit anderen Worten wiederholen. Die Statistik, die die Naturwissenschaft zwangsläufig als mathematisches Hilfsmittel verwendet, ist die Folge unserer Unfähigkeit, den exakten Verlauf der Naturprozesse vorherzusagen. Diese Unfähigkeit liegt nicht an unseren begrenzten Modellen, sondern ist prinzipiell in der Natur verankert. Die Naturwissenschaft macht also nur Aussagen über die Möglichkeiten, die ein System hat. Die Naturwissenschaft macht aber – ebenso prinzipiell – keine Aussagen darüber, wie die Auswahl zustande kommt, die dann von diesen Möglichkeiten real wird. Bei vielen Menschen hat sich dafür der Begriff des Zufalls eingebürgert, aber dieser Begriff ist irreführend. Die Naturwissenschaft macht prinzipiell keine Aussage darüber, ob das, was wir statistisch beschreiben, nun durch eine ziellose, seelenlose Macht oder einen zielgerichtet, mit Absicht handelnden Gott zustande kommt. Dies sind Glaubensfragen, keine naturwissenschaftlichen Fragen. Ich werde auf die Unsinnigkeit des Begriffes Zufall noch in den Kapiteln 4.5.6 und 6.3 zurückkommen.

3.4.3 Zusammenfassung

Die Naturwissenschaften sind begrenzt. Es sind dieselben Eigenschaften, die die Naturwissenschaften so erfolgreich machen, die diese Begrenzung hervorrufen. Die Begrenzung ist damit absolut fundamental.

An vielen Beispielen kann man aber sehen, dass es in der Realität Vorgänge gibt, die über diese Grenzen hinausgehen. Damit folgt zwangsläufig, dass die Naturwissenschaft nicht die gesamte Realität beschreiben kann und auch niemals beschreiben wird.

Die Lücken, die in der naturwissenschaftlichen Beschreibung enthalten sind, können in der Regel durch die Verwendung von Statistik überbrückt werden. Mit Hilfe der Statistik ist es möglich, experimentell nachprüfbare Vorhersagen zu machen und die Strukturen des Geschehens aufzudecken. Aber dies geschieht immer durch die Hinzunahme einer großen Menge von Ereignissen oder Phänomenen.

Oft ist man in dieser Situation versucht, in der Sprache so etwas wie Zufall als handelnden Agenten zu verwenden, aber dabei handelt es sich durchweg um eine Täuschung. Die Naturwissenschaft kann überhaupt keine Aussagen über den handelnden Agenten machen und soll dies auch gar nicht. Das Füllen mit einer Vorstellung, wer oder was in unserem Universum tatsächlich entscheidet, ist ein weltanschaulicher Vorgang und muss auf eine andere Art diskutiert werden als auf naturwissenschaftliche.

3.5 Die Folgen der Grenzen der Naturwissenschaft

Die Tatsache, dass die Naturwissenschaft begrenzt ist, hat Folgen. Einmal natürlich für die Weltsicht, die wir uns zulegen, aber auch wenn man die gesellschaftliche Wirkung von Naturwissenschaft betrachtet. Die Folgen dieser Grenzen möchte ich in diesem Kapitel beleuchten.

3.5.1 Grenzen der Weltsicht

Die im vergangenen Kapitel beschriebenen Grenzen der naturwissenschaftlichen Beschreibung sind nicht nur fundamental in ihrem Bestehen, sondern haben auch eine ganz wesentliche Folge:

- Man wird niemals eine vollständige Weltsicht alleine auf der Basis der Naturwissenschaft formulieren können.

Diese Konsequenz sehen die wenigsten Menschen ein, selbst die nicht, die meinen Beispielen aus dem letzten Kapiteln haben folgen können. Zu tief sitzt der seit Jahrhunderten – oft nur indirekt – formulierte Glauben, dass es möglich ist, alles zu objektivieren, was mit Realität zu tun hat. Zu tief sitzt der Glaube, dass die Reaktionen der Natur doch eindeutig sein müssen. Die Vision der Fähigkeit des Menschen, die Natur unter seinen Geist zu zwingen, lässt sich nicht so ohne weiteres aufgeben.

Ringt man sich aber doch zu der Erkenntnis durch, dass die Naturwissenschaft ihre Grenzen hat, dann reagieren die Menschen oft über. Man neigt dann dazu, alles aus der Naturwissenschaft für relativ, für nicht-objektivierbar und für kraftlos zu halten. Man ist damit geneigt, die Naturwissenschaft gleich vollständig über Bord zu werfen. Aber auch diese Reaktion ist falsch. Als Gegengewicht möchte ich daher den Satz formulieren:

- Stellt man die Fragen, die man mit naturwissenschaftlicher Methodik beantworten kann, so stellt die Naturwissenschaft das **einzige** probate Mittel dar, ein Modell zu beschreiben, das der Realität nahe kommt.

Diese etwas umständliche Formulierung ist nötig, um die Randbedingungen klarzustellen, unter denen die starke Aussagekraft der Naturwissenschaft wirksam wird. Es geht darum, die richtigen Fragen zu stellen, damit die Naturwissenschaft greift, nämlich die Frage nach dem Wie und die Frage nach den Möglichkeiten insgesamt.

Fragt man dagegen nach dem Wer und Warum und nach Einzelgeschehnissen, dann gerät man in Gebiete, auf die die Naturwissenschaft aufgrund ihrer Methodik keine Antworten formulieren kann. Alle Versuche, dies trotzdem zu tun, sind immer nicht-naturwissenschaftlich und sind immer weltanschaulich, auch wenn die Argumentation dies oft nicht erkennen lässt.

Nimmt man als Beispiel die Aussage, dass „die Naturwissenschaft doch gezeigt hat, dass Gott nicht existiert“, so ist das eine typische Aussage, die von dieser Art ist. Naturwissenschaft arbeitet prinzipiell ohne den Begriff Gott, dies wird aufgrund der Methodik erzwungen (siehe Kapitel 4.1.4). Also meinen die Leute, dass damit Gott widerlegt wäre, weil Naturwissenschaft doch so erfolgreich ist. Aber das ist ein unzulässiger Schluss und wenn man genauer hinschaut, dann benutzen die Menschen, die solches behaupten, die Naturwissenschaft als Vehikel, um ihren **Glauben**, den sie sowieso schon haben, vor sich und ihrem Umfeld zu rechtfertigen.

Auch die Aussage: „Wenn ich etwas naturwissenschaftlich beschrieben habe, dann funktioniert das doch ohne dass ein Gott eingreift“, ist wieder ein unzulässiger Schluss. Denn die Beschreibung sagt erst einmal aus, wie etwas vor sich geht, beantwortet aber nicht die Frage nach dem Wer. Dass „Naturgesetze“ von selbst funktionieren, durch eine Art natürliche Triebkraft oder Ähnliches, ist ein alter Aberglaube, der zumindest durch die Naturwissenschaft in keinerlei Weise gedeckt ist.

Diese Beispiele machen hoffentlich klar, was naturwissenschaftlich sinnvoll ist und was nicht. Die Unterscheidung wird uns bei der Diskussion um Evolution und Schöpfung die ganze Zeit über begleiten. Sie wird mir als Maßstab dienen, um zwischen den Dingen, die naturwissenschaftlich klärbar sind und denen, die dies nicht sind, zu unterscheiden.

3.5.2 Persönliche Weltanschauung als Erweiterung

Ich habe oben dargestellt, dass die Eigenschaften der Naturwissenschaften sowohl die Stärken der Naturwissenschaft darstellen als auch ihre Grenzen. Beschreibt man subjektive Ereignisse, einmalige Ereignisse oder Ereignisse, die sich nicht mit Sprache darstellen lassen, dann versagen die naturwissenschaftlichen, objektiv für alle Menschen geltenden Methoden. Wie ich auch festgestellt habe, sehen wir uns einer Realität gegenüber, die breiter ist als das, was durch naturwissenschaftliche Methoden erfasst werden kann. Wie geht man nun mit dem Teil um, der darüber hinaus geht, der allein subjektiv erfahrbar ist?

Die Antwort ist eigentlich ganz einfach und natürlich: Man macht sich eine persönliche Weltanschauung von dieser Realität. Eine persönliche Weltanschauung ist die Gesamtheit aller Vorstellungen, aller Erklärungen und aller Deutungen, die ein Mensch von sich und seiner Umwelt macht. Diese Anschauung entsteht vom ersten Augenblick des Lebens an und wandelt sich mit der Zeit aufgrund von Erfahrungen und Gelerntem. Die persönliche Weltanschauung ist sozusagen das Abbild des Universums im Kopf jedes Einzelnen.

Ich möchte den Begriff persönliche Weltanschauung hier als Erweiterung zu einem naturwissenschaftlichen Modell sehen. Ein naturwissenschaftliches Modell ist eine Beschreibung, die sich mit naturwissenschaftlichen Methoden nachkontrollieren und objektivieren lässt. Eine persönliche Weltanschauung geht darüber hinaus und umfasst auch den Teil, der sich damit nicht erfassen lässt, von dem ich mir aber ein Bild, eine Vorstellung mache. Wie diese Erweiterung aussieht und wie sie zustande kommt, dafür gibt es eigentlich keine Regeln. Alles, was diese Erweiterung erfüllen muss, ist, dass sie den Menschen zufrieden stellt, der sie sich vorstellt.

Zunächst ist zu betonen, dass alle Menschen eine persönliche Weltanschauung haben, egal welche Glaubensrichtung sie haben, aus welcher Tradition sie kommen oder welche Erfahrungen sie gemacht haben. Idealerweise besteht diese persönliche Weltanschauung in ihrem Kern aus dem umfassenden naturwissenschaftlichen Modell und wird dann ergänzt von Annahmen und Vorstellungen über den Rest. Aber man muss hier natürlich einschränken, dass unsere Kenntnis über das, was naturwissenschaftlich beschreibbar ist und wie es beschrieben wird, noch lange nicht feststeht und auch das, was feststeht, ist längst nicht allen bekannt.

So kannte ein Mensch vor z. B. 2.000 Jahren nur wenige und ungenaue naturwissenschaftliche Regeln für die Bildung des Wetters. Daher hat man sich seine persönlichen Vorstellungen darüber gemacht, wie dieses zustande kommt. Genauso ist es durchaus möglich, dass wir heute von einigen Dingen noch nicht wissen, dass sie naturwissenschaftlich beschreibbar sind oder – was tatsächlich sehr häufig vorkommt – dass wir von einer Forschungsrichtung gar keine richtige Ahnung haben und uns aus dem, was wir so gehört haben, etwas zusammenreimen.

So habe ich Ingenieure getroffen, die Jahre der Erfahrung in der Entwicklung elektronischer Komponenten hinter sich hatten und die daher der Meinung waren, dass sie wüssten, was Forschung ist und wie Forschungsarbeit aussieht. Tatsächlich ist aber das Vorgehen und die Basis in einer Entwicklungsabteilung für elektronische Komponenten völlig anders als in einer Gruppe für z. B. physikalische Forschung. Genauso habe ich meine Erfahrungen in dem Gebiet der universitären Forschung in der Physik gesammelt, habe aber von dem, was in der Biologie oder Geologie üblich ist, sehr wenig mitbekommen. Daher zählen diese Bereiche zu denen, wo ich wenig Erfahrungen habe und mir daher vieles lediglich vorstellen kann.

Und so kommt es, dass die Weltsicht sich in einer sehr individuellen Weise ergibt. Die genaue Abgrenzung zwischen den Dingen, die naturwissenschaftlich erfassbar sind und dem, was wir uns so vorstellen, ist nicht exakt festgelegt. Dies macht es schwierig, eine Entscheidung zu treffen, wenn es Konflikte zwischen den Weltsichten verschiedener Menschen gibt. So lange der Einzelne sagt: „Das ist meine Glaubensentscheidung“, so lange wird es wenig Konfliktpotenzial geben, sagt aber einer: „Das ist eine objektive Sicht und du hast die falsche“, dann ist der Zündstoff gelegt.

Wir werden diese Art des Konflikts in der Diskussion um Evolution und Schöpfung einige Male wieder treffen. Auch ich werde nicht alle diese Konflikte beseitigen können, aber ich werde versuchen, die Grenzen zwischen den verschiedenen Bereichen klarer darzulegen, insbesondere, wenn wir uns fragen, was denn real ist.

Realität – ein schwieriger Begriff

Wenn jemand äußert: „Das ist mein Glauben“, so nehmen wir fast automatisch an, dass dies bedeutet: „Das ist nicht real.“ Deswegen haben wir auch so wenig Schwierigkeiten mit so einer Äußerung. Der kann doch glauben, was er will in seiner Phantasiewelt, ist die indirekte Reaktion. Doch wessen Glauben trifft denn die Realität besser? Glaubt der Christ oder der Moslem oder gar der Atheist „das Richtigere“? Eben aufgrund der Definition, die ich von dem persönlichen Weltbild gebracht habe, ist klar, dass sich diese Frage zumindest objektiv nicht beantworten lässt.

Ich möchte den Begriff der Realität hier verwenden, weil er nach allgemeinen Sprachverständnis das ausdrückt, was ich sagen will. Ich tue das, obwohl mir bewusst ist, dass ich eigentlich gar nicht genau definieren kann, was Realität ist. Das sieht man schon daran, dass man mit der Frage scheitert, ob wir nicht alles nur träumen oder Teil einer gigantischen Computersimulation sind. Ich möchte Realität hier in dem Sinn verwenden, dass sie das ist, was wirklich ist, und zwar unabhängig davon, ob es Menschen gibt, die über diese Wirklichkeit nachdenken. Ich nehme also an, dass die uns umgebende Natur einen eigenen Wirklichkeitsanspruch hat. Auch wenn ich diese Annahme nicht beweisen kann, so ist sie doch eine vernünftige Annahme

Realität ist mehr als Naturwissenschaft

Ich habe in den letzten Kapiteln klargemacht, worauf Naturwissenschaft beruht und was Naturwissenschaft alles vermag. Es ist dabei ein sehr vernünftiger Ansatz (obwohl nicht im eigentlichen Sinn beweisbar) anzunehmen, dass das, was man naturwissenschaftlich feststellen kann, Teil der Realität ist.

Dies gilt natürlich nur innerhalb von bestimmten Grenzen, denn das Modell kann sich ja ändern, naturwissenschaftliche Erkenntnis ist immer nur vorläufig. Aber wenn man genau hinschaut, dann sind es immer die Interpretationen, die man aus einem naturwissenschaftlichen Modell zieht, die schwankenden Boden haben. Die Phlogiston-Theorie war nicht gut, weil die Stoffvorstellung, die sich aus dem Modell ergab, nicht haltbar war. Die Gravitation ist vielleicht ein gekrümmter Raum aber vielleicht auch nicht. All das ist dem Wandel der Zeit unterworfen. Aber die Ergebnisse, die die Modelle in ihrem Gültigkeitsbereich produzieren, sind unabhängig davon nach wie vor gültig. Der Vorgang des Brennens, der in der Phlogiston-Theorie möglich war, ist auch in der Oxidations-Theorie möglich und Körper fallen im Gravitationsfeld, egal, welche Weltsicht man damit verbindet.

Man kann also einschränkend sagen, dass die Vorhersagen über objektivierbare, wiederholbare und formal formulierbare Experimente das sind, was in den Naturwissenschaften Bestand hat. So kann ich Newtons Theorie verwenden, um Aufgaben der klassischen Mechanik zu lösen. Dies ist auch heute noch richtig, obwohl man weiß, dass Newtons Mechanik eigentlich abgelöst werden muss durch die Relativitätstheorie und die Quantenmechanik. Nimmt man aber Bezug auf den absoluten Raum und die absolute Zeit, die in dem Modell von Newton steckt, so sind das Dinge, die nicht mehr gelten.

In diesem Sinn kann man die Aussage, dass Naturwissenschaft die Realität beschreibt, bestätigen. Dies ist es, was Menschen an den Naturwissenschaften fasziniert und das ist es auch, was die Menschen dazu treibt, eine „naturwissenschaftlich motivierte Weltsicht" zu haben. Und dieses Denken ist im Rahmen der Einschränkungen, die ich betont habe, auch völlig korrekt.

Aber ich habe auch dargelegt, wo die Grenzen der Naturwissenschaften sind. Naturwissenschaft kennzeichnet sich durch spezielle Methoden und Eigenschaften und da wo die Eigenschaften nicht zutreffen oder die Methoden nicht anwendbar sind, da verlässt man den sicheren Boden der Naturwissenschaften. Und ich habe hoffentlich klargemacht, dass diese Dinge, mit denen man die Naturwissenschaften verlässt, ganz alltägliche Dinge sind, mit denen wir täglich umgehen und die uns täglich begegnen. Anzunehmen, dass all diese Dinge nicht real sind und eine Ausgeburt unserer Phantasie, würde einfach zu weit führen. Wir müssen vielen Dingen, die nicht naturwissenschaftlich fassbar sind, Realität zubilligen und das ist die Mehrzahl der Dinge, die wir mit unserer Weltanschauung beschreiben und mit denen wir damit problemlos umgehen.

Die persönliche Weltanschauung ist also eine notwendige und auch vernünftige Erweiterung dessen, was man durch die Naturwissenschaft erreichen kann. Doch da diese Erweiterung den strengen Kriterien der Naturwissenschaft eben nicht genügt, ist zu fragen, was die Weltanschauung denn nun tatsächlich mit der Realität zu tun hat.

3.5.3 Weltbild und Realität

Dass eine erweiterte Weltanschauung vernünftig ist, heißt nun nicht, dass unser persönliches Weltbild immer die Realität beschreibt. Es gibt Dinge in unserer Phantasie, von denen wir wissen, dass sie nicht real sind oder sogar niemals real werden können. Es gibt Dinge in unserer Phantasie, von denen wir denken, sie wären real, sie sind es aber nicht. Und es gibt Dinge, die sind real, aber wir können oder wollen uns diese gar nicht vorstellen. Das Schwierige ist ja doch: Da unser Weltbild über die Dinge hinausgeht, die naturwissenschaftlich beschreibbar sind, gibt es keinerlei objektives, für alle Menschen nachvollziehbares Kriterium, ein Weltbild wirklich zu bewerten. Man kann sich nur einige Hilfskonstruktionen einfallen lassen, mit denen man weiterkommt, wie z. B. seine Weltsicht mit anderen Menschen abzugleichen. Aber wenn man versucht, diese Weltsicht mit der Realität abzugleichen, dann gerät man in prinzipielle Schwierigkeiten.

Damit gelangen wir an einen schwierigen Punkt in unserer Diskussion. Die meisten Menschen empfinden die Naturwissenschaften als „etwas Sicheres", als etwas, worin man seine Sicht der Realität festmachen kann. Wenn man darüber hinaus geht, dann verliert man diese Sicherheit. Im Grunde gibt es zwei Hauptreaktionen, wenn man fragt, ob denn die Dinge, die man nicht mit Naturwissenschaften erreichen kann, etwas mit der Realität zu tun haben:

- **Verneinung**

Diejenigen, die allein auf Basis der Naturwissenschaften stehen wollen, verneinen alles, was darüber hinausgeht. Entweder bestreiten sie von vorne herein die Realität dieser nicht-naturwissenschaftlichen Vorstellungen oder sie stellen fest, dass die objektiven Methoden der Naturwissenschaften scheitern und enthalten sich damit jeder Aussage über diese Dinge. Aber sehr oft kommt es auch vor, dass sie aus einem individuellen Glauben heraus manche nicht-naturwissenschaftlichen Aussagen gut finden und andere aber relativ willkürlich ablehnen.

- **Glaube**

Es gibt die Menschen, denen das eigene persönliche Modell als absoluter Anker dient. Bestimmte Vorstellungen, wie der Glaube an einen Gott, der Glaube an eine politische Richtung oder der Glaube an bestimmte Werte werden als glaubwürdig und glaub-wichtig gesehen und ohne weitere Beweise als wahr angenommen. Von diesem Standpunkt aus werden dann sogar naturwissenschaftliche Aussagen (die ja eventuell auch noch mit bestimmten Unsicherheiten behaftet sind) als fehlerhaft angesehen, anstatt an den Aussagen der eigenen Glaubensbasis zu zweifeln.

Es geht mir hier erst einmal nur darum, diese Reaktionen festzustellen, nicht sie zu werten oder eine eigene Position zu beschreiben. Sie stellen nur fest, dass das, was ein Mensch persönlich glaubt, einen sehr starken Einfluss hat, auch und gerade bei denen, die meinen, allen Glauben ablehnen zu müssen. Sie verkennen damit in der Regel, dass auch die Einstellung, allen Glauben abzulehnen, allein durch Glauben zustande kommt, weil die Naturwissenschaft selber eben keine Handhabe zu dieser Haltung bietet.

Die persönlichen Modelle sind die natürlichen Erweiterungen angesichts dieser Begrenzung, aber da wir uns dabei unserer schärfsten Waffe in der Entscheidung, was denn eine „reale" Vorstellung von der Welt ist, berauben, scheinen wir vor der schweren Entscheidung zu stehen, entweder alle nicht-naturwissenschaftlichen Phänomene konsequent zu ignorieren oder die Büchse der Pandora zu öffnen und den merkwürdigsten und sinnlosesten Vorstellungen Raum zu geben. Denn wenn wir sagen: „Die und die Glaubensvorstellung beschreibt die Realität", dann haben wir keinen objektiven Grund, alle möglichen anderen Glaubensvorstellungen abzulehnen.

Das Problem ist aber, dass die Ablehnung aller Glaubensvorstellungen auch wieder eine Glaubensvorstellung ist und es ist ja nachweislich so, dass Naturwissenschaft allein kein umfassendes Bild geben kann. Wir haben also die Wahl uns entweder in unserer Weltsicht bewusst einzuschränken und zu sagen: „Über alles, was ich nicht naturwissenschaftlich nachweisen kann, mache ich keine Aussage", oder eben nach einem persönlichen Weg zu einem bestimmten Glauben zu suchen. Wie dies bei mir ausgegangen ist, werde ich in Kapitel 6.1 beschreiben.

Letztlich werden wir feststellen, dass der Streit um Evolution oder Schöpfung auf unterschiedlichen Reaktionen auf diese Entscheidung beruht. Wir werden auch feststellen, dass beide Seiten des Konflikts auf ihre Weise inkonsistent entscheiden. Bestimmte Verfechter der Evolution nehmen die Grenzen naturwissenschaftlicher Aussagen nicht richtig zur Kenntnis und bestimmte Verfechter der Schöpfung ignorieren die Kraft der Naturwissenschaft, wenn sie korrekt angewendet wird. Eine ausführliche Diskussion dieser Punkte wird in den Kapiteln 4 und 5 erfolgen.

3.5.4 Gesellschaftliche Auswirkungen der Grenzen

Bis in die 60er Jahre des 20. Jahrhunderts hinein schien der Siegeszug der Naturwissenschaft und der sie begleitenden Technik unaufhaltsam. Durch technische Entwicklung konnte man den Lebensstandard der Menschen in unglaublicher Weise heben, Wohlstand und Gesundheit stiegen in früher unvorstellbare Höhen und der Glaube an die technische Machbarkeit war fester Teil der westlichen Welt.

Dass diese Entwicklung einher ging mit den ebenso unvorstellbaren Grausamkeiten der Weltkriege und der Entwicklung der Fähigkeit des Menschen, sich und den ganzen Planeten Erde zu vernichten, wurde in der Regel als unangenehme, aber unausweichliche Nebenerscheinung angesehen. Man konnte eben die technischen Möglichkeiten für positive und für negative Dinge einsetzen. Dass der Wohlstand nur einem Bruchteil der Erdbevölkerung zuteil wurde, wurde auch nicht unbedingt als Problem der Technik angesehen, auch diese Menschen würden früher oder später in den Genuss der modernen Technik kommen. Ein Indiz für dieses Denken ist die Erscheinung einer neuen Literaturgattung zwischen den beiden Weltkriegen, der Sciencefictionliteratur, in der technische Zukunftsträume geträumt wurden. Der Kampf Gut gegen Böse wurde dort zwar nach wie vor als Thema genommen, aber in vielen prägenden Geschichten spielte der Prototyp des genialen Forschers eine Rolle, der die Menschheit mit seinen Erfindungen einen Sprung nach vorne brachte und dabei nur verhindern musste, dass die Erfindungen für Böses missbraucht wurde.

Tatsächlich war die naturwissenschaftliche Forschung – und hier als Leitwissenschaft die Physik – noch am Puls der Gesellschaft. Regelmäßig wurden die Entdeckungen der Forscher von Entwicklungen neuer technischer Anwendungen gefolgt, die das Leben der Menschen schließlich prägten und veränderten. Die Entwicklung neuer Werkstoffe, das Verfügbar-Machen von Antibiotika, die Entwicklung des Computers und des Autos, die Entwicklung von Medien, die Zunahme der Bedeutung von Information, all das sind Dinge, die unsere westliche Gesellschaft in zunehmendem Maße komplizierter, aber auch bequemer gemacht haben. Auf diesen Erfolgen beruhte die Vorstellung vieler Menschen von der unbegrenzten Machbarkeit.

Diese Einstellung änderte sich zumindest in Europa im Verlauf der 70er Jahre des vorherigen Jahrhunderts. Es gab eine Reihe von Ereignissen, die für diese Zeit prägend waren und von denen ich nicht sagen kann, ob sie diese Entwicklung teilweise hervorgerufen haben oder lediglich ein Indiz für die sich ändernde Einstellung waren. Letztlich machen sie exemplarisch klar, wo die Probleme mit der Anwendung der Naturwissenschaften für das tägliche Leben liegen.

Ein solches Ereignis war die Ölkrise 1973 als sich durch den Zusammenschluss der ölproduzierenden Länder plötzlich eine massive Erhöhung der Ölpreise ergeben hat. Dadurch wurde den Menschen bewusst, wie abhängig sie von dieser Ressource waren und auch wie knapp sie eigentlich ist. Es wurde klar, dass sich die westliche Zivilisation in sehr hohem Maße auf den Verbrauch von Öl und Kohle eingestellt hatte und dass damit eine ernste Energiekrise entsteht, wenn die Vorräte an Öl und Kohle einmal zu Neige gehen.

Von der Technik erwartete man eine Lösung dieses Energieproblems und zu Anfang dachte man, dass die Kernenergie diese Lösung darstellen würde. Doch eine andere Entwicklung verhinderte, dass die Kernenergie als Ausweg akzeptiert wurde: das steigende Umweltbewusstsein.

In diesem Jahrzehnt wurde den Menschen in zunehmenden Maße bewusst, wie gefährdet ihre Lebensräume durch immer dichtere Besiedlung und immer höhere Technisierung der Umwelt waren. Die Begleiterscheinungen der Industrialisierung wie Lärm, Luftverschmutzung, Giftstoffe im Nahrungskreislauf wurden nicht länger positiv oder gleichgültig gesehen, sondern wurden immer mehr als Bedrohung und Beeinträchtigung betrachtet. Natürlich erwartete man auch hier von der Naturwissenschaft und der Technik eine Lösung, aber die waren nicht in der Lage, Antworten auf die drängenden Fragen der Menschen zu geben.

Das Beispiel der Schädlichkeit der Kernkraft

Ich war fast mit meinem Physikstudium fertig, da geriet ich in eine Diskussion mit einem Pfarrer, der sich in der Anti-Kernkraft-Bewegung engagierte. Als Physiker war ich den Umgang mit Begriffen wie Radioaktivität gewohnt und sah Kernkraftwerke als eine durchaus plausible Lösung des Energieproblems an. Der Pfarrer sah das natürlich ganz anders und stellte mir eines Tages die folgende Frage: „Angenommen ein einzelnes Atom des Elementes Plutonium (das für den Betrieb eines Kernkraftwerkes gebraucht werden kann) würde sich in einer menschlichen Lunge festsetzen und eines Tages zerstrahlen, könnte das bei dem betroffenen Menschen Lungenkrebs hervorrufen?“ Als ehrlicher Mensch sah ich mich nicht in der Lage, die Frage zu verneinen und das wusste der Pfarrer auch. Sein Ziel war es, darauf das Argument aufzubauen, dass, egal wie hoch die Sicherheitsvorkehrungen in einem Kernkraftwerk wären, man immer Menschen gefährden würde und daher der einzig sichere Weg wäre, die ganze Technologie schlicht zu verbieten. Aber das Argument ist ein allein emotionales Argument, keines das wirklich rational wäre. Denn der Pfarrer verschwieg bei seinem Argument vermutlich bewusst, dass es sehr viele – auch sehr viele natürlich vorkommende – Stoffe und Vorgänge in der Natur gibt, durch die eine menschliche Zelle entarten kann, so dass Krebs daraus entsteht. Er verschwieg auch, dass das Abwehrsystem eines gesunden Körpers fast täglich solche entarteten Zellen beseitigt und dass nur dann Krebs entstehen kann, wenn das Abwehrsystem aus irgendwelchen Gründen versagt und er verschwieg auch, dass es eine Vielzahl von völlig normalen Tätigkeiten gibt, die ein unvergleichlich höheres Risiko für das Leben und die Gesundheit des Menschen tragen als einzelne Plutonium-Atome, die irgendwo in der Luft herumschwirren.

Und genau hier ist das Problem. Die Menschen erwarten von der Naturwissenschaften eine klare und führende Antwort auf die Frage: „Kann ich die Kernenergie nutzen ohne gefährdet zu sein?“, und sie erhalten eine Antwort, die sich mit ihren individuellen Ängsten und Problemen nicht vereinbaren lässt. Eine anonyme Statistik, eine unklar erscheinende Wahrscheinlichkeitsaussage, ein in den Bereich der Nicht-Messbarkeit extrapolierter Zusammenhang ist alles, was die Naturwissenschaft liefern kann. Wie diese Daten zu bewerten sind, wie sie auf die Emotionen wirken, das ist eine Sache, die durch keine Naturwissenschaft der Welt gesteuert oder vorhergesagt werden kann. So wurde die Frage der Kernenergie schließlich eine politisch-emotionale Frage und die beiden Seiten der Diskussion stehen sich unvereinbar gegenüber, weil es bei individuellen Emotionen eben keine rationale Basis gibt, auf der man sich einigen kann.

Dieses Beispiel demonstriert sehr gut, wie die Menschen von den Naturwissenschaften eigentlich erwarten, Antworten zu bekommen oder Heil zu erringen, wie aber die Naturwissenschaft hier versagt, ja versagen muss. Sie ist – wie ich hoffe oben erläutert zu haben – einfach nicht dafür gemacht. Das ist nicht das Problem der Naturwissenschaft, es ist das Problem der Menschen, die etwas von ihr erwarten, was sie dort nicht finden, nicht finden können.

Das Beispiel der Gutachter

Es gibt ein anderes Beispiel, das dieses Versagen recht gut demonstriert. Seit Urzeiten haben Menschen Richter gebraucht, die in Konflikten und bei manchmal sehr schwierigen Situationen ein gerechtes Urteil fällen. Früher waren das im Allgemeinen Autoritäten, die für diese Aufgabe eingesetzt wurden. Mit den modernen Gesetzeswerken haben sich die Staaten einen Rahmen gesetzt, in dem es einfacher ist, ein gerechtes Urteil zu sprechen. Trotzdem gibt es nach wie vor zahlreiche Situationen, in denen es sehr schwer ist, ein Urteil zu sprechen und in denen auch ein weiser und erfahrener Richter überfordert ist.

Außerdem wird in unserer modernen Gerichtswelt sehr häufig der Weisheit der Richter misstraut – zu oft ist es vorgekommen, dass ein Richter doch nicht so weise war wie erhofft. Als Ausweg hat sich bei uns das Gutachterwesen eingeschlichen. Man hofft, dass ein Gutachter, ein Experte, bewandert in dem betroffenen Gebiet, durch naturwissenschaftlich exakte Methoden zu einem Ergebnis kommt, das dem Richter eine korrekte Beurteilung des Falles möglich macht. Oft klappt das auch einigermaßen. Aber nur zu oft stellt sich heraus, dass sich die beiden Parteien mit Gutachten und Gegengutachten bewerfen und dass die Experten trotz all ihrer strengen, naturwissenschaftlichen Methoden letztlich doch nur Meinungen zum Besten geben. Auch hier zeigt sich, dass Naturwissenschaften einfach versagen, wenn es um Beurteilung oder um Werte wie gerecht oder ungerecht geht.

Die Entwicklungen der 70er Jahre des vorherigen Jahrhunderts hat einen Umschwung gebracht, die die gesellschaftliche Einstellung zu Naturwissenschaft und Technik verändert hat. Das kann man an mehreren Indizien ablesen:

- Technische Entwicklungen und Vorhaben werden in zunehmendem Maße kritisch und abwehrend gesehen.
- Die Naturwissenschaft selbst wird in durchaus einflussreichen Kreisen als soziale Wissenschaft dargestellt, in der die Ergebnisse der Beliebigkeit sozialer Vereinbarungen unterliegen.

- Im Arbeitsleben werden soziale Kompetenzen oftmals als wichtiger angesehen als die technischen Kompetenzen.

Dies spricht meines Erachtens dafür, dass die Naturwissenschaft in eine Krise geraten ist – eine Glaubwürdigkeitskrise. Dies liegt an den enttäuschten Hoffnungen und Erwartungen, die die Menschen hatten. Ziel dieses Buches ist es auch, die Hintergründe für diese Enttäuschung etwas zu beleuchten und die Motive offenzulegen, die dahinter liegen. Denn diese Motive liegen auch hinter dem Streit über Evolution oder Schöpfung, der seit nunmehr über 150 Jahren anhält.

3.5.5 Zusammenfassung

Die einfach zu erkennenden und auch objektiv vorhandenen Grenzen der Möglichkeiten, die Realität mit Hilfe der Naturwissenschaft zu beschreiben, hat weitreichende Folgen für unsere Weltsicht. Die Einstellung, seine Weltanschauung alleine auf der Basis der Naturwissenschaft zu gründen ist entweder nicht möglich oder bedingt eine so starke Beschneidung dessen, was man in seine Weltanschauung aufnehmen kann, dass dies eigentlich kein Mensch so tut. Jeder Mensch ergänzt vielmehr das mehr oder weniger vorhandene Wissen um die naturwissenschaftlich beschreibbaren Phänomene um seine persönlichen Vorstellungen und Interpretationen. Diese gewinnt er an Hand der Erfahrungen, die er im Laufe seines Lebens gesammelt hat und die daher zwangsläufig einen fließenden Übergang zwischen den naturwissenschaftlich feststellbaren Daten und Modellen und den ureigensten Interpretationen bilden.

Solange sich jemand bewusst ist, dass er in weitem Umfang eine persönliche Weltsicht besitzt, wird diese auch gegenüber anderen zu keinen Konflikten führen. Wenn aber versucht wird, die persönliche Weltsicht anderen aufzudrücken, dann sind Konflikte vorprogrammiert. Die Schwierigkeit besteht darin, dass man sehr oft der Meinung ist, dass „persönlicher Glaube" so etwas wie „reine Phantasie" bedeutet. Dies ist aber durch nichts objektiv nachweisbar. Ob der Glaube an einen Gott oder der Glaube an das Nicht-Vorhandensein eines Gottes die Realität besser beschreibt, ist eben mit Hilfe der naturwissenschaftlichen Methoden nicht klärbar.

Naturwissenschaft hat aber einen recht klar abgrenzbaren Bereich, in dem sie vernünftige und haltbare Aussagen machen kann, egal wie vorläufig die Modelle sind, die die Naturwissenschaft gebraucht. In diesem Bereich entwickelt die Naturwissenschaft ihre ganze Kraft und ist auch verlässlicher Partner in dem Versuch, die Realität zu erfassen und zu beschreiben. Bewegt man sich aber jenseits dieses Bereiches, dann verliert die Naturwissenschaft ihre Verlässlichkeit und kann keine klaren Antworten mehr geben. Dies wird oft dadurch verdeckt, dass die Argumente denen in der Naturwissenschaft zu ähneln scheinen. Insbesondere die Menschen, die in den Naturwissenschaften nicht ausgebildet sind, haben es schwer, die Unterschiede zu erkennen.

Allerdings haben die gesellschaftlichen Veränderungen in den letzten Jahrzehnten gezeigt, dass die Akzeptanz der Naturwissenschaft und Technik sinkt. Menschen suchen klare Antworten und die Naturwissenschaft ist nicht dafür geeignet, diese zu geben. Daher kommt es immer mehr dazu, dass sich ganze Gruppen vom naturwissenschaftlichen Denken abwenden und die Naturwissenschaft als Ganzes relativieren. Letztlich stellt dies aber wieder eine Überreaktion dar, denn in ihrem Bereich hat die Naturwissenschaft nach wie vor strenge Aussagekraft.

Die wieder in Gang gekommene Diskussion um Evolution und Schöpfung ist eine Folge dieser zunehmenden Gegnerschaft zu Technik und Naturwissenschaft. Die Gegner der Evolutionstheorie werfen ihr vor, genauso unwissenschaftlich zu sein, wie dies das Gegenmodell des Kurzzeit-Kreationismus ist. Es ist daher ernsthaft zu fragen, inwiefern diese Vorwürfe berechtigt sind und inwiefern nicht. Das Kapitel über die Möglichkeiten, das Vorgehen und die Grenzen der Naturwissenschaft soll dabei als Basis dienen.

3.6 Literatur

Bücher

Zander, Hans Conrad, Napoleon in der Badewanne, Gesammelte Werke Band 5, Lit Verlag (2004)

Feynman, R. P., Leighton, R. B., Sands. M, Feynman Vorlesungen über Physik, Band 3, Quantenmechanik, Oldenbourg Verlag, 4. Auflage (1999)

Heisenberg, Werner, Wandlungen in den Grundlagen der Naturwissenschaft, Hirzel Verlag (1959)

Popper, Karl, Gesammelte Werke 3, Logik der Forschung, Mohr Siebeck Verlag, 11. Auflage (2005)

Penrose, Roger, Das Große, das Kleine und der menschliche Geist, Spektrum Verlag (2002)

Sigmund, Karl, Dawson, John, Mühlberger, Kurt, Kurt Gödel, das Album, Vieweg Verlag (2006)

Chaitin, Gregory, Die Grenzen der Gewissheit, Spektrum der Wissenschaft, September (2006)

Schrödinger, Erwin, Was ist ein Naturgesetz?, Oldenbourg Verlag, 5. Auflage (1997)

Chalmers, A. F., Wege der Wissenschaft. Einführung in die Wissenschaftstheorie, Springer Verlag Berlin, 5. Auflage (2001)

Weblinks

Hinweis: Die hier aufgeführten Weblinks wurden von mir im Nov. 2006 geprüft. Web-Inhalte können sich aber kurzfristig ändern. Für die zitierten Inhalte kann ich also keine Haftung übernehmen.

Informationen über Eratosthenes: http://de.wikipedia.org/wiki/Eratosthenes

Informationen über Quantenmechanik: http://de.wikipedia.org/wiki/Quantenmechanik

Informationen zur Naturwissenschaft: http://de.wikipedia.org/wiki/Naturwissenschaft

Diskussion des Begriffes Naturalismus: Beyer, Andreas, Wissenschaft im Rahmen eines Schöpfungsparadigmas?, http://www.evolutionsbiologen.de/creation&science.pdf (2006)

Über die wissenschaftliche Methode: http://www.mpe.mpg.de/~amueller/wissen.html

4. Ist Evolutionstheorie wissenschaftlich?

Warum diese provozierende Frage im Titel dieses Kapitels? Ist es nicht selbstverständlich, dass die Evolutionstheorie eine Naturwissenschaft ist und verbietet sich die Frage an sich denn nicht? Nein, die Frage ist ernsthaft und statthaft. Denn einmal ist der Vorwurf der Unwissenschaftlichkeit einer der häufigsten Vorwürfe, die die Kurzzeit-Kreationisten der Evolutionstheorie machen und zum Zweiten wird mit kaum einer Theorie so viel Weltanschauung betrieben, wie mit der Evolutionstheorie. Die Frage muss also ernsthaft gestellt werden. Was ist die wissenschaftliche Basis der Evolutionstheorie und wo und wann wird diese Basis verlassen und wandelt sich zu einer Weltanschauung oder gar zu einer Religion. Im Kapitel 3 habe ich bereits die Eckpunkte dafür zusammengetragen, was Naturwissenschaft ausmacht und wo die Grenzen von Naturwissenschaft liegen. In diesem Kapitel geht es mir darum, diese allgemeinen Aussagen auf die Evolutionstheorie anzuwenden und das, was hinter den Grenzen liegt auszuloten.

Ich unterscheide dabei zwischen drei Phasen der Evolution, die Evolution des Universums, die Evolution unseres Planeten Erde und die Evolution des Lebens und speziell des Menschen. In allen drei Phasen gibt es Gemeinsamkeiten und wie in Kapitel 2.3.1 geschildert, hängen alle drei Phasen voneinander ab.

Dennoch sind verschiedene Naturwissenschaften für die einzelnen Phasen zuständig, bei der Evolution des Universums ist es die Physik, bei der Evolution der Erde ist es die Geologie und bei der Evolution des Lebens ist es die Biochemie. Demgemäß sind die Methoden und auch die Möglichkeiten der Aussagen im Detail unterschiedlich. Als gelernter Physiker kann ich für die erste Phase die tiefsten und besten Aussagen machen, aber ich habe mich bemüht, auch bei den anderen beiden Phasen die wichtigsten Diskussionspunkte zusammenzutragen.

Doch zu Beginn ist es notwendig, noch einmal speziell auf die Auswirkungen der allgemeinen Wissenschaftsphilosophie zu sprechen zu kommen und einige Punkte zu diskutieren, die auch und gerade im Zusammenhang mit dem Kurzzeit-Kreationismus eine große Rolle spielen.

4.1 Die wissenschaftliche Basis der Evolutionstheorie

Die Naturwissenschaften beruhen auf bestimmten Methoden und Prinzipien und wenn die Evolutionstheorie eine naturwissenschaftliche Modellierung sein will, dann muss sie diesen Prinzipien folgen. In diesem Kapitel geht es darum, den Zusammenhang zwischen Evolutionstheorie und diesen Grundprinzipien zu beleuchten und darauf hinzuweisen, in welcher Hinsicht die Evolutionstheorie tatsächlich naturwissenschaftlich arbeitet. Dabei gibt es einige Details, die insbesondere im Rahmen der Evolutionsforschung wichtig werden. Dazu gehört das Aktualitätsprinzip und der methodische Atheismus sowie die Behauptung, dass Evolutionsforschung eine Geschichtswissenschaft ist.

4.1.1 Die Evolutionstheorie und die Grundprinzipien der Naturwissenschaft

In Kapitel 3.2.1 habe ich die vier Schritte der naturwissenschaftlichen Methodik erläutert: Beobachtung, Modellbildung, Verifikation und Vorhersagen. Falls die Evolutionstheorie eine naturwissenschaftliche Theorie ist, muss sie methodisch diesen vier Punkten folgen. Letztlich muss man in jedes Teilgebiet der gesamten Evolutionstheorie im einzelnen hineinschauen, um diesen Punkt wirklich zu bestätigen, aber hier will ich erst einmal ein paar allgemeine Aussagen im Rahmen der Modellierung machen, die die Evolutionstheorie ausmacht.

Basiert die Evolutionstheorie auf Beobachtung?

Wenn der Anspruch der Evolutionstheorie, ein naturwissenschaftliches Modell zu sein, gerechtfertigt ist, so muss die Basis dieses Modells aus beobachtbaren Daten bestehen. Dies festzustellen ist zunächst einmal gar nicht schwer. Die Vorstellungen der Menschheit, die nicht auf beobachtbaren Daten beruhen, sind in Form von Mythologien bekannt. Diese Mythologien zeigen, dass so etwas wie eine lange und komplexe Evolution des Universums, der Erde oder des Lebens nicht natürlich im Gedankengut der Menschen liegt. Es waren Beobachtungen, Daten, die uns überhaupt erst auf die Idee gebracht haben, dass es so etwas wie Evolution gibt. Am Besten sieht man das an der Geschichte Darwins, der erst durch seine Forschungsreise auf der Beagle und durch die Beobachtungen, die er dabei angestellt hat, zu der Überzeugung gekommen ist, dass die verschiedenen Arten über Verwandtschaftsverhältnisse zusammenhängen.

Hier ist es – je nach Gebiet – sogar so, dass es so viele Beobachtungen gibt, dass es mühsam ist, Ordnung in die undurchdringliche Menge an Beobachtungen zu bringen. Aber es gibt für jedes Gebiet einige „Grundtatsachen“, an der sich die zu bildenden Modelle zu orientieren haben, die sozusagen die Leitlinie bilden. Darüber hinaus gibt es aber so viele Details und ergänzende Beobachtungen, dass einem schwindlig werden kann. Eines steht für die Evolutionstheorie zumindest fest: An Fakten mangelt es nicht, wohl aber möglicherweise an Fakten, die es ermöglichen zwischen verschiedenen Modellen zu unterscheiden.

Ein Gegner des Modells der Evolutionstheorie mag eventuell versuchen mit Einwänden zu kommen, wie z. B. dass die Evolutionstheorie auf der Annahme beruht, dass es keinen Gott gibt oder dass man den Zufall als göttliches Prinzip einführen möchte, dass es also nicht die Daten waren, die zur Modellierung der Evolutionstheorie geführt haben. Ich werde mich mit diesen Vorwürfen noch in Kapitel 4.5 ausführlich auseinandersetzen; hier sei betont, dass eine solche Aussage durch einen Blick in die Geschichte leicht als falsch erkannt werden kann.

Jedes Gebiet in dem umfassenden Modell der Evolution hat bestimmte Schlüsselerkenntnisse, die die heute führenden Vorstellungen erst hervorgebracht haben. So war die Vorstellung eines statischen und ewigen Universums eigentlich die naheliegende und allgemein akzeptierte Vorstellung der Physiker. Erst die Entdeckung der Rotverschiebung und der 3-Grad-Hintergrundstrahlung hat dieses Bild gekippt und das Modell des Urknalls, mit dem das Universum seinen Anfang genommen hat, hervorgebracht.

Genauso war es bei den Vorstellungen zur Evolution der Erde. Auch hier war das Bild der ewigen Erde das führende Bild der Menschen. Erst die Untersuchungen zur Schichtbildung haben die Idee geboren, dass langsam wirkende Prozesse diese hervorgebracht haben.

Ebenso war es bei der Theorie Darwins. Die Spontanentstehung und Schöpfung des Lebens war eigentlich das führende Bild und erst die Ähnlichkeiten und Zusammenhänge der Arten brachten Darwin auf die Idee, dass alles durch eine gemeinsame Entwicklung miteinander verbunden ist.

In allen Fällen waren es Daten und Beobachtungen, die jedermann auch heute noch anstellen kann, die die Basis der ganzen Modelle bildeten. Insofern erfüllt die Evolutionstheorie diesen ersten Punkt der naturwissenschaftlichen Methodik.

Arbeitet die Evolutionstheorie mit Modellbildung?

Auch in der Modellbildung folgt die Evolutionstheorie den üblichen Pfaden der Naturwissenschaft. Die Fakten werfen Fragen auf, wie diese denn zusammenhängen und wie sie einzuordnen sind und durch welche Prozesse sie entstanden sind. Die Modelle sollen dazu dienen, solche Fragen zu beantworten.

Allerdings spielt gerade bei der Modellbildung die Abgrenzung der Möglichkeiten der Naturwissenschaft eine wesentliche Rolle, denn man muss auch sehen, dass es im Rahmen der Modellbildung immer auch Vorstellungen oder Ideen gibt, die in den Bereich der Weltanschauung gehören. Ich möchte das durch einen kleinen Vergleich zeigen:

Fallende Äpfel und sich ändernde Gene

Nehmen wir die Beobachtung, dass unter einem Apfelbaum, an dem schöne, rote Äpfel wachsen, ebenso schöne und rote Äpfel liegen, von denen einige aber nicht mehr so schön sind. Nehmen wir zusätzlich an, dass dieser Baum nur in einer Momentaufnahme beobachtet werden kann, wir haben also keine Möglichkeit, einen tatsächlich fallenden Apfel zu beobachten.

Nun haben wir Newtons Modell der Gravitation, das besagt, dass Äpfel herunterfallen, wenn sie nicht mehr festgehalten werden. Wir wissen ebenso, dass Äpfel, die nicht mehr mit ihrem Baum verbunden sind, anfangen zu verschrumpeln. Also könnte man das Modell entwickeln, dass die Äpfel, die auf dem Boden liegen, auf dem Baum gewachsen und dann hinuntergefallen sind. Die beobachteten Daten passen ziemlich gut und es sind auch noch ein paar Erklärungslücken da, z. B. wieso sich der Apfel überhaupt gelöst hat. So weit spielt sich alles innerhalb der normalen naturwissenschaftlichen Modellbildung ab und ist naturwissenschaftlich korrekt.

Nun taucht aber die Frage auf, ob der Vorgang des Fallens vielleicht gar nicht stattgefunden hat, weil ein göttliches Wesen die Äpfel dort auf den Boden gelegt hat. Dies wäre dann die erste Sorte von Weltanschauung, die man in diesem Zusammenhang aufstellen könnte. Diese Vermutung ist nicht-naturwissenschaftlich, weil es keiner naturwissenschaftlichen Modellierung entspricht. Naturwissenschaftliche Modelle müssen ohne göttliches Eingreifen auskommen.

Eine zweite Möglichkeit wäre es, wenn ein Experte im Fallen von Äpfeln hergeht und ausführlich darlegt, dass das Fallen alle Beobachtungen sehr gut erklärt und dass man so etwas wie ein göttliches Eingreifen nicht braucht. Daraus schließt er dann, dass ein solches göttliches Wesen gar nicht existiert und dass die Welt alleine mit Hilfe eines Naturprinzips „Äpfel fallen" erklärt werden kann. Auch dieser Experte gibt eine Weltanschauung wieder, die nicht durch die Naturwissenschaften gedeckt ist, selbst wenn man es der Argumentation nicht ohne weiteres ansieht.

Das kleine Beispiel ist in der Konstruktion ähnlich wie z. B. die Diskussion ob durch die Mechanismen Mutation und Selektion eine großflächige Änderung des genetischen Codes möglich ist – etwas, das auch als Makroevolution bezeichnet wird (siehe Kapitel 5.4.5). Die Fakten, die man feststellt – wie die Ähnlichkeiten zwischen genetischen Codes – oder die Mechanismen der genetischen Veränderung, die man beobachtet, legen es nahe, dass es so einen Übergang gegeben hat. Jedoch argumentieren die Vertreter des Kurzzeit-Kreationismus, dass ein solcher Übergang nicht möglich ist und stattdessen Gott die verschiedenen Arten erschaffen hat. Umgekehrt argumentieren manche Vertreter des Evolutionsprinzips, dass dieses zeige, dass eine Macht Namens Zufall die Schöpfung bewerkstelligt hat.

Wie in unserem Beispiel verlassen beide Vertreter mit diesen Aussagen den Boden der Naturwissenschaft. Aber so lange man sich darauf beschränkt zu beschreiben, wie sich ein genetischer Code durch die Mechanismen der Mutation und Selektion in einen anderen genetischen Code gewandelt haben könnte, hat man ein völlig korrektes naturwissenschaftliches Modell. Dies zeigt, dass die Modellbildung in der Evolutionstheorie tatsächlich den Kriterien der Naturwissenschaften genügt, sofern man sorgfältig darauf achtet, keine weltanschauliche Aussage daraus zu extrahieren. Evolution ist und bleibt in dieser Hinsicht ein gutes, manchmal sogar sehr gutes Modell, das die beobachtbaren Fakten einordnet.

Eine Frage der Durchgängigkeit

Bei den Modellen der Evolutionstheorie treffen wir auf eine andere Schwierigkeit, die uns bei den naturwissenschaftlichen Modellen des Alltags in der Regel nicht auffällt. Das ist die Frage, was denn das Bilden eines Modells überhaupt ist und wie durchgängig dieses Modell eigentlich benutzt werden kann.

Vielleicht nicht immer, aber sehr häufig beinhaltet das Bilden eines Modells den Entwurf eines dynamischen Zusammenhangs. Das bedeutet, es wird ein Zusammenhang zwischen verschiedenen Beobachtungen und Situationen vermutet, der durch eine zeitliche Entwicklung gegeben ist.

Für die Frage, die wir uns in diesem Buch stellen, heißt Modellbildung damit automatisch, das Aufzeigen oder Vermuten eines zeitlichen Zusammenhangs und damit der einer Entwicklung. Das heißt, dass das Vermuten eines modellmäßigen Zusammenhangs fast zwangsläufig die Vermutung einer Entwicklung, einer Evolution beinhaltet. Die einzige offene Frage, die sich hier ergibt, ist die Durchgängigkeit dieser Entwicklung. Ich möchte diesen Punkt an einem einfachen Beispiel erläutern:

Das Beispiel eines Geschosses

Es gehört zu den Grunderfahrungen der Menschen, dass ein Objekt, das geworfen oder z. B. mittels eines Bogens geschossen wird, ein Ziel erreicht oder nicht, je nachdem wie geschickt sich der Werfer oder Schütze anstellt. Man kann mit diesen Beobachtungen jetzt fragen, wie die Ausgangssituation (der Wurf oder der Schuss) mit der Endsituation (dem Treffen oder Verfehlen des Ziels) zusammenhängt. Man bearbeitet diese Frage, indem man einige Grundparameter wie Geschwindigkeit, Abschussort und Abschusswinkel festlegt und als Modell dieser Situation die bekannten Newtonschen Gesetze nimmt, die darstellen, wie sich Ort und Geschwindigkeit in der beschriebenen Situation verändern. Wenn man dann noch lernt, mit ein paar Problemen wie dem Vorhandensein von Wind oder der Stabilität der Flugbahn zurechtzukommen, kann man das so entwickelte Modell recht gut einsetzen, z. B. in der heutzutage weit entwickelten Technik zum Abfeuern einer Rakete in das Weltall.

Mit diesen Überlegungen ist ein zeitlicher Zusammenhang zwischen Abfeuern und Treffen hergestellt. Oder anders ausgedrückt, das Abfeuern hat sich nach unseren Berechnungen kontinuierlich in das Treffen entwickelt. Dies ist eine automatische Konsequenz aus unserer Absicht, ein Modell zu entwickeln. Doch wie steht es mit der Durchgängigkeit? Wie kommt denn der Pfeil zum Abschussort und auf die Sehne des Bogens? Hier bekommen wir ein Problem mit unserer Newtonschen Theorie, denn mit den Anfangs eingeführten Parametern kommen wir nicht weiter. Ein Mensch hat den Pfeil zum Abschussort gebracht und ihn auf den Bogen gelegt und die Energie für die Spannung geliefert. Das alles lässt sich in unserem Modell so ohne weiteres nicht beschreiben, wir erhalten einen Bruch. Gut, wir können weiterkämpfen und den Transport des Pfeils oder die Bewegung zum Bogen hin und das Anspannen auch noch beschreiben, aber etwas geht verloren. Die Situation ist nicht mehr unter Kontrolle des Modells, wir verlieren die Fähigkeit der Vorhersage, denn wir wissen ja nicht, was der Mensch beabsichtigt. Tatsächlich entspricht dies dem prinzipiellen Problem, dass Naturwissenschaft letztlich nur Möglichkeiten beschreibt.

Diese Nicht-Durchgängigkeit ist typisch und wir haben uns daran gewöhnt, wenn Menschen im Spiel sind. Doch was ist, wenn keine Menschen im Spiel sind? Genau das ist die Frage, bei der es in der Diskussion um Schöpfung und Evolution vordergründig geht: Gibt es eine Durchgängigkeit der modellmäßigen Beschreibung?

An unserem Beispiel sehen wir, dass die Prüfung, ob ein Modell durchgängig gilt, zusätzlich zum Aufstellen des Modells zu führen ist. Bei dem Beispiel des

Pfeils kann man recht gut an den Daten erkennen, dass etwas anderes als die Gravitation auf den Pfeil eingewirkt hat, als man ihn zum Abschussort getragen hat. Ähnliche Brüche sehen Kurzzeit-Kreationisten in der Beschreibung der Evolution des Lebens, aber die Diskussion ist alles andere als eindeutig und so der Schluss, dass Brüche das Wirken eines Gottes beweisen, übereilt. Ich werde dieses Thema noch ausführlich besprechen.

Verifiziert man die Modelle der Evolutionstheorie?

Der nächste Schritt in der Kette der naturwissenschaftlichen Methodik wäre die Verifikation der Modelle, die man entwickelt hat. Diese besteht im Wesentlichen darin, die Näherungen, die jedes Modell in der einen oder anderen Form besitzt, auf ihre Gültigkeit zu prüfen bzw. die Grenzen dieser Näherungen genau zu beschreiben. Diese Prüfung gehört zum Stil einer Arbeit einfach dazu, zumal wenn sie sich nach den Grundregeln der naturwissenschaftlichen Methodik richtet. Einige Beispiele sollen diesen Punkt klarmachen.

So wäre die Entstehung des Sonnensystems so ein Modell, das man entwerfen könnte. Die Grundidee ist recht simpel, das Sonnensystem ist aus einer Gasscheibe entstanden, in der die Atome immer stärker von dem sich ausbildenden Gravitationsschwerpunkt angezogen wurden und dort schließlich zur Sonne zusammenklumpten. Hier ist die Näherung die, dass man alle Dinge wie Verwirbelungen, Reibung oder konkurrierende Gravitationsschwerpunkte vernachlässigt. Das Ergebnis ist auch nicht ganz so, wie wir es vorfinden, denn in dem Modell kommen die Planeten nicht vor. Also beginnt man, das Modell auszubauen und nimmt an, dass es neben dem Hauptschwerpunkt der Gravitation weitere Gravitationszentren gegeben hat, an denen sich eben nur nicht so viel Materie angelagert hat. Dadurch kommen die Planeten auch mit ins Spiel. Aber es entstehen weitere Fragen und Details, die dieses Modell nicht beschreiben kann und so verfeinert man es immer weiter.

Ein anderes Beispiel wäre meinetwegen die Entstehung von Kohlefeldern. Die Grundidee ist die, dass an den Stellen einmal Urwälder in Sumpfgebieten gestanden haben, bei denen abgestorbene Bäume nicht durch Zerfall ihren Kohlenstoff an das Umfeld abgegeben haben, sondern in denen die toten Bäume im Wesentlichen liegen blieben und sich dann später unter dem hohem Druck der darauf aufgebauten Schichten zu Kohle wandelten. Dazu benötigt man den chemischen Vorgang dieser Umwandlung und die Zeitskalen, in denen er sich abspielt. Bei dieser Betrachtung vernachlässigt man Störeinflüsse wie geologische oder klimatische Veränderungen. Diese Näherungen müssen dann eventuell in detaillierteren Modellen berücksichtigt werden, wenn es darum geht, die Daten, die man bei genaueren Untersuchungen der Kohlefundstellen gefunden hat, in dieses Modell einzubeziehen.

Dieser ganze Prozess ist eng verquickt mit dem nächsten Punkt der Vorhersage und Teil eines eventuell länger andauernden Prozesses. Man kann hier möglicherweise auf Punkte stoßen, mit denen ein Modell überhaupt nicht umgehen kann, dann kann es zu einem Paradigmenwechsel, zu einer Revolution kommen. Aber diese Punkte sind sehr selten. Es passiert viel öfter, dass ein Modell erweitert wird, um neue Erkenntnisse oder Daten mit einzubeziehen. Ein Beispiel wäre die Erweiterung des ursprünglichen Urknallmodells um den Vorgang der Inflation. Ich werde dieses Beispiel in Kapitel 4.2.4 etwas näher beschreiben.

Insgesamt muss man sagen, dass das Gebiet der Evolution diesen Punkt der naturwissenschaftlichen Methodik normal erfüllt, er ist einfach Teil der normalen Diskussion. Nur wenn nicht mehr Fragen des Modells diskutiert werden, sondern Fragen der Weltanschauung, erst dann wird die Diskussion verbissen und persönlich. Hier wäre als Beispiel die Diskussion zwischen Wolf-Ekkehard Lönnig und Ulrich Kutschera zu nennen. Äußerlich geht es hier um Fragen wie Zuordnung zu einer Art und evolutionäre Dynamik, tatsächlich steht hier die Diskussion um verschiedene Weltanschauungen im Vordergrund. Ich werde dieses Beispiel in Kapitel 4.4.6 näher beschreiben.

Macht die Evolutionstheorie Vorhersagen?

Da die Modelle der Evolutionstheorie davon ausgehen, dass die unterschiedlichsten Beobachtungen in einem Zusammenhang stehen und auch teilweise sehr präzise die Art des Zusammenhangs feststellen, ist es auch möglich, mit diesen Modellen Vorhersagen zu treffen. Dies wird auch fleißig versucht, denn Vorhersagen sind das einzige probate Mittel zwischen verschiedenen Varianten der Modelle zu unterscheiden.

Ein Beispiel, das in letzter Zeit besonders viel Aufmerksamkeit erregt hat, sind die Vorhersagen zu den Strukturen der 3-Grad-Hintergrundstrahlung, die im Rahmen des Urknall-Modells auftritt. Im ursprünglichen Urknall-Modell konnte man nur das Auftreten einer solchen Strahlung an sich vorhersagen, tatsächlich war der experimentelle Nachweis der Strahlung der entscheidende Durchbruch, der das Urknall-Modell zum Standardmodell machte.

In den letzten Jahren ist aber versucht worden, die Details der Entwicklung des Universums zu Beginn immer besser nachzubilden und hat dabei verschiedene Vorhersagen machen können. So ist die Hintergrundstrahlung zwar sehr gleichmäßig, aber nicht bis ins Letzte. In kleinem Maße treten Schwankungen auf. Überdies wurde aus den Modellen abgeleitet, wie diese Strahlung polarisiert sein kann, also in welchen Schwingungsebenen die elektromagnetischen Wellen schwingen. Die Variationen sind vor Kurzem in sehr guter Präzision gemessen worden und auch die ersten Polarisationsmessungen wurden schon durchgeführt.

Ein anderes Beispiel wären die Versuche, Erdbeben vorherzusagen. Der Zusammenhang zwischen geologischen Beobachtungen hat dazu geführt, dass man sich ziemlich genaue Modelle über das Verhalten der Erde gemacht hat. Dies beinhaltet auch die Art und Weise, wie sich Spannungen in der Erdkruste aufbauen und entladen. Daraus versucht man dann Warnzeichen zu entdecken, die dazu benutzt werden können, das Auftreten von Erdbeben vorherzusagen. Dass dies immer noch nicht so gelingt, dass man rechtzeitig Warnungen herausgeben kann, liegt an denselben Gründen, aus denen es so schwer ist, eine längerfristige Wettervorhersage zustande zu bringen. Die hohe Nicht-Linearität der Prozesse mit einer sehr chaotischen zeitlichen Entwicklung macht es schwierig, aber aus nahe liegenden Gründen möchte man immer präziser werden, weil eine verlässliche Vorhersage viele Menschenleben retten kann.

Auch in der biologischen Evolution sind Versuche der Vorhersage in den letzten Jahren populär geworden. Man fragt sich, wohin die Evolution des Lebens führt und welche Arten in Zukunft die Erde bevölkern werden. Ebenso versucht man die Umstände auszuloten, unter denen auf nichtsolaren Planeten eventuell ebenfalls Leben entstanden sein könnte. Das Problem dieser Vorhersagen ist im Allgemeinen die Nachprüfbarkeit. Wir können weder Lichtjahre weit reisen noch macht es viel Freude Millionen Jahre zu warten, bis man das Ergebnis der Vorhersage überprüfen kann. Damit sind die besseren Vorhersagen eher die über die genetischen Zusammenhänge zwischen den Arten, an denen fleißig geforscht wird.

Die Vorhersagen – nicht nur, aber gerade im biologischen Bereich – sind durch das Phänomen des Chaos begrenzt. Ähnlich wie bei einer Wettervorhersage spielen in den Modellen zur genetischen Entwicklung eine Unzahl von Parametern eine Rolle. Dadurch ist es nur unter besonderen Umständen möglich, genau vorherzusagen, wie die genetische Entwicklung weiterläuft, zumal wir ja noch nicht einmal sicher sein können, wie sich die Umweltbedingungen auf unserem Planeten entwickeln. Insofern beziehen sich Vorhersagen häufig auf Modellsituationen, in denen man bestimmte Szenarien durchspielt, ohne genau sagen zu können, ob diese Szenarien nun irgendwann Wirklichkeit werden oder nicht. Es geht hier dann mehr darum, die Möglichkeiten auszuloten, die das Modell hergibt. In diesem Sinn sind aber alle Vorhersagen beschränkt, die man im naturwissenschaftlichen Bereich machen kann, insofern spielt das Modell der Evolution hier keine Sonderrolle.

Trotz dieser Einschränkung ist es an Hand der Vorhersagen möglich, zu differenzieren, ob man es nun mit einer naturwissenschaftlichen oder mit einer weltanschaulichen Aussage zu tun hat. Naturwissenschaftliche Aussagen sind so gestaltet, dass man eine zumindest prinzipiell überprüfbare Vorhersage bekommt. Vorhersagen wie: „Es gibt keinen Gott“, fallen damit sofort als weltanschaulich auf. Dies ist so, weil man ja noch nicht einmal im Ansatz ein Verfahren an der Hand hat, wie man eine solche Aussage überprüfen kann.

Es existieren auch Grenzfälle zwischen diesen Bereichen, wie eine Vorhersage der Art: „Es gibt keinen Zusammenhang zwischen verschiedenen Arten und man wird niemals einen vollständigen Evolutionsmechanismus haben.“ Eine solche Nicht-Aussage ist oft keine Vorhersage bzw. es ist sehr schwer, eine solche zu einer Vorhersage zu machen. Denn wie soll man nachweisen, dass es etwas nicht gibt? Dazu wäre erforderlich, alle Aktionen aller Naturwissenschaftler in aller Zukunft zu überblicken und das ist prinzipiell unmöglich.

Man kann das Beispiel der Äthertheorie als Vorbild nehmen. Man hätte schon früh hingehen und behaupten können: „Einen Äther gibt es nicht.“ Aber das wäre vor Einstein lediglich eine Meinung, eine Weltanschauung gewesen. Der richtige Weg war der von Einstein: Präsentiere ein Modell, das die bisherigen Beobachtungen allesamt beinhaltet und überdies Vorhersagen macht, die das alte Modell nicht machen konnte. Dann hat man etwas in der Hand, mit dem man argumentieren kann, dass es z. B. einen Äther nicht gibt.

Dasselbe gilt auch mit der oben genannten Nicht-Aussage eines durchgängigen Evolutionsmechanismus. Der naturwissenschaftlich korrekte Weg, eine solche Behauptung zu untermauern, ist es, ein Modell zu präsentieren, das naturwissenschaftlich besser ist als das bisherige, das den Zusammenhang eben auch nicht enthält, von dem man bestreitet, dass er existiert. Wie ich in Kapitel 5 aber noch zeigen werde, ist man von einem solchen Gegenmodell mehr als weit entfernt.

Insgesamt kann hier erst einmal allgemein festgestellt werden, dass das Vorgehen der Evolutionsforschung tatsächlich naturwissenschaftlich ist. Von dieser Seite muss man also sagen, dass Evolutionsmodelle tatsächlich wissenschaftlich sind – mit den schon genannten und weiter unten auch noch näher zu diskutierenden Einschränkungen, dass es oft passiert, dass Ausflüge in die Weltanschauung unternommen werden. Insbesondere Laien, die allgemeinverständliche Darstellungen zur Evolutionsmodellierung lesen, sind oft mehr an weltanschaulichen Fragen interessiert als an den harten naturwissenschaftlichen Fakten und Modellen.

Hat die Evolutionstheorie die notwendigen Eigenschaften?

Neben der Vorgehensweise, der Methodik, spielen natürlich auch die Eigenschaften der Evolutionsmodelle eine wichtige Rolle. Diese habe ich mit objektiv, wiederholbar und formal bezeichnet. Diese Eigenschaften müssen sich natürlich auch in den Modellen der Evolution wiederfinden, damit das Prädikat „naturwissenschaftlich" zutreffend sein kann.

Sind die Modelle der Evolutionstheorie objektiv?

Wie ich im Kapitel 3.2.2 erläutert habe, bedeutet „objektiv" für Modelle, dass sie auf objektiven Beobachtungen gegründet werden. Die Motivation, diese Modelle zu entwickeln und zu formulieren, muss aus diesen objektiv feststellbaren Tatsachen kommen.

Dies ist bei den Modellen der Evolutionstheorie der Fall. Wie oben schon betont, war weder die Vorstellung eines Urknalls, noch die Entwicklung der Erde, noch die Entwicklung des Lebens ein Modell, das die Menschen natürlicherweise hatten. Es waren die – auch heute noch von jedem, der sich dafür interessiert, nachvollziehbaren – Beobachtungen, die zu den Modellen geführt haben. In dieser Hinsicht unterscheiden sich die Modelle der Evolutionstheorie nicht von allen anderen naturwissenschaftlichen Modellen.

Auch, was die Experimente, Vorhersagen und Ausarbeitung der Modelle angeht, bewegen sich die Modelle der Evolution auf der naturwissenschaftlich notwendigen Ebene, auch wenn es durchaus so ist, dass in einem aktiven Forschungsgebiet viel mit Hypothesen gearbeitet wird und es für einen Laien oft sehr schwierig ist, Hypothesen von mehr oder weniger gesicherten Fakten zu unterscheiden. Ich werde darauf in den nächsten Kapiteln noch näher eingehen.

Der Einwand, dass man aufgrund eines bestimmten Glaubens die Evolutionstheorie ablehnt, zählt in diesem Zusammenhang nicht als Einwand gegen die Objektivität. Die Objektivität einer Naturwissenschaft wird nicht dadurch geschmälert, dass man nicht-naturwissenschaftliche Gründe hat, ein Modell nicht zu akzeptieren. Das kann immer passieren und der Kritiker ist dann aufgefordert, ein Modell zu bringen, das ihm besser behagt und das mit denselben Prinzipien formuliert ist, wie das kritisierte Modell. Dies geht konform damit, dass beim Finden oder Einschätzen von Modellen häufig die Weltanschauung eine Rolle spielt, in der Formulierung des Modells dies aber nicht der Fall sein darf.

Basieren die Modelle der Evolutionstheorie auf wiederholbaren Beobachtungen?

Zu den Eigenschaften einer Naturwissenschaft zählt, dass die zugrunde liegenden Experimente und Beobachtungen wiederholbar sind. Dies ist bei den Modellen der wissenschaftlichen Evolutionstheorie der Fall. Experimente zum Zustand der Energiedichte, wie sie zu Beginn des Universums vorgelegen hat, Experimente zu Sedimentation von Materialien, Experimente zu genetischen Veränderungen usw. sind alle in der Regel so angelegt, dass sie durch unabhängige Arbeitsgruppen kontrolliert und bestätigt werden können. Die Ergebnisse werden dann in nachvollziehbarer Weise mit den Modellen verbunden und haben auch Einfluss darauf, wie die Modelle aussehen.

Eingeschränkt ist bei den Phänomenen, mit denen man sich im Rahmen der Evolution befasst, allerdings die Möglichkeit, Vorgänge experimentell zu manipulieren. So ist der Einwand, dass der Urknall ja bislang erst einmal vorgekommen ist und nicht so ohne weiteres wiederholt werden kann, durchaus berechtigt. Aber dieser Einwand zieht nicht grundlegend, denn die einzelnen Phänomene, die im Verlauf der Evolution eine Rolle gespielt haben, lassen sich durchaus in Experimenten wiederholen und nachprüfen.

So geben die Untersuchungen in den großen Beschleunigern in Hamburg, Genf oder in den USA Hinweise darauf, was passiert, wenn die beteiligte Energiedichte einige Hundert Millionen Elektronenvolt pro Teilchen beträgt. Diese Energiedichte ist nach bisherigen Urknallszenarien in der ersten Sekunde nach dem Urknall im Universum vorherrschend gewesen. Damit kann man die Ergebnisse der Experimente auf das übertragen, was zu dem entsprechenden Zeitpunkt im Universum passiert ist. In diesem Sinne besteht auch experimentell eine Wiederholbarkeit von Situationen, wenn man eine zusätzliche Annahme, das Aktualitätsprinzip, macht, auf die ich gleich zu sprechen komme.

Je weiter man aber über die heutigen Experimentiermöglichkeiten hinausgeht, desto spekulativer und unsicherer wird der Teil der Evolutionstheorie, der sich auf diese Phänomene bezieht. Wie ich nachher noch erläutern werde, ist z. B. die Modellierung des Urknallszenarios mit einigen Spekulationen verbunden, bei denen es noch unklar ist, ob sie sich durch entsprechende Experimente untermauern lassen. Hier muss in einer wissenschaftlichen

Evolutionstheorie klar gesagt werden, dass es sich um Spekulationen handelt, die mit erheblich größerer Vorsicht zu behandeln sind, als Phänomene, die sich experimentell durch irdische Beobachtungen stützen lassen.

Auch bei den genetischen Änderungen gibt es viele Vermutungen über den Ablauf der Evolution, die noch lange nicht ausreichend mit Experimenten unterlegt sind und die sich teilweise als falsch herausstellen könnten. Auch hier arbeitet die Forschung oft mit Hypothesen und es wird leider zu oft nicht klar gesagt, was nun Hypothese ist und was nicht. Insgesamt muss man aber sagen, dass die Aussagen, die in den wissenschaftlichen Arbeiten zur Evolution gemacht werden, auch der Eigenschaft der Wiederholbarkeit genügen und die Modelle der Evolutionstheorie auch in dieser Hinsicht zu den Naturwissenschaften gehören.

Sind die Modelle der Evolutionstheorie formal formuliert?

Die letzte Eigenschaft von Naturwissenschaften ist die Formalität. Diese Eigenschaft grenzt die Naturwissenschaft von den Bereichen der Geisteswissenschaft wie Theologie oder Sprachwissenschaft ab. Die zugrunde liegenden Modelle werden eben nicht in natürlicher Sprache formuliert, sondern auf einer formalen Basis.

Hier werden bei den Modellen der Evolution die Standards verwendet, die in den jeweils führenden Fächern üblich sind. Schaut man in die Modellierung der Evolution des Universums, so findet man jede Menge hochkomplexe Mathematik und selbst für den Fachmann problematische mathematische Konstrukte. Wenn z. B. im Rahmen der Spekulationen zur Inflation des Universums (siehe Kapitel 4.2.4) die Modelle ausformuliert werden, so gibt es nur wenige Spezialisten, die die jeweiligen Modelle wirklich durchschauen und kreativ damit arbeiten können. Hier ist der Grad der Formalität so hoch, dass es teilweise schon wieder schwierig ist, zu erkennen, was das, was man da berechnet, eigentlich für eine Bedeutung hat.

Schaut man in die Arbeit der Geologie, so findet man dort eine enge Verzahnung der Modelle mit den dynamischen Bewegungsgleichungen für Materialien in Abhängigkeit zu Druck und Temperatur. Die Grundbegriffe der Geologie stammen aus einer Zeit, in der dieser Grad der Formalität noch nicht üblich war, aber will man heutzutage in der Geologie neue Aussagen finden, so muss man auf diese formalen Modelle zurückgreifen und Computersimulationen aufsetzen, mit denen Berechnungen möglich sind, die früher außerhalb der Möglichkeiten lagen.

Auch in der biologischen Evolution werden mathematisch formulierte Modelle immer wichtiger. Hier sehe ich aber als Außenstehender noch einen großen Nachholbedarf in Richtung einheitlicher Modellierung. Denn in der Biologie ging es in den letzten Jahrzehnten zunächst einmal darum, zu klären, welche Wechselwirkungen es mit welchen Objekten überhaupt gibt. Man kann das Manko an den noch oft präsentierten Wahrscheinlichkeitsberechnungen erkennen, die z. B. die Wahrscheinlichkeit von bestimmten genetischen Übergängen abschätzen wollen. Eine solche Rechnung ist grundlegender Unsinn, wenn die Reaktionsmöglichkeiten und Reaktionsmechanismen überhaupt nicht bekannt sind. Ernsthafte naturwissenschaftliche Arbeiten nennen daher immer genau die Voraussetzungen, auf denen solche Berechnungen geschehen und die sind oft genug noch mit vielen Hypothesen behaftet.

Aber auch in der Biochemie ist das, was im Bereich der Evolution verwendet wird, innerhalb der Standards, die in diesem Fach üblich sind. Insofern gilt auch hier, dass die Modelle der Evolution auch in Punkto der formalen Formulierung den Voraussetzungen für naturwissenschaftliches Vorgehen genügen.

Sind die Modelle der Evolution nur Naturwissenschaft?

Wie ich hoffe in diesem Kapitel zeigen zu können, erfüllen die Modelle der Evolutionstheorie im Allgemeinen die oben genannten Bedingungen an eine Naturwissenschaft und können damit auch als eine solche betrachtet werden. Aber es ist die Eigenschaft dieser Modelle, dass sie die Menschen in intimster Weise direkt betreffen – viel mehr als würde man nur eine Gravitationsgleichung betrachten oder einen chemischen Prozess beschreiben. Über die Modelle der Evolution macht man Aussagen über unsere materielle Herkunft und Vergangenheit und damit fesseln diese Modelle die Aufmerksamkeit vieler Menschen.

Daher gibt es auch die andere Seite der Evolutionstheorie, in der Autoren mit Hilfe der Naturwissenschaften über das wissenschaftliche Ziel hinausschießen – manchmal fast unmerklich. Dann wandelt sich die Evolutionstheorie in eine Evolutionsanschauung, in eine scheinbar naturwissenschaftlich motivierte Weltsicht. Viele Naturwissenschaftler haben eine solche Natursicht entwickelt und fühlen sich durch ihre Arbeit darin bestätigt.

Für einen Laien ist es oft sehr schwer, die naturwissenschaftlichen Aussagen von den weltanschaulichen zu unterscheiden. Auch ich habe eine weltanschauliche Sicht und werde diese ab Kapitel 6 detailliert erläutern.

Ich werde aber versuchen klarzulegen, wo meine Darlegung von naturwissenschaftlichen Ergebnissen in eine Weltanschauung übergeht. Die naturwissenschaftlichen Ergebnisse sind an sich objektiv und für jeden akzeptierbar, die naturwissenschaftlichen Modelle sind ebenso von jedem nachvollziehbar und nur unter massivem Einsatz von weltanschaulichem Wollen nicht akzeptierbar. Aber ich möchte zeigen, dass aus dieser Basis keineswegs eine eindeutige Weltanschauung folgt, sondern dass sehr viele Weltanschauungen mit dieser naturwissenschaftlichen Sicht vereinbar sind. Dazu gehört auch die christliche Sicht der Dinge, die ich in diesem Buch entwickeln möchte.

Man sollte sich aber im Klaren sein, dass eine solche sorgfältige Unterscheidung zwischen Naturwissenschaft und Weltanschauung nicht oft versucht wird, sondern dass die meisten Autoren, auch und gerade wenn sie naturwissenschaftliche Experten sind, ihre Weltanschauung für zwangsläufig und eindeutig aus ihrer naturwissenschaftlichen Arbeit folgend sehen. Das entsteht auch durch viele populäre Darstellungen der Evolution und beeinflusst die Leser in diese Richtung. Mein Bestreben ist es, diesem Trend durch eine etwas andere Darstellung entgegenzuwirken.

4.1.2 Das Aktualitätsprinzip

Neben den allgemeinen Grundsätzen einer Naturwissenschaft spielen bei der Diskussion um Evolution und Schöpfung noch einige andere Aspekte eine Rolle, die zu den wissenschaftstheoretischen Fundierungen der Naturwissenschaft gehören. Diese Aspekte sind das Aktualitätsprinzip, die Unterscheidung von Naturwissenschaft und Geschichtswissenschaft und der methodische Atheismus. Ich möchte diese Themen in den folgenden drei Abschnitten ansprechen.

Das Aktualitätsprinzip wird durch die Kurzzeit-Kreationisten regelmäßig abgelehnt und für falsch erklärt. Zunächst möchte ich erläutern, was ich darunter verstehe:

Macht man sich über die Evolution Gedanken, so hat man es im Rahmen der entsprechenden Modelle mit Phänomenen zu tun, die oft in sehr weiter Entfernung oder in sehr weiter Vergangenheit abgelaufen sein sollen. Dinge wie die Entwicklung unseres Sonnensystems oder die Entstehung des Lebens liegen gemäß dieser Vorstellungen weit in der Vergangenheit, Milliarden von Jahren. Dinge wie die Entstehung von Galaxien oder das Auftreten von Quasaren liegen in extrem weiter Entfernung – Milliarden von Lichtjahren – und damit auch in sehr weiter Vergangenheit. Wir können mit unseren Experimenten weder in die Vergangenheit reisen noch die weiten Entfernungen zurücklegen, das heißt, wir können nicht feststellen, welche Modelle der Natur an dem weit entfernt liegenden Ort oder in der weit zurückliegenden Vergangenheit nun eigentlich gelten bzw. gegolten haben. Sind es die uns bekannten Zusammenhänge der Natur oder sind es ganz andere?

Das Aktualitätsprinzip besagt nun, dass die uns bekannten Modelle – genauer: die von uns für unsere Zeit und unseren Planeten formulierten naturwissenschaftlichen Modelle – auch zunächst für die zurückliegende Zeit und für den entfernten Ort angenommen werden müssen. Änderungen an diesen Modellen sind nur zulässig, wenn es dafür einen triftigen Grund in Form von Beobachtungen gibt, die darauf hinweisen. Und wenn eine Änderung der Modelle angenommen werden muss, so sind zwei Bedingungen zu erfüllen:

Erstens ist es notwendig zu beschreiben, wie diese anderen Zusammenhänge in die Zusammenhänge übergegangen sind, die wir heute und hier beobachten und zweitens sind diese Annahmen durch eindeutige Beobachtungen und Vorhersagen zu stützen, bevor sie für wahr genommen werden dürfen.

Der Grund, warum man das Aktualitätsprinzip verwendet ist zweierlei: Einmal haben Naturwissenschaftler eine Abneigung gegen die Annahme, dass wir hier und heute etwas Besonderes sind, das heißt, es besteht die sehr konservative Neigung, die hier und heute gemachten Beobachtungen als typisch für alle Zeiten und Orte zu betrachten. Dies entspricht der Eigenschaft der Modelle der Naturwissenschaften objektiv zu sein.

Zum zweiten bieten die heute bekannten Modelle ein logisch abgesichertes Gerüst, in dem Beobachtungen interpretiert und eingeordnet werden können. Sie können verglichen werden mit den heute und hier gemachten Beobachtungen und ermöglichen so eine sehr weitgehende Analyse. Nur mit einem solchen Rahmen ist ein Fortschritt der Erkenntnis überhaupt möglich.

Ich möchte das an einem Beispiel erläutern: Wie ich im nächsten Kapitel zeigen werde, findet man unter Anwendung der uns bekannten Modelle für Sonnen, dass die Sterne weit von uns entfernt sind, Tausende, Millionen oder gar Milliarden von Lichtjahren. Da wir die Sterne sehen, hat das Aktualitätsprinzip zur Folge, dass wir annehmen müssen, dass das Licht von den Sternen bereits die entsprechende Zeit von Tausenden, Millionen oder gar Milliarden Jahren zu uns unterwegs ist, denn wir messen einen bestimmten Wert der Lichtgeschwindigkeit und der ist verglichen mit diesen Entfernungen eben recht klein. Damit das möglich ist, muss das Universum als Ganzes eben genauso alt oder älter sein.

Genau diese Schlussfolgerung ist der Grund, warum Kurzzeit-Kreationisten das Aktualitätsprinzip anzweifeln, denn sie wehren sich gegen die Schlussfolgerung, dass das Universum Millionen oder gar Milliarden Jahre alt ist. Sie wenden ein: Was ist, wenn das Aktualitätsprinzip falsch ist, was ist, wenn die Lichtgeschwindigkeit in der Vergangenheit um ein Vielfaches höher war, als wir heute messen? Dann kann das Universum in Wirklichkeit viel jünger sein, obwohl die Sterne so weit weg sind.

Nun gibt es tatsächlich Beobachtungen, die darauf hinweisen, dass die Lichtgeschwindigkeit zu Beginn des Universums ein wenig anders war als heute, aber diese Abweichungen bewegen sich im Promille-Bereich. Damit erreicht man in keinem Fall Änderungen, die das Alter des Universums von Milliarden Jahre auf die von den Kurzzeit-Kreationisten gewünschten zehntausend Jahre schrumpfen lassen. Will man aber die Größe der Veränderung so weit schrauben, dass sich die gewünschten zehntausend Jahre ergeben, dann ist das wiederum nicht mehr durch die Beobachtungen gedeckt.

Der wesentliche Punkt ist nämlich, dass eine Abweichung vom Aktualitätsprinzip in zweierlei Weise geschehen kann:

Einmal kann man annehmen, dass die Struktur und der Zusammenhang unserer naturwissenschaftlichen Modelle im Wesentlichen korrekt und erhalten bleiben und dass sich nur einige Parameter – wie zum Beispiel die Lichtgeschwindigkeit – ändern. In diesem Fall kann man die Konsequenzen der Änderung genau beurteilen und mit Hilfe von Vorhersagen und Verifikation nachprüfen und damit kritisch hinterfragen. Die bekannten Modelle der Naturwissenschaft bieten auch in diesem Fall die Möglichkeit im Rahmen der Naturwissenschaft zu bleiben.

Und dann kann man ganz radikal annehmen, dass alles falsch und anders ist. Eigentlich muss man dann eine ganz neue Naturwissenschaft aufsetzen, man muss alle Modelle neu formulieren, denn besonders in der Physik hängen die einzelnen Modelle eng miteinander zusammen. Tatsächlich wäre das sogar zulässig, wenn die radikalen Aktualitätsprinzip-Abschaffer wenigstens so vorgehen würden! Aber um zu den heute bekannten Modellen zu gelangen, hat die Menschheit Jahrhunderte des Forschens und Experimentierens gebraucht – da ist es nicht möglich, einfach mal so einen neuen, konsistenten Satz von Modellen zu erfinden.

Um bei unserem Beispiel zu bleiben, hat die Änderung der Lichtgeschwindigkeit, wenn man die erste Möglichkeit zugrunde legt, Konsequenzen für die elektromagnetische und schwache Wechselwirkung. Insbesondere die Spektren von Materie – also der Sonnen – ändern sich schon bei geringen Änderungen der Lichtgeschwindigkeit massiv, weil die Energie des Lichts, das von einem Atom abgestrahlt wird, eben auch von der Lichtgeschwindigkeit abhängt. Dies kann man messen und damit eine solche Annahme nachweisen oder auch widerlegen, was man im Fall der von den Kurzzeit-Kreationisten gemachten Behauptungen leicht tun kann. Wegen dieses

Zusammenhangs genügt es also nicht, einfach eine höhere Lichtgeschwindigkeit zu fordern, man muss die gesamte Physik der Entstehung von Licht in den Sternen mit einbeziehen und müsste auch dafür neue Gleichungen, neue Zusammenhänge und neue Phänomene erfinden – und das ist eben schlecht bis gar nicht möglich und wird von den kurzzeit-kreationistischen Vertretern auch nicht einmal ansatzweise versucht.

Will man also tatsächlich nach der naturwissenschaftlichen Methode vorgehen und nicht nur haltlos herumspekulieren, dann ist man auf die Anwendung des Aktualitätsprinzips angewiesen. Dies ermöglicht dann auch, so etwas wie eine Änderung von Naturkonstanten nachzuprüfen. Das ist der Grund, warum dieses Prinzip unverzichtbar ist.

4.1.3 Ist Evolutionstheorie eine Geschichtswissenschaft?

Ein besonders von den deutschen kurzzeit-kreationistischen Vertretern gebrachter Einwand gegen die Evolutionstheorie ist, dass die Evolutionstheorie keine Naturwissenschaft, sondern eine Geschichtswissenschaft ist. In der Regel soll damit ausgedrückt werden, dass die Evolutionstheorie eben keine „echte“ naturwissenschaftliche Theorie ist. Das Argument, warum die Evolutionstheorie eine Geschichtswissenschaft sein soll, lautet, dass die beschriebenen Geschehnisse schließlich vergangen und einmalig sind. Damit sind die Grundeigenschaften Wiederholbarkeit und Objektivität der Naturwissenschaft nicht erfüllt und damit ist das Beschriebene keine Naturwissenschaft.

In dieser Pauschalität angebracht ist das Argument nicht korrekt. Forscher, die an der Rekonstruktion der Vergangenheit arbeiten, sei es in der Astrophysik oder in der Geologie oder in der biologischen Evolutionsforschung, arbeiten nach denselben strengen Regeln wie alle anderen Naturwissenschaftler und dazu gehören wiederholbare Experimente und Messungen und dazu gehören objektiv formulierte Modelle.

Aber tatsächlich wird an der Evolutionsforschung besonders deutlich, wie subtil die Beziehungen zwischen Realität und Modellen sind, Beziehungen, die an den Fundamenten der Naturwissenschaft selbst rühren. Es ist daher angebracht, diese Beziehungen etwas genauer zu beleuchten, was am einfachsten an Hand einer Argumentation durchgeführt werden kann, die Reinhard Junker in dem Kapitel „Methodik der historischen Forschung“ auf seiner Webseite (Stand Oktober 2006) angebracht hat. Die Argumentation von Junker verläuft in mehreren Behauptungen und Folgerungen, die er mit Beispielen und Begründungen versieht. Diese Argumentation ist fundamental für Junkers wissenschaftstheoretischen Ansatz und auch für seine Forderung nach einer dogmatisch geleiteten Naturwissenschaft.

Erste Behauptung: Die Geschichte des Lebens ist einmalig und nicht reproduzierbar

Erst einmal ist korrekt, dass die Geschichte des Lebens oder die Geschichte der Entstehung unseres Planeten oder unseres Universum ein Fakt der Vergangenheit ist. In diesem Sinn ist jeder Fakt, egal welcher es ist, eine einmalige Sache. Wenn ich morgens zu meinem Auto komme und feststelle, dass ein Reifen platt ist, obwohl dies am Abend vorher noch nicht der Fall gewesen ist, dann ist das ein Fakt der Vergangenheit und damit einmalig. Genauso ist es, wenn ein Naturwissenschaftler von einem Experiment berichtet, das er durchgeführt hat, auch ein solches Experiment ist ein Fakt der Vergangenheit und damit einmalig.

Doch bei der naturwissenschaftlichen Analyse eines solchen historischen Fakts geht es eben nicht um die spezifische Situation, die einmalig und vergangen ist, sondern es geht um ein formal zu formulierendes, allgemeines Modell, im Beispiel meines Reifens um das Modell des Überdrucks in einem Schlauch, der womöglich ein Loch hat oder aus anderen Gründen porös geworden ist. Dieses Modell ist durch gezielte Experimente erforscht worden (Fakten der Vergangenheit), aber es soll verallgemeinert gelten, auch für meinen Reifen heute. Ein solches Modell lässt sich auch in wiederholbaren Experimenten testen. Ebenso lässt sich das besagte Experiment des Naturwissenschaftlers zu einer anderen Zeit und an einem anderen Ort und mit anderen Menschen wiederholen.

Genauso geht es bei der Geschichte des Lebens, unseres Planeten und unseres Universums um die Einordnung dieser Geschichte in ein Modell, in dem die einzelnen Elemente durchaus einer reproduzierbaren, verallgemeinerten Untersuchung zugängig sind. Dies ist so bei allen Naturwissenschaften, insofern besteht kein Unterschied und insofern ist die Behauptung, dass die Entwicklung des Lebens eine historische Tatsache ist, zwar oberflächlich korrekt, wirkt aber nicht als Argument dagegen, die Evolutionstheorie als Naturwissenschaft zu sehen.

Ein Beispiel: Die Zucht eines Vogels aus einem Reptil

Reinhard Junker argumentiert mit einem Beispiel, in dem er annimmt, dass es möglich wäre, aus einem Reptil einen Vogel zu züchten. Er sagt, dass man mit so einer Leistung zwar ein starkes Argument dafür hat, dass Vögel tatsächlich aus Reptilien entstanden sind, aber dennoch: Erstens könnte man nicht beweisen, dass dies tatsächlich so geschehen ist, zweites wüsste man dann noch immer nicht, wie eine solche Entwicklung abgelaufen ist und drittens wären die experimentellen Bedingungen im Labor sicher anders als in der vermuteten Vergangenheit. Also wäre selbst solch eine Zucht kein direkter Nachweis der vermuteten Evolution vom Reptil zum Vogel.

Zunächst hat Herr Junker mit dem Beispiel Recht. Besagter Züchtungserfolg wäre ein wesentlicher Schritt zu dem gewünschten Nachweis, aber kein vollständiger Schritt. Der Schritt wäre erst vollständig, wenn man erstens einen genetischen Weg des Übergangs beschreiben könnte, zweitens eine Vorhersage machen könnte, welche Formen der evolutionären Entwicklung sich stabil erhalten haben konnten und drittens welche Evolutionsfaktoren zu den Übergängen beigetragen haben. Dies kann man wiederum als Vorhersage dafür nutzen, welche Eigenschaften Messdaten zu Klima oder Fossilien haben müssten.

Aber mit seiner Behauptung, nur mit Hilfe einer Zeitmaschine könnte man den Nachweis der Evolution wirklich erbringen, geht Junker zu weit. Sein Argument ließe sich gegen jedes komplexere Experiment anbringen, das in der Naturwissenschaft veröffentlicht wird. Schreibt dort eine Gruppe, sie hätte diese oder jene Resultate in einem Experiment erhalten und diese stimmen mit dem Modell überein, dann kann ich das nur dann – im Sinne von Junker – wirklich prüfen, wenn ich besagte Zeitmaschine einsetze, denn die Messung ist ja ein Fakt der Vergangenheit. Ja, sogar ich selbst lebe von dem, was ich in der Vergangenheit aufgeschrieben und erinnert habe, wer sagt mir, dass ich mich korrekt erinnere? Ich bräuchte eigentlich eine Zeitmaschine. Ich kann das Experiment auch nicht mehr vollständig rekonstruieren, denn ich muss ja einen anderen Ort nehmen, tue dies zu einer anderen Zeit und nehme andere Instrumente.

Man merkt an diesem Beispiel, dass Reinhard Junker zwar tatsächlich ein Problem anspricht – denn der Nachweis von Evolutionsvorgängen ist ziemlich schwierig – aber keines, was sich mit den Methoden der Naturwissenschaft nicht wenigstens im Prinzip lösen ließe. Es kommt eben darauf an, Prozesse zu finden, die unabhängig von Ort und Zeit sind, die in Näherung auch in anderen Situationen gelten und die sich auf diese Weise immer wieder nachbilden lassen. Auf diesem Denken beruht die gesamte Naturwissenschaft und dieses Denken lässt sich auch bei einer historischen Rekonstruktion einsetzen. Entscheidend ist dabei, dass sich die einzelnen Teile, die man in wiederholbaren Experimenten erhält, durch eine Kette von zusammenhängenden Modellen in einen Gesamtzusammenhang einordnen lassen.

Zweite Behauptung: Experimente, Reproduktion der Ereignisse und gesetzhafte Aussagen über die Historie sind im Rahmen der historischen Rekonstruktion nicht möglich

Junker argumentiert, dass man im Rahmen der historischen Rekonstruktion der geschichtlichen Abläufe zwar mit Indizien und Hypothesen arbeiten kann, die im Rahmen dieser Rekonstruktion methodisch in Beziehung gebracht werden können, dass es aber im Unterschied zu der empirischen Methodik der Naturwissenschaft die folgenden Unterschiede gibt:

- Experimente sind nicht möglich.
- Es gibt keine Möglichkeit zur Reproduktion der Ergebnisse (man kann die Geschichte des Lebens nicht noch einmal von vorne starten lassen).
- Der untersuchte Gegenstand (der vergangene Ablauf) ist einmalig, gesetzhafte Aussagen (Wenn X eintritt, dann geschieht Y) sind daher nicht möglich.

Bedenken wir diese Behauptungen einmal im Rahmen eines alltäglichen Beispiels einer historischen Rekonstruktion, nehmen wir einmal die Untersuchung eines Flugzeugabsturzes. Aus vielerlei Gründen wird ein Flugzeugabsturz immer genauestens untersucht. Teilweise über Jahre hinweg wird jedes gefundene Teil des Absturzes gesammelt, eingeordnet, untersucht und vermessen. Ich denke, es ist klar, dass es sich hierbei um ein typisches Ereignis handelt, das geschichtlich rekonstruiert wird und im Sinne von Junker einmalig ist.

An diesem Beispiel stellen wir fest, dass eine Wiederholung des Ereignisses als Ganzes nicht experimentell möglich ist, denn niemand wird zum Zwecke der Rekonstruktion ein ganzes Flugzeug mit Passagieren abstürzen lassen. Experimente sind aber sehr wohl möglich. Es werden aufgrund der Untersuchungsergebnisse z. B. Experimente darüber angestellt, wie sich Metallteile unter bestimmten Druckfronten verformen, um den Nachweis darüber zu erbringen, wo die primäre Ursache des Absturzes zu finden ist. Materialeigenschaften, Kommunikationswege, ja sogar Verhalten von Menschenansammlungen werden mittels Experimenten untersucht. Der erste Teil der Behauptung von Reinhard Junker ist also so nicht korrekt.

An dem Ende einer solchen Untersuchung eines Flugzeugabsturzes steht die Rekonstruktion des Absturzes – nicht real, aber im Modell, mit Simulationen und per Beschreibung. Die Qualität einer solchen Rekonstruktion ist oft so gut, dass sie dazu ausreicht, Schuldige zu überführen und zu verurteilen und Dinge für die Zukunft zu lernen. Eine Reproduktion der Ereignisse ist also sehr wohl möglich. Das heißt, auch der zweite Teil der Behauptung ist so nicht korrekt.

Und auch der dritte Teil ist in dieser Form nicht korrekt. Aus den Untersuchungen ist es sehr wohl möglich Wenn-Dann-Aussagen zu treffen und das geschieht auch sehr oft. So gibt es in der Regel Aussagen darüber wo es Schwachstellen gegeben hat, die zu dem Unglück geführt haben und Empfehlungen, was an dem Flugzeug verändert oder verbessert werden soll, damit sich der Absturz in dieser Form nicht mehr wiederholt.

Nun mag man einwenden, dass es doch regelmäßig und immer wieder Flugzeugabstürze gibt, auch von Flugzeugen desselben Typs, dass also doch eine Wiederholung des Ereignisses stattfindet. Aber in dieser Aussage steckt bereits der Punkt. Der konkrete Absturz wiederholt sich nicht, es wiederholt sich ein abstrakteres Ereignis „Absturz eines fliegenden Objekts". Es kommt also darauf an, das Ereignis in einer bestimmten Form zu abstrahieren, dann erhalten wir die Wiederholbarkeit geschenkt.

Aber genauso geht man in der Evolutionsforschung ja auch vor. Das Ereignis „Urknall" mag einzigartig gewesen sein, aber die Verhältnisse eine Sekunde nach dem Urknall können wir wiederholen, indem wir in großen Beschleunigern Elementarteilchen mit großer Energie aufeinanderprallen lassen. Und aufgrund dieser Wiederholbarkeit erhalten wir wiederum Daten, die wir auf das Ereignis „Urknall" übertragen können. Genauso ist dies bei einer genetischen Veränderung, die man über Fossilien nachweisen kann. Experimente mit ähnlichen Arten oder genetischen Konfigurationen lassen sich durchaus nachstellen und geben Daten, die man auf die Daten anwenden kann, die man über die Fossilien erhält. Manchmal kommt man auch mit neuen Messmethoden zu ganz unvermuteten neuen Daten von Fundstücken, die man schon lange untersucht hatte und kann so das Modell für dieses Ereignis prüfen.

Als Quintessenz bleibt zu dieser Behauptung von Reinhard Junker, die die zentrale Behauptung seines Argumentes ist, dass sie nicht stichhaltig ist und daher auch das ganze Argument zusammenbricht. Evolutionsforschung mag sich mit Historie beschäftigen, aber das heißt noch lange nicht, dass man den Begriff der Geschichtsforschung so einfach dafür verwenden kann, zumindest nicht in dem Sinn, wie dies Reinhard Junker gebrauchen möchte. Ich werde darauf in Kapitel 4.5.2 noch einmal zurückkommen.

Dritte Behauptung: Die Datenbasis ist oft so gering, dass eine vollständige Rekonstruktion nicht möglich ist.

Hier hat Reinhard Junker einfach Recht. Gerade in der biologischen Evolutionsforschung, wo man auf recht seltene Fossilien angewiesen ist, ist der Datenstand nicht gut. Und ohne Daten lässt sich keine Naturwissenschaft betreiben. Die Folgerung aus diesem Umstand ist, dass wir bei der Modellierung Unsicherheiten haben, Dinge, die wir nur mit gewissen Wahrscheinlichkeiten angeben können. Aber wie wir in Kapitel 3.4.2 gesehen haben, ist dies aus prinzipiellen Gründen sowieso der Fall. Im Fall der Evolutionsforschung folgt daraus eine teilweise größere Unsicherheit, aber der Umstand an sich und der Umgang damit ist nichts ungewöhnliches. Insofern rechtfertigt dieser Umstand nicht, die Evolution in irgendeiner Weise zu separieren von dem, was in der Naturwissenschaft üblich ist.

Vierte Behauptung: Die Lücken des Nicht-Wissens werden durch Hypothesen gefüllt.

Auch diese Behauptung von Herrn Junker ist erst einmal korrekt, das ist das Grundprinzip der naturwissenschaftlichen Modellierung und passiert täglich in der naturwissenschaftlichen Forschung. Nehmen wir als Beispiel die Hochtemperatur-Supraleitung. Seit ihrer Entdeckung vor über zwanzig Jahren rätseln die Physiker, wie dieses Phänomen entsteht. Von der Niedrigtemperatur-Supraleitung hat man ein sehr gutes Modell, aber für das beobachtete Phänomen bei hoher Temperatur passt dieses Modell nicht mehr. Man hat mittlerweile einen sehr großen Schatz an experimentellen Daten über dieses Phänomen zusammengetragen, aber immer noch hat keiner ein durchgängiges neues Modell formulieren können. Aber Hypothesen, wie es zustande kommt, hat es im Verlauf der Zeit eine Unmenge gegeben. Praktisch hat jeder Theoretiker, der ein anderes Modell vorgeschlagen hat, eine andere Hypothese aufgestellt, wie die Zusammenhänge nun genau sein könnten. Man hofft inzwischen, beinahe beim Ziel zu sein, aber wer weiß, vielleicht erlebt man ja noch Überraschungen.

Insofern ist diese Behauptung von Junker zwar korrekt, aber nichtssagend. Hypothesen werden uns immer wieder begegnen, nicht nur bei geschichtlicher Rekonstruktion, sondern auch in den Naturwissenschaften insgesamt. Das Ziel ist es natürlich, die Hypothesen irgendwann als Tatsachen argumentieren zu können, aber wann man das kann, ist keineswegs festgelegt und in gewissem Sinn willkürlich. Jedes Modell enthält Ecken, in denen es noch nicht experimentell überprüft wurde, denn von solchen Ecken gibt es unendlich viele. In diesem Sinn sind Hypothesen solche Eigenschaften des Modells, die erst durch ein einzigen oder sehr wenige experimentelle Befunde gestützt werden und tatsächliche Eigenschaften kann man die Eigenschaften eines Modells nennen, die durch sehr viele experimentelle Fakten gestützt werden. Aber wie gesagt, der Übergang ist in jedem Modell in gewisser Weise willkürlich.

Naturwissenschaftler sollten allerdings vorsichtig sein (und sind es in der Regel auch): Hypothesen müssen als solche gekennzeichnet werden und es sollte jedem klar sein, dass die Basis, die eine Hypothese bildet, unsicherer ist als gut abgesicherte Umstände. Da Naturwissenschaftler auch nur Menschen sind, kann es selbstverständlich vorkommen, dass diese Vorsicht missachtet wird. So ist es im Bereich der String-Theorie, die im nächsten Abschnitt noch eine gewisse Rolle spielen wird, üblich, die Existenz der Strings als real vorauszusetzen, obwohl es bis heute (nach über 40 Jahren) nicht einen einzigen experimentellen Nachweis für Strings gibt. Strings sind nach wie vor nur hypothetisch, aber wenn man sich ein ganzes Forscherleben damit beschäftigt hat, schwindet die Bereitschaft, dies bei jeder Publikation immer wieder zu betonen.

Schwierig wird es nur, wenn Junker behauptet, man könnte zum Ausfüllen dieser Hypothesen auch etwas anders verwenden, wie das Eingreifen einer göttlichen Macht. Denn das bedeutet, dass man genau die Grundlagen naturwissenschaftlicher Modellierung verlässt und damit die Naturwissenschaft selbst. Dies hat mit dem methodischen Atheismus zu tun, den ich im nächsten Kapitel etwas genauer diskutieren werde.

Als Quintessenz der Überlegungen zu der Frage, ob Evolutionsforschung eine Geschichtswissenschaft ist, muss gesagt werden, dass die Evolutionsforschung zwar aufgrund der teilweise problematischen Datenlage mit mehr Schwierigkeiten zu kämpfen hat als dies oft bei anderer Forschung der Fall ist, aber ansonsten in Struktur, Vorgehensweise und Methodik genau dieselben Faktoren erfüllt wie jede andere naturwissenschaftliche Forschung.

Der einzige Punkt, der bei Evolutionsforschung wirklich schwieriger und hinderlicher ist als bei anderen Forschungsgebieten ist die Tatsache, dass die Evolutionsforschung unsere eigene Vergangenheit betrifft. Da wir uns als Menschen sehr stark über unsere Vergangenheit verstehen und Naturwissenschaftler auch nur Menschen sind, hat das zur Folge, dass weltanschauliche Fragen bei der Evolutionsforschung eine viel stärkere Rolle spielen als dies aufgrund der naturwissenschaftlichen Methodik gut ist. Die sprichwörtliche wissenschaftliche Objektivität und Offenheit geht gerade bei der Evolutionsforschung nicht nur rasch verloren, sondern ist oft von Beginn an nicht vorhanden.

4.1.4 Der methodische Atheismus und seine Folgen

In diesem Kapitel möchte ich eine Eigenschaft von Naturwissenschaften näher beleuchten, die ich im Kapitel 3.2 nicht extra erwähnt habe, die aber in den dort vorgestellten Eigenschaften der Naturwissenschaften enthalten ist, den methodischen Atheismus. Mit diesem Begriff bezeichnet man die Tatsache, dass Gott in den Modellen der Naturwissenschaftler nicht vorkommt. Ist die Evolutionstheorie eine Naturwissenschaft, dann kommt Gott dort also ebenfalls nicht vor und genau diese Tatsache heizt die Problematik Evolution oder Schöpfung an. Es ist also notwendig, sich im Rahmen der Evolution genauer Gedanken darüber zu machen, warum der methodische Atheismus verwendet wird und welche Konsequenzen wir daraus ziehen müssen.

Die zentrale Aufgabe in einer Naturwissenschaft besteht darin, Modelle zu bilden, die die beobachteten Phänomene beschreiben und in einen dynamischen Zusammenhang setzen. Ziel der Modelle ist es, Vorhersagen ausbilden zu können, die dann nachgeprüft werden können. Die Modelle sollen in einer formalen, also mathematischen, logischen Sprache formuliert werden. Bereits diese Aussagen legen einen methodischen Atheismus nahe. Denn wie will ich Gott in eine formale Gleichung packen und damit auch noch rechnen können? Das gelingt noch nicht einmal, wenn wir es mit Menschen zu tun haben (höchstens bei Menschenansammlungen) und da wir bei Gott definitionsgemäß weder eine Beschränkung der Reaktionsmöglichkeiten annehmen dürfen, noch davon ausgehen können, dass Gott in Massen auftritt, können wir allein von daher keine theistische Modellierung im herkömmlichen Sinn vornehmen (siehe aber Kapitel 6.3 für eine alternative Möglichkeit).

Sobald wir also Naturwissenschaften betreiben, müssen wir zwangsläufig in der Modellierung einen Begriff wie Gott ausschließen, das allein begründet den methodischen Atheismus und der Erfolg der Naturwissenschaften begründet diesen Ansatz.

Doch was bedeutet das als Konsequenz? Es bedeutet, dass in einer Modellierung der Begriff Gott oder die Fähigkeiten eines Gottes nicht vorkommen können, das bedeutet nicht, dass damit automatisch die Existenz und das Handeln eines Gottes ausgeschlossen sind.

Und genau in diesem Schluss liegt das Problem. Aus einem methodischen Atheismus, der aus prinzipiellen Gründen, aus Gründen der Methodik folgt, folgern viele Menschen einen realen Atheismus, also die Annahme, dass es wirklich keinen Gott gibt. Aber genau dieser Schluss ist falsch. Warum er falsch ist und welcher Schluss eher angebracht ist, werde ich in Kapitel 6 näher begründen. Hier möchte ich an einem Beispiel sowohl den Zwang für den methodischen Atheismus als auch den Fehler bei der Schlussfolgerung auf einen nicht vorhandenen Gott näher erläutern.

Das Beispiel einer antiken Schlacht

Nehmen wir als Beispiel eine fiktive, antike Schlacht, in der zwei Heere aufeinander zugehen. Wie damals üblich nehmen zuerst die Bogenschützen Stellung und beschießen das gegnerische Heer, bevor die berittenen Kämpfer und die Fußsoldaten aufeinanderprallen. Der Führer des anstürmenden Heeres, das eigentlich in der Übermacht ist, wird dabei tödlich von einem Pfeil getroffen, der durch eine winzige Lücke in seiner Schutzpanzerung dringt, dadurch wird das Heer seiner Führung beraubt und verliert die Schlacht.

Wie würden wir naturwissenschaftlich an diese Situation herangehen? Zunächst die fliegenden Pfeile. Nehmen wir an, sie würden von einem Gott von der einen zur anderen Seite getragen, so können wir rückblickend sagen: Nun, Gott hat offensichtlich die eine Seite verlieren lassen wollen, also hat er einen dieser Pfeile in dem Anführer platziert. Doch können wir daraus eine Vorhersage machen? Nein, können wir nicht, denn wir können Gott nicht vorschreiben, welches Ziel er verfolgt und welchen Weg er dafür einschlägt. Wir können also noch nicht einmal eine Wahrscheinlichkeit ausrechnen, wie die nächste Schlacht ausgeht. Wenn Gott uns wohlgesonnen ist, dann geht es gut aus, wenn er nicht will, dann nicht.

Selbst wenn wir eine Offenbarung von Gott in den Händen halten würden, so dürften wir Gott nicht darauf festnageln, denn er steht mit seinem göttlichen Wesen über uns und gibt uns die Offenbarung für unsere Orientierung und nicht, damit wir ein Mittel haben, ihn zu zwingen. Und auch die Möglichkeit, die Offenbarung in eine mathematische Formel zu fassen, sieht eher schlecht aus. Der ganze Ansatz ist für den Zweck der naturwissenschaftlichen Modellierung ungeeignet.

Also wählen wir einen anderen Weg und führen Begriffe wie Gravitationskraft, Impuls, Abschusswinkel, Flugbahn etc. ein und können damit beschreiben, wie so ein Pfeil fliegt, wenn er erst einmal abgeschossen ist. So können wir Vorhersagen machen, solange wir einen Bogenschützen haben, der den Pfeil so abschießt, wie wir es ihm vorschreiben, das ist zumindest ein guter erster Schritt.

Doch wie könnte man das auf die besagte Schlacht anwenden? Nun wir können hingehen und uns viele Bogenschützen vorstellen. Da der Anführer des gegnerischen Heeres in etwa in der Mitte platziert ist und die Bogenschützen in etwa senkrecht auf das gegnerische Heer schießen, können wir möglicherweise einen Bogenschützen ausersehen, den entscheidenden Schuss zu tun, wenn wir eine plausible Ansturmbahn des gegnerischen Anführers annehmen. So weit, so gut, aber wir werden bald einige Schwierigkeiten erkennen:

Wir können dem Bogenschützen sagen, mit welcher Geschwindigkeit und in welchem Winkel er seinen Pfeil abschießen soll, werden aber feststellen, dass er seinen Schuss gar nicht so genau kontrollieren kann, wie wir das wünschen.

Wir können dem gegnerischen Anführer sagen, welchen Weg er nehmen muss, damit er tödlich getroffen wird, aber unglücklicherweise hat der dazu gar keine Lust. Er würde mit diesem Wissen garantiert einen anderen Weg wählen und welchen, können wir nicht vorhersagen.

Also greifen wir zu dem üblichen Trick der Naturwissenschaftler in so einem Fall. Wir nehmen nicht einen Bogenschützen, sondern eine Gruppe, legen ein Wahrscheinlichkeitsprofil für den Abschuss an, mit welcher Geschwindigkeit und in welchem Winkel die Pfeile fliegen, kombinieren das mit einer entsprechenden Wahrscheinlichkeit, wann der gegnerische Anführer mit seiner verwundbaren Stelle zu welcher Zeit an welchem Ort ist und erhalten im besten Fall eine Wahrscheinlichkeitsaussage, mit welcher Wahrscheinlichkeit der gegnerische Anführer fällt und mit welcher er nicht fällt.

Unter normalen Umständen wäre die Wahrscheinlichkeit, den Anführer zu treffen, eher klein. Im Sinne des vorhergehenden Abschnitts ist die antike Schlacht eine historische Tatsache und lässt sich in der genannten Form nicht wiederholen. Aber unsere Analyse hat ergeben, dass der genannte Ausgang der Schlacht vielleicht ein wenig verwunderlich ist (die Wahrscheinlichkeit, den gegnerischen Anführer tödlich zu treffen war ja klein), kann aber im Sinne unserer Analyse nicht als absurd oder unmöglich angesehen werden. Für unsere eigenen Schlachten könnten wir daraus den Schluss ziehen, dass es sinnvoll ist, den Anführer noch zusätzlich zu schützen, da sein Überleben so entscheidend für den Erfolg der Schlacht ist.

Das ist das, was Naturwissenschaft tun kann, weil wir mathematisch, logisch vorgehen und weil wir so etwas wie Gott aus methodischen Gründen ausklammern. Doch heißt das, dass Gott in dem ganzen Unternehmen nicht zugegen ist? Nein, das folgt nicht, denn wir haben ja nur aus methodischen Gründen die Willensfreiheit und die Macht eines Gottes, ja sogar jedes einzelnen Menschen ausgeklammert. Alles, was wir gemacht haben, ist, dass wir eine sich aus der Situation ergebende Wahrscheinlichkeitsrechnung angestellt haben. Damit haben wir aber nicht bewiesen, dass eine ominöse Macht wie Zufall die Entscheidung herbeigeführt hat, wir haben auch nicht bewiesen, dass kein Gott die Finger im Spiel gehabt hat. Wir haben lediglich eine Beschreibung geliefert und herausgefunden, dass das Geschehen akzeptabel ist und so durchaus auch in Zukunft wieder vorkommen kann.

Und genauso wie die Menschen in dieser Situation zugegen sind und ihren eigenen Willen und ihre Entscheidungsmöglichkeiten haben, genauso ist es möglich – aber für viele Menschen weniger offensichtlich – dass Gott mit seinem Willen und seiner Entscheidungsmöglichkeit zugegen ist.

Wodurch würde Gott in der beschriebenen Situation denn in Erscheinung treten? Das ist eine sehr entscheidende Frage und ich werde diese in Kapitel 6.3 ausführlich besprechen. In dem Beispiel der Schlacht könnte man Gottes Handeln darin sehen, dass eine bestimmte Situation eingetroffen ist, dass eben das stärkere Heer verloren hat. Aber wie schon betont, lässt sich das nicht naturwissenschaftlich handhaben, weil wir keine Vorhersagen generieren können. Tatsächlich tritt Gott – wie in Kapitel 6.3 erläutert – in jedem Teil der Schlacht zu Tage, nicht nur durch ein unwahrscheinliches Ereignis. Aber so lange wir uns auf eine naturwissenschaftliche Analyse beschränken, und vielen Menschen scheint das zu genügen, spielt diese Sichtweise keine Rolle.

Genauso wie in diesem Beispiel muss in der Evolutionstheorie sorgfältig darauf geachtet werden, dass der notwendige methodische Atheismus der Naturwissenschaft nicht mit der atheistischen Annahme einer Weltanschauung in einen Topf geworfen wird. Wie wir sehen werden, passiert das aber in der Evolutionstheorie sehr leicht.

4.1.5 Zusammenfassung

Betrachtet man die wissenschaftliche Basis der Modelle der Evolutionstheorie, so kann man generell sagen, dass sich die Modellierung der Evolution in dem Rahmen der naturwissenschaftlichen Fächer abspielt, die sie berührt. Über die Ausbildung in naturwissenschaftlicher Methodik hinaus benötigt man keine Voraussetzung, wie einen bestimmten Glauben, um in der Evolutionstheorie wissenschaftlich arbeiten zu können. Damit ist sie von ihrer Methodik und ihren Ergebnissen her nicht von den normalen empirischen Naturwissenschaften zu unterscheiden.

Da sich die Evolution aber mit Prozessen beschäftigt, die sich in ferner Vergangenheit oder in großer Entfernung abspielen, rückt das Aktualitätsprinzip in den Vordergrund, das normalerweise nicht so stark bemerkbar ist. Das Aktualitätsprinzip ist einfach die Aussage, dass es sinnvoll ist, die naturwissenschaftlichen Erkenntnisse, die wir hier und heute gewinnen, auch für diese Prozesse anwenden zu können. Eine Ablehnung des Aktualitätsprinzips ist gleichbedeutend mit der Aussage, dass sich jede naturwissenschaftliche Aussage über die Daten, die man heute vorfindet, verbietet.

Genauso sieht es mit dem methodischen Atheismus aus. Dieser ist Teil der naturwissenschaftlichen Methodik und damit auch Teil der Modelle der

Evolution. Dies bedeutet, dass wir, auch und gerade bei der Betrachtung unserer Vergangenheit, Gott aus dem Spiel lassen müssen, sofern wir naturwissenschaftlich vorgehen wollen. Jeder Versuch, Gott mit in die Beschreibung zu holen, bedeutet das Verlassen der Naturwissenschaft.

Allerdings ist auch der Schluss vom methodischen Atheismus auf den realen Atheismus ein Fehlschluss. Nur weil wir aus methodischen Gründen Gottes Macht und Wirken in unseren Beschreibungen nicht verwenden, heißt das noch lange nicht, dass es diese Macht und dieses Wirken nicht gibt. Macht man sich aber darüber Gedanken, so muss man explizit den Rahmen der Naturwissenschaft verlassen.

Als letzter Punkt ist die Argumentation von Reinhard Junker, die Modelle der Evolutionstheorie mit dem Begriff Geschichtswissenschaft zu beschreiben und sie dadurch von den normalen naturwissenschaftlichen Modellen abzugrenzen, nicht schlüssig. Alle Eigenschaften und Probleme, die er in der Evolutionsforschung anbringt, sind in derselben Form auch in normaler empirischer Forschung vorhanden und begründen keine Sonderstellung der Evolutionsbeschreibung gegenüber der normalen naturwissenschaftlichen Beschreibung. Also auch von daher muss man sagen, dass die Modellierung der Evolution den normalen Wegen der Naturwissenschaft folgt.

Man muss allerdings einwenden, dass man bei der Diskussion der Modelle der Evolution wegen ihres Themas sehr leicht und sehr oft über die Naturwissenschaft hinaus geht und weltanschauliche Überlegungen einbringt. Gerade wenn unsere eigene Vergangenheit betroffen ist, sind viele Menschen, auch und gerade Naturwissenschaftler, schnell mit weltanschaulichen Sichtweisen bei der Hand. Für Menschen, die sich mit der naturwissenschaftlichen Methodik nicht auskennen, ist es dann sehr schwer bis unmöglich, naturwissenschaftliche und weltanschauliche Aussagen auseinander zu halten.

4.2 Die Evolution des Universums

Die Evolutionstheorie zerfällt in drei große Themenbereiche, die Evolution des Universums, die Evolution der Erde und die Evolution des Lebens. In diesem Kapitel möchte ich die wesentlichen Aspekte in Bezug auf die Modelle nennen, die die Evolution des Universums beschreiben. Wie kommen die Naturwissenschaftler dazu, das Alter des Universums auf etwa 13,5 Milliarden Jahre zu beziffern und welche Daten und Argumente gibt es für dieses Modell? Aber auch die andere Seite möchte ich beleuchten, also: Welche Daten passen nicht in die

Modelle und wie gehen die Naturwissenschaftler damit um? Zum Abschluss werde ich auch noch die Aspekte diskutieren, bei denen die naturwissenschaftliche Beschreibung in eine weltanschauliche Sicht übergeht.

4.2.1 Ist die Vorstellung einer Evolution des Universums zwingend?

Die heutige Vorstellung von der Evolution des Universums, das Urknall-Modell, ist keineswegs die natürliche, intuitive Vorstellung vom Universum, die die Menschen normalerweise haben würden. Das Urknall-Modell hat sich erst in den 60er Jahren des letzten Jahrhunderts durchgesetzt und hat seitdem im Wesentlichen nur Ergänzungen, aber keine grundlegenden Änderungen erfahren.

Die natürliche Art, das Universum zu sehen, ist das eines statischen, sich in der Zeit nicht global ändernden Universums. Diese Vorstellung war über die Jahrhunderte so stark, dass Einstein, als er seine berühmte allgemeine Relativitätstheorie entwickelte, etwas machte, was er später als seine größte Dummheit bezeichnet hat. Einstein wendete sein neues Modell auf das Universum als Ansammlung von Massen (Sterne und Planeten) an und erhielt keine Lösung, die eine statische Form hatte. Ursache ist die Tatsache, dass Gravitation eine reine Anziehungskraft ist und auf große Entfernungen wirkt. Doch Einstein wollte eine statische Lösung, da diese Vorstellung zu seiner Zeit noch dominierend war. Seine Gleichungen ermöglichten eine solche Lösung aber nur durch einen neuen Term, der eine Art Antigravitation darstellte, die die Gravitationskraft ausbalancierte, die kosmologische Konstante.

Doch schon kurze Zeit später zeigten Messungen, dass das Universum eben nicht statisch ist und die kosmologische Konstante wurde wieder verworfen, bis sie in den letzten paar Jahren aus anderen Gründen wieder auftauchte. Aber Einstein ärgerte sich enorm, dass er nicht genug Vertrauen in seine Gleichungen gehabt hatte und sich nicht über die Vorstellungen des statischen Universums hinweggesetzt hatte.

Nachdem durch die Entdeckungen von Hubble in den 30er Jahren des 20. Jahrhunderts die Dynamik des Universums klar wurde, waren die vorherrschenden Meinungen, dass das Universum entweder oszilliert oder zwischen zwei Polen fließt. Beide Vorstellungen haben wieder einen Ewigkeitsaspekt insofern, als dass beide Verhaltensweisen bis in unendliche Vergangenheit denkbar sind. Im ersten Fall ändert das Universum zwar fortwährend seine Gestalt, aber es pendelt über lange Zeit immer zwischen zwei Zuständen, z. B. indem es sich erst zusammenzieht und dann wieder ausdehnt, danach wieder zusammenzieht usw. Im zweiten Fall denkt man sich eine Materiequelle und eine Materiesenke und das Universum fließt von der Quelle zur

Senke, so dass es fortwährend in Bewegung ist, ohne sich zu ändern. Auch die Vorstellung eines Urknalls war damals schon geäußert worden, aber in der Gunst der Physiker war diese eher gering angesehen, weil sich so unangenehme Fragen auftun, wie die, was denn vor dem Beginn des Universums eigentlich gewesen ist.

Es war wieder einmal eine Messung, die dem Urknall-Modell zum Durchbruch verhalf. Die Entdeckung der 3-Grad-Hintergrundstrahlung im Jahre 1965 brachte die Entscheidung, denn allein die Urknall-Theorie hatte dieses Phänomen vorhergesagt. Seit dieser Zeit ist das Urknall-Modell der Standard und die Physiker haben sich mit ihren Vorstellungen immer näher an den Ursprung des Universums herangetastet.

In jüngerer Zeit gibt es wieder Versuche eines weiteren Umschwungs. Nach dem Urknall-Modell beginnt das Universum in einer Singularität, das heißt einem Punkt, in dem alle Werte des Universums auf unendlich stehen und in dem offensichtlich alle bekannten Modelle der Physik zusammenbrechen. Es hat sich aber in der Vergangenheit immer wieder gezeigt, dass, wenn ein physikalisches Modell auf unendlich steht, dies nichts anderes bedeutet, als dass für diese Situation eben ein neues Modell gesucht werden muss, weil das alte offensichtlich nichts mehr taugt.

Genau an diesem Punkt sind die Theoretiker eifrig dabei und die ersten Konturen, wie so ein neues Modell aussehen kann, haben sich ergeben. Noch ist dies alles mehr spekulative Mathematik als ernst zu nehmende Naturwissenschaft, aber wenn sich der Trend fortsetzt, werden wir wieder in eine Vorstellung des Universums als ewiges Gebilde zurückkehren, genauer gesagt zu der Idee eines ewigen „Über-Universums", in dem Universen wie das unsrige in beständigem Wechsel entstehen und wieder vergehen.

Doch zeigt dieser kurze Diskurs, dass die Vorstellung eines Urknalls viel zu stark nach religiösem Erschaffen des Universums riecht, als dass die meisten Naturwissenschaftler diese Vorstellung so ohne weiteres schlucken würden. Die Vorstellung, einen Anfang zu haben, den wir nicht durch eine naturwissenschaftliche Modellierung abdecken können, passt nicht in die Naturwissenschaft. Dass die Physiker diesen Ansatz trotzdem 40 Jahre lang akzeptiert haben zeigt, wie stark die Fakten in die Richtung des Urknall-Modells zeigen und wie wenig wirkliche Alternativen verfügbar sind.

Trotz allen Unbehagens von Menschen, die sich mit einem ewigen Universum wohler fühlen, ist aber das Urknall-Modell sozusagen das geringste aller Übel, denn der Anfang des Universums ist durch einen Zustand beschrieben der in höchstem Maße einfach ist. Zu Anfang war eben lediglich Energie und sonst nichts, weder Materie, noch Elementarteilchen noch sonst eine komplexe Struktur, sondern eben nur Energie und das Potenzial, dass daraus einmal so etwas Merkwürdiges wie Leben werden könnte.

Die Vorstellung eines Universums, das sich aus einem Anfang heraus entwickelt hat, ist also keineswegs von den Naturwissenschaftlern so gewollt, sondern die Daten, die sie über die Jahre gesammelt haben, zwingen uns dazu, eine solche Entwicklung zu akzeptieren. Damit lautet die Antwort auf die Frage dieses Kapitels, ob die Vorstellung einer Evolution des Universums zwingend ist: Von unserer Intuition her, nein, aber von den naturwissenschaftlichen Daten her gesehen, ja.

4.2.2 Wie alt ist das Universum?

Eine Entwicklung des Universums aus einem Vorgang wie dem Urknall können Menschen, die an eine Schöpfung glauben, durchaus akzeptieren. Aber die Kurzzeit-Kreationisten behaupten ja nicht nur, dass das Universum erschaffen wurde, sondern auch, dass dies vor relativ kurzer Zeit geschehen ist. Damit rückt die Frage, wie alt denn das Universum ist, in den Mittelpunkt.

Die Diskussion im letzten Abschnitt hat gezeigt, dass diese Frage eine recht junge Frage ist. In vergangenen Zeiten haben sich die Menschen keine Gedanken darüber gemacht, weil sie einfach annahmen, dass das Universum seit Ewigkeiten existierte oder in dem heute beobachtbaren Zustand aus dem Nichts erschaffen wurde.

Doch mit Hilfe moderner Messmethoden und den immer besser entwickelten Modellen ist man in der Lage, zumindest ein Mindestalter abzuleiten, unter der Voraussetzung, dass wir die naturwissenschaftliche Methodik anwenden wollen. Dies kann man auch ganz unabhängig vom Urknall-Modell tun. Ziel für mich ist es zu zeigen, dass eine Aussage über das Alter des Universums erst einmal keine weltanschauliche Aussage, sondern eine naturwissenschaftliche Aussage ist.

Die Entfernung der Sterne

Die erste Methode, das Mindestalter des Universums zu bestimmen, ist es, die Entfernung der Sterne von der Erde zu bestimmen. Dahinter steckt die einfache Überlegung, dass die Lichtgeschwindigkeit im Vakuum eine ziemlich gut bestimmte Konstante ist. Stellt man fest, dass die Sterne in sehr großer Entfernung zur Erde sind, so muss das Licht eine entsprechende Zeit zu uns unterwegs gewesen sein, was wiederum nur geht, wenn das Universum ein entsprechendes Mindestalter hat. Daher war die Frage der Bestimmung der Entfernung der Sterne schon immer eine wichtige Frage in der Diskussion um Evolution und Schöpfung.

Bis vor etwa 25 Jahren wurde dieses Thema in den Kreisen der Kurzzeit-Kreationisten ganz einfach dadurch abgetan, dass die Entfernungsbestimmung für falsch erklärt wurde. Aber seit dieser Zeit hat sich die Erkenntnis, dass an der Entfernungsbestimmung kaum etwas zu rütteln ist, auch bei den Befürwortern des Kurzzeit-Kreationismus im Wesentlichen durchgesetzt. Dies liegt daran, dass es grob gesagt vier verschiedene physikalische Methoden gibt, die Entfernung von Sternen festzustellen. Diese sind jeweils in unterschiedlichen Entfernungsbereichen anwendbar, die sich aber so überlappen, dass sich die Methoden gegenseitig stützen und bestätigen. Nur eine dieser Methoden hängt eng mit dem Urknall-Modell zusammen.

Diese vier Methoden sind:

- *Triangulation*

Bei dieser Methode wird von zwei verschiedenen Standorten aus der Winkel zu dem zu bestimmenden Stern gemessen. Aus den beiden Winkeln und der bekannten Entfernung der zwei Standorte lässt sich die Entfernung berechnen. Diese Methode wird durch die Genauigkeit begrenzt, mit der man die Winkel messen kann. Heutzutage lassen sich auf diese Weise Entfernungen bis über zehntausend Lichtjahre ermitteln.

- *Helligkeitsschwankungen der Cepheiden*

Bei dieser Methode verwendet man die Tatsache, dass die scheinbare Helligkeit eines Sterns um so schwächer ist, je weiter er vom Beobachter weg ist. Kennt man die tatsächliche Helligkeit, so lässt sich daraus die Entfernung bestimmen. Nun ist die tatsächliche Helligkeit eines Sterns im Allgemeinen nicht bekannt, aber bei den variablen Cepheiden beobachtet man eine regelmäßige Helligkeitsschwankung. Deren Ursache ist, dass der Stern einen Begleiter hat, der den Stern umkreist und ihn regelmäßig verdeckt. Dies kann man verwenden, um die tatsächliche Helligkeit und damit die Entfernung des Sterns zu bestimmen. Die Genauigkeit dieser Methode ist von der Messung des Sterns und dessen Variation abhängig. Dies ermöglicht Entfernungsbestimmung von einigen hundert Lichtjahren bis zu einigen Millionen Lichtjahren.

- *Helligkeitsentwicklung bei Supernovae des Typs IIa*

Auch diese Methode beruht auf der Bestimmung der Entfernung über die Helligkeit. Eine Supernova des Typs IIa ist eine bestimmte Art der Supernova-Explosion, bei der der Verlauf der Helligkeitsentwicklung außerordentlich gut modelliert ist. Da man auch hier die tatsächliche Helligkeit bestimmen kann, kann man auch hier die Entfernung berechnen. Auch bei Messungen diesen Typs ist die Möglichkeit, die Supernova zu sehen, der begrenzende Faktor. Aber Supernovae sind um ein Vielfaches lichtstärker als ein normaler Stern und ermöglichen so wesentlich höhere Entfernungsbestimmungen als die Cepheiden Methode. Damit liegt die Genauigkeit dieser Methode bei etwa zwei Milliarden Lichtjahren.

- *Die kosmologische Rotverschiebung*

Die Entfernungsbestimmung über die kosmologische Rotverschiebung ist die wohl bekannteste Form der Entfernungsbestimmung. Die Rotverschiebung an sich kann sehr leicht beobachtet werden, aber die Frage ist, woher sie kommt. Nach dem Urknall-Modell rührt sie aus der Ausdehnung unseres Universums. Dadurch erscheinen Sterne um so schneller von uns wegzufliegen, je weiter sie entfernt sind. Die Rotverschiebung lässt sich in den Spektren der Sterne relativ leicht bestimmen, da es einige Elemente gibt, die sehr charakteristische Spektrallinien besitzen. Prinzipiell kann man mit dieser Methode die Entfernung selbst der entferntesten Objekte bestimmen. Bei extrem großen Entfernungen kommen aber die Details des Urknall-Modells zum Tragen und die Genauigkeit, mit der man die Hubble-Konstante kennt, begrenzt diese Bestimmung. Aktuell kann man Objekte bis in etwa 13 Milliarden Lichtjahren Entfernung beobachten.

Ich hoffe, dass dies klarstellt, dass die Entfernungsbestimmung der Sterne nicht auf irgendwelchen Spekulationen aufgebaut ist, sondern auf tatsächlicher und normaler naturwissenschaftlicher Modellierung. Nur die vierte Methode beruht dabei auf dem Urknall-Modell, die anderen Methoden sind davon unabhängig und liefern auch Werte, die weit jenseits von dem liegen, was die Kurzzeit-Kreationisten akzeptieren würden. Die Größe des Universums ist also naturwissenschaftlich sehr gut abgesichert, vielleicht besser als viele andere Phänomene im Rahmen der Evolutionstheorie. Wir müssen damit davon ausgehen, dass das Universum sehr groß ist, viele Milliarden Lichtjahre – auf den genauen Wert kommt es zunächst nicht so an.

Allein diese Tatsache begründet wiederum das Alter des Universums, denn da die Lichtgeschwindigkeit endlich ist und wir diese Sterne sehen, muss das Universum schon existiert haben, als sich das Licht zu uns auf den Weg gemacht hat. Solange kein guter Grund vorliegt, dass die Lichtgeschwindigkeit früher nicht sehr viel höher gewesen wäre, solange ist die Aussage, dass das Universum Milliarden von Jahre alt ist, eine naturwissenschaftlich abgesicherte Aussage. Der letzte von Kurzzeit-Kreationisten gebrachte Einwand ist dann, dass die Lichtgeschwindigkeit in der Vergangenheit tatsächlich sehr viel höher gewesen ist. Dieser Einwand ist aber nicht stichhaltig, wie ich schon in Kapitel 4.1.2 beschrieben habe.

Das Alter der Sterne

Aber die Größe des Universums ist nicht der einzige Hinweis darauf, dass das Universum sehr alt ist. Das Alter der Sterne ist ein weiterer Hinweis darauf und auch dieser Hinweis ist keiner, der von der Urknall-Theorie abhängig ist. Zudem ist dies ein Beispiel dafür, wie naturwissenschaftlich vorgegangen werden kann.

Wenn man den Himmel betrachtet, dann bemerkt man, dass die Sterne in allen möglichen Farben auftreten und ebenso in allen möglichen Leuchtstärken. Die Farbe ist ein wichtiges Indiz, denn Sterne strahlen normalerweise Schwarzkörperstrahlung aus, d. h. wir beobachten nicht den energieerzeugenden Prozess direkt, sondern die Energie wird erzeugt, verteilt sich in der Materie des Sterns, dieser erhitzt sich und aufgrund der Temperatur strahlt er ein bestimmtes Spektrum an Licht aus. Dieses hat ein charakteristisches Maximum und das nehmen wir als Farbe wahr. Die Farbe ist also ein Indikator, wie heiß der Stern tatsächlich ist. Wie heiß kann ein Stern nun werden? Das hängt davon ab, wie viel er an Brennstoff zur Verfügung hat und das wiederum hängt von seiner Masse ab und wie viel er von dem Brennstoff – normalerweise Wasserstoff für eine Kernfusion – im Verhältnis zur Masse denn besitzt.

Genau hier sitzt die entscheidende Überlegung. Hat ein Stern einen hohen Wasserstoffanteil und verbrennt er davon sehr viel, dann sinkt dieser Wasserstoffanteil. Damit sinkt die Menge an Brennstoff und der Stern wird kühler und damit verschiebt sich seine Farbe in den roten Bereich. Die Farbe unserer Sonne ist im Augenblick im gelben Bereich, aber aufgrund dieser Überlegung wissen wir, dass sich die Sonne in einigen Milliarden Jahren so weit abgekühlt haben wird, dass sie ein roter Riese wird.

Wenn wir nun den Sternenhimmel durchmustern, sehen wir, dass es bereits viele rote Riesen gibt. Es fällt auch auf, dass die Sterne mit dem niedrigen Wasserstoffanteil einen niedrigeren Anteil an Wasserstoff als die dem Stern angrenzende Region haben – warum? Naturwissenschaftlich gibt es nur eine mögliche Schlussfolgerung, die Sterne haben ihren Wasserstoffanteil verbrannt und müssen daher Milliarden von Jahren alt sein. Aber auch, wenn sich das Leben eines Sterns nicht dem Ende nähert, kann man aufgrund der Farbe und des Typs des Sterns darauf schließen, wie alt der Stern sein müsste, indem man Farbe und Wasserstoffanteil systematisch miteinander in

Beziehung setzt. Diese Beziehung ist unter dem Begriff Hertzsprung-Russel Diagramm bekannt geworden. Danach kommen wir bei unserer Sonne auf etwa 5 Milliarden Jahre. Daraus folgt in unserem naturwissenschaftlichen Modell, dass das Universum mindestens 5 Milliarden Jahre alt sein muss.

Andere Indikatoren für ein altes Universum

Es gibt viele andere Indikatoren in unserem Universum, die unabhängig vom Urknall-Modell darauf hinweisen, dass unser Universum sehr alt ist, jeder dieser Indikatoren gibt ein bestimmtes Mindestalter an, das aber in jedem Fall weit oberhalb der von den Kurzzeit-Kreationisten angegebenen 10.000 Jahren liegt. Jeder dieser Indikatoren beruht auf direkten Messdaten und der unmittelbaren Frage, wie diese Messdaten denn erzeugt wurden. Hier eine kurze Auswahl:

Sonnen strahlen wie ein schwarzer Körper

Wie oben schon angedeutet, geben Sonnen ihre Energie nicht direkt ab, sondern in Form einer Schwarzkörperstrahlung. Damit dies möglich ist, ist es erforderlich, dass die Energie, die bei der Kernfusion entsteht, sich in der gesamten Sonne verteilt. Ein solcher Prozess kostet Zeit und funktioniert auch nicht abrupt. Würde die Kernfusion im Inneren einer kalten Sonne starten, so würde die Sonne zerrissen, doch durch den gemäß Evolutions-Modell gedachten Entstehungsmechanismus durch allmähliche Verdichtung bei gleichzeitiger Erhitzung tritt dieses Problem nicht auf. Die Tatsache, dass die Sonnen wie ein Schwarzkörper strahlen, zeigt also von den Modellen her, dass die Kernfusion erst allmählich in Gang gekommen ist und dass es sehr lange Zeit gedauert hat, bis die Sonne ein stabiles Stadium erreicht hatte. Die Zeiträume, um die es hier geht, sind einige Millionen Jahre, das Universum ist also mindestens einige Millionen Jahre alt.

Hinweise auf Zusammenstöße

Betrachtet man die Sterne und deren Verteilung im Universum, so findet man immer wieder Überreste von Kollisionen – als wenn man an eine Straßenkreuzung kommt, wo herumliegende Teile und zerbeulte Karosserien darauf hindeuten, dass dort ein Unfall stattgefunden hat.

Im Universum gibt es zwei Typen von Kollisionen, die Kollision von Sternen und die Kollision von Galaxien. Kommen sich zwei Sterne zu nahe, so zieht der schwere Stern Materie von dem leichteren ab. Dadurch kann das Strahlungsgleichgewicht des schwereren verloren gehen und es kann zu einer Nova oder gar Supernova kommen. Außerdem bilden sich Materiebrücken zwischen den Sternen und dort kann man das Ergebnis der Kollision auch noch tausende Jahre später untersuchen.

Aussagekräftiger für unser Thema sind aber die Kollisionen von Galaxien. Hier stoßen zwei Galaxien zusammen und bilden die charakteristischen Sternverteilungen, die man heute beobachtet. Solche Kollisionen dauern Millionen von Jahren und entsprechend muss das Universum mindestens Millionen von Jahren alt sein.

Bildung der großräumigen Strukturen?

Im Universum sind die Materie und auch die Sonnen nicht gleichmäßig verteilt, sondern immer in größeren Strukturen gelagert. Sonnen befinden sich in Galaxien oder Sternhaufen. Galaxien befinden sich in Clustern und Superclustern. Diese Gebilde können detailliert untersucht werden und immer besteht die Frage: Wie ist das zustande gekommen? Egal welche Antwort man findet – um solche Strukturen zu bilden, die Milliarden Lichtjahre groß sind, braucht es entsprechend auch Milliarden Jahre. Tatsächlich ist die genaue Entwicklung noch mit Fragezeichen verbunden, denn die sichtbare Materie alleine reicht nicht aus, um die Strukturen zu bilden. Daher vermutet man die Existenz der dunklen Materie, die diese Strukturen mitgeprägt hat. Ich werde darauf im Rahmen der offenen Fragen noch zurückkommen.

Der Kern aller Modelle, die ich hier angedeutet habe, ist die Annahme, dass man mit der heute bekannten Physik verstehen kann, wie die Messdaten zustande kommen. Bei der überwiegenden Mehrzahl der Beobachtungen ist dies möglich, bei einigen aber nicht. Bei diesen sehen sich die Physiker gezwungen, spekulative, neue Physik anzunehmen und versuchen anhand der Beobachtungen herauszubekommen, wie diese neue Physik aussieht und was man tun kann, um die Spekulation zu einer abgesicherten Theorie zu machen. Ich werde gleich noch näher auf diese Punkte zu sprechen kommen.

Festzuhalten bleibt hier, dass ein altes Universum nach allen Beobachtungsdaten, einfach von den Modellen her, ganz ohne Weltanschauung notwendig folgt. Man kann daher ein altes Universum als naturwissenschaftlich bewiesen betrachten, natürlich unter der Voraussetzung, dass wir Naturwissenschaften anwenden können.

Wir werden noch sehen, dass man aus weltanschaulichen Gründen bezweifeln kann, dass man Naturwissenschaften anwenden darf. In so einem Fall sind die oben geschilderten Schlüsse auf das Alter des Universums in Zweifel zu ziehen. Hat man aber den Anspruch, naturwissenschaftlich vorgehen zu wollen, dann kommt man nicht um diese Schlüsse herum. In der Physik sind die Modelle eben viel abgesicherter und konsistenter als dies in den komplexeren Situationen der Geologie oder Biologie ist. Aus diesem Grund ist es auch möglich, im Rahmen der Astrophysik wesentlich sicherere und konsistentere Aussagen zu machen.

4.2.3 Hinweise auf das Urknall-Modell

Wie in Kapitel 4.2.1 schon angedeutet, ist es den Physikern nicht leicht gefallen, so etwas wie ein Urknall-Modell zu akzeptieren. Aber letztlich sind die Daten, die für dieses Modell sprechen sehr überzeugend. Alternativen wurden zwar formuliert, aber diese kranken alle noch daran, dass sie mehr spekulative Physik enthalten und weniger Fakten „auf die Reihe bringen" als das Standardmodell. Vorläufig sieht es also ganz so aus, als würde das Urknall-Modell bleiben und höchstens erweitert werden, indem die noch offenen Fragen mit ergänzenden Modellen gefüllt werden.

Im Wesentlichen sind es drei Phänomene, die im Rahmen des Urknall-Modells am besten zueinander passen und damit für dieses Modell sprechen.

Die kosmologische Rotverschiebung

Wie in Kapitel 4.2.1 schon erwähnt, hat die Entdeckung von Hubble, dass weit entfernte Sterne eine systematische Rotverschiebung zeigen, das Bild des statischen Universums zunichte gemacht. Die Rotverschiebung ist zunächst ganz einfach an Hand der Sternenspektren bestimmbar, insbesondere an dem sehr charakteristischen Spektrum des Wasserstoffs, der in fast jedem Stern in ausreichendem Maß vorhanden ist. Eine Rotverschiebung kann durch verschiedene physikalische Mechanismen zustande kommen, der bekannteste ist der Doppler-Effekt, der dadurch entsteht, dass sich Sender und Empfänger relativ zueinander bewegen. Aber auch hohe Drücke beim Sender oder Staubschichten zwischen Sender und Empfänger und andere Mechanismen können in einer Rotverschiebung des Spektrums resultieren.

Das Bemerkenswerte an Hubbles Entdeckung war die Gleichmäßigkeit und die Korrelation mit der Entfernung. Die Rotverschiebung tritt bei jedem Stern auf, egal in welcher Richtung er liegt und ist unabhängig vom Sterntyp und von der Frequenz des Lichts und scheint allein mit der Entfernung zusammenzuhängen, ausgedrückt durch das berühmte Hubble-Gesetz. Keine der anderen physikalischen Mechanismen vermag diese Tatsache zu erklären außer eben der eines expandierenden Universums. Bei diesem Modell sind es nicht die Sterne selbst, die sich voneinander wegbewegen, sondern der Raum dehnt sich aus und dadurch wird die Entfernung zwischen Stern und Erde beständig größer. Licht, das der Stern in Richtung Erde abschickt, muss gegen diese Ausdehnung angehen und verliert dabei Energie, was einer Rotverschiebung gleichkommt, die um so größer ist, je weiter der Weg ist, den das Licht zurücklegt.

Aber natürlich sind die anderen Mechanismen zur Rotverschiebung bzw. allgemein zur Frequenzveränderung ebenfalls noch wirksam. Zu Hubbles Zeiten waren die Messmethoden noch recht grob, die genauen Werte pro Stern waren also noch mit einem recht großen Fehler belegt. Inzwischen sind die Messmethoden um ein Vielfaches verfeinert und es ist möglich, bei einzelnen Sternen neben der kosmologischen Rotverschiebung auch andere Frequenzverschiebungen festzustellen. Es wurden auch systematische Musterungen über den Sternenhimmel vorgenommen, um die genaue Verteilung der Rotverschiebung festzustellen und man hat dabei auch einige ungewöhnliche Objekte gefunden, die sich nicht so einfach in das Modell der kosmologischen Rotverschiebung einordnen. Diese Fälle mit anormaler Rotverschiebung werde ich im nächsten Kapitel noch etwas näher betrachten.

Der Mikrowellenhintergrund

Die Entdeckung der 3-Grad-Hintergrundstrahlung in den 60er Jahren hat den Ausschlag für das Urknall-Modell gegeben. Dieses Phänomen ließ sich zu dieser Zeit ausschließlich im Rahmen des Urknall-Modells in seiner Herkunft und seiner Struktur deuten.

Wesentliche Eigenschaft dieses Phänomens ist eine Strahlung, die das Universum, bzw. die Umgebung der Erde fast perfekt gleichmäßig erfüllt, d. h. sie scheint mit derselben Frequenz und derselben Stärke von allen Seiten zu kommen. Die Frequenz dieser Strahlung liegt im Mikrowellenbereich und man kann sie über die Energie in eine Temperatur umrechnen – eben jene 3 Grad Kelvin. Das Problem mit dieser Strahlung ist, dass sie so gleichmäßig verteilt ist. Würde sie von einem Stern oder einer Staubwolke erzeugt werden, dann müsste sie, wie unser Sternenhimmel, Gegenden mit stärkerer oder schwächerer Strahlung zeigen und auch Frequenzunterschiede müssten feststellbar sein.

Das Urknall-Modell bietet einen einfachen und aussagekräftigen Mechanismus für diese Strahlung. Da nach diesem Modell das Universum einmal in einer sehr heißen, dichten Phase war, gab es auch einmal eine Zeit, wo alle Materie des Universums in Form eines Plasmas vorhanden war, in dem es keine einzelnen Atome gab und in dem daher jegliches Licht, das entstand, fast sofort wieder absorbiert wurde, wie dies in einem Plasma üblich ist. Doch bei weiterer Abkühlung des Universums entstanden irgendwann einmal die ersten Atome. Sie waren neutral und haben daher das Licht nicht so stark absorbiert – das Licht wurde sozusagen freigesetzt und das Universum wurde transparent. Das so erzeugte Licht erfüllte das Universum so gleichmäßig, wie die aussendende Materie gleichmäßig verteilt war. Nun kann man noch berechnen, welche Frequenz das Licht in etwa hatte und wie viel Energie es verlieren würde, wenn sich das Universum weiter ausdehnt. Unter der Annahme, dass dieses Licht bereits viele Milliarden Jahre existiert, kommt man tatsächlich auf den gemessenen Wert von 3 Grad Kelvin. Oder umgekehrt, wenn man annimmt, dass der angedachte Mechanismus die Ursache der beobachteten Strahlung ist, dann muss das Universum viele Milliarden Jahre alt sein.

Tatsächlich ist die Hintergrundstrahlung in den letzten Jahren Gegenstand intensiver Beobachtung gewesen. Denn aus dem eben skizzierten Modell kann man erheblich mehr herausholen als die bloße Existenz der Strahlung. Die Strahlung sollte gemäß diesem Modell direkt Auskunft geben können über den Zustand und die Verteilung der Materie im frühen Universum, zu einer Zeit als es etwa 100.000 Jahre alt war. Daher ist man mit den besten Messmethoden vorgegangen und hat den Bau und Betrieb noch besserer Messsatelliten voran getrieben, um Intensität, Frequenz, Polarisation und andere Parameter der Strahlung genauestens zu untersuchen. Diese Daten wurden inzwischen gemessen und ausgewertet und die Ergebnisse kann man als die wichtigsten astrophysikalischen Ergebnisse der letzten Jahre ansehen, für die es auch zu Recht 2006 den Nobelpreis gab. Sie bestätigen das Urknall-Modell in einer Detailtiefe, von der alle anderen Versuche, den Ursprung des Universums zu modellieren, nur träumen können.

Es gibt heutzutage nur sehr wenige andere Modelle, die die Entstehung dieser Mikrowellenstrahlung beschreiben können, aber keines der anderen Modelle kann dem Modell des Urknalls an Präzision und Vorhersagekraft das Wasser reichen.

Das Verhältnis von Helium zu Wasserstoff

Der dritte Grundpfeiler, auf dem das Urknall-Modell ruht, ist die Beobachtung, wie viel Helium es im Vergleich zu Wasserstoff im Universum gibt. Diese beiden Elemente sind die häufigsten und es fragt sich, wie diese Mengen zustande kommen.

Auch hier macht das Urknall Modell eine konkrete Aussage: In der ersten Sekunde nach dem gedachten Urknall waren im Universum noch nicht einmal Atomkerne entstanden. Diese bildeten sich dann im Verlauf der Expansion und zwar zunächst als einfache Protonen, der stabilsten Zusammenlagerung der noch elementaren Quarks. Protonen sind der Kern von Wasserstoff, man sollte also erwarten, dass im Wesentlichen Wasserstoff entsteht.

Doch in der Zeit der weiteren Ausdehnung des Ur-Universums gab es eine sehr kurze Zeit – Sekunden nach dem Urknall – in der die Temperaturverhältnisse für eine Kernfusion geeignet waren. In dieser Zeit konnten die Wasserstoffkerne zu Helium verschmelzen. Dieser Prozess war beendet, sobald eine weitere Abkühlung die Temperatur unter die Verschmelzungstemperatur drückte. Diese Überlegung ermöglicht es, die Menge an Helium zu berechnen, die während der Zeit entstand. Das Ergebnis besagt, das nur ein geringer Anteil an Helium entstand und praktisch keine höheren Elemente. Die Aussage des Modells ist also, dass das Helium-Wasserstoff-Verhältnis in etwa diesem berechneten Wert entsprechen muss und dass alle anderen, höheren Elemente durch andere Prozesse in den später entstandenen Sternen gebildet wurden und entsprechend seltener sind.

Das berechnete Verhältnis hat man tatsächlich in Messungen bestätigt gefunden, obwohl die Messwerte wegen der Unsicherheit, die Menge an Helium im Verhältnis zum Wasserstoff abzuschätzen, doch recht beträchtliche Fehlermöglichkeiten enthalten. Der Frage nach der Menge und der Verteilung von höheren Elementen ist man aktuell noch auf der Spur, hier reichen die vorhandenen Messmethoden noch nicht aus, um verlässliche Aussagen zu bekommen.

Der wesentliche Punkt bei dieser dritten Säule des Urknall-Modells ist, dass Aussagen über das Vorkommen der Materie selber gemacht werden und damit auch die Zeitskala, mit der man das Modell in Richtung Urknall getrieben hat, den Wert von Sekunden erreicht hat. Dabei bewegen wir uns immer noch auf dem Boden der bekannten Physik. Will man noch weiter zurück in Richtung Urknall gehen und fragt nach den Phänomenen, die direkt nach dem Urknall eine Rolle gespielt haben könnten oder gar, welche Prozesse zum Urknall selbst geführt haben, so begibt man sich auf den Boden der spekulativen Physik, wo es zwar möglich ist, neue Modelle zu erarbeiten, wo es aber immer schwieriger wird, diese Modelle mit hier und heute beobachtbaren Experimenten nachzuvollziehen.

4.2.4 Offene Fragen des Urknall-Modells

Das letzte Kapitel mag vielleicht den Eindruck erweckt haben, als könnte man mit Überzeugung aussagen, dass das Urknall-Modell „bewiesen“ sei und man keine Zweifel daran mehr haben dürfte. Doch in diesem Zusammenhang möchte ich noch einmal ausdrücklich auf Kapitel 3.3.3 hinweisen und betonen, dass Modelle immer nur Modelle sind, also nur eine Vorstellung von etwas ausdrücken, was auch ganz anders sein kann. Es kann und darf auch nicht ausgeschlossen werden, dass es einmal ein besseres Modell geben wird, vielleicht eines, in dem man viele Elemente des Urknall-Modells wiederfinden wird, vielleicht eines, das ganz anders aussehen wird.

In der aktuellen Situation ist es aber unwahrscheinlich, dass wesentliche Aspekte des aktuellen Modells, wie das Alter des Universums (ob nun ein paar Milliarden Jahre mehr oder weniger, das ist egal) oder die heiße Anfangsphase, die die Hintergrundstrahlung erzeugt hat, so schnell anders modelliert werden können. Man kann also sagen, dass man zu einzelnen Aspekten des Modells mehr Vertrauen fassen kann als zu dem ganzen Modell an sich.

Aber natürlich gibt es eine durchaus beträchtliche Liste von offenen Fragen, die im Rahmen des Urknall-Modells gar nicht oder nur mit einigen Spekulationen beantwortet werden können. Auf solche offenen Fragen wird man in jedem Modell immer stoßen und bei einem so umfassenden Modell wie dem Urknall-Modell ist dies erst recht der Fall. Schon die Frage, was denn vor dem Urknall war, führt das Modell, genauer gesagt unsere naturwissenschaftliche Vorgehensweise, an ihre Grenzen. Aber man muss noch nicht einmal in dieses Extrem gehen, um auf eine Fülle von offenen Fragen zu stoßen, die die Beschäftigung mit diesem Modell gerade erst interessant machen. In der Kosmologie gibt es so viel zu entdecken und so viel zu fragen, dass gerade dieses Gebiet eine starke Faszination ausübt, selbst wenn man sich nur auf den naturwissenschaftlichen Teil beschränkt.

Ein wesentlicher Aspekt im Umgang mit den offenen Fragen ist typisch für naturwissenschaftliche Modellierung: Man entwirft ein Modell aufgrund von Experimenten und Messungen, die zunächst oft sehr grob und fehlerbehaftet sind. Diese Daten passen dann zu dem Modell ganz gut. Doch dann werden die Messmethoden verfeinert und man stellt fest, dass die grobe Linie immer noch stimmt, dass aber im Detail Abweichungen und Phänomene auftauchen, die sich durch das ursprüngliche Modell nicht ergeben. Also müssen die Naturwissenschaftler das Modell weiter verfeinern und ergänzen, im Extremfall müssen sie sogar so weit gehen das ganze Fundament neu aufzubauen.

Natürlich ist es dieser Schritt, den gerade die Kurzzeit-Kreationisten sofort und liebend gerne machen wollen, aber – und das soll hier als wichtige Warnung eingefügt werden – eine Neumodellierung des ganzen Fundaments ist nur möglich, wenn eine Alternative zur Verfügung steht. Man kann noch so sehr davon überzeugt sein, dass die ganze Fundierung eines Modells nicht korrekt ist, solange man keine Alternative anbietet, die besser arbeitet, muss man sich zurückhalten. Dabei ist es durchaus erwünscht, dass in Übersichtsartikeln offene Punkte aufgelistet dargestellt werden. Dies geschieht auch aktuell immer wieder mit dem Urknall-Modell (siehe Artikel von Martin Lopez-Corrediora). Aber es ist eben nicht erlaubt zu behaupten, dieses Modell sei falsch, nur weil offene Punkte zu finden sind.

Im Folgenden will ich einige der offenen Punkte besprechen und auch, in welcher Weise aktuell versucht wird, damit umzugehen.

Das Problem des thermodynamischen Gleichgewichts am Anfang

Bereits seit Entdeckung der Hintergrundstrahlung war klar, dass die Gleichmäßigkeit der Strahlung ein Problem darstellt. Wie bereits im letzten Abschnitt erwähnt, drückt die Gleichmäßigkeit der Strahlung nach dem Urknall-Modell aus, dass die Materie und die Temperatur zu der Zeit, als die Strahlung entstand, sehr gleichförmig waren und zwar – nach diesen Daten – im gesamten Universum. Erst durch verfeinerte Messmethoden ist es in den letzten Jahren gelungen, Schwankungen in der Temperatur der Strahlung festzustellen. Eine vollständige Gleichförmigkeit war auch nicht erwartet worden, denn nach dem Urknall-Modell haben sich aus den Ungleichgewichten die Galaxien und Sterne entwickelt.

Verknüpft mit dieser Frage ist die Frage, welche Krümmung unser Universum hat. Man kann dies am Besten verstehen, wenn man sich klarmacht, dass es bei einem Urknallszenario zwei Möglichkeiten gibt. Einmal reicht die Gravitationskraft aller Materie im Universum aus, die Expansion irgendwann einmal zu stoppen und umzukehren – in diesem Fall sagt man, dass das Universum positiv gekrümmt ist. Oder die Kraft reicht nicht aus und das Universum dehnt sich auf ewig weiter aus, in diesem Fall sagt man, das Universum ist negativ gekrümmt. Im Grenzfall dazwischen ist die Krümmung null und die Expansion kommt zum Stehen, aber erst nach unendlich langer Zeit. In diesem Fall sagt man, dass das Universum flach ist und in den letzten Jahrzehnten haben sich die Hinweise darauf, dass dies tatsächlich der Fall ist, vermehrt.

Diese beiden Punkte, das flache Universum und das Nahezu-Gleichgewicht am Anfang, ließen sich in einem normalen Urknall-Modell nicht erklären. Das Problem liegt darin, dass gerade zu Beginn die Ausdehnung des Universums so ist, dass die Kräfte, die das thermodynamische Gleichgewicht herstellen, keine Zeit haben über das ganze Universum hin zu wirken. Lange Jahre hinweg blieb diese Frage offen.

Vor etwa zwanzig Jahren kamen die Physiker auf eine mögliche Lösung zu diesem Problem. Die Lösung ist mit spekulativer Physik verbunden, also mit einem bislang noch nicht experimentell abgesicherten Modell, der Inflation. Im letzten Abschnitt hatte ich ja die Entstehung des Wasserstoff-zu-Helium-Verhältnisses im Universum erwähnt. Um das zu modellieren, muss man in eine sehr heiße Phase in der ersten Sekunde nach dem Urknall gehen, in der die Verhältnisse für eine Kernfusion geeignet waren. Für die Inflation ist es notwendig, noch weiter in Richtung Urknall zu wandern, zu Energien, die sich bis heute nicht experimentell untersuchen lassen.

Die Inflation ist eine Art Phasenübergang, in dem das Universum sich zunächst in einem anderen Zustand befindet. Es wird – so die Spekulation – in diesem Zustand durch ein hypothetisches Kraftfeld, das Inflator-Feld dominiert, das eine extrem starke, abstoßende Wirkung hat. Unter der Wirkung der Inflation wird das Universum mit einer unglaublichen Geschwindigkeit auseinandergerissen, so dass es in kürzester Zeit auf ein riesiges Volumen aufgebläht wird. Als Konsequenz wird der Zustand, den das Universum vor der Inflation hatte, praktisch über das ganze Gebiet ausgeschmiert und als natürliche Konsequenz ergibt sich, dass das Universum sehr flach wird und dass das kleinste Ungleichgewicht in der Verteilung der Energie in größere Flecken transportiert wird, aus denen später einmal Galaxienhaufen, Galaxien und Sterne entstehen.

Die Inflation endet dann so schnell wie sie eingesetzt hat und das Universum wechselt in den normalen Zustand, in dem sich die uns bekannten Naturkräfte herausbilden. Wie betont, dieses Bild ist spekulativ. Die Existenz des Inflatorfeldes und seine genaue Wirkung sind theoretisch modelliert, aber experimentell nicht ausreichend abgesichert. Aber wenn jemand herkommen und behaupten würde, der gleichmäßige Anfangszustand, der zur Hintergrundstrahlung geführt hat, sei unerklärlich, dann ist das erst einmal falsch.

Das Problem der Bewegungsdynamik in Galaxien

Zu Hubbles Zeiten war man froh, überhaupt ein Spektrum von den meisten Galaxien aufnehmen zu können und hatte als dominantes Merkmal die Rotverschiebung festgestellt. Doch mit der Zeit wurden die Messmethoden immer feiner und es gelang, viele Galaxien bis in die einzelnen Sterne aufzulösen. Damit konnte man nun auch genau bestimmen, wie sich die Sterne in einer Galaxie bewegen. Dabei musste man feststellen, dass mit dieser Bewegung etwas nicht stimmte. Die Sterne bewegten sich so, als wäre im Zentrum vieler Galaxien eine sehr starke Gravitationsquelle, aber leider ließ sich an Hand dessen, was man von der Galaxie messen konnte, nicht feststellen, was das für eine Gravitationsquelle war.

Man prägte für die Ursache dieser Gravitationskraft den Begriff dunkle Materie. Seitdem durch immer mehr Messungen dieser merkwürdige Effekt immer besser abgesichert wurde, rätselt man über die Natur der dunklen Materie. Das Bild, das sich bis heute ergibt, ist höchst verwirrend. Man ist sich ziemlich sicher, dass die dunkle Materie keine normale Materie sein kann, die an der elektromagnetischen, starken und schwachen Wechselwirkung teilnimmt. Aber was sie ist, woher sie kommt und wie man sie feststellen könnte, ist heutzutage unklarer als je zuvor.

In dieser Situation ist vor Kurzem eine andere mögliche Interpretation dieses Effektes aufgetaucht, der meines Erachtens sehr ernst genommen werden muss. Man hat festgestellt, dass man die Beobachtung über die Bewegung der Sterne in Galaxien auch erklären kann, wenn man das Gravitationsgesetz modifiziert. In „kurzer" Entfernung, z. B. in unserem Sonnensystem ist der modifizierende Term so schwach, dass er nicht bemerkbar ist. Auf große Entfernung hin jedoch, über tausende oder Millionen von Lichtjahren, macht sich die Modifikation sehr wohl bemerkbar.

Zunächst wurde diese Idee abgetan, weil sie rein heuristisch war, d. h. man hat die postulierte Veränderung so gedreht, dass die Beobachtung der Sternbewegung herauskommt. Aber das hieße ja, Einsteins Relativitätstheorie zu verändern und so etwas macht man nicht so ohne weiteres. Wenn es eine Veränderung gibt, dann muss man diese im Rahmen der Relativitätstheorie formulieren. Und genau das haben die Vertreter dieser Idee in den letzten Jahren nachgeliefert. Es gelang ihnen, die Veränderung als Teil der Stringtheorie darzustellen, die zwar ebenfalls hypothetisch ist, aber als heißer Kandidat für die Vereinigung aller Naturkräfte in einem einzigen Modell gilt.

Damit wurde der neuen Idee ein wesentliches Fundament hinzugefügt und damit existiert die dunkle Materie vielleicht gar nicht. Noch ist die Frage, welches Modell besser ist oder gar von der spekulativen Seite in die abgesicherte Naturwissenschaft hineingehoben werden kann, nicht entschieden. Aber wieder ist es so, dass es durchaus Erklärungen für die beobachteten Phänomene gibt, auch wenn die Erklärung noch durch andere und weitere Daten abgesichert werden muss.

Das Problem des beschleunigten Universums

Wie in Kapitel 4.2.2 schon beschrieben, existiert eine recht neue Möglichkeit, die Entfernung der Sterne zu messen, indem man eine Supernova des Typs IIa beobachtet, von der man den Helligkeitsverlauf der Explosion recht genau kennt. Solche Supernovae können, wenn sie stark genug sind, auch in sehr weit entfernten Galaxien gesehen werden und sie sind – obwohl sie für einen Stern ein einmaliges Ereignis sind – recht häufig, wenn man einen größeren Bereich beobachtet.

Also ging vor einigen Jahren eine Arbeitsgruppe daran, solche Explosionen systematisch zu suchen und auszumessen. Das Ziel war es, eine genauere Verteilung von Entfernung, Stärke usw. der Explosionen festzustellen. Das Ergebnis ging als Sensationsmeldung selbst durch die normale Presse. Durch diese Messungen wurde nahe gelegt, dass sich die Expansion des Universums nicht verlangsamt, sondern beschleunigt.

Das war ein unerwartetes Ergebnis. Normalerweise, wenn die Gravitationskraft die dominierende Kraft des Universums wäre, würde man auf jeden Fall erwarten, dass die Expansion sich verringert, weil die Gravitation eine rein anziehende Kraft ist. Und plötzlich erhält man einen Hinweis darauf, dass sich die Expansion beschleunigt, was auf eine Art Anti-Gravitation hindeutet.

Nun gab es ja eine Möglichkeit, eine solche Anti-Gravitation in die Einsteinschen Gleichungen einzubauen, jene berühmt-berüchtigte kosmologische Konstante, die Einstein damals als seinen größten Fehler bezeichnet hatte. Mit der oben geschilderten Entdeckung erlebte sie eine unerwartete Renaissance. Doch so ganz glücklich sind viele Physiker mit dieser Lösung nicht, denn die Konstante beschreibt eine statische Kraft und in der Natur gibt es im Allgemeinen nur dynamische Kräfte, die lediglich in Sonderfällen statisch erscheinen. Daher sind einige Theoretiker hingegangen und haben ein dynamisches Modell einer Anti-Gravitation entwickelt, das sie Quintessence getauft haben. Aber ob diese Überlegungen sich durchsetzen werden, bleibt abzuwarten.

Letztendlich hat man den Verursacher für die beobachtete Beschleunigung „dunkle Energie" getauft, die aber nicht mit der „dunklen Materie" zu verwechseln ist, die ja die Quelle von normaler anziehender Gravitationskraft sein soll.

Die dunkle Energie ist wieder ein Beispiel dafür, dass man in der Physik niemals vor Überraschungen gefeit ist. Wie und ob man die hier beschriebenen Beobachtungen jemals in einem abgesicherten Modell beschreiben kann, ist noch völlig offen. Vielleicht steckt auch etwas völlig anderes dahinter und die Überraschungen sind Hinweise auf ein grundlegend neues Modell, das man an Stelle der allgemeinen Relativitätstheorie verwenden muss. Aber es genügt nicht, ein solches neues Modell zu fordern, man muss es auch formulieren und zeigen, dass es tatsächlich besser ist als das alte Modell. Und wem so etwas gelänge, der würde mit Recht als neuer Einstein gefeiert werden.

Die anormale Rotverschiebung

Während die drei oben beschriebenen offenen Phänomene und Fragen breit diskutierte und allgemein anerkannte Probleme des Urknall-Modells sind, gibt es noch eine Reihe anderer offener Fragen, die ihr Dasein eher am Rand der allgemeinen Aufmerksamkeit fristen. Eine davon ist die Frage der anormalen Rotverschiebung, um die sich insbesondere ein Astrophysiker Namens Halton Arp besonders gekümmert hat und die sich der besonderen Aufmerksamkeit vieler Kurzzeit-Kreationisten erfreut.

Tatsächlich werden unter dem Begriff anormale Rotverschiebung zwei unterschiedliche Beobachtungen zusammengefasst, die vielleicht gar nichts gemeinsam haben, aber vielleicht doch:

Es existiert die Beobachtung von mehreren Doppelgalaxien, zwischen denen offensichtlich eine Verbindung besteht, da man ein Materieband zwischen ihnen sieht. Stellt man dagegen die Rotverschiebung der Objekte in diesem Verbund fest, so findet man erhebliche Unterschiede zwischen ihnen, teilweise sind sie bis um einen Faktor 10 verschieden.

Interpretiert man die Rotverschiebung als kosmologische Rotverschiebung und rechnet diese in eine Entfernung um, so würde das bedeuten, dass die Objekte eigentlich Millionen Lichtjahre voneinander entfernt liegen müssten, was aber die Materiebrücke zwischen ihnen höchst unverständlich macht. Die Beobachtung wirft also Zweifel auf die Interpretation der Rotverschiebung als Maßstab der Entfernung und genau das ist es, was Kurzzeit-Kreationisten so attraktiv daran finden.

Diese Arp'schen Objekte wurden bisher im Wesentlichen ignoriert. Verglichen mit den Millionen bis heute beobachteter Galaxien und Objekte sind es verhältnismäßig wenige (einige hundert), aber dennoch schreit ihre Beobachtung nach der Frage, wie sie zustande kommen. Mir ist bislang kein Erklärungsmodell bekannt, das auf dem Standardmodell aufbaut. Arp selbst hat ein Modell entwickelt, das darauf beruht, dass die beobachtete Rotverschiebung entsteht, weil das Licht altert und nicht weil das Universum sich ausdehnt. In dieser Interpretation wären die beiden Galaxien tatsächlich dicht beieinander und nur lediglich verschieden alt.

Die zweite Beobachtung, die man unter dem Begriff „anormale Rotverschiebung" zusammenfasst, ist die statistische Analyse der beobachteten Rotverschiebungen.

Sammelt man Daten von möglichst vielen Objekten und trägt den Wert der Rotverschiebung gegen ihre Häufigkeit auf, dann stellt man fest, dass sich hier eine periodische Beziehung zeigt. Das heißt, das Vielfache eines bestimmten Wertes der Rotverschiebung kommt besonders oft vor, genauer gesagt das Vielfache von zwei verschiedenen Werten, je nachdem, welche Klasse von Objekten man beobachtet.

Wieder ist die Standardinterpretation der Rotverschiebung als Entfernung in diesem Fall eher schwierig. Dies würde bedeuten, dass die Expansion des Universums in Wellen geschehen ist und dafür findet man in der allgemeinen Relativitätstheorie bisher keine Hinweise.

Auf der anderen Seite muss gesagt werden, dass eine Periodizität in den Werten der Rotverschiebung nichts Ungewöhnliches ist. Misst man die Rotverschiebung einfach und listet sie gegen die Häufigkeit auf, dann zeigt sich immer eine Periodizität, die in ihrem Wert der Geschwindigkeit der Erde um die Sonne entspricht. Die Rotverschiebung wird also moduliert durch unsere eigene Bewegung, die man natürlich herausrechnen muss, wenn man die kosmologische Rotverschiebung bekommen möchte. Dasselbe gilt für eine zweite Periodizität, die dadurch zustande kommt, dass sich unsere Sonne um das Zentrum der Milchstrasse bewegt. Beide Werte werden heutzutage standardmäßig herausgerechnet, wenn man eine Rotverschiebung angibt.

Im Licht dieser Tatsache ist die anormale Periodizität von Arp vielleicht eher der Hinweis darauf, dass wir eine weitere Eigenbewegung nicht berücksichtigt haben, wie zum Beispiel die Bewegung unserer Galaxie um das Zentrum unseres lokalen Haufens. Aber da solche Bewegungen noch nicht innerhalb der Messmöglichkeiten liegen und auch theoretisch einige Probleme bereiten, da die Vermischung mit der kosmologischen Rotverschiebung viel enger ist, als in den beiden anderen Fällen, kann man noch nicht mit Sicherheit sagen, ob dies eine mögliche Modellierung dieses Phänomens ist. Arp selbst hat sein Modell des alternden Lichtes um dieses Phänomen herum aufgebaut, das damit wunderbar zu seinem Modell passt.

Insgesamt kann man die anormale Rotverschiebung also als eine offene Flanke des aktuellen kosmologischen Modells betrachten. Was daraus wird, ist nicht vorhersehbar. In der Geschichte der Naturwissenschaft haben solche scheinbar geringfügigen Abweichungen schon das eine oder andere Mal zu Revolutionen geführt, aber bei weitem auch nicht immer. Aus weltanschaulichen Gründen mag man hoffen, dass eine Revolution passiert oder man mag hoffen, dass dem nicht so ist, für die naturwissenschaftliche Betrachtung spielt das keine Rolle.

4.2.5 Alternativen zum Urknall-Modell

Man kann sich angesichts der heutigen Situation fragen, ob es denn überhaupt eine Alternative zum Urknall-Modell gibt. Tatsächlich ist es so, dass die absolute Mehrheit der kosmologischen Arbeiten auf diesem Modell aufbaut oder es versucht zu erweitern. Versuche, eine Alternative zum Urknall-Modell zu erarbeiten, gibt es nur sehr wenige, aber es gibt sie. Die Wissenschaftler sind in dieser Frage in einem echten Dilemma. Das Urknall-Modell ist – außer in den Randbereichen der ersten Sekundenbruchteile – so dermaßen erfolgreich, dass es erheblicher Anstrengungen bedarf, eine wirklich brauchbare Alternative zu finden, sofern es sie überhaupt gibt. Wenn man aber eine brauchbare Alternative fände, so wäre man – wissenschaftlich gesehen – ein gemachter Mann. Es ist ein Abwägen zwischen dem Risiko massiv unproduktiv zu sein, wenn man eine Alternative sucht und nicht erfolgreich ist und dem Gewinn, den man erhält, wenn man eine Alternative sucht und erfolgreich ist.

Man wird das Risiko nur dann eingehen wollen, wenn man einen Ansatz, eine Idee hat, von der man das Gefühl hat, sie würde tatsächlich etwas bringen. Eine solche Idee kommt selten, sehr selten vor und daher wird die Mehrheit der Wissenschaftler erst einmal den sicheren, aber weniger gewinnbringenden Weg suchen. Insofern ist es verständlich, wenn die Mehrheit sich dem Standard anschließt und auf dem Urknall-Modell aufbaut, zumal die Daten und theoretischen Überlegungen im Allgemeinen gut passen. Aktuell konzentriert sich das Ringen um Neues auf die bislang nicht klar eingeordneten Phänomene um dunkle Materie und dunkle Energie. Die oben geschilderten Ansätze wären aber – wenn sie denn zutreffen würden – lediglich eine Erweiterung, nicht eine völlige Neuordnung des Urknall-Modells.

Aus diesem Grund fristen die Alternativen, die diskutiert werden, eher eine Randexistenz. Immer mal wieder versucht jemand, die Ideen auszubauen, aber dies bislang ohne durchschlagenden Erfolg. Das Problem dieser Ansätze ist, dass sie auch für Phänomene, bei denen das Urknall-Modell mit bekannter Physik auskommt, neue, spekulative Physik verwenden. Und sie können bislang nicht mit einem Entscheidungsexperiment aufwarten, das eine Entscheidung herbeiführen könnte. Denn bei einer neuen Idee genügt es nicht, Altbekanntes auf eine andere Art zu modellieren, es ist notwendig, eine Situation zu identifizieren, bei der das neue Modell deutlich besser abschneidet.

Das Quasi-steady-state-Modell

Wie schon in Kapitel 4.2.1 erläutert war das Urknall-Modell eigentlich nur zweite Wahl. Nachdem klar wurde, dass das Universum nicht statisch sein kann, war das Lieblingsmodell der Physiker zunächst das Steady-state-Modell, das besagt, dass das Universum sich zwar ständig dynamisch verändert, aber dennoch immer dasselbe bleibt. Das kann man dadurch erreichen, dass man annimmt, dass irgendwo ständig Materie entsteht und anderswo diese wieder vernichtet wird. Das ergibt ein Werden und Vergehen, eine Dynamik, ohne dass sich im Ganzen etwas ändert.

Wie kann nun ständig Materie entstehen und vergehen? Der Kunstgriff ist der, dass die allgemeine Relativitätstheorie erweitert wird – durch spekulative Physik. Man postuliert ein neues Feld – im Prinzip eine neue Grundkraft – das C-Feld. Die Materie entsteht dort, wo dieses Feld sehr stark ist und entnimmt diesem Feld die Energie, wodurch es sich abschwächt. Dieses geschieht eventuell sehr schnell und es gibt Versuche, diese Idee mit Quasaren oder anderen Ausbrüchen von Energie, die man beobachtet, in Verbindung zu bringen.

Der wesentliche Punkt bei der Entwicklung dieses Modells war die Erklärung der beobachteten Rotverschiebung. Durch die Entstehung der Materie entsteht eine Art Strahlungsdruck, der dafür sorgt, dass sich das Universum ausdehnt und die beobachtete Rotverschiebung verursacht. Lässt allerdings die Materieerzeugung nach, weil das C-Feld zu schwach geworden ist, so schwächt sich auch die Ausdehnung ab und das Universum kollabiert wieder, was eine Blauverschiebung der Spektren zur Folge hat. Erst wenn durch den Kollaps die Dichte des C-Feldes wieder so hoch geworden ist, dass wieder Materie entsteht, dehnt sich das Universum wieder aus. Es entsteht also ein ewig oszillierendes Universum.

Das Steady-state-Modell konnte aber die Mikrowellen-Hintergrundstrahlung nicht vorhersagen und wurde verdrängt, als diese in den 60er Jahren entdeckt wurde. Der hartnäckigste Vertreter dieses Modells war der Physiker und Science Fiction-Autor Fred Hoyle, der es aber schaffte, nach der Niederlage seines Modells gegen das Urknall-Modell, eine Variante zu erfinden, die als mögliche Alternative auch heute noch gehandelt wird, das Quasi-steady-state-Modell. Nach diesem Modell wird die Materie nicht so schnell vernichtet, wie erzeugt, so dass über der oszillatorischen Art des Universums ein ständiges Anwachsen der Materiemenge liegt, es ergibt sich also nur ein scheinbar stationärer Zustand. In diesem Modell gelang es Hoyle auch, den Mikrowellenhintergrund zu modellieren.

Danach ist der Mikrowellenhintergrund ein Überbleibsel aus früheren Expansionsphasen, bei denen hochenergetische Strahlung entsteht, die dann durch Streuung so lange Energie verliert, bis ein energetisches Gleichgewicht entsteht. Burbidge berechnet, dass mindestens fünf bis sechs Quasi-Zyklen notwendig sind, um die Hintergrundstrahlung auf die Temperatur zu bringen, die heutzutage beobachtet wird. Die ebenfalls beobachteten Fluktuationen der durchschnittlichen Energie kommen nach diesem Modell von einer nicht vollständigen Glättung aus den einzelnen quasi-Zyklen. Allerdings ist noch kein detailliertes Modell vorgelegt worden, das das Spektrum dieser Fluktuationen vorhersagt, insofern hinkt dieses Modell den Entwicklungen im Urknall-Modell und in der Weiterentwicklung der experimentellen Techniken hinterher. Aktuell ist es schon möglich, die Polarisation der Hintergrund-Strahlung zu bestimmen, eine wichtige Größe im Urknall-Modell. Hier wäre es für die Befürworter des Quasi-steady-state-Modells wesentlich, vor Durchführung der Messungen eine detaillierte Analyse durchzuführen. Meines Wissens ist das aber bisher nicht geschehen.

Das Kosmologie-Modell von Halton Arp

Auf der Suche nach einer Erklärung für die ungewöhnlichen Objekte, die er beobachtet hat und nach der merkwürdigen Periodizität in der Rotverschiebung, hat Halton Arp auch eine Erweiterung der allgemeinen Relativitätstheorie vorgeschlagen. Er schreibt dazu die Grundgleichung der allgemeinen Relativitätstheorie in einer Form, die eine äußerliche Zeit enthält, von der alle anderen Größen abhängig sind (also neue, bisher unbeobachtete Physik). Dies bedeutet, dass diese Größen sich mit der Zeit verändern. Insbesondere wird die Masse von Objekten im Verlauf der Zeit größer, d. h. der Energieinhalt vergrößert sich. Dies ermöglicht auch die Entstehung von Masse, ähnlich wie bei der Quasi-steady-state-Theorie, da zu Beginn nur sehr wenig Energie aufgewendet werden muss.

Aus diesem Konzept ergibt sich dann eine Rotverschiebung bei der Beobachtung von Materie, die älter ist als die Materie, von der aus man beobachtet. Denn den Massen- bzw. Energieunterschied muss das Licht überwinden, um von dem Stern zum Beobachter zu kommen. Innerhalb der eigenen Galaxie merkt man von der Energiezunahme nichts, denn alle Objekte sind relativ zueinander gleich alt und behalten damit die relativen Beziehungen zueinander.

Mit diesem Modell wären die beobachteten merkwürdigen Galaxien tatsächlich dicht beieinander und hätten nur ein sehr verschiedenes Alter. Auch eine periodische Rotverschiebung ließe sich erklären, wenn man annimmt, dass Materie nicht kontinuierlich, sondern in periodisch wechselnder Rate entsteht.

Arps Modell ist aber bei weitem noch nicht so weit entwickelt, wie z. B. das Quasi-steady-state-Modell. So sind Detailfragen zu Elementerzeugung, Mikrowellenhintergrund und andere astrophysikalische Fragen nicht klar und nicht im einzelnen modelliert. Auch ein Schlüsselexperiment, mit dem man dieses Modell vom Urknall-Modell unterscheiden können müsste, ist mir nicht bekannt. Insofern kann man dieses Modell vielleicht als Idee, aber noch nicht als ernsthaften Konkurrenten zum Urknall-Modell betrachten.

Schwierigkeiten der Alternativen
Man kann an den alternativen Kosmologien erkennen, dass der Phantasie und dem Einfallsreichtum der Wissenschaftler keine Grenzen gesetzt sind. Allerdings sind Physiker in Bezug auf neue Physik eher konservativ und zurückhaltend und neue Ideen haben nur dann eine Chance, wenn sie entweder das Alte unangetastet lassen und Neues erklären oder wenn sie gegenüber der alten Theorie offensichtliche und klare Vorteile bieten. Damit ist es sehr schwer, gegen ein etabliertes und gut abgesichertes Modell wie das Urknall-Modell anzukommen. Sowohl beim Quasi-steady-state-Modell als auch bei Halton Arps Modell fehlt das entscheidende Experiment bzw. die entscheidende Beobachtung, um den Modellen zu einem Durchbruch zu verhelfen. So wäre es in beiden Modellen wichtig, Experimente zu erfinden, die es uns hier auf der Erde ermöglichen, z. B. das C-Feld oder die zeitabhängige Masse festzustellen. Denn in beiden Fällen gehen die Erfinder von einer Veränderung der allgemeinen Relativitätstheorie aus und haben bisher die Beziehung zu den anderen Grundkräften der Natur nicht berücksichtigt. Wer aber eine Veränderung der etablierten Modelle behauptet, ist verpflichtet, einen experimentellen Beweis für seine Behauptungen anzutreten. Genau so funktioniert eine naturwissenschaftliche Diskussion und so setzen sich neue Ideen durch.

4.2.6 Kosmologie und Weltanschauung

Ich habe mich bisher stark auf die Erläuterung des Urknall-Modells konzentriert und dabei versucht, lediglich die naturwissenschaftliche, die Modell-Seite zu schildern. Heißt das denn, dass das Urknall-Szenario keine Weltanschauung ist oder keine Weltanschauung impliziert?

Ich hoffe, es ist klar geworden, dass das Urknall-Modell tatsächlich aufgrund normaler naturwissenschaftlicher Analyse entstanden ist und nicht aufgrund einer Weltanschauung und dass den meisten Physikern seine weltanschauliche Implikation eher unangenehm ist. Trotzdem hat das Urknall-Modell weltanschauliche Konsequenzen und die Physiker, wenn sie denn populärwissenschaftliche Darstellungen der Modelle schreiben, transportieren ihre persönlichen Ansichten über Gott in diesen Darstellungen mit. Die bekanntesten Beispiele sind Stephen Weinberg, der in den 70er Jahren des vorigen Jahrhunderts eine sehr gute Darstellung geschrieben hat, sowie Stephen Hawkings, den wohl bekanntesten Astrophysiker unserer Zeit.

Der Unglaube vieler Wissenschaftler

Fragt man solche bekannten und führenden Leute nach ihrem Glauben, so stellt sich sehr häufig heraus, dass sie nicht an Gott glauben. Hinterfragt man diese Aussage, dann stellt sich fast immer heraus, dass die Begründung für diese Tatsache darin liegt, dass die Kosmologie zeige, dass es da keinen Gott gibt, der das Universum erschaffen hat. Alles ist regelhaft und von selbst geschehen. Oder, um es mit einem berühmten Zitat des französischen Mathematikers Laplace auszudrücken: „Wir bedürfen dieser Annahme nicht." Dies drücken die Physiker dann auch in ihren Darstellungen aus und transportieren diese Sicht in die breite Bevölkerung, wo dann Erwachsene und selbst Kinder mit Recht fragen: „Wo ist denn dieser Gott?" Der Hintergrund dieser Frage und des sich ausbreitenden Unglaubens liegt in drei Punkten, die zeigen, wie problematisch der Schluss von einer Kosmologie auf einen Glauben tatsächlich ist.

Die Begründung, dass man nicht an einen Gott glaubt, weil die ganze Kosmologie in all ihren wunderbaren und spannenden Zusammenhängen keinen Gott benötigt, ist ein Zirkelschluss par excellence. Die Kosmologie ist per Konstruktion ein naturwissenschaftliches Modell, das wiederum grundsätzlich atheistisch aufgebaut werden muss. Das liegt einfach an dem, was Naturwissenschaft zu Naturwissenschaft macht.

Man steckt also eine Voraussetzung in diese Modelle herein und begründet dann seinen Unglauben gerade mit dieser Voraussetzung. Hier zeigt sich die Kehrseite des methodischen Atheismus. Um voran zu kommen, sieht man vom Wirken Gottes ab und verliert deswegen den Blick für eben dieses Wirken.

Es bleibt in diesem Zusammenhang nur übrig, immer und immer wieder darauf hinzuweisen, dass der Schluss von der Benutzung des methodischen Atheismus zur Aussage, dass es keinen Gott gibt, weder zwingend noch begründet ist. Es gibt viele Menschen, die fühlen sich stärker oder überlegen, weil sie nicht an Gott glauben, aber dahinter steht in Wirklichkeit ein bestimmtes Bild vom Glauben, das in den seltensten Fällen durch eigenes Erleben gedeckt ist.

Den anderen mögliche Weg – den methodischen Atheismus in den Naturwissenschaften anzugreifen und zu versuchen, Gott in die Gleichungen mit einzuführen – kann ich nur ablehnen. Denn dies bedeutet, wie sich auch im Kapitel 5 zeigen wird, das Fundament der Naturwissenschaft zu zerstören und damit die ganze Naturwissenschaft aufzugeben.

Mein Punkt ist, dass ein ehrlicher Naturwissenschaftler immer bereit sein wird zuzugeben, dass sein Glaube nicht aus dem, was er naturwissenschaftlich tut, folgt. Auch ein Naturwissenschaftler erhält seinen Glauben, wie alle anderen auch, aus seinen Erfahrungen und seinen Vorstellungen, die er täglich mit sich und seiner Umwelt macht. Glaube ist eine sehr persönliche Sache.

Eine andere oft gehörte Begründung für Unglauben ist, dass die moderne Kosmologie zeigt, dass die Erzählung in der Schöpfungsgeschichte der Bibel nicht mit dem übereinstimmt, was man naturwissenschaftlich findet.

Hier passiert es also, dass Menschen aus der westlichen Zivilisation die Geschichten der Bibel kennenlernen und auch lernen, dass diese Geschichten das Wirken Gottes auf Erden beschreiben. Selbst die wirklich intelligenten Physiker machen sich dabei in den seltensten Fällen Gedanken darüber, wie man diese Geschichten in die Wirklichkeit übersetzen kann. Sie werden erst einmal nur als Geschichten genommen und man hat die Vorstellung, dass die Existenz Gottes davon abhängt.

Stellt man fest, dass die Geschichten nicht im wörtlichen Sinn wahr sind, so schafft man daraufhin schlicht Gottes Existenz ab. Hier ist meines Erachtens die Logik, die verwendet wird, falsch herum. Wieso sollte Gottes Existenz denn davon abhängen, wie wir Geschichten verstehen, die in der Bibel stehen?

Der Punkt ist doch die Behauptung, dass Gott existiert, also da ist, also wirken soll in diesem Universum. Wenn dies stimmt, dann muss man doch in der Lage sein, mit ihm zu reden, ihn zu erleben. Was hat in diesem Fall Vorrang, der Kontakt mit Gott oder das Verständnis eines Buches? Die Logik ist tatsächlich so, dass aus der Existenz Gottes folgt, dass die Bibel ein wichtiges Buch ist und nicht umgekehrt. Nur wenn Gott tatsächlich da ist, müssen wir anfangen, die Geschichten, die wir da lesen, ernst zu nehmen.

Die Theologie ist längst so weit, gerade der Schöpfungsgeschichte einen tieferen Sinn zu geben, der nicht bei dem oberflächlichen Verständnis stehenbleibt. Wie dies aussehen kann, darüber werde ich mir in Kapitel 6 noch weitere Gedanken machen. Hier genügt es, darauf hinzuweisen, dass das Nicht-Zusammenpassen der Schöpfungsgeschichte der Bibel und der Kosmologie nicht bedeutet, dass Gott eine Erfindung ist, sondern vielleicht nur, dass Menschen sich in der Vergangenheit ein paar falsche Vorstellungen gemacht haben. Der Schluss, dass Gott deshalb nicht existiert, ist zumindest sehr oberflächlich und zeigt, dass derjenige sich nicht großartig Gedanken über die Naturwissenschaft oder das Universum gemacht hat.

Der dritte Punkt, der hinter dem Unglauben im Angesicht der Kosmologie steckt, ist ein falsches Gottesbild.

Von Kind auf bekommen wir beigebracht und gesagt, dass Gott dahinter steckt, wenn wir etwas nicht verstehen oder wenn Zusammenhänge nicht berechenbar sind. Das führt zu dem Bild, dass Gott allein durch seine Wunder wirkt. Wunder sind dabei als die Phänomene definiert, die anders laufen als ich gesetz- und regelhaft beschreiben kann. Und was ist das gesetz- und regelhafte Beschreiben? Das sind genau die Modelle der Naturwissenschaft.

Mit anderen Worten: Ich lerne, dass Gott genau da nicht ist, wo ich etwas mit den Modellen der Naturwissenschaft beschreiben und verstehen kann. Dadurch dass ich immer mehr erforsche und immer neue Modelle entwickle, dränge ich Gott immer weiter in den Hintergrund, bis er schließlich ganz verschwindet. Die moderne Kosmologie ist ein großartiger Entwurf, der alles umfasst, was wir kennen und ist eng verknüpft mit einem Traum, auf den ich gleich zu sprechen komme. Beschäftigt man sich mit Kosmologie, dann erlebt man viele atemberaubende Augenblicke und gewöhnt sich daran, dass man in dermaßen großen Zeiten und Entfernungen denkt, dass einem manchmal die Rückkehr in unser tägliches Alltagsleben schwer fällt.

Es ist daher verständlich, dass es einem auch schwer fällt, Gott in solchen Dingen zu entdecken, denn man bekommt zunehmend das Gefühl, alles zu verstehen, sogar die Schöpfung des Universums selbst. Und es ist immer die Angst da, dass man solcher Dinge beraubt wird, wenn man Gott mit in das Spiel einbezieht. Aber ich werde in Kapitel 6 ein anderes Gottesbild vorstellen, eines, das es nicht nötig macht, sich von der Wissenschaft und der Forschungsfreude zu verabschieden. Das naive Gottesbild, das auch vielen Naturwissenschaftlern zu eigen ist, zeigt sich damit als nicht tragfähig und geradezu negativ.

Die drei Punkte oben zeigen eine ganz wichtige Feststellung. Wenn Wissenschaftler von ihrem Glauben reden, dann tun sie das, weil sie eine solche persönliche Sicht der Dinge haben, aber nicht, weil sie von der Naturwissenschaft dazu gezwungen werden. Auch ich rede von meinem Glauben als Mensch. Ich versuche zu begründen, was mich dazu bewegt hat, aber die Naturwissenschaft selbst zwingt keinen dazu, ein bestimmtes Glaubensbild anzunehmen.

So selbstverständlich das scheint – es muss ganz klar gesagt werden, denn Naturwissenschaftler haben als „Experten“ so etwas wie den Status von Priestern in früheren Zeiten. Wenn ich über Physik rede oder ein anderer Naturwissenschaftler von seinem Fach, dann geschieht das aufgrund einer gewissen Bildung und Erfahrung in diesen Dingen. Hier werden dann Dinge erklärt, die ein Laie schwer prüfen kann, auch wenn dies dadurch möglich wäre, dass sich der Laie zum Fachmann ausbildet. Aber wer tut das schon? Und damit schleift sich ein: „Das muss wahr sein, weil der Professor Doktor sowieso das gesagt hat“, ein.

Dieselbe Haltung wird dann auch eingenommen, wenn derselbe Professor von seinem Glauben redet, aber hier sollte auch ein Laie lernen, zwischen den Zeilen zu lesen. Wenn ein Professor – und auch ich – die Grundlagen der Naturwissenschaften verlässt, dann hört er auf, als Naturwissenschaftler zu reden. Es gibt keinen Grund, dieses Zeugnis des Professors ernster oder schwerwiegender zu nehmen als das Zeugnis der gläubigen Oma, die ihr Leben als einfache Frau verbracht hat.

Der Traum der Physiker

Es gibt einen weiteren Punkt, der etwas grenzwertig zwischen einem naturwissenschaftlichen Modell und einer persönlichen Glaubensaussage liegt, der Traum von der „Theorie für alles“. Der Name ist hier Programm, das ultimative Ziel des naturwissenschaftlichen Forschens.

Es ist sehr nützlich, den Hintergrund für dieses so suggestive Schlagwort zu kennen. Eine Hauptarbeit der Physiker war es immer, die verschiedenen Beobachtungen in zusammenfassenden Modellen zu beschreiben. Dies fing schon am Ende des 19. Jahrhunderts an, als die eigentlich sehr verschiedenen Phänomene der elektrischen und der magnetischen Erscheinungen in der Maxwellschen Theorie des Elektromagnetismus zusammengeführt wurden. Im letzten Jahrhundert kristallisierten sich dann vier Grundkräfte heraus, die jeweils in eigenen Modellen beschrieben wurden: die starke Kernkraft, die schwache Kernkraft, der Elektromagnetismus und die Gravitation.

In den 70er Jahren gelang es dann in zwei Schritten zunächst die elektromagnetische Kraft und die schwache Kernkraft in der elektroschwachen Theorie zusammenzuführen und anschließend – nach demselben Rezept – auch die starke Kernkraft in die vereinheitlichte Theorie mit einzubeziehen. Die Hoffnungen flogen hoch, dann auch noch die Gravitation in eine große vereinheitlichte Theorie – die Theorie für alles – mit einbeziehen zu können. Damit – so der Traum – hätte man ein einheitliches Modell für alle naturwissenschaftlichen Phänomene dieses Universums.

Allerdings sollte ein solches Modell auch noch andere Qualitäten einbringen. Da ist zunächst das Problem, dass in jeder der vorhin genannten Modelle einige Parameter vorkommen, die als Eingang für die Modelle gesetzt werden, die man also nicht aus dem Modell ermitteln kann. Dies sind vor allem die Massen der beteiligten Teilchen und die Stärke der jeweiligen Wechselwirkung. Der Traum beinhaltet auch, dass es möglich ist, alle diese

Parameter aus dieser Theorie für alles ermitteln zu können, denn wenn das Modell die Größe solcher Parameter nicht festlegen kann, dann wäre es ja keine Theorie für alles. Gäbe es solche Parameter, dann bliebe auf ewig die Frage, wer oder was denn dafür gesorgt hat, dass sie den Wert haben, den wir experimentell feststellen können.

Eine weitere Frage ist die nach der Eindeutigkeit eines solchen Modells. Normalerweise, wenn man ein Modell formuliert, ist es nicht zu schwer, alternative Formulierungen desselben Sachverhaltes zu finden. So kann es passieren, dass wir am Ende nicht nur eine, sondern ganz viele Theorien für alles haben und die aktuellen Kandidaten für eine solche Theorie, die n-brane-Theorien, haben eine extrem große Vielfalt. Lässt sich keine Verbindung der einzelnen Teile untereinander finden, dann hätten wir Theorien für alles, die die Existenz der anderen Theorie für alles nicht erklären können und damit wäre es dann keine Theorie für alles mehr. Also müsste eine echte Theorie für alles eindeutig sein.

So spannend dieser Traum auch ist und so viele kreative Energien damit auch freigesetzt werden, realistischerweise muss man sich zwei Fragen zu diesem Thema stellen:

Was hätten wir von einer solchen Theorie für alles?

Die Antwort lautet: eigentlich nicht viel mehr als eine gewaltige intellektuelle Befriedigung. Denn bereits heute ist der Übergang der bekannten Modelle in ganz praktische Anwendungsgebiete im Allgemeinen nicht mehr möglich.

Als Beispiel sei die Physik in Beziehung zur Chemie zu sehen. Im Prinzip ist Chemie (so sehen es zumindest die Physiker) lediglich Physik angewandt auf ein mehr oder weniger komplexes Atom oder Molekül. Für das Atom haben wir eine vollständig ausreichende Modellierung in Form der Quantenmechanik, also ist doch alles klar, oder? Keineswegs, der Weg von der grundlegenden Gleichung zur komplexen Analyse eines organischen Chemikers, der meinetwegen ein neues Waschmittel sucht, ist beliebig weit und die Forscher in der chemischen Industrie haben ihre ganz eigenen, an das Problem angepassten Methoden und Werkzeuge. Die Schwierigkeit liegt in der Komplexität, die so viele Probleme macht, dass es nicht so einfach ist, von der grundlegenden Gleichung auf die praktische Anwendung zu kommen.

Ein ähnliches Problem bekommen wir, wenn wir von einer fiktiven Theorie für alles ausgehen und versuchen, Dinge daraus abzuleiten, die für unsere normalen Lebensverhältnisse wichtig sind. Denn Theorie für alles beinhaltet ja, dass wir alles kennen, was es zu kennen gibt, alles kontrollieren, was existiert, eben über alles Bescheid wissen.

Aber genau das ist nicht der Fall und jeder Physiker weiß das auch. Die Modelle, die aktuell als Kandidaten für die Theorie für alles gehandelt werden, sind von einer mathematischen Abstraktheit und spielen sich in Dimensionen und Energiewerten ab, die mit dem täglichen Einerlei um uns herum wenig zu tun haben. Selbst wenn wir annehmen, dass wir eine solche Theorie finden, würde alles, was wir daraus ableiten können, eine Aussage der Form sein: „Wenn wir zu sehr kleinen Energien übergehen, dann kommen unsere bekannten Modelle der vier Grundkräfte heraus und um zu erfahren, was dort vor sich geht, rechnen wir besser mit diesen weiter." Mit anderen Worten, wir wären keineswegs weiter als jetzt, wo wir diese einzelnen Modelle bereits kennen und anwenden.

Woher wüssten wir, dass die Theorie wirklich alles beschreibt?

Es ist ein gewaltiger Unterschied zwischen der Aussage: „Ich habe alles, was wir kennen, einheitlich zusammengefasst", und der Aussage: „Ich habe eine Theorie für alles gefunden." Die erste Aussage ist die eigentlich korrekte, denn sie impliziert die Möglichkeit, dass ich eben doch nicht alles weiß. Und ein ehrlicher Naturwissenschaftler wird zwar stolz auf das verweisen, was die Menschheit in den letzten 300 Jahren alles herausgefunden hat, aber jederzeit auch problemlos zugeben, dass es viel mehr geben kann, als wir in der Lage sind zu erkennen.

Nur – vielleicht schauen wir Physiker mittlerweile in eine falsche Richtung. Unser Weg war immer der zu immer kleineren oder größeren Dimensionen, nach immer höheren Energien. Tatsächlich lagen dort in der Vergangenheit auch immer neue, unentdeckte Kontinente, die auch gewaltige Veränderungen in unser tägliches Leben gebracht haben.

Doch mittlerweile ist die Modellierung in Gebiete vorgedrungen, in die die Experimente immer schwerer folgen können. Und ohne Experimente verwandelt sich Physik in mathematische Philosophie und letztendlich in mathematisch begründete Weltanschauung. Das ist an sich ja nicht schlimm und ich selbst habe erfahren, wie viel Spaß es macht, sich in diesen Dimensionen herumzutreiben. Aber die Laien merken oft nicht, welch gewaltigen Unterschied es zwischen der experimentell untermauerten Physik und der mathematischen Spekulation gibt. Und dabei gibt es im ganz gewöhnlichen Leben, in ganz normal erfahrbaren Energiebereichen noch so viel zu entdecken.

Es bleibt auch die Frage, warum die Physiker von einer solchen Theorie für alles träumen, zumal diese ihren Namen gar nicht verdient. Vielleicht ist es ja tatsächlich das Gefühl, Gott spielen zu wollen, der Drang, Gott in die

Karten schauen zu wollen und sich die Frage zu stellen: „Wie hat der das bloß alles so hinbekommen?“

Hier liegt ein durchaus oft vorkommendes Motiv für Naturwissenschaftler, Gott ablösen zu wollen, indem man mit den Methoden der Naturwissenschaft auch die letzten Geheimnisse beleuchtet. Und der Begriff „Theorie für alles“ soll ja gerade implizieren, dass man alles erklären kann und wenn es Gott gäbe, man ihn damit ja auch erklären könnte.

Man verstehe mich nicht falsch, ich teile die Faszination einer solchen Theorie, ich spüre selbst die Kraft, die von solchen Vorstellungen ausgeht und die junge, begabte Menschen in diese Art der Forschung führt und Gelder locker macht, die notwendig sind, um solche Forschungen durchzuführen. Aber ich sehe auch, dass die Beschäftigung mit solchen Theorien einem nur zu leicht den Blick dafür verstellt, welche Dinge mit solchen Theorien eben nicht erklärbar sind, welche Blindheit der methodische Atheismus hat und wo man auch als Physiker die menschliche Seite des Lebens nur allein und ohne mathematische Theorie entdecken muss.

4.2.7 Zusammenfassung

Die Modellierung der Evolution unseres Universums ist naturwissenschaftlich sehr weit fortgeschritten. Von der Zeit von Bruchteilen von Millionstelsekunden nach dem Urknall bis 13,5 Milliarden Jahre danach umfasst das Modell einen riesigen Bereich von Raum und Zeit und fasst eine schier unübersehbare Fülle von Detailbeobachtungen zusammen. Die Menge der Beobachtungen, die zeigen, dass das Universum weit mehr als einige Millionen Jahre alt ist, ist so groß, dass jeder, der nicht allein aus weltanschaulichen Gründen vor dieser Zahl zurückschreckt, das hohe Alter des Universums akzeptieren muss. Selbst wenn eine der alternativen Modellierungen der Evolution des Universums das Urknall-Modell verdrängen würde, würde das hohe Alter des Universums bestehen bleiben. Dies gilt sowohl für das Quasi-steady-state-Modell als auch für das Modell von Halton Arp.

Die Basis der Modellierung der Evolution des Universums ist dabei alleine durch die Voraussetzung gegeben, Naturwissenschaft betreiben zu können, das heißt, aus den Daten, die wir heute vorfinden auf das zurück schließen zu können, was tatsächlich geschehen ist. Eine solche Annahme liegt jeder Naturwissenschaft zugrunde und ist daher keine weltanschauliche Annahme, sondern ist in dem Begriff Naturwissenschaft selbst enthalten. Jemand, der dieses Fundament aufgibt, gibt die Naturwissenschaft selber auf.

Das heißt nun aber nicht, dass die Modellierung der Evolution des Universums nicht mit Weltanschauung verbunden ist. Gerade auch ausgezeichnete

Naturwissenschaftler fühlen sich oft berufen, ihre atheistische Weltanschauung mit ihrer naturwissenschaftlichen Arbeit zu begründen. Dies geschieht oft so, dass der Laie den Unterschied zwischen einer Modellierung und einer Weltanschauung nicht zu erkennen vermag. Tatsächlich darf aber eine Weltanschauung nicht mit den naturwissenschaftlichen Ergebnissen verwechselt werden. Naturwissenschaftler können und dürfen weltanschauliche Ansichten haben, aber die naturwissenschaftlichen Ergebnisse sind dagegen neutral. Man kann die Evolution des Universums modellieren und die Ergebnisse, wie das hohe Alter, gutheißen und dieses hervorragend mit dem Glauben an einen Gott und an Jesus Christus verbinden. Dies wird Thema in Kapitel 6 sein.

Hier bleibt festzuhalten, dass die naturwissenschaftliche Modellierung gut ist und ernst zu nehmen ist, dass aber die daraus abgeleiteten Weltanschauungen eher kritisch gesehen werden sollten. Dies betrifft auch Ideen, die insofern nützlich sind, als sie sehr viel Kreativität und Gelder freisetzen, wie die Idee einer „Theorie für alles". Denkt man darüber nach, so wird klar, dass es eine Theorie für alles niemals geben wird, weil schon in unserem täglichen Leben fast alles eben nicht durch eine physikalische Modellierung beschreibbar ist. Insofern kann es wohl einmal die Zusammenfassung aller physikalischen Modelle in einer einzigen mathematischen Konstruktion geben, aber dieses wird nicht eine Theorie für alles sein.

4.3 Die Evolution der Erde

Auch unsere Erde hat eine Entwicklung, eine Evolution hinter sich. Auch diese Vorstellung muss als naturwissenschaftliches Modell aus den Daten folgen, die man heute finden kann und ein konsistentes Bild ergeben. Die Leitwissenschaft dazu ist die Geologie und sie arbeitet, wie die Physik, mit naturwissenschaftlich begründeten Methoden und Prinzipien. Dabei ergibt sich das hohe Alter der Erde ebenso zwangsläufig, wie es sich bei der Evolution des Universums ergeben hat. Welche Ergebnisse und offenen Fragen in Zusammenhang mit der Evolution der Erde existieren, sollen in diesem Kapitel dargestellt werden.

4.3.1 Ist die Vorstellung einer Evolution der Erde zwingend?

Dass die Erde eine Evolution, also eine Entwicklung, hinter sich hat, wird eigentlich von niemandem bestritten. In der Diskussion um Schöpfung oder Evolution wird von den Kurzzeit-Kreationisten diese Tatsache eigentlich nicht bezweifelt, es sind die Zeiträume und die damit verbundenen Prozesse, die von ihnen angegriffen werden.

Ursache hierfür ist, dass die Daten der Geologie, die Form, Zusammensetzung und Gestalt unserer Erde, einfach zu offensichtlich vor uns liegen, zumindest wesentlich offensichtlicher als die Phänomene des Universums. Schon im antiken Griechenland waren den Menschen Dinge aufgefallen, die dafür sprachen, dass das Aussehen unserer Erde in der Vergangenheit einmal anders gewesen sein muss. Aufhänger war die Beobachtung, dass sich in der Erde Fossilien befinden, also Formen, die anscheinend einmal Lebewesen gewesen waren, die zu Stein geworden sind. Nur selten und ausnahmsweise wurde die Vermutung geäußert, dass diese versteinerten Formen in dem Zustand geschaffen worden sind, wie man sie findet. Viel öfter machten sich die Finder Gedanken darüber, welches Tier oder Fabelwesen denn hinter diesen Funden steckt.

Gerade die spektakulären Fossilien der großen Dinosaurier haben dazu geführt, dass Forscher schon früh genau untersucht haben, unter welchen Bedingungen diese ehemaligen Lebewesen denn an die Orte gekommen sind, an denen sie gefunden werden. Das früheste Zeugnis einer solchen Überlegung ist von dem griechischen Philosophen Xenophanes (ca. 570 – ca. 480 v. Chr.) überliefert. Ihm fiel auf, dass in den Bergen Griechenlands Muschelschalen gefunden wurden, die genauso aussahen, wie die, die man am Strand des Mittelmeeres finden konnte und auch in einer Anhäufung vorkamen, wie sie typischerweise am Strand vorkamen. Daraus schloss Xenophanes, dass das Mittelmeer einmal sehr viel ausgedehnter gewesen ist und die Berge möglicherweise einmal Inseln gewesen sind.

Die Fossilien führten dann auch zu der Entdeckung, dass diese meist mit bestimmten Schichten der Erde verknüpft waren, in denen man sie typischerweise findet. Das lenkte wiederum die Aufmerksamkeit auf diese Schichten und zu der Frage, wie sie zu deuten und wie sie entstanden sind. Es war der Arzt und Naturforscher Niels Stensen (1638-1687), der als erster das Modell formulierte, dass bei übereinander liegenden Schichten der Erde die unten liegenden älteren Datums sind und die Schichtfolgen durch natürliche Prozesse entstanden sind. Es war dann der deutsche Arzt Georg Christian Füchsel (1722-1773), der 1761 das Wissen um die Schichtfolgen zusammenfasste und die im Wesentlichen auch heute noch gültige geologische Zeittafel entwickelte.

Dies alles geschah zu einer Zeit, als von Darwins Evolutionstheorie des Lebens noch nicht die Rede war und die Vorstellung vorherrschte, dass die Erde durch eine weltweite Sintflut geformt worden war. Also versuchte man die Funde und die Systematik in diesem Flutmodell unterzubringen. Aber schon zu Beginn des 19. Jahrhunderts war klar, dass die bekannten und beobachteten Prozesse der Geologie vielleicht das eine oder andere Phänomen erklären konnten, dass aber die biblisch begründeten Zeitskalen einfach nicht passten. Zur Zeit Darwins gab es die Diskussion, ob denn das Erdalter eher nach Hunderttausend oder nach Millionen Jahren zu messen sei.

Tatsächlich geben die Prozesse der klassischen Geologie zwar Klarheit darüber, dass das Erdalter größer sein muss als einige Millionen Jahre, aber es genau zu beziffern ist damit recht schwierig. Das ist auch nicht weiter verwunderlich, wenn man nach dem heute gültigen Modell geht, dass die Erde sich zunächst als heißer Materieball formte, denn Geologie im engeren Sinn ist erst möglich, nachdem sich eine feste Erdkruste bildete. Und auch danach wird die Gestalt unserer Erde permanent durch Erosion und Kontinentalplattenbewegung umgeformt, so dass es sehr schwierig ist, alle diese Vorgänge im Detail zu modellieren und auch nachzuweisen, wie sie stattgefunden haben.

Die Komplexität und die Regelhaftigkeit der im Rahmen der Geologie festgestellten Daten machen also die Idee der Evolution der Erde geradezu zwingend. Wenn man davon ausgeht, dass viele oder gar alle Strukturen in natürlicher Weise entstanden sind, d. h. im Rahmen von naturwissenschaftlich beschreibbaren Prozessen, stellt sich die Frage, welche Prozesse das sind und wie viel Zeit vergangen ist, um diese Strukturen herauszubilden. Damit sind wir wieder genau bei der Aufgabe der naturwissenschaftlichen Modellbildung. Im Zusammenhang mit der Frage um Schöpfung oder Evolution ist dabei die Frage nach der verstrichenen Zeit im Zentrum.

4.3.2 Wie alt ist die Erde?

Geologie – die Wissenschaft über unsere Erde – ist entstanden, als es den Begriff Kosmologie noch gar nicht gegeben hat. Aber wenn man sich mit den Prozessen beschäftigt, die auf unserer Erde ablaufen, dann taucht auch zwangsläufig die Frage auf, wie denn unsere Erde entstanden ist. Früher wurde diese Frage einfach mit: „Sie wurde erschaffen", beantwortet, aber als Naturwissenschaftler ist man bemüht, ein naturwissenschaftliches Modell dieser Tatsache zu entwickeln.

Geologie und Kosmologie

Und damit berührt man automatisch das Gebiet der Kosmologie, denn unsere Erde ist ein Teil des Kosmos und muss daher so entstanden sein, wie dies im Rahmen der naturwissenschaftlichen Modelle in diesem Bereich beschrieben wird. Erst danach fängt man an, spezifische Modelle zu entwickeln, die allein auf unserem Planeten Gültigkeit haben, schon weil wir nicht in der Lage sind, andere Planeten so gründlich zu untersuchen, dass es möglich wäre, unsere Modelle auch auf diese auszudehnen.

Betrachtet man also das Konzept der Stern- und Planetenentstehung im Rahmen der Kosmologie, so ist das Grundprinzip schnell klar. Die in interstellarem Staub befindliche Materie entwickelt aus verschiedensten Gründen Schwankungen in der Dichte der Verteilung. Diese Unterschiede werden durch die Gravitation verstärkt, indem sich an den dichteren Stellen immer mehr Materie sammelt. Die dadurch entstehende Wolke verdichtet sich immer mehr – das ist ein Prozess, der dazu führt, dass sich die Materie erhitzt. Die Gravitation lässt den so entstehenden Nebel immer weiter zusammenfallen und falls genug Materie gesammelt wird und die Materie dicht genug zusammengepresst wird, so dass eine Fusionsreaktion gezündet werden kann, entsteht eine Sonne.

So weit das Prinzip. Doch das erklärt nur die Sonne, was ist mit Planeten? Ein aktuell diskutiertes Modell ist, dass das Zusammenziehen der Materie nicht in Form einer rotierenden Kugel geschieht, sondern in Form einer rotierenden Scheibe. Diese Scheibe entwickelt mehrere Punkte, an denen sich die Materie dann zusammenzieht, wobei der Hauptteil auf das Zentrum entfällt. Dadurch würden die Planeten in diesem Prozess mit entstehen. Doch die Dynamik einer solchen Scheibe ist sehr schwer durch ein Modell zu beschreiben und erst mit der modernen Computertechnologie hat man eine Chance, ein solches Modell näher zu untersuchen. Interessant wird dieses Modell dadurch, dass auffällige Eigenschaften unseres Sonnensystems eine automatische Konsequenz dieses Modells sind, so zum Beispiel, dass fast alle Planeten in etwa einer Ebene in der gleichen Richtung um die Sonne rotieren. Geschieht so etwas normalerweise bei einer Sonnenentstehung, dann muss man vermuten, dass Planeten fast immer bei der Sonnenbildung mit entstehen, also sehr häufig sind.

Aber die Daten, die man über diesen Prozess hat, sind bei weitem noch nicht ausreichend. Es kann sein, dass sehr spezielle Bedingungen vorliegen müssen, um ein Planetensystem zu bilden und dann wären Planeten in unserem Universum eher selten. Man ist immerhin inzwischen so weit zu wissen, dass unser Planetensystem kein Unikat ist, denn bei einigen hundert Sonnen hat man inzwischen Planeten entdeckt. Aber das ist erst mit den hochgenauen Instrumenten der jüngsten Zeit möglich geworden und das allein sagt noch nicht viel darüber aus, ob Planeten nun wirklich häufig oder eher selten anzutreffen sind.

Tatsächlich ist die vorherrschende Meinung die, dass Planeten sehr häufig sind und bei der Entstehung einer Sonne mit entstehen, aber letztlich hat man noch zu wenig Daten, um aussagen zu können, dass dies als gesichert anzunehmen ist. Daher drehen sich viele Experimente und Probensammlungen von Raumfahrtunternehmungen um diese Frage. Es ist nur so viel klar, dass nach dem vorherrschenden Modell alle Planeten bei der Entstehung der Sonne mit entstanden sind. Da die Kompression der Materie bedeutet, dass Energie frei wird und sich die Materie aufheizt, bedeutet das, dass alle Planeten einmal als glühende Kugeln entstanden sind. Nur bei den Sonnen ist dann eine Fusionsreaktion in Gang gekommen, während die Planeten sich im Wesentlichen abgekühlt haben. Aber selbst diese Aussage beinhaltet noch ein ganzes Spektrum an Möglichkeiten, denn man hat beispielsweise festgestellt, dass der Jupiter ein ungewöhnlich hohes Strahlungs- und Magnetfeld besitzt. Die Quelle dieses Feldes ist noch Gegenstand von Spekulationen, aber eine Möglichkeit wäre, dass der Jupiter sich in einer Vorform der Sonne befindet, d. h. seine Masse war nicht genug, um eine Fusionsreaktion in Gang zu setzen, aber ausreichend, um Prozesse anlaufen zu lassen, die die hohe Strahlung erzeugen.

Die Abkühlung der Erde

An diesem Punkt hört dann die Kosmologie auf und es beginnt die Geologie. Fragen, wie: „Wie lange brauchte die Erde um abzukühlen?“, „Aus welchen Materialien bestand die erste Kruste?“, „Wie bildete sich die erste Atmosphäre?“, usw., sind dann Fragen, die an Hand der Geologie zu klären und mit geologischen Methoden zu untersuchen sind.

Die erste Frage, also wie lange die Erde benötigt, um sich abzukühlen, wurde zuerst von Lord Kelvin Mitte des 19. Jahrhunderts modelliert. Das Beispiel zeigt auch recht nett die Art und Weise, wie solche Modellierungen geschehen. Lord Kelvin ging von einer glühend heißen Kugel aus und fragte sich, wie lange eine solche Kugel wohl braucht, bis sie abgekühlt ist. Zu seiner Zeit war gerade das Strahlungsgesetz eines schwarzen Körpers ein hochaktuelles Modell. Ein schwarzer Körper ist ein Körper, der als wesentliche physikalische Eigenschaft nur eine Temperatur hat und sich nicht durch andere Eigenschaften auszeichnet, die dafür sorgen, dass die Art und Weise, wie er Wärme abgibt, sich verändert oder auf bestimmte Gebiete konzentriert. Unsere Sonne ist ein gutes Beispiel für einen solchen schwarzen Körper.

An Hand der Masse der Erde konnte Lord Kelvin abschätzen, wie viel Energie die Erde als rotglühende Kugel besessen haben musste und an Hand des Strahlungsgesetzes eines schwarzen Körpers konnte er berechnen, wie viel Energie eine solche Kugel mit der Zeit verliert. Sein Ergebnis war, dass die Erde nach einigen hundert Millionen Jahren vollständig ausgekühlt sein musste. Er schloss aus der Tatsache, dass das Erdinnere nach wie vor Wärme enthält, dass die Erde etwa 100 Millionen Jahre alt sein müsste, ein für die damalige Zeit geradezu ungeheuer großer Wert, Darwin hatte ja schon Schwierigkeiten, seine Vermutung zu verteidigen, dass einige geologische Prozesse Millionen von Jahren dauern würden.

Aber Lord Kelvins Wert passt nicht. Aus der Kosmologie und der Untersuchung unserer Sonne ergibt sich ein Wert von einigen Milliarden Jahren und auch bei den geologischen Prozessen findet man Beispiele, die eher auf Milliarden Jahre hindeuten. Lord Kelvins Berechnung enthält also Annahmen, die möglicherweise nicht durchgehend stimmen.

Zuerst könnte man fragen, ob sein Wert vielleicht sogar zu groß ist, ob es also sein könnte, dass die Abkühlung schneller geht? Hier hat man wenig Möglichkeiten. Man kennt das vielleicht aus dem Alltag. Um eine Tasse Kaffee schneller abkühlen zu lassen, hat man zwei Möglichkeiten. Man stellt die Tasse in den Kühlschrank, um die Temperaturdifferenz zwischen Tasse und Umfeld zu erhöhen oder man pustet, um den Wärmeabtransport zu erhöhen. Beide Verfahren sind aber bei der Erde nicht effektiv, da sich die Erde in der Leere des Weltalls befindet. Damit ist das Umfeld schon so kalt wie möglich, einen kälteren „Kühlschrank" hat man nicht. Und auch das Pusten geht nicht, denn das beruht beim Kaffee ja auf der Tatsache, dass die Luftmoleküle die Wärme aufnehmen, die Erde hängt im Vakuum und der Wärmeverlust geschieht im Wesentlichen durch Strahlung, was man durch Pusten nicht schneller machen kann. Um einen Prozess zu etablieren, der dem Pusten entspricht, müsste die Erde Materie verlieren, die die Wärme abtransportiert und diese könnte auch nicht einfach verschwinden, sondern sollte noch nachweisbar sein. Ein solcher Nachweis existiert aber nicht und ein solcher Prozess ist nicht mit den normalen Gegebenheiten im Umfeld der Erde zu modellieren.

Genauso könnte man umgekehrt fragen, ob Lord Kelvin den Abkühlungseffekt vielleicht überschätzt hat. Hier kann man tatsächlich zwei Annahmen nennen, die dazu führen. Einmal hat Lord Kelvin angenommen, dass es keine Prozesse gibt, die die Erde aufheizen und zum Zweiten ist seine Formel für den Strahlungsverlust nur dann anwendbar, wenn sich die Erde wie ein schwarzer Körper verhält, wozu gehört, dass sich die Erde in einem thermischen Gleichgewicht befinden muss.

Beide Annahmen sind aber nicht korrekt. Einmal wurde und wird die Erde dadurch aufgeheizt, dass radioaktive Stoffe in der Erde Energie an ihr Umfeld abgeben. Radioaktivität war zu Lord Kelvins Zeit noch nicht bekannt, sie wurde erst am Ende des 19. Jahrhunderts entdeckt. Auch wenn die radioaktiven Stoffe zunächst nur einen kleinen Beitrag leisteten, solange die Erde rotglühend war, so wurde doch abgeschätzt, dass dieser wichtig wird, wenn sich die Erde auf Temperaturen abgekühlt hat, die eine feste Kruste der Oberfläche zur Folge haben. Die Energieabgabe durch Radioaktivität führt einfach dazu, dass sich die Abkühlung deutlich verlangsamt.

Aber auch die zweite Annahme wird fehlerhaft, sobald sich eine Kruste ausbildet. Eine Kruste bedeutet ja, dass das Äußere der Erde fest ist, während das Innere noch glutflüssig ist. Damit herrscht kein thermisches Gleichgewicht mehr. Die Abkühlung wird dann von der Kruste bestimmt und nicht von der Wärme im Inneren, ein Effekt der auch sehr gut nachvollziehbar ist, wenn sich bei dem oben schon erwähnten Kaffee eine Milchhaut bildet und dadurch der Kaffee im Inneren der Tasse viel länger warm bleibt, als wenn man durch Rühren immer für ein thermisches Gleichgewicht sorgen würde. Damit muss man die Strahlungsformel für die Temperatur der Kruste anwenden und da diese erheblich niedriger ist, als im Erdinneren, ist auch der Wärmeverlust erheblich kleiner. Das führt dazu, dass die Abkühlung deutlich länger braucht.

Um Lord Kelvins Abschätzung zu verbessern, muss man also beide Effekte einrechnen. Den Effekt der Radioaktivität einzubeziehen, ist wohl grob möglich, aber die Verlangsamung der Abkühlung durch die Krustenbildung ist sehr schwierig. Es gehen so viele Parameter in die Berechnung ein – z. B. wie oft es zu Vulkanausbrüchen kommt, bei denen heiße Materie an die Oberfläche transportiert wird und wie groß der Effekt der Atmosphäre ist –, dass eine solche Berechnung inzwischen nur noch von Spezialisten diskutiert werden kann. Die Zeitskalen, die man auf diese Weise bekommt, sind aber im Bereich der 5 Milliarden Jahre, die man heutzutage als Erdalter im Allgemeinen angibt.

Das Alter der Erde

Die zuverlässigste Quelle für die Abschätzung des Erdalters ergibt sich heutzutage durch radiometrische Datierung und zwar speziell mit der Isochronen-Methode von Meteoriten. Auf radiometrische Datierung gehe ich weiter unten noch im Detail ein, hier möchte ich nur kurz das Prinzip dieser Methode erläutern.

Es gibt langlebige radioaktive Elemente, deren Halbwertszeiten in der Größenordnung der Milliarden Jahre liegen, die wir versuchen, nachzuweisen. Beispiele hierfür sind ^{87}Rb oder ^{238}U. Diese zerfallen mit einer Halbwertszeit von 48,8 bzw. 4,47 Milliarden Jahre in die Elemente ^{87}Sr bzw. ^{206}Pb. Wüsste man, wie viel Rubidium oder Uran bei der Entstehung der Erde in einer gegebenen Probe vorhanden war, so könnte man aus der Messung der heute noch vorhandenen Menge berechnen, wie viel Zeit seit der Entstehung der Probe vergangen ist.

Da man diese Information aber nicht besitzt, muss man etwas trickreicher vorgehen. Um dies zu tun, benötigt man ein stabiles Isotop der Zielelemente, also in unserem Beispiel Sr bzw. Pb, das aber nicht durch radioaktiven Zerfall eines anderen Elementes entsteht. Hat man ein solches Isotop, dann weiß man, dass sich die Menge dieses Isotops seit Entstehung einer Probe – sofern keine chemischen oder sonstigen Einflüsse auf die Probe eingewirkt haben – nicht verändert hat. Genau das kann man dann in der Isochron-Methode ausnutzen (siehe Abbildung 1, unten).

In unserem Beispiel sind das die Isotope ^{86}Sr und ^{204}Pb. Um die Methode am Beispiel von Sr zu erläutern, nimmt man zunächst an, dass alle drei beteiligten Elemente, also z. B. ^{87}Rb, ^{87}Sr und ^{86}Sr nicht radioaktiv und stabil wären und wir würden verschiedene Proben untersuchen, dann würden diese Proben jeweils denselben Wert des Verhältnisses Menge (^{87}Sr) / Menge (^{86}Sr), aber unterschiedliche Werte des Verhältnisses Menge (^{87}Rb) / Menge (^{86}Sr) haben, sofern keine anderen Prozesse auf die Probe eingewirkt haben. Grund dafür ist, dass die beiden Sr-Isotope dieselben chemischen Eigenschaften haben und daher auch mit etwa derselben Wahrscheinlichkeit in eine der Proben eingelagert werden würden. Das Mengenverhältnis würde also nur

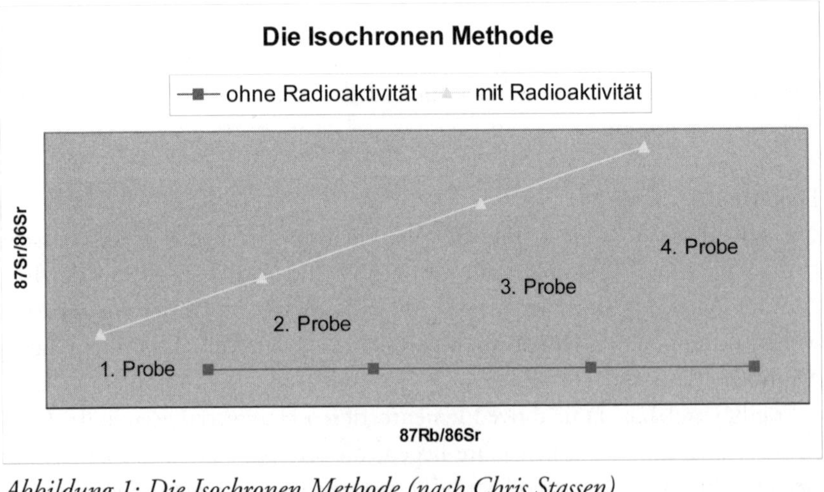

Abbildung 1: Die Isochronen Methode (nach Chris Stassen)

davon abhängen, wie viel von den jeweiligen Isotopen überhaupt vorhanden wäre, nicht von der spezifischen Probe.

Das Rb-Isotop hat aber andere chemische Eigenschaften als das Sr-Isotop, das Verhältnis hängt also mit der genauen Entstehungsgeschichte der Probe zusammen und verschiedene Proben werden im Allgemeinen verschiedene Werte des Verhältnisses ergeben. Wichtig ist, dass man hier nicht die genaue Entstehungsgeschichte wissen muss, es reicht festzustellen, dass das Verhältnis von Rb zu einem der Sr-Isotope in verschiedenen Proben unterschiedlich ist, während das Verhältnis der Sr-Isotope in verschiedenen Proben etwa gleich ist.

Trägt man daher diese gemessenen Verhältnisse in ein Koordinatensystem ein, in dem die y-Achse das Verhältnis Menge (^{87}Sr) / Menge (^{86}Sr) angibt und die x-Achse das Verhältnis Menge (^{87}Rb) / Menge (^{86}Sr) (siehe Abbildung 1), dann würden die verschiedenen Proben eine waagerechte Linie ergeben. Das wäre auch das Ergebnis, wenn wir die Messung am Anfang der Zeit der Entstehung der Erde bzw. der Probe machen würden.

Nun sind die ersten beiden Isotope aber radioaktiv und es vergeht Zeit. Mit der Zeit zerfallen ^{87}Rb-Atome in ^{87}Sr-Atome, die Menge (^{87}Rb) nimmt also ab und die Menge (^{87}Sr) nimmt zu und zwar proportional zu der verstrichenen Zeit. Wenn idealerweise keine anderen Zu- oder Abgänge dieser Elemente zu verzeichnen sind, dann wird eine Messung dieser Verhältnisse heute damit eine Gerade ergeben, wobei die Steigung der Gerade angibt, wie viel Zeit verstrichen ist. Falls die Annahme fehlender Zu- oder Abgänge nicht zutrifft, sondern zufällig Material aus der Probe driften oder hinzukommen würde, dann wird man das dadurch erkennen können, dass die Messpunkte nicht auf einer Geraden liegen. Die Methode bietet also automatisch einen Kontrolle, ob die Annahmen, die in die Methode eingegangen sind, auch korrekt sind. Eine ausführliche Darstellung der Methode auf deutsch findet sich auf der Webseite von Thomas Waschke, der den ausgezeichneten Artikel von Chris Stassen ins Deutsche übertragen hat.

Eine solche Messung hat man nun mit den verschiedensten Meteoriten durchgeführt und zwar aus zwei Gründen:

- Bei Meteoriten geht man davon aus, dass sie zu derselben Zeit entstanden sind wie die Erde, während die Proben auf der Erde ja erst frühestens dann entstanden sein können, als sich bereits eine feste Erdkruste gebildet hatte.
- Bei Meteoriten kann man relativ sicher sein, dass sie in der Leere des Sonnensystems nicht durch Zu- oder Abflüsse von Material beeinflusst

wurden, während die Proben auf der Erde immer auch den geologischen Prozessen der Erde unterliegen.

Nach Dalrymple (1991) sind etwa 240 Messungen dieser Art durchgeführt worden, die ein Alter zwischen 4,21 bis 4,57 Milliarden Jahren ergeben. Diese Werte stellen also den Wert von etwa 4,5 Milliarden Jahre her, den man im Rahmen der Standardtheorie der Geologie heutzutage annimmt.

Das Vorkommen von radioaktiven Elementen

Es gibt aber noch ein weiteres starkes Argument für das hohe Alter der Erde, das auf dem Phänomen der Radioaktivität beruht, aber nicht von bestimmten radiologischen Methoden abhängig ist. Das ist die Frage, welche radioaktiven Elemente natürlicherweise auf der Erde vorkommen.

Diese radioaktiven Elemente haben unterschiedliche Halbwertszeiten und mit den heutzutage üblichen Messmethoden kann man diese noch nach etwa 10-15 Halbwertszeiten nachweisen. Danach ist die verbleibende Menge dieser Elemente so gering, dass sie nicht mehr oder nur noch schwer festzustellen sind, es sei denn, es gibt einen natürlichen Prozess, der diese Elemente immer wieder nachproduziert.

Listet man also alle Elemente des Periodensystems mit ihren Halbwertszeiten auf, so sollten alle Elemente, die eine deutlich geringere Halbwertszeit haben als das Alter der Erde, nicht mehr natürlicherweise vorkommen. Die folgende Tabelle zeigt eine solche Aufstellung (siehe Tabelle 1, S. 187).

Das Bemerkenswerte an der Tabelle ist die Tatsache, dass alle Elemente mit Halbwertszeiten größer als 100 Millionen Jahre als natürlich vorkommend nachzuweisen sind. Nach unserem Argument, dass die Nachweisgrenze bei etwa 10-15 Habwertszeiten liegt, muss die Erde also mindestens 1-1,5 Milliarden Jahre alt sein. Dabei besteht allerdings eine Unsicherheit, da die Nachweisgrenze von Element zu Element unterschiedlich ist und sich diese Methoden natürlich auch ständig weiter verbessern.

Die Elemente mit kürzerer Halbwertszeit findet man nicht natürlich, außer denen, die durch einen entsprechenden Prozess nachproduziert werden. Bei ^{236}U, ^{129}I, ^{53}Mn, ^{237}Np und ^{10}Be ist dies jeweils der radioaktive Zerfall eines Elementes, das eine Halbwertszeit von mehr als 100 Millionen Jahren hat, ^{98}Tc galt früher als nicht natürlich vorkommend, wurde inzwischen aber in einer afrikanischen Uranfundstätte nachgewiesen, wo das Tc aufgrund eines natürlichen Kernreaktors als Spaltprodukt erzeugt wurde.

Diese Übersicht lässt zwar nicht das genaue Alter der Erde berechnen, gibt aber eine starke untere Grenze für dieses Alter vor.

Element	Halb-wertszeit [Jahren]	natürliches Vorkommen?
^{50}V	6×10^{15}	ja
^{144}Nd	2.4×10^{15}	ja
^{174}Hf	2.0×10^{15}	ja
^{192}Pt	$\sim 1 \times 10^{15}$	ja
^{115}In	6×10^{14}	ja
^{152}Gd	1.1×10^{14}	ja
^{123}Te	1.2×10^{13}	ja
^{190}Pt	6.9×10^{11}	ja
^{138}La	1.12×10^{11}	ja
^{147}Sm	1.06×10^{11}	ja
^{87}Rb	4.88×10^{10}	ja
^{187}Re	4.3×10^{10}	ja
^{176}Lu	3.5×10^{10}	ja
^{232}Th	4.47×10^{10}	ja
^{238}U	$4.4.7 \times 10^{9}$	ja
^{40}K	1.25×10^{9}	ja
^{235}U	7.04×10^{8}	ja
^{244}Pu	8.2×10^{7}	ja
^{146}Sm	7×10^{7}	nein
^{205}Pb	3.0×10^{7}	nein
^{236}U	2.39×10^{7}	nur als Zerfallsprodukt
^{129}I	1.7×10^{7}	nur als Zerfallsprodukt
^{247}Cm	1.6×10^{7}	nein
^{182}Hf	9×10^{6}	nein
^{107}Pd	$\sim 7 \times 10^{6}$	nein
^{53}Mn	3.7×10^{6}	nur als Zerfallsprodukt
^{135}Cs	3.0×10^{6}	nein
^{97}Tc	2.6×10^{6}	nein
^{237}Np	2.14×10^{6}	nur als Zerfallsprodukt
^{150}Gd	2.1×10^{6}	nein
^{10}Be	1.6×10^{6}	nur als Zerfallsprodukt
^{93}Zr	1.5×10^{6}	nein
^{98}Tc	1.5×10^{6}	nur als Spaltprodukt
^{154}Dy	$\sim 1 \times 10^{6}$	nein

Tabelle 1: Vorkommen radioaktiver Elemente nach Dalrymple (1991)

4.3.3 Hinweise auf die geologische Evolution

Die Untersuchung der geologischen Prozesse und die Frage, wie die Strukturen, die man im Rahmen der Geologie findet, entstanden sind, zählen zu den ersten Dingen, die die Menschen beschäftigt haben, die in der Anfangszeit der Naturwissenschaft versuchten, Modelle für die natürlichen Vorgänge zu formulieren. Im 18. und 19. Jahrhundert wurde naheliegenderweise auf biblische Berichte zurückgegriffen und die Sintflut als Ursache für die Entstehung der geologischen Strukturen, wie z. B. der Schichten, genommen. So war das Sintflutmodell für längere Zeit das dominierende Modell in der Geologie. Doch während es durchaus möglich war und ist, Ablagerungen zu finden, die offensichtlich durch solche katastrophalen Ereignisse gebildet wurden, so gab es in der Regelmäßigkeit und Form der Schichten doch genügend Beispiele, die gegen eine solche Ursache sprachen. So mehrten sich im 19. Jahrhundert die Stimmen, die sich gegen eine ausschließliche Verursachung durch die Flut aussprachen.

Man konnte im Verlauf des 19. Jahrhunderts durchaus einige Prozesse identifizieren, die in der Lage waren, geologische Strukturen wie die beobachteten zu bilden, aber fast alle der Prozesse hatten die Eigenschaft, relativ langsam vor sich zu gehen. Das führte schließlich dazu, dass man um die Schlussfolgerung nicht herum kam, dass die Zeiten, mit denen man es bei der Bildung der Erde zu tun hatte, erheblich größer sein mussten, als sie im Rahmen einer biblischen Fluterzählung sein konnten. Dies führte schließlich dazu, dass die Geologie eines der ersten Wissensgebiete war, die sich von einer engen biblischen Interpretation abwandte.

Schichtbildung als geologische Uhr

Bevor wir einige der Prozesse näher betrachten, die in der Geologie eine Rolle spielen, ist es interessant auf die Rolle hinzuweisen, die Schichten in der Bestimmung von geologischen Zeiträumen und Abläufen spielen. Schichten, egal welcher Form und Art spielen immer die Rolle einer geologischen Uhr.

Ein gleichmäßig ablaufender Prozess, der Material ablagert oder verändert, bildet keine unterscheidbaren Schichten, er bildet eine gleichmäßig abgelagerte Menge an Material. Wenn z. B. Sediment auf dem Grund eines Sees abgelagert wird und dies geschieht gleichmäßig, dann entsteht entsprechend eine gleichmäßige Sedimentschicht von immer größer werdender Dicke. Genauso ist es z. B. bei einer Katastrophe, wie meinetwegen bei einer Überflutung. Jede Flut lagert eine Schicht ab, die aber – je nach Stärke und Ausmaß der Flut – in sich gleichmäßig ist.

Um unterschiedliche Schichten zu bilden, muss der Prozess sich verändern. Dadurch wird Material anders oder anderes Material wird abgelagert und kann hinterher unterschieden werden nach Beschaffenheit, Ausrichtung, Stärke usw. Die bekanntesten Änderungen sind die jahreszeitlichen Änderungen, aber auch die Änderungen zwischen Tag und Nacht oder die zwischen Warmzeiten und Eiszeiten usw. können je nach Prozess beobachtet werden. Die folgenden Schichtbildungsprozesse werden in der Geologie und Paläontologie heutzutage verwendet, um Zeitfolgen zu dokumentieren und um Altersangaben zu schätzen:

Baumringe

Die Entstehung von Baumringen ist ein jahreszeitlicher Prozess, da Bäume im Sommer anders wachsen als im Winter. Durch Abzählen der Ringe kann man bestimmen, wie alt ein Baum geworden ist. Doch durch die hochgenauen Möglichkeiten, die Form und Dicke von Baumringen zu bestimmen, ist es im Rahmen der Dendrochronologie sogar möglich, Baumringe ganz bestimmten Jahren zuzuordnen. Dazu bestimmt man Dicke, Form und Abfolge der Baumringe ausgehend von heutigen Bäumen bekannten Alters für immer ältere Holzproben und baut auf diese Weise ein ganzes Archiv von Baumringstrukturen und deren Abfolge auf, mit denen man eine Probe aus Holz altersmäßig genau bestimmen kann. Dazu vergleicht man die genauen Dicken und die Abfolge der Ringe in der Probe mit den bekannten Dicken und Abfolgen im Archiv und erhält so eine Altersangabe. Die Methode funktioniert um so besser, je mehr Baumringe sichtbar sind und hängt von der Holzart und der Gegend der Herkunft ab. In der Dendrochronologie ist eine Probe bis zu einem Alter von 22.000 Jahren bestimmbar.

Eisschichten

Auch die Schichtbildung im Eis ist ein jahreszeitlicher Vorgang. Im Winter fällt an den Polen der Erde mehr Schnee als im Sommer, wo entweder nur sehr wenig Schnee fällt oder manchmal sogar der gefallene Schnee teilweise wieder taut. Der Vorteil der Eisschichten gegenüber den Baumringen ist, dass die Pole seit nunmehr erheblicher Zeit wachsen und daher dort ein beträchtliches Langzeitarchiv zu finden ist. Eis hat überdies die Eigenschaft Luft einzuschließen, so dass man aus der Analyse dieser Einschlüsse wertvolle Hinweise auf Klima und Umweltfaktoren bekommt.

Die Untersuchungen der Eisschichten hat man durch Tiefbohrungen in der Arktis so weit getrieben wie möglich, d. h. man ist auf eine Zeit zurückgegangen, in der die Arktis das letzte Mal eisfrei war, was vor etwa 100.000

Jahren der Fall gewesen ist. Die Bohrungen in der Antarktis reichen länger zurück und haben bereits einen Zeitraum von mindestens 900.000 Jahren erreicht (Referenz Epica, European Program for Ice Coring in Antarctica). Dabei warten noch viele wertvolle, eingelagerte Eiskerne auf ihre Untersuchung, denn die Auswertung der bei den letzten Bohrungen gewonnenen Materialien ist noch nicht abgeschlossen.

Schichten in Gewässern

Hier gibt es zwei hauptsächliche Formen. Einmal die Schichtbildung in Seen, die permanent unter Wasser geschieht und dann die Schichtbildung in wässrigen Strukturen, wie z. B. in einem Flussdelta.

Die Schichtbildung am Grund von Seen ist jahreszeitlichen Ursprungs. Im Sommer ist die Bioaktivität höher, das Wasser sauerstoffärmer und entsprechend fallen mehr organische Materialien zu Boden. Durch Bohrungen in alten Seen kann man eine erhebliche Zeitspanne untersuchen, bekannt sind beispielsweise die Bohrungen am Baikalsee in Russland. Die Bohrungen ergeben nicht nur eine reine Altersangabe, sondern enthalten auch wertvolle Hinweise auf Fauna und Flora und die Umweltbedingungen, die vor Ort geherrscht haben. Auf diese Weise ist es möglich, die Bioaktivitäten bis hin zur letzten Eiszeit recht genau zu rekonstruieren. Die Bohrungen im Baikalsee umfassen einen Zeitraum von ca. 200.000 Jahren. Interessant ist es, die dort gewonnenen Daten mit denen aus der Eisbohrung zu vergleichen. Auf diese Weise werden die Aussagen besser und genauer.

Die Schichtbildung in einem Flussdelta hat mehrere Zeitskalen. Einmal eine jahreszeitliche, da durch die Überschwemmungen im Frühjahr und eventuell auch im Herbst Material auf ansonsten trocken liegende Flächen abgelagert wird. Dann aber eventuell auch noch längere Zeitskalen, da sich ein Flusslauf, gerade wenn das Gelände ursprünglich flach war, verändern kann, es kann zu Kalt- oder Warmperioden kommen, seismische Aktivitäten können das Gelände verändern usw. Daher kann man oft bei den Schichten auf dem Grund eines Flussdeltas nicht einfach die Jahre abzählen, gewinnt aber dafür einen reichhaltigeren und längerfristigen Einblick in die Geschehnisse der Vergangenheit. Einzelne Fundgebiete, wie z. B. das Mündungsgebiet des Mississippi in den USA, ermöglichen Rückschlüsse auf Prozesse, die einige hunderttausend Jahre angedauert haben.

Schichten in Gesteinen

Natürlich zählt die normale stratigrafische Abfolge auch zu den Schichten, die für die geologische Zeitbestimmung verwendet wurden und werden. Hier sind die Ursachen für einen Schichtwechsel aber geologischen Ursprungs und lassen sich nicht unbedingt in ein feststehendes Zeitraster einfügen. So können die Ablagerungen in einem Flachmeer über Jahrmillionen angehäuft werden, bevor es im Zuge des immer flacher werdenden Meeres dazu kommt, dass es austrocknet, es können aber auch nur wenige tausend Jahre sein. Erst das führt zu einem Schichtwechsel und zu einer Veränderung in den Ablagerungen.

Durch die Entwicklung von immer genaueren Messmethoden ist es allerdings in den letzten Jahrzehnten gelungen, die Struktur von Gesteinsschichten immer feiner zu identifizieren und damit auch die zeitliche Auflösung immer weiter zu verbessern. Im Rahmen der Sedimentologie werden alle Prozesse betrachtet, die als Ergebnis eine gewisse Schichtformation haben können. So komplex das Thema auch ist, mit den heutigen Methoden hat man sehr gute Modelle entwickelt, die das Zustandekommen und die Ausformung unserer Erde verständlich machen.

Relative und absolute Datierung

Das prinzipielle Vorgehen, mit dem man die normalen Schichtfolgen an Fundorten datiert, beruht auf einer Kombination von relativer und absoluter Datierung und dieses Vorgehen ist auch die Basis für die Aussage, wie alt die Prozesse sind, die die jeweiligen Schichten geformt haben. Die Grundlagen dieser Vorgehensweise wurden bereits gelegt, lange bevor Darwins Evolutionstheorie formuliert wurde.

Als man im Verlauf des 18. Jahrhunderts begann, insbesondere die Fundorte von Fossilien genauer zu untersuchen, versuchte man für jeden dieser Orte, die genaue Reihenfolge der Schichten und deren Eigenschaften aufzuzeichnen. Dabei unterschieden sich die Schichten jeweils in ihrer Beschaffenheit (chemische Zusammensetzung, mittlere Größe und Rundheit der Gesteinskörner) und Textur (Zusammenhalt, Ausrichtung, Zementierung). Man begann zu überlegen, wie solche Schichten wohl zustande gekommen sind und orientierte sich dabei an einer Reihe von Prinzipien, die sich logisch aus der Annahme heraus ergaben, dass diese Strukturen durch natürliche Prozesse zustande gekommen sind (wobei auch eine Flut als natürlicher Prozess zu verstehen ist). Diese Prinzipien wurden in ihrer auch heute noch gültigen Form 1832 von Charles Lyell in seinen „Principles of Geology“ zusammengefasst.

- *Das Prinzip der Superposition*

Dieses Prinzip ist das führende Prinzip und besagt, dass bei der Entstehung von Schichten die oben liegende Schicht jünger ist als die unten liegende

Schicht. Dies ist einfach die zwangsläufige Folge davon, dass man keinen Schichtwechsel durchführen kann, wenn die unten liegende Schicht noch gar nicht da ist oder schon wieder verschwunden ist.

Zu betonen ist aber, dass dieses Prinzip nur für die Entstehung gilt und es natürlich möglich ist, dass die Reihenfolge durch später stattfindende Prozesse (z. B. Erdbeben) umgekehrt wird.

- *Das Prinzip der ursprünglichen Horizontalität*

Dieses Prinzip ergibt sich aus der Annahme, dass auf der Erde die Gravitationskraft wirkt. Jede Ablagerung und jeder Flussprozess wird zunächst einmal horizontal entstehen. Findet man Schichten in nicht-horizontaler Lage, so deutet das auf Prozesse hin, die nach Entstehung der Schicht stattgefunden haben, wie z. B. Erdbeben.

- *Das Prinzip der seitlichen Ausbreitung*

Dieses Prinzip besagt ganz einfach, dass sich flüssige Medien wie Wasser oder Lava so breit wie möglich ausbreiten und nur durch Randstrukturen und Hindernisse gestoppt werden. So füllt sich eine Senke auf oder ein Flussdelta breitet sich bis zu einer Hügelkette aus usw.

- *Das Prinzip der durchschnittenen Schichten*

Das Prinzip ist anzuwenden, wenn man Schichten findet, die sich gegenseitig durchschnitten haben, wenn z. B. durch ein Erdbeben eine Spalte geöffnet wird und sich diese durch neues Sediment wieder auffüllt. Das Prinzip besagt ganz einfach, dass die Schicht, die in eine andere hineinschneidet, jünger sein muss als die, die durchschnitten wird.

- *Das Prinzip der eingeschlossenen Struktur*

Das Prinzip besagt, dass wenn eine Struktur eine andere einschließt, die eingeschlossene Struktur bereits vorhanden sein muss, also älter sein muss als die, die einschließt.

Alle diese Prinzipien sind logische Konsequenzen aus den Prozessen, die stattfinden um die beobachteten Strukturen zu bilden. Damit ist es klar, dass dies keine Dogmen sind, da es Prozesse geben mag, die sich anders verhalten. So ist das Prinzip der Superposition logisch, wenn man eine Flut oder die Sedimentation in einem See betrachtet, weil sich das abgelagerte Material eben oben auf dem Boden ablagert. Betrachtet man aber z. B. das Wachstum von Stalaktiten, so ist es dort genau umgekehrt. Oder wenn eine

Höhle entsteht, die dann mit Material aufgefüllt wird, gilt selbstverständlich das Prinzip der eingeschlossenen Struktur nicht in der genannten Weise.

Letztlich erfordert die Bestimmung der relativen Zeitskala einer Gesteinsfolge also die genaue Analyse der Umgebung, um bestimmen zu können, welches der Prinzipien anwendbar ist, man muss also die Prinzipien an Hand der Daten überprüfen. Tut man das, so erhält man eine sehr sichere Aussage darüber, welche Schichten in einer Folge relativ älter sind und welche relativ jünger.

Zum Ende des 18. Jahrhunderts war dieses an vielen Orten geschehen und die Forscher begannen, ihre Ergebnisse zu vergleichen. Dabei stellten sie fest, dass sich viele Analogien ergaben und begannen daher die gemeinsamen Schichten mit Primär, Sekundär, Tertiär und Quartär zu bezeichnen, wobei die beiden letzten Begriffe auch heute noch gebräuchlich sind.

Zusätzlich erkannte man um diese Zeit, dass diese gemeinsamen Schichten gleichartige Fossilien führten, die charakteristisch für die jeweilige Schicht waren. Diesen Zusammenhang konnte man weltweit für bestimmte Fossilien immer wieder bestätigen, so dass sich der Begriff der Leitfossilie entwickelte und sich die relative Datierung von Schichten auch mittels dieser Biostratigraphie immer weiter verfeinerte. Das Ergebnis ist ein immer feiner werdendes Modell von den Schichtfolgen, die den verschiedenen geologischen Epochen der Erde entsprechen (siehe Tabelle 2). Diese relative Darstellung ist allein aufgrund geologischer Untersuchungen gültig und hängt weder davon ab, dass man eine evolutionäre Entwicklung des Lebens annimmt, noch dass man einen sehr langen Zeitraum für die Bildung der Schichten annimmt (siehe Tabelle 2, S. 194 oben).

Trotzdem die relative Datierung keine gesicherten Zeitangaben liefern kann, war es aufgrund der Eigenschaften der Schichten und der Prozesse, die diese Eigenschaften erzeugten, klar, dass sich das Alter der Erde mindestens auf mehrere zehn Millionen Jahre belaufen muss. Eine genaue Datierung ließ sich aber erst mit Hilfe der radiometrischen Methoden erreichen.

Die Datierung mit Hilfe von radioaktiven Elementen erfordert aber eine Reihe von Voraussetzungen, wie sie nicht in allen Teilen einer Schichtfolge anzutreffen sind. Zum einen ist bei der Datierung geologischer Zeiträume die Verwendung von kurzlebigen Isotopen nicht möglich, dort ergibt der Versuch, z. B. mittels der C14-Methode zu datieren, selbstverständlich Unsinn. Zum anderen erfordert die einigermaßen präzise Altersbestimmung, dass die zu datierende Schicht die Zeit relativ störungsfrei überdauert hat, was man z. B. mit Hilfe der Isochron-Methode (siehe Kapitel 4.3.2) kontrollieren kann. Ist eine Schicht im Verlauf der Zeit mehrmals aufgeschmolzen und

Bezeichnung	Zeitraum	Periode	Zeitraum
Hadaikum	kleiner 3800 Mio. Jahre		
Archaikum	3800 – 2500 Mio. Jahre		
Proterozoikum	2500 – 542 Mio. Jahre		
Paläozoikum	542 – 251 Mio. Jahre	Kambrium	542 – 488 Mio. Jahre
		Ordovizium	488 – 444 Mio. Jahre
		Silur	444 – 416 Mio. Jahre
		Devon	416 – 359 Mio. Jahre
		Karbon	359 – 299 Mio. Jahre
		Perm	299 – 251 Mio. Jahre
Mesozoikum	251 – 65,5 Mio. Jahre	Trias	251 – 200 Mio. Jahre
		Jura	200 – 145 Mio. Jahre
		Kreide	145 – 65,5 Mio. Jahre
Känozoikum	65,5 Mio. Jahre – heute	Paläogen	65,5 – 23 Mio. Jahre
		Neogen	23 Mio. Jahre – heute

Tabelle 2: Die geologische Zeittafel

mit jüngerem Material durchmischt worden, ist eine Datierung nur unter höchsten Schwierigkeiten möglich. Glücklicherweise gibt es sehr viele Fundorte, die diese Bedingungen erfüllen und damit eine Datierung ermöglichen. Diese bezieht sich dann auf bestimmte Teile der Schichtfolge, die z. B. aus Vulkanaktivitäten herrühren und damit die notwendigen radioaktiven Elemente enthalten. Durch die Kombination der relativen und absoluten Datierung ist damit eine Bestimmung des Alters der einzelnen Schichten möglich, kombiniert mit der Aussage, wann in etwa die Lebewesen aufgetreten sind, die als Fossilien in den einzelnen Schichten vorliegen.

Insgesamt kann man sagen, dass dieses Vorgehen bei der Datierung zwar keine narrensichere Methode ist, die man blind anwenden darf – sorgfältiges wissenschaftliches Arbeiten ist immer eine wesentliche Voraussetzung – aber aufgrund der großen Vielzahl der weltweit gefundenen und miteinander verglichenen Daten ein konsistentes und gut abgesichertes Modell der Erdgeschichte liefert.

Die Kontinentalverschiebung

Ein wesentliches Element zum Verständnis der Evolution der Erde hat sich erst sehr spät und langsam in der Geologie durchsetzen können. In der Vergangenheit hatte die Vorstellung, dass die Erde von wenigen katastrophalen Ereignissen wie Erdbeben oder Vulkanausbrüchen abgesehen, ein festgefügtes und unveränderliches Gebilde ist, fast schon einen dogmatischen Charakter. Lediglich das Abtragen von Erdschichten durch Erosion war ein Prozess, der schon recht früh als wesentlich erkannt wurde.

Doch es gab verschiedene Fragen, die mit dem Bild Erosion und gelegentlichen Erdbeben oder Vulkanausbrüchen nicht beantwortet werden konnten. So konnte man an Hand der Fossilverbreitung feststellen, dass manche Fossilien weltweite Verbreitung hatten, andere Fossilien waren aber beschränkt in ihrer Verbreitung. Das deutet darauf hin, dass die Arten mit weltweiter Verbreitung Zugang zu allen Kontinenten hatten, was insbesondere bei rein landlebenden Arten bedeutete, dass es Landverbindungen gegeben haben muss, die bei den nur beschränkt verbreiteten Arten nicht mehr existierten.

Weitere Fragen ergeben sich, wenn man fragt, wie denn überhaupt Gebirge wie die Alpen oder der Himalaja entstanden sind. Vulkanberge sind dies eindeutig nicht, sie sehen eher so aus, als wären sie aufgefaltet. Sodann setzen Erdbeben zum Teil nicht unerhebliche Energien frei, die Frage besteht, woher diese Energien kommen. Auf einer festgefügten, unveränderlichen Erde sollten keine Erdbeben vorkommen.

Indizien für eine Antwort auf diese Fragen ergaben sich aus der Form der Kontinente, die die bemerkenswerte Eigenschaft haben, wie Puzzleteile ineinander zu passen. So scheint die Ostküste von Südamerika nahe zu legen, dass sie etwas mit der Westküste von Afrika zu tun haben könnte. Ein weiteres Indiz ergibt sich schließlich, wenn man die seismisch aktiven Zonen der Erde besonders kennzeichnet. Sie liegen wie auf einer Schnur aneinander gereiht und zerteilen die Erde in einzelne Gebiete.

Den Hintergrund erklärt das Modell der Kontinentalverschiebung, das erstmals von Alfred Wegener im Jahre 1912 aufgestellt wurde. Danach ist die Erdkruste in mehrere Kontinentalschollen aufgeteilt, die sich gegeneinander bewegen können. Doch die Theorie Wegeners wurde damals sehr negativ aufgenommen und es dauerte etwa 50 Jahre bis sie sich durchsetzen konnte. Zum Durchbruch gelangte die Theorie 1953/1954 mit der Erforschung des mittelatlantischen Grabens, der Risszone zwischen der europäischen und der nordamerikanischen Platte. Dort wurde festgestellt, dass das aus diesem Riss hervorquellende Magma erstarrt und dabei vom Erdmagnetfeld magnetisiert wird. Diese Magnetfeldlinien kann man dann auch in den älteren Zonen nachweisen, die von dem Riss weg führen und man entdeckte eine bemerkenswerte Symmetrie in Bezug auf den mittelatlantischen Rücken, was leicht erklärbar ist, wenn die sich die beiden Platten voneinander wegbewegen.

Lange Zeit war es ein wesentliches Problem in Wegeners Theorie, dass unklar war, woher die Energie für die Bewegung der Kontinentalschollen kommt. Erst die Erkenntnis, dass im Inneren unserer Erde weiträumige Konvektionsströme existieren, bei denen erkaltetes Magma von der Oberfläche absinkt und heißes aus dem Inneren aufsteigt, bot einen realistischen Mechanismus für den Transport der Kontinentalschollen.

Stoßen verschiedene Schollen zusammen, so können Gebirge wie die Alpen oder der Himalaja aufgefaltet werden. Entfernen sich zwei Schollen voneinander, so entstehen Riss-Stellen, in denen besonders leicht Lava austreten kann. Die Bewegung zwischen zwei Kontinentalplatten ist inzwischen auch direkt gemessen worden und beträgt z. B. zwischen der europäischen und nordamerikanischen Platte aktuell etwa 1 cm im Jahr.

Das Modell der Kontinentalverschiebung ermöglicht es, die Vorgänge in der geologischen Vergangenheit durch Abgleich verschiedener Fundorte zu rekonstruieren. Auch wenn die Bewegung der Platten nicht immer gleich bleibend war und auch nicht immer in dieselbe Richtung ging, kann man durch den Vergleich und die Anpassung der geologischen Daten rekonstruieren, wann es in etwa welche Landverbindungen zwischen den heute getrennten Kontinenten gegeben hat. In der Öffentlichkeit bekannt geworden ist der Urkontinent Gondwana, der bis vor etwa 340 Millionen Jahren fast alle heute bekannten Landmassen miteinander verbunden hat. Man vermutet, dass es aber auch schon vor Gondwana einmal eine Zeit gegeben hat, in der die Landmassen der Erde zu einer großen Landmasse vereinigt waren.

Weltweite Katastrophen

Ein großes Thema bei den Gegnern der Evolutionstheorie ist eine bestimmte weltweite Katastrophe, also ein geologisch bedeutsames Ereignis, das die gesamte Erde umfasst haben soll. Aber auch im Rahmen der normalen geologischen Modellbildung sind weltweite Katastrophen ein wichtiges Thema, da sie einen Schlüssel zum Verständnis der Erdentwicklung darstellen. Wichtig ist, dass man solche weltweiten Katastrophen an Hand der feststellbaren Daten auch nachweisen kann.

Wenn man die stratigrafischen Schichten untersucht, so sind die darin gefundenen Fossilien ein wichtiges Indiz für Umwelt- und Lebensbedingungen zu der Zeit als die jeweiligen Schichten gebildet wurden. Dabei ist es auffällig, dass bestimmte Fossilformen, die in der einen Schicht sehr häufig oder gar dominant vorkommen, in den darauf folgenden Schichten nicht mehr gefunden werden können. Das bedeutet, dass die Population der entsprechenden Arten entweder massiv verkleinert worden ist z. B. durch Einschränkung auf selten vorkommende Lebensräume oder sie sind vollständig ausgestorben.

Insgesamt kann man dabei fünf bis sechs solcher Übergänge identifizieren, bei denen das Aussterben einen Großteil der damals auf der Erde lebenden Arten umfasst, die also den Charakter einer globalen Katastrophe besitzen. Für die Geologie bedeuten solche Ereignisse eine besondere Herausforderung, weil es gilt, die Ursachen solcher Massensterben zu identifizieren. Und das ist gar nicht so einfach, weil hier das komplexe Zusammenwirken von Umweltbedingungen und Anpassungsfähigkeit von Arten zu analysieren ist. Die folgende Tabelle zeigt die grundsätzlichen Daten dieser weltweiten Katastrophen (nach www.geoscience-online.de).

betroffene Schicht	Zeit	Umfang	vermutete Ursache	Beispiel für ausgestorbene Klasse
Kambrium – Ordovizium	ca. 520 Millionen Jahre	ca. 80% aller Tier- und Pflanzenarten sterben aus	Abkühlung der Erdklimas, Schrumpfung der Flachwasserzonen	Triboliten
Ordovizium – Silur	ca. 440. Millionen Jahre	ca. 70% aller Meeres bewohnenden Arten	Vereisung des großen Südkontinents, Schwankung des Meeresspiegels	Nauttiloideen
Devon – Karbon	ca. 365 Millionen Jahre	55-82% aller Meeres bewohnenden Spezies	unklar, Vereisung des Großkontinents Gondwana, Meteoriteneinschlag	Panzerfische
Perm – Trias	ca. 250 Millionen Jahre	95% aller Marinen Arten, 70% aller landlebenden Arten	unklar, Klimawandel, Vulkanismus, Meteoriteneinschlag	Therapsiden (säugetierähnliche Reptilien)
Trias – Jura	ca. 200 Millionen Jahre	75% aller Arten	unklar, Klimawandel	Thecodonten (Vorfahren der Dinosaurier)
Kreide – Tertiär	ca. 65 Millionen Jahre	75% aller Meeres bewohnenden Arten, 18% aller landlebenden Arten	Meteoriteneinschlag, Vulkanismus	Dinosaurier

Tabelle 3: Weltweite Katastrophen

Die Wirkungsweisen der vermuteten Ursachen dieser Massensterben sehen wie folgt aus:

• *Meeresspiegelschwankungen*

Grundlage dieser Veränderung ist der Kontinentaldrift, also die Bewegung der Kontinentalplatten der Erde. Diese führten in der Vergangenheit der Erde mehrfach dazu, dass die Landmasse der heutigen Kontinente in einer großen Landmasse vereinigt war und dass es auf der Erde weitläufige Flachmeere gab. In diesen Meeren, die gut lichtdurchflutet und in der Regel warm waren, konnte sich ein höchst vielfältiges Leben entwickeln und auch die Chancen für eine fossile Überlieferung waren gut. Wanderten aber die Kontinentalplatten auseinander oder änderte sich das Klima, konnten diese Meere austrocknen und die darin lebenden Arten in ihrer Existenz bedrohen. Man vermutet, dass dies eine der wesentlichen Ursachen für das Kambrium-Ordovizium Massensterben war.

• *Klimawandel*

Im Verlauf der Erdgeschichte hat es mehrfach lokale und globale Klimawechsel gegeben. Im Erdaltertum werden sogar Perioden vermutet, in denen die gesamte Erde vereist war. Solche Klimawechsel können entstehen, indem Kontinente durch die arktischen Zonen wandern, indem Wärmefluss-Kreisläufe unterbrochen werden, die Eiszeiten entstehen lassen oder indem sich die Atmosphäre mit Treibhausgasen anreichert. Kommt es zu einer globalen Abkühlung, so sind insbesondere die tropisch angepassten Arten bedroht, kommt es zu einer Erwärmung, kann der Ernährungskreislauf in den Meeren unterbrochen und durch starke Vermehrung anaerober Bakterien, die Schwefelwasserstoff produzieren, die Atmosphäre vergiftet werden.

• *Meteoriteneinschlag*

Die Möglichkeit, dass ein Meteoriteneinschlag ein Massensterben verursachen kann, wurde im Rahmen des Rätselns über das Aussterben der Dinosaurier populär, als der Physiker Louis Alvarez und sein Sohn, der Geologe Walter Alvarez, diese Möglichkeit im Jahre 1980 veröffentlichten und dies an Hand von geologischen Daten auch gut belegen konnten. Ein genügend großer Meteor würde beim Einschlag zunächst eine gewaltige Flut- und Schockwelle erzeugen, die bereits eine massive Auswirkung auf Land- und Meeresarten haben würde. Zusätzlich würde ein solcher Impakt so viel Staub und Gestein in die Atmosphäre schleudern, dass die Folgen einem „nuklearen Winter“ gleichen können. Das würde vielen Arten die

Lebensgrundlage entziehen und damit ein solches Massensterben verursachen.

- *Vulkanismus*
Ein katastrophaler Vulkanausbruch gleicht in den Folgen in vielerlei Hinsicht den Folgen eines Meteoriten-Impakts. In bisher zwei Gebieten, auf dem indischen Subkontinent und in Sibirien, hat man Lavafelder entdeckt, die sich über zehntausende Quadratkilometer erstrecken und die sich in einer geologisch kurzen Zeit von etwa einer Million Jahren gebildet haben. Zusätzlich stimmen die beiden Lavafelder in der Datierung in etwa mit zwei Massensterben überein, das indische Lavafeld mit dem Aussterben der Dinosaurier am Kreide-Tertiär Übergang und das sibirische Lavafeld mit dem Aussterben der Therapsiden am Perm-Trias Übergang.

Um eine weltweite Katastrophe feststellen zu können, genügt nicht die Analyse eines einzelnen Fundortes. Vielmehr müssen alle verfügbaren Fundorte auf der ganzen Erde miteinander verglichen werden. So lässt sich zumindest feststellen, ob es sich um eine globale oder um eine lokale Katastrophe handelt.

Viel schwieriger ist dagegen der Versuch, die Ursachen eines Massensterbens aufzudecken. Die oben genannten Mechanismen sind Möglichkeiten, die diskutiert werden. Jedoch sind weder die genauen Ablaufdetails noch die unterstützenden Daten eindeutig. Hier ist tatsächlich ein aktives Forschungsgebiet, in der es noch so manche offene Frage zu klären gilt.

4.3.4 Probleme und offene Fragen

Im Gegensatz zum Urknall-Modell ist das Grundmodell der Geologie nun seit über 150 Jahren etabliert und demgemäß gefestigt. Die Erkenntnisse dort haben sich nicht nur in vielen Messungen und Überprüfungen immer wieder im Wesentlichen bestätigt, die Erkenntnisse haben auch ganz praktische Konsequenzen in den Versuchen, immer neue Lagerstätten von Rohstoffen wie Öl, Gas, Erzen, Metallen usw. zu finden. Insofern bewegen sich die Probleme und die offenen Fragen in der Geologie im Gegensatz zum Urknall-Modell nicht um prinzipielle Fragen. Dabei zähle ich das grundsätzlich anders aufgebaute Flutmodell der Kurzzeit-Kreationisten aus Gründen, die ich im nächsten Kapitel näher diskutieren werde, nicht mit.

Das heißt aber nicht, dass es nicht kontroverse Fragen und offene Probleme in diesem Gebiet gäbe – ohne solche offenen Fragen wäre Geologie als Wissenschaft auch gar nicht mehr interessant. Die wesentlichen Punkte möchte ich hier kurz anreißen.

Die Ursache der Massensterben

Wie im vorherigen Abschnitt schon erläutert, gab es im Verlauf der Erdgeschichte fünf bis sechs große Massensterben, bei denen deutlich mehr als 50 % aller auf der Erde lebenden Arten ausstarben. Die möglichen Ursachen hatte ich ebenfalls schon erläutert. Heftig diskutiert und im Wesentlichen offen ist aber nach wie vor die Frage, welche Ursache denn nun tatsächlich zu den einzelnen Ereignissen geführt hat, in welcher Zeit die Katastrophe vor sich ging und wie der Ablauf der Ereignisse tatsächlich war.

Ich möchte die Kontroverse an Hand des berühmtesten Beispiels erläutern, dem Aussterben der Dinosaurier beim Übergang Kreide – Tertiär. Lange Zeit nahm man auch für dieses Ereignis die üblichen Verdächtigen, Klimawandel oder Meeresspiegelschwankungen, an, ohne diese Annahme an Hand der Daten wirklich nachvollziehen zu können. Im Jahr 1980 veröffentlichte dann die Forschergruppe Alvarez die Impakt-Theorie und konnte sie an Hand von ungewöhnlich hohen Iridium-Konzentrationen in der Übergangsschicht zwischen Kreide und Tertiär untermauern, da Iridium ein auf der Erde seltenes, aber in Meteoriten häufig vorkommendes Element ist. Zusätzlich konnte im Mittelamerikanischen Ozean ein Einschlagkrater identifiziert werden, der in Größe und Datierung zu dem besagten Ereignis passt.

Damit wurde die Impakt-Theorie zum führenden Modell für den Kreide-Tertiär Übergang und die Auswirkungen eines solchen Impakts könnten durchaus zu einem Aussterben des beobachteten Ausmaßes führen. Doch die Probleme liegen wie üblich im Detail. Bei einem Impakt würden die Arten im Wesentlichen plötzlich aussterben, z. B. innerhalb weniger Jahre, doch die genauere Datierung der Vorkommen ausgestorbener Arten ergab, dass manche Arten noch über hunderttausende oder gar Millionen Jahre hinweg bestanden haben. Nach einer solchen Zeit sollten die unmittelbaren Folgen des Impakts vergangen sein und die Ursache für das Aussterben dieser Arten müsste woanders gesucht werden. Auch die Datierung des Einschlagkraters passt nicht exakt zu den Datierungen des Zeitpunktes, an dem das Massensterben auftrat.

Hier trat dann eine andere Theorie in den Vordergrund, die Vulkanismus-Theorie. Auf dem halben indischen Subkontinent wurde ein Lavafeld entdeckt, das darauf hinweist, dass dort zum Zeitpunkt des Kreide-Tertiär Übergangs über eine längere Zeit hinweg starke Vulkanausbrüche stattgefunden haben. Als man überdies noch entdeckte, dass auch durch Vulkanausbrüche Iridium und andere Elemente, die typisch für Meteoriten sind, an die Erdoberfläche transportiert werden können, hatte die Impakt-Theorie einen Konkurrenten.

Da die Auswirkungen eines starken Vulkanismus in vielerlei Hinsicht den Auswirkungen eines Impakts gleichen, ist es sehr schwer, die beiden Modelle voneinander zu unterscheiden. Denkbar ist auch, dass beide Effekte eine Rolle gespielt haben, z. B. dass ein Impakt die Erdkruste an einem schwachen Punkt so weit destabilisiert hat, dass länger andauernde Vulkanausbrüche die Folge waren. Die Datenlage ist einfach noch nicht dazu geeignet, eine Entscheidung zu treffen.

Bei den anderen Aussterbe-Ereignissen sieht die Modellbildung teilweise noch schlechter aus. Um wirklich realistische Aussagen machen zu können, müsste man die Umweltbedingungen und biologischen Eigenschaften der damals lebenden Arten zunächst noch besser rekonstruieren und dann die Ursache und Auswirkung einer vermuteten Änderung der Umweltbedingungen modellieren. Das hierfür zur Verfügung stehende Datenmaterial reicht aber noch lange nicht aus und muss daher teilweise durch Spekulation ersetzt werden.

Detaillierte geologische Rekonstruktion lokaler Fundorte

Auch wenn die grundsätzliche Einordnung der geologischen Schichten und auch deren ungefähre Datierung durch viele Messungen sehr gut abgesichert ist, so hat doch jeder Fundort seine eigenen Schwierigkeiten. Die Geologen haben den Ehrgeiz, möglichst detailliert und zeitlich immer genauer die Entstehung und Entwicklung einzelner Schichten beschreiben zu können.

Aufgrund der teilweise enorm langen Zeitspannen und der verschiedensten Ereignisse, die einer Schicht widerfahren sein können, kann es dabei zu erheblichen Komplikationen kommen, wie z. B.:

- Veränderung der die Schicht betreffenden Strukturen durch seismische Aktivitäten und daraus folgende Auffaltungen, Rissbildungen, Verwerfungen, Teilungen und Transport in verschiedene Richtungen etc.
- Abtragung der die Schicht bedeckenden Teile und teilweise Erosion, bevor eine weitere Schicht aufgebracht wird.
- Mehrfaches Aufschmelzen und wieder Erstarren durch wiederholte vulkanische Aktivitäten.

In solchen Fällen ist äußerst sorgfältige Detailarbeit gefragt und die Datierung und Rekonstruktion solcher Fälle gleicht einem Puzzlespiel. Nicht selten ist der Geologe dann auch auf Vermutungen und Spekulationen angewiesen. Bei Fundorten, wie z. B. Solnhofen, einem sehr reichhaltiger Fundort von Fossilien aus der Zeit zwischen Kreide und Tertiär, entsteht dann teilweise ein jahrelanger Gelehrtenstreit um die Interpretation und

Einordnung einzelner Funde. Diese Streitereien beeinflussen allerdings nicht das Gesamtbild, sondern es geht dort wirklich nur um Einzelheiten und Details, die für den jeweiligen Fundort spezifisch sind.

Vorhersagen von Erdbeben

Ein anderes hochaktuelles Forschungsthema ist die Vorhersage von Erdbeben. Aus nahe liegenden Gründen will man in der Lage sein, rechtzeitig eine Warnung herausgeben zu können, bevor ein Erdbeben auftritt, aber die Erfolge sind bisher eher bescheiden. Auch wenn der Ablauf eines Erdbebens inzwischen sehr gut erforscht ist und auf der ganzen Welt Horchstationen aktiv arbeiten, ist man von der Schaffung eines einigermaßen zuverlässigen Warnsystems weit entfernt. Die grundsätzlichen Mechanismen, die ein Erdbeben erzeugen sind zwar ziemlich klar und daraus entwickelt man z. B. auch die Vorhersage, dass es in der Linie San Franzisko – Los Angeles in naher Zukunft zu einem größeren Erdbeben kommen müsste, aber solche Aussagen sind wie die Aussage, dass es in Zukunft noch einmal regnen wird. Dass so etwas passieren wird, ist sehr sicher, aber die Frage ist natürlich, wann dies der Fall sein wird. Und hier hat man nach wie vor nur sehr beschränkte Instrumente zur Verfügung. Auch die Diskussion um die richtigen Methoden und Mechanismen ist noch lange nicht beendet, zumal es bei diesem Geschäft auch um nicht unerhebliche Forschungsgelder geht.

Insgesamt ist für dieses Thema zwar ein sehr tiefes geologisches Wissen notwendig, es trifft aber unsere Diskussion um Schöpfung oder Evolution nur am Rande. Die Erdbebenvorhersage ist als ultimatives Ziel der Geologie nur so etwas wie eine Abschlussprüfung, wie gut wir die in der Erde vor sich gehenden Prozesse verstehen.

4.3.5 Geowissenschaft und Weltanschauung

Im Kapitel über die Evolution des Universums habe ich versucht klar zu machen, dass die Weltanschauung der Personen, die die Modelle zur Entstehung des Universums formulieren und bearbeiten, durchaus eine Rolle spielen, indem sie beeinflussen, auf welche Ideen diese Personen kommen. Physiker, die in diesem Bereich arbeiten, werden stark von Ideen und Vorstellungen getrieben, die einer ausgerichteten Weltanschauung gleichkommen. Dies ist ja auch durchaus legitim, solange die Ergebnisse der Forschung unabhängig von einer Weltanschauung geprüft und bewertet werden können.

Wie wir im folgenden Kapitel sehen werden, ist dies auch in der Forschung zur Evolution des Lebens der Fall. Doch wie sieht es in der Forschung zur

Evolution der Erde aus? Die frühen Geologen des 18. und 19. Jahrhunderts, die die Grundlagen der Geologie gelegt haben, waren mehrheitlich Christen, die ihre Arbeit auch im Antrieb ihres Glaubens durchführten. Das hatte auch den Grund, dass zu Beginn jede Wissenschaft mit dem Glaubensfundament der damaligen europäischen Kultur verquickt war. Doch mit der zunehmenden Trennung von Glaube und Wissenschaft und der Einführung des methodischen Atheismus ist die Verbindung zwischen Glauben und wissenschaftlicher Arbeit auch in der Geologie verloren gegangen. Liest man heute über bekannte Geologen, so erfährt man nur durch eine ausführliche Biografie, ob diese Menschen nun einem bestimmten Glauben nachgingen oder nicht.

Anders ausgedrückt heißt das, dass man an der Arbeit eines Geologen in der Regel nicht erkennen kann, welchen Glauben oder welche Weltanschauung dieser besitzt, auch wenn er als Mensch mit Sicherheit eine Einstellung zu diesen Fragen haben wird. Damit gleicht die Forschung in der Geologie dem normalen Arbeiten in Chemie, Botanik, Ingenieurwissenschaft usw. also in allen Naturwissenschaften, die sich mit der Untersuchung von täglich vorkommenden Naturprozessen beschäftigen. In solchen Forschungen kann man beschäftigt sein, ohne dass der persönliche Glaube oder die persönliche Weltanschauung eine Rolle spielen.

Umgekehrt bedeutet das, dass der Einfluss des persönlichen Glaubens auf die Ergebnisse der Arbeit ebenfalls gering ist. Natürlich spielt im Berufsleben der Glauben allgemein eine Rolle, indem er z. B. Motivation, Kontaktfreudigkeit usw. beeinflusst, also die weichen Faktoren. Aber wenn es darum geht, etwas zu untersuchen, die Ergebnisse zu präsentieren, Schlussfolgerungen zu ziehen usw. so bemerkt man in der normalen Geologie keinen Einfluss. Die Schlussfolgerungen können genauso von einem Christen, wie von einem Atheisten oder einem Buddhisten usw. kommen. Eine Ausnahme spielen dabei die Ergebnisse aus dem Flutmodell, dessen Diskussion ich aber auf das Kapitel 5.3 verschieben möchte.

Natürlich behaupten die Kurzzeit-Kreationisten trotzdem, dass die normale geologische Arbeit einer Weltanschauung unterworfen ist, indem normale Geologen ihre Ergebnisse in den Rahmen der normalen Interpretation der Schichten einordnen. Aber genau das ist etwas, was ich nicht als Weltanschauung bezeichnen kann. Dies ist eine immer und überall notwendige Einordnung einer Arbeit in die Arbeit der Vorgänger. Das Modell, das sich in der Geologie entwickelt hat, wurde nicht mit Hilfe einer Weltanschauung aufgestellt, sondern hat sich aus der Interpretation der festgestellten Daten zwangsläufig ergeben, zum Teil – wie wir am Beispiel der Kontinentalverschiebung gesehen haben – gegen eigentlich nur dogmatisch begründeten Widerstand.

Somit können wir im Hinblick auf unser Gesamtthema hier nur feststellen, dass einzelne Geologen Christen oder Atheisten, gute oder schlechte Menschen gewesen sein mögen. Das alles hat keinen Einfluss auf die Arbeit, die sie geleistet haben.

4.3.6 Zusammenfassung

Die Modelle in der Geologie sind in den letzten 150 Jahren durch beständige Weiterentwicklung erweitert und gefestigt worden, so dass sich heute ein sehr stabiles Gesamtbild von der Entwicklung der Erde ergibt. Dieses Bild fügt sich auch in die Modelle ein, mit denen in der Kosmologie die Entwicklung des Universums beschrieben wird.

Aufgrund der Datenfülle und der sehr vielen Einzelheiten, die sich in dieses Bild einfügen, ist das Alter der Erde ein naturwissenschaftlich sehr gesicherter Wert. Selbst wenn man versuchen würde, eine einzelne Messmethode, wie meinetwegen die radiologische Datierung, als unzuverlässig zu diskutieren, würden die anderen Methoden immer noch Werte ergeben, die zeigen, dass die Erde älter ist als mehrere hundert Millionen Jahre.

Das bedeutet aber nicht, dass es nicht auch offene Fragen gibt. Diese liegen aber in der Regel in den Details eines einzelnen Fundortes und in der Schwierigkeit, eine Vergangenheit zu rekonstruieren, die hunderte von Millionen Jahre zurückliegt. In so einer langen Zeit kann so viel passieren, dass die Rekonstruktion im Detail nicht einfach ist und manchmal auch überhaupt nicht gelingt.

Insofern stellt sich die Geologie als normales naturwissenschaftliches Fach dar, in dem die einzelnen Menschen zwar ganz normal eine Weltanschauung und einen Glauben haben, diese aber keine Auswirkung auf die Präsentation und Methodik ihrer Arbeit besitzen. Hier zeigt sich, dass Naturwissenschaft aufgrund ihrer Fundierung eben nicht von einer Weltanschauung abhängt, bzw. mit vielen verschiedenen Arten, die Welt insgesamt zu sehen, verbunden werden kann.

4.4 Die Evolution des Lebens

An der Frage, wie die biologischen Arten und damit letztlich auch wir, entstanden sind, hat sich die Diskussion um Evolution oder Schöpfung entzündet und diese Frage steht auch nach wie vor im Mittelpunkt der Diskussion. Bei der biologischen Evolution sehen die Gegner der Evolutionstheorie die besten Chancen, Argumente dagegen aufzubringen und hier sehen sie auch die besten Chancen, den beteiligten Naturwissenschaftlern Beeinflussung durch eine Weltanschauung vorzuwerfen. Dieses Kapitel ist dazu gedacht, den Grundfragen, die zu dieser Diskussion führen, nachzuspüren und zu zeigen, wo auch die Modelle der biologischen Evolution den Pfaden der normalen Naturwissenschaft folgen und wo eben nicht.

4.4.1 Ist die Vorstellung einer biologischen Evolution zwingend?

Wenn es um die biologische Evolutionstheorie geht, dann scheiden sich die Geister am stärksten. Auf der einen Seite gibt es den bekannten Spruch des Genetikers Dobzhansky (1900-1975): „Nothing in biology makes sense except in the light of evolution", was man mit: „Nichts in der Biologie macht Sinn, außer aus dem Blickwinkel der Evolution", übersetzen könnte. Auf der anderen Seite gibt es die permanenten Behauptungen der Evolutionsgegner, dass die Evolution lediglich eine Annahme, eine Weltanschauung ist, die nur deshalb herauskommt, weil man sie von Beginn an hineingesteckt hat. Der interessierte Laie ist dazwischen eher hilflos gefangen und kann sich nur schwer ein eigenes Bild machen, denn die Daten und Theorien sind teilweise so komplex, dass selbst Fachleute die Bedeutung und die Grenzen ihrer jeweiligen Forschungsgebiete nur schwer beurteilen können.

Dazu kommt, dass das Thema auch noch schwer emotional beladen ist. Die Frage nach dem Wie der Entstehung des Lebens trifft eben auch die Frage nach der Besonderheit des Menschen und die Frage nach dem Sinn des Lebens schließt sich fast automatisch an. Selbst wenn es gelingt, die Daten und Theorien allein naturwissenschaftlich zu beurteilen, es schließen sich so unmittelbar weltanschauliche Konsequenzen an, dass es schwer ist, beide Seiten voneinander zu trennen. Und wie ich in Kapitel 3 dargelegt habe, ist die Definition naturwissenschaftlicher Arbeit selbst ja auch durch bestimmte Annahmen und Voraussetzungen fundiert, was dann gerade bei der Diskussion um die Modelle zur biologischen Evolution am stärksten sichtbar wird.

Ich kann und werde daher die Frage, ob denn die Vorstellung, dass eine durchgehende biologische Evolution tatsächlich stattgefunden hat, zwingend ist, nicht wirklich beantworten können. Was ich aber versuchen werde, ist, anhand der Kriterien für das, was eine naturwissenschaftliche Theorie leisten muss und was sie prinzipiell nicht zu leisten vermag, darzustellen, wo die Grenzlinien der Diskussion verlaufen, so dass sich jeder selbst ein Bild zu machen vermag. Dazu will ich zunächst die beiden oben zitierten Standpunkte ein wenig betrachten, um klar zu stellen, was die Menschen bewegt, die ihre Aussage in die eine oder die andere Richtung gestalten.

Nichts in der Biologie macht Sinn außer aus dem Blickwinkel der Evolution

Was bringt einen gestandenen Wissenschaftler wie Dobzhansky zu einer solchen Aussage? Im Prinzip habe ich die Motive schon in Kapitel 2.2.3 diskutiert. Die Biologie sieht sich einer schier unübersehbaren Menge an Prozessen, Vorgängen, Regelkreisläufen und Abhängigkeiten gegenüber. Der reduktionistische Ansatz, der in den Naturwissenschaften so oft zum Erfolg führt, scheint hier unrettbar verloren. Zu jeder Tierart kann man eine Unmenge an Daten sammeln, ohne ein ordnendes Element, eine gemeinsame Linie, eine Systematik wirklich erkennen zu können.

Traditionell begegnet man diesem Datenwust, indem man die Beobachtungen, wie z. B. die Tierarten nach äußerlichen Merkmalen klassifiziert. Damit kommt man schon recht weit, auch wenn es im Detail immer wieder Diskussionen gibt, ob man eine bestimmte Art nun als Unterart oder als eigene Art einzuordnen hat. In neuerer Zeit ist noch die Analyse des Genoms dazugekommen, seit es Techniken gibt, alle Gene einer Art zu analysieren und mit den biologischen Funktionen zu verbinden. Dadurch ist die Möglichkeit, die Grenzen einer Art und die Ähnlichkeit zwischen Arten festzustellen, noch einmal um ein Vielfaches genauer geworden.

Doch damit hat man erst einmal nur ein statisches Bild erreicht, die Arten stehen ohne größere Beziehungen nebeneinander. So etwas kann man auswendig lernen, aber nicht wirklich verstehen. Es drängt sich fast automatisch die Frage auf, woher die Gemeinsamkeiten kommen und woher die Unterschiede. Hier ist bereits der erste Stolperstein zwischen Naturwissenschaft und Weltanschauung eingebaut. Weltanschaulich ist hier die Frage nach dem „Warum" der Gemeinsamkeiten und Unterschiede zu beantworten, verbunden vielleicht mit der Frage nach dem Sinn des Ganzen. Naturwissenschaftlich ist die Frage ähnlich, hat aber andere Schwerpunkte. Naturwissenschaftlich fragt man danach, „Wie" diese Gemeinsamkeiten und Unterschiede zustande gekommen sind, welche Parameter, welche Umstände und welche Prozesse dazu geführt haben, dass Arten einander ähnlich oder voneinander verschieden sind.

Hätte man eine Antwort der Art: „Die Arten sind ewig und unveränderlich und waren es schon immer", dann könnte man die Frage nach dem „Wie" als unbeantwortbar und irrelevant zu den Akten legen. Aber diese Antwort ist nicht möglich. Das Universum war nicht ewig und die Erde war nicht ewig, also muss das Leben auf der Erde irgendwann und irgendwie einmal entstanden sein. Naturwissenschaftlich ist die Frage also: Wann und wie ist es entstanden und welche naturwissenschaftlichen Prozesse haben diese Entstehung begleitet.

Natürlich hatten die Menschen lange Zeit als einzig mögliche Antwort die Aussage, dass Gott das Leben erschaffen hat, aber wie schon in Kapitel 4.1.4 erläutert, ist das keine naturwissenschaftliche Antwort. Die eigentliche Frage nach den Parametern und Prozessen, die die Gemeinsamkeiten und Unterschiede in der Biologie regulieren, ist durch die Antwort: „Gott war es", ja eben gerade nicht beantwortet. „Gott hat es so gemacht", ist möglicherweise eine wahre Feststellung, aber nicht die Antwort auf die Frage, die wir gestellt haben.

Es war Darwin, der diese Blockade beseitigte. Mit seinem: „Die Arten haben sich aus einander entwickelt", hat man urplötzlich ein Instrument in der Hand, mit dem man ein biologisches Modell entwickeln kann, das nicht nur eine statische Klassifizierung, sondern eine Dynamik beinhaltet, die es erlaubt, die Vielfalt zu ordnen, sie übergreifenden Aspekten unterzuordnen und die es sogar eventuell erlaubt, Erklärungen und Vorhersagen zu tätigen.

Letztlich geht diese Überlegung einher mit der Einführung naturwissenschaftlicher Modellierungsprinzipien in die Biologie, ein Schritt, der damit die Biologie überhaupt erst zu einer Naturwissenschaft macht. In diesem Sinn ist es tatsächlich korrekt zu behaupten, dass ohne die Evolutionstheorie nichts in der Biologie einen Sinn macht, denn allein der Wunsch, die Entstehung der Arten naturwissenschaftlich zu modellieren, erzwingt eine Vorstellung der Evolution und zwar unabhängig davon, wie dieser Prozess nun im Einzelnen aussieht.

Die Evolution ist eine unbewiesene Annahme

Menschen, die diese Feststellung machen, haben durchaus naturwissenschaftlichen Boden unter den Füßen. Nicht nur im Rahmen der normalen Einschränkungen eines wissenschaftlichen Modells ist die Evolutionstheorie noch weit davon entfernt, ein durchgängiges Modell zu sein. Zu viele Fragen sind noch unbeantwortet, zu viele Zwischenschritte sind nicht hinreichend geklärt, zu viele Details einfach noch nicht bekannt. Den einzigen Vorteil, den die Evolutionstheorie bislang für sich verbuchen kann, ist, dass es in naturwissenschaftlicher Hinsicht keine Alternative gibt und zwar genau im Sinne des vorigen Abschnitts. Es existiert kein anderes Modell, das einen derart weit gefassten Erklärungsrahmen bietet.

Aber den Menschen, die die Aussage vertreten, der Vorgang der Evolution sei eine unbewiesene Annahme, ist die Erklärungsfähigkeit der Evolutionstheorie nicht Grund genug, ihr einen Wahrheitsgehalt zuzubilligen. In der Regel – von sehr wenigen Ausnahmen abgesehen – stehen tatsächlich weltanschauliche Gründe gegen eine Akzeptanz der Evolutionstheorie. Etwas in der Vorstellungswelt dieser Menschen sträubt sich dagegen, die Hypothese als wahr anzunehmen, dass sich das Leben naturwissenschaftlich beschreibbar entwickelt hat. Damit wird die Tatsache, dass es noch so viel unbekanntes Terrain in der Evolutionstheorie gibt, sehr in den Vordergrund geschoben.

Also spielt bei diesem Standpunkt weniger die naturwissenschaftliche Modellierung an sich eine Rolle, sondern die Bewertung des Modellierungsstandes und eine solche Bewertung ist natürlich immer von der Weltanschauung abhängig. Wenn diese Menschen sagen könnten. „Hier ist ein besseres Modell", dann hätten sie einen naturwissenschaftlichen Grund, die Lücken in der Evolutionstheorie anzugreifen, doch, wie ich weiter unten noch erläutern werden, fehlt es bislang an dieser Alternative.

Doch was ist es, was die Menschen, die so denken, gegen ein Modell der Evolution aufbringt? Dazu wäre zu fragen, was es bedeuten würde, wenn sich tatsächlich alles Leben über einen langen Zeitraum hinweg entwickelt hätte, wenn sich die komplexeren Arten aus den einfachen ergeben hätten und wenn wir dies in einem Modell beschreiben könnten. Es würde etwas passieren, was in Physik und Chemie schon längst passiert ist, was aber wegen der nahe liegenden Verbindung der Biologie zum Menschen zum Problem wird. Man hätte die Veränderungen und damit, falls man auf die nahe liegenden weltanschaulichen Fragen übergeht, das Sein des Lebens, auf „natürliche Kräfte" zurückgeführt, auf elektromagnetische oder sonstigen Wechselwirkungen. Man hätte das Leben der Möglichkeit zugeführt, es berechnen zu können und hätte es auf die objektive Form der Naturwissenschaft zurückgeführt.

Damit aber, so das Denken der Evolutionsgegner, haben wir Gott aus dem Spiel herausgeschoben. Bei Sonnen, Planeten und anderen unbelebten Objekten kann man das ja noch ertragen, aber beim Leben selbst ist das Ende der Akzeptanz erreicht. Dazu zeigt das Leben zu wunderbare Eigenschaften und zu variable Erscheinungsformen, an denen sich so manche Sonne noch eine Scheibe abschneiden kann.

Tatsächlich hat sich dieses Denken unter Christen in den letzten Jahren aufgeweicht. Noch vor vierzig Jahren galt die Devise „alles oder nichts" und dem biologischen Leben wurde jede Veränderungsmöglichkeit abgesprochen. Jeder Ansatz, den Argumenten der Evolutionsbiologen auch nur zuzuhören, wurde als Verrat und Unglaube gebrandmarkt. Mit dem Einsetzen des „wissenschaftlichen Kreationismus" hat sich dieser Standpunkt gewandelt und die Evolutionsprozesse werden in eine Mikroevolution und eine Makroevolution eingeordnet. Während man der Mikroevolution Raum gibt und ihre Existenz bejaht, wird eine Makroevolution nach wie vor vehement abgelehnt und behauptet, dass dieser Vorgang in der Realität nicht geschieht. Ich werde mich mit diesem Konzept in Kapitel 5.4.3 noch näher beschäftigen.

Auch diese eingeschränkte Ablehnung ist im Wesentlichen motiviert durch die Meinung, dass man Gott abschafft, wenn man Makroevolution zulässt. Das am häufigsten gehörte Argument ist, dass dann ja der Zufall und nicht Gott das Leben beherrschen würde. Ein Ziel dieses Buches ist es, diese Schlussfolgerung als völlig falsch zu entlarven. Die Evolutionsgegner, aber auch viele Menschen, die nur eine oberflächliche Kenntnis der Methoden und Fakten der Naturwissenschaft besitzen, sitzen einer falschen Vorstellung auf, was Naturwissenschaft eigentlich bedeutet. Es wird ein immer wiederkehrendes Argument von mir sein, dass nur deswegen, weil wir etwas statistisch beschreiben, dies noch lange nicht bedeutet, dass so etwas wie Zufall regiert.

Man kann also feststellen, dass die Aussage, dass der Vorgang der (Makro-) Evolution nicht bewiesen und lediglich eine Annahme ist, in erster Linie aus weltanschaulichen Gründen genährt wird. Dazu gibt es allerdings auch die durchaus korrekte Beobachtung, dass evolutionäre Prozesse, die das durchführen, was man sich in etwa unter Makroevolution vorstellt, extrem schwierig oder gar nicht direkt zu beobachten sind. Wie ich weiter unten noch beschreiben werde, erfordern die Prozesse, die damit verbunden sind, in der Regel mehr Zeit als wir in der Forschung aufbringen können. Da also eine direkte Beobachtung fast unmöglich ist, fühlen sich die Evolutionsgegner mit ihrer Aussage im Recht.

Ist die Vorstellung einer Entwicklung nun zwingend?

Wenn man die beiden Standpunkte vergleicht, dann ist der Diskussionspunkt eine Diskussion über die Durchgängigkeit. Eine Entwicklung, also eine Evolution an sich, wird heute nur noch selten abgestritten, aber die Evolutionsgegner beharren darauf, dass diese Entwicklung nicht durchgängig ist, sondern dass das Leben in vielen (geschaffenen) komplexen Wurzeln seinen Anfang nahm, während die Evolutionsbefürworter davon ausgehen, dass das Leben in einer einzelnen, einfachen Wurzel seinen Ursprung nahm.

Insofern kann man heutzutage also betonen, dass die Vorstellung einer Entwicklung tatsächlich zwingend ist, die Evolutionsgegner bezweifeln nur die Durchgängigkeit der Entwicklung in naturwissenschaftlicher (naturalistischer) Hinsicht. Damit haben die Evolutionsgegner das Problem der Nicht-Erklärbarkeit der Unterschiede und Gemeinsamkeiten im naturwissenschaftlichen Sinn zwar abgemildert, aber letztlich nicht gelöst.

Ein alternativer Ansatz zur Modellierung, der dasselbe oder ein besseres Potenzial als die Evolutionstheorie hat, im Sinne der Aussage von Dobzhansky, ist für die Evolutionsgegner nicht in Sicht. Umgekehrt werden die Lücken in der Modellierung der Evolution von Evolutionsbefürwortern zwar gesehen, aber nach wie vor als prinzipiell nicht grundsätzlich gewertet. Hier besteht die Hoffnung, dass die offenen Fragen irgendwann einmal geklärt werden. Aber eine endgültige Entscheidung gibt es heute noch nicht, denn die Evolutionsgegner hoffen natürlich ihrerseits, dass die Hoffnung der Evolutionsbefürworter nichtig ist.

4.4.2 Seit wann gibt es Leben?

In der Diskussion mit dem Kurzzeit-Kreationismus spielt die Frage, seit wann es Leben gibt, eine prominente Rolle. Auf der Seite des Universums und der Erde konnten die langen Zeiträume naturwissenschaftlich eindeutig etabliert werden. Geht man die Frage von der Biologie der Arten her an, ist sie schwerer zu beantworten.

Denn damit meint man ja nicht, seit wann es einen einzelnen, bestimmten Organismus gibt, sondern seit wann es Leben überhaupt gibt, eventuell noch aufgeteilt in die Frage nach dem Leben an sich und die Frage nach der Menschheit oder einzelnen Arten. Betrachtet man nun die Generationenfolge, dann ist die Frage, ob man an Hand der Eigenschaften der Organismen irgendwelche Hinweise erhält, mit denen man diese Frage angehen kann.

Doch dazu muss zunächst geklärt werden, was Leben eigentlich ist und das erweist sich als erstaunlich schwierige Frage. Darüber hinaus wird sich zeigen, dass man die Zeitdauer der Evolution mit Hilfe biologischer Methoden alleine kaum bestimmen kann. Die Verbindung mit den Methoden der Geologie ist das wesentliche Hilfsmittel, um Zeittafeln aufstellen zu können.

Die Grundprinzipien biologischer Evolution

Um die Mechanismen der Evolution zu verstehen und zu sagen, auf welchen Grundprinzipien sie beruht, muss man eigentlich zunächst sagen, was man unter Leben versteht. Was kennzeichnet ein Lebewesen und unterscheidet es z. B. von einer chemischen Reaktion oder einem Vorgang wie einem Vulkanausbruch? Das ist tatsächlich eine Frage, über die immer noch heftig gestritten wird. Oft hört man die Meinung, dass erst eine Zelle biologisches Leben bedeutet, also etwas, was durch eine Hülle seine Reaktionsräume abtrennt, was einen genetischen Apparat zur Vervielfältigung besitzt und die Mechanismen hat, diesen auch in Gang zu setzen.

Nimmt man diese Definition, so würde das bedeuten, dass bereits Viren kein biologisches Leben mehr darstellen, denn Viren besitzen keinen eigenen Apparat zur Vervielfältigung. Nimmt man aber Viren mit in die Definition hinein, so beobachtet man einige kristallbildende Prozesse und chemische Reaktionen, die dann ebenfalls lebensähnliche Eigenschaften besitzen.

Für unsere Diskussion ist es nicht notwendig, diese Streitfrage zu klären, aber es sollte klar sein, dass der Übergang von der Chemie zur Biologie ein fließender Übergang ist. Und die Prinzipien der Evolution müssen bereits gelten, bevor man sicher von Biologie reden kann. Wenn man also die Grundprinzipien der Evolution aufführt, so wird man diese auch auf Systeme anwenden können, die nicht unbedingt biologische Systeme sind.

Es war Charles Darwin, der als Erster die Grundprinzipien der Evolution formulierte, ohne zu seiner Zeit eine wirkliche Ahnung davon gehabt zu haben, wie die einzelnen Schritte dabei im Detail in biologischen Systemen zu modellieren sind. In den vielfältigen Darstellungen der Evolutionstheorie werden die folgenden Prozesse als Grundlage für Veränderungen und Entwicklung genannt:

- *Reproduktion*
Egal, ob es sich nun um ein biologisches, chemisches oder ein Computersystem handelt; um die Prinzipien der Evolution anwenden zu können, muss sich das Objekt, das man betrachtet, reproduzieren können, also Kopien von sich selbst anfertigen können. In der Biologie geht dies über die Mechanismen der Vererbung, in der Chemie durch Reaktionen, die ein Molekül wiederholt herstellen und in einem Computersystem durch Kopieren der entsprechenden Daten.

- *Variation (in der Biologie Mutation)*
Um Evolution zu betreiben, darf die Reproduktion aber nicht perfekt sein. Wäre sie perfekt, könnten sich keine Veränderungen ergeben. Ist die Reproduktion aber nicht perfekt, so können sich die Kopien (in der Biologie Nachkommen) von ihren Vorlagen (in der Biologie Eltern) unterscheiden. Je nach Art der Reproduktion können diese Veränderungen dann wiederum

an die nächste Generation weitergeben werden. Für Evolution relevant sind nur solche Veränderungen, die über verschiedene Generationen hinweg weitergegeben werden können.

- *Selektion*

Die Entdeckung, dass bei einer nicht perfekten Reproduktion unter bestimmten Bedingungen selektive Veränderungen an einer Population (oder an einer Menge von Molekülen oder Datenstrukturen) auftreten können, ist die zentrale naturwissenschaftliche Leistung von Darwin. Durch Selektion werden unter allen Veränderungen solche bevorzugt, die bestimmten Bedingungen in Bezug auf das Umfeld genügen.

Als Voraussetzung wird heutzutage im Allgemeinen genannt, dass ein Überfluss an Nachkommen produziert wird und dass diese um eine oder mehrere knappe Ressourcen konkurrieren müssen. Selektion bedeutet dabei, dass in einer Population wenige Mitglieder erfolgreicher darin sind, Nachkommen zu produzieren als die anderen Mitglieder der Population. Aufgrund des Überflusses an Nachkommen, der produziert wird, setzen sich die erfolgreicheren Mitglieder durch, wenn der Grund für ihren Erfolg genetisch an die Kinder weitergegeben wird.

Diese drei Punkte definieren die Grundprinzipien der biologischen Evolution und auf diesen aufbauend macht die Evolutionstheorie die folgenden Behauptungen, die ich hier einmal für eine Art im Sinn der Biologie formuliere, die aber übertragen auch auf andere Systeme gelten sollten:

Unter der Maßgabe dieser drei Prinzipien kann sich eine Art verändernden Umweltbedingungen anpassen. Dabei können die folgenden Szenarien auftreten:

- Eine Art verändert sich so, dass sie sich den verändernden Umweltbedingungen anpasst. Das Ergebnis ist eine veränderte Art. Diese Veränderung kann, muss aber nicht, dazu führen, dass die veränderte Art komplexer, „höher entwickelt" ist als vorher.
- Die Art verändert sich so, dass sie bei sich verändernden Umweltbedingungen räumlich ausweicht aber grundsätzlich ihre alten ökologische Nischen beibehält, sie weicht der Veränderung sozusagen aus. Das Ergebnis ist eine Art, die der alten sehr ähnlich ist.
- Die Art schafft es nicht, sich den veränderten Umweltbedingungen anzupassen. Das Ergebnis ist ein massiv reduzierter Bestand oder ein Aussterben der Art.

Über die eben geschilderten Mechanismen der Anpassung stammen alle Lebewesen der Erde voneinander ab und können letztlich auf eine Urzelle (genauer ein oder mehrere Urmoleküle, siehe unten) zurückgeführt werden.

Während es an der Existenz und Wirksamkeit der Grundprinzipien heutzutage eigentlich keinerlei Zweifel mehr gibt und diesen auch von Kurzzeit-Kreationisten kaum noch widersprochen wird, sind es die darauf aufbauenden Behauptungen, die von den Gegnern der Evolutionstheorie in Zweifel gezogen werden. Tatsächlich sind diese Behauptungen in ihrer vollen Gültigkeit bis heute nur lückenhaft zu untermauern.

Die Anwendung geologischer Methoden

Um die Frage, seit wann es denn Leben gibt, zu beantworten, benutzt man in der Regel geologische Methoden. Die stratigrafischen Schichten führen Fossilien, die nach ihren verschiedenen Eigenschaften klassifiziert werden und die in bestimmten Schichten zuerst auftauchen und in anderen zuletzt.

Stellt man diese Funde mit Hilfe der relativen Datierung gegenüber, so stellt man die folgenden Umstände fest:

- Eigenschaften tauchen prinzipiell zuerst in einfachen Formen auf, komplexere Variationen erst in späteren Schichten. Bei einigen Beispielen wie den Trilobiten lassen sich Folgen von immer komplexer werdenden Eigenschaften von älteren zu jüngeren Schichten erkennen. Dies ist ein starker Hinweis darauf, dass der Vorgang der Evolution tatsächlich stattgefunden hat.
- Die Merkmale der Lebewesen und die rekonstruierten Umweltbedingungen der Zeit, die durch die Schicht repräsentiert werden, ergänzen einander, so dass sich teilweise ein recht genaues Bild der Paläoökologie entwickeln lässt. Hier ist zu betonen, dass dies keine Einbahnstraße bei der Argumentation ist, denn die geologischen Daten und die Fossildaten bieten jede für sich eigene Datenbereiche, die alleine eine Analyse oft nicht vollständig ermöglichen. Aber einander ergänzend ergeben sich konsistente Bilder zu den Bedingungen, die bei der Entstehung der jeweiligen Schicht geherrscht haben.

Diese Untersuchungen ermöglichen es, besondere Ereignisse in der Entwicklung des Lebens, wie das in Kapitel 4.3.4 genannte Massensterben, zu identifizieren und ein grobes Abstammungsbild zu erstellen, das auch häufig der Stammbaum des Lebens genannt wird. Nimmt man zu der relativen Datierung auch noch die absoluten Daten hinzu, so gelangt man zum Standardbild der Evolution.

Danach sind die ersten Spuren, die auf Leben hindeuten, vor etwa 3,5 Milliarden Jahren entstanden. Hier eine genaue Datierung zu geben, ist außerordentlich schwierig, denn Lebewesen mit Eigenschaften, die fossilieren und die Zeit überdauern können, traten erst später auf. Wie genau das Leben seinen Anfang nahm, ist nach wie vor größtenteils unklar und Gegenstand heftiger Diskussionen (siehe Kapitel 4.4.4).

Die Spuren werden primitiven Einzellern zugeschrieben, die zu den Prokaryonten gehören. Doch dies ist kein direkter Nachweis, denn von den eigentlichen Zellen ist nichts mehr übrig geblieben, es können nur noch die von diesen Lebewesen möglicherweise erzeugten Strukturen wie Hohlräume und Ablagerungen nachgewiesen werden.

Vor 1,4 Milliarden Jahren traten dann erstmals Eukaryonten auf, also Einzeller mit Zellkernen, aus denen dann die ersten vielzelligen Lebewesen hervorgingen, wie Algen oder Würmer. Die Zeit bis vor etwa 545 Millionen Jahren wird als Präkambrium bezeichnet.

Erst danach, im Kambrium, der Zeit vor 545 bis 495 Millionen Jahre, entstanden die Wirbellosen mit hartem Außenskelett und bildeten in der verhältnismäßig kurzen Zeit von 40 Millionen Jahren eine große Vielzahl von Strukturen, Formen und Eigenschaften. Über die Frage, wie diese „kambrische Explosion" vor sich gegangen ist und welche Mechanismen dafür gesorgt haben, dass nach einer langen Zeit der scheinbaren Stagnation diese Vielzahl von Formen auftauchte, ist nach wie vor Gegenstand heftigster Diskussionen.

Im Ordovizium (vor 470 Millionen Jahren) tauchten die ersten Fische auf. Im Silur (vor 430 Millionen Jahren) eroberten die ersten Pflanzen das Land. Im Karbon (vor 320 Millionen Jahren) tauchten die ersten Reptilien auf. Im Jura (vor 170 Millionen Jahren) tauchten die ersten Vögel auf, die Kreide (vor 100 Millionen Jahren) war die Blütezeit der Dinosaurier und nach dem Aussterben der Dinosaurier vor 65 Millionen Jahren begann die Blütezeit der Säugetiere. Das erste Auftreten der Gattung Homo wird auf die Zeit von vor etwa 7 Millionen Jahren geschätzt und der Homo sapiens wandelt seit etwa 150.000 Jahren auf der Erde.

So weit die Standarddarstellung der Entstehung des Lebens. So kurz diese Darstellung, so vielfältig sind die Fragen und Unklarheiten, die sich dahinter verbergen. Die Einzelheiten werden immer wieder heftig diskutiert und die Modellierung der Abstammungslinien und Abhängigkeiten ist immer noch in vollem Gang. Dazu kommt noch, dass die Datenlage nicht gerade berauschend ist, da man aus teilweise sehr wenigen Hinweisen ein sehr komplexes Modell aufbauen muss. Aber auf offene Fragen werde ich weiter unten noch etwas eingehen.

Die Anwendung biologischer Methoden

Natürlich kann man auch versuchen, eine Altersabschätzung aufgrund von rein biologischen Daten zu versuchen. Grundlage wäre die folgende Überlegung: Nach der Evolutionstheorie verändert sich die genetische Zusammensetzung von Lebewesen ständig, wobei Veränderung im Genpool der Art überdauern, wenn sie wesentlich sind für das Überleben der entsprechenden Art in den gegebenen Umweltbedingungen. Kann man nun durch den Vergleich der genetischen Zusammensetzung zweier Arten feststellen, wie stark sie sich voneinander unterscheiden und kennt man eine mittlere Mutationsrate, also die Zeit, in der sich die genetische Zusammensetzung im Mittel um eine bestimmte Größe verändert, so kann man abschätzen, wie lange es her ist, dass die beiden Arten sich trennten.

Die Idee ist sehr reizvoll und wird auch tatsächlich benutzt, zumal die Entschlüsselung der genetischen Zusammensetzung von Lebewesen immer stärkere Fortschritte macht. Jedoch gibt es einige Fallen und Einwände zu beachten.

Benutzt man für die Abschätzung Teile der Gene, die für das Überleben des Lebewesens wesentlich sind, dann wird man keine genaue Antwort bekommen können. Denn nach der Selektion kann das Lebewesen nicht überleben, wenn sich dieser Teil zu stark verändert, es sei denn, die Umweltbedingungen ändern sich. So etwas wie eine konstante Mutationsrate hat in diesem Zusammenhang wenig Sinn. Das Studium der Umweltbedingungen, unter denen das Lebewesen gelebt hat, ist da wesentlich viel versprechender als der Vergleich des genetischen Codes.

Man muss für diese Abschätzung also Teile der Gene nehmen, deren Variationen für das Lebewesen mehr oder weniger irrelevant sind, wo sich also die Mutationen mit der Zeit ansammeln können. Nur dann kann man eine einigermaßen zuverlässige genetische Uhr erhalten. Aber dafür ist unser Verständnis der Funktion der genetischen Bestandteile noch nicht ausreichend. Eine Sequenz, die scheinbar funktionslos ist und starke Variationen aufweist, könnte trotzdem eine noch nicht entdeckte Funktion haben, durch die die Variationen nicht mehr beliebig, sondern gerichtet sind, d. h. die auftretenden Variationen werden durch die (noch unbekannte) Funktion beeinflusst.

Trotz dieser Einschränkungen wird diese Methode angewendet, zum Beispiel beim Cytochrom C, einem Protein der Zellatmung.

Insgesamt ist das Gebiet zum Feststellen von Verwandtschaftsgraden zwar schon recht gut entwickelt, aber zur Bestimmung von Zeitskalen ist es noch wenig geeignet. Am meisten Furore machte es vor wenigen Jahren beim Aufstellen der Eva-Hypothese, der Hypothese, dass alle Menschen von einer einzelnen Frau abstammen, die vor etwa 150.000 Jahren in Afrika gelebt hat.

4.4.3 Hinweise auf die biologische Evolution

Fragt man danach, welche Hinweise es gibt, dass Evolution tatsächlich stattgefunden hat, so wird man sehr schnell fündig. Ich werde im Folgenden einige dieser Punkte aufzählen. Das Problem an diesen Daten ist, dass der Schluss darauf, dass die Evolutionstheorie mit ihren Grundbehauptungen korrekt ist, daraus nicht automatisch folgt. Der Streitpunkt mit dem Kurzzeit-Kreationismus liegt in der Einordnung dieser Daten in ein Gesamtkonzept. Es geht also letztlich um die Bewertung der vorliegenden Daten.

Beobachtete Phänomene

Welches sind nun die Daten, auf die man sich bezieht, wenn man von Evolution spricht? Die folgende Aufzählung ist nicht vollständig, gibt einem aber ein Gefühl für die Breite der Phänomene, mit denen man es zu tun hat.

Ähnlichkeiten in der Natur

Das Phänomen, das auch Darwin zu der Überzeugung geführt hat, dass so etwas wie Evolution stattgefunden hat, sind die Unterschiede und die Ähnlichkeiten zwischen verschiedenen Arten. Klassisch sind hier die Darwinfinken, aber dieselbe Art von Beobachtungen kann man machen, wenn man Menschen mit Affen vergleicht oder eine landlebende Art mit einer wasserlebenden Art usw. Überall in der Natur findet man Ähnlichkeiten und Unterschiede und es erhebt sich die Frage, woher diese kommen.

Der Fossilbefund

Aber nicht nur die heute beobachtbaren Lebewesen führen zu der Frage, wie die verschiedenen Formen entstanden sind, der Fossilbefund verstärkt diese Frage noch. Über Fossilien ist feststellbar, dass die Variationsbreite des Lebens noch viel größer ist als heute beobachtbar und dass es in Verbindung mit der zeitlichen Einordnung der Fossilien eine oft deutlich erkennbare Entwicklung von Eigenschaften gibt.

Die Universalität des genetischen Codes

Ein lebendiger Organismus muss in der Lage sein, sich zu reproduzieren. Dazu muss die Information über Aussehen und Funktionieren des Lebewesens an seine Nachkommen weitergegeben werden. Wie dies geschieht, ist in den letzten Jahrzehnten immer detaillierter geklärt worden. Man hat erkannt, dass die Informationen, die weitergegeben werden, in den Erbanlagen – der DNA oder der RNA – in kodierter Form vorliegen.

Dabei ist die DNA bzw. die RNA im Wesentlichen ein sehr langer Strang von Einzelmolekülen, bestehend aus einem Zuckermolekül als Basis (Dexoyxribose oder Ribose) und einer daraus herausragenden Nukleobase. Von diesen gibt es fünf Stück, von denen je vier Sorten in der DNA bzw. der RNA verwendet werden. Je drei Basen hintereinander bilden dabei ein Triplett. Jede der 20 möglichen Aminosäuren, die die Grundbestandteile der Eiweiße sind, aus denen alle Lebewesen aufgebaut sind, wird dabei durch ein oder manchmal auch mehrere Tripletts kodiert.

Der Punkt, auf den es hier ankommt, ist, dass bis heute keine Regel bekannt ist, die erzwingt, dass ein bestimmtes Triplett eine bestimmte Aminosäure bedeutet, es ist also keine Regel bekannt, die den genetischen Code festlegt. Nach unserem Wissen ist der genetische Code in diesem Sinn beliebig.

Schaut man sich nun an, welche Codierung von den Lebewesen verwendet wird, so stellt man fest, dass der genetische Code, von geringfügigen Abweichungen abgesehen, allgemeingültig ist, d. h. praktisch jedes Lebewesen verwendet dasselbe Triplett, um eine bestimmte Aminosäure zu kodieren.

Da die Kodierung an der Basis des Mechanismus liegt, mit dem die Lebewesen ihre Fortpflanzung steuern, ist Universalität des genetischen Codes verständlich, wenn man eine Evolution annimmt. Auch die Abweichungen, die man von dieser Universalität feststellt, sind verständlich, wenn man sich klar macht, dass auch dieser Code selbst den Mechanismen der Evolution unterliegt.

Die Entwicklung von Eigenschaften

An der Basis dieses Punktes steht der Versuch, die Eigenschaften aller lebenden Formen zu klassifizieren und in eine Systematik zu bringen. Dies wurde von Carl von Linné (1753) in der Taxonomie der Arten begonnen, mit der Lebewesen nach Reich, Stamm, Klasse, Ordnung, Familie und Art eingeordnet werden. Die Taxonomie wurde zunächst von Willi Henning (1950) zur Cladistik erweitert, nach der die Darstellung zusätzlich nach Ähnlichkeit zwischen den Arten geordnet wird. Die ursprünglichen Darstellungen bezogen sich nur auf heute noch lebende Arten, später wurden dann zusätzlich die fossilen Arten mit einbezogen und in neuerer Zeit auch die Erkenntnisse der genetischen Untersuchungen.

Die Erarbeitung der Cladogramme ist bei weitem noch nicht abgeschlossen, aber bei allen untersuchten Gruppen konnte man dabei ganze Reihen feststellen, bei denen Eigenschaften systematisch und schrittweise variieren und dabei auch in der zeitlichen Einordnung auf eine Entwicklung hinweisen. Insbesondere, wenn man die fossilen Arten dazunimmt, erhält man so das Bild einer Entwicklung, die ein starkes Argument dafür darstellt, dass Evolution tatsächlich stattgefunden hat.

Übergangsformen

Eigentlich ein Spezialfall des letzten Punktes ist das Auftreten von Übergangsformen. Diese verdienen aber eine besondere Erwähnung, da von den Vertretern des Kurzzeit-Kreationismus konstant behauptet wird, dass Übergangsformen nicht existieren.

Dabei ist der Begriff Übergangsform eigentlich ein falscher Begriff, im Rahmen der Evolutionstheorie macht er im Grunde keinen Sinn. Die Vorstellung, die dahinter steckt, ist, dass sich die Entwicklung einer Eigenschaft von einem Startpunkt zu einem Zielpunkt bewegt und die dazwischen liegenden Formen als etwas nicht vollständig Entwickeltes, Unvollständiges sieht, das ihre Daseinsberechtigung nur als Sprungbrett für das eigentliche Ziel besitzt.

Tatsächlich kann man so etwas wie eine Übergangsform immer nur im Nachhinein feststellen, wenn man die gesamte Breite der Entwicklung vor sich hat. Man kann dann sagen, dass die Entwicklung eben über diese und jene Stationen vor sich gegangen ist. Naturwissenschaftlich darf dann keine Wertung dieser Zwischenschritte stattfinden, denn eine Wertung ist immer auch mit Weltanschauung verbunden. Dazu kommt, dass die Feststellung, dass eine Art eine Übergangsform darstellt, immer auch davon abhängt, welche Eigenschaft ich betrachte.

Das Beispiel Auge

Das Beispiel Auge ist deshalb so bekannt, weil Darwin selbst es als Herausforderung für die Evolutionstheorie gesehen hat. Er nannte auch bereits einen denkbaren Weg, wie die Evolution des Auges vor sich gegangen sein könnte. Danach wäre die einfachste Form eines nützlichen und funktionierenden Auges ein Zwei-Zellen-System, bei der die eine Zelle sensitiv auf Licht reagiert und die andere diesen Impuls verwendet bzw. darauf reagiert. Tatsächlich findet man Plattwurmarten, die solcherart simpel gebaute Augen besitzen.

In der Natur findet man drei verschiedene Typen von Augen. (Manche Autoren klassifizieren die Augen auch in vier Typen. Diese Detailunterschiede spielen für mein Beispiel aber keine Rolle.) Einmal kameraähnliche Augen mit einer einzelnen Linse, die auf eine Retina fokussiert, dann die zusammengesetzten Augen von Insekten, die aus einer Vielzahl von Linsen und Photorezeptoren bestehen und die Spiegelaugen, die z. B. bei Tintenfischen vorkommen und sowohl eine Linse als auch einen Spiegel besitzen, um das Licht auf zwei verschiedene Retinas zu projizieren.

Noch bis vor wenigen Jahrzehnten (wie z. B. bei Mayr, 1991, siehe Literatur) dachte man, dass das Auge im Verlauf der Evolution etwa 40-60 Mal unabhängig voneinander entstanden ist. Für ein so komplexes System ist das kein besonders glaubwürdiges Ergebnis. Doch ist in den letzten Jahren von Walter Gehring (Universität Basel) entdeckt worden, dass die Ausbildung eines Auges bei der Reifung eines Lebewesens im Ei oder Mutterleib bei allen bekannten Typen von einem Master-Kontrollgen gesteuert wird, dem Pax-6-Gen.

Dadurch ist es möglich, ein Bindeglied zwischen all den verschiedenen Typen von Augen zu identifizieren und so wiederum eine Entwicklung festzustellen. Das Auge ist in jeder Entwicklungsstufe so nützlich, dass es sich bis heute in den meisten Varianten erhalten hat, über das zentrale Steuergen ist es aber möglich, genetisch fundierte Evolutionsszenarien zu modellieren, mit denen man dann feststellen kann, welcher Augentyp der evolutionäre Vorläufer von welchem Typ gewesen ist.

Die Veränderlichkeit der genetischen Zusammensetzung

Redet man von Mutation, so denken die meisten Menschen an Punktmutationen, also an Änderungen einzelner Stellen im genetischen Code eines Lebewesens. Doch je mehr man die Prozesse erforscht, die die Vermehrung von Lebewesen steuern, desto mehr erkennt man, dass sich die Erbinformation beständig ändert, ja dass die Lebewesen geradezu darauf eingerichtet sind, dass sie sich verändern können.

Die Liste der heute bereits bekannten Phänomene, die zu einer Änderung der Erbinformation führen, ist beeindruckend und es zeigt sich immer wieder, dass die Anpassungsfähigkeit der Lebewesen an selektive Drücke, wie z. B. Umweltänderungen, eine zentrale Eigenschaft aller Lebewesen ist. Die folgende Liste von Stichworten soll als Eindruck hierfür dienen, die Beschreibung der einzelnen Mechanismen würde den Rahmen unseres Themas sprengen:

- Punktmutationen
- Segmentmutationen, also Änderung ganzer Abschnitte im Genom
- Polyploidisierung bzw. Polytänisierung, also die Vervielfältigung ganzer Bereiche
- Horizontaler Gentransfer; hier werden Teile von genetischer Information über Artgrenzen hinweg weitergegeben

- Retrovire Gene, also Genbestandteile, die einmal eigenständig als Viren vorhanden waren und dann in das Genom eingebaut wurden
- Sexualität, wobei das väterliche und das mütterliche Erbgut systematisch gemischt werden

Die Macht der Statistik

Einen weiterer Hinweis darauf, dass die biologische Evolution tatsächlich stattgefunden hat, erhält man mit dem Stichwort „die Macht der Statistik". Dahinter versteckt sich ein Argument, das der Evolutionstheoretiker Richard Dawkins sehr ausführlich verwendet hat. Er argumentiert folgendermaßen:

Angenommen man hat eine Population von Lebewesen, die Nachkommen erzeugen und zwar mehr als notwendig, um die Population stabil zu halten. Das bedeutet, dass aufgrund der Beschränkungen in den der Population zur Verfügung stehenden Ressourcen, die Population auf dem Stand gehalten wird, der aufgrund der Ressourcen möglich ist.

Nehmen wir nun an, dass sich innerhalb dieser Population eine genetische Veränderung ergibt, die die durchschnittliche Überlebenschance derjenigen Mitglieder der Population, die diese Veränderung erben, nur um sagen wir einmal um ein halbes Prozent verbessert, d. h. im Durchschnitt werden ein halbes Prozent der Nachkommen dieses Teils der Population mehr überleben als die Nachkommen des Restes. Dieser geringe Vorteil wird zwangsläufig dazu führen, dass sich die positive Veränderung in der Population verbreitet und in absehbarer Zeit werden alle Mitglieder diese positive Veränderung besitzen, sie wird sich durchsetzen. Das ist das, was ich mit der Macht der Statistik bezeichnen möchte. Mit den einzelnen Individuen kann alles mögliche passieren, es mag auch eine längere Zeit geben, in der sich die Verbesserung nicht weiter ausbreitet, aber auf lange Sicht gewinnt die Statistik immer. Auf dieser Tatsache beruhen viele Phänomene, die wir in der Natur beobachten können.

Das Argument besagt, dass eine Population sich mit der Zeit fast zwangsläufig verbessern wird in dem Sinn, dass die Überlebenschancen der Nachkommen in Beziehung zur Ausnutzung der verfügbaren Ressourcen optimiert werden. Dawkins benutzt dieses Argument in vielen Beispielen, indem er die genetischen Variationsmöglichkeiten durchspielt und er begründet damit auch genetisch programmiertes Verhalten. Was auch immer man gegen die Evolutionstheorie sagen will, dieses Argument macht klar, dass biologische Evolution prinzipiell stattfinden kann.

Dieses Argument macht allerdings auch klar, wo die Einschränkungen des Arguments liegen und wo genau die naturwissenschaftliche Modellierung ansetzen muss. Das Argument der Statistik nimmt implizit an, dass man beliebig viel Zeit zur Verfügung hat. In diesem Fall ist biologische Evolution unausweichlich. Doch je geringer der durchschnittliche Vorteil für eine Verbesserung ist, desto länger dauert es, bis sie sich gänzlich durchgesetzt hat. Und wenn sich in dieser Zeit die Umweltbedingungen so verändern, dass der vormalige Vorteil gar kein Vorteil mehr ist, kann es passieren, dass eine vermeintliche Verbesserung zu einem „Schuss in den Ofen" wird oder dass sich doch der vermeintlich weniger gut Angepasste durchsetzt.

Neben diesem Faktor ist es natürlich so, dass nicht nur eine Eigenschaft für das Überleben einer Population verantwortlich ist, sondern viele sich ergänzende oder sogar sich widersprechende Eigenschaften. Das kann zu dem sehr komplexen Bild führen, das wir heute in der Natur vorfinden. Letztlich führen diese Überlegungen über das prinzipielle statistische Argument hinaus und es fragt sich, welche Eigenschaften denn eine Rolle spielen und wie lange es dauert, eine positive Veränderung in einer Population so zu verbreiten, dass sie die Basis für weitere positive Veränderungen bieten kann.

Genau die letzten Punkte führen dann zu einer naturwissenschaftlichen Modellierung, hin zu kontrollierbaren und diskutierbaren Prozessen. Vom Grundsatz her besteht kein Zweifel, dass Evolution stattfindet, es geht um die Frage, wie die Evolution verläuft und welche Verbindungen sie zwischen den Lebewesen schafft. Genau darum geht es bei Naturwissenschaft.

Computerexperimente

Die Modellierung der Evolution

In neuerer Zeit ist eine neue, hochinteressante Methode entwickelt worden, mit der Licht in das Dunkel der Frage nach den Mechanismen der biologischen Evolution gebracht werden kann: die Verwendung von Computerexperimenten. Um ein Computerexperiment zu machen, benötigt man zuerst ein Modell, das heißt in unserem Fall: die Abbildung von gewissen Eigenschaften, die man in der Natur vorfindet, auf dem Computer. Dies entspricht bereits einer naturwissenschaftlichen Modellierung, im Allgemeinen in vereinfachter Form, indem man bestimmte Teile der Natur abbildet und andere eben nicht.

Der Vorteil von Computerexperimenten liegt in den folgenden Punkten:

- Die Parameter, mit denen das Computermodell aufgebaut ist, lassen sich exakt einstellen und damit kontrollieren.
- Die Zeit, die man warten muss, bevor eine bestimmte Anzahl von Generationen auf dem Computer erzeugt worden ist, liegt nicht in der Größenordnung von Jahrmillionen wie in der Natur.

- Die Näherungen und Vereinfachungen, die in das Modell eingeflossen sind, lassen sich exakt angeben und mit einer Veränderung des Modells auch variieren.

Die Computermodelle sind im Allgemeinen so aufgebaut, dass im Speicher des Computers künstliche Organismen abgebildet werden, die sich mit Hilfe der Software vervielfältigen (Reproduktion) und bei dieser Vervielfältigung mit einer gegebenen Wahrscheinlichkeit Fehler machen (Mutation). Zusätzlich baut man noch in irgendeiner Form einen Selektionsdruck ein, indem aus den – eventuell veränderten – Kindern des Organismus solche mit bestimmten Eigenschaften mit größerer Wahrscheinlichkeit wiederum Nachkommen erzeugen.

Das bekannteste Softwarepaket dieser Art ist AVIDA, das unter dem GNU General Public License frei verfügbar ist. Bei AVIDA werden Lebewesen simuliert, die sich innerhalb des Programms vervielfältigen können, was durch eine Art genetische Sprache gesteuert wird. Die Vervielfältigung wiederum kann besser vor sich gehen (Selektion), indem sie bestimmte Bedingungen erfüllt, die man von außen bestimmen kann. Ein mögliches Beispiel für eine solche Bedingung ist, dass der Organismus eine Funktion aus der mathematischen Logik erfüllt. Die Vervielfältigung wiederum ist nicht exakt (Mutation), so dass die Information, die das simulierte Lebewesen mit sich trägt, verändert wird.

Die einfachsten Organismen, mit denen man im Allgemeinen startet, vermögen nur die einfachsten logischen Funktionen auszuführen. Werden im Verlauf der Mutationen kompliziertere logische Funktionen gebildet, so erhält der Organismus dafür einen Bonus in Form eines positiven Selektionsfaktors. In einer Studie aus dem Jahre 2003 zeigen Richard Lenski, Charles Ofria, Robert Pennock und Christoph Adami, dass mit bestimmten Einstellungen die Entwicklung der kompliziertest möglichen logischen Funktionen innerhalb von 30.000 Generationen möglich ist, es aber auch Einstellungen der Parameter gibt, wo diese Funktion in absehbarer Zeit nicht auftritt.

Dieses Vorgehen wurde von Royal Truman im Jahre 2004 scharf kritisiert, indem er die Parametereinstellungen mit natürlich vorkommenden Eigenschaften verglich und zeigte, dass die behauptete Entwicklung nicht auftritt, wenn die Parameter so eingestellt werden, wie dies die natürlichen Parameter nahe legen.

Nichtsdestotrotz zeigen die Computerexperimente, dass Evolution in der behaupteten Form prinzipiell möglich ist und tatsächlich stattfindet, wenn die Rahmenbedingungen dafür geeignet sind. Sie zeigen auch, dass keine

Evolution stattfindet, wenn die Rahmenbedingungen nicht geeignet sind, was z. B. erklärt, warum man auf dem Mond kein Leben finden kann.

Natürlich ist die Diskussion damit nicht beendet, sie beginnt erst. Aber anstatt über prinzipielle Weltbilder zu reden, was in den Naturwissenschaften sowieso nicht angeraten ist, beginnt man, ein reales Modell für eine mögliche biologische Evolution zu entwickeln und die Rahmenbedingungen festzustellen, unter denen sie stattfindet. Dies kann man dann wieder an Hand der geologischen und sonstigen Daten mit dem vergleichen, was auf der Erde zu finden ist. Ultimativ muss man dafür von einem Computermodell weggehen, aber auf dem Weg dahin können Computermodelle helfen, die richtigen Parameter und Vereinfachungen zu finden, die man in ein solches Modell einbauen muss.

Woher kommt die Information?

Eine weitere Frage wird durch die Computermodelle offen gelegt, nämlich die Antwort auf die Frage, woher denn die Information kommt, mit denen der genetische Code von Lebewesen agieren kann. Dies ist eine Frage, die der deutsche Kurzzeit-Kreationist Werner Gitt (geb. 1937), früher einer der Direktoren der Physikalisch-technischen Bundesanstalt in Braunschweig, stark betont hat. Aus der Sicht der Informatik ist die Codierung in den Genen eine relativ willkürliche, durch die äußeren Umstände nicht bestimmte Festlegung der Information, wie die Kinder des Lebewesens aufgebaut sein sollen. Woher wissen die Gene, wie sie die Information zu codieren haben?

Ein einfacher Vergleich macht das Problem klarer. Wenn eine Flüssigkeit gefriert, können unter Umständen äußerst regelmäßige Kristalle gebildet werden. Dazu lagern sich die Moleküle des entsprechenden Stoffes in die Kristallstruktur ein. Man kann auch hier fragen, woher die Moleküle denn wissen, wo sie sich zu platzieren haben, damit eine Struktur entsteht, die um ein Vielfaches größer ist als die Moleküle selber.

Die Antwort in diesem Fall ist einfach. Die Moleküle selber brauchen gar nichts zu wissen, sie müssen lediglich einem Grundprinzip folgen, das in der Physik das Prinzip der kleinsten Wirkung heißt. Dieses Prinzip hat zur Folge, dass ein physikalisches System einen Zustand von selbst einnimmt, das dem Energieminimum des Systems entspricht. Dies hat eben eine bestimmte Kristallstruktur zur Folge, wie man prinzipiell aus den Eigenschaften der elektromagnetischen Wechselwirkung ableiten kann.

Dies tatsächlich zu zeigen, ist alles andere als einfach, bis heute ist das nur in bestimmten Spezialfällen gelungen. Das entsprechende Phänomen heißt Phasenübergang und ein allgemeines Modell für Phasenübergänge zu finden ist immer noch ein sehr reges und spannendes Forschungsgebiet in der theoretischen Physik. Dennoch lautet die allgemein akzeptierte Antwort auf die Frage, woher denn die Information kommt, die das Kristallgitter bildet: Eben aus den Eigenschaften der Natur; die Information steckt sozusagen in den Naturgesetzen und kommt unter geeigneten Umständen zum Vorschein.

Die Computerexperimente zeigen, dass dieser Grundsatz bei evolutionären Vorgängen genauso gilt. Im Gegensatz zur echten Natur lässt sich in den Computerprogrammen klar erkennen, was wie hineingesteckt wurde und wie daraus die Konsequenz entsteht. Bei AVIDA beispielsweise ist dies die vorab definierte Codierung für die logischen Funktionen und die Selektionsfaktoren, die bestimmte Konfigurationen bevorzugen. Alles, was der Computer dann tut, ist, die Möglichkeiten, die in dem Modell stecken, zu realisieren.

Genauso ist es bei der biologischen Evolution. Die Möglichkeiten, die in der Natur stecken sind vorgegeben durch die Eigenschaften und Möglichkeiten der Aminosäuren und der Proteine, also letztlich wieder durch die Eigenschaften der elektromagnetischen Wechselwirkung, die die Möglichkeiten der organischen Chemie bestimmen. Diese Möglichkeiten sind von Anfang an vorhanden, egal, ob es jetzt schon Leben gibt oder nicht, sie sind vorhanden seit Beginn des Universums. Naturwissenschaftlich gesehen werden dann die bereits in der Natur steckenden Möglichkeiten realisiert, indem durch einen Mechanismus aus Reproduktion, Mutation und Selektion die Möglichkeiten ausprobiert werden.

Das, was im Wesentlichen noch unbekannt ist, ist das Detailwissen darum, welche Faktoren in der organischen Chemie und der Natur nun genau zu dem Ergebnis geführt haben, das wir heute beobachten können. Gelingt es aufzudecken, wie diese Faktoren aussehen und wie sie wirken, dann wird man auch beschreiben können, wie die Anpassung der genetischen Information an die jeweiligen Umweltbedingungen vor sich geht.

4.4.4 Offene Fragen der Evolutionstheorie

Wie schon im vorherigen Kapitel das eine oder andere Mal erwähnt, ist es nicht schwer, offene Fragen in der biologischen Evolutionstheorie zu entdecken. Das ganze Themengebiet ist in seinen Zusammenhängen noch um einiges komplizierter als selbst das Urknall-Modell und an praktisch jeder Ecke gibt es aktuelle Forschungsthemen, die jederzeit neue und aufregende Resultate erzeugen können. Dies fängt bei der Paläontologie an und betrifft die Klassifizierung und Einordnung von ausgestorbenen und/oder fossil vorhandenen Arten, das geht über die Taxonomie der Arten mit ihren Eigenschaften und die Untersuchung von Regelkreisläufen in der Natur oder in Organismen weiter und endet bei der Genomanalyse und den Fragen, die die embryonale Entwicklung von Lebewesen und die Auswirkungen von genetischen Veränderungen betreffen. Zusätzlich betreffen insbesondere die Fragen zur Genetik ganz aktuelle technische Entwicklungen, so dass Neuerungen und Entdeckungen konkrete Auswirkungen oder sogar Gefahren für unsere eigene Existenz haben können.

Angesichts dieser Vielfalt ist es notwendig, sich zu beschränken. Ich will mich hier auf das Thema Evolution oder Schöpfung konzentrieren und die offenen Fragen etwas näher diskutieren, die meines Erachtens am wesentlichsten in dieser Diskussion mitspielen.

Die Frage des Anfangs

Die vielleicht größte und wichtigste offene Frage im Zusammenhang mit der biologischen Evolutionstheorie ist die Frage, wie alles angefangen hat. Durch tägliche Beobachtung ist es klar, dass aus einem lebendigen Organismus wieder ein lebendiger Organismus werden kann und auch die Veränderungen, die in diesem Zusammenhang auftreten können sind erforschbar und nachweisbar. Doch sich eine Erde vorzustellen, in der noch kein Leben existiert und dann die Mechanismen zu identifizieren, die dafür sorgen, dass es später vor Leben wimmelt, ist sehr schwer.

Das Erste, was in diesem Zusammenhang geklärt werden müsste, ist die Frage, was eigentlich Leben ist. Oft stellt man sich darunter mindestens einen Einzeller vor, etwa eine Bakterie, die ein Genom und einen reproduktiven Apparat besitzt, der von einer Schutzhülle umgeben ist. Aber von der Evolutionstheorie her ist solch ein Organismus bereits das Ende einer Milliarden Jahre währenden Entwicklung. Wie nahm das seinen Anfang und durch welche Zwischenstufen ist ein solcher Organismus geworden? Um diese Fragen naturwissenschaftlich zu ergründen, wäre es notwendig, experimentelle Daten zur Verfügung zu haben, an denen man seine Modelle ausrichten kann.

Und genau hier hapert es. Nach aktuellen Datierungen ist das erste Leben vor etwa 3,5 Milliarden Jahren entstanden, aber so richtig in Fahrt kam die Evolution erst vor etwa 0,7 Milliarden Jahren. Eine riesige Zeitspanne lang war das Leben auf der Erde auf einem Niveau, das praktisch keinerlei Spuren hinterlassen hat oder wo die Spuren von später stattgefundenen Ereignissen zerstört worden sind. Das hinterlässt den Forschern heute einen geradezu erbärmlichen Datenbestand.

Die einzige Alternative ist es, Ereignisse oder Prozesse im Labor nachzustellen, aber die Frage ist, welche Prozesse und wie schafft man es, in einem absehbaren und handhabbaren Zeitraum Ereignisse nachzuvollziehen, die in 1-2 Milliarden Jahren stattgefunden haben? Genau das ist das Dilemma der Forschung an dieser Frage und da die Probleme grundsätzlicher Art sind, ist die Hoffnung nicht sehr groß, hier einen revolutionären und endgültigen Durchbruch erzielen zu können.

Das heißt aber natürlich nicht, dass es nicht einige Vermutungen darüber gäbe, wie dieser Prozess stattgefunden haben könnte. Der erste wichtige Schritt auf diesem Weg ist die Aufklärung, welche Umweltbedingungen in dieser langen Zeit denn auf der Erde geherrscht haben. Wie war die Atmosphäre zusammengesetzt, welche Temperaturen herrschten und welche Rolle spielten Meteoriten und/oder Vulkanaktivitäten. In diesem Zusammenhang ist das berühmte Experiment von Miller aus dem Jahr 1953 zu nennen, der einfach einmal eine reduzierende Gasmischung in die Zusammensetzung gebracht hat, die den damaligen Vorstellungen der Ur-Atmosphäre entsprach. Allein mit einigen Wochen Warten und einer Energiequelle in Form von künstlichen Blitzen entstanden organische Verbindungen, die als Grundlage für komplexere organische Moleküle dienen können.

Millers Experiment war Aufsehen erregend, weil niemand damit gerechnet hatte, dass sich organische Verbindungen derart schnell und in so hoher Konzentration bilden würden. Andere, ähnliche Experimente mit anderen Gaszusammensetzungen haben dagegen eher ein negatives Ergebnis gebracht. Dennoch war das Experiment in mehrfacher Hinsicht lediglich ein kleiner, erster Schritt.

Die Vorstellungen der damaligen Zeit über die vorherrschenden Umweltbedingungen wurden mittlerweile verschiedentlich revidiert.

- Zu vermuten ist sowieso, dass diese sich im Verlauf der Jahrmilliarden immer wieder geändert haben.
- Die entstandenen Moleküle sind die Basis einer weiteren Entwicklung, aber wie der Pfad weitergeht und welche höheren Moleküle daraus entstanden ist nach wie vor nicht geklärt.
- Insbesondere ist schwer erkennbar, welche Moleküle prinzipiell als die Startmoleküle des Lebens in Frage kommen.

Gegenüber der Aufregung, die Millers Experiment zu seiner Zeit verursachte, sind die Fortschritte seither eher unspektakulär. Aber es existieren interessante Fortführungen seiner Ansätze, die in normaler wissenschaftlicher Kleinarbeit untersucht werden und eventuell einmal zu einem Durchbruch führen werden.

Insgesamt herrscht relative Einigkeit, dass der Weg zum Leben über die folgenden Stufen erreicht werden könnte:

- In einer chemisch aktiven Region der Erde entstehen durch normale chemische Prozesse ein oder vielleicht auch mehrere organische Moleküle, die groß genug sind, um sich selbst zu replizieren, d. h. die in der Lage sind, chemische Stoffe aus der Umgebung zu verwenden, um eine Kopie ihrer selbst herzustellen. Das Problem ist, ein solches Molekül zu finden, das sich schneller replizieren kann als es wieder zerfällt. Ein heißer Kandidat momentan ist die RNA, seitdem gezeigt werden konnte, dass RNA autokatalytische Wirkungen zeigt, also in der Lage ist, bestimmte chemische Prozesse für sich selbst zu beschleunigen.
- Sobald ein oder mehrere solche Moleküle vorhanden sind, breiten sie sich unaufhaltsam aus, solange die Umweltbedingungen so sind wie zu ihrer Entstehung. Diese Ausbreitung geschieht so lange, wie im Umfeld geeignete Rohstoffe vorhanden sind, um die eigene Replikation aufrecht zu erhalten.
- Sobald das oder die Moleküle alle frei verfügbaren Rohstoffe aufgebraucht haben, entsteht so etwas wie ein Gleichgewicht, da jedes zerfallende Molekül wieder die Rohstoffe für ein neu entstehendes Molekül dieser Art liefert. Man hat es also mit einem See oder noch extremer mit einem Meer zu tun, das eine hohe Konzentration dieser sich selbst replizierenden Moleküle aufweist.
- Dieses Gleichgewicht kann bei stabilen Umweltbedingungen eine lange Zeit bestehen und je nach den Möglichkeiten dieser Moleküle eine sehr große Ausdehnung einnehmen. In dieser Situation kann es auch bereits zu evolutionären Entwicklungen kommen, indem durch leichte Abwandlungen die Replikation eines Moleküls verbessert wird oder sich verschiedene Arten von Molekülen durch kooperatives Verhalten zusammenschließen. Dadurch kann sich statt einer einspurigen Replikation ein chemischer Kontrollkreislauf bilden, der stabiler und effektiver funktioniert. Sobald auch nur an einem Ort so etwas auftritt, breitet sich die verbesserte Variante unaufhaltsam aus (siehe Kapitel 4.4.3, die Macht der Statistik).
- So bildet sich ein neues Gleichgewicht, das wiederum die Basis für eine weitere Verbesserung der Replikation bildet, bis schließlich ein erster Organismus entsteht, der sich gegen die Umwelt abschottet und nur gezielt die Rohstoffe hereinlässt, die zur Replikation benötigt werden. Damit wäre die erste Zelle geboren und die Evolution erreicht die Spuren, die wir heute feststellen können.

Welches Molekül unter welchen Umweltbedingungen diesen Start gebildet haben kann, ist noch offen. Unter dem Begriff „RNA-Welt" ist die RNA aktuell der größte Favorit, aber bislang sind das mehr Vermutungen. Jedoch ist ein erster wichtiger Schritt zu einer korrekten Modellierung mit der „molekularen Evolutionstechnik" gelungen. Diese Technik benutzt die Möglichkeit der RNA sich selbst zu replizieren und durch Änderung der Zusammensetzung und Umstrukturierung eine riesige Anzahl von möglichen Molekülen zu bilden. Dies wird in der Gentechnologie verwendet und hat das Ziel, RNA-Moleküle mit ganz bestimmten Eigenschaften zu züchten.

Dazu stellt man eine zufällige Menge an verschiedenen RNA-Molekülen zur Verfügung und vermehrt diese. Gleichzeitig setzt man die Moleküle unter einen Selektionsdruck in Richtung der gewünschten Eigenschaft. Da bei der Vermehrung der RNA Fehler auftreten – Mutationen also – verändern sich die vorliegenden Moleküleigenschaften. Man stellt fest, dass in den vorherrschenden Eigenschaften lange Zeit Konstanz herrscht, bis dann unter anhaltendem Selektionsdruck, relativ schnell eine neue Konstellation oder Molekülstruktur auftaucht, die der zu selektierenden Eigenschaft näher kommt. Auf diese Weise ist es bereits einige Male gelungen, Moleküle mit Eigenschaften zu züchten, die man in einer gezielten Synthese nicht hätte herstellen können. Zudem bietet die molekulare Evolution ein System an, an dem man die Mechanismen und Konzepte der Evolution viel besser studieren kann als an lebenden Zellen, da die Verhältnisse einfacher sind und die Generationen schneller und kontrollierter entstehen.

Über die Frage, wie dieses erste sich selbst replizierende Molekül entstanden ist, herrschen geteilte Meinungen. Diskutiert werden heiße Quellen, bestimmte Meeresschichten, Import durch Meteoriten usw. Die Anzahl der Spekulationen darüber ist so groß, weil – wie schon betont – die Datenlage so dürftig ist. Es wird abzuwarten bleiben, ob sich mit der Zeit ein konsistentes und nachvollziehbares Modell daraus entwickelt.

Die Fragen der Entwicklung

Eine weitere Frage, die nach wie vor offen ist, ist die Frage, auf welchen Pfaden die Evolution genau voranschreitet und wie sich insbesondere neue Eigenschaften bilden und ausbreiten können. Das Problem ist hier zweifach, Konzeption und Daten.

Auf der Ebene der Konzeption ist zu fragen, wie denn überhaupt „Neues" im Rahmen einer Entwicklung entstehen kann. Genügen denn die Mechanismen der Mutation und Selektion, um auch groß angelegte Veränderungen plausibel zu machen? Als Stichwort sei hier der Unterschied zwischen Mikroevolution und Makroevolution genannt. Dieser Unterschied wird bis heute heiß diskutiert und man kann in einer Arbeit von Waschke einen Überblick über die verschiedenen Konzepte und Denkrichtungen finden, die eine Rolle spielen. Wir treffen hier auch das zentrale Problem, ob in sehr komplexen Systemen unsere Fähigkeiten ausreichen, um ein übergeordnetes Phänomen zu verstehen, indem wir es zerteilen und die untergeordneten Phänomene beschreiben.

Aber wir haben in der Frage der Entwicklung im Großen auch das Problem der Datenlage. An Hand fossiler Funde und an Hand genetischer Vergleiche verschiedener Arten lässt sich ein Verwandtschaftsbaum aufstellen; man kann feststellen, welche Eigenschaft zu etwa welchem Zeitpunkt aufgetaucht ist und man kann schließlich und endlich auch die genetischen Unterschiede zwischen den verschiedenen Stufen aufzeigen.

Aber der genaue Pfad, welche genetischen Veränderungen zu welchen Resultaten geführt haben und wie schnell oder über welche Zwischenschritte die neue Eigenschaft zu Tage getreten ist, ist nach wie vor Gegenstand heftiger Diskussionen. Das Problem ist, dass viele Veränderungen so unmerklich vor sich gehen, dass sie insbesondere in fossilen Daten nicht nachzuweisen sind. So ist es z. B. einem fossilierten Skelett nur schwer anzusehen, welchen Typ von Auge die Art verwendet hat und welche genauen Eigenschaften es besessen hat. Alles was man kann, ist, lebende Beispiele zu finden, die ähnliche Eigenschaften haben wie die fossilen Funde und von diesen dann Rückschlüsse auf die fossile Art zu ziehen.

Die größte Chance, die man hat, um in dieser Frage weiterzukommen, ist die genetische Analyse. Man untersucht, wie sich eine bestimmte Eigenschaft oder ein Organ im Embryo entwickelt und durch welche genetischen Kaskaden und Kontrollkreisläufe das Endergebnis entsteht. Dies tut man bei verschiedenen Arten, die jeweils charakteristische Unterschiede in der betrachteten Eigenschaft oder dem Organ aufweisen. Kann man nachweisen, dass die genetischen Mechanismen der einfacheren Form ein Teil der genetischen Mechanismen der komplexeren Form umfassen und dass beide Mechanismen in der Grundlage denselben Steuerungsmolekülen gehorchen, wie z. B. dem Pax-6 beim Auge, so ist das nicht nur ein wesentlicher Hinweis auf die tatsächliche gemeinsame Abstammung, sondern liefert auch wichtige Hinweise darauf, wie der ursprüngliche genetische Mechanismus einmal ausgesehen hat.

Damit besteht die Hoffnung, den Entwicklungsweg vom Einfachen zum Komplexen auf genetischer Basis nachvollziehen zu können und aus einer solchen Rekonstruktion wiederum Vorhersagen entwickeln zu können, was die fossile Art in dieser Hinsicht an Eigenschaften gehabt haben müsste. Weiß man, wonach man suchen muss, ergeben sich im Allgemeinen Experimente, die diese Vorhersagen bestätigen oder widerlegen können. Damit hat man den Weg geebnet für genau das naturwissenschaftliche Modell, das das Ziel solcher Bemühungen sein sollte.

Doch noch ist es nicht so weit, dass man sagen kann, man hätte ein solches Modell schon entwickelt. Die genetische Analyse steht noch am Anfang und eine systematische Vergleichsstudie z. B. zu den genetischen Mechanismen des Auges bei verschiedenen Arten wurde noch nicht durchgeführt. Es lässt sich auch nicht sagen, welche technischen oder gar prinzipiellen Schwierigkeiten noch auf die Forscher zukommen. So kann es sein, dass sich der genetische Wirkungskomplex nicht so einfach entschlüsseln und darstellen lässt, dass man klare Schlussfolgerungen daraus ziehen kann.

Insofern bleibt die aufgeworfene Frage nach dem genauen Weg der Evolution vorerst offen für Vermutungen und Spekulationen. Es ist aber ein aktives und spannendes Forschungsgebiet, von dem man hoffen kann, dass sich in den nächsten Jahren entscheidende Fortschritte ergeben werden.

Die Entwicklung des Menschen

Obwohl die Entwicklung des Homo sapiens eigentlich nur ein Spezialfall der allgemeinen Entwicklung der Arten ist, ist sie für uns natürlich von besonderem Interesse. Gerade im Zusammenhang mit der Frage nach Evolution oder Schöpfung und bei dem Rückblick auf die Historie dieses Themas spielt die Entwicklung des Menschen eine besondere Rolle. Zusätzlich ist die Erforschung der menschlichen Abstammung in den letzten Jahren durch neue Ideen und Funde in neue Bewegung versetzt worden.

Früher hat man die menschliche Entwicklung als relativ linear angesehen. Verschiedene fossile Funde der Gattung Homo wurden als Vorfahren des Menschen angesehen und eine entsprechende Abstammungslinie wurde konstruiert. Lediglich beim Neandertaler war schon relativ früh klar, dass er eher einen Vetter als einen Vorfahr des Menschen darstellt.

Dieses recht einfache Bild geriet vor ein paar Jahren ins Wanken. Nicht nur, dass neue, aufregende Funde an verschiedenen Orten der Erde gemacht wurden, der Vergleich der bisherigen Entdeckungen mit neuartigen Untersuchungsmethoden und die Verwendung von genetischen Untersuchungen machten weltweite Migrationsbewegungen der Gattung Homo deutlich, die unerwartet früh eingesetzt haben.

Relativ unstrittig ist heutzutage die Antwort auf die Frage, wann sich die Familie der Hominiden und die am nächsten verwandte Familie der Paniden, der heutigen Schimpansen, voneinander getrennt haben. Der Ursprung liegt in Zentralafrika, wo vor etwa 7 Millionen Jahren der letzte gemeinsame Vorfahr von Schimpanse und Mensch in einem Regenwaldbereich gelebt hat. Durch eine Reihe von tektonischen Störungen entwickelte sich damals das ostafrikanische Grabenbruchsystem und das hatte zur Folge, dass sich das Klima westlich und östlich dieses Systems änderte. Während es im westlichen Teil feucht und regenreich blieb und sich ein tropischer Regenwald erhalten konnte, wurde der östliche Teil zu einer Dornenstrauch- und Trockensavanne. Diese Änderung kann recht gut durch eine Vielzahl von fossilen Funden nachgewiesen werden.

Die Trennung bewirkte auch eine Trennung der Populationen des gemeinsamen Vorfahren von Mensch und Schimpanse. Während sich die westliche Population immer besser an den Regenwald anpasste und sich zu den heutigen Schimpansen weiterentwickelte, passte sich die östliche Population an das waldarme, trockene Klima an.

Zwei Faktoren waren wesentlich in dieser Anpassung. Einmal der aufrechte Gang, der in einer Savanne besseren Überblick ermöglichte und das andere Mal die Vergrößerung des Gehirns mit einer Erweiterung der geistigen Fähigkeiten. Die ersten Hominiden waren die Australopithecen, eine recht vielfältige Gruppe, von denen die bekanntesten der Australopithecus africanus und der Australopithecus robustus waren.

In diesem Bild ergeben sich immer noch eine ganze Reihe von Fragezeichen. Einmal ist der gemeinsame Vorfahr von Mensch und Schimpanse noch nicht fossil identifiziert, sodann ist unklar, welche Hominiden nun die ersten Entwicklungsschritte auf dem Weg zum Menschen darstellten und es ist auch noch unklar, welche Australopithecus Art der Vorfahr der Gattung Homo war. Die Gruppe der Australopithecen ist recht vielfältig und es herrscht hier noch viel Unklarheit, welche Faktoren in welchen Regionen nun zu welchen Entwicklungen Anlass gegeben haben.

Vor etwa 2 Millionen Jahren, ebenfalls in Ostafrika, erschien die erste Art der Hominiden. Welche dies war, darüber besteht aber noch Uneinigkeit. Zur Diskussion stehen der Homo ergaster und der Homo erectus. Zwischen beiden Annahmen stehen zwei grundsätzlich verschiedene Modelle der Entstehung des Homo sapiens, das Modell der multiregionalen Entwicklung und das Modell des singulären Ursprungs (die Eva-Hypothese).

Das Modell der multiregionalen Entwicklung besagt, dass sich der Homo erectus über Afrika hinaus nach Europa und Asien verbreitete. In diesen Gegenden entwickelten sich dann spezifische Arten wie der Homo heidelbergensis in Europa und der homo ergaster in Afrika. Doch diese verschiedenen regionalen

Entwicklungen blieben nicht isoliert, sondern entwickelten sich durch beständigen Austausch gemeinsam weiter. Dadurch kam es, dass der Homo sapiens fast gleichzeitig in den verschiedenen Regionen der Erde auftauchte.

Das Modell des singulären Ursprungs sieht Afrika als alleinigen Entwicklungsort des Homo sapiens. Nach diesem Modell war es der Homo ergaster, der sich von Afrika aus ausbreitete und in die verschiedenen Regionen der Erde wanderte. So entwickelte sich daraus der Homo heidelbergensis in Europa und der Homo erectus in Asien mit eventuell vielen regionalen Besonderheiten. Diese Nachkommen des Homo ergaster waren aber alle zum Verschwinden verurteilt. Während stark vermutet wird, dass der Homo neandertalis vom Homo heidelbergensis abstammt, ist der Vorgänger des Homo sapiens noch unklar. Fest steht aber nach diesem Modell, dass der Homo sapiens vor etwa 150.000 Jahren in Afrika auftauchte. Diese Hypothese bekam vor einiger Zeit neue Nahrung, als Forscher aufgrund des genetischen Vergleichs aller menschlichen Rassen folgerten, dass alle modernen Menschen von einer Frau abstammen, die vor etwa 150.000 Jahren in Afrika gelebt hat (die Eva-Hypothese).

Der Homo sapiens begann dann wie der Homo ergaster, in andere Regionen der Erde zu wandern, wo er auf die Nachkommen des Homo ergaster stieß. Ob er diese nun verdrängte oder ob sich die verschiedenen Arten vermischten und die Nachkommen des Homo ergaster dadurch assimiliert wurden, ist noch Gegenstand heftiger Kontroversen. Besonders gut untersucht ist das Aufeinandertreffen des Homo sapiens mit dem Homo neandertalis in Europa und im nahen Osten, wo belegt ist, dass beide Arten gut 50.000 Jahre nebeneinander existiert haben. Der Neandertaler verschwand dann vor gut 40.000 Jahren und auch hier ist es unklar, ob er durch den Homo sapiens ausgerottet wurde oder sich mit dem Cro-Magnon-Menschen vermischte und dadurch der anatomisch moderne Homo sapiens entstand.

Hintergrund der vielen Fragezeichen, die in beiden Modellen noch stehen, ist die unklare Datenlage. Viele Fossilien bestehen nur aus Fragmenten, einem Zahn oder einem Teil eines Knochen und das macht die Zuordnung zu Arten ziemlich schwierig. Allerdings wird an vielen Fundorten noch gearbeitet, so dass die Hoffnung besteht, dass sich die Datenlage verbessert und es irgendwann möglich sein wird, zwischen den Modellen zu entscheiden oder ein besseres zu entwickeln. Aktuell hat das Modell des singulären Ursprungs mehr Befürworter und die besseren Argumente und auch ich favorisiere es, da es gut in den biblischen Bericht über den Ursprung des Menschen passt. Allerdings ist letzteres ein weltanschauliches Argument, was bei der Entscheidung über ein naturwissenschaftliches Modell keine Rolle spielen sollte.

4.4.5 Alternativen zur Evolutionstheorie

Naturwissenschaftlich gesehen gibt es keine Alternative zur Evolutionstheorie.

Mit dieser Feststellung könnte ich dieses Kapitel eigentlich beenden, aber es lohnt sich, einmal gründlicher darüber nachzudenken, warum das der Fall ist, insbesondere im Hinblick auf die Tatsache, dass in den Modellen zur Evolution noch so vieles unklar ist, wie ich im letzten Kapitel auch betont habe.

Die Grundfrage, auf der die Evolutionstheorie beruht, ist die Frage, wie Leben eigentlich geworden ist. Wie sind die Lebewesen auf die Erde gekommen und wie kann man die Gemeinsamkeiten und Unterschiede verstehen? Die klassische Antwort: „Gott hat das so gemacht", ist zwar eine korrekte, aber keine naturwissenschaftliche Antwort, denn ich habe ja nicht nach dem „Wer", sondern nach dem „Wie" gefragt. Gibt mir jemand also diese Antwort, dann erwidere ich im Allgemeinen: „Ja, das weiß ich, aber ich will wissen, wie Gott das angestellt hat."

Es gäbe jetzt durchaus die Möglichkeit, dass wir die Frage nach dem „Wie" mit einem „Keine Ahnung" beantworten. Diese Antwort ist legitim, wenn wirklich weder Daten noch eine valide Theorie vorliegen. Eine solche Antwort kann man z. B. geben, wenn man nach dem Ursprung des Urknalls fragt. Hier liegen tatsächlich keine Daten und keine valide Theorie vor, also muss man mit einem Achselzucken antworten. Es gibt zwar im Rahmen der n-brane-Theorie eine mathematisch orientierte Spekulation, wie der Urknall zustande gekommen sein könnte, aber diese Überlegungen sind noch weit von einer validen Theorie entfernt.

Im Fall der Entwicklung des Lebens aber ist beides nicht der Fall. Es liegt eine Fülle von Hinweisen darauf vor, dass die Evolution stattgefunden hat und stattfindet und sie ist als naturwissenschaftliches Modell gut fundiert und auf eine solide genetische Basis gestellt. Da also sowohl Daten als auch ein Modell existieren, kann man nicht mehr mit „keine Ahnung" antworten, sondern muss entweder die Evolutionstheorie nehmen oder eine bessere Alternative liefern. Und eine solche existiert nicht.

Die Begründung, warum das so sein muss, ist auch leicht einzusehen. Schon die heutigen Modelle zur Evolution haben enorme Schwierigkeiten, den Beginn aus einer ersten Urzelle, einem ersten replizierenden Molekül zu modellieren und nachzuweisen. Wenn ich diese Möglichkeit ablehne – aus welchen Gründen auch immer – was bleibt mir dann noch?

Doch nur die Annahme, dass die verschiedenen Arten unabhängig voneinander, gesondert entstanden sind, denn die Entwicklung aus einander ist ja als falsch angenommen. Doch damit habe ich das Problem des Ur-Moleküls lediglich in tausendfach komplizierterer Form wiederholt und vervielfacht. Wenn ich schon ein einzelnes Ur-Molekül nicht modellieren kann, wie soll ich dann tausende Ur-Moleküle oder gar tausende komplexe Arten modellieren? Meine Annahme führt mich also zu keiner Lösung, sondern lediglich in noch größere Schwierigkeiten.

Diese Aussage gilt auch dann, wenn ich den Ansatz des „Intelligent Design" hernehme und sage, dass ein intelligenter Designer – Gott – diese vielfachen Anfänge erzeugt hat. Naturwissenschaftlich muss ich ja dann sofort fragen: „Sehr gut und wie hat er das gemacht?"

Wir hätten also durch die Annahme eines Multi-Arten-Ursprungs naturwissenschaftlich nichts gewonnen, die einfachste Variante ist und bleibt die Evolutionstheorie, so wie wir sie kennen. Da wir also keine Alternative haben, müssen wir mit dem, was wir haben, Vorlieb nehmen. Es bleiben sehr viele Lücken, Ungereimtheiten und offene Fragen, vieles wird man vielleicht niemals klären können, aber der einzige Umgang mit diesen Ungereimtheiten ist, sie zu klären – oder sie zu akzeptieren.

Natürlich darf jeder hoffen oder erwarten, dass es ein anderes Modell gibt, das weniger Lücken hat, aber ehrlich gesagt, die Aussichten dafür sind schlecht. Schon im prinzipiellen Ansatz ist keine andere Möglichkeit erkennbar und es erscheint unwahrscheinlich, dass sich dieses in näherer Zukunft ändert.

Geht man von der globalen Frage, ob Evolution stattgefunden hat oder nicht, herunter und fragt beispielsweise, auf welche Weise die Evolution stattgefunden hat, dann findet man wieder vielerlei Modelle, zwischen denen entschieden werden kann. Dies betrifft vor allem das, was Makroevolution genannt wird. Insofern hat man bei den Modellen zur Evolution durchaus Platz für die verschiedensten Anschauungen und Alternativen, aber im Grundsatz sind diese vielen unterschiedlichen Anschauungen immer nur Varianten der einen Grundaussage: Eine Evolution hat stattgefunden.

4.4.6 Evolutionstheorie und Weltanschauung

Es sollte aus den letzten Kapiteln klar geworden sein, dass die Evolutionstheorie der Teil der Modellierungen unserer Welt ist, der am meisten Wechselwirkungen mit einer Weltanschauung hat. Das bedeutet nicht, dass es unmöglich wäre, Evolutionstheorie als naturwissenschaftliche Modellierung neutral von jeder Weltanschauung zu betreiben, aber in diesem Gebiet liegen die weltanschaulichen Fragen so nahe, dass es eher schwer fällt, den Grenzübergang nicht zu tun.

Tatsächlich halte ich es auch für gar nicht negativ, weltanschauliche Fragen an diesem Thema zu diskutieren, aber es sollte auch für einen Laien klar sein, wo die Naturwissenschaft aufhört und wo die Weltanschauung beginnt. Gerade wenn man populäre Darstellungen erstellt, sollte diese Grenze klar dargestellt werden. Dies wird aber in der Praxis nur sehr selten getan. Die Befürworter der Evolutionstheorie gleiten extrem leicht von dem notwendigen methodischen Atheismus in einen real genommenen Atheismus und die Gegner der Evolutionstheorie stellen zwar in der Regel ihre weltanschaulichen Glaubensaussagen klar dar, tun aber so, als könne man diese ohne weiteres in die Methodik der Naturwissenschaft einfügen.

Ich möchte beide Phänomene an Hand von je einem Beispiel aufzeigen, das in der Diskussion um Schöpfung und Evolution in Deutschland eine Rolle gespielt hat.

Kanitscheiders Grenzen

In einem viel beachteten Interview im November 1999 mit Prof. Bernulf Kanitscheider, Professor für Philosophie an der Universität Gießen, das in der renommierten Zeitschrift „Spektrum der Wissenschaft" abgedruckt wurde, sollten die Grenzen zwischen Religion und Wissenschaft näher beleuchtet werden. Die Aussagen von Prof. Kanitscheider lösten einen wahren Sturm der Diskussion aus, der noch Jahre später in einem speziellen Forum der Website der Zeitschrift tobte.

Ursache dieses Sturms waren die harten Behauptungen von Prof. Kanitscheider, der in seinen Aussagen einen Grenzübergang zwischen naturwissenschaftlich sauberer Methodik und eigener weltanschaulicher Sichtweise vorgenommen hat. Und diesen Grenzübergang hat er auch noch als einzig methodisch korrekte Argumentation verteidigt. Die folgenden Aussagen von Prof. Kanitscheider führten zur Empörung bzw. Begeisterung der Leser:

- Er sagt, dass jemand, der sich aus beruflichen Gründen mit dem wissenschaftstheoretischen Verständnis der Philosophie, der Logik, Semantik und Struktur der Sprache beschäftigt, kritischer gegenüber der Sprache der Theologie und Religion eingestellt ist als andere Philosophen.

  (Im Grunde sagt er damit, dass Menschen, die sich positiv mit der Sprache der Theologie und Religion auseinandersetzen können, unkritischer sind als er, denn es liegt auf der Hand, dass das angegebene Charakteristikum für eine kritische Auseinandersetzung genau auf Prof. Kanitscheider zugeschnitten ist. Diese Aussage zeigt schon, wie Prof. Kanitscheider den Sprung von objektiven Kriterien [Auseinandersetzung mit einem Fachgebiet] zu zutiefst subjektiven Aussagen [ich bin kritischer als ihr] vollzieht.)

- Er behauptet, dass in der Naturwissenschaft gemäß Karl Popper kein einziger Satz, keine Aussage immun ist gegen Revision, während in der Religion gewisse Grundaussagen, wie z. B. die Unfehlbarkeit der Bibel nicht revidierbar sind und damit die Naturwissenschaft die bessere und flexiblere Grundlage hat.

  Diese Aussage ist etwas schwerer zu durchleuchten, weil die gegenteilige Behauptung, dass nämlich Naturwissenschaft mit genauso unrevidierbaren Aussagen arbeitet wie Religion, von den Gegnern der Evolutionstheorie gerne verwendet wird. Tatsächlich sind beide Behauptungen in gewisser Weise wahr und in gewisser Weise falsch.

  Tatsächlich gibt es eine dogmatische, unveränderbare und feststehende Grundlage der Naturwissenschaft, die nicht diskutabel ist. Das ist das methodische Vorgehen, das ich in Kapitel 3.2 erläutert habe. Für Prof. Kanitscheider ist dies aber derart selbstverständlich, dass er darüber kein Wort verliert und diese Voraussetzung in eine absolute Behauptung gießt, die so einfach falsch ist. Aber seine Behauptung ist nur dann einigermaßen korrekt, wenn man eben auf dieser methodischen Grundlage steht und das muss gerade in dem Zusammenhang von Religion und Naturwissenschaft gesagt werden. Er erwähnt auch nicht, dass diese methodische Grundlage eine Beschränkung, eine Einengung ist, worauf ich gleich noch näher zu sprechen komme.

  Aber auch die Gegner der Evolutionstheorie stellen wiederum falsche Behauptungen auf. Dass die Naturwissenschaft eine dogmatische Basis hat, heißt nicht, dass es dieselbe ist, wie bei der Religion. Wir können also nicht die eine mit der anderen Basis vertauschen und behaupten beides sei äquivalent. Gerade bei der Religion fehlt die logische Strenge und eben auch die starke Falsifizierbarkeit, die in der Naturwissenschaft herrscht, wenn man die Basis erst einmal als gegeben annimmt. Wie man die Religion mit der Naturwissenschaft verbinden kann, werde ich in größerem Detail in Kapitel 6 erläutern.
- Mit nur wenigen Sätzen verbindet Prof. Kanitscheider die Evolutionstheorie mit einer evolutionär begründeten Ethik und behauptet, dass Biologen dies über die Entwicklung des limbischen Systems begründen können.

  Auch hier schießt Prof. Kanitscheider mit Eleganz über den naturwissenschaftlichen Rahmen hinaus. Er hat wohl Recht damit, dass man mit einem naturwissenschaftlichen Modell die Entwicklung des limbischen Systems nachzeichnen kann und dass Gehirnforscher die Beteiligung des limbischen Systems an gefühlsmäßigen Reaktionen aufdecken können, aber daraus zu schließen, dass Ethik aus der Evolutionstheorie zu begründen ist, bedeutet, die eigene Weltanschauung als Voraussetzung für den zu ziehenden Schluss zu nehmen.

Es war dem Interview eher anzumerken, dass es Prof. Kanitscheider unangenehm war, einer Religion sogar eine ethikregulierende Funktion zuzubilligen. Sein Bestreben schien es zu sein, jeden Einfluss von religiösen Gefühlen zurückzudrängen, wobei er in einem späteren Teil des Interviews zugeben musste, dass dies bei den Menschen eine gewisse Leere, ein Loch hinterlassen würde.

- Gegen Ende des Interviews zeigte sich dann endgültig, wie Prof. Kanitscheider die methodischen Grenzen der Naturwissenschaft, die einzuhalten er eigentlich aufgetreten ist, überschreitet. Er behauptet, dass eine agnostische Einstellung, also die Einstellung, dass man keine naturwissenschaftliche Aussage über Gott machen könne, unehrlicher sei als der Atheismus, den er vertreten würde. Das begründet er damit, dass man in den Naturwissenschaften Dinge, die man nicht nachweisen kann, als nicht existent annimmt und man daher dieses auch für Gott und die Religion tun müsse. Er verkennt dabei, dass er damit einen klassischen Zirkelschluss durchführt. Aus methodischen Gründen können wir in einer Naturwissenschaft Gott nicht einbauen, wir sind also gezwungen, in den Naturwissenschaften einen methodischen Atheismus zu verwenden. Tun wir das und wenden die Methodik wiederum auf die Frage nach Gott an, so ist es eigentlich nicht nur nicht verwunderlich, sondern geradezu zwangsläufig, dass wir die Voraussetzung als Ergebnis wieder herausbekommen. Und das präsentiert uns Prof. Kanitscheider als Argument dafür, dass sein Atheismus zwangsläufig und ehrlich sei.

Das Beispiel des Prof. Kanitscheider zeigt, wie schnell und einfach es auch gerade für einen naturwissenschaftlich ausgebildeten Menschen ist, die Grenze zur Weltanschauung zu überschreiten und damit den Eindruck zu erwecken, dass die weltanschaulichen Schlussfolgerungen, die man zieht, genauso logisch und gesichert sind, wie die naturwissenschaftlichen Schlussfolgerungen, die man im Rahmen der naturwissenschaftlichen Methodik ziehen kann.

Hier liegen die eigentlichen Gefahren in einer naturwissenschaftlichen Denkweise. Man verlernt, die eigenen Grenzen zu erkennen – und es gibt genügend gute und berühmte Naturwissenschaftler, die es verlernt haben, diese Grenzen zu erkennen. Bei den Menschen, die nicht so gut ausgebildet sind, haben diese Präsentationen die verheerende Wirkung einer von außen festgelegten, atheistischen Weltanschauung. Was wiederum eine starke Behinderung bei dem Versuch, einen eigenen Weg zu finden, der nicht atheistisch geprägt ist, darstellt. Der Feind ist aber nicht die Naturwissenschaft oder die naturwissenschaftliche Methodik, sondern der Hochmut, das beschränkte eigene Wissen für das volle Universum zu halten – ein Hochmut, der auch religiös denkende Menschen sehr leicht befällt.

Lönnigs Fall

Ein anderes Beispiel, wo weltanschauliche Ansichten das Handeln und die Argumentation eines Forschers der Evolution am Ende stärker beeinflussen als das saubere naturwissenschaftliche Modellieren ist die Präsentation von Dr. Wolf-Ekkehard Lönnig, Mitarbeiter am renommierten Max-Planck-Institut für Züchtungsforschung (MPIZ) in Köln.

Die Ansichten Dr. Lönnigs wären vielleicht kaum jemanden bekannt, hätte nicht der Pflanzenphysiologe Ulrich Kutschera, Professor für Biologie an der Universität in Kassel und Vertreter des Faches Evolutionsbiologie, ein besonderes Interesse an der Website von Dr. Lönnig entwickelt. Diese war nämlich Teil der Präsentation des Max-Planck-Institutes in Köln und ermöglichte Dr. Lönnig so, seine Ansichten unter dem Banner des MPIZ zu präsentieren. Prof. Kutschera war aber der Meinung, dass diese Präsentation die Richtlinien und Standards des Arbeitgebers von Dr. Lönnig verletzten würde und schlug vor, die Website zu teilen in einen Teil, der die in normalen wissenschaftlichen Zeitschriften veröffentlichte Arbeit Dr. Lönnigs darstellt und einen Teil, der die privaten Ansichten Dr. Lönnigs enthält und der daher auf die private Homepage Dr. Lönnigs zu stellen sei.

Doch dieser Vorschlag fand keinen Gefallen bei Dr. Lönnig und es entwickelte sich ein heftiger Streit, in dessen Folge die gesamten Internetseiten Dr. Lönnigs auf dessen private Homepage verlagert und die Instituts-Seiten abgeschaltet wurden. Das erregte durchaus einige öffentliche Aufmerksamkeit, die auch dadurch wach gehalten wurde, dass Dr. Lönnig und teilweise auch der Verband deutscher Biologen, bei dem Prof. Kutschera ein führendes Mitglied ist, den Streit auch lange nachher noch aufrecht erhielten, der überdies schon längst von der sachlichen auf die persönliche Ebene abgeglitten war.

Doch worum ging es bei diesem Streit, der in seiner Form und seiner Entwicklung an die Verhältnisse in den USA erinnert, wo die beiden Seiten der Diskussion um Evolution und Schöpfung kaum noch ein freundliches Wort füreinander finden? Dr. Lönnig ist erst einmal ein normales Mitglied am MPIZ und interessiert sich naheliegenderweise für die Mechanismen von Mutation und Selektion bei Pflanzen und Einzellern und seine wissenschaftlichen Veröffentlichungen ranken sich entsprechend um diese Thematik. Doch Dr. Lönnig ist kein Anhänger der Evolutionstheorie. Er ist der Ansicht, dass die Ergebnisse der Forschung zeigen, dass eine Höherentwicklung von Lebewesen mittels der Mechanismen von Mutation und Selektion nicht möglich ist. Im Zentrum steht dabei das von ihm so benannte „Gesetz der rekurrenten Variation".

Ich werde auf dieses Gesetz in Kapitel 5.4 noch näher eingehen, hier ist es ausreichend zu erwähnen, dass dieses Gesetz besagt, dass man, ausgehend von einer Art, durch Mutationen nur eine beschränkte Anzahl von verschiedenen Mutanten erzeugen kann, dass also die Anzahl der verschiedenen Variationen dieser Art beschränkt ist. Diese Beobachtung ist durch einige Experimente gut belegt. Dr. Lönnig schließt daraus, dass sich die möglichen Variationen einer Art nur in einem beschränkten Gebiet abspielen und dass ein Sprung in ein anderes Gebiet, also eine artübergreifende Weiterentwicklung nicht möglich ist.

So weit erscheint das eine gute Beobachtung zu sein, auch wenn es sachliche Einwände gegen ein generelles Gelten dieser Beobachtung gibt (siehe Kapitel 5.4). Doch anstatt auf der Basis dieser Beobachtung weiter naturwissenschaftlich zu argumentieren, macht Dr. Lönnig den Sprung in die Metaphysik und lässt seine weltanschaulichen Ansichten überhand nehmen. Ein gutes Beispiel für seine Art der Argumentation ist der Abschnitt p seiner Webseite zum Gesetz der rekurrenten Variation. Der Abschnitt ist mit „Alternativen" betitelt, also mit Dr. Lönnigs Ausweg aus dem Problem, das er in den Ausführungen vorher aus dem Gesetz der rekurrenten Variation für die Evolutionstheorie abgeleitet hat. Das folgende Zitat ist der Beginn dieses Abschnitts:

„Mit anderen Worten – und damit soll zugleich auf die Möglichkeit einer neuen Erklärungsdimension in der historischen Fragestellung zur Entstehung der Lebensformen aufmerksam gemacht werden: Soweit jemand auch bei der Ursprungsfrage als Erklärung in den Naturwissenschaften ausschließlich physikochemische Gesetzmäßigkeiten gelten lassen will, wird er sich angesichts der komplexen biologischen Tatsachen damit zufrieden geben müssen, dass die Hauptfragen zur Entstehung der Lebensformen noch offen sind.

Und mit den folgenden Sätzen wollen wir nun den direkten Sprung in diese soeben angedeutete, neue (und zugleich älteste) Erklärungsdimension der Menschheit zur Ursprungsfrage wagen und dabei die Frage nach ihrer logischen Berechtigung und Falsifizierbarkeit stellen:

Ist man jedoch bereit, sich vom evolutionistischen Denkverbot (frage auch bei den komplexesten und genialsten Konstruktionen in der Natur niemals nach dem Konstrukteur!) zu lösen, so könnte man folgende Argumentation akzeptieren. Der Zellphysiologe S. Strugger bemerkte einmal treffend: ‚Die Zelle ist das vollendetste kybernetische System auf der Erde. Alle Automation der menschlichen Technik ist gegen die Zelle nur ein primitives Beginnen des Menschen im Prinzip zu einer Biotechnik zu gelangen.‘ Wenn nun schon ‚das primitive Beginnen‘ auf diesem Weg immer bewusstes Handeln, Intelligenz, Geist und Weisheit voraussetzt,– wie viel mehr muss das dann auf den Ursprung der tausendmal komplexeren kybernetischen Systeme der Lebensformen zutreffen! Sind die genial-komplexen kybernetischen Systeme der Organismen nicht bereits selbst ‚substantial evidence‘ für Intelligent Design?“

Das Zitat zeigt deutlich, welchen Weg Dr. Lönnig gehen will. Er sieht nicht vollständig gelöste Fragen in einem naturalistischen Modell als den Grund, auf einen intelligenten Designer zurückzugreifen und auf einen Gott zu schließen.

Ein solcher Schluss mag ja richtig und statthaft sein, aber er verlässt die Gefilde der Naturwissenschaft. Hier präsentiert sich Dr. Lönnig als ein Mensch mit einer bestimmten Weltanschauung und er fegt ohne große Bedenken das vom Tisch, was historisch erst zur Entwicklung der Naturwissenschaft geführt hat. Doch damit nicht genug. Er bezeichnet den methodischen Atheismus hier in dem Zitat als „evolutionistisches Denkverbot“ und in den anderen Texten auf seiner Webseite bemüht er noch wesentlich stärkere und emotionalere Ausdrücke, mit anderen Worten, er setzt in seiner Darstellung auf starke Emotionen und Hass erzeugende Bilder. Oder anders ausgedrückt, er ersetzt die sachliche Modelldiskussion durch eine weltanschauliche Propagandarede.

Dies mag letztlich einen Professor Kutschera bewogen haben, seinen Angriff auf die Webseite von Dr. Lönnig zu beginnen. Prof. Kutschera liegt als Vertreter für das Fach Evolutionsbiologie das Thema Evolution natürlich besonders am Herzen. In seinen Publikationen beschreibt er, dass er bei einem Forschungsaufenthalt in den USA mit dem dortigen Kurzzeit-Kreationismus bekannt geworden ist und die hitzige, engstirnige und verbissen geführte Diskussion dort kennengelernt hat.

Bei seiner Rückkehr nach Deutschland stellte er fest, dass sich das kurzzeitkreationistische Gedankengut auch hier zu verbreiten begann, geführt von der Studiengemeinschaft Wort und Wissen. Dies ließ bei ihm alle Alarmglocken schrillen, er sah sein eigenes Fach, die Biologie, durch diese Aktivitäten bedroht, er fürchtete, der Kampf um die Schulen (siehe Kapitel 2.3.2) würde auch bei uns entbrennen und der Naturwissenschaft im Allgemeinen und der Biologie im Besonderen schweren Schaden zufügen.

Im Vordergrund stehen bei Prof. Kutschera die wissenschaftstheoretischen Argumente gegen Schöpfungstheorie und „Intelligent Design", wobei er darauf hinweist, dass ein Argument wie: „Gott – oder ein nicht näher spezifizierter Designer – hat es so gemacht", in einem naturwissenschaftlichen Modell nichts zu suchen hat. Doch mit dem Kampf gegen Lönnigs Präsentation hat sich auch sein Wortschatz verändert. Des Öfteren bezeichnet er Dr. Lönnig als Kreationist und setzt ihn mit den Mitgliedern von Wort und Wissen gleich. Auch solche Wortwahl hat eher einen emotionalen als einen sachlichen Wert.

Die ganze Entwicklung zeigt, dass sich eine solche Kontroverse zwar oft an den naturwissenschaftlichen Modellen entzündet, diese aber letztlich nicht die Ursache dafür sind. Weltanschauliche Gesichtspunkte spielen bei beiden Seiten eine Rolle und führen in eine negative Spirale von Wortgefechten, bei der die Stimme der Sachlichkeit kaum noch eine Chance besitzt. Die Situation in den USA sollte uns eigentlich Warnung genug sein.

Der Einbruch der Weltanschauung

Die oben zitierten zwei Beispiele sind musterhaft für die Diskussion um Evolution und Schöpfung. Die eine Seite, die an der Existenz Gottes nicht interessiert ist oder nicht daran glaubt, überträgt den methodischen Atheismus aus den Naturwissenschaften in ein Weltbild und macht einen realen Atheismus daraus. Diese Seite vergewaltigt die Naturwissenschaft dadurch, das sie eine Glaubensaussage mit naturwissenschaftlichen Aussagen beweisen will und versucht in unserer naturwissenschaftlich geprägten Welt damit eine weltanschauliche Vorherrschaft zu erreichen.

Die andere Seite sieht die Schuld für das Vorherrschen der atheistischen Denkstrukturen eben in der Evolutionstheorie und macht sich damit einen bequemen Sündenbock. Der Glauben wird als dogmatische Grundrichtung eingestellt, an der sich die Naturwissenschaft zu orientieren hat, auch wenn das bedeutet, dass der eigentliche Inhalt, der Sinn und die Methoden von Naturwissenschaft über Bord geworfen werden. Selbstverständlich haben diese Menschen die besten Absichten und würden auch ganz viel Geld für die Forschung locker machen wollen, wenn sie die Entscheidungsgewalt hätten. Dabei wird aber geflissentlich ignoriert, dass es in den USA schon die ersten Schritte in Richtung Verbote und Geldkürzungen aus weltanschaulicher Sicht gegeben hat.

Als jemand, der ein überzeugter Christ ist und ein ebenso überzeugter Naturwissenschaftler, sehe ich mich hier in der Minderheit und zwischen den Stühlen sitzend. Menschen, denen beide Seite gleich viel bedeuten und die in beiden Seiten Wissenskompetenz haben, sind nicht sehr häufig. Es ist halt wesentlich bequemer, die Seite, die einem nicht passt, auszuklammern. Gerade aus diesem Grund ist das vorliegende Buch entstanden.

4.4.7 Zusammenfassung

Die Modellierung der biologischen Evolution kämpft mit erheblich mehr Problemen als die Modellierung der Evolution des Universums und der Erde. Dies liegt an den wesentlich komplexeren Prozessen und Zusammenhängen, die sich in der Biochemie ergeben. In dieser Vielfalt und diesen fein abgestimmten, chaotischen Regelkreisläufen einen roten Faden zu finden, ist mehr als schwierig.

Dennoch ist allein das Ziel, die biologischen Abläufe naturwissenschaftlich zu modellieren, gleichbedeutend mit der Aussage, dass eine Evolution stattgefunden hat, denn Naturwissenschaft bedeutet nun mal das Aufstellen dynamischer Zusammenhänge. Und erst mit der Aussage, dass eine Evolution stattgefunden hat, ergibt sich überhaupt die prinzipielle Möglichkeit, die biologischen Strukturen zu verstehen.

Durch die Entdeckung der genetischen Grundlagen und der Verbindung der Biologie mit der Geologie haben sich inzwischen auch eine ganze Reihe handfester Argumente dafür ergeben, dass Evolution tatsächlich stattgefunden hat und immer noch stattfindet. Auch wenn die Details einer evolutionären Entwicklung im Großen noch in vielen Punkten offen sind, wurden bereits viele detaillierte Zusammenhänge entdeckt, die klar werden lassen, dass es auf naturwissenschaftlicher Basis keine Alternative gibt.

Aber gerade die biologische Evolution ist auf beiden Seiten, auf Seiten der Befürworter und auf Seiten der Gegner des Evolutionsgedankens, mit sehr viel Weltanschauung belastet. Das Thema ist geradezu prädestiniert dafür, über den Sinn unseres Daseins nachzudenken oder auf die Frage zu kommen, ob und wie Gott denn seine Finger mit im Spiel hat. Dabei gibt es auf beiden Seiten Entgleisungen dahingehend, dass eine eigentlich sachlich zu führende Diskussion um naturwissenschaftliche Modelle in ein hochmütiges Hochhalten der eigenen subjektiven Anschauung übergeht. Die Befürworter der Evolution machen allzu oft den Fehler, die Möglichkeiten der Naturwissenschaft zu überschätzen und die Seiten der Realität zu ignorieren, die sich prinzipiell nicht durch Naturwissenschaft beschreiben lassen. Die Gegner der Evolution versuchen den Teufel mit dem Beelzebub auszutreiben und wischen mit einer dogmatischen Vorgehensweise die Grundlagen der Naturwissenschaft vom Tisch und meinen, diese würde durch dieses Vorgehen unbeschädigt bleiben. Dabei weisen sie dem Glauben eine Rolle zu, die dieser gar nicht erfüllen kann und der so auch gerade dem christlichen Glauben zuwider läuft.

4.5 Kritik der Evolutionstheorie

Ein naturwissenschaftliches Modell ist immer kritisierbar, also auch die Modelle zur Evolution. Aber man muss unterscheiden zwischen einer Modell-Kritik und einer Kritik, die die Regeln der Naturwissenschaft verletzt. In diesem Kapitel möchte ich einen Überblick geben über die Formen der Kritik, die den Modellen zur Evolution entgegenschlägt und überlegen, was denn eigentlich das Motiv für die jeweilige Kritik ist und ob diese Kritik dazu führen muss, den Gedanken an Evolution aufzugeben oder nicht.

Die biologische Evolutionstheorie im Besonderen, aber auch die Evolution des Universums und der Erde wird von den religiös motivierten Gegnern immer wieder kritisiert. Dabei ist sachliche Kritik selten. Gerade im Internet gibt es unzählige Seiten, die Kritikpunkte aufwerfen, aber auch solche, die darauf antworten. Hier jetzt zu versuchen, einzelne Punkte aufzugreifen, wäre eigentlich zu viel, denn die Argumente werden selten klar formuliert und haben eine sehr große Variationsbreite.

Dennoch möchte ich versuchen, durch eine Kategorisierung der Vorwürfe einen Überblick darüber zu schaffen und auch der Frage nachgehen, wie relevant diese Vorwürfe im Hinblick auf eine naturwissenschaftliche Modellierung sind. Ich kann hier nicht auf alle Vorwürfe eingehen, die genannt werden, aber ich versuche anhand der Kategorien klarzustellen, wie man im Rahmen einer Modellierung der Evolution auf die jeweiligen Kritikpunkte antwortet. Es sollte auch klar werden, welche Kritikpunkte aus naturwissenschaftlicher Sicht ignoriert werden müssen, weil sie überhaupt nicht naturwissenschaftlich fundiert sind und welche Kritikpunkte auf naturwissenschaftlicher Basis stehen und auf dieser Ebene auch behandelt werden können.

4.5.1 Wissenschaftstheoretische Vorwürfe

Mit wissenschaftstheoretischen Vorwürfen sind solche Kritikpunkte gemeint, die die wissenschaftstheoretische Fundierung des Modells der Evolution (für das Universum oder die Erde oder das Leben) als nicht zureichend kritisieren. Ziel einer solchen Kritik ist im Allgemeinen, die Evolutionstheorie als nicht wissenschaftlich darzustellen und damit einer glaubensbasierten Theorie gleichzustellen.

Eine solche Argumentation erleichtert denjenigen ihre Argumentation, die dem Kurzzeit-Kreationismus anhängen, denn es ermöglicht es zuzugeben, dass der Kurzzeit-Kreationismus eine glaubensbasierte Theorie ist. Man nimmt dann lediglich das Recht in Anspruch, genauso „nicht-wissenschaftlich" zu sein, wie eben die Evolutionstheorie.

Dabei zerfällt diese Kritik in drei Schritte, von denen aber in der Regel nur der erste Schritt explizit ausgeführt wird. Im ersten Schritt behauptet man, dass die Evolutionstheorie kein echtes naturwissenschaftliches Modell ist, im zweiten Schritt behauptet man, dass die Evolutionstheorie auf einer Glaubensaussage beruht und im dritten Schritt stellt man die Glaubensaussage des Kurzzeit-Kreationismus als gleichwertig daneben.

Tatsächlich kann man gegen jede dieser drei Argumentationsschritte Einwände erheben, sie folgen nicht zwangsläufig logisch hintereinander. Doch um das zu erkennen, muss man beispielhaft etwas genauer in die Argumentation hineinschauen.

Kritikpunkt: Die Evolutionstheorie ist nicht falsifizierbar.

Dieser Kritikpunkt wird in der Regel so formuliert: Die Evolutionstheorie ist keine naturwissenschaftliche Theorie, weil sie nicht falsifizierbar ist.

Diese Art des Vorwurfs beruft sich im Allgemeinen auf die wissenschaftstheoretische Arbeit des berühmten Philosophen Karl Popper, der herausgearbeitet hat, dass man niemals in der Lage ist, ein Naturgesetz zu verifizieren, sondern – wenn überhaupt – es lediglich falsifizieren kann. Hintergrund ist ganz einfach, dass es niemals möglich ist, alle Situationen, in denen ein Naturgesetz gelten soll, zu überprüfen. Also kann man niemals mit Sicherheit sagen, dass ein Naturgesetz immer gültig ist.

Abgesehen davon, dass ich – zusammen mit den meisten Physikern heutzutage – den Begriff des Naturgesetzes ablehne und lieber konsequent den Begriff des Modells verwende, wird Popper in diesem Zusammenhang in der Regel sehr verkürzt zitiert. Poppers Arbeit auf diesen einen Satz zu beschränken hieße, seine ganze Darstellung der Veränderung und Anpassung der Formulierung eines Naturgesetzes zu ignorieren, die in Gang kommt, wenn zusätzliche und erweiternde experimentelle Daten verfügbar sind.

Doch das ist im Allgemeinen nicht der wesentliche Punkt dieser Kritik. Der wesentliche Punkt ist, dass im Rahmen dieser Kritik nicht gesagt wird, was eigentlich falsifiziert werden soll. Erst wenn dieses klar ausgedrückt wird, kann man der Kritik logisch begegnen und erst dann kann man auch etwas dazu sagen, wie relevant die Kritik eigentlich ist.

Tatsächlich gibt es zwei Möglichkeiten, wie diese Kritik gemeint sein könnte, die aber auf völlig verschiedenen Ebenen liegen:

Die Anfangsbedingungen, von der die Evolutionstheorie ausgeht, werden nicht-falsifizierbar als wahr angenommen.

Zunächst einmal kann es sein, dass sich diese Kritik auf die Wahl bestimmter Anfangsbedingungen gründet, die in den Modellen zur Evolution im Allgemeinen der Startpunkt sind. Die Kritik kann dann folgendermaßen formuliert werden:

- Die Annahme, dass alles Leben sich aus einer einzigen Zelle entwickelt hat, wird dogmatisch vorausgesetzt und nicht hinterfragt.
- Die Annahme, dass sich die Schichten der Erde allmählich und langsam gebildet haben, wird dogmatisch angenommen und nicht hinterfragt.
- Die Annahme, dass sich das Universum aus einem Urknall entwickelt hat, wird dogmatisch angenommen und nicht hinterfragt.

Hier findet bereits ein erster Wandel der Wortwahl statt. Während die Kritiker zu Beginn noch die Formulierung „nicht falsifizierbar" wählen, taucht hier plötzlich ein „wird nicht hinterfragt" auf. Die ursprüngliche Behauptung der Kritiker wird also noch im Verlauf der Argumentation verändert. Tatsächlich werden diese drei Punkte in der überwiegenden Mehrzahl der naturwissenschaftlichen Publikationen nicht hinterfragt, aber das deshalb, weil in der Naturwissenschaft vieles zwangsläufig aufeinander aufbaut. Schreibt man über Evolution, so geht man von gut etablierten Prämissen aus, so wie man bei Arbeiten über die Gravitation der Erde davon ausgeht, dass die Gravitationskonstante einen bestimmten Wert hat, der in anderen Arbeiten mit guter Genauigkeit gemessen wurde.

Insofern ist der Vorwurf der „Nicht-Falsifizierbarkeit" in dieser Art der Argumentation nicht gerechtfertigt. Denn wenn die Evolution des Universums davon ausgeht, dass ein Urknall stattgefunden hat, so liegt das nicht daran, dass dies eine nicht falsifizierbare Annahme ist, sondern daran, dass die experimentellen Fakten auf einen solchen Anfangszustand hinweisen.

Wenn die Evolution der Erde davon ausgeht, dass die Sedimentationsprozesse eine lange Zeit benötigen, um die Schichtstrukturen auszubilden, dann ist das keine nicht falsifizierbare Annahme, sondern einfach die Konsequenz der beobachteten Prozesse, auf denen man sein Modell gründet.

Und wenn die Evolution des Lebens davon ausgeht, dass alle Lebewesen aus einem einzelnen, sich selbst replizierenden Urmolekül entstanden sind, so ist das keine nicht falsifizierbare Annahme, sondern das einfachste Modell, das man bilden kann, das die beobachteten Fakten zusammenfasst.

Man kann jetzt im einzelnen darüber streiten, wie gut die Fakten in diese Grundaussagen hineinpassen, aber das ist in unserem Zusammenhang nicht der wesentliche Punkt. Wesentlich ist, dass es recht einfach ist, sich vorzustellen, wie experimentelle Ergebnisse aussehen müssten, damit sie nicht mit diesen Grundaussagen zusammenpassen und die einen Wissenschaftler zwingen würden, ein anderes Modell zu entwickeln. Insofern ist der Vorwurf der Nicht-Falsifizierbarkeit schlichtweg falsch. Von der naturwissenschaftlichen Modellierung her sind die Annahmen der Evolutionstheorie klar falsifizierbar und es wäre möglich, andere Modelle zu bilden, wenn die Daten nur darauf hinweisen würden.

Die Verwendung von naturwissenschaftlichen Methoden in der Evolutionstheorie wird nicht-falsifizierbar als wahr angenommen.

Die zweite Möglichkeit, den Vorwurf der Nicht-Falsifizierbarkeit zu verstehen, geht wesentlich tiefer. Es kann sein, dass sich der Vorwurf auf die Annahme bezieht, dass die beobachteten Strukturen durch naturalistische Prozesse entstanden sind. Die Kritiker sagen also:

„Ihr nehmt an, dass alles durch natürliche Vorgänge entstanden ist und zwar durch solche Vorgänge, die auch heute noch beobachtet werden können. Diese Annahme lässt sich nicht falsifizieren und ist deshalb keine Wissenschaft, sondern eine Glaubensaussage.“

In gewisser Weise haben die Kritiker hier tatsächlich Recht, aber das Argument als Argument gegen die Evolutionstheorie ist sinnlos. Denn letztlich ist das Argument ein Zirkelschluss.

Wie in Kapitel 3.2 und 4.1 erläutert, definiert sich Naturwissenschaft dadurch, dass man naturalistische Prozesse beschreibt und modelliert. Wenn also die Modellierung naturalistischer Prozesse die Naturwissenschaft definiert, kann man nicht als Vorwurf sagen: „Weil du naturalistische Prozesse modellierst, ist das, was du machst, keine Naturwissenschaft.“ Im Gegenteil, das Vorgehen ist vollständig konsistent mit dem, was Naturwissenschaft fordert – Naturwissenschaftler können, ja dürfen gar nichts anderes machen, sonst müssen sie aufhören, sich Naturwissenschaftler zu nennen.

Wie wir im nächsten Kapitel noch sehen werden, wird dies auch von den sachlich argumentierenden Kreationisten anerkannt. Hier geht das Argument eher in Richtung der Vollständigkeit, also der Frage, ob sich alle Prozesse vollständig naturalistisch modellieren lassen. Tatsächlich ist die Annahme, dass die Naturwissenschaft alle Phänomene der Realität vollständig beschreibt, eine Annahme, die fast schon Glaubenscharakter hat. Darüber hinaus ist sie in heutiger Zeit auch empirisch nicht zu rechtfertigen (siehe Kapitel 3.4).

Aber in unserem Zusammenhang muss darauf hingewiesen werden, dass es für die Korrektheit der Evolutionstheorie als naturwissenschaftliches Modell nicht notwendig ist, dass Naturwissenschaften eine vollständige Beschreibung ermöglichen. Ich habe in Kapitel 3 ja schon darauf hingewiesen, dass die naturalistische Beschreibung fundamentale Grenzen besitzt, aber diese Grenzen werden von den Kreationisten heutzutage für gering geschätzt. Sie fordern vielmehr, die Entstehung von Gebilden hoher Komplexität als nichterklärbar zu postulieren (irreduzible Komplexität). Doch das stellt tatsächlich keinen Vorwurf an die Evolutionstheorie dar, sondern ist eine zusätzliche Annahme, die schlicht und ergreifend dadurch getestet werden kann, ob es denn Naturwissenschaftler gibt, denen eine Modellierung der Entstehung dieser Strukturen gelingt. Ich werde auf diesen Punkt im nächsten Kapitel noch näher eingehen.

Zusammenfassend kann man zu dem Kritikpunkt der Nicht-Falsifizierbarkeit sagen, dass er keine wirkliche Substanz hat. Am ehesten greift er noch, wenn Naturwissenschaftler über die Modellierung der Evolution hinausgehen und weltanschauliche Konsequenzen ziehen, wie dies bei Prof. Kanitscheider der Fall gewesen ist. Aber das ist kein Vorwurf an die Evolutionstheorie, sondern an die Menschen, die als Naturwissenschaftler ihr jeweiliges Fach vertreten.

Die Diskussion der auf diesen Kritikpunkt folgenden Argumentation von Kurzzeit-Kreationisten, dass die Evolutionstheorie auch eine rein glaubensbasierte Theorie und damit dem Kurzzeit-Kreationismus gleichgestellt wäre, verschiebe ich auf das nächste Kapitel, wo ich mich ausführlich mit den naturwissenschaftlichen Ideen der Kurzzeit-Kreationisten beschäftigen werde.

4.5.2 Vorwürfe der mangelhaften Fundierung

Eine andere Klasse von Vorwürfen, die der Evolutionstheorie gemacht werden, ist die der mangelhaften Fundierung. Ziel dieser Kritik ist es, die Evolutionstheorie als schlecht fundiert darzustellen und den Eindruck zu erwecken, als müsse nur jemand den Willen aufbringen, einmal eine andere Idee zu akzeptieren und schon würde die gesamte Evolutionstheorie in ihr

Gegenteil verkehrt werden. Leider versäumen es die Kritiker in der Regel, eine brauchbare Alternative zu präsentieren, was wohl daran liegt, dass es gar nicht so einfach ist, eine solche leicht zu findende Alternative auch tatsächlich zu finden. Während die Kritik sich oft um naturwissenschaftliche Genauigkeit bemüht, lassen die Kritiker diese Genauigkeit bis auf wenige Ausnahmen sofort fallen, wenn es darum geht, die eigenen Ideen für eine Alternative zu propagieren.

Die Vorwürfe zur mangelhaften Fundierung zerfallen im Wesentlichen in drei Kategorien.

Kritikpunkt: Die Mechanismen der Evolution sind nicht nachgewiesen. Diese Kritik bezieht sich auf die Aussage, dass grundlegende Mechanismen, die für die erfolgreiche Modellierung der Evolution notwendig sind, nicht experimentell nachweisbar sind und daher auch für die Modellierung nicht verwendet werden dürften. In der Regel haben solche Aussagen Prozesse im Sinn wie die Makroevolution, also die grundlegende Veränderung von Arten, oder das Anwachsen des Informationsgehaltes in den Genen.

Tatsächlich ist es schon mehrfach in der Wissenschaftsgeschichte vorgekommen, dass Modelle auf nicht zutreffenden Mechanismen gebildet wurden, die dann durch neue Ideen oder neue Konzepte mit besser zutreffenden Modellen ersetzt werden mussten. Beispiele sind die Äthertheorie zur Beschreibung der elektromagnetischen Wellen am Ende des 19. Jahrhunderts, die dann durch die Relativitätstheorie Einsteins ersetzt wurde oder die Lamarcksche Theorie, dass angelerntes Verhalten vererbt werden kann, die dann durch die synthetische Theorie der Evolution ersetzt wurde.

Doch an den Beispielen sieht man, dass es zwar vorkommen kann, dass man unbewiesene und noch nicht genügend abgesicherte Mechanismen in einem Modell verwenden kann, dass eine Verbesserung aber nur dadurch gelingen kann, dass man einen besseren Alternativvorschlag macht und Mechanismen einführt, die mit den beobachteten Fakten in besserer Übereinstimmung sind als das kritisierte Modell.

In den genannten Beispielen – der Makroevolution und der Informationszunahme – kann man nun zwar im Detail schauen, ob die Kritik, dass diese Mechanismen noch niemals beobachtet werden konnten, tatsächlich zutrifft, aber unabhängig davon ist dieses Argument kein prinzipielles Argument gegen das verwendete Modell. Ein ehrlicher Naturwissenschaftler würde in diesen Fällen zwar immer zugeben, dass das Modell noch nicht gesicherte, spekulative Teile enthält, dies mindert aber nicht die Erklärungskraft und die Vorhersagekraft des Modells. So war es in der Elementarteilchenphysik über 20 Jahre ein klarer Fall, dass die verwendete Modellierung der Quarks zwangsläufig erfordert, dass das Top-Quark und ein exotisches Teilchen Namens Higgs-Teilchen existieren muss. Alles andere wäre eine Riesen-Sensation gewesen, so gut ist das verwendete Modell in anderen Aspekten. Inzwischen ist das Top-Quark nachgewiesen worden und nach dem Higgs-Teilchen wird immer noch intensiv geforscht.

Allerdings enthält der hier diskutierte Kritikpunkt noch einen anderen Aspekt. In der Regel werden in der Kritik die verwendeten Begriffe gar nicht sorgfältig genug definiert. Wie ich im Kapitel über den Kreationismus noch erläutern werden, ist z. B. Makroevolution ein sehr schlecht definierter Begriff, von dem es allenfalls schwammige Vorstellungen gibt.

Wo ein Begriff aber schwammig ist, kann es natürlich niemals gelingen, den dazugehörigen Prozess nachzuweisen. Dies ist insbesondere dann der Fall, wenn derjenige, der dem Umstand zustimmen soll, dass der Mechanismus nachgewiesen wurde, ein großes Interesse daran hat, dass er gerade nicht nachgewiesen wird. Damit verkommt dieses wissenschaftstheoretische Argument gegen die Evolutionstheorie zu einem reinen rhetorischen Trick, der allenfalls dazu angetan ist, nicht informierte Laien in die Irre zu führen.

Kritikpunkt: Die Prozesse bei der Schöpfung waren andere als heute.
Eine solche Behauptung wird gerne gemacht, um von dem Argument abzulenken, dass die heute erkennbaren Prozesse tatsächlich Strukturen hervorrufen können, wie sie in den Beobachtungen im Rahmen der Evolutionstheorie gemacht werden. Wenn beispielsweise Sedimentationsprozesse Schichten erzeugen, wie sie in geologischen Untersuchungen gefunden werden, so könnte man ja auf die Idee kommen, dass genau diese Prozesse die Strukturen auch hervorgerufen haben. Nun brauchen diese Prozesse aber sehr viel Zeit, mehr Zeit als die Kurzzeit-Kreationisten zur Verfügung haben. Also wird auf diese Kritik zurückgegriffen, dass ja niemand beweisen könne, dass diese Prozesse damals überhaupt so abgelaufen sind.

Ein beliebter Ansatzpunkt für diese Behauptung ist die Aussage, dass Naturkonstanten, wie zum Beispiel die Lichtgeschwindigkeit, in früheren Zeiten anders gewesen wären und daher der Ablauf der Dinge verändert war. Tatsächlich ist es so, dass grundsätzlich nicht ausgeschlossen werden kann, dass Naturkonstanten mit der Zeit veränderlich sind, denn die technischen Fähigkeiten der Menschen, solche Größen zu messen, sind erst seit vergleichsweise sehr kurzer Zeit gegeben. Auch in einigen normalen naturwissenschaftlichen Modellen wird mit einer solchen Veränderung gerechnet (siehe Kapitel 4.1.2).

Doch Naturwissenschaftler spielen mit solchen Änderungen nicht leichtfertig. Denn es genügt nicht, eine Veränderung einfach zu postulieren. Im Rahmen eines Modells mit veränderlichen Naturkonstanten muss geklärt sein, wie die Naturkonstante auf den heutigen Wert übergeht und welche Auswirkungen die Veränderung auf die messbaren Resultate hat. Mit anderen Worten, das Modell muss durchdacht und konsistent sein.

Was von den Kritikern, die das Argument der veränderlichen Naturprozesse verwenden, meines Wissens noch niemals bedacht worden ist, ist, dass Naturkonstanten deshalb so wichtig sind, weil sie in sehr vielen Naturprozessen eine Rolle spielen. Demgemäß wird bei einer veränderlichen Naturkonstante nicht nur ein Prozess verändert, sondern es werden sehr viele verändert mit entsprechenden Konsequenzen. Im besonderen Maße trifft dies auf die Lichtgeschwindigkeit zu. Es gibt kaum ein Gebiet der Physik, Chemie oder Biologie, das nicht fundamental direkt oder indirekt von dem Wert der Lichtgeschwindigkeit abhängt.

Wenn jemand also z. B. behauptet, dass die Lichtgeschwindigkeit zu Beginn des Universums um viele Größenordnungen größer gewesen wäre, weil er gerne möchte, dass uns das Licht der weit entfernten Sterne in so kurzer Zeit erreicht, wie ihm das als Kurzzeit-Kreationist in dem Kram passt, dann kann er das nicht einfach so sagen und annehmen, dass die Spektren der Sterne, die wir heute messen können, unverändert geblieben sind. Spektren entstehen durch atomare Prozesse im Inneren der Sterne und eine massiv vergrößerte Lichtgeschwindigkeit hätte ein massiv anderes Verhalten dieser Prozesse zur Folge, das man schlicht und ergreifend sofort in den Spektren sehen müsste.

Genau dasselbe trifft zu, wenn die Behauptung aufgestellt wird, dass die Radioaktivität anders gewesen wäre oder die Kontinentalverschiebung schneller oder ... oder ... oder ... In allen diesen Argumenten, die die Kurzzeit-Kreationisten aufbringen, um die Zeitspanne, die natürliche Prozesse nun einmal benötigen, zu verkürzen, sind die Kritiker zwar schnell mit der Behauptung, dass alles ganz anders gewesen ist, aber es wird weder dargestellt, wie dieser andersartige Mechanismus nun genau aussieht, noch werden die Konsequenzen einer solchen Behauptung durchdacht.

Unter dem Strich muss man also sagen, dass dieser Kritikpunkt für die Evolutionstheorie naturwissenschaftlich irrelevant ist. Es genügt einfach nicht, eine leere Behauptung aufzustellen, nur damit die Strukturen, die das naturwissenschaftliche Modell nun mal hat, sich ändern.

Kritikpunkt: Ursprungsforschung ist eine Geschichtswissenschaft.
Ich habe diesen Kritikpunkt bereits in Kapitel 4.1.3 etwas ausführlicher diskutiert. Es genügt hier also, auf die dortige ausführliche Diskussion hinzuweisen. Evolutionstheorie ist in ihrem Vorgehen, in der Methodik und in der Modellierung nicht anders als andere naturwissenschaftliche Theorien auch.

Die Absicht, mit der dieser Kritikpunkt vorgebracht wird, ist, die Ursprungsforschung aus den strengen, logischen Klammern der Naturwissenschaften herauszuziehen und stattdessen das wesentlich flexiblere Vorgehen der Geschichtswissenschaft mit ihren Methodiken der Textanalyse und Quellenforschung zu verwenden. Damit hat man dann eine Handhabe, einen geschichtlichen Text wie zum Beispiel die Bibel als Dogma über eine naturwissenschaftliche Modellbildung zu setzen.

Es sollte klar sein, dass eine solche Absicht die naturwissenschaftliche Basis sprengt. Man würde sich damit von den Prinzipien verabschieden, die gerade die Erfolge der Naturwissenschaft ausmachen. Es ist zwar statthaft ein solches Vorgehen zu wählen, aber naturwissenschaftlich darf man das dann nicht mehr nennen.

4.5.3 Unvollständigkeitsvorwürfe

Den überwiegenden Teil aller Kritik an der Evolutionstheorie machen Unvollständigkeitsvorwürfe aus. Darunter verstehe ich alle Kritik, die darauf hinausläuft, dass die Evolutionstheorie dieses oder jenes Phänomen nicht korrekt modellieren kann. Sei es die Bewegung von Galaxien um ihr Zentrum, den genauen Ablauf von Supernovae des Typs 1, die Bildung von spezifischen geologischen Formationen, die Bildung komplexer Gensequenzen für komplexe Organe oder ... oder ... oder, die Beispiele hier sind geradezu ungezählt.

Meist läuft die Kritik so ab, dass das unverstandene Phänomen in aller Ausführlichkeit und ab und zu sogar wissenschaftlich korrekt beschrieben und die Schwierigkeiten bei der Modellierung aufgezeigt werden. Es wird dann der Eindruck erweckt, als hätte kein Wissenschaftler auch nur den Hauch einer Ahnung, wie dieses Problem zu lösen sei und als sei eine Lösung auch überhaupt nicht abzusehen.

Ziel der Kritik ist es, die Evolutionstheorie als so unvollständig darzustellen, dass es eigentlich besser wäre, sie aufzugeben und eine Alternative aufzustellen. Leider bleiben die Kritiker auch hier die Frage nach einer Alternative mit höherem Erklärungsgehalt schuldig.

Zu dieser Kritik ist zu sagen, dass solche Erklärungslücken in der Naturwissenschaft nicht außergewöhnlich, sondern normal sind. Jeder Student wird ständig mit solchen Aufgaben konfrontiert, in denen bekannte Prinzipien auf bislang nicht modellierte Phänomene angewendet werden. Auch die tägliche Forschung konzentriert sich auf Dinge, die bislang unverstanden sind, das ist das tägliche Brot eines Naturwissenschaftlers. Ein Gebiet, das vollständig verstanden ist, wird für die Forschung uninteressant.

Die Evolutionstheorie ist weit davon entfernt, uninteressant zu werden. Offene Fragen gibt es an jeder Ecke. Damit stellt die Kritik erst einmal nichts Neues dar, sondern sagt lediglich Selbstverständliches. Ebenso selbstverständlich ist, dass eine große Menge an unverstandenen Phänomenen darauf hindeuten kann, dass man möglicherweise einen grundsätzlich neuen Zugang zu dem Forschungsgebiet benötigt. Dieser Gedanke wird aber erst dann substantiell, wenn der Kritiker eine solche brauchbare Alternative auch zu bieten weiß. Und gerade hier versagen die religiös motivierten Kritiker geradezu kläglich. Insofern ist es kein Wunder, wenn solche Kritik nicht ernst genommen werden kann.

Leider kommt es in sehr vielen Darstellungen solcher Erklärungslücken nicht auf eine ernsthafte Auseinandersetzung mit dem Thema an. Ziel ist vielmehr, eine emotionale Gegnerschaft zur Evolutionstheorie zu bilden, adressiert bevorzugt an Laien, die keine naturwissenschaftliche Ausbildung besitzen. Dazu werden oft sehr rhetorische Formulierungen benutzt, wie zum Beispiel der folgende Satz, den ich auf einer amerikanischen kurzzeitkreationistischen Seite gefunden habe: „In ... befindet sich ein Phänomen, über das Sie keinen Geologen jemals sprechen hören. Das ist kein Wunder. Denn sie haben keine Erklärung dafür, weil sie nicht anerkennen wollen, dass es einen Gott gibt."

Typisch für solche Darstellungen ist das Vermischen von naturwissenschaftlichen Modellen mit Glaubensaussagen. Aber ich möchte hier nicht den Eindruck erwecken, als würde ich Erklärungslücken für nebensächlich halten. Ich möchte nur beschreiben, wie in der Naturwissenschaft mit solchen Lücken umgegangen wird und warum die religiös motivierten Kritiken an den Modellierungen der Evolution oft fast zwangsläufig ignoriert werden müssen.

Das Beispiel der fehlenden Neutrinos

Ein gutes Beispiel, an dem man die Problematik dieser Art der Kritik erkennen kann, ist das Problem der fehlenden Sonnenneutrinos. In einem wichtigen Experiment in den 60er Jahren hatte man begonnen, die von unserer Sonne ausgehenden Neutrinos zu messen, weil die Modelle von der Sonne vorhersagten, dass bei den in der Sonne stattfindenden Fusionsprozessen ein starker Neutrinofluss erzeugt würde. Die Messung ergab jedoch, dass nur etwa ein Drittel der Neutrinos zu finden waren, die nach den Modellen bei uns ankommen sollten. Diese Differenz war eindeutig zu groß.

Man suchte die Ursache des Problems zunächst bei dem Experiment oder bei den Sonnenmodellen. Aber beide erwiesen sich im Verlauf der Jahre als korrekt. Das Experiment wurde größer und genauer nochmals durchgeführt und die Sonnenmodelle wurden verbessert und verfeinert. Die Differenz ist geblieben. Über 20 Jahre hinweg war dies die größte Diskrepanz in den Modellen für unsere Sonnen.

Selbstverständlich wurde diese Erklärungslücke von Anti-Evolutionisten ins Feld geführt und es wurde behauptet, dass die Unmöglichkeit, eine Erklärung für die Differenz zu finden, auf den vollständigen Zusammenbruch der Sonnenmodellierung hinweise und man daraus schließen könne, dass die langen Zeiträume, die für die Entwicklung von Sonnen angenommen wurden, wohl falsch seien. Aus mehr glaubensorientierten Argumenten nahm man Entwicklungszeiten von einigen tausend Jahren für Sonnen an.

Heute nun wird in der wichtigsten kurzzeit-kreationistischen Internetpräsenz „Answers in Genesis" empfohlen, dieses Argument nicht mehr zu verwenden. Ursache ist, dass mittlerweile Experimente durchgeführt wurden, die zeigten, dass der Neutrinofluss von der Sonne tatsächlich den von den Modellen vorhergesagten Wert hat. Aber auch die früheren Experimente waren korrekt. Doch diese Experimente waren nur für eine Sorte von Neutrinos empfindlich und das ist die Sorte, die auch in der Sonne erzeugt wird. Doch auf dem Weg von der Sonne zur Erde wandeln sich die Neutrinos in die jeweils anderen Sorten um, so dass diese veränderten Neutrinos den Experimenten entgehen konnten. Eine solche Möglichkeit haben die Neutrinos, weil sie eine zwar kleine, aber von Null verschiedene Masse haben – anders als man bisher gedacht hatte.

Wo ist nun der behauptete Beweis geblieben, dass das Sonnenmodell und damit auch die ganze Evolutionstheorie vollkommen falsch ist? Wie kann es sein, dass ein Argument, dass noch vor 10 Jahren jeden Kurzzeit-Kreationisten überzeugt hätte, plötzlich nichts mehr gilt? Warum geben diese Menschen die Theorie, dass das Universum nur einige tausend Jahre alt ist, nach diesem gescheiterten Argumentationsversuch nicht auf? Wohl weil das Argument gar nicht als sachliches Argument gemeint war, sondern lediglich als emotionaler Aufhänger in einer nicht-sachlichen Diskussion.

Das Beispiel der Weichteile

Ein anderes Beispiel einer Erklärungslücke, die auch tatsächlich nach wie vor besteht, ist das unerwartete Auffinden von Weichteilen in Fossilien.

Weichteile bleiben während des Fossilierungsprozesses normalerweise nicht erhalten.

Vor Kurzem hat allerdings das Untersuchungsergebnis einer Forschungsgruppe um Mary Higgby Schweitzer großes Aufsehen erregt, bei der Weichteile aus dem Knocheninneren eines Tyrannosaurus Rex extrahiert wurden, an denen die Struktur von Blutgefäßen und Zellen rekonstruiert wurden. Kurzzeitig spekulierte man auch damit, dass es möglich wäre, RNA-Bestandteile daraus zu extrahieren. Die Gruppe hat festgestellt, dass im Inneren von fossilierten Knochen eine gallertartige Substanz zu finden war, die eben noch nicht vollständig versteinert war. Darin hat man dann Spuren von Zellen gefunden, was die Gruppe mit den ursprünglichen Genen des Dinosauriers in Verbindung gebracht hat. Natürlich ist dieser Fund sensationell, denn er eröffnet erstmals die Möglichkeit, die Biochemie von Dinosauriern zu analysieren und damit einen riesigen Schritt voran zu kommen in der Erforschung der Evolution.

Die kurzzeit-kreationistischen Gegner der Evolution haben dieses Ergebnis sehr schnell positiv aufgenommen und manchmal auch verdreht. Aus der Spekulation, Genmaterial gefunden zu haben, wurde die Aussage, dass Gene tatsächlich gefunden wurden. Die Aussage hier ist, dass über die Zeiträume von 65 Millionen Jahren ja kein genetisches Material erhalten bleiben könnte und damit dieser Fund beweisen würde, dass die Dinosaurier noch bis vor kurzer Zeit gelebt hätten, was wiederum das Ende aller Evolutionstheorie zur Folge hat.

Die Erklärungslücke besteht also darin, dass man noch nicht weiß, wie die Weichteile, die gefunden wurden, eigentlich erhalten bleiben konnten. Sind es tatsächlich die Zeiträume, die man anzweifeln muss oder gibt es eventuell chemische Prozesse, die diese Erhaltung ermöglichen?

Genau diese Fragen sind jetzt zu stellen. Genau genommen muss man naturwissenschaftlich exakt wie folgt vorgehen:

- Zunächst muss das Untersuchungsergebnis der Gruppe um Schweitzer verifiziert werden, d. h. eine unabhängige, konkurrierende Forschungsgruppe muss das Ergebnis bestätigen.
- Sodann müssen die Umstände des Fundes und der Entdeckung sorgfältig aufgedeckt werden. Wie ist die normale Datierung des Fundes? Kann es zu Vermischungen oder Kontaminierung mit anderen Funden gekommen sein? Entsprechen die übrigen Befunde des Fundes dem, was man normalerweise findet usw.
- Falls alles mit rechten Dingen zugeht, muss man den Fossilierungsprozess noch einmal genau abklopfen. Gibt es chemische Reaktionen, die eine

Erhaltung ermöglichen? Welche Umstände sprechen für einen langen Zeitraum, welche Umstände für einen kurzen?
- Zum Schluss muss man das Ergebnis der Untersuchung in den Gesamtzusammenhang stellen und fragen wie das Ergebnis mit anderen Untersuchungen zusammenpasst.

All diese naturwissenschaftliche Sorgfalt ist bei den kurzzeit-kreationistischen Kritikern nicht in Sicht. Es ist auch so, dass die Einordnung der Entdeckung noch einige Zeit in Anspruch nehmen wird. Bevor man also vorschnell zu irgendwelchen weltanschaulich gewünschten Schlüssen kommt, muss man in Ruhe alle Möglichkeiten untersuchen. So lange muss man mit der Erklärungslücke leben.

Natürlich sind die dargestellten Sachverhalte an sich nicht uninteressant und sollen und dürfen auch nicht ignoriert werden. Denn solche Lücken sind die ideale Gelegenheit, erfolgreiche wissenschaftliche Karriere zu machen. Demjenigen, der eine erfolgreiche Alternative zu etablierten Modellen bieten kann, winkt hohe Anerkennung. Doch ist man dafür gezwungen, in der naturwissenschaftlichen Methodik zu bleiben, die für die erfolgreiche Durchführung von Forschung unabdingbar ist. Dr. Lönnig ist hier ein gutes Beispiel dafür, wie man es nicht machen sollte.

4.5.4 Komplexitätsvorwürfe

Ein beliebter Kritikpunkt heutzutage ist die Verwendung der Begriffe irreduzible Komplexität und intelligent Design. Ich werde mich mit diesen Begriffen noch ausführlich im folgenden Kapitel auseinander setzen. Mit einer Kritik an der Evolutionstheorie sind diese Begriffe dadurch verbunden, dass man in der Regel damit startet, dass man die Komplexität eines Phänomens ausführlich darlegt und darauf das Argument aufbaut: „Es gibt keinerlei Möglichkeit, wie dieses Phänomen durch naturalistische Prozesse von selbst entstanden ist.“

Solche Argumente sollen dem Gefühl den Weg bereiten, dass man die Existenz von „schwarzen Kästen“ akzeptieren muss. Ein schwarzer Kasten ist ein real existierendes Objekt, von dem es unmöglich ist, herauszufinden, wie es in seinem Inneren funktioniert und wie es entstanden ist. Die Argumentation soll eine gewisse Hoffnungslosigkeit verbreiten nach dem Motto: „Das schaffen wir nie.“ In so einer pessimistischen Stimmung kann man dann eventuell in den sauren Apfel beißen und mit der Annahme leben, dass dieser schwarze Kasten wohl in irgendeiner Weise erschaffen worden ist. Die kreative Energie des Erforschens soll umgeleitet werden – weg von der Frage, wie dieser schwarze Kasten eigentlich in die Realität gekommen ist. Insofern ist dieser Vorwurf eigentlich auch eine Art Unvollständigkeitsvorwurf in Richtung Evolutionstheorie.

Diese Komplexitätsvorwürfe erscheinen in der Regel in zwei verschiedenen Gewändern: als Darstellung eines sehr komplexen Prozesses mit der Bemerkung, dass man keine Möglichkeit hat, herauszufinden, wie sich so etwas entwickelt haben kann oder als konstruierte Wahrscheinlichkeitsrechnung.

Kritikpunkt: Dieses Gebilde ist zu komplex, um entstanden zu sein.
Beliebte Beispiele für Gebilde, die als zu komplex eingestuft werden, entstammen in der Regel aus dem Gebiet der Biologie, wobei Darwin mit dem Auge bereits ein erstes Beispiel in diese Richtung gebracht hatte. Neben dem Auge sind es Beispiele wie die Staubblätter beim Wiesen-Salbei oder der Fangmechanismus der Gattung Utricularia, des gemeinen Wasserschlauchs, einer in Moorgewässern lebenden, Insekten fangenden Pflanze. Aber auch in dem Gebiet der Astrophysik meint man bereits Gebilde identifiziert zu haben, die so komplex sind, dass sie unmöglich von selbst entstanden sein können.

Die Komplexitätsvorwürfe starten in der Regel mit einer ausführlichen Darstellung des Funktionierens des betrachteten Gebildes. Dabei ist es nicht schwierig, eine solche Darstellung so weit mit Details zu füllen, dass jeder normale Leser über die Vielfalt und das Ineinandergreifen der verschiedenen Mechanismen ins Staunen gerät.

Daran schließt sich im Allgemeinen das Argument an, dass bereits das Fehlen oder Nicht-Funktionieren eines einzigen Teils des betrachteten Gebildes dazu führen muss, dass das gesamte Gebilde nicht mehr funktioniert und damit nutzlos ist. Im Rahmen der biologischen Evolution zielt dieses Argument auf den Mechanismus der Selektion. Ist ein komplexer Apparat durch das Nicht-Funktionieren eines kleinen Teils nutzlos, so muss nach dem Prinzip der Selektion das entsprechende Individuum ausselektiert werden und seine Gene nicht weitergeben können. Damit, so die Argumentation, kann das Gebilde erst gar nicht entstanden sein, denn würden die Teile nach und nach separat entstehen, wäre das Gebilde über Generationen hinweg nutzlos und sollte im Sinne der Selektion eher abgebaut werden. Und eine Entwicklung aller Komponenten mit einem Schlag ist so unwahrscheinlich, dass dies nicht geschehen kann.

Die meisten Argumentationen bleiben an dieser Stelle stehen. Sie stellen fest, dass es eben unmöglich ist, dass ein solches Gebilde entstanden sein könnte und offenbaren damit einen bemerkenswerten Mangel an Phantasie. Es wird erst gar kein Versuch unternommen, weiterzudenken.

Es muss zunächst festgestellt werden, dass die Argumentation durchaus korrekt wäre, wenn man annehmen würde, dass das betrachtete Gebilde nur in seiner ganzen Komplexität und mit allen betrachteten Funktionen als Gebilde denkbar wäre. Also z. B. auf das Auge bezogen, würde das bedeuten, dass das einzige Licht verarbeitende Organ, das denkbar wäre, eben jenes Auge mit Linse, Netzhaut, Stäbchen und Zäpfchen und den zugehörigen Gehirnzellen zur Verarbeitung usw. wäre. Die embryonale Entwicklung eines menschlichen Auges umfasst die Aktivierung von tausenden von Genen und wenn es ein Auge nur in dieser Form gäbe, dann wäre das Argument von der irreduziblen Komplexität korrekt.

Nun zeigt uns die Natur aber, dass es das Auge in sehr vielfältigen Formen gibt, die teilweise sehr unterschiedliche Komplexitätsgrade haben, bis hin zum Fadenwurm, dessen Auge lediglich aus drei Licht verarbeitenden Zellen besteht. Damit zerfällt das Komplexitätsargument schon automatisch in zwei Teile. In die Frage, wie denn das aller einfachste Gebilde mit der betrachteten Funktionalität, das man finden oder sich denken kann, entstanden sein könnte und die Frage, wie aus dem einfachsten Gebilde die komplexeren Gebilde entstanden sein könnte. Dabei kann man beim Thema des Auges bereits eine qualitative Abstufung der Komplexität aufstellen. Damit reduziert sich der Sprung, für diejenigen, die einen Entwicklungspfad nachzeichnen wollen, bereits von einem Riesensatz auf mehrere kleinere Sprünge.

Um auch diese noch zu bewältigen, müssen die genetischen Grundlagen der einzelnen Gebilde nachgezeichnet werden. Welche Gene spielen in dem einfachsten Auge eine Rolle, welche in dem Auge mit der darauf folgenden Komplexität usw. In naturwissenschaftlich typischer Manier hat man das Gesamtproblem damit in einzelne Schritte unterteilt, die man gesondert angehen kann. Die Hoffnungslosigkeit: „Das schaffen wir nie", verwandelt sich damit in einen kreativen Optimismus der Art: „Das Programm ist klar, packen wir es an."

Das Beispiel Auge zeigt, wie der Komplexitätsvorwurf ins Leere läuft. Man kann jedes Gebilde so darstellen, dass es staunenswert komplex aussieht. Aber das beweist noch lange nicht, dass es auch unmöglich ist, eine Evolution dieses Gebildes nachzuzeichnen. Es ist eine Frage der Phantasie und der Energie, die in die Forschung gesteckt wird. Wie in der Naturwissenschaft üblich gibt es selbstverständlich keine Garantie, dass das Forschungsprogramm erfolgreich ist, aber einen prinzipiellen Hinderungsgrund für die behauptete Entwicklung gibt es nicht.

Genau das wäre es nämlich, was das Argument der irreduziblen Komplexität zu einem wirklichen Argument machen könnte. Könnte man beweisen, dass es prinzipiell unmöglich ist, ein bestimmtes Gebilde durch eine Anzahl kleinerer Schritte zu entwickeln, dann hätten die Evolutionsgegner ein starkes Argument. Ein solcher Unmöglichkeitsbeweis wäre sehr wichtig und ist in der Wissenschaftsgeschichte zum Beispiel für mathematische Behauptungen schon einige Male vorgekommen. Die berühmtesten Beweise dieser Art sind der Beweis der Unmöglichkeit der Quadratur des Kreises oder die Unmöglichkeit, alle wahren Sätze in der Mathematik auch als wahr beweisen zu können. Aber solche Beweise sind sehr schwierig zu führen und gelingen mit den eher emotionalen Argumenten der Evolutionsgegner nicht.

Die Evolutionsgegner versuchen im Allgemeinen auch gar nicht, einen solchen Beweis zu bringen. Denn für einen solchen Beweis wäre es notwendig, die zugrunde liegenden genetischen Prozesse wirklich durch und durch zu verstehen und so weit sind wir einfach noch nicht. Wenn man die genetischen Prozesse wirklich verstehen würde, dann würde man erkennen können, was möglich ist und was nicht, aber das ist für die Evolutionsgegner eher ein Grund, eine solche Erkenntnis zu fürchten. Denn es könnten sich eben Mechanismen auftun, die aus den erwähnten Sprüngen eine glatte Fahrt nach oben machen.

Kritikpunkt: Die Wahrscheinlichkeiten sind astronomisch klein.

Eine Abwandlung des Komplexitätsvorwurfs ist der Vorwurf der astronomisch kleinen Wahrscheinlichkeiten. Damit sind alle Berechnungen gemeint, die von einer Ausgangssituation ausgehend meist mit äußerst primitiven Mitteln eine Wahrscheinlichkeitskalkulation für das Erreichen einer Zielkonfiguration aufstellen und dabei eine astronomisch kleine Zahl herausbekommen.

Ziel einer solchen Kalkulation ist es, das Gefühl zu vermitteln, dass evolutionäre Prozesse dermaßen ablaufen, dass die notwendigen Veränderungen, die Evolutionsbefürworter annehmen, eigentlich nicht vorkommen können. Während also das Argument der irreduziblen Komplexität eine grundsätzliche Unmöglichkeit des Weges zu der Zielkonfiguration fordert, argumentiert der Vorwurf der astronomisch kleinen Wahrscheinlichkeiten damit, dass es zwar möglich ist, dass bestimmt Genkonfigurationen entstehen, dass aber die Wahrscheinlichkeit dafür derart klein ist, dass nie und nimmer genug Zeit vorhanden war, dass diese Konfigurationen tatsächlich auftauchen.

Leider leiden alle Kalkulationen dieser Art, die ich bisher gesehen habe, daran, dass sie absolut stümperhaft durchgeführt wurden. Denn eine Wahrscheinlichkeitsabschätzung ist eigentlich ein sehr brauchbares Instrument der naturwissenschaftlichen Kalkulation. Sie erfordert aber ein hohes Maß an technischem Können und eine Reihe von präzise formulierten Voraussetzungen.

Die absolut notwendige Voraussetzung ist die Formulierung eines Modells, in dem der Prozess dargestellt wird, wie der Übergang zwischen der Ausgangssituation und der Zielkonfiguration vonstatten gehen soll. So wird diese Art der Kalkulation oft angewendet, wenn es darum geht, eine bestimmte genetische Konfiguration zu erreichen, die einer Art zu eigen ist. Also muss man als erstes formulieren, von welcher Ausgangssituation man ausgeht und auf welchem Weg die Zielkonfiguration erreicht werden soll.

So könnte man zum Beispiel herausstellen, dass man davon ausgeht, dass die Aminosäuren, die die DNA bilden sollen, frei und ungeordnet herumschwimmen und man die Wahrscheinlichkeit betrachtet, dass sich die DNA allein durch normale chemische Prozesse zusammensetzt. Weiterhin nimmt man an, dass das Anlagern einer Aminosäure an den DNA-Strang statistisch unabhängig von dem bereits vorhandenen Strang ist. Unter solchen Voraussetzungen kann man dann tatsächlich eine Wahrscheinlichkeitsbetrachtung machen. Jedoch wird jeder Evolutionsbefürworter sofort ohne Probleme zugeben, dass eine solche Kalkulation eine astronomisch kleine Wahrscheinlichkeit ergibt, aber gleichzeitig darauf hinweisen, dass der gedachte Prozess in der Realität ja auch nicht stattfindet.

Das Beispiel sollte klar machen, dass man eine Wahrscheinlichkeitsabschätzung erst dann naturwissenschaftlich ehrlich machen kann, wenn der betrachtete Prozess des Übergangs hinreichend gut bekannt ist. Das ist aber gerade im Bereich der biologischen Evolution noch lange nicht der Fall. Jeder der diese Tatsache verschleiert und vorgibt, eine solche Kalkulation machen zu können und dies tut, ohne die Voraussetzungen aufzudecken, auf der seine Kalkulation beruht, handelt unehrlich.

Leider ist das genau der Zustand der Wahrscheinlichkeitsargumente der Evolutionsgegner. Gerade im Bereich der biologischen Evolution sollten Wahrscheinlichkeitsaussagen zu genetischen Übergängen eher vermieden werden, bis die Modellierungen dieser Übergänge einen hinreichend reifen Zustand erreicht haben. Danach sind die Vorwürfe, die mit astronomisch kleinen Wahrscheinlichkeiten arbeiten, bisher ohne Substanz und dienen wieder eher der emotionalen Argumentation als der sachlichen.

4.5.5 Ethische Vorwürfe

Eine weitere Kategorie von Vorwürfen, die der Evolutionstheorie regelmäßig gemacht wird, sind ethische Vorwürfe. Geht man auf Dimensionen wie die Ethik ein, verlässt man schon beim Thema die Naturwissenschaft und begibt sich auf das Gebiet der gesellschaftlichen und politischen Auswirkungen.

Damit ist die Argumentationsweise von Beginn an eine andere als dies unter naturwissenschaftlichen Umständen eigentlich korrekt ist.

Ethische Vorwürfe sollen die Evolutionstheorie als ein Instrument des Missbrauchs mit negativen, Leid erzeugenden Auswirkungen beschreiben. Die Argumentation geht in die Richtung von: „Die Evolutionstheorie ist vielleicht ein korrekte naturwissenschaftliche Theorie, hat aber derart negative Auswirkungen, dass wir besser die Finger davon lassen."

Das Problem von ethischen und/oder politischen Vorwürfen allgemein ist, dass solchen Vorwürfen nicht durch Logik begegnet werden kann. Schon vom Ansatz her verlässt man die logische, mathematische Basis einer naturwissenschaftlichen Beschreibung. Die gesellschaftlichen Auswirkungen von naturwissenschaftlichen Beschreibungen sind immer durch Menschen getragen und verursacht und sind weder zwingend mit der naturwissenschaftlichen Basis verbunden, noch kann man die Schuld von negativen Auswirkungen bei der Naturwissenschaft suchen.

Das berühmteste Beispiel einer solchen negativen Auswirkung einer naturwissenschaftlichen Theorie ist die Entwicklung der Atombombe im Zweiten Weltkrieg. Es ist das Musterbeispiel einer hoch technisierten Anwendung einer komplexen Theorie, bei der letztlich der Naturwissenschaftler seine neutrale naturwissenschaftliche Position aufgeben und politisch/gesellschaftlich Stellung beziehen muss. Es ist viel geschrieben worden über die Verantwortung von Einstein, der mit seiner Relativitätstheorie die Grundlage für diese Entwicklung legte oder die vielen, genialen Physiker und Ingenieure, die durch ihre Mitarbeit im Manhattan-Projekt den Bau der Atombombe erst ermöglichten.

Die ethischen Vorwürfe gegen die Evolutionstheorie laufen darauf hinaus, dieser eine ähnliche negative Wirkung zuzuschreiben wie beispielsweise der Entwicklung der Atombombe. Dies geschieht in der Regel auf zwei verschiedene Arten. Einmal, indem behauptet wird, die Evolutionstheorie fördere den Kampf jeder gegen jeden und damit letztlich die Entwicklung von Ideologien wie dem Faschismus und zweitens, etwas schwächer, indem behauptet wird, durch die Evolutionstheorie verliere das Leben seinen Sinn.

Kritikpunkt: Die Evolutionstheorie erzeugt faschistische Ideologien.
Diese Argumentation, die von Evolutionsgegnern direkt oder indirekt vorgebracht wird, wird dadurch erleichtert, dass sich die Propagandamaschine von Adolf Hitler auf die Evolutionstheorie berufen hat. Hitler hat seinen blutigen Feldzug gegen alles, was ihm nicht passte damit begründet, dass die Evolution nur die Stärkeren favorisiere und er durch seine brutalen Metho-

den und den Krieg zeige, dass er der Stärkere sei. Dies, so diejenigen, die der Evolutionstheorie eine negative Ethik vorwerfen, sei eine zwangsläufige Folge und daher sei es notwendig, eine andere Grundlage für die Ursprungsforschung zu wählen.

Begegnet man einem solchen Vorwurf, dann sollte man sich folgende Fragen stellen:

- Ist der behauptete Zusammenhang zwischen Evolutionstheorie und Faschismus korrekt und zwangsläufig?
- Wäre so etwas wie z. B. der Faschismus nicht aufgetreten, wenn man eine andere Denkweise in der Ursprungsforschung zugrunde gelegt hätte?

Die erste Frage kann man mit einiger Sicherheit verneinen, wenn man sich darauf einlässt, die geschichtlichen Fakten genauer zu studieren. Es ist zwar wahr, dass sich der Faschismus auf die Evolutionstheorie berufen hat, diese Berufungen haben aber eher den Charakter einer nachträglichen Rechtfertigung von Grausamkeiten.

Rassische Verachtung und Einordnung in Herren- und Sklavenrassen gab es schon im Altertum. Völkermord und systematische Vertreibung und Ausrottung werden schon vom Volk Israel in der Bibel bezeugt. Es war aber dem dritten Reich von Adolf Hitler „vorbehalten", die seit jeher schon existierenden Denkweisen mit einer technologischen Konsequenz umzusetzen, die erst den ganzen Schrecken dieser Jahre ausmachte. Es sind also die technologischen Möglichkeiten, die das Regime um Hitler so schrecklich gemacht hat. Ein behaupteter Zusammenhang zwischen Evolutionstheorie und Faschismus ist aus dieser Perspektive jedenfalls abzulehnen.

Es darf auch nicht behauptet werden, ein solcher Zusammenhang sei zwangsläufig, denn seit dem Ende des Zweiten Weltkriegs gab es immer wieder Kriege und auch Völkermorde, die aber nicht mehr mit der Evolutionstheorie begründet wurden. Im Gegenteil, die Länder, die die Evolutionstheorie am systematischsten verbreiteten, waren auch die, die durch die westlich geprägte Demokratie die meiste Freiheit und das meiste Selbstbestimmungsrecht für die Menschen gebracht haben, auch wenn ich weit davon entfernt bin, das politische System des Westens als ideal anzusehen.

Auch die zweite Frage, ob denn der Faschismus nicht entstanden wäre, hätte es die Evolutionstheorie nicht gegeben, führt eher dazu, die Kritiker der Evolutionstheorie in diesem Punkt verstummen zu lassen. Die Geschichte des Christentums zeigt viele Beispiele, wo sich totalitäre Regime der Glaubenseinstellungen der Menschen bedienten, um ihre Macht zu sichern und gegen Gegner unbarmherzig vorzugehen.

Das soll nicht bedeuten, dass ich nicht glauben würde, dass einer Gesellschaft die christlichen Ideale nicht sehr gut tun würden, aber ich kenne die Geschichte gut genug, um zu wissen, dass man diese Ideale nicht als gesellschaftlich zwangsweise durchzusetzende Gesetze formulieren kann. Nächstenliebe kann nicht verordnet werden. Und viele, die im Namen der Nächstenliebe operieren und den Gedanken des Dienens im Munde führen, haben im Wesentlichen das Dienen an der eigenen Person im Sinn. Meines Erachtens hat es dem Christentum sehr gut getan, politische Macht verloren zu haben, denn Macht korrumpiert – auch einen wohlmeinenden Menschen.

Aber ein Kritiker der Evolutionstheorie, der die oben aufgezeigten geschichtlichen Zusammenhänge ignoriert oder zu nennen vermeidet, kann nicht ernst genommen werden und seine Kritik an der Evolutionstheorie verkümmert wieder zu einem emotional gebrauchten Schlagstock.

Kritikpunkt: Durch die Evolutionstheorie wird das Leben sinnlos.

Ein weiterer Kritikpunkt, der an die Evolutionstheorie gerichtet wird, ist, dass durch sie keine Ethik möglich ist und dass das Leben dadurch sinnlos wird. Der Hintergrund dieses Vorwurfs ist die normale Vorstellung der Kritiker, dass eine Ethik und der Sinn etwas ist, was durch ein höheres Wesen eingegeben werden muss und allein dadurch einen absoluten Maßstab bekommt.

Die Frage, ob die Kritiker mit dieser Vorstellungen Recht haben, ist nicht einfach zu beantworten und hier ist nicht der Platz, diese tiefgründige Problematik zu diskutieren. Es gibt aber durchaus philosophische Überlegungen, die jede absolute Form der Ethik verneinen

Aber die Behauptung, das würde bedeuten, dass man damit gar keine Ethik festlegen kann oder automatisch unethische Einstellungen besitzt, ist falsch. Dies begründet sich mit zwei Argumenten. Erstens findet sich unter den Vertretern der Evolutionstheorie ein genauso breites Spektrum an ethischen und Sinn-Entwürfen wie bei anderen Menschen auch. Zweitens hat die nihilistische Denkweise eine lange Tradition, die bereits existierte, bevor von der Evolutionstheorie überhaupt die Rede war. Die Idee, dass alles sinnlos ist und jede Ethik nur Vereinbarungssache, entstand zu einer Zeit, als der Glaube an Gott eine Selbstverständlichkeit war.

Trotzdem versuchen Evolutionskritiker immer wieder, diese Art der Argumentation zu führen; nicht indem sie auf historische Entwicklungen verweisen oder die Erkenntnisse der Philosophie beachten, sondern indem sie das schlichte Argument aufbringen, dass es nicht möglich ist, ethische Maßstäbe und Lebensziele zu definieren, wenn man an keinen Gott glaubt.

Solche Argumentation sagt aber mehr über die Kritiker aus als über die Evolutionstheorie. Eigentlich müssten diejenigen, die sich diese Argumentation zu eigen machen korrekt ausdrücken: „Ich kann mir nur eine Ethik vorstellen, die von Gott gegeben ist und in der Evolutionstheorie kann ich nicht erkennen, dass es einen Gott gibt." Mit anderen Worten, die Kritik ergibt sich aus dem Gottesbild und aus der mangelnden Vorstellungskraft des Kritikers. Zum ersten Punkt sage ich im nächsten Abschnitt noch ein paar Worte und der zweite Punkt ist nun wirklich kein Kritikpunkt an einem naturwissenschaftlichen Modell.

4.5.6 Der Vorwurf, Gott durch Zufall ersetzen zu wollen

Die letzte Kategorie von Vorwürfen ist der Vorwurf an die Evolutionstheorie, Gott abschaffen und durch den sinnlosen Zufall ersetzen zu wollen. Tatsächlich findet man diesen Vorwurf in zwei Varianten, in einer direkten Form und einer versteckten Form.

Kritikpunkt: Gott wird durch den Zufall ersetzt.

Der Vorwurf an eine naturwissenschaftliche Modellierung, Gott abschaffen zu wollen, ist so alt wie die Naturwissenschaft selbst. Galileo musste sich diesen Vorwurf gefallen lassen und die ganze naturwissenschaftliche Methodik wird immer wieder mit diesem Argument angegriffen. Tatsächlich bedeutet ja der methodische Atheismus (siehe Kapitel 4.1.4) den Ausschluss des Prinzips Gott aus der naturwissenschaftlichen Argumentation.

Insofern greift man mit diesem Vorwurf die gesamte Naturwissenschaft an, nicht nur die Evolutionstheorie. Doch meistens wollen die Kritiker nicht so weit gehen und gleich die ganze Naturwissenschaft über Bord werfen. Also benötigen sie einen Punkt, um die Evolutionstheorie gegen die übrige Naturwissenschaft abgrenzen zu können. Diesen versuchen sie im Allgemeinen mit dem Begriff des Zufalls zu erreichen.

Der Zufall, so die Argumentation, steuert die Evolution, insbesondere die biologische Evolution, also nimmt der Zufall die Stelle Gottes ein. Da man Gott einen Willen und ein Ziel zuschreibt, dem Zufall aber nicht, ergibt sich daraus dann auch der Sinnlosigkeitsvorwurf aus dem vorherigen Kapitel.

Tatsächlich ist die Gewohnheit, den Begriff Zufall wie eine handelnde Person zu verwenden, weit verbreitet. Auch in so mancher populären Darstellung der Evolutionstheorie wird er gedankenlos benutzt. Doch muss man sich immer wieder klar machen, dass dieser Gebrauch des Begriffes grundfalsch ist. Das wird auch jeder Naturwissenschaftler gerne zugeben, jedoch aus Bequemlichkeit trotzdem an diesem falschen Gebrauch festhalten.

Korrekterweise muss man das für die Evolutionstheorie so formulieren, dass dort Prozesse am Werk sind, bei denen wir das Ergebnis nicht eindeutig feststellen und vorhersagen können. Um überhaupt Aussagen machen zu können, stellt man statistische Zusammenhänge auf und kommt dann zu Wahrscheinlichkeits- oder im Extremfall nur zu Möglichkeitsaussagen. Wir können mit unserem Modell also nur beschreiben, was durch den Prozess möglich gemacht wird, aber nicht, welches Ereignis letztlich eintreten wird. Das Einzige, was wir sicher wissen, ist, dass genau ein Ereignis schließlich real werden wird. Rückblickend kann man dann feststellen, welches dieses gewesen ist.

Da wir keine Ahnung haben, wer oder was dafür gesorgt hat, dass dieses eine Ereignis real geworden ist, hat sich die Gewohnheit eingebürgert, dies damit auszudrücken, dass der Zufall dieses Ereignis ausgewählt hat. Aber streng genommen ist das bereits keine naturwissenschaftliche Formulierung mehr, weil die Naturwissenschaft die Frage nach dem „Wer" nicht beantwortet. Ich werde zu dieser ganzen Thematik noch einmal ausführlich in Kapitel 6.3 Stellung beziehen.

Ein anderer Punkt, den diejenigen übersehen, die diesen Kritikpunkt verwenden, ist, dass die Abgrenzung zwischen Naturwissenschaft und Evolutionstheorie über die Rolle des Zufalls nicht mehr funktioniert. Zum Ende des 19. Jahrhunderts war die Verwendung von Statistik noch neu und selten. Doch im 20. Jahrhundert hat sich das grundlegend gewandelt. Die Beschreibung der naturwissenschaftlichen Prozesse mittels statistischer und wahrscheinlichkeitstheoretischer Aussagen ist von einer Behelfsmaßnahme zum grundlegenden Fundament geworden. Heute muss man erkennen, dass eigentlich alle naturwissenschaftlichen Modelle von dieser Form sind, ja das die Natur an sich und prinzipiell „zufallsgesteuert" ist.

Wer also die Evolutionstheorie herausgreift und sie deshalb ablehnt, weil die Beschreibung allein mit statistischen Mitteln möglich ist, lehnt letztlich die Naturwissenschaft als Ganzes ab. Das ist zwar das gute Recht jedes Einzelnen in einer freiheitlichen Demokratie, wer dann aber – wie der moderne Kurzzeit-Kreationismus – behauptet, Naturwissenschaft auf einer anderen Grundlage betreiben zu wollen, widerspricht sich selbst und führt das eigene Argument ad absurdum.

Kritikpunkt: Die Wissenschaftler wollen Gott nicht anerkennen.

Die zweite, mehr indirekte Form der Kritik, die in diese Kategorie fällt, ist die Behauptung, dass Wissenschaftler ihre Theorien nur deshalb entwickeln, weil sie Gott nicht anerkennen wollen. In so einem Vorwurf schwingen gleich mehrere Aspekte mit, die aber allesamt nicht dazu angetan sind, als eine sachlich motivierte Argumentation zu gelten.

Einmal setzt derjenige, der dieses Argument benutzt, voraus, dass Menschen sich immer bewusst gegen Gott entscheiden. Er ignoriert damit alle Aspekte der gesellschaftlichen und zwischenmenschlichen Beeinflussung, die zu einer Ablehnung des Glaubens und insbesondere des christlichen Glaubens führen können. Im Grunde wird damit versucht, jeden Nicht-Christen als jemanden darzustellen, der dies aus eigener Schuld und aus eigenem Entschluss ist. Damit ist diese Denkweise lediglich eine Ablenkung von dem eigenen schlechten Gewissen, weil man unfähig ist, die Großartigkeit und die Liebe, die Gott uns entgegenbringt, an einen Außenstehenden zu vermitteln. Theologisch und ethisch ist dieser Aspekt des Arguments außerordentlich zweifelhaft.

Zum zweiten setzt diese Argumentation voraus, dass die kritisierten Wissenschaftler die Richtung ihrer Forschungsarbeit danach ausrichten, ob in dieser Arbeit ein Gott vorkommt oder nicht. Eine solche Annahme zeugt von einer totalen Unkenntnis der wissenschaftlichen Methodik und Arbeit. Dieser Eindruck entsteht durch den grundlegenden methodischen Atheismus, mit dem Naturwissenschaft arbeitet. Das, was einen Wissenschaftler antreibt ist eben nicht eine religiöse Motivation, sondern normalerweise schlicht und einfach die Neugierde und die Freude an der Lösung eines Rätsels. Während meiner aktiven Zeit als Forscher bin ich ausschließlich mit Menschen zusammengetroffen, die an einem Problem gearbeitet haben, weil es „interessant“ war. Interessant ist ein Problem dann, wenn es hinreichend rätselhaft ist, wenn derjenige, der es anpackt, eine Chance sieht, es auch zu knacken und wenn er das Gefühl hat, eine Lösung würde ihm hinreichend viel wissenschaftlichen Ruhm einbringen. Letztendlich ist die Motivation der Freude von Menschen am Lösen von Kreuzworträtseln sehr ähnlich.

Der dritte Aspekt dieses Kritikpunktes ist ein gewisses kindliches Beleidigtsein. Da hat der Evolutionskritiker über Jahre hinweg sein Argument gegen die Evolutionstheorie aufgebaut, z. B. dass es unmöglich ist, dieses oder jenes Phänomen zu erklären; und hat messerscharf daraus geschlossen, dass das daran liegt, dass die Evolutionstheorie eben falsch sei und man stattdessen eine gottzentrierte Erklärung zur Hilfe holen müsse. Und dann kommen da ein paar Wissenschaftler daher und zerstören dieses schöne Argument, indem sie einfach doch eine Beschreibung im Rahmen der Evolutionstheorie finden. Das ist dann gemein und wird damit quittiert, dass diese Wissenschaftler als Menschen beschrieben werden, die Gott fern sind. Und das, ohne in irgendeiner Weise auf den persönlichen Lebensweg der betroffenen

Personen einzugehen. Es sollte klar sein, dass diese Art der Argumentation in keiner Weise als sachliche Kritik an der Modellierung der Evolution akzeptiert werden kann.

4.5.7 Zusammenfassung

Geht man die einzelnen Kritikpunkte gegen die Evolutionstheorie durch, so verbleibt wenig Substanz. Das liegt nicht daran, dass es in der Evolutionstheorie nichts zu kritisieren gibt, das liegt daran, dass die Kritik, die ich hier dargestellt habe, versucht die Evolutionstheorie als grundlegend verkehrt darzustellen. Und genau hierfür gibt es sehr wenig Substanz.

Die Evolutionstheorie ist, insbesondere wenn man den Bogen von der Entstehung des Universums bis zu uns Menschen heute schlägt, ein großartiger Entwurf und eine umfassende naturwissenschaftliche Arbeit. Er enthält alle bekannten Spielarten der Naturwissenschaft von der Physik bis zur Genetik. Es gibt noch viele Fragen, die zu klären und Lücken, die zu füllen sind. Aber an der Basis ist der Entwurf eine völlig solide Naturwissenschaft.

Die Daten, die dieser Entwurf dabei berührt und in einen logischen und fundierten Rahmen einordnet, sind mittlerweile zu einer derart großen Menge angewachsen, dass es sehr schwer wird, Alternativen logisch in diesen Rahmen einzufügen. Lediglich am Anfang, an der Frage, wie der Urknall denn genau entstanden ist, ist noch viel Spielraum für Spekulationen und so wird es wohl angesichts der Möglichkeiten, aus diesem Bereich Daten zu erlangen, vorläufig auch bleiben. Insofern ist man heutzutage gezwungen zu sagen, dass es aus naturwissenschaftlicher Hinsicht keine Alternative zur Evolution gibt. Es mag noch viele Revolutionen in der Modellierung geben, es mag sich noch viel ändern in den Beschreibungen – wenn man auf der Basis der Naturwissenschaft bleibt, wird jedes Modell, das man entwickelt, ein Modell sein, das eine Entwicklung, eine Evolution beschreibt.

Was aber in der ganzen Diskussion zu wenig nach oben dringt, ist, dass die Naturwissenschaft nur einen Teil des gesamten Bildes liefern kann. Naturwissenschaft ist von ihren Möglichkeiten her beschränkt auf einen Teil der Realität. Während also die naturwissenschaftlichen Modelle bereits einen hohen Reifegrad erreicht haben, ist die Beziehung der Evolutionstheorie zum Gebiet des Glaubens nach wie vor offen für Diskussionen.

Die weit verbreitete Meinung, dass aus der naturwissenschaftlichen Modellierung zwangsläufig eine bestimmte atheistische Glaubensrichtung folgt, ist schlicht falsch. Naturwissenschaft ist neutral gegenüber den möglichen Erweiterungen aus dem Glauben heraus, solange sich dieser Glaube nicht anmaßt, über Dinge zu entscheiden, für die die Naturwissenschaft zuständig ist. Das Gleiche gilt aber auch umgekehrt, die Naturwissenschaft ist auch nicht in der Lage, Aussagen des Glaubens zu beweisen oder zu widerlegen.

Betrachtet man die verschiedenen Publikationen für und wider die Idee der Evolution, so muss man feststellen, dass diese Grundtatsachen zu oft missachtet werden. Naturwissenschaftler legen nicht klar dar, wo sie auf der Basis eines naturwissenschaftlichen Modells stehen und wo nicht und die Gegner der Evolution legen nicht dar, wo sie die Prinzipien der Naturwissenschaft ignorieren und wo sie weltanschauliche Aussagen als naturwissenschaftlich ausgeben.

4.6 Literatur

Bücher

Evolution des Universums

Klessen, Ralf, Sternentstehung, Vom Urknall bis zur Sonne, Spektrum Verlag (2006)

Hawking, Stephen, eine kurze Geschichte der Zeit, Rowohlt Verlag, 25. Auflage (1998)

Levin, Frank, Calibrating the Cosmos, How Cosmology explains our Big Bang Universe, Springer Verlag (2006)

Stand der Diskussion um die anomale Rotverschiebung: Napier, W. M., Guthrie, B. N. G., Astrophys, J., Astr. (1997) 18, S. 455-463

Geologie und die Evolution der Erde

Wegener, Alfred, Die Entstehung der Kontinente und Ozeane, Borntraeger Verlagsbuchhandlung, Reprint 4. Auflage von 1929 (2005)

Rothe, Peter, Gesteine, Entstehung – Zerstörung – Umbildung, Wissenschaftliche Buchgesellschaft (2002)

Press, Frank, Siever, Raymond, Allgemeine Geologie, Spektrum Verlag (2003)

Meissner, Rolf, Geschichte der Erde, Beck Verlag (1999)

Dalrymple, G. Brent, The age of earth, Stanford University Press (1991)

Biologische Evolution

Mayr, Ernst, Eine neue Philosophie der Biologie, Piper Verlag (1991)

Riedl, Rupert, Riedls Kulturgeschichte der Evolutionstheorie, Springer Verlag (2002)

Gewinnung von weichen Körperbestandteilen aus den Knochen des T. Rex: Schweitzer, M. H. et. Al., Soft Tissue vessels and cellular preservation in Tyrannosaurus Rex, Science 307, 1952 (2005)

Entstehung neuer Gene durch Genverdopplung und Anpassung: Kämpfe, L., Evolution und Stammesgeschichte der Organismen, Gustav-Fischer Verlag (1992)

Die Evolution des Menschen, Spektrum der Wissenschaft Dossier, ND 2 (2004)

Bildung komplexer Strukturen durch evolutionäre Mechanismen als Computersimulation: Gehring, Walter J., Int. J. Dev. Biol. 46, S. 65-73 (2002)

Alternative Kosmologien
Beschreibung des Quasi-steady-state-Modells: Burbidge, G., Quasi steady state Cosmology, Proceedings of Frontiers of universe (Conference), S. 17 (2001), siehe auch http://www.arxiv.org/abs/astro-ph/0108051
Beschreibung der Kosmologie von Halton Arp: Arp, Halton, Seeing red: Redshifts, Cosmology and academic science, Apeiron Montreal (1998)
Interview mit Prof. Kanitscheider: Kanitscheider, Bernulf, Es hat keinen Sinn die Grenzen zu verwischen, Spektrum der Wissenschaft, November (1999)

Weblinks

Hinweis: Die hier aufgeführten Weblinks wurden von mir im Nov. 2006 geprüft. Web-Inhalte können sich aber kurzfristig ändern. Für die zitierten Inhalte kann ich also keine Haftung übernehmen.

Liste von Arps merkwürdigen Objekten: http://members.aol.com/arpgalaxy/
Diskussion der offenen Fragen im Urknall-Modell: Lopez-Corredoira Martin, Observational Cosmology: Caveats and open questions in the standard model, http://arxiv.org/PS_cache/astro-ph/pdf/0310/0310214.pdf
Geologie online: http://www.geoscience-online.de/
Über die C14-Methode: http://www.c14dating.com/
Über die Isochron-Methode: http://www.talkorigins.org/faqs/isochron-dating.html
Verschiedene Themen zu Evolution, Radiocarbon-Methode etc.: http://www.waschke.de/
Ausgedehnte Linkliste zum Thema biologische Evolution: http://nsm1.nsm.iup.edu/rgendron/EvolutionOnTheWeb.shtml
Webseite von Reinhard Junker: http://www.genesisnet.info/
Forschungsprogramm EPICA: http://www.esf.org/esf_article.php?language=0&domain=3&activity=1&article=85&page=280 und http://de.wikipedia.org/wiki/EPICA
Kurze Darstellung der Evolutionstheorie: http://www.tarlanc.ch/science/Einfuehrung-EvolTheo.pdf
Zum wichtigsten Computerprogramm zur Simulation von evolutionären Prozessen AVIDA: http://en.wikipedia.org/wiki/Avida und http://devolab.cse.msu.edu/software/avida/
Webseiten zum Fall Lönnig: http://www.weloennig.de/internetlibrary.html, http://www.evolutionsbiologen.de/max-planck.pdf

5. Ist Kurzzeit-Kreationismus wissenschaftlich?

So verwunderlich die Frage nach der Wissenschaftlichkeit im vorigen Kapitel eventuell gewesen ist, so verwunderlich ist es möglicherweise, warum ich in diesem Kapitel die Frage überhaupt stelle. Ist es nicht offensichtlich, dass der Kurzzeit-Kreationismus christlicher Prägung, an einem schlichten Glaubensanker hängt und damit mit Naturwissenschaft überhaupt nichts zu tun hat? Möglicherweise ja, aber wenn man schon zu dieser Aussage kommt, dann sollte man dies auch begründen können und nicht nur als Pauschalvorwurf gegen eine bestimmte Art des Denkens verwenden.

Mein Ziel in diesem Kapitel ist es, die wesentlichen Unterschiede im Denken, die zwischen der strengen naturwissenschaftlichen Sicht und der Sicht im Kurzzeit-Kreationismus herrscht, herauszuarbeiten. Dabei gilt es streng genommen noch Kurzzeit-Kreationismus und Intelligent Design zu unterscheiden. Ein Anhänger des Intelligent Design wird nicht notwendigerweise annehmen, dass das Universum sehr jung ist. Aber in der Praxis der Diskussion um Evolution und Schöpfung ist der Unterschied gering. Ich werde daher im Folgenden nur dann auf diesen Unterschied eingehen, wenn dies relevant ist.

Kurzzeit-Kreationisten präsentieren sich in den USA sehr wissenschaftlich und Menschen, die in den institutionellen Strukturen leben, die die Kurzzeit-Kreationisten dort für sich aufgebaut haben, werden sich nach kurzer Phase der Eingewöhnung durch den Vorwurf der Unwissenschaftlichkeit angegriffen fühlen. In Deutschland existieren diese Strukturen nicht und daher gibt es auch das Phänomen des institutionalisierten Kurzzeit-Kreationismus nicht, insbesondere nicht im Hinblick auf Ausbildung und Lehre.

Dennoch gibt es auch hier in Europa die Bestrebung, den Kurzzeit-Kreationismus so zu etablieren, dass er Eingang in den Schulunterricht findet. Die amerikanische Absicht, Lehrer dazu zu zwingen, Dinge zu unterrichten, die nicht ihrer Glaubensentscheidung entsprechen, soll auch in Europa bzw. in Deutschland hoffähig gemacht werden. Dazu wäre es für die Vertreter dieser Absicht wichtig, den Kurzzeit-Kreationismus als Naturwissenschaft zu verkaufen.

Rein von den Naturwissenschaften her sollte der Glaube eines Naturwissenschaftlers irrelevant sein, er kann auch durchaus ein Kurzzeit-Kreationist sein. Dies wird zwar Einfluss auf die Ideen nehmen, die dieser Mensch entwickelt, aber wenn er ein Modell vorstellt, dann muss dies unabhängig von der Glaubensbasis bewertet werden können.

Ich möchte im Folgenden versuchen, die Argumente, die Kurzzeit-Kreationisten für sich verwenden, in „weltanschaulich" und „naturwissenschaftlich" zu trennen. Basis ist dabei die Definition von Naturwissenschaft, wie ich sie auch in der Evolutionstheorie verwendet habe. So möchte ich dann eine Bewertung der populärsten Modelle des Kurzzeit-Kreationismus analog zu den Evolutionsmodellen des vorigen Kapitels vornehmen.

5.1 Die wissenschaftliche Basis des Kurzzeit-Kreationismus

Auf welcher Basis entwickeln Kurzzeit-Kreationisten ihre Modelle? Wenn man in die Geschichte solcher Modelle schaut, dann findet man immer wieder eine wesentliche Basis, die Bibel. Aber bedeutet das automatisch, dass die Modelle nicht naturwissenschaftlich sind? Nicht unbedingt, aber die Gefahr ist ungleich größer als im Fall der Modelle der Evolutionstheorie. Ich möchte in diesem Kapitel die Basis der Kurzzeit-kreationistischen Modelle untersuchen und darauf hinweisen, wo sie den korrekten Pfaden der Naturwissenschaft folgen und wo sie sie verlassen.

5.1.1 Der Begriff Kurzzeit-Kreationismus

Um als naturwissenschaftliches Modell gelten zu dürfen, müssen für die Modelle der Kurzzeit-Kreationisten dieselben Kriterien an die wissenschaftliche Basis angelegt werden, wie ich sie an die Modelle der Evolution angelegt habe. Doch wird sich zeigen, dass die Argumentation und das Vorgehen der Kurzzeit-Kreationisten in charakteristischer Weise von dem anderer Naturwissenschaftler verschieden ist. Dazu möchte ich zuerst erläutern, welche Menschen ich mit dem Begriff „Kurzzeit-Kreationisten" beschreiben möchte.

Zunächst ist ein solcher Mensch ein Kreationist, also jemand, der glaubt, dass es einen Gott gibt, der bei der Erschaffung des Universums und der Erde und der Menschen seine Hände im Spiel gehabt hat. So weit ist das auch erst einmal nichts Besonderes, viele Naturwissenschaftler in vergangener und heutiger Zeit hängen dieser Ansicht an, auch ich selber. Natürlich entsteht hier die Frage, wie dieser Gott denn in das Geschehen eingreift; ich werde mich später ausführlich mit dieser Frage beschäftigen.

Das wesentliche Charakteristikum eines Kurzzeit-Kreationisten liegt in dem Zusatz „Kurzzeit". Dies bedeutet, dass ein solcher Mensch annimmt, dass das Universum noch nicht besonders alt ist, insbesondere verglichen mit dem Wert, den die Evolutionstheorie liefert. Populäre Werte in christlichen Kreisen sind etwa 6.000 bis 10.000 Jahre.

Für jeden evolutionären Vorgang ist diese Zeitspanne natürlich um Größenordnungen zu klein. Es ist also dieser Zusatz, der die Kurzzeit-Kreationisten in Konflikt mit dem Gedanken der Langzeitentwicklung von Universum, Erde und Leben bringt und es ist dieser Zusatz, der den Hauptkritikpunkt an den kurzzeit-kreationistischen Argumenten darstellt.

Das Problem ist, dass der Zusatz „Kurzzeit" in der Diskussion von naturwissenschaftlichen Modellen ein Dogma darstellt, d. h. ein Modell wird von Kurzzeit-Kreationisten daran gemessen, ob es mit diesem Wort kompatibel ist oder nicht. Das aber widerspricht grundsätzlich einem naturwissenschaftlichen Denken, wo sich so ein Wert aus den entwickelten Modellen ergeben muss und nicht als voraussetzendes Dogma hineingesteckt werden darf.

An dieser Stelle stoppen die meisten Kritiker des Kurzzeit-Kreationismus und qualifizieren diese Art zu denken als unwissenschaftlich. Auch wenn ich den Grund für eine solche Schlussfolgerung einsehen kann, so geht es mir doch im Folgenden darum, diesen Themenkreis noch näher zu beleuchten und insbesondere auf die Stolperfallen und die Konsequenzen solchen Denkens einzugehen. Dabei will ich mich in diesem Kapitel auf die naturwissenschaftliche Seite konzentrieren, die theologische und weltanschauliche Seite wird mich dann in den späteren Kapiteln beschäftigen.

5.1.2 Der Kurzzeit-Kreationismus und die Grundprinzipien der Naturwissenschaft

Die in Kapitel 3.2 formulierten Prinzipien der Naturwissenschaften müssen natürlich auch für die Modelle gelten, die von Kurzzeit-Kreationisten formuliert werden, wenn sie als naturwissenschaftlich gelten wollen. Das ist auch ohne weiteres möglich, wenn diese Modelle genauso aufgebaut sind, wie dies naturwissenschaftliche Modelle zu sein pflegen.

So war z. B. Russel Humphrey, von dem später noch die Rede sein wird, ein ganz normaler Physiker, der in den Sandia National Laboratories in den USA arbeitete, bevor er an das Institut of Creation Research (ICR) berufen wurde. An seiner Arbeitsstelle hat er auch übliche physikalische Themen bearbeitet und z. B. über Kernfusion wissenschaftliche Aufsätze geschrieben. Darin ging er aber nicht von einem Schöpfergott aus oder von der Bedingung, dass das Universum lediglich ein paar tausend Jahre alt wäre. Und daher wurden diese Aufsätze auch ganz normal veröffentlicht und sind Teil des naturwissenschaftlichen Fundus der Menschheit. Humphrey hatte seinen christlichen Glauben bereits zu dieser Zeit, trotzdem können seine Arbeiten aus dieser Zeit als ganz normale naturwissenschaftliche Arbeiten angesehen werden.

Anders sieht das mit seinen Arbeiten aus, die er seit seiner Berufung an das ICR durchgeführt hat. Hier hat er die Prinzipien seiner früheren Arbeiten verlassen; er ist von den oben genannten Dogmen ausgegangen und hat seine Veröffentlichungen in eine Reihe mit den üblichen kurzzeit-kreationistischen Ansätzen gestellt. Damit hat er seine frühere naturwissenschaftliche Basis verlassen.

Wie dies bei ihm und auch ganz allgemein beim kurzzeit-kreationistischen Vorgehen geschieht, will ich im Folgenden anhand der Grundlagen erläutern, die ich in Kapitel 3.2 beschrieben hatte. Aber zunächst will ich auf die beiden Punkte eingehen, die für die Argumentation aus kurzzeit-kreationistischer Sichtweise typisch sind und die in dieser Form in einer naturwissenschaftlichen Arbeit nicht vorkommen.

Ein Gott erschafft in unverstehbarer Weise komplexe Objekte

Die Aussage, dass Gott bestimmte Dinge „einfach so" in sehr kurzer Zeit sozusagen fertig geschaffen hat, ist keine naturwissenschaftliche Aussage, noch nicht einmal dann, wenn man das Wort Gott nicht in den Mund nimmt, sondern einen anonymen Designer dafür einsetzt. Warum? Weil Naturwissenschaft eben darin besteht, Modelle zu entwickeln, die beschreiben, wie etwas geworden ist. Diese Modelle haben ihren Geltungsbereich und ihre Grenzen und die Grenzen müssen auch genau definiert werden. Im Kurzzeit-Kreationismus geht es nur sehr selten darum, ein gültiges Modell für einen Vorgang zu entwickeln, sondern darum, eben diese Grenzen zu betrachten, verbunden mit der Behauptung, dass wir niemals in der Lage sein werden, diese Grenzen zu modellieren. Nehmen wir zwei Beispiele, um die Unterschiede zu betrachten:

Im Urknall-Modell gibt es eine bekannte Grenze, die aus einer entsprechenden Grenze in der allgemeinen Relativitätstheorie herkommt. Wenn die Gravitation so stark wird, dass ein schwarzes Loch entsteht, dann bricht die allgemeine Relativitätstheorie zusammen, was man daran erkennt, dass einige physikalische Parameter auf unendlich wachsen. Im Urknall-Modell ist dieser Punkt erreicht, wenn das Universum genügend dicht zusammen ist. Man weiß also, dass das Modell in diesem Bereich nicht gültig ist und man weiß auch, dass es fast unmöglich ist, diese Lücke aufzufüllen. Der Grund ist, dass man Daten aus diesem Bereich benötigt und diese zu beschaffen ist eben sehr schwer. An Ideen, was dort vor sich geht, mangelt es nicht, aber so lange man keine Daten hat, ist das eben keine Naturwissenschaft. Insofern kann man die Grenze so formulieren: „Wir können sehr wohl und sehr viel modellieren, aber wir haben zu wenig Möglichkeiten, Daten aus diesem Bereich zu beschaffen." Genau das ist die Art und Weise, wie in den Naturwissenschaften mit solchen Lücken umzugehen ist.

Die entsprechende Aussage aus dem Kurzzeit-Kreationismus ist auch, dass das Universum irgendwann da war – geschaffen von Gott. Aber in welchem Zustand wurde es geschaffen? Darüber gibt es im Kurzzeit-Kreationismus verschiedene Meinungen, nur eines steht von vornherein fest, dass es eben in sehr kurzer Zeit passiert ist – drei oder vier Tage sind ein akzeptierter Wert. Man kann sich nun verschiedene Zustände vorstellen, in denen diese Erschaffung geendet hat und das andere Extrem zum Urknall-Modell wäre die vollständig fertige Erschaffung. Aber vor diesem Bild schrecken die meisten Kurzzeit-Kreationisten aus verschiedenen Gründen zurück und nehmen lieber einen Zwischenzustand an.

Wenn man darüber nachdenkt, dann wird man erkennen, dass die meisten Probleme mit diesen Zwischenzuständen daher kommen, dass die Kurzzeit-Kreationisten voraussetzen, dass alle Prozesse, die diesen Erschaffungszustand in den heute sichtbaren Zustand überführen, eben maximal ein paar tausend Jahre gedauert haben sollen. Das Hauptproblem rührt also von dem Zusatz „Kurzzeit" her, über den ich im nächsten Abschnitt noch ein wenig nachdenken werde.

Heißt das nun, wenn man das „Kurzzeit" fallen lässt und nur die Erschaffung in einem komplexen Zustand annimmt, dass dann alles „in Butter" ist? Eine solche Einstellung wäre die des „Intelligent Design" (ID). Die Antwort heißt nein, denn ein ID-Ansatz hat z. B. gegenüber dem Urknall den massiven Nachteil, dass er eine Erschaffung von Dingen in einem komplexen Zustand annimmt, während das Urknall-Modell und die biologische Evolution von dem einfachsten möglichen Zustand startet. Nimmt man eine Spontan-Erschaffung in einem komplexen Zustand an, so ignoriert man alle Daten, die auf einen Zusammenhang zwischen dem einfachen und dem komplexen Zustand hinweisen.

Ich werde auf diese Punkte in Kapitel 5.4.2 noch detaillierter eingehen, hier ist es erst einmal wichtig zu betonen, dass der ID-Ansatz sich eben nicht aus den Modellen heraus ergibt. Man stellt auch immer wieder fest, dass Menschen den ID-Ansatz vertreten weil ihr Glaube sie dazu bringt und nicht weil die Daten sie dazu zwingen. In der Regel fangen sie dann an, sich die Daten so zusammenzusuchen, dass sie zu ihrem Glauben passen, wie das auch bei den Argumenten von Dr. Lönnig zu sehen ist.

Die ganze Diskussion zeigt, dass die Aussage: „Etwas ist in unverständlicher Weise komplex entstanden“, bereits vom Ansatz her eine Aussage ist, die die Naturwissenschaft verlässt. Sie ist nicht naturwissenschaftlich motiviert und als Dogma auch nicht naturwissenschaftlich verankert.

Das Universum ist erst wenige tausend Jahre alt

Auch die zweite Voraussetzung, mit der Kurzzeit-Kreationisten an naturwissenschaftliche Beschreibungen herangehen, die Aussage, dass das Universum erst wenige tausend Jahre alt ist, steht bereits im Gegensatz zu den Grundprinzipien der Naturwissenschaft. Begründet wird diese Aussage ausschließlich über das Verständnis bestimmter biblischer Textstellen, ein Vorgehen, das nicht objektiv nachvollzogen werden kann und auch nicht logisch-mathematisch aus allgemeinen Grundsätzen abgeleitet werden kann. Nun ist es durchaus nicht verboten, mit einer bestimmten persönlichen Vorstellung an ein naturwissenschaftliches Modell heranzugehen, aber eine solche Vorstellung muss dann im Nachgang mit Hilfe der Modellierung nachvollzogen werden, die Aussage muss also von einer Hypothese zu einer Schlussfolgerung werden.

Beim Gegensatz zur Evolutionstheorie besteht das Problem darin, dass der behauptete Unterschied dermaßen groß ist. So kann es ziemlich schwer sein, herauszufinden, ob ein Prozess 1 Million Jahre oder 1,1 Millionen Jahre gedauert hat (ein Unterschied von 100.000 Jahren), aber herauszufinden, ob ein Prozess eine Million Jahre oder 10.000 Jahre gedauert hat, ist bei den meisten betrachteten Prozessen in dieser Größenordnung ein Leichtes. Damit haben die Kurzzeit-Kreationisten noch ein weiteres Problem mit ihrem Dogma. Sie schaffen es nicht zu erklären, warum die beteiligten Zeitspannen im Evolutionsmodell so konsistent und so groß sind. Allein das Zusammenpassen der Zeitbestimmungen gibt der Evolutionstheorie in diesem Punkt ein klares Plus.

Letztlich widerspricht die Beharrlichkeit, mit der Kurzzeit-Kreationisten eine längere Existenz des Universums leugnen, den naturwissenschaftlichen Grundprinzipien. Naturwissenschaftler sollten das Ergebnis ihrer Modellierung nicht vorher festgesetzt haben, sonst verlassen sie diese Grundprinzipien. Und damit starten Kurzzeit-Kreationisten von vorne herein mit einem schweren Handicap. Die wenigsten versuchen ernsthaft, dieses zu überwinden und die, die es versuchen, wie zum Beispiel der schon öfter zitierte Reinhard Junker, stehen auf ziemlich verlorenem Posten.

Die Grundprinzipien der Naturwissenschaft bei kurzzeit-kreationistischen Modellen

Trotz der bisher genannten Einschränkungen können auch kurzzeit-kreationistische Modelle ernst zu nehmen sein. Wir werden das nachher an zwei Beispielen sehen. Wenn die Voraussetzungen einer naturwissenschaftlichen Beschreibung gegeben sind, dann kann man auf der naturwissenschaftlichen Ebene darüber diskutieren, egal welche Weltanschauung der Autor des Modells vertritt.

Wie im Fall einer evolutionstheoretischen Beschreibung müssen solche Modelle auf Beobachtungen basieren, verifiziert werden und Vorhersagen machen. Dessen sind sich auch manche Kurzzeit-Kreationisten bewusst und versuchen manchmal nach Kräften diese Punkte zu erfüllen. Allerdings treffen diese Punkte – wenn überhaupt – auf kurzzeit-kreationistische Modelle nur beschränkt zu. Die folgenden Eigenschaften finden sich sehr oft in diesen Modellen:

• *Beruhen die kurzzeit-kreationistischen Modelle auf Beobachtung?*

Die Antwort ist hier im Allgemeinen nein. Auch die gut formulierten Modelle von Humphreys oder von Scherer und Junker ergeben sich nicht aus der Beobachtung, sondern die Eigenschaften der Modelle werden im Voraus festgelegt und man sucht anschließend Beobachtungen, die dazu passen. Dieses dogmatische Vorgehen ist eine tiefgreifende Verletzung des naturwissenschaftlichen Vorgehens. Oft findet man in den kurzzeit-kreationistischen Darstellungen eine Fülle von Beobachtungen, die nur dazu dienen, die evolutionstheoretischen Modelle abzuwerten. Für dieses Ziel wird ein sehr großer Raum genutzt. Die Frage, wieso diese Beobachtungen nun aber die kurzzeit-kreationistischen Modelle nahelegen, wird ignoriert. Stattdessen findet man Argumentationen, die versuchen, vom Glauben her, also von der schon vorher feststehenden Meinung her, Gott ins Spiel zu bringen. Diese Art der Argumentation werde ich im Zusammenhang mit dem Thema Intelligent Design noch diskutieren.

• *Werden Modelle aus kurzzeit-kreationistischer Sicht formuliert?*

Die Antwort heißt hier erst einmal ja. Da Modellbildung auch etwas mit der Weltsicht zu tun hat, wird genau das versucht.

• *Werden kurzzeit-kreationistische Modelle verifiziert?*

Hier heißt die Antwort im Allgemeinen nein – es wird kaum ein Versuch gemacht, das eigene Modell kritisch gegen die Ausgangsdaten zu halten. Das geht konform mit dem ersten Punkt. Sind nicht die Beobachtungen der

Startpunkt für die Modellbildung, dann hat man im Allgemeinen auch kein Interesse, das Modell gegen Beobachtungen zu prüfen. Tatsächlich findet man in diesem Punkt allenfalls vage Andeutungen, wie denn die Kritikpunkte, mit denen man das evolutionstheoretische Modell abgewertet hat, in dem kurzzeit-kreationistischen Modell jetzt besser beantwortet werden können. Eine der wenigen mir bekannten Ausnahmen bildet die Arbeit von Reinhardt Junker, der z. B. in seinem Buch „Leben woher?“ versucht, die Erklärungsprobleme seiner kurzzeit-kreationistischen Modelle darzustellen.

- *Machen kurzzeit-kreationistische Modelle Vorhersagen?*

Die Antwort hier heißt: selten. Als Beispiel seien die Argumente von Junker genannt, die dahin laufen, dass Ursprungsforschung Geschichtsforschung ist und damit nur für die Vergangenheit gilt. Damit ist eine Vorhersage für die Zukunft ausgeschlossen. Wenn es überhaupt möglich ist, Vorhersagen zu machen, dann sind es in der Regel Nicht-Aussagen, also Aussagen von der Art: „Es wird nicht möglich sein, das und das zu finden.“ Solche Vorhersagen kann man nicht durch ein einzelnes Schlüsselexperiment entscheiden und damit sind sie praktisch nur von geringem Wert.

Man sieht an diesem Überblick bereits, dass die kurzzeit-kreationistischen Modelle mit extrem schwerwiegenden methodischen Problemen zu kämpfen haben. Die zwei Beispiele, die trotz dieser Einschränkungen noch halbwegs gut fundiert sind und die daher auch ernsthaft diskutiert werden können sind das Weiße-Loch-Modell von Russel Humphrey und das Grundtypenmodell von Scherer und Junker. Beide Modelle werde ich später noch ausführlich diskutieren.

Zusammenfassend muss also gesagt werden, dass es zwar prinzipiell möglich ist, auch kurzzeit-kreationistische Modelle naturwissenschaftlich ernsthaft zu formulieren, aber gerade in der nötigen Strenge gelingt dies sehr oft nicht. Denn das Ziel ist in der Regel nicht, eine naturwissenschaftlich fundierte Diskussion zu führen, sondern die Inhalte biblischer Texte zu verbreiten. Damit verfehlt der Anspruch der Naturwissenschaftlichkeit von vorne herein sein Ziel.

Solch eine Zielverfehlung wird in der wissenschaftlichen Gemeinschaft allerdings mit Nichtachtung gestraft. Viele Wissenschaftler würden sich auf eine Diskussion einlassen, wenn die Kurzzeit-Kreationisten wenigstens die fundamentalen Methodiken einhalten würden. Doch gerade das wollen sie zu oft nicht tun und dürfen sich daher eigentlich auch nicht über die Konsequenzen beklagen.

5.1.3 Die Denkweise der Studiengemeinschaft Wort und Wissen

Die oben angeführte Denkweise, die man bei den Vertretern des Kurzzeit-Kreationismus findet, ist nicht überall in gleicher Weise ausgeprägt, es finden sich verschiedene Schwerpunkte und Besonderheiten. Als Beispiel dafür möchte ich einen Artikel von Manfred Stephan von der Studiengemeinschaft Wort und Wissen anführen. Er steht für das Denken bei Wort und Wissen insgesamt, das sich durch eine Ehrlichkeit und Klarheit auszeichnet, die man bei anderen Vertretern des Kurzzeit-Kreationismus nur zu häufig schmerzlich vermisst.

In dem Artikel mit dem Titel „Entgegnung auf einige Aspekte der Kritik an der biblisch-urgeschichtlichen Geologie“ (siehe Literaturliste) geht es zunächst um Kritik an dem geologischen Modell, das innerhalb von Wort und Wissen vertreten wird. Der Artikel enthält aber auch ein Kapitel über das Wissenschaftsverständnis bei Wort und Wissen, das durchaus allgemein für deren Vertreter gilt.

Die folgenden Punkte fallen auf und zeigen, dass die Grundprinzipien der Naturwissenschaften in charakteristischer Weise durchbrochen werden:

Naturwissenschaft ist zweitrangig

In einem Artikel, der dem Titel nach auf Kritik an einem Modell antwortet, würde man erwarten, dass er mit dem wesentlichen Kritikpunkt beginnt. Der Ausgangspunkt von Manfred Stephan war ein Argument von Jürgen Heinzerling (siehe Internetseite von Thomas Waschke), der die Anzahl der Meteoriteneinschläge auf der Erde als Gegenargument zur biblisch-urgeschichtlichen Geologie verwendet hat.

Manfred Stephan beginnt aber keineswegs mit den Fakten zur Messung und Einordnung von Meteoriteneinschlägen und mit einer statistischen Analyse von deren Auswirkungen und wie sie sich in seinem Modell verhalten, er beginnt mit einer Begründung, warum er es als notwendig sieht, die Schöpfungsgeschichte im kurzzeit-kreationistischen Sinn auszulegen. Dabei geht er durchaus auf theologische Spezialthemen ein. Dies zeigt, dass es ihm in erster Linie um diese Art der theologischen Deutung der Schöpfungsgeschichte geht.

Genau dieses Denken ist charakteristisch für die Vertreter von Wort und Wissen. Ganz im Sinne der „dogmatischen Vorherrschaft der Deutung der Bibel über die naturwissenschaftliche Interpretation“, die Reinhardt Junker fordert, stehen auch bei naturwissenschaftlichen Themen immer zuerst biblische Argumente im Vordergrund, auch wenn es um ein so spezielles Thema wie die Anzahl der Meteoriteneinschläge geht.

Kurzzeit-Kreationismus ist das Dogma

Ebenfalls charakteristisch ist die Art und Weise, wie Stephan mit dem Argument der Meteoriteneinschläge umgeht. Er hat keine Antwort auf die Frage, wieso man im geologisch-urzeitlichen Modell so gar nichts von den gewaltigen Energiemengen merkt, die nach der Anzahl der Meteoriteneinschlägen zu folgern, in sehr kurzer Zeit auf die Erde eingewirkt haben. Er betont auch, dass diese Frage nur eine von ziemlich vielen Fragen ist, die in seinem Modell schlicht nicht beantwortbar sind.

Für Stephan und die anderen Vertreter von Wort und Wissen ist die kurzzeit-kreationistische Interpretation der biblischen Geschichte ein Dogma, das einfach fest steht. Es ist gleichgültig, welche Fakten, Daten, Messungen und Folgerungen man in der Naturwissenschaft erarbeitet. Wenn diese nicht in den dogmatischen Rahmen passen, werden sie als ungeklärt deklariert (was immerhin ehrlich ist) und die Tatsache, dass man all diese Daten im Rahmen der Evolution viel besser beschreiben und einordnen kann, ist kein Grund an dem Grunddogma zu rütteln.

Die Abwandlung naturwissenschaftlicher Methodik

Das besondere an Stephans Artikel ist, dass er gegen Ende noch allgemein formuliert, wie er und die Vertreter von Wort und Wissen mit ungelösten Fragen in ihren Modellen umgehen. Er vergleicht diesen Umgang mit der Behandlung ungelöster Fragen in der Evolutionstheorie. Dazu verwendet er eine Erweiterung der Wissenschaftsphilosophie von Popper, die von Lakatos formuliert wurde. Danach beruht jede Naturwissenschaft auf bestimmten Paradigmen, Voraussetzungen und Vorstellungen, die den Kern eines naturwissenschaftlichen Modells bilden und die nicht in Frage gestellt werden können, ohne das Modell selber in Frage zu stellen.

Während Popper nachgesagt wird (durchaus zu Unrecht), dass er sich ausschließlich auf einen Falsifikationismus konzentriert, also den Versuch, alle Aussagen als falsch nachzuweisen, weil dies das Einzige ist, was man naturwissenschaftlich machen kann, versucht Lakatos den Begriff des Forschungsprogramms zu verwenden, das zum Ziel hat, alle offenen Fragen eines Modells im Rahmen der Paradigmen zu lösen und nicht, diese als falsch zu beweisen. Nur wenn das Forschungsprogramm nicht erfolgreich ist, wird auch an den Paradigmen gerüttelt. Damit ist ein Modell durchaus in der Lage, auch mit einer ganzen Reihe von ungelösten Fragen weiter erfolgreich zu bleiben, eben so lange, wie man die Erwartung hat, dass sich die Fragen im Rahmen des Forschungsprogramms noch lösen lassen.

Eine wissenschaftliche Revolution entsteht dann, wenn die alten Paradigmen nicht mehr in der Lage sind, neuartige Vorhersagen zu produzieren. Das alte Modell wird dann als degeneriert bezeichnet und es ist notwendig, die Paradigmen zu verändern und ein neues Modell zu formulieren, das die Defizite nicht mehr in diesem Maße hat und damit ein neues Forschungsprogramm definiert. Die Frage, wann es an der Zeit ist, ein altes Modell fallen zu lassen, ist nicht im Vorhinein festlegbar und in gewissem Sinn willkürlich.

Stephan wendet diese Formulierungen nun auf seine biblisch-urgeschichtliche Geologie an. Er sieht, dass die Annahme eines Kurzzeit-Kreationismus ein Dogma darstellt und interpretiert dieses als ein Paradigma seiner Modellierung, innerhalb dessen er ein Forschungsprogramm im Sinne Lakatos auflegt, das die unübersehbare Menge an ungelösten Fragen im Laufe der Zeit lösen soll. Auch ganz im Sinne von Lakatos sieht er keine Notwenigkeit, sein Paradigma aufzugeben.

Das Wertvolle an Stephans Formulierung ist, dass er klar beschreibt, dass diese Anwendung der Ideen von Lakatos bei Wort und Wissen weiter geht als normale naturwissenschaftliche Modell-Diskussionen. Auf Seite 49 seines Artikels schreibt er:

> *„Allerdings liegt ein entscheidender Unterschied zu „gewöhnlichen“ Forschungsprogrammen im Rahmen einer Wissenschaft mit anerkanntem Theoriengebäude (Paradigma) bereits darin, dass hier die zugrunde liegenden regulativen Basisprinzipien der Geowissenschaften von vornherein mitbetroffen sind. Denn es geht nicht allein um konkurrierende Programme innerhalb der herkömmlichen Geologie, es geht zum Teil auch um eine unterschiedliche Art und Weise, Geologie zu betreiben.“*

Er formuliert eindeutig, dass er und die Vertreter des Kurzzeit-Kreationismus den Boden der naturwissenschaftlichen Methodik verlassen und eine neue, biblisch-dogmatisch geführte Art von Wissenschaft errichten wollen. Dies geht einher damit, dass man sehr viele Zusammenhänge, Daten und Fakten ignoriert, weil sie im Zusammenhang des Dogmas einfach nicht sinnvoll einzuordnen sind. Von diesem Denken her fällt es schwer, diesen Ansatz als Naturwissenschaft zu bezeichnen – er ist es schlicht und ergreifend auch nicht. Die Unterschiede sind aber durchaus subtil, denn innerhalb der Dinge, die Stephan oder andere Vertreter von Wort und Wissen als erklärbar erachten, gehen sie schon mit der gebotenen Strenge und mit einem ausgeprägten Sinn für Qualität vor.

Über die Bewertung dieses Vorgehens werde ich in Kapitel 5.5.1 noch einiges sagen. Im Folgenden werde ich das normale Verständnis von Naturwissenschaft zugrunde legen und anhand dessen die existierenden Modelle des Kurzzeit-Kreationismus beurteilen.

5.1.4 Ablehnung des Aktualitätsprinzips

Im Kapitel 4.1.2 hatte ich das Aktualitätsprinzip als grundlegendes Prinzip bei der Modellierung im Rahmen der Evolutionstheorie diskutiert. Von kurzzeit-kreationistischer Seite wird dieses Prinzip in der Regel in Frage gestellt. Die Vergangenheit sei eben Vergangenheit und da niemand da gewesen ist, um die physikalischen Prozesse zu prüfen, kann man erst einmal gar nichts darüber wissen. Stattdessen wird vertreten, dass man die physikalischen Eigenschaften der Vergangenheit aus anderen Quellen erschließen muss.

Diese anderen Quellen sind dann in der Regel die Bibel oder andere Formen der göttlichen Offenbarung. Dies verstößt aber massiv gegen die Forderung nach Objektivität bei einer naturwissenschaftlichen Modellierung, denn eine göttliche Offenbarung und auch die Interpretation eines biblischen Textes ist zunächst ausschließlich subjektiv und darf nicht die Grundlage einer Modellierung sein. Jede Modellierung, die sich auf ein solches Vorgehen stützt und ihre Legitimation ausschließlich daher bekommt, muss damit unwissenschaftlich genannt werden. Dieses Denken entspricht vielmehr dem Vorgehen, wie es vor der wissenschaftlichen Revolution praktiziert worden ist, als Autoritäten und die festgelegte theologische Ausrichtung bestimmt haben, welche Ergebnisse eine wissenschaftliche Überlegung haben darf.

Der Wunsch der Kurzzeit-Kreationisten, die bekannten naturwissenschaftlichen Modelle zu verändern, ist allerdings stark. Sie suchen daher immer wieder nach neuen Ansatzpunkten, um Lichtgeschwindigkeit, Sedimentationsgeschwindigkeit, Bewegung der Erdplatten, Radioaktivität usw. verändert darstellen zu können. Dabei werden die abenteuerlichsten Szenarien erdacht, die allerdings alle einen großen Nachteil haben: Sie sind in der Regel nicht durchdacht. Denn wie schon in Kapitel 4.1.2 dargestellt, haben Veränderungen in den naturwissenschaftlichen Prozessen messbare Konsequenzen und diese werden in der Regel nicht genannt oder nicht bedacht. Um aber auf einer naturwissenschaftlichen Basis die Modelle von Kurzzeit-Kreationisten diskutieren zu können, ist das Nennen und Diskutieren dieser Konsequenzen absolut erforderlich.

Da in den kurzzeit-kreationistischen Kreisen solche Konsequenzen nicht akzeptiert werden, werden die entsprechenden Modelle in der Regel von der normalen naturwissenschaftlichen Gemeinschaft ignoriert. Das wird dann von Menschen wie z. B. Lönnig als „evolutionistisches Denkverbot“ tituliert, mit anderen Worten, statt die Modelle zu verbessern, rechtfertigt man sich und unterstellt der naturwissenschaftlichen Gemeinschaft diktatorisches Vorgehen. Die ganze Diskussion wird damit auf eine Ebene gehoben, in der Soziologie und Gesellschaftskunde zuständig sind, aber nicht mehr die Naturwissenschaft.

5.1.5 Hilft die Geschichtswissenschaft dem Kurzzeit-Kreationismus?

In Kapitel 4.1.3 hatte ich ausführlich besprochen, warum der Einwand, die Rekonstruktion der Vergangenheit, wie sie bei der Evolutionstheorie geschieht, müsse als Geschichtswissenschaft aufgefasst werden, für die Evolutionstheorie nicht zutrifft. Hier möchte ich mir nun die umgekehrte Frage stellen, ob es denn helfen würde, wenn ich diese Rekonstruktion tatsächlich als Geschichtswissenschaft ansehen würde.

Dazu ist zunächst zu fragen, was der Unterschied zwischen einer Naturwissenschaft und einer Geschichtswissenschaft eigentlich ist. Geschichtswissenschaft allgemein ist der Versuch, ein konkretes geschichtliches Ereignis oder einen Vorgang der Vergangenheit zu rekonstruieren und Belege und Aussagen darüber zu finden, wie dieses Ereignis oder dieser Vorgang tatsächlich stattgefunden hat. Die Geschichtswissenschaft hat also einen einmaligen Vorgang im Visier. Das ist zunächst einmal ein wichtiger Unterschied zu den Naturwissenschaften, die zwar zwangsläufig auch von einzelnen Ereignissen, den Messungen, ausgehen müssen, aus diesen aber versuchen, allgemeine Prinzipien abzuleiten. Geschichtswissenschaft will dagegen nicht unbedingt allgemeine Prinzipien konstatieren, sondern einen Vorgang rekonstruieren.

Dazu kommt, dass Geschichtswissenschaft sich in der Regel mit der menschlichen Geschichte beschäftigt. Hier ist es so, dass das Verhalten von Menschen nach unseren Erfahrungen nicht so festgelegt ist, wie dies Prozesse der Natur sind. Wenngleich es viele Versuche gegeben hat, menschliches Verhalten auf grundlegende Prinzipien zurückzuführen, so ist die Variabilität menschlicher Reaktionen so hoch und so vielfältig, insbesondere, wenn man es noch mit einer nur teilweise bekannten Kultur zu tun hat, dass ein Ableiten von Verhaltensweisen für eine konkrete Situation nahezu unmöglich ist.

Daraus folgt, dass sich die Geschichtswissenschaft fast nie auf allgemeine Prinzipien stützen kann, sie muss sich daher auf andere Quellen verlassen, wie die schriftlichen Zeugnisse von Augenzeugen, zeitgenössischen Berichterstattern oder zumindest zeitnahen Beobachtern. Nur in seltenen Fällen ist eine Verwendung naturwissenschaftlicher Prozesse direkt hilfreich – wohl aber natürlich indirekt, wenn es z. B. um die Analyse von Funden oder die Datierung von Schriften geht. Dies geht dann in Richtung von kriminaltechnischen Untersuchungen, wenn z. B. festgestellt werden soll, wann ein verfälschtes Schriftstück denn die Verfälschung erhalten hat.

Letztlich ist das Problem das Hinterlassen von Spuren. Wenn es beispielsweise darum geht, die Ereignisse in der Zeit Napoleons zu rekonstruieren, so sind die Spuren, die man findet zeitgenössische Schriftstücke, Gräber, Bauten, Spuren von Schlachtfeldern usw. Insbesondere die intensive Verwendung von Schrift ermöglicht ein sehr detailreiches und genaues Rekonstruieren der damaligen Geschehnisse. Will man dagegen Kulturen untersuchen, bei denen die Schrift nicht eingeführt war, wie bei einigen frühasiatischen Kulturen, ist es außerordentlich schwierig, Namen und Daten der jeweiligen Zeit herauszubekommen.

Von dieser Betrachtung aus gesehen, ist das Leben und Wirken Jesu tatsächlich ein mit den Mitteln der Geschichtswissenschaft zu untersuchendes Ereignis. Hier gibt es schriftliche Zeugnisse und über die Zeit im Allgemeinen hat man sehr gute Kenntnisse. Diese konzentrieren sich allerdings auf die damaligen Machthaber, so dass man vom Kaiser in Rom mehr weiß als von den Geschehnissen in Israel, wenn man die Hauptquelle, die Bibel, außer Acht lässt. Aber im Prinzip ist diese Zeit mit den Mitteln der Geschichtswissenschaft zu untersuchen.

Anders sieht es dagegen aus, wenn man sich den Fragen der Entstehung des Universums, der Erde oder des Lebens zuwendet. Hier waren per Definition keine Menschen anwesend und Schrift gab es damals auch noch nicht. Damit sieht es für die Methoden der Geschichtswissenschaft schon einmal recht problematisch aus. Der einzige Ausweg ist die Feststellung, dass diese Prozesse Spuren hinterlassen haben, an Hand derer man die Prozesse, die zu der jeweiligen Entstehung geführt haben, untersuchen und rekonstruieren kann. Und genau das macht man bei der Modellierung im Rahmen der Evolutionstheorie und genau das wollen die Kurzzeit-Kreationisten nicht akzeptieren.

Insofern ist die Behauptung, die Rekonstruktion der Vergangenheit wäre eine Sache, die mit den Methoden der Geschichtswissenschaft geführt werden muss, irreführend. Welche Methoden sollen es denn sein? Diese Frage ist von Kurzzeit-Kreationisten meines Wissens noch nie so genau beantwortet worden, aber ich kann mir vorstellen, dass die Argumentation in etwa wie folgt verläuft: „Die Aussage, dass niemand bei der Erschaffung von Universum, Erde und Leben dabei war, ist nicht richtig, schließlich war Gott anwesend. Dieser hat es dann im Rahmen der biblischen Schriften niederschreiben lassen und damit müssen wir die Bibel als Grundlage für unsere Modellierung nehmen."

Nehmen wir nun die Prinzipien der Geschichtswissenschaft als Grundlage, so muss gefragt werden, wie verlässlich eine solche Quelle denn ist. Klar und unstrittig ist, dass die Bibel von Menschen geschrieben wurde, auch dann, wenn die Kurzzeit-Kreationisten Gott als Autor hervorheben. Damit muss man als erstes fragen, ob die Menschen denn dabei waren oder ob sie etwas vom Hörensagen berichten. Hier muss man schon einen ersten wesentlichen Unterschied feststellen. Das Leben Jesu wird von Augenzeugen berichtet, die Geschehnisse im alten Israel von Menschen, die kulturell und zeitlich nahe dran waren. Insofern sind diese Berichte nach den Methoden der Geschichtswissenschaft ernst zu nehmen. Aber die Geschehnisse der Schöpfung sind allesamt nur vom Hörensagen berichtet, also mythischen Ursprungs.

Dass man sich auf Gott verlassen kann, spielt dabei keine Rolle. Die Schreiber der Schöpfungsgeschichte haben das Reden Gottes genauso durch ihre kulturellen, sozialen, politischen und weltanschaulichen Ansichten hindurch aufgenommen, wie wir das heute tun. Insofern muss der Schöpfungsbericht aus der Bibel nach den Grundlagen der Geschichtswissenschaft anders behandelt werden als meinetwegen die Erzählungen aus der Apostelgeschichte. Und das ist auch das, was in der evangelischen oder katholischen Theologie gemacht wird.

Insgesamt hilft es der Argumentation der Kurzzeit-Kreationisten nicht, wenn sie die Geschichtswissenschaft zur Hilfe rufen. Die moderne Theologie geht eben nach den Regeln der Textanalyse, die hier eine große Rolle spielt, vor und kommt mehrheitlich zu dem Ergebnis, dass die Schöpfungsgeschichte nicht in dem Sinn wörtlich genommen werden kann, wie dies die Kurzzeit-Kreationisten gerne hätten.

Wir sind damit wieder zurück bei einer göttlichen Offenbarung als Startpunkt einer naturwissenschaftlichen Modellierung oder auch einer geschichtswissenschaftlichen Rekonstruktion. In beiden Fällen widerspricht aber das Hochhalten einer göttlichen Offenbarung den Objektivitätsansprüchen, die es in beiden Gebieten gibt. Tatsächlich ergibt sich die Sicht der Kurzzeit-Kreationisten erst, wenn man die Dogmen hinzunimmt, die ich am Anfang dieses Kapitels genannt habe und wenn man zusätzlich eine bestimmte Art der Theologie zugrunde legt. Damit hat man dann aber endgültig das Terrain der Naturwissenschaft oder auch der Geschichtswissenschaft verlassen.

5.1.6 Folgen des Theismus-Prinzips im Kurzzeit-Kreationismus

In Kapitel 4.1.4 hatte ich dargelegt, dass der methodische Atheismus in den Naturwissenschaften und damit auch in der Evolutionstheorie von grundlegender Bedeutung ist. In diesem Kapitel möchte ich kurz darlegen, welche Folge das Gegenteil hat, das im Kurzzeit-Kreationismus oft und gerne angenommen wird.

Dazu sind zunächst zwei Situationen sorgfältig voneinander zu unterscheiden:

- Zunächst kann es sein, dass derjenige, der ein wissenschaftliches Modell entwirft, an Gott glaubt, also dem Theismus anhängt. In seiner Arbeit als Naturwissenschaftler verwendet er aber den methodischen Atheismus. Eine solche Situation ist in der Geschichte oft vorgekommen und kommt auch heute regelmäßig vor. In diesem Fall hat das Theismus Prinzip keine Auswirkungen auf die naturwissenschaftlichen Ergebnisse und solche Naturwissenschaftler können bedeutende Beiträge auch z. B. zur Evolutionstheorie leisten. Viele berühmte Wissenschaftler haben so gedacht und gehandelt.
- Dann kann es aber den Fall geben, dass ein Naturwissenschaftler nicht nur an Gott glaubt, sondern auch will, dass sein Glauben, die Offenbarungen, die er erkannt hat und Gottes Möglichkeiten in seiner Modellierung auftauchen. Er will also, dass sein naturwissenschaftliches Modell so aussieht, dass es gar nicht ohne Gott denkbar ist. Genau diese Situation trifft man bei den Kurzzeit-Kreationisten an und um genau diesen Fall geht es mir hier. Was passiert, wenn ich versuche, Gott in meine naturwissenschaftliche Modellierung einzubauen?

Nehmen wir also an, wir wollen in unsere Modellierung die Möglichkeiten und Fähigkeiten Gottes mit einbeziehen, wie müsste oder könnte diese dann aussehen? Das Erste, was wir in diesem Fall benötigen, ist ein Gottesbild, also eine Vorstellung davon, wie Gott in dieser Welt handelt, was er tut und welche Auswirkungen dies hat. Im Kurzzeit-Kreationismus leitet sich dieses Gottesbild aus zwei Quellen ab:

- Zunächst einmal natürlich aus der Bibel, die als alleinige Quelle göttlicher Offenbarung postuliert wird und die obendrein noch die Attribute wortwörtlich, absolut wahr und prinzipiell unkritisierbar bekommt. Solche Dogmen sind natürlich nicht naturwissenschaftlich fundiert, sondern stellen ein theologisches Konzept dar.
- Dann gewisse Attribute Gottes, die zwar aus biblischen Texten abgeleitet werden, die dann aber aus diesem Zusammenhang gelöst und als eigen-

ständige Attribute gesetzt werden, wie allmächtig, allwissend, barmherzig, zornig usw.

Aus den Attributen allmächtig und allwissend folgt zunächst, dass alles, wirklich alles möglich ist, wenn Gott seine Finger im Spiel hat. Um die Konsequenz eines solchen Denkens klarzustellen, will ich die Fünf-Minuten-Theorie von der Entstehung des Universums aufstellen. Diese besagt nicht mehr und nicht weniger, als dass Gott vor exakt fünf Minuten das Universum erschaffen hat, so wie man es sieht, mit allem was darin existiert und zwar gerechnet von dem Augenblick, zu dem Sie als Leser diese Zeilen lesen.

Eine solche nette Behauptung ist ja schnell aufgestellt, gibt es nun eigentlich ein einziges Argument, was dagegen spricht, irgendetwas, was mich, den Autor dieser Theorie, überzeugen kann, dass diese Behauptung Unsinn ist? Bei genauer Betrachtung wird man eine ganze Reihe von Argumenten finden, die gegen meine Behauptung sprechen, die aber allesamt widerlegt werden können:

- „Das mit den fünf Minuten kann gar nicht korrekt sein, ich weiß doch genau, was ich vor einer Stunde so alles gemacht habe."

„Ja schon, aber diese eine Stunde liegt eine Stunde in der Vergangenheit, sie ist ausschließlich in deiner Erinnerung vorhanden. Und eine Erinnerung kann trügerisch sein, wie wir aus den zahlreichen Beispielen wissen, in denen sich Menschen falsch erinnern. Das ist psychologisch sogar nachgewiesen. Eine Erinnerung ist also allerhöchstens ein Indiz für das, was in der Vergangenheit geschehen ist, kein Beweis. Gott hat diese Erinnerung natürlich miterschaffen bzw. sie ist im Schöpfungsprozess mitentstanden. Wir wissen noch nicht wie, aber die Wissenschaft wird sicherlich noch die Prozesse finden, mit denen solche Erinnerungen entstehen, obwohl sie nicht wirklich sind."

- „Hier, jene Pflanze, die wächst seit einigen Jahren in unserem Garten. Das zeigt ja, das das Universum älter ist als fünf Minuten."

„Gott hat die Pflanze natürlich im erwachsenen Zustand erschaffen und dabei einen Prozess benutzt, den wir noch nicht verstehen. Der Augenschein einer erwachsenen Pflanze ist kein Beweis, dass sie älter ist als fünf Minuten."

- „Die Mehrheit aller Menschen glaubt nicht an diese verrückte Theorie."

„Eine Mehrheitsentscheidung ist kein Beweis gegen etwas, was Gott vollbracht hat. Es geht nicht um die Frage, was die Mehrheit glaubt, sondern ob wir Gott Glauben schenken."

- „Warum fünf Minuten? Dieser Wert ist doch durch nichts ausgezeichnet."

„Gott hat mir diesen Wert offenbart, alles andere hat sich diesem unterzuordnen."

Man kann in diesem kleinen Dialog unschwer alle Argumente wiederfinden, die von Kurzzeit-Kreationisten gegen die Evolutionstheorie ins Feld geführt werden. Sowohl das Anführen von Spezialsituationen, die mit einem normalen Modell nicht erfasst werden, als auch das Prinzip der „mature creation", der Schöpfung im ausgewachsenen Zustand, als auch die Behauptung, es ginge einzig und allein darum, Gott zu gehorchen, als auch den Verweis auf noch nicht entdeckte naturwissenschaftliche Modelle, findet man in diesen kurzzeit-kreationistischen Argumenten. Das Beispiel zeigt, dass die Naturwissenschaft solchen Argumenten gegenüber keine Handhabe hat, weil die Basis der Naturwissenschaft an sich nicht anerkannt wird.

Es gibt eigentlich nur eine einzige Aussage, die die Fünf-Minuten-Theorie schlagen kann und das ist die Aussage: „Ich habe aber eine andere Offenbarung." Denn genau auf diese Aussage läuft die Argumentation heraus, wenn man die Bibel in einer bestimmten theologischen Auslegung (mit der ich mich im Kapitel 6 noch näher beschäftigen werde) zum Dogma erklärt.

Für eine theologische Diskussion mag das Aufstellen eines Dogmas eventuell Sinn machen, aber wenn es darum geht, die Welt um uns herum mit naturwissenschaftlichen Mitteln zu beschreiben, dann bedeutet dieser Standpunkt schließlich und endlich den Verzicht auf Naturwissenschaft und das Öffnen der Tür für eine beliebige und sei es noch so abstruse Vorstellung.

Aus diesem Grund liegt der methodische Atheismus im Kern der naturwissenschaftlichen Betrachtungsweise. Wie ich noch ausführlich darlegen werde, geht es dabei nicht um eine Verdrängung Gottes oder um eine Leugnung Gottes, sondern ausschließlich um eine konsistente, allen Menschen in gleicher Weise zugänglichen Betrachtungsweise.

5.1.7 Zusammenfassung

Betrachtet man die naturwissenschaftliche Grundlage des Kurzzeit-Kreationismus, dann fällt es schwer, daran zu glauben, dass jemals etwas naturwissenschaftlich Fundiertes aus diesem Denken entstehen kann. Zu stark sind die Probleme, die mit diesem Begriff verbunden sind.

Nicht nur die beiden Dogmen der unverstehbaren Erschaffung und der extrem kurzen Zeit dafür sind ein schwerer Schlag für alle Versuche, ein ordentliches Modell zu entwerfen, sondern auch die Bereitschaft, die naturwissenschaftlichen Prozesse für die Vergangenheit beliebig zu ändern oder der Wunsch, Gott explizit in der Modellierung vorkommen zu lassen, sind nicht dazu angetan, ein Modell entwerfen zu können, das den Fakten entspricht, die man findet.

Auch die Versuche der deutschen Kurzzeit-Kreationisten, allen voran Reinhard Junker, die Betrachtung der Vergangenheit als Geschichtswissenschaft zu bezeichnen, ist nicht nur naturwissenschaftlich nicht tragbar, sondern führt bei Anwendung der Prinzipien der Geschichtswissenschaft auch nicht zu dem Ergebnis, das die Kurzzeit-Kreationisten gerne sehen wollen.

Trotz all dieser sehr starken Vorbehalte wäre es prinzipiell möglich, auch mit einer solchen Einstellung auf naturwissenschaftlicher Basis Modelle zu entwerfen. Einige Versuche in dieser Richtung werde ich in den folgenden Kapiteln beschreiben. Solche Versuche können aber nur erfolgen, wenn die tatsächliche Basis der Naturwissenschaft auch akzeptiert und angewendet wird. Dies bedeutet aber zwangsläufig, auf die Verwendung göttlicher Offenbarung zu verzichten und auch jeden Versuch zu meiden, Gott – oder einen Designer – in die Argumentation einzubauen.

Die Literatur zeigt, dass es auf der gesamten Welt keine Handvoll von Kurzzeit-Kreationisten gibt, die diese Voraussetzung berücksichtigen. Deswegen wird von der Mehrzahl der „normalen“ Naturwissenschaftler die Kritik an den Modellen der Evolution aus dieser Richtung kaum zur Kenntnis genommen. Dabei würde es auch diesen „normalen“ Naturwissenschaftlern gut tun, einmal andere Weltbilder als das atheistische mit ihren Modellen verknüpft zu sehen.

5.2 Die Erschaffung des Universums

Angenommen man geht von der Voraussetzung aus, dass das Universum von einem Gott – oder Designer – erschaffen worden ist. Welche Modelle kann der Kurzzeit-Kreationismus präsentieren, wenn es darum geht, diesen Vorgang zu beschreiben? Dazu gibt es einen prominenten Ansatz von Russel Humphrey, der in vielen kurzzeit-kreationistischen Argumenten eine große Rolle spielt. Wie dieser Ansatz einzuordnen ist und wie sich die experimentellen Fakten zur Gestalt des Universums insgesamt in diesem Denken wiederfinden, soll in diesem Kapitel beschrieben werden.

5.2.1 Ist die Vorstellung von der Erschaffung des Universums zwingend?

In der kurzzeit-kreationistischen Sichtweise ist das Universum nicht durch einen physikalischen Prozess entstanden, sondern wurde von Gott erschaffen. Die naturwissenschaftliche Beschreibung kosmologischer Ereignisse, um die sich die Kurzzeit-Kreationisten durchaus bemühen, ist dabei lediglich ein Beiwerk zu dieser Aussage. Obendrein ist die Vorstellung einer Schöpfung durchaus in einem gewissen Sinn natürlich. In allen Kulturen und seit allen Zeiten haben die Menschen über das, was sie am Firmament gesehen und erlebt haben, gestaunt und es der schöpferischen Kraft eines höheren Wesens zugeschrieben.

Tatsächlich ist die Ordnung und die Schönheit, die im Kosmos herrscht, erstaunlich oder besser gesagt, staunenswert. Wer hat nicht schon in klaren Nächten auf dem Balkon gesessen und hat die Sternbilder betrachtet, die man dort sehen kann. Wer hat über Phänomene wie Sonnenfinsternis oder Kometen nicht mit großem Interesse gelesen oder hatte gar die Möglichkeit, diese Ereignisse selber zu betrachten? Auch die Vielfalt der Galaxien ist in den letzten Jahren durch die Aufnahmen des Hubble-Teleskops verstärkt in die Aufmerksamkeit der Öffentlichkeit geraten.

Die Vorstellung, dass diese grandiosen Welten ohne jeden Zweck und ohne jede Absicht existieren oder entstanden sein sollten, widerstrebt den meisten Menschen. Aber gerade die Naturwissenschaft bietet keinerlei Antwort auf die Frage nach dem Sinn und Zweck an. Viele meinen sogar, die Naturwissenschaft würde einen Sinn und Zweck von sich aus verneinen. Das allerdings ist eine Fehlinterpretation. Sie kann und will keinen Sinn und Zweck definieren, aber das heißt nicht, dass sie die Existenz eines Sinns oder Zwecks verneint. Das Ziel der Naturwissenschaft ist die Beschreibung von Prozessen und zwar auf eine objektive Art und Weise mit der Sprache der Mathematik. Die Frage nach dem Sinn und dem Zweck von Dingen geht über die Naturwissenschaft hinaus.

Damit liegt es nahe, den Sinn eines Universums bei Gott zu suchen. Das geht aber nur, wenn man annimmt, dass dieser etwas mit der Entstehung des Universums zu tun gehabt hat, eben indem man eine Schöpfung annimmt. In diesem Sinn ist die Vorstellung einer Schöpfung dann auch zwingend.

In diese Richtung geht dann auch oft die Argumentation in der kreationistischen Literatur. Dort wird oft darauf hingewiesen, dass man bei der Betrachtung des Universums sehen kann, dass dahinter ein Schöpfer steckt. Dies wird in der Regel begleitet von eindrucksvollen Photos von Planeten, Sonnen, Nebeln und Galaxien und einer auf Staunen ausgerichteten

Beschreibung der astrophysikalischen Zusammenhänge. Und es wäre auch ungewöhnlich, wenn sich jemand der Faszination dieser Zusammenhänge entziehen könnte.

Doch leider bleiben die meisten Kurzzeit-Kreationisten an dieser Stelle stehen. Über das Staunen gelangen sie zu der Aussage, dass Gott diese ganze Ordnung geschaffen haben muss und damit ist dann Schluss. Ein Naturwissenschaftler geht aber weiter. Naturwissenschaftliches Denken entsteht, wenn man über Phänomene ins Staunen gerät und dann wissen möchte, wie das denn funktioniert. Gut, Gott hat das alles gemacht, wunderbar. Aber ich möchte wissen, wie er das alles gemacht hat.

An dieser Stelle fortzusetzen fällt Kurzzeit-Kreationisten aber schwer. Denn die Beschreibung des „Wie" erfordert die naturwissenschaftliche Methodik und damit den methodischen Atheismus. Und damit müssen wir, nachdem wir uns vorher mühsam zu der Aussage durchgerungen haben, dass Gott das alles erschaffen hat, weitermachen, ohne Gott zu erwähnen und mit Begriffen wie Energie, Kraft, Wechselwirkung usw. operieren.

Diesen Schritt schaffen aber nur die wenigsten christlichen Darstellungen zur Schöpfung des Universums. Es fällt da leichter, darauf zu verweisen, dass die Methoden Gottes für Menschen sowieso unvorstellbar sind und es daher auch nicht wert ist, darüber nachzudenken. Allenfalls werden noch diverse Bibeltexte zu Rate gezogen, die in ihrer Substanz auch keine andere Aussage bringen, als dass Gott das Ganze erschaffen hat.

Dazu kommt, dass die gängige naturwissenschaftliche Beschreibung der Entstehung des Universums, nämlich das Urknall-Modell, den Kurzzeit-Kreationisten nicht genehm ist, was aber nicht an der „Kreation", sondern an dem „Kurzzeit" liegt. Menschen, denen es alleine darum geht, das Wirken des Schöpfers sichtbar werden zu lassen, denen es aber nicht wichtig ist, wie lange das alles gedauert hat, haben mit dem Urknall-Modell wenig Probleme.

Als naturwissenschaftliches Modell ist das Urknall-Modell allerdings auch offen für andere weltanschauliche Interpretationen. So ist es auch denkbar mit einer Vorstellung, in der nicht ein Schöpfer regiert, sondern alles irgendwie „von selbst" oder „durch Zufall" entstanden ist. Hinterfragt man die Bedeutung solcher Aussagen, stellt man fest, dass diese Vorstellungen eigentlich sehr nebelhaft sind, weil man sprachlich mit einem Subjekt operiert (der Zufall hat erschaffen), aber damit eigentlich ausdrücken will, dass es gar kein Subjekt gibt. Aber hier ist jetzt nicht der Platz, über die Hintergründe einer atheistischen Weltanschauung nachzudenken. Wichtig in unserem Zusammenhang ist, dass man aus der Annahme, dass das Urknall-Modell die

Wirklichkeit hinreichend korrekt beschreibt, die Existenz eines Schöpfers oder den Vorgang der Schöpfung nicht zwingend folgern kann. In dieser Blickrichtung wäre also die Vorstellung einer Schöpfung nicht zwingend. Die Schuld daran ist aber nicht im Urknall-Modell zu suchen, sondern ist prinzipiell in einer naturwissenschaftlichen Beschreibung enthalten. Auch aus einer Beschreibung der Newtonschen Gravitationsgesetze oder der Beschreibung der elektromagnetischen Wellen folgt die Existenz eines Schöpfers nicht zwingend. Dennoch ist es gerade diese Eigenschaft, die Kurzzeit-Kreationisten am Urknall-Modell stört. Eine „echte" Beschreibung der Entstehung des Universums, muss die Folgerung auf einen Schöpfer nach den Vorstellungen der Kurzzeit-Kreationisten zwangläufig zur Folge haben.

Dies muss u. a. dadurch geschehen, dass sich durch die naturwissenschaftlichen Beschreibungen die Vorstellungen, die die Kurzzeit-Kreationisten aus dem ersten Kapitel der Bibel ableiten, als wahr erweisen müssen. Das heißt, dass die Logik der Zusammenhänge in fataler Weise auf den Kopf gestellt ist. Aus der Bibel werden Folgerungen gezogen, die sich als Ergebnisse der naturwissenschaftlichen Beschreibungen erweisen müssen, sonst wird das dazugehörige Modell abgelehnt.

Paradoxerweise wird diese falsche Denkweise von den eher atheistisch eingestellten Menschen freudig aufgegriffen, nur dass die Folgerung umgedreht wird. Weil die allgemein akzeptierten Konsequenzen der naturwissenschaftlichen Modellierung eben nicht die Kurzzeit-Erschaffung unterstützen, die die Kurzzeit-Kreationisten aus der Bibel ableiten, wird gefolgert, dass die Naturwissenschaft beweist, dass es keinen Gott gibt. Dies wird auch in vielen populärwissenschaftlichen Darstellungen so geschrieben und hat zu einer zunehmenden Entfremdung von dem Gedanken, dass es einen Schöpfer gibt, geführt.

Dabei sind beide Folgerungen in sich falsch. Die Frage, ob es einen Schöpfer gibt, kann man mit naturwissenschaftlichen Mitteln weder beweisen noch widerlegen. Wichtig ist nur die Frage, ob die Existenz eines aktiven Schöpfers nach christlicher Denkart mit der Vorstellung, dass die Naturwissenschaften einen relevanten Teil der Realität beschreiben, kompatibel ist. Ich werde im Kapitel 6 zeigen, dass genau das möglich ist.

Um also die Frage dieses Abschnitts zu beantworten: Die Antwort ist „jein". Aus nicht-naturwissenschaftlicher Sicht, allein aus dem Gefühl heraus, scheint die Antwort, dass das Universum erschaffen wurde, ziemlich nahe liegend. Auf der anderen Seite ist eine naturwissenschaftliche Beschreibung kompatibel mit vielen Arten von Weltanschauungen, auch mit einer atheistischen. Also heißt die Antwort in dieser Hinsicht auch „nein".

5.2.2 Wie alt ist das Universum?

Im Kurzzeit-Kreationismus ist die Frage, wie alt das Universum ist, bereits beantwortet, bevor das erste naturwissenschaftliche Modell überhaupt formuliert ist. Das Universum insgesamt ist in sechs Tagen erschaffen worden und etwa 10.000 Jahre alt, Punkt. Das ist der Ausgangspunkt und das zentrale Dogma des Kurzzeit-Kreationismus und auf dieser Basis wird versucht, eine naturwissenschaftliche Modellierung zu finden.

Startet man mit einer solchen Hypothek, dann gerät man in ungeahnte Schwierigkeiten. Denn die Fakten sprechen gegen dieses Grunddogma und man ist gezwungen, ständig in Verteidigungshaltung zu gehen. Der einfachste Ausweg wäre natürlich, dass man einfach behauptet, dass Gott dieses Universum so erschaffen hat, dass es alt aussieht. Wie man im Kapitel 5.1.6 gesehen hat, ist diese Antwort allmächtig. Es gibt keine Methode, weder naturwissenschaftlich, noch persönlich, mit dem man dieses Argument aushebeln kann.

Der Grund, warum man es in der Regel aber nicht benutzt ist, dass es ein sehr schlechtes Licht auf Gott wirft. Warum sollte Gott das Universum so erschaffen, er könnte es doch auch so erschaffen, dass man ihm die Jugend ansehen könnte. Auf diese Weise täuscht Gott uns geradezu, was noch dadurch verschärft wird, dass der Glaube an Gott ja zur ewigen Rettung notwendig ist und ein solcher Täuschungsversuch dazu beiträgt, die Menschen in die Verdammnis zu führen. Ein solcher Täuschergott ist theologisch und vom Gottesbild her nicht akzeptabel.

Also muss der Fehler bei den Menschen, bei den Wissenschaftlern liegen. Gott hat das Universum so erschaffen, dass man ihm die Jugend ansieht, die Fakten sprechen also eigentlich für die 10.000 Jahre. Aber die Menschen interpretieren diese Fakten falsch, sie verwenden die falschen Modelle und Voraussetzungen und kommen daher zu einem falschen Ergebnis von 15.000.000.000 Jahren.

Soweit die Grundaussage der Kurzzeit-Kreationisten. Als Naturwissenschaftler fragt man an dieser Stelle natürlich sofort, wieso so viele Naturwissenschaftler unabhängig voneinander so sehr irren können, wie denn die richtigen Modelle aussehen, welches die richtigen Voraussetzungen sind und wie man zu dem richtigen Ergebnis kommt. Denn hier wird es aus naturwissenschaftlicher Sicht spannend. Dass dieselben Fakten durch zwei verschiedene Modelle beschrieben werden können, kommt oft vor und es ist gerade der Wettstreit von solchen verschiedenen Modellen, der die Naturwissenschaft spannend und interessant macht. Können die Kurzzeit-Kreationisten ein Gegenmodell aufstellen, was genauso erfolgreich in der

Beschreibung der Prozesse ist, wie das Urknall-Modell und das genauso erfolgreich Vorhersagen macht und damit Impulse für die Forschung geben kann? Nun ist es bis heute leider so, dass es für ein solches Gegenmodell noch nicht einmal einen Ansatz gibt, von einem einzigen Versuch abgesehen, dem Modell von Humphrey, mit dem ich mich im nächsten Kapitel beschäftigen werde. Allenfalls wurden zu einzelnen Fakten, die für ein altes Universum sprechen, Einwände gebracht, die in die Richtung gehen, dass man auch noch nicht so genau wüsste, wie dieses Phänomen zu beschreiben sei, aber dass man sicher sei, dass es Alternativen geben könnte. Im Folgenden will ich einige dieser Einwände nennen:

Warum sind die Sterne und Galaxien so weit weg?

Die Frage, die den meisten Menschen am ehesten einleuchtet, ist die Frage, woher es kommt, dass wir das Licht von Millionen und Milliarden Lichtjahre weit entfernten Sternen und Galaxien sehen, obwohl das Universum doch nur 10.000 Jahre alt ist. Zu dieser Frage gab und gibt es mehrere verschiedene Antworten.

Bis vor etwa 15 Jahren war die populärste Antwort ganz einfach die Aussage, dass das Universum gar nicht so groß ist. Meistens beruhte diese Antwort auf einer wortreichen Kritik an der Rotverschiebung und der Interpretation dieses Phänomens als Indikator der Entfernung. Diese Kritik erweckte den Anschein als gäbe es nur zwei Methoden, um die Entfernung von Sternen zu messen, nämlich die direkte Triangulation, mit der man damals lediglich Entfernungen bis zu etwa 300-500 Lichtjahren messen konnte und eben die Messung der Rotverschiebung und die Interpretation dieser Verschiebung als Entfernung. In diesem Punkt hat es aber am amerikanischen ICR (Institute of Creation Research) und innerhalb der deutschen Gruppe der Kurzzeit-Kreationisten einen Sinneswandel gegeben. Es hat sich doch noch die Erkenntnis durchgesetzt, dass es auch andere, seriöse Methoden der Entfernungsmessung gibt und dass die Ergebnisse dieser Messungen eine Leugnung der Größe des Universums nicht mehr zulassen. Aus diesem Grund findet man diese Antwort heutzutage nur noch selten.

Eine andere Antwort auf die Frage, warum wir die weit entfernten Sterne sehen können, ist ganz einfach die Aussage, dass Gott die Lichtbahnen der Sterne zu uns am Anfang miterschaffen hat. Neben dem generellen Problem dieser „Gott hat das so gemacht"-Aussage, kommt im Fall der Sterne und Galaxien noch ein spezielles Problem hinzu. Das, was wir von den Sternen sehen, ist ja kein statisches Licht, sondern enthält sehr viele Vorgänge, die Veränderungen zeigen. Es geht am Firmament von Helligkeitsschwankungen, Pulsaren, Überdeckungen bis hin zu spektakulären Supernova-Ausbrüchen ziemlich dynamisch zu. Stammt das Licht, in dem wir solche Veränderungen sehen, von einer sehr weit entfernten Quelle, dann müssen diese Veränderungen bei der Erschaffung mit erschaffen worden sein, weil sie ja nicht wirklich passiert sein können, sonst wäre diese Information noch nicht hier. Dies wäre also ein Musterbeispiel einer von Gott höchstpersönlich eingebauten Täuschung. Aus diesem Grund wird auch diese Antwort nur noch selten genannt.

Am häufigsten wird heutzutage, neben dem Modell von Humphrey, behauptet, dass die Lichtgeschwindigkeit früher sehr viel höher gewesen wäre. Das, was wir heute sehen ist also in den ersten paar hundert Jahren des Universums vor 10.000 Jahren geschehen und damals war das Licht so schnell, dass es uns heute erreichen kann. Diese Behauptung beruft sich dabei auf die durchaus ernsthaft diskutierten Vorschläge im Rahmen des Urknall-Modells, dass die Lichtgeschwindigkeit früher einen anderen Wert gehabt haben könnte als heutzutage. Leider ist auch eine solche Antwort extrem weit davon entfernt, ein wirklich ernst zu nehmender naturwissenschaftlicher Vorschlag zu sein, denn in den diversen Veröffentlichungen wird auf eine Reihe von strittigen Punkten nicht im Geringsten eingegangen. Dazu zählt die Frage, welche Ursache eine solche Lichtgeschwindigkeitsänderung haben könnte. Dann wird niemals auf den Umstand hingewiesen, dass die Größe der Veränderung, die im Rahmen des Urknalls diskutiert wird, nur wenige Promille beträgt, während man im kurzzeit-kreationistischen Modell eine Veränderung um den Faktor einer Million benötigt. Und schließlich werden all die sehr gravierenden Auswirkungen auf Sonnenspektren, Galaxienbildung und überhaupt sämtliche physikalischen Prozesse ignoriert, die die Änderung einer so fundamentalen Naturkonstante mit sich bringt. Wäre die Lichtgeschwindigkeit tatsächlich in einem so extremen Maße höher gewesen, dann müsste man das ganz einfach sehen. Aus diesem Grund ist diese Antwort zwar in vielen kurzzeit-kreationistischen Kreisen populär, ist aber nicht ernsthaft Teil eines naturwissenschaftlichen Gegenmodells.

Rotverschiebung der Sterne und Galaxien

Wie die Rotverschiebung der Sterne zustande kommt, wenn sie nicht durch die Ausdehnung des Universums erzeugt wird, wird in der kreationistischen Literatur nicht genannt, es wird also kein ernsthaftes Gegenmodell zum Urknall-Modell aufgezeigt. Man betont lediglich, dass die Ausdehnung des Universums nicht der einzige Prozess ist, der eine Rotverschiebung verursachen kann, was ja korrekt ist und auch im Rahmen des Urknall-Modells berücksichtigt wird. Damit bleibt die Chance, dass einer dieser anderen Prozesse das Phänomen der Rotverschiebung vollständig beschreiben könnte, womit sich die Interpretation der Ausdehnung des Universums erübrigen würde.

Es werden auch mögliche Ansätze für eine solche alternative Modellierung dieses Phänomens genannt, wobei das Modell von Harp oder das Modell des quasistationären Universums am häufigsten genannt werden. Ignoriert wird dabei, dass auch diese Modelle ein Alter des Universums annehmen, das in der Größenordnung von Milliarden Jahren liegt. Würden diese Modelle also erfolgreich werden, hätte man zwar dem ungeliebten Urknall-Modell einen empfindlichen Schlag versetzt, hätte aber für das eigentliche Ziel, nämlich nachzuweisen, dass das Universum eigentlich nur 10.000 Jahre alt ist, ist nichts gewonnen.

Der Mikrowellenhintergrund

Auch in Bezug auf den Mikrowellenhintergrund gibt es außer dem Modell von Humphrey keine eigenen Erklärungsansätze der Kurzzeit-Kreationisten. Auch hier spielen höchstens die Modelle von Harp oder das Modell des quasistationären Universums eine Rolle. Dabei hat das Modell von Harp gerade bei diesem Phänomen große Lücken, zumal in den letzten Jahren erhebliche Fortschritte in der detaillierten Messung der Hintergrundstrahlung gemacht worden sind. Es bleibt also prinzipiell unklar, wie sich ein solches experimentelles Faktum in ein 10.000 Jahre altes Universum einbetten soll.

Andere experimentelle Fakten

Jemand, der sich ein wenig tiefer mit den beobachteten astrophysikalischen Phänomenen beschäftigt, wird sehr schnell eine Fülle von Details erfahren, die im Rahmen des Standardmodells, eben des Urknall-Modells ihren verständlichen oder zumindest prinzipiell verständlichen Platz finden. Sei es das Verhältnis der Menge von Helium zu Wasserstoff im Universum, seien es Pulsare, periodisch veränderliche Sterne, Supernovae, Galaxienformen und -strukturen, Gravitationslinsen, die Elementsynthese usw. usw. Diese Phänomene benötigen alle Zeit, um sich in den beobachteten Formen zeigen zu können, mehr Zeit, als die Kurzzeit-Kreationisten dem Universum zugestehen wollen. Konsequenterweise werden alle diese Phänomene auch in kurzzeit-kreationistischen Veröffentlichungen nicht erwähnt.

Zusammenfassend lässt sich also sagen, dass von einem naturwissenschaftlichen Gegenmodell für die Entstehung und Bildung des Universums bisher keine Rede sein kann. So ausführlich und selbstbewusst die Kritik auch ist, die die Kurzzeit-Kreationisten gerne gegenüber dem Urknall-Modell äußern, so leer stehen sie da, wenn es um ein eigenes naturwissenschaftliches Konzept geht. Es existiert nur ein einziger heroischer Versuch, diese Situation zu ändern und das ist eine Idee von Russel Humphrey, die ich im Folgenden näher beleuchten will.

5.2.3 Das Modell von Humphrey

Dr. Russel Humphrey ist ausgebildeter Physiker und hat bis Anfang dieses Jahrhunderts ganz normal an den Sandia National Laboratories in Albuquerque gearbeitet. In dieser Position war das Meiste seiner Arbeit geheime militärische Forschung, aber es gibt von ihm durchaus einige öffentliche Publikationen auf dem Gebiet der Kernfusion. Insofern ist Dr. Humphrey mit dem naturwissenschaftlichen Forschungsbetrieb bekannt und hat so weit auch eine ganz normale Karriere verfolgt, was trotz seiner Überzeugung möglich war, dass das Universum lediglich 10.000 Jahre alt ist. Zu Beginn dieses Jahrhunderts wurde Humphrey jedoch an das ICR (Institute of Creation Research) berufen, wo er die Position eines Associate Professors bekleidet. Seit dieser Zeit ist mir keine einzige Publikation mehr bekannt, die er in einer normalen physikalischen Zeitschrift veröffentlicht hätte.

Auslöser und Grund der Berufung an das ICR war ein Buch mit dem Titel „Starlight and Time", das Humphrey 1994 veröffentlicht hat und in dem er eine Idee präsentierte, wie das Universum vor 10.000 Jahren in sieben Tagen entstanden sein könnte. Der Clou seiner Idee war, das er sich als erster und bislang einziger unter den Kurzzeit-Kreationisten auf ein reales physikalisches Modell stützte, nämlich die allgemeine Relativitätstheorie, die auch das Zentrum des Urknall-Modells bildet.

Was beinhaltet Humphreys Modell?

Um zu verstehen, was den Kern von Humphreys Idee darstellt, ist es notwendig, etwas in die Eigenschaften der allgemeinen Relativitätstheorie hineinzuschauen. Eine der bekanntesten Vorhersagen der allgemeinen Relativitätstheorie ist die Existenz von schwarzen Löchern. Diese sind Überbleibsel von überschweren Sonnen, bei denen die Masse durch die Gravitationskraft so stark komprimiert wurde, dass die Fluchtgeschwindigkeit auf der Oberfläche dieser Masse die Lichtgeschwindigkeit übersteigt. Die Fluchtgeschwindigkeit ist dabei die Geschwindigkeit, die man erreichen muss, um der betreffenden Gravitationsquelle zu entkommen. Da es nichts gibt, was sich schneller fortbewegen kann als die Lichtgeschwindigkeit, bedeutet das, dass es nach der allgemeinen Relativitätstheorie nichts gibt, was einem schwarzen Loch entkommen kann, noch nicht einmal Licht.

Nun besteht das Urknall-Modell ja in der Vorstellung, dass die gesamte Energie des Universums vor etwa 15 Milliarden Jahre in einer Masse vereinigt gewesen war, mit anderen Worten, die Voraussetzung, dass die Gravitationskraft so hoch ist, dass man schneller als das Licht fliegen muss, um dieser Masse zu entkommen, waren klar gegeben. In dieser Betrachtungsweise war das Universum dann wohl ein schwarzes Loch, doch damit stellt sich automatisch die Frage, wieso sich das Universum überhaupt ausdehnt, warum klebt es nicht wie ein schwarzes Loch einfach zusammen?

Die Antwort darauf besteht in einem Umstand, der in den meisten populären Darstellungen des Urknall-Modell sehr vernachlässigt wird, der Randbedingung. Um zu einem schwarzen Loch zu kommen, muss es sinnvoll sein, eine Fluchtgeschwindigkeit zu definieren, es muss ein „draußen" geben, zu dem hin man fliehen kann. Mit anderen Worten, um ein schwarzes Loch zu bekommen, muss man einen Rand haben. Das Universum umfasst aber per Definition alles, was es gibt, damit kann es kein „draußen" geben. Es ist sinnlos, eine Fluchtgeschwindigkeit zu definieren, weil es nichts gibt, wohin man fliehen kann. Physikalisch bedeutet das, dass das Universum keinen Rand hat, dieser Umstand wird auch das Kopernikanische Prinzip genannt. Es ist eine der Voraussetzungen, die in das Urknall-Modell mit eingehen.

Dieser Punkt ist der erste Umstand, mit dem Humphrey das Urknall-Modell verändern will. Er nimmt an, dass das Kopernikanische Prinzip nicht gilt, dass also das Universum zu Beginn einen Rand hatte. Dies ist gleichbedeutend mit der Aussage, dass das Universum bereits vorher in irgendeiner Form existierte, bevor das passierte, was Humphrey mit der Geburt des Universums gleichsetzt. Die Forderung, das Kopernikanische Prinzip aufzuheben, ist erst einmal legitim, auch wenn die meisten Physiker es lieber sehen, am Anfang möglichst einfache Situationen anzunehmen, denn wenn man nicht vom einfachsten startet, was es gibt, dann hat man immer den Zwang zu beschreiben, wie dieser komplizierte Anfangszustand zustande gekommen ist.

Aber die Aufgabe des Kopernikanischen Prinzips ist nicht das Einzige, was Humphrey fordert, er fordert auch den Umstand, dass das Universum kein schwarzes Loch, sondern ein weißes Loch gebildet hat. Zu einem weißen Loch kommt man, wenn man sich die Einsteinschen Gleichungen der allgemeinen Relativitätstheorie anschaut. Diese Gleichungen haben die Ordnung 2, was bedeutet, dass es zu jeder Gleichung, die man aufstellt, mathematisch gesehen zwei Lösungen gibt. Diese Situation trifft man in der Physik oft an, aber sehr oft gibt es physikalisch sinnvoll nur eine einzige Lösung. Man findet dann, dass eine der Lösungen, die die Gleichungen liefern, der physikalisch sinnvollen Lösung entspricht und die andere keinen physikalischen

Sinn findet. Die Physiker akzeptieren diesen Umstand oft mit einem Schulterzucken und arbeiten mit der sinnvollen Lösung weiter.

So ist es auch in den Modellen, die ein schwarzes Loch beschreiben. Die Gleichungen liefern Lösungen für das schwarze Loch und zusätzlich eine andere Lösung, die in allem genau die entgegengesetzten Eigenschaften hat. Ein schwarzes Loch saugt alle Materie in sich ein, ein weißes Loch spuckt alle enthaltene Materie aus. Aus einem schwarzen Loch gibt es kein Herauskommen, in ein weißes Loch gibt es kein Hineinkommen. Diese und andere merkwürdige Eigenschaften haben die Mehrheit der Physiker dazu gebracht, diese Weiße-Loch-Lösung als unphysikalisch zu verwerfen. Anders Dr. Humphrey, er fordert, dass das Universum genau durch ein solches weißes Loch entstanden ist.

Wie hilft das nun einem Kurzzeit-Kreationisten? Nun, Humphrey nimmt eine weitere Eigenschaft hinzu, die recht bekannt ist, und zwar die, dass die Uhren in einem Gebiet mit einem hohen Gravitationsfeld langsamer gehen, verglichen mit einem Gebiet, das nahezu frei ist von Gravitation. Dasselbe fordert Humphrey auch von seinem weißen Loch, wo die Zeit am Ereignishorizont des weißen Loches auch wesentlich langsamer vergehen soll als im Vergleich zu dem Außenbereich, den es in diesem Fall ja gibt, wenn man das Kopernikanische Prinzip fallen lässt.

Beobachtet man die Geschehnisse außerhalb des weißen Loches also von diesem Punkt aus, so werden die Ereignisse dort wie im Zeitraffer vergehen. Der Zeitunterschied ist dabei um so größer, je weiter weg von dem weißen Loch sich der beobachtete Bereich befindet. Humphrey behauptet nun, dass die Parameter so eingestellt waren, dass in einer Zeit, wo im übrigen Universum (außerhalb des weißen Lochs) 15 Milliarden Jahre vergingen, bei jenem weißen Loch eben nur knapp sechs Tage vergingen. Die Behauptungen der Kurzzeit-Kreationisten sind zwar korrekt, aber eben nur für jenen Punkt am weißen Loch. Und genau dort platziert Humphrey die Erde mit dem entstehenden Leben und bezieht den biblischen Bericht auf diese Gegend.

Wie ist Humphreys Modell zu bewerten?

Damit wirft Humphrey die prinzipielle Idee auf, dass das Geschehen im Universum von zwei Zeitskalen gesteuert wird. Eine spezielle Zeitskala, die auf dem Punkt am Rand des weißen Lochs gilt, in den sich Humphrey die Erde hineindenkt. Und eine Zeitskala für das übrige Universum, das der normalen Zeitskala des Urknall-Modells entspricht. Humphrey vermeidet es damit, gezwungen zu sein, eine Vielzahl von Phänomenen im Universum in 10.000 Jahren ablaufen lassen zu müssen, bei denen das gar nicht funktioniert. Er sagt eigentlich, dass das Universum tatsächlich so alt ist, wie das Urknall-Modell aussagt, es hat Zeit, Galaxien zu entwickeln, Sterne zu gebären und sterben zu lassen usw. usw. Das Universum ist alt. Nur eben die Erde nicht. Die Erde saß an einem ganz speziellen Punkt, an dem sie gegen das Vergehen der Zeit geschützt war, in einem Zeitfeld, das dafür sorgte, dass auf der Erde lediglich sechs Tage vergingen, während das Universum alterte.

Das Besondere an Humphreys Idee ist, dass sie in der Anlage erst einmal durchaus statthaft ist. Sowohl das Anzweifeln des Kopernikanischen Prinzips als auch der Entwurf eines neuen, ungewöhnlichen Modells zählt zu den normalen Vorgängen in der naturwissenschaftlichen Forschung. Vielleicht hätte Dr. Humphrey diese Idee auch in einer echten physikalischen Zeitschrift veröffentlichen können, wenn er eines noch getan und etwas anderes unterlassen hätte.

Das, was er dabei hätte unterlassen müssen, ist die in seinem Buch einen breiten Raum einnehmende Spekulation, wie diese Weiße-Loch-Situation entstanden ist und wie sie zu Beginn ausgesehen hat. Humphrey lässt sich dabei natürlich von der Bibel leiten und wartet mit einigen äußerst merkwürdigen Vorstellungen auf, wie der, dass das Universum (nicht die Erde, das Universum) von Wasser umgeben ist (nicht etwas wie Wasser, sondern echtes, richtiges Wasser). Diese Aussage ist durch nicht einen einzigen Fakt gestützt oder hergeleitet, sondern rührt ausschließlich aus der einseitigen Interpretation einzelner biblischer Verse her. Humphrey mag an diesen Vorstellungen hängen, aber seine Grundidee von der Entstehung des Universums ließe sich auch ohne diese Vorstellungen präsentieren.

Schwieriger als diese Unterlassung wäre allerdings das, was er zusätzlich hätte machen müssen, um seine Idee zu einer seriösen Publikation zu machen. Er hätte Phänomene und Fakten finden und erläutern müssen, die für sein Modell sprechen und die eben nicht durch das Urknall-Modell genauso gut oder sogar besser erklärt werden. Genau hier hapert es aber bei seinem Ansatz und genau hier setzt auch die inhaltliche Kritik an, der seine Idee dann in der Folgezeit ausgesetzt war. Denn während die kurzzeit-kreationistischen Kreise, die keine Vorbildung in theoretischer Physik im Allgemeinen und in allgemeiner Relativitätstheorie im Speziellen haben, Humphrey als neuen Einstein feierten, war die Reaktion in den Kreisen, die sich mit allgemeiner Relativitätstheorie auskannten, sehr verhalten, wenn nicht gar negativ.

Kritik an Humphreys Modell

Besonders hervorgetan haben sich dabei Samuel Connor und Don Page. In einem ausführlichen Artikel kritisierten sie Humphreys Modell methodisch und inhaltlich. Humphrey wiederum antwortete auf diese Kritik und das Ganze entwickelte sich zu etwas, was einige Beobachter als die „Starlight wars“ bezeichneten. Die Kritik von Connor und Page war zum Teil sehr technisch und in den Methodiken der allgemeinen Relativitätstheorie verhaftet, so dass kaum ein Leser, mich eingeschlossen, wirklich verfolgen konnte, wie die Kritik bzw. die Antwort darauf zu bewerten war. Das Ende vom Lied war, dass Humphrey behauptete, dass alle seine Kritiker Unrecht hätten, während seine Kritiker äußerten, dass Humphrey zu keinem ihrer Kritikpunkte Stellung genommen hätte.

Die wesentlichen Kritikpunkte, die Connor und Page äußerten, will ich im Folgenden ohne großen Kommentar beschreiben, sie gehen teilweise sehr in die Details der mathematischen Modellierung des Universums.

Die Bedeutung des Kopernikanischen Prinzips wird von Humphrey überbetont.
Im Rahmen des Urknall-Modells wurde bereits untersucht, welche Folgen es hat, wenn man die Bedingung, dass das Universum keinen Rand hat, fallen lässt. Man kann berechnen, dass die physikalischen Gleichungen im Inneren eines solchen Gebietes mit Rand gegenüber denen eines Gebietes ohne Rand identisch sind. Damit folgt, dass auch die Zeitmessung identisch ist und der von Humphrey gefolgerte Unterschied in der Zeitmessung zwischen zwei verschiedenen Punkten in einem solchen Universum nicht auftritt.

Humphrey hält dagegen., dass es in seinem Modell doch einen wesentlichen Unterschied gibt, nämlich den, dass es in seinem Modell ein definiertes Zentrum gibt, was es in einem herkömmlichen Modell nicht gibt, egal ob man nun einen Rand annimmt oder nicht.

Connor und Page halten wiederum dagegen, dass ihre Folgerungen auch dann noch gültig bleiben, wenn man Humphreys Annahme als korrekt annimmt.

Humphrey geht technisch falsch vor.
Der Grund, warum Humphrey einen Unterschied in der Zeitmessung zwischen der Erde und einem entfernten Punkt des Universums berechnen kann, ist die Transformation auf eine spezifische Zeitkoordinate, die Schwarzschild Zeit, die im Rahmen der Klein-Metrik eingeführt wird. Diese Zeitkoordinate ergibt einen Unterschied zu der kosmischen Zeitkoordinate, die misst, wie viel Zeit im Universum seit Beginn abgelaufen ist. Die Behauptung Humphreys, dass die Schwarzschild Zeit die korrekte Zeit zur Messung der Zeit auf der Erde ist, ist aber falsch, da sich Uhren, die die Schwarzschild

Zeit messen wollen, mit Überlichtgeschwindigkeit bewegen müssten. Eine solche Uhr kann es nach der allgemeinen Relativitätstheorie, deren Gültigkeit Humphrey explizit bejaht, nicht geben.

Humphrey hält dagegen, dass die Folgerungen inkorrekt sind, da die Klein-Metrik unterschiedliche Gebiete vorhersagt, in denen sich die Zeit anders verhält, während die Metrik, die Connor und Page verwenden, diese Gebiete nicht aufzeigen können, da sie durch zusätzliche Bedingungen zu stark eingeschränkt ist.

Connor und Page halten wiederum dagegen, dass die unterschiedlichen Gebiete, die Humphrey in der Klein-Metrik entdeckt hat, unphysikalische Überbleibsel darstellen, die aus der ungewöhnlichen Wahl der Koordinatentransformation herrühren.

Humphrey macht fehlerhafte Berechnungen.

Die Berechnung des Ereignishorizonts des weißen Lochs, den Humphrey an zentraler Stelle in seiner Argumentation sieht, ist fehlerhaft. Humphrey verwendet die falsche Definition von Ereignishorizont, wodurch es zu einer fehlerhaften Berechnung der Ereignisse kommt, die am Ereignishorizont geschehen, unter anderem auch die Berechnung des Zeitunterschieds verschiedener Uhren.

Humphrey hält dagegen, dass er eigentlich nicht den Ereignishorizont gemeint hat, an dem sich die Uhrunterschiede auftun und dass er dies ursprünglich auch nicht erkannt hat. Das Gebiet, an dem die Zeitunterschiede sichtbar werden, ist eben eines der Gebiete, in dem die Klein-Metrik einen Vorzeichenwechsel zeigt.

Auch hier ist das Argument von Connor und Page, dass dieses Gebiet nichts wirklich Physikalisches darstellt, da es durch eine mathematische Operation hervorgerufen wird, die nicht physikalisch untermauert ist.

Humphreys Modell müsste messbar sein, das ist es aber nicht.

Zum Schluss bringen Connor und Page auch noch ein Argument, das in allen Modellen, die auf der allgemeinen Relativitätstheorie beruhen, gültig sein muss. Es besagt, dass, wenn man annimmt, dass die Zeit zwischen der Erde und dem umgebenden Universum in der Vergangenheit stark unterschiedlich abgelaufen ist – so wie es Humphrey ja annimmt, man dies heute experimentell feststellen können müsste. In diesem Fall müsste sich die gemessene Rotverschiebung weit entfernter Galaxien jährlich messbar ändern und die scheinbare Größe, bzw. indirekt ihre Leuchtkraft müsste sich ebenfalls messbar ändern. Beide Effekte sind aber bislang nicht beobachtet worden.

Humphrey hält dagegen, dass die Berechnungen von Connor und Page nicht für das Modell gelten, das er entwickelt hat. Diese wiederum bringen als neues Argument die Aussage, dass solche Gebiete, wie Humphrey sie aus seinem Modell folgert, im gesamten Universum einen Effekt hätten, so dass sich auch in diesem Fall kein Zeitunterschied zwischen dem Zentrum und dem Rand des Universum ergeben würde.

Für Außenstehende ist diese Diskussion, die sehr stark in die mathematischen und physikalischen Details der allgemeinen Relativitätstheorie geht, fast undurchschaubar. Jedoch haben sich die meisten Personen, die eine Ausbildung in diesem Gebiet genossen haben, eher negativ zu Humphreys Ideen geäußert.

Weitere Kritikpunkte an Humphreys Modell

Doch auch ohne jetzt weiter in die technischen Details der Mathematik einsteigen zu können, sind darüber hinaus von meiner Seite weitere Punkte deutlich, die an dem Modell von Humphrey fehlen und darauf hindeuten, dass es die Realität eben nicht korrekt beschreiben kann: Diese Punkte sind wie folgt:

• *Probleme mit dem Mikrowellenhintergrund*

Humphrey behauptet, dass sein Modell die Mikrowellen-Hintergrundstrahlung genauso gut beschreibt, wie dies das Urknall Modell tut. Es ist aber ein wesentlicher Punkt seines Modells, dass die Materie nicht wie im Urknall-Modell mit einem Knall, sondern kontinuierlich über einen Zeitraum von 15 Milliarden Jahren – vom Universum aus gesehen – in das Universum hinausgeblasen wird, genau das ist eben die Funktionsweise eines weißen Lochs. Daraus folgt, dass das Universum zu Beginn nicht den heißen, im allgemeinen Gleichgewicht befindlichen Zustand gehabt hat, sondern den einer sehr heißen ersten Welle, die von einem kontinuierlichen Strom von Materie gefolgt wird.

Also kann der Übergang von dem Zustand, in dem das Licht in der Materie gebunden war zu dem Zustand der Materie, in dem die Materie größtenteils für das Licht durchlässig war, nicht gleichförmig und annähernd gleichzeitig erfolgt sein, wie im Urknall-Modell, sondern es muss einen zeitlich ausgedehnten Zeitraum und einen sich verschiebenden Teil des Raumes gegeben haben, in dem dieser Übergang erfolgt ist. Dies müsste aber in der Hintergrundstrahlung durch viel stärkere Frequenz- und Verteilungsschwankungen zu sehen sein. Das ist aber nicht der Fall.

• *Entstehung der erdnahen Gebiete*
Nach den Berechnungen von Humphrey ist der Zeitunterschied zwischen dem Universum und der gedachten Zeitdehnung am Ereignishorizont des weißen Lochs um so größer, je weiter entfernt der Vergleichspunkt im Universum von der gedachten Erde ist. Das bedeutet aber zwangsläufig, dass das Universum um so jünger wird, je mehr wir uns der Erde nähern. Dies entspricht aber nicht der Beobachtung. Gerade die nähere Umgebung der Erde – sagen wir in einigen tausend Lichtjahren – lässt sich außerordentlich gut beobachten und dort befinden sich alte und sehr alte Sternsysteme, die in nichts dem Alter der weit entfernten Galaxien nachstehen. Insbesondere die Sonne ist nicht mehr jung und da Humphreys Modell geradezu darauf basiert, dass die herkömmlichen Vorstellungen der Sonnenentstehung korrekt sind, zeigt das, dass sein Modell nicht den Beobachtungen entspricht.

• *Die Entstehung der Erde*
Über die Entstehung der Erde sagt Humphreys Modell nichts aus. Er nimmt lediglich an, dass sie schon da war und sich dann in der Nähe des Gebietes aufgehalten hat, in dem die Zeit praktisch stillsteht. Wie dies geschehen soll, ohne dass die Erde zerrissen und in das Universum herausgeblasen wird, erklärt er nicht. Sein Modell beruht ja gerade auf der Gültigkeit der allgemeinen Relativitätstheorie, aber er ignoriert, dass es unter den von ihm geschilderten Umständen für einen Planeten unmöglich gewesen wäre, in diesem Gebiet eine stabile Existenz aufrecht zu erhalten, noch dazu mit entstehendem Leben. Nimmt er aber für seine Rettung ein unphysikalisches Eingreifen Gottes an, dann hätte er sich gleich die ganze Mühe mit seinem Modell sparen können.

Diese drei Punkte machen zusammen mit der mehr technischen Kritik von Connor und Page deutlich, dass Humphreys Idee zwar für einen Kurzzeit-Kreationisten bemerkenswert fundiert ist, aber letztlich keine Tragfähigkeit besitzt. Das wird auch darin deutlich, dass Humphrey in seinem Buch versprochen hat, eine ausführlichere und erweiterte Berechnung seines Modells zu veröffentlichen, in dem er auf die zahlreichen offenen Fragen zu seinem Modell eingehen möchte. Doch statt seine Idee weiter auszubauen und damit zu unterstützen, hat sich Humphrey beim ICR auf die Geologie und Studien zum Erdmagnetfeld verlegt. Niemand hat seine Idee aufgegriffen und ausgebaut, es ist bis heute auch keinerlei Publikation zu seinem Modell erschienen. Es sieht fast so aus, als hätte der Autor selbst das Interesse an seinem Modell verloren.

5.2.4 Zusammenfassung

Aus rein naturwissenschaftlicher Sicht steht der Kurzzeit-Kreationismus auf dem Gebiet der Entstehung des Universums mit leeren Händen da. Außer dem Modell von Humphrey gibt es absolut nichts, was inhaltlich auch nur annähernd diskussionswürdig ist. Und das Modell von Humphrey hält einer inhaltlichen Diskussion, die dort immerhin möglich ist, nicht stand.

Dies ist die eindeutige Aussage, wenn man die streng naturwissenschaftliche Brille aufsetzt. Man kann sie ergänzen durch die Aussagen, die aus der Richtung des Kurzzeit-Kreationismus selbst kommen. So sagen beispielsweise Reinhard Junker und Christian Knobel, als glaubwürdigste Vertreter des Kurzzeit-Kreationismus in Deutschland, in ihrer Darstellung der astrophysikalischen Modelle, dass sie nicht fragen: „Was sagen uns die naturwissenschaftlichen Fakten?", sondern dass die Frage lautet: „Wie können wir die naturwissenschaftlichen Fakten so interpretieren, dass sie zu unserer glaubensmäßigen Überzeugung passen?"

Damit wird die weltanschauliche Einstellung, die in der Evolutionstheorie eigentlich ein störendes, aber menschlich unvermeidbares Beiwerk ist, im Kurzzeit-Kreationismus zu einer unverzichtbaren Grundlage. Dieses widerspricht aber gerade dem Fundament der naturwissenschaftlichen Methodik, denn wenn ich keine Astrophysik mehr machen kann, wenn ich nicht gerade an eine sechstägige Schöpfung vor 10.000 Jahren glaube, sei es weil ich Atheist bin, sei es, weil ich dem Buddhismus oder einer Naturreligion angehöre, dann ist es mit der Objektivität und dem ergebnisoffenen Forschen vorbei. Manche Menschen halten diese Schlussfolgerung vielleicht für wünschenswert, aber man sollte nicht leichtfertig die Errungenschaften des naturwissenschaftlichen Denkens wegwerfen. Dass dies auch gar nicht notwendig ist, werde ich in Kapitel 6 zeigen.

5.3 Die Erschaffung der Erde

Die Geologie war von der Geschichte her der erste Ansatzpunkt, an dem der Kurzzeit-Kreationismus versuchte, seine Sicht der Natur gegen die etablierte Interpretation durchzusetzen. Zwei Bücher zu diesem Gebiet stehen jeweils für Wendepunkte in der Entwicklung dieser Denkrichtung. Daher sollte man meinen, dass die naturwissenschaftliche Entwicklung eines Gegenmodells in diesem Gebiet besonders weit voran getrieben ist. In diesem Kapitel will ich darstellen, wie es um dieses Gegenmodell in Bezug auf die Erschaffung der Erde bestellt ist.

5.3.1 Ist die Vorstellung von der Erschaffung der Erde zwingend?

Grundsätzlich gilt für die Erschaffung der Erde dasselbe, was ich auch im Kapitel über die Erschaffung des Universums gesagt habe. Wer die Phänomene der Erde, sei es den Gand Canyon in den USA, seien es die Gipfel der Alpen oder seien es die Geysire in Island betrachtet, der gerät ob der Fülle der Formen und der Schönheit und teilweisen Wildheit der Phänomene ins Staunen und fragt sich unwillkürlich, wie so etwas ohne Sinn und Führung entstanden ist. Und genauso wie dort muss man sagen, dass ein solches Argument eben nicht naturwissenschaftlich, sondern weltanschaulich basiert ist.

Naturwissenschaftlich ist die Frage, durch welchen Prozess diese Formen und Erscheinungen denn erschaffen wurden und genau dieselbe Frage bewegt auch die Kurzzeit-Kreationisten. Denn im Falle der Erde sehen auch sie sich gezwungen, über Entstehungsprozesse und zeitliche Abfolgen nachzudenken. Dies ist aber keine Konsequenz aus einer veränderten Einstellung zur Naturwissenschaft – diese wird ohne Probleme auch in diesem Fall aufgegeben – sondern eine Konsequenz aus der Quelle, aus der sie ihre Denk-Dogmen entnehmen, nämlich der speziellen Interpretation der Bibel.

Das Problem ist, dass die Gestalt der Erde eng verknüpft ist mit dem Leben, das auf ihr gelebt hat. Der Zusammenhang zwischen geologischen Schichten und den darin enthaltenen Fossilien ist so eng, dass ein Modell, das Entstehung von Schichten und Entwicklung von Leben miteinander verknüpft, zwingend geboten ist. Nun sind aber Fossilien gestorbene Tiere und nach dem biblischen Verständnis der Kurzzeit-Kreationisten ist der Tod erst in die Welt eingetreten, nachdem die Erde und das Universum längst erschaffen waren. Damit können die oft kilometerdicken fossilführenden Schichten nur innerhalb der sehr kurzen Zeit von 10.000 Jahren nach Erschaffung der Erde und des Universums entstanden sein, was durch einen naturwissenschaftlich beschreibbaren Vorgang geschehen sein soll und nicht einen unbeschreibbaren Schöpfungsakt Gottes.

Damit ist es auch für einen Kurzzeit-Kreationisten klar, dass der leichte Ausweg der Aussage: „Gott hat es so gemacht“, im Fall der Erde nicht gangbar ist. Das Gottesbild, das daraus folgen würde, wäre zu negativ. Also muss es für die Entstehung der fossilführenden Schichten naturwissenschaftliche Beschreibungen geben. Im Kurzzeit-Kreationismus ist es damit eher so, dass die Randbedingungen, die sich diese Denkrichtung selber gibt, so dermaßen restriktiv sind, dass die naturwissenschaftliche Modellierung auch hier wieder auf den Kopf gestellt ist. Man weiß vorher, was herauskommen muss und akzeptiert eine Idee erst, wenn sie mit diesem Ergebnis kompatibel ist. Wie wir noch sehen werden, ist das aber ein ausgesprochen schwieriges Unterfangen.

Wegen dieser Situation sind auch keine Versuche gemacht worden, aufgrund von geologischen Argumenten auf den Vorgang einer Erschaffung der Erde selbst zu schließen. Demzufolge kann man in der kurzzeit-kreationistischen Literatur auch keine solchen Argumente finden. Die biblisch fixierten Denker werden eben dadurch behindert, dass die Menschen, die die Bibel aufgeschrieben haben, noch die Vorstellung einer ewigen, unveränderlichen Erde hatten. Erst nachdem die Erde in ihrer Existenz begründet war, setzen die Versuche der Kurzzeit-Kreationisten ein, eine Entwicklung zu modellieren.

5.3.2 Wie alt ist die Erde?

Die Frage, wie alt denn die Erde selber ist, ist damit im Rahmen des Kurzzeit-Kreationismus unbeantwortbar. Denn die Bibel als Quelle naturwissenschaftlicher Erkenntnis schweigt sich über die Erschaffung der Erde aus. Erst die Prozesse, die die geologischen Schichten formten, werden in das vorgegebene Zeitraster von 10.000 Jahren hineingedacht.

In der Evolutionstheorie ist die Entstehung der Erde mit den Prozessen verbunden, die im übrigen Universum ablaufen und es gibt damit eine durchgängige Modellierungslinie. Das ist in den Modellen des Kurzzeit-Kreationismus nicht der Fall. In dem Modell von Humphrey beispielsweise wird die Erde als gegebenes Objekt von Beginn an als existent angenommen. Demgemäß ist mir kein einziges Modell bekannt, das im Rahmen des Kurzzeit-Kreationismus beschreibt, wie denn die Erde entstanden ist und damit wird auch nichts darüber ausgesagt, wie alt sie nun eigentlich ist. Natürlich liegt es irgendwie nahe, dass wenn das Universum erschaffen worden ist, auch die Erde irgendwie miterschaffen wurde, aber letztlich sagen die Kurzzeit-Kreationisten dazu nichts aus.

Diese Situation ändert sich, sobald man die eigentliche Geologie betrachtet, die ja auch im Evolutionsmodell erst beginnt, nachdem die Erde als Planet so weit abgekühlt war, dass eine Atmosphäre und Meere darauf existieren konnten. Die Erdkruste ist da und nun beginnen Wind und Wetter und bald auch das Leben die Oberfläche zu formen. Alle Schichten, die man auf Ablagerungen, Verwitterung usw. zurückführen kann, sind dann dieser Zeit nach Entstehung der eigentlichen Erde zuzuordnen.

Nach dem Denken der Kurzzeit-Kreationisten müssen sich diese Prozesse innerhalb von 10.000 Jahren abgespielt haben, genau genommen aber noch viel schneller. Denn in der ägyptischen oder babylonischen, aber auch chinesischen Hochkultur kennt man aus den Jahren 4000 bis 3000 vor Christus schriftliche Überlieferungen und detailliertes Material, das zeigt, dass die heute bekannte Geologie und Tierwelt im Wesentlichen bereits präsent war.

Damit bleiben für die geologischen Prozesse, die nach dem Evolutionsmodell 1-2 Milliarden Jahre benötigt haben, in den Modellen der Kurzzeit-Kreationisten lediglich 1.000 bis 2.000 Jahre. Es ist kaum verwunderlich, dass es angesichts dieser Randbedingungen ziemlich hoffnungslos erscheint, zu einem nachvollziehbaren Modell der Prozesse zu kommen.

Die grundsätzliche Schwierigkeit ist natürlich wieder, dass man Daten, die man eigentlich als Schlussfolgerungen aus den naturwissenschaftlichen Modellen ableiten sollte, als nicht abwendbare Voraussetzungen in die Modelle hineinsteckt. Auch im Fall der Entwicklung der Erde hat dieses Denken zur Folge, dass Ideen von Kurzzeit-Kreationisten in der Fachwelt kaum ernst genommen werden können. Tatsächlich waren die prominentesten Entwickler des Sintflut-Modells, auf das ich gleich kommen werde, keine Geologen. Erst ab 1980 begannen sich Menschen mit einem akademischen Abschluss in Geologie zum Sintflut-Modell zu bekennen.

5.3.3 Die Flutmodelle und das biblisch-urgeschichtliche Modell

Ausgangspunkt der verschiedenen Flutmodelle und der Weiterentwicklungen, die heutzutage von den Kurzzeit-Kreationisten vertreten werden, sind neben der wörtlichen Interpretation der biblischen Texte die Erkenntnisse, die in der Geologie im 17. und 18. Jahrhundert gewonnen wurden und die es in einem naturwissenschaftlichen Modell zu erklären gilt. Die Voraussetzungen, die von so einem Modell zu erfüllen sind, um in den Augen der Kurzzeit-Kreationisten erfolgreich zu sein, sind wie folgt:

- Das Modell sollte die Erde als existent voraussetzen, wobei diese Urerde keine Spuren von Leben aufweisen darf.
- Das Modell muss alle Strukturen der Erde, also geologische Schichtbildung, Verbindung der Schichten mit Fossilien, Formung der radioaktiven Elemente, Bergbildung, Kontinentalverschiebung, Gletscherbildung und Erosionsstrukturen in einem Zeitraum von einem Jahr bis maximal 1.000 Jahren ermöglichen.
- Das Modell muss insbesondere die Regelhaftigkeit der geologischen Schichten und das Fehlen klarer Hinweise auf die nur kurze vergangene Zeit erklären.

Die erste Voraussetzung lässt sich am leichtesten dadurch erfüllen, dass der Ausgangspunkt für ein Kurzzeit-Modell der ist, dass die Urerde der präkambrischen Schicht (dem Archaikum) entspricht, die auch im Evolutionsmodell der Zeit vor bzw. zu Beginn des Lebens zugeordnet wird. In dieser Schicht sind die gefundenen Fossilien selten bzw. auch heftig umstritten, da es nach dem Evolutionsmodell zu dieser Zeit noch kein Leben gab, das Dinge wie Schalen oder Knochen hinterlassen hätte. Demgemäß ist es schwierig und umstritten festzustellen, ob gefundene Strukturen aus chemischen Reaktionen herrühren oder z. B. die Folge der Einwirkung von Einzellern sind.

So weit sind sich – außer in der zeitlichen Zuordnung – Evolutionsmodell und Kurzzeit-Modell also einig. Die Schwierigkeiten für das Kurzzeit-Modell beginnen anschließend. Wie sollen kilometerdicke, hochunterschiedliche geologische Schichten in so kurzer Zeit entstanden sein? Die Idee, die schon im 17. und 18. Jahrhundert vertreten wurde und die dann erst durch Price und später von Whitcomb Jr. und Morris aufgegriffen und ausgebaut wurde, ist, dass eine weltweite Flut, die ja auch in der Bibel eine wichtige Rolle spielt, diese Schichten aufgebaut hat. Für den Laien ist eine solche Idee auch durchaus einleuchtend, denn jeder kennt die Massen an Schlamm und Geröll, die während einer Überflutung abgelagert werden. Da kommen innerhalb weniger Tage schon einmal ein bis zwei Meter an Ablagerungen zusammen und da fällt es nicht schwer, sich vorzustellen, dass eine weltweite Flut, die selbst die höchsten Berge bedeckt, eben auch kilometerdicke Ablagerungen hinterlässt.

Whitcomb Jr. und Morris gingen noch davon aus, dass sämtliche geologischen Schichten vom Kambrium bis Quartär innerhalb eines Jahres von der Flut aufgetürmt worden sind. Diese Vorstellung ist auch im US-amerikanischen Raum nach wie vor sehr verbreitet. In Europa hat daneben das Modell von Scheven mehr Anhänger gefunden, das der Flut nur die Schichten bis zum Perm und die darüber liegenden Schichten bis zum Quartär der Zeit nach der Flut zuordnet.

In den deutschen kurzzeit-kreationistischen Gruppierungen hat sich darüber hinaus die Meinung verbreitet, dass man nicht allein der Flut den Aufbau der Schichten überlassen sollte, sondern dass die Zeit vor und nach der Flut mit einbezogen werden muss. Daraus hat sich das biblisch-urgeschichtliche Modell entwickelt, das den Schwierigkeiten der Flutmodelle dadurch ausweichen möchte, dass es den gesamten Zeitraum zwischen Schöpfung und Beginn der Zivilisation im nahen Osten für geologische Aktivitäten in Anspruch nimmt.

Nun sind diese Ideen weit davon entfernt, durchgängige Modelle analog der Evolution der Erde zu bilden. Sie treffen bereits beim oberflächlichen Nachdenken über die Begleitumstände und die Konsequenzen solcher Annahmen auf tiefgreifende Probleme. Zu einigen dieser Probleme gibt es qualitative Antworten, bei denen die Hoffnung besteht, dass sie die Probleme eventuell lösen können, aber viele Fragen sind schlicht und ergreifend noch nicht einmal angedacht. Begründet wird diese Situation mit der Tatsache, dass die Anzahl der in Geologie ausgebildeten Forscher, die diese Ideen gutheißen und daran weiterarbeiten, verschwindend gering ist. Die größte Anzahl derjenigen, die sich mit Lösungsversuchen beschäftigen, sind fachfremde Laien.

Ich möchte im Folgenden einige der Fragen skizzieren, die im Rahmen dieser Modelle diskutiert werden:

Woher kommt es, dass in einem Flutereignis mehrere Schichten ausgebildet werden?

Ich hatte ja in Kapitel 4.3.3 darauf hingewiesen, dass Schichten nur dann entstehen können, wenn sich Umstände ändern, wenn also die Bedingungen, unter denen sich Material ablagert, verändert werden. Bei einer einheitlichen, weltweiten Flut ist das ja gerade nicht gegeben. Aus diesem Grund wird angenommen, dass sich diese Flut nicht einheitlich entwickelt hat, indem kontinuierlich das Wasser gestiegen ist. Es ist zu mehreren Flutwellen gekommen, die jede für sich anders aussah.

Nicht beschrieben wird bei dieser Antwort, wie diese Wellen sich ausgebildet haben, wie lang die Zeiten zwischen ihnen waren und wie die jeweiligen Bedingungen denn nun genau waren. Es existiert keine Abbildung auf die verschiedenen geologischen Schichten, weder im Groben, noch in der Feinheit, wie sie heutzutage im Rahmen der Evolution der Erde bereits diskutiert wird. Es ist nicht vorstellbar, dass es weltweite Flutwellen gibt, die in der Lage sind, tausende millimeterdicke Schichten zu erzeugen, wie man sie heute bei detaillierten Untersuchungen auflösen kann. Es gibt eine Unmenge von Datenmaterial, das von den Kurzzeit-Kreationisten nicht genutzt werden kann, weil noch nicht einmal ansatzweise klar ist, wie dieses im Rahmen eines Flutmodells zu deuten ist.

Wie kommt es zu den zahlreichen fossilen Befunden, die trockene Umweltbedingungen während der Fossilierung erfordern?

Eine Flut ist ja gerade dadurch charakterisiert, dass das Wasser das Material herbeischwemmt, das zur Schichtbildung benötigt wird. Dabei sind Umweltbedingungen, die dazu führen, dass Laufspuren fossilieren oder sich im Material Trockenrisse bilden oder es zu Abtragungsspuren wüstenartiger Verhältnisse kommt, eigentlich ausgeschlossen. Dennoch findet man solche Daten in großer Zahl.

In einem reinen Flutmodell wie dem von Whitcomb und Morris sind diese Daten praktisch unerklärbar, weil sie sämtliche solche Prozesse in einem einzigen Jahr vor sich gehen sehen. Selbst beim besten Willen ist es nicht vorstellbar, wie sich die Erde erst bis zu den Gipfeln der höchsten Berge mit Wasser bedecken kann (sonst wird nicht genug Material abgelagert) und dann wieder trocknet, um die beschriebenen Phänomene auszubilden, nur um eine Woche später wieder mit Wasser bedeckt zu werden.

Diese Probleme sind es hauptsächlich, die die Gruppe um Wort und Wissen in Deutschland bewogen hat, von einem reinen Sintflutmodell abzurücken und zu versuchen, die Zeit vor und nach der Sintflut in die geologischen Aktivitäten mit einzubeziehen. Allerdings wird auch hier nicht gesagt, wie die normalerweise sehr langsam verlaufenden Prozesse (in der Größenordnung von Jahrmillionen) in wenige hundert Jahre zusammengepresst werden können. Denn dieser Weg hilft nicht wirklich. Wenn die Bildung einer Trockenschicht im Rahmen der Evolutionsmodellierung einige Hunderttausend bis Millionen Jahre in Anspruch nimmt, hat man im geologisch-urgeschichtlichen Modell vielleicht ein paar hundert Jahre dafür. Das schafft man nicht, ohne die Physik, die dahinter liegt, massiv zu verbiegen – nicht zu reden davon, dass es nach dem Kurzzeit-Kreationismus ja schon Menschen gegeben hat und die von all diesen gewaltigen Prozessen nichts gemerkt und überliefert haben.

Wie kommt es zu der Korrelation der Schichten mit bestimmten Fossilien?
Wird eine Fauna und Flora von einer Flutwelle überrannt, so wirbelt diese zunächst einmal alles durcheinander. Eine geordnete und nach Komplexität des Organismus aufgeteilte Ablagerung ist in einem solchen Szenario nicht vernünftig. Für diese Situation wurde im Kurzzeit-Kreationismus das Mega-Sukkzessions-Modell entworfen. Dieses besagt, dass die Erde wellenartig von verschiedenen Arten besiedelt wurde, erst die einfachen, dann die komplexeren. Jede Besiedlungswelle wurde dann von einer Flut begraben, worauf die nächste Welle die Besiedlung startete.

Dieses Modell passt nicht in eine Vorstellung, in der alle geologischen Schichten innerhalb eines einzigen Jahres aufgetürmt werden. Also wird diese Idee eher von denen vertreten, die die Bildung der Schichten in einem Zeitraum von 1.000 bis 2.000 Jahren sehen, statt in einer einzelnen Flut. Doch auch hier fehlen alle Details einer Ausmodellierung. Wie waren die Lebensräume einer Besiedlungswelle, was hinderte die nachfolgende Welle schon jetzt mitzugehen, wie konnte sich der Lebensraum in so kurzer Zeit füllen, wie wirkte denn die Auslöschung, was war danach die Grundlage für die nächste Welle, wo hat diese Welle überlebt, warum nicht die Vertreter der vorherigen Welle? Auch hier gibt es eine große Menge an naturwissenschaftlichen Daten, gerade auch zur Rekonstruktion der Lebensräume, die von den Kurzzeit-Kreationisten schlicht nicht beachtet werden.

Des Weiteren sind die Daten über die Fossilzuordnung in den vergangenen Jahrzehnten stark verfeinert worden. Neben der groben Zuordnung in den bekannten geologischen Schichten, sind einzelne Schichten bereits auf eine Genauigkeit von Zentimetern untersucht und verschiedene fossile Arten bestimmt worden, z. B. in der Familie der Ammoniten in der kambrischen Schicht. Solche Feinzuordnungen lassen sich mit dem Sukkzessions-Modell nicht mehr erklären.

Im naturwissenschaftlichen Zusammenhang irrelevant, aber im Rahmen des Kurzzeit-Kreationismus sehr wichtig, ist auch ein theologisches Problem. Die Bibel berichtet von einer Flut, nicht von vielen Fluten, wie das Mega-Sukkzessions-Modell voraussetzt. Mit anderen Worten, der einzige Vorteil, den ein solches Modell aus der Sicht des Kurzzeit-Kreationismus haben sollte, dass es nämlich mit einer wörtlichen Lesart des Schöpfungsberichtes übereinstimmt, ist mit diesem Modell bereits nicht mehr gegeben. Da kann man dann auch gleich das richtige Evolutionsmodell nehmen.

Wie kommt es zu der weltweiten Verbreitung der Fossilien?

Bemerkenswert an den geologischen Befunden zur Korrelation der Schichten mit Fossilien ist, dass diese Befunde bei bestimmten Schichten mit bestimmten Fossilien weltweit auftreten, also auch bei verschiedenen Kontinenten, die heute durch Meere getrennt sind. In der herkömmlichen Geologie wird die Kontinentalverschiebung als Ursache genannt. In der Vergangenheit waren die Landmassen zu einem Urkontinent vereint und haben sich erst später getrennt.

In den Flutmodellen und im biblisch-urgeschichtlichen Modell wird dieselbe Ursache für die weltweite Verteilung der Fossilien angenommen. Zu den Zeiten als die Fossilierung eintrat, waren die Landmassen also vereinigt. Nur ergibt sich damit ein Problem. Während die herkömmliche Geologie hunderte von Jahrmillionen Zeit hat, die Landmassen auseinander wandern zu lassen, hat man in einem Sintflutmodell dazu nur Monate und im biblisch-urgeschichtlichen Modell maximal etwa 1.000 Jahre. Damit ergeben sich die Fragen, wie es zu einer solchen Raserei der Kontinente kam und wie die Landmassen überhaupt erhalten geblieben sein konnten.

Die erste Frage wurde 1990 in einer Berechnung von Baumgartner behandelt, in der er annimmt, dass der Boden der Erde vor der Flut dichter war als das darunter liegende flüssige Gestein, so dass er anfing abzusinken. Die dadurch freigesetzte Wärme verringerte die Viskosität der Erdkruste, so dass sich eine positive Rückkopplung ergab und sich der Vorgang dadurch um Größenordnungen beschleunigte, so dass die Kontinente mit bisher ungeahnter Geschwindigkeit dahin glitten. Als Nebeneffekt der entstehenden Hitze wäre genügend Wasser verdampft, um die Sintflut zu speisen, und beim Bremsen würden sich Gebirge aufgefaltet haben wie die Sierra Nevada oder die Appalachen in den USA.

Allerdings hat seine Idee einige Annahmen, die mit den gemessenen Daten nicht ohne weiteres in Einklang zu bringen sind. So müsste die Wärmeleitfähigkeit der Erde um ein Vielfaches höher sein als normal und auch eine Quelle für die Energie die nötig wäre, um den ganzen Vorgang auszulösen und die Gebirge in wenigen Monaten aufzufalten, ist nicht zu identifizieren. Obendrein entstehen aber Nebenwirkungen bei diesem Szenario, die sich eigentlich ziemlich klar in den geologischen Daten wiederfinden müssten. Dazu gehören die Spuren der entstandenen Wärme (die ausreicht, um die Meere vollständig zu verdampfen) oder geologische Strukturen in den Gebirgen, die durch das extrem schnelle Auffalten entstehen. Denn die Materialien sind nicht unbegrenzt belastbar und dehnbar und bei einem solchen Vorgang würden die Steine enormen Belastungen ausgesetzt, die man ganz einfach sehen müsste. Wie dies alles geschehen kann, wird in diesen Modellen nicht beschrieben und ist nach heutigen Vorstellungen der Geophysik auch nicht verstehbar.

Wie kommen die Schichten der Antarktis zustande?

In Kapitel 4.3.3 habe ich die Tiefeisbohrungen der Arktis und der Antarktis erwähnt, in denen man die jährlichen Jahreszeit- und Temperaturschwankungen bis weit über 100.000 Jahre zurückverfolgen kann, ein Wert, der natürlich nicht in das Schema des Kurzzeit-Kreationismus passt. Eine klare Modellierung dieser Daten gibt es meines Wissens nicht, aber in verschiedenen Publikationen wird darauf hingewiesen, dass man unterschiedliche Schichten auch dadurch bekommen kann, dass es nach einem Schneesturm einige Tage trocken ist.

Die Schichtbildung kann allerdings auch erst nach der Flut richtig eingesetzt haben, denn die Flut war ein globales Phänomen und hat demgemäß auch die Pole bedeckt und die Eisflächen zerstört. Die Details einer solchen unterschiedlichen Herkunft der Schichten, insbesondere auch im Vergleich mit heute, wo man die Schichten klar jahreszeitlichen Schwankungen zuordnen kann, werden nicht beschrieben. Insbesondere wird auch nicht auf die

Frage eingegangen, die sich durch ihre schiere Anzahl stellt. Danach müsste sich seit dem Ende der Flut etwa jede Woche eine neue Schicht gebildet haben und zwar in einer solchen Art und Weise, dass es für die Geologen genauso aussieht wie eine jahreszeitliche Schwankung.

Dazu kommt, dass man von der Eisbildung selber her durchaus klare Unterschiede zwischen einer Schicht erkennen kann, die durch einen Schneesturm ausgebildet wird und einer Schicht die durch eine jahreszeitliche Schwankung entsteht. Die Mengen- und Druckverhältnisse sind deutlich anders. Und dann kommt da noch die Sache mit den Lufteinschlüssen, die ein Grund sind, warum man die Tiefeisbohrungen unternimmt. Bei der Eisbildung wird Luft mit eingeschlossen und die Analyse dieser Einschlüsse erlaubt ein Rückblick auf die Umweltverhältnisse beim Einschluss. Diese Daten werden von den Kurzzeit-Kreationisten ebenfalls ignoriert.

Wie kommen die radiologischen Daten zustande?

In der absoluten Datierung von geologischen Schichten spielt die Radiometrie die entscheidende Rolle. Es erhebt sich daher die Frage, wie die vielen Daten zustande kommen, die – nach kurzzeit-kreationistischer Ansicht fälschlicherweise – auf ein sehr hohes Alter der Schichten hinweisen.

Diese Frage wird meist damit beantwortet, dass auf die Komplexität und die Unsicherheit in den Daten verwiesen wird. Aber solche Verweise besagen nichts, denn es gibt auch sehr viele Situationen, in denen die Datenlage eindeutig und einfach ist und trotzdem ein sehr hohes Alter ergibt. Und letztlich sollen die Messungen ja innerhalb der kurzzeit-kreationistischen Annahme modelliert werden und das fällt schwer. Das einzige in diesem Zusammenhang öfter diskutierte Argument ist, dass die Zerfallsraten der radioaktiven Elemente in der Vergangenheit anders waren als es sie heute sind.

Nicht gesagt wird bei diesem Argument, wodurch eine solche Änderung verursacht worden ist, wie es zu den heutigen Werten gekommen ist und welche Konsequenzen eine erhöhte Zerfallsrate hat. Denn in der Physik hängen die meisten Phänomene eng miteinander zusammen und verursachen Rückkopplungen mit anderen Phänomenen, die man normalerweise nicht bedenken würde. So wird gelegentlich über die erhöhte Wärmeentwicklung diskutiert, die bei einer Erhöhung der Zerfallsrate entstehen würde. In diesem Fall würden radioaktive Elemente in einem Felsen oder in Vulkangesteinen deutlichere Spuren hinterlassen als dies heute feststellbar ist. Das ist aber nur eine recht oberflächliche Konsequenz der Erhöhung der Zerfallsrate. Ähnlich wie bei der schon angesprochenen Erhöhung der Lichtgeschwindigkeit ist die Zerfallsrate in Atomkernen gekoppelt an die Naturkonstanten Lichtgeschwindigkeit, elektrische Ladung, Stärke der starken Wechselwirkung und Stärke der schwachen Wechselwirkung. Eine Änderung irgendeiner dieser Naturkonstanten, mit dem Ziel die radioaktive Zerfallsrate zu erhöhen, hätte fundamentale, in der Regel katastrophale Auswirkungen auf die gesamte Erde mit den entsprechenden Spuren in den geologischen Daten. Es gibt kein kurzzeit-kreationistisches Modell, das diese Konsequenzen bedenkt und modelliert.

Stand der kurzzeit-kreationistischen Modellierung

Aus der Sammlung der oben genannten Punkte, die bei weitem nicht vollständig ist, wird deutlich, dass es kein einziges, durchgehendes geologisches Modell gibt, das den Dogmen des Kurzzeit-Kreationismus Rechnung trägt. Auf jede Frage und jedes Problem wird reaktiv versucht, eine Idee zu entwickeln, wie das jeweilige Phänomen in der vorausgesetzten kurzen Zeit dargestellt werden kann. Das Ganze macht nicht den Eindruck eines klaren Konzeptes, zumal die meisten Ideen zwar sehr originell, aber bei genauerem Hinschauen allesamt wenig überzeugend sind.

Die Situation ist um so unverständlicher, als es die Sintflut-Modelle seit über 400 Jahren gibt, während die moderne Geologie gerade einmal etwa 150 Jahre präsent ist. Auch der Ausweg, den die führenden Kurzzeit-Kreationisten in Deutschland seit einigen Jahren gehen, indem sie die Zeit vor und nach der Flut mit in ihre Betrachtung einbeziehen, hilft nicht wirklich. Der Unterschied zwischen den herkömmlichen 2.000.000.000 Jahren und den postulierten 2.000 Jahren für die geologischen Prozesse seit es Leben gibt, ist einfach zu groß. Einen Faktor 2 oder 5 könnte man noch verargumentieren, aber 1.000.000 Größenordnungen sind einfach zu viel.

5.3.4 Probleme und offene Fragen

Wie bereits oben deutlich geworden ist, liegt die Ursache für die Probleme und offenen Fragen der Sintflutmodelle oder des biblisch-urgeschichtliche Modells im prinzipiellen Ansatz, auf dem diese Modelle aufgebaut werden. Die lange Liste der ungeklärten und offenen Fragen, die prinzipiell unbeantwortet sind, ist angesichts dieser Fundierung nicht weiter verwunderlich und geradezu zu erwarten. Dabei muss ich betonen, dass es noch nicht einmal die Liste der unbeantwortbaren Fragen ist, die die Modelle der Kurzzeit-Kreationisten naturwissenschaftlich disqualifiziert. Würden wir im 15. Jahrhundert leben, wären sie möglicherweise das Beste, was wir aufbieten könnten.

Es ist das Ansinnen, eine in der Geologie sehr erfolgreiche Standardtheorie ablösen zu wollen und dabei auf ganzer Linie zu scheitern, was die Kurzzeit-Modelle disqualifiziert. Im Vergleich der naturwissenschaftlichen

Modelle zählt nicht die Glaubensgrundlage des Wissenschaftlers, sondern die Vorhersagekraft und die Modellierungskraft. Wenn das Standardmodell Lücken zeigt und man Probleme hat, einzelne Phänomene einzuordnen und man daraus den Schritt wagt, eine grundsätzlich neue Alternative vorzubringen, dann gebietet die intellektuelle Redlichkeit, dies nur dann ernsthaft vorzubringen, wenn die Ergebnisse, die man mit dem neuen Modell erhält, besser sind als die des Modells, das man abzulösen gedenkt. Dabei muss dies zunächst noch nicht einmal für alle Ergebnisse des abzulösenden Modells gelten, aber es muss zumindest eine begründete Aussicht bestehen, die noch anstehenden Fragen lösen zu können, wie dies etwa im Rahmen des Quasistationären Steady-State-Modells des Universums besteht.

Den Kurzzeit-Kreationisten gelingt dieser Schritt seit nunmehr über 80 Jahren nicht und im Licht der Methodik, die sie verwenden, ist auch kein Fortschritt zu erwarten. Naturwissenschaftliche Kreativität ist nur dann erreichbar, wenn eine Offenheit der Ergebnisse möglich ist, die im Rahmen des Kurzzeit-Kreationismus nicht gegeben ist. Dadurch, dass sie naturwissenschaftlich gesehen willkürliche Annahmen zur Voraussetzung erheben, wird man nicht erwarten können, dass die Daten diesen Annahmen entsprechen werden, zumal wenn man sich bewusst ist, dass das Gottesbild, was zu diesen Annahmen führt, ein extrem enges und durch viele christliche Erfahrungen nicht gedecktes Bild ist.

Es wird vielleicht auffallen, dass ich das beliebte Argument der Nicht-Falsifizierbarkeit hier nicht aufgreife. Von vielen Kritikern des Kurzzeit-Kreationismus wird dieser Vorwurf als ein methodisches Vehikel verwendet. Sie argumentieren, dass die Modelle des Kurzzeit-Kreationismus nicht naturwissenschaftlich sind, weil ihre Dogmen nicht in Frage gestellt werden dürfen. Ich halte diesen Vorwurf für nicht stichhaltig, er beruht stark auf einer eingeschränkten Sicht der naturwissenschaftlichen Modelle. Ein Modell ist nicht richtig oder falsch, es ist gut oder schlecht. Und in diesem Sinn ist die Evolutionstheorie brauchbar, die kurzzeit-kreationistischen Modelle aber sind grundlegend schlecht.

5.3.5 Zusammenfassung

Entgegen der nahe liegenden Interpretation gesichert vorliegender naturwissenschaftlicher Daten wurde vor über 80 Jahren von McCready Price die Idee eines Flutmodells als Mittel der geologischen Modellierung aufgegriffen. Price war kein ausgebildeter Geologe und seine Ideen waren wenig fundiert. Daran änderte sich bis in die 60er Jahre des vorherigen Jahrhunderts wenig als Whitcomb und Morris seinen Ansatz wieder aufbrachten.

Erst mit der Gründung des ICR kam ein Hauch von Professionalität in die Entwicklung der Modelle, aber es gab zu allen Zeiten kaum mehr als eine Handvoll ausgebildeter Geologen, die sich zu einem geologischen Kurzzeit-Modell bekannt haben. In Deutschland ist mir aktuell nur ein einziger gelernter Geologe bekannt, der im Rahmen von Wort und Wissen das biblisch-urgeschichtliche Modell entwickelt hat.

Trotz des dadurch verbesserten Fachwissens bei der Entwicklung der Modelle bleiben die Ideen einer Kurzzeit-Entwicklung der Erde in den Ansätzen stecken. Die Voraussetzungen, die man von nicht-naturwissenschaftlicher Seite aus in die Modelle steckt, sind viel zu einseitig und einschränkend, um die Daten, die man findet, umfassen zu können. So muss Junker in seinem Buch „Leben woher" zugeben, dass eine konsistente und durchgehende Modellierung der Geologie aus dem Blickwinkel des Kurzzeit-Kreationismus aktuell nicht in Sicht ist.

Was den Vertretern dieser Denkrichtung damit bleibt, ist die Kritik an der Standard-Theorie und das Prinzip Hoffnung. Die Kritik ist durchaus begrüßenswert, solange sie sachlich bleibt und auf naturwissenschaftlicher Methodik beruht. Denn auch Vertreter der herkömmlichen Geologie sind Menschen und neigen dazu, ihr Wissen als das Non-Plus-Ultra und „der Weisheit letzten Schluss" zu betrachten. Hier ist es notwendig und für die nachwachsende Wissenschaftlergeneration sehr hilfreich, auf die noch zu lösenden Probleme hinzuweisen. Eine solche Kritik wird die herkömmliche Geologie letztlich stärken, denn es werden nur die Modelle überleben, die einer solchen Kritik gewachsen sind.

Damit stecken die Vertreter des Kurzzeit-Kreationismus aber in einem Dilemma, denn sie wollen die herkömmlichen Modelle ja nicht stärken, sondern abschaffen. Unter diesen Umständen ist es menschlich verständlich, dass die Kritik zu oft auch zu unsachlichen und weltanschaulichen Mitteln greift. Auf dem Gebiet der Geologie trifft man am häufigsten den Vorwurf, Daten zu verschweigen oder logische Zirkelschlüsse zu verwenden. Aber solche Angriffe gehen in der Regel negativ aus und an der Situation in den USA, wo es nicht mehr möglich ist, seine Ansichten zu vertreten, ohne persönlich angegriffen zu werden, sieht man, wie weit das führen kann.

Es liegt an den Vertretern des Kurzzeit-Kreationismus in Deutschland, dass es hier bislang noch nicht so weit gekommen ist. Insbesondere Reinhard Junker scheint tatsächlich in der Lage zu sein, die Unmöglichkeit einer geologischen Kurzzeit-Modellierung zuzugeben und damit zu leben, ohne seinen Glauben daran aufzugeben, dass eine solche irgendwann, irgendwie doch einmal möglich sein könnte. Es wird sich zeigen, ob diese tapfere Haltung in den Jahren der Frustration standhalten kann, in denen sich immer wieder zeigt, dass die Modelle des Kurzzeit-Kreationismus nichts taugen.

5.4 Die Erschaffung des Lebens

In der Biologie scheinen die Vertreter des Kurzzeit-Kreationismus die besten Karten zu haben. Vor der Entdeckung der genetischen Grundlagen schien es offensichtlich, dass Leben aus dem Nichts entstehen kann und die Lebensspanne eines einzelnen Lebewesens vergleichsweise kurz ist. Damit ist eine Erschaffung der Arten vor relativ kurzer Zeit eigentlich nahe liegend. Dazu kommt, dass die Komplexität des ganzen Themas enorm ist und der Ansatz, den Darwin hervorgebracht hat, bis heute nicht in allen Einzelheiten durchgängig modelliert werden kann. Doch auch in der Biologie wachsen die zur Verfügung stehenden Daten rasant. Wie kommt die Modellierung im Kurzzeit-Kreationismus damit zurecht?

5.4.1 Ist die Vorstellung einer Erschaffung der Arten zwingend?

Im Falle des Lebens scheinen die Karten und Argumente, die für eine Erschaffung des Lebens sprechen, am besten gemischt zu sein. Noch bis in das 19. Jahrhundert hinein war es für die Menschen offensichtlich, dass Gott ständig Leben neu erschafft. Zu wunderbar war das Aufblühen des Lebens aus scheinbar toter Umwelt, zu vielfältig und zu unerklärbar waren die Formen, mit denen sich das Leben immer wieder auf der Erde zeigte.

Es war Darwin, der als erster ein Konzept formulierte, in dem auch eine andere Denkrichtung möglich war. Seine Idee der Mutation und Selektion war die Erste, die neben der Idee der Erschaffung durch ein höheres Wesen, schlagkräftig genug schien, um die Vielfalt des Lebens beschreiben zu können. Erst Darwin hat die Biologie aus der Theologie gelöst und zu einer Naturwissenschaft gemacht, in der der methodische Atheismus erforderlich ist.

Aber die Vertreter der theistischen Denkweise konnten aus vielerlei Gründen dieses Prinzip nicht oder nicht vollständig akzeptieren. Das Problem ist eben, dass die Biologie in dem Menschen nichts besonders sieht und ihn auf eine Stufe mit den Pflanzen und Tieren stellt. Die Entthronung des Menschen war für viele Menschen der Grund, Darwins Prinzipien abzulehnen. Genauso oft war es aber das Gefühl, den Fängen eines ziellosen, lieblosen und geistlosen Zufalls ausgeliefert zu sein, der mit der biologischen Evolution die Herrschaft über Mensch und Tier antritt. Die Menschen sind nicht mehr als Herrscher des Planeten auserwählt, sondern wurden zufällig an die Spitze des Artenkampfes gespült und werden nach diesen Prinzipien diese Herrschaft wieder abgeben und durch eine andere dominierende Art abgelöst werden.

So vielfältig diese Gründe der Ablehnung des Modells von Mutation und Selektion scheinen – sie sind im Grunde alle psychologischer Natur. Aus der Sicht einer naturwissenschaftlichen Modellierung heraus herrschte vor Darwin Chaos und Willkür und nach Darwin sind auch die Hände derjenigen, die sein Konzept ablehnen möchten, ziemlich leer. Nach den Prinzipien, die für naturwissenschaftliche Modellierung anzuwenden sind, müssten sie jetzt eine Alternative finden, die genauso schlagkräftig ist wie das Konzept von Mutation und Selektion, aber wie man noch sehen wird, ist hier nichts in Sicht.

Denn die Grundschwierigkeit, die ich schon in Kapitel 5.1.2 geschildert habe, ist, dass die Annahme einer Erschaffung biologischen Lebens grundsätzlich keine Modellierung dieses Aktes der Erschaffung darstellt. Wenn Gott Leben erschafft und nicht die Prinzipien von Mutation und Selektion verwendet, welche Prinzipien verwendet er dann? Auf diese Frage kann bisher kein einziger Kurzzeit-Kreationist auch nur die Ahnung einer Antwort geben.

Natürlich gibt es einen Weg, eine Erschaffung des Lebens und die Verwendung der Prinzipen von Mutation und Selektion zusammen zu denken, diesen Weg werde ich in Kapitel 6 gehen, aber den Vertretern des Kurzzeit-Kreationismus bleibt dieser Weg versperrt – wieder aus ihrem Verständnis der biblischen Texte heraus. Für sie ist es ein wichtiges Ziel, die Prinzipien von Mutation und Selektion als nicht ausreichend darzustellen. Die Hoffnung derjenigen, die sich an einer solchen Argumentation beteiligen, ist zeigen zu können, dass die Schlussfolgerung unausweichlich ist, dass Mutation und Selektion die Entwicklung des Lebens nicht beschreiben können, womit man wieder in der vor-darwinschen Zeit angekommen ist und nach einem neuen Grundprinzip der Entstehung des Lebens suchen muss. Da eine Alternative nicht in Sicht ist, muss man wieder zu der jahrtausendealten Alternative greifen, dass ein allmächtiger Schöpfer diese Erschaffung in unverstehbarer Weise vollbracht hat. Dass das bedeutet, die Biologie wegzuwerfen und wieder die Theologie als Herrscherin einzusetzen, wird von den Vertretern dieser Denkrichtung nicht als problematisch, sondern als folgerichtig angesehen.

Diese Argumentation wird dadurch erleichtert, dass es tatsächlich bis heute schwierig ist, die Durchgängigkeit der Modellierung der Prinzipien

Mutation und Selektion zu zeigen. Man hat seit der Zeit Darwins zwar ungeahnte Fortschritte gemacht, aber jeder ehrliche Naturwissenschaftler wird zugeben, dass das, was wir wissen, wenig gegenüber dem ist, was wir nicht wissen oder höchstens ahnen. Und damit bleibt es bei einem Hoffnungsstreit zwischen denen, die hoffen, dass der Fortschritt in der Forschung so weitergeht wie bisher und solchen, die hoffen, dass dieser Fortschritt endgültig zum Stillstand kommt.

5.4.2 Das Intelligent-Design-Konzept

In Kapitel 5.2.1 habe ich ein wichtiges Argument diskutiert, das von denjenigen, die Gott in der Natur sehen können, gerne gebraucht wird, nämlich dass die Schönheit und Funktionsweise der natürlichen Prozesse darauf hinweist, dass es einen geistvollen, intelligenten Schöpfer gibt. Dieses Argument wird in Zusammenhang mit dem biologischen Leben nicht nur auch gebracht, es ist dort in den letzten Jahren stark ausgebaut und formalisiert worden. Das Ergebnis nennt man das Intelligent-Design-Konzept oder einfach nur kurz ID. Es sei hier darauf hingewiesen, dass das ID-Konzept zwar von den meisten Kurzzeit-Kreationisten verwendet wird, dass es aber inhaltlich nicht von der Annahme eines jungen Universums abhängig ist. Es gibt einige Befürworter des ID-Konzeptes, die ein junges Universum nicht für korrekt halten.

So vielfältig die Beispiele sind, die von den Befürwortern des ID gebracht werden – der Gang der Argumentation ist in allen diesen Fällen sehr ähnlich. Zunächst wird eine Eigenschaft diskutiert, die man irreduzible Komplexität nennt und auf der sich eine Behauptung gründet, die darauf hinaus läuft, die Mechanismen von Mutation und Selektion als unvollständig hinzustellen. Daraus wiederum wird der Schluss gezogen, dass dies auf einen allmächtigen, intelligenten Designer hinweist. Entsprechend dieser zwei Stufen, möchte ich das ID-Konzept im Folgenden etwas näher betrachten.

Irreduzible Komplexität und die darauf aufbauende Behauptung

Der Begriff der irreduziblen Komplexität wurde von dem amerikanischen Kreationisten Michael Behe 1996 in seinem Buch „Darwins Black Box“ populär gemacht und spielt seitdem eine wesentliche Rolle, nicht nur in der Diskussion um ID, sondern auch in der Diskussion um die Frage, wie Evolution nun tatsächlich funktioniert. Die Definition, die Behe angibt ist wie folgt:

Ein einzelnes (biologisches oder technisches) System, das eine bestimmte Funktion erfüllt, heißt bezüglich dieser Funktion irreduzibel komplex, wenn es aus mehreren interagierenden, fein abgestimmten Komponenten besteht, die alle zu dieser Funktion beitragen und bei dem das Abschalten oder Entfernen eines beliebigen Teils dieser Komponenten dazu führt, dass das System die Funktion nicht mehr erfüllen kann.

Beispiele von Systemen, die in diesem Sinne irreduzibel komplex sind, lassen sich in Natur und Technik in Hülle und Fülle finden. Behe selbst gibt die Beispiele der Mausefalle, der Bakteriengeißel, die einigen Bakterienarten zur Fortbewegung dient, des Blutgerinnungssystems, des zellulären Transportsystems durch Zellwände oder des Immunsystems an. Dabei sind einige dieser Beispiele nur schlecht geeignet, die Definition zu erläutern, denn Systeme wie das Blutgerinnungssystem oder das Immunsystem sind keine einzelnen Systeme und haben viele verschiedene, ineinandergreifende Funktionen. Diese komplizierte Situation hat in der Diskussion um den Begriff für einige Verwirrung gesorgt.

Man beachte, dass die Definition der irreduziblen Komplexität statischer Natur ist, dass sie also auf Systeme angewendet werden und geprüft werden kann, so wie die Systeme im Moment sind und arbeiten. Als solches beinhaltet die Definition zwar einige Assoziationen, die auf weltanschauliche Fragen hindeuten, sie ist aber als Definition für sich weder richtig noch falsch, sondern kann höchstens nützlich oder unnötig sein. Die Nützlichkeit dieser Definition ist aber im Zusammenhang mit dem Evolutionsmodell leicht einsichtig. Im Evolutionsmodell geht es darum zu beschreiben, wie mit den Mitteln von Mutation und Selektion die heute beobachteten biologischen Systeme entstanden sind.

Bei einem linear aufgebauten System, das aus unabhängigen Komponenten besteht und seine Funktion dadurch erhält, dass sich Komponente für Komponente entwickelt, ist es relativ einfach, einen solchen Evolutionsweg nachzuzeichnen. Denn jede Zwischenstufe funktioniert für sich, nur eben besser als ihre Vorläufer.

Bei einem System, das irreduzibel komplex ist, ist es aber ungleich schwieriger, einen solchen Weg nachzuzeichnen, denn per Definition kann das System in seiner jetzigen Form erst funktionieren, wenn alle Komponenten da sind und zusammenarbeiten. Damit erhebt sich die Frage, wie denn die Vorgänger ausgesehen haben und wie das irreduzibel komplexe System daraus entstanden ist. Da Menschen im Allgemeinen linear denken, ist die irreduzible Komplexität zunächst einmal ein gedankliches Hindernis, weil man sich Wege überlegen muss, wie ein solches System graduell entstanden sein könnte. Dann ist es aber auch ein Problem der naturwissenschaftlichen

Modellierung, denn eine Idee zu haben, wie die Entstehung eines solchen Systems vor sich gegangen sein könnte, heißt nicht, dass man nachgewiesen hat, dass es tatsächlich so geschehen ist.

Diese ganzen Schwierigkeiten werden von den Befürwortern des ID-Konzeptes in der Diskussion verwendet und es wird die Behauptung der Unmöglichkeit der Entstehung von irreduzibel komplexen Systemen aufgestellt, die ich im Folgenden als die IC-Behauptung bezeichnen werden.

Die IC-Behauptung: Die irreduzibel komplexen Systeme, die man heutzutage in der Natur beobachtet, können nicht im Rahmen der Evolution graduell allein unter Mitwirkung von Mutation und Selektion entstanden sein.

Man beachte, dass die IC-Behauptung eine Aussage über die Entstehungsgeschichte von irreduzibel komplexen Systemen macht, dies also eine Behauptung zur Dynamik der Entwicklung ist. Dies ist zunächst von der Aussage, ob ein System irreduzibel komplex ist oder nicht, zu unterscheiden. Die Feststellung, dass ein System irreduzibel komplex ist bedeutet also nicht automatisch, dass die IC-Behauptung wahr ist, beide Seiten sind zunächst völlig unabhängig voneinander.

Sodann bezieht sich die IC-Behauptung auf die evolutionären Mechanismen Mutation und Selektion, sie nimmt also an, dass diese Mechanismen wirken können. Damit ist das Mausefallen-Beispiel, das Behe selbst für die Illustration der Definition von irreduzibel komplex gebracht hat, im Zusammenhang mit der IC-Behauptung Unsinn. Denn niemand hat je behauptet, dass Mausefallen oder andere technische Objekte mit Hilfe der Evolutionsmechanismen entstanden sind. (Man könnte in Anlehnung an Dawkins die Evolution von Ideen, die Entwicklung von Memen, in diesem Zusammenhang diskutieren. Dies würde hier aber zu weit gehen.)

Insofern ist über dieses Beispiel, das Behe allein als Illustration für seine Definition gebracht hat, im Bezug auf die IC-Behauptung vergeblich geschrieben worden, sowohl von Seiten der Kritiker, die eine Mausefalle in einer Reihe von Entwicklungsmodellen vom Einfachen zum Komplizierten sehen, als auch auf der Seite der Verteidiger, die in einer solchen Reihe eine Bestätigung der IC-Behauptung sehen, weil Mausefallen eben von Menschen designed werden.

Da man also technische Objekte im Rahmen der IC-Behauptung ausschließen kann, verbleiben noch zwei Beispielgebiete: die biologischen Systeme und eventuell die Computerprogrammierung mittels evolutionärer Algorithmen. Auf das zweite Gebiet will ich in Kapitel 5.4.5 zurückkommen, hier möchte ich zunächst das Gebiet der biologischen Systeme aufgreifen.

Die IC-Behauptung bei biologischen Systemen

Im Rahmen der Biologie kann man feststellen, ob ein System irreduzibel komplex ist, wenn man die Bestandteile des Systems kennt und deren Funktion identifiziert hat. Es sind wenige Systeme, bei denen dies tatsächlich schon geschehen ist, aber es gibt Beispiele, wo es bereits gelungen oder fast gelungen ist. Die Bakteriengeißel oder das Linsenauge sind Beispiele, wo man bereits sehr viel weiß. Andere Systeme, wie z. B. das Immunsystem, sind noch mit zu vielen offenen Fragen behaftet, als dass man über deren Eigenschaft schon Genaues sagen könnte. Aber prinzipiell ist die Feststellung der Eigenschaft „irreduzibel komplex" im Rahmen der normalen Forschung durchaus möglich.

Dagegen ist der Nachweis oder die Widerlegung der IC-Behauptung sehr viel schwieriger. Widerlegen könnte man die Behauptung dadurch, dass man einen evolutionären Entwicklungsweg auf genetischer Basis beschreibt und mittels fossiler Eigenschaften nachweist. Nachweisen könnte man die Behauptung entweder dadurch, dass man auf derselben genetischen Basis beweist, dass es keinen einzigen evolutionären Entwicklungsweg gibt oder indem man die Entwicklung des Systems mit Mechanismen beschreibt, die nicht auf Mutation und Selektion beruhen, indem man also eine Alternative zum Evolutionsmodell aufstellt.

Wenn man es ehrlich betrachtet, so muss man feststellen, dass es bis heute weder gelungen ist, die IC-Behauptung für auch nur ein einziges Beispiel der Natur zu beweisen, es ist aber bis heute auch nicht gelungen, sie für ein einziges Beispiel aus der Natur vollständig zu widerlegen. Allerdings tun die Vertreter der beiden Seiten oft so, als wäre dem so.

Die Vertreter des ID tönen problemlos, dass es doch „offensichtlich" unmöglich wäre, einen evolutionären Weg für ein irreduzibel komplexes System zu finden, ohne aber auch nur im Geringsten zu zeigen, woher denn diese Offensichtlichkeit nun kommt, außer aus dem Mangel an eigener Phantasie. Selbst Junker, der normalerweise keine Probleme hat, Lücken in der eigenen Argumentationskette zuzugeben, stellt auf seiner Internetpräsenz die IC-Behauptung so dar, als wäre sie eine gesicherte Aussage. Auf der anderen Seite behaupten die ID-Gegner leicht, dass es doch bei einigen Beispielen schon klar wäre, wie die Evolution verlaufen wäre. Sie verschweigen allerdings nur zu leicht die Menge an offenen Fragen, die es trotz aller Fortschritte noch immer gibt.

Obwohl also die IC-Behauptung ehrlicherweise nur als offen bezeichnet werden kann, gibt es durchaus Tendenzen, die die Hoffnung der Gegner oder der Befürworter der IC-Behauptung nähren. Letztlich läuft das zwar wieder auf einen Wettlauf der Hoffnungen hinaus, aber die Tendenzen zeigen meines Erachtens eine gewisse Richtung.

Versuche, die IC-Behauptung zu beweisen

Auf der einen Seite können die Befürworter der IC-Behauptung feststellen, dass es bislang noch in keinem Beispiel gelungen ist, den Evolutionsweg eines komplexen Systems vollständig bis in die genetischen Grundlagen hinein nachzuzeichnen. Diese Aussage ist wahr, selbst wenn die IC-Befürworter oft sehr unredlich vorgehen.

Unredlich ist es beispielsweise, beliebig zwischen den Test-Systemen, die man für die IC-Behauptung zugrunde legt, hin und her zu springen. So fordert man die Evolutionswissenschaftler zuerst auf, die Herkunft des Auges zu klären. Hat man dort gute Fortschritte gemacht, nimmt man plötzlich die Bakteriengeißel ins Visier, ist dort ein Horizont erkennbar, fährt man plötzlich das Immunsystem auf usw. Da es mehr komplexe Systeme in der Natur gibt, als es jemals Wissenschaftler auf der Erde gegeben hat, ist dies ein sicheres Verfahren, immer behaupten zu können, dass nicht alles geklärt wäre.

Nur wenige Befürworter der IC-Behauptung, wie zum Beispiel Reinhard Junker, geben zu, dass ein solches Vorgehen unredlich ist. Redlich wäre es, wenn sich die Befürworter der IC-Behauptung auf ein System einigen würden, das man untersucht und an dem man die Frage entscheidet. Doch eine solche Einigung ist bisher nicht erkennbar.

Damit bleibt die Frage, wie es denn mit den Versuchen steht, die IC-Behauptung aktiv zu beweisen. Auf genetischer Basis ist mir bislang nichts bekannt. Der einzige Versuch in diese Richtung ist Lönnigs Formulierung der rekurrenten Variation, die ich schon in Kapitel 4.4.6 erwähnt habe. Lönnig vermutet an Hand der Ergebnisse von Mutationsexperimenten, dass eine gegebene genetische Konfiguration (das, was ein irreduzibel komplexes, biologisches System festlegt) nur begrenzte Möglichkeiten der mutativen Variation hat ohne zerstört zu werden. Übersetzt in die Mechanismen von Mutation und Selektion bedeutet das, dass das System sich nur innerhalb dieser Grenzen verändern kann, andernfalls verliert es seine Fähigkeit, Nachkommen zu erzeugen. Diese Veränderungen sind aber so beschränkt, dass ein Weg zu einer evolutionären Weiterentwicklung nicht sichtbar ist.

Auch wenn Lönnig seine Vermutung gerne als Gesetz darstellt, so fehlt ihm bislang die genetische Basis, die seine Behauptung rechtfertigt. Erst wenn diese Basis vorhanden ist, wird man sagen können, wann dieses „Gesetz“ zutrifft und wann nicht. Dieses hindert Lönnig aber nicht daran, seine Behauptung als gesetzmäßiges Vorgehen darzustellen. Er diskutiert auch nicht die Einwände, die gegen die allgemeine Gültigkeit seiner Regel vorgebracht worden sind.

Versuche, die IC-Behauptung zu widerlegen

Gegen Lönnig spricht, dass es durchaus Experimente gibt, die darauf hindeuten, dass die Variationsbreite im Sinne von Lönnigs Gesetz nur dann beschränkt bleibt, wenn man die Umwelteinflüsse unverändert lässt. Selektiert man dagegen aus der Menge der mutierten Lebewesen einen kleinen Teil nach einer Eigenschaft und vermehrt diese, so zeigen sich andere Mutationsvarianten, als wenn man von der Ausgangspopulation ausgeht. Insofern sieht es so aus, als wäre Lönnigs Gesetz nur unter bestimmten Bedingungen gültig und keineswegs allgemein.

Zusätzlich haben die Versuche, die die IC-Behauptung widerlegen wollen, in den letzten Jahren signifikante Fortschritte gemacht. Wie ich oben erwähnte, ist ein erstes Hindernis auf dem Weg zur Widerlegung der IC-Behauptung konzeptioneller Art. Wenn ein irreduzibel komplexes System nicht linear entstanden sein kann, wie dann?

Die Antwort liegt vermutlich in den Stichworten Genverdopplung, Co-Option und Funktionsübernahme. Mittels Genverdopplung werden Teile des genetischen Codes kopiert und liegen damit redundant vor. Im Prinzip kann ein Teil dann zur Aufrechterhaltung der bisherigen Funktion dienen, während sich der andere Teil verändert. Eine Veränderung hätte dann also nicht notwendigerweise negative selektive Auswirkungen. Mit Co-Option wird die Möglichkeit bezeichnet, dass ein Gen mehrere verschiedene Funktionen gleichzeitig ausüben kann und mit Funktionswechsel die Möglichkeit, dass Gene ihre Funktionalität wechseln können.

Damit wird ein Szenario denkbar, das im ersten Schritt die Möglichkeit eröffnet, ein komplexes irreduzibles System von einem einfacheren System mit einer ähnlichen Funktion abzuleiten. Gehen wir davon aus, dass das einfache System von einem einzelnen Gen erzeugt wird, dann ist es über Genverdopplung und Veränderung des gedoppelten Teils denkbar, dass dieser gedoppelte Teil die Funktion des ersten Gens unterstützt. Das ist erst einmal ein reduzibles System, da die Funktion des zweiten Teils nicht wirklich notwendig für die Funktion ist. Nach einer weiteren Entwicklung verliert das ursprüngliche Gen einen Teil seiner Eigenschaften, da dieser Teil besser von dem gedoppelten Teil ausgeübt wird. Das Ergebnis sind zwei Gene, die zusammen irreduzibel komplex sind, weil der Verlust jedes einzelnen Teils die Funktionsunfähigkeit des neuen Systems zur Folge hätte.

Mit diesem Mechanismus haben wir die IC-Behauptung noch nicht widerlegt, aber die Widerlegung wird erheblich einfacher gemacht. Denn jetzt können wir einen Zusammenhang zwischen dem einfachen und dem komplexen System herstellen und müssen uns nur noch darum bemühen, wie das einfache System entstanden ist.

Ein wichtiges Beispiel in diese Richtung der Modellierung sind die genetischen Zusammenhänge bei den verschiedenen Typen von Augen und dem Gen Pax-6, wie ich sie in Kapitel 4.4.3 geschildert habe. Das bisher Entdeckte reicht noch nicht, um die Entwicklung des Auges in allen Details nachzuzeichnen, aber die Hürden, die es noch zu überwinden gibt, sind merklich kleiner geworden.

Auf diese Fortschritte berufen sich die Befürworter des Evolutionsmodells und gründen damit die Hoffnung, für ein Beispiel die Entwicklungslinien nachzeichnen zu können. Die Gegner des Evolutionsmodells konzentrieren sich dagegen auf die noch vorhandenen Hürden und erwähnen die Tatsache, dass diese kleiner geworden sind, oft lieber nicht. Die Weltanschauung ist hier eben auch sehr oft Vater der Worte und Argumente, die man benutzt.

Die Intelligent-Design-Schlussfolgerung

Aus der Annahme, dass die IC-Behauptung korrekt ist, wird von den Vertretern des Kurzzeit-Kreationismus dann der Schluss auf einen intelligenten Schöpfer gezogen. Dabei gehen sie in der Regel alleine davon aus, dass einem einfach keine Möglichkeit einfällt, wie ein irreduzibel komplexes System evolutionär entstanden sein kann. Auch die Möglichkeit der nicht-linearen Entwicklung über Genverdopplung, Co-Option und Funktionsübernahme wird normalerweise nicht erwähnt.

Dafür wird nicht mit Zitaten aus der Wissenschaft gespart, um zu zeigen, dass auch normale Naturwissenschaftler bei den irreduzibel komplexen Systemen oftmals ratlos dastehen.

Zusammenfassend beruht das Argument für ID also auf den folgenden Säulen:

- Darstellung eines komplexen biologischen Prozesses,
- Behauptung, dass eine Entwicklung dieses Prozesses nicht möglich ist,
- Unfähigkeit, sich einen Weg vorzustellen, wie der Prozess durch die Mechanismen von Mutation und Selektion entstanden sein könnte.

Aus dieser Situation wird also das Gefühl erzeugt, dass die Mechanismen von Mutation und Selektion unzureichend sind. Was bleibt? Eben der Rückgriff auf einen allmächtigen Schöpfer. Das ist das Ziel der Intelligent Design

Argumentation. Die betrachtete Situation wird als Beweis oder, wie Junker korrekt betont, besser als Hinweis auf einen Schöpfer betrachtet, wobei es gerade in den USA populär geworden ist, zu betonen, dass dieser Designer nicht notwendigerweise mit dem Gott der Christen zu identifizieren ist. Es wäre sogar möglich, hinter diesem Designer tatsächlich eine unpersönliche Schaffenskraft oder ein philosophisches Prinzip zu sehen, wie das vor 150 Jahren in einigen Lebenskraft-Vorstellungen zum Ausdruck gekommen ist.

Nach den Diskussionen, die ich bisher durchgeführt habe, sollte aber klar sein, dass die ID-Schlussfolgerung eben keine naturwissenschaftliche Modellierung ist und damit auch nicht in die Naturwissenschaft gehört. Kurzzeit-Kreationisten wie Junker erkennen das auch und versuchen lediglich, daran eine theologische Begründung aufzubauen, aber in sehr vielen Publikationen wird behauptet, dass ID sehr wohl eine naturwissenschaftliche Behauptung ist.

Dembskis Verteidigung des Intelligent Design Konzepts

Aber wieso soll ID denn eine naturwissenschaftliche Modellierung sein? Ist die Aussage, dass ich aus der Existenz von etwas sehr Komplexen auf einen intelligenten Schöpfer, einen Designer schließen kann, wirklich eine naturwissenschaftliche Aussage? In den USA wird diese Frage von den Vertretern des ID-Konzeptes in glühenden Worten bejaht. William Dembski, einer der führenden Vertreter des ID, hat dazu vor wenigen Jahren eine Abhandlung geschrieben (siehe Weblinks zu diesem Kapitel). Seine Hauptargumente sind wie folgt:

Intelligent Design ist falsifizierbar.

Zunächst soll Intelligent Design falsifizierbar sein, weil dieses Konzept an dem Begriff der irreduziblen Komplexität hängt. Gelingt es, einen Mechanismus, der irreduzibel komplex ist, mit Hilfe der Mechanismen Mutation und Selektion darzustellen, dann wäre – so Dembski – das ID-Konzept falsifiziert. Allerdings schränkt er selber diese harte Aussage später wieder ein. Er betont, dass das ID-Konzept in der Lage ist, jede Entwicklung der Evolutionsbiologie zu adaptieren. Das bedeutet, auch wenn es den Evolutionsbiologen gelänge, den Evolutionsweg eines irreduzibel komplexen Mechanismus aufzuzeigen, würde das ID-Konzept nach wie vor gültig sein, es würde nur seinen naturwissenschaftlichen Wert verlieren. Insofern ist es nicht wirklich Dembskis Aussage, dass ID falsifizierbar ist, sondern seine Aussage ist nur, dass der Modellierungswert von ID verloren geht.

Es wäre auch ein Armutszeugnis für den Christen Dembski, wenn er eine Glaubensaussage von der Unmöglichkeit abhängig machen würde, einen naturwissenschaftlichen Prozess zu beschreiben. Insofern ist es auch verständlich, dass Dembski von seiner Überzeugung, dass es Gott gibt, nicht abrücken will, selbst wenn es gelänge, einen Evolutionsmechanismus für einen irreduzibel komplexen Mechanismus zu entwickeln. Er möchte ja auch nur betonen, dass das ID-Argument dann seinen wissenschaftlichen Wert verlieren würde. Das ID-Argument selbst ist also gar nicht falsifizierbar.

Es wird allerdings nicht klar, worin Dembski den naturwissenschaftlichen Wert nun genau sieht. Die Aussage, dass jemand etwas gemacht hat, sagt ja nichts über die Art und Weise, wie er das gemacht hat. Aber letztlich ist die Betonung der Falsifizierbarkeit ein Zeichen, dass Dembski immer noch der Naturgesetz-Idee anhängt. Insofern ist dieser Teil von Dembskis Argumentation irrelevant. Er möchte sich zwar in die Poppersche Tradition der Wissenschaftsphilosophie stellen, aber dazu gehört mehr als nur die Meinung, etwas sei falsifizierbar.

Die Faktenlage deutet auf ID hin.

Sodann behauptet Dembski, dass es nachprüfbare Fakten gibt, die auf die Korrektheit von ID hinweisen. Um diese Aussage zu untermauern, holt er etwas aus und weist auf das SETI Projekt hin, das versucht, Hinweise auf die Existenz extraterrestrischer Intelligenz zu finden, indem man die Signale untersucht, die wir aus dem All empfangen. Doch was ist das Kennzeichen einer Intelligenz, sei sie extraterrestrisch oder terrestrisch? Nun, SETI legt sich auf ein mögliches Konzept fest und sucht nach Abfolgen von Primzahlen, von denen man annehmen kann, dass sie nicht durch natürliche Prozesse entstanden sind. Werden diese Signalfolgen gefunden, so die Erwartung, kann man darauf schließen, dass man eine außerirdische Intelligenz gefunden hat, unabhängig davon, ob man versteht, wie diese Signale erzeugt werden oder nicht.

Genauso, so Dembski, argumentiert ID. Aus dem Vorhandensein von Strukturen, die unmöglich natürlich entstanden sein können, müssen wir auf die Existenz eines intelligenten Designers schließen. Wir verstehen zwar nicht unbedingt, wie er das alles angestellt hat, aber dass er da ist, müssen wir somit ins Auge fassen. Dieses Argument von Dembski ist recht einleuchtend, übersieht aber, dass wir es bei SETI tatsächlich auch nicht mit einer naturwissenschaftlichen Frage zu tun haben. Wir verwenden zwar naturwissenschaftliche Mittel um unsere Frage zu beantworten, aber die Frage selbst ist ja, ob es intelligentes Leben da draußen gibt, das so ist wie wir. Und hier fehlt schon die naturwissenschaftliche Definition von „intelligent", wie soll dieser Begriff mathematisch festgelegt werden? Letztlich geht es uns um die

Frage, ob wir allein im All sind oder nicht, aber das ist etwas, was unsere Naturwissenschaft nicht beeinflusst.

Egal, ob wir nun diese Frage bejahen oder verneinen, die Konsequenzen für unsere Modelle sind gleich Null. Ob wir nun etwas finden oder nicht, dies wird unsere Experimente und die Analyse der naturwissenschaftlichen Prozesse selbst nicht ändern. Das heißt nicht, dass die Frage nicht enorm wichtig und ihre Beantwortung nicht revolutionär wäre. Aber es bleibt dabei, dass SETI keine naturwissenschaftliche Frage verfolgt.

ID hat aber erklärtermaßen ein anderes Ziel. Es ist ja völlig in Ordnung, auf einen Schöpfer hinzuweisen. Das ist tägliche Aufgabe der Theologie. Aber ID will ja darüber hinausgehen. ID möchte Naturwissenschaft durch den Designer-Gedanken ersetzen und genau das ist unzulässig.

Als Christ kann und will ich den Schluss auf einen Designer nicht falsch nennen, nur ist die Logik, die ich verwende anders herum. Eben weil ich – aus anderen Quellen – weiß, dass es einen Schöpfer gibt, bin ich in der Lage, dessen Handeln in der Natur zu identifizieren. Aber Gott – oder einen Designer – als Ergebnis einer naturwissenschaftlichen Untersuchung darstellen zu wollen ist etwas, wofür die Naturwissenschaft nicht gemacht wurde und die einem Gott, der das Universum – und damit auch die Naturwissenschaft – geschaffen hat, nicht gerecht wird.

Die Behauptung, dass ID einer naturwissenschaftlichen Modellierung entspricht, kann ich als Naturwissenschaftler nur verneinen Ich werde in Kapitel 5.4.5 noch einmal darauf eingehen und detailliert darstellen, worin genau der Unterschied zwischen ID und der Evolutionstheorie besteht.

ID kann genauso wenig Vorhersagen machen wie die Evolutionstheorie.
Der nächste Punkt, den Dembski diskutiert, ist die Möglichkeit der Vorhersage. Hier erklärt Dembski, dass ID tatsächlich keine Vorhersagen machen kann, weil es bei einem intelligenten Schöpfer eben unmöglich ist vorherzusagen, was er als Nächstes erschaffen wird. Aber, so sein Argument, die Evolutionstheorie steht nicht viel besser da, denn auch in der Evolutionstheorie lässt sich nicht vorhersagen, welchen Weg die Evolution gehen wird. Insofern steht ID hier zwar schlecht da, aber genauso schlecht, wie dies bei der Evolutionstheorie der Fall ist.

Allerdings verwendet Dembski hier einen sehr speziellen Begriff der Vorhersagbarkeit, der auch nicht durch die Naturwissenschaft gedeckt wird. Er versteht unter Vorhersagbarkeit eine Aussage wie: „In so und so viel Jahren werden sich die Gene der Menschen in dieser oder jener Weise verändert haben.“ Das ist so aber nicht möglich, da nach den Modellen der Evolutionstheorie eine Genveränderung empfindlich von den Rahmenbedingungen abhängt. Und so lange wir noch nicht einmal sicher vorhersagen können, wie sich die Erhöhung des CO2-Gehalts auf das Erdklima auswirkt, haben wir keine Chance, die Parameter, die die Evolution steuern, halbwegs gut vorherzusagen. Diese detaillierten Vorhersagen sind selbst bei einfachen physikalischen Systemen nicht möglich.

Denn dass man mit einer naturwissenschaftlichen Beschreibung den exakten Gang der Dinge vorhersagen kann, ist eher selten. Das ist schon für so banale Dinge wie die Wettervorhersage nicht möglich, wo jenseits von drei Tagen die Unsicherheiten so groß werden, dass man keine echte Vorhersage mehr machen kann, oder bei so scheinbar einfachen Dingen wie dem Raumflug, wo man z. B. bei einem Flug zum Mars regelmäßige Kurskorrekturen benötigt.

Nein, in komplexen Situation ist das Beste, was man hoffen kann, eine Wahrscheinlichkeitsaussage von Möglichkeiten zu treffen, die das System einschlagen kann. Hier kann die Evolutionstheorie auch tatsächlich Aussagen machen, denn durch die Mechanismen von Mutation und Selektion sind die möglichen Veränderungen an die Mutationsmöglichkeiten und die Umweltbedingungen gekoppelt. Versteht man diese Mechanismen ausreichend, so kann man genau zu den Wahrscheinlichkeitsaussagen kommen, die die Vorhersagbarkeit von Naturwissenschaft ausmachen. Des Weiteren müssen die Entwicklungen in der Evolutionstheorie voneinander abhängig sein, d. h. aus dem, was schon da ist, muss sich das was kommt entwickeln. Das ist zwar nicht exakt vorhersagbar, aber – wenn man die Evolutionsmechanismen kennt – eingrenzbar.

Bei ID allerdings hat ein allmächtiger Designer immer alle Möglichkeiten. Eine Abhängigkeit von den Umweltfaktoren oder anderen experimentell feststellbaren Fakten, wie dem, was schon da ist, lässt sich nicht in Anspruch nehmen. Es sind alle denkbaren und undenkbaren Möglichkeiten offen und zwar ohne Beschränkung der Wahrscheinlichkeit. Insofern steht man im ID in diesem Punkt prinzipiell ohne Handhabe dar, während das Geschäft mit der Vorhersage in den Modellen der Evolutionstheorie zwar mühsam ist, aber im Rahmen der Komplexität funktioniert.

ID ist flexibler als Erklärung.

Der letzte Punkt, den Dembski anspricht, ist die Frage, was mehr Erklärungspotential hat, welche Denkrichtung also mehr biologische Fakten in Relation zueinander stellt. Dieser Fragestellung weicht Dembski allerdings aus. Statt sie zu beantworten, konzentriert er sich lieber auf die Frage, welches Erklärungsmuster flexibler auf mögliche Entdeckungen und Fakten reagieren kann.

Hier kommt er zu der einleuchtenden Aussage, dass ID flexibler ist, weil das Denkschema ID immer korrekt bleibt, egal welche Fakten und Entdeckungen gefunden werden. Selbst wenn evolutionäre Entwicklungswege für irreduzible komplexe Systeme entdeckt werden, bleibt das ID-Denkmodell unberührt, es wird lediglich wissenschaftlich wertlos.

Damit sagt Dembski selber, dass die Annahme eines intelligenten Designer unabhängig von jeder naturwissenschaftlichen Fragestellung ist. Dies ist aber nichts anderes als die Aussage, dass sich ID nicht im Rahmen einer naturwissenschaftlichen Modellierung bewegt. Die Aussage, dass es einen Designer gibt, ist naturwissenschaftlich wertlos und ohne jede Kraft für mögliche Modelle.

Bewertung von Dembskis Argumenten

Insgesamt kämpft Dembski einen Kampf gegen Gespenster. Er möchte ID als Teil naturwissenschaftlicher Modellierung beweisen, aber er zeigt nur, wie wenig dieses Argument zu den Naturwissenschaften beitragen kann. Denn was wäre gewonnen, wenn man jetzt mal annimmt, dass es einen Designer gibt, der in einem Sonderakt viele Arten von Lebewesen gleichzeitig geschaffen hat? Da uns gemäß dieser Annahme verboten ist, über den Akt der Erschaffung selbst nachzudenken oder gar zu versuchen, ihn mit naturwissenschaftlichen Methoden zu modellieren, müsste sich unsere naturwissenschaftliche Kreativität auf die Entwicklung innerhalb der geschaffenen Arten konzentrieren. Das tut ein Anhänger der Evolution aber auch. Wir hätten durch die ID-Annahme also naturwissenschaftlich nichts gewonnen, im Gegenteil, alle Bezüge zwischen den verschiedenen Arten wären verloren und naturwissenschaftlich wertlos. Die Einzigen, die gewonnen hätten, wären die Erweckungsprediger, die jetzt hingehen könnten und behaupten, dass man Gott bewiesen hätte – der alte Traum der Scholastiker wäre in Erfüllung gegangen. Man kann über Erweckungsprediger jetzt geteilter Meinung sein, aber es ist nicht die Aufgabe der Naturwissenschaft, glaubensbasierte Predigten abzuhalten.

ID soll als Gegenposition zum methodischen Atheismus gesetzt werden. Was die Vertreter des ID-Konzeptes aber in der Regel nicht wahrnehmen ist, dass der methodische Atheismus grundlegend für die naturwissenschaftliche Methodik ist und deren Aufgabe zwangsläufig zu den negativen Fehlentwicklungen führen muss, die im Mittelalter ein freiheitliches Denken stark eingeschränkt haben.

Dies gilt, selbst wenn man den Vertretern des Kurzzeit-Kreationismus guten Willen und beste Absichten zugesteht. Aber auch die Erfinder der Inquisition hatten die besten Absichten und auch die, die zu Beginn des letzten Jahrhunderts die Evolution durch Verbote abschaffen wollten, hatten beste Absichten. Das Problem liegt darin, dass die Kurzzeit-Kreationisten die Dogmatik als Grundlage nehmen wollen und das allein ist tödlich für die naturwissenschaftliche Methodik.

Dabei ist der methodische Atheismus gar nicht selbst das Problem, das die Vertreter des kurzzeit-kreationistischen Denkens bekämpfen wollen. Es ist der (falsche) Schluss vom methodischen Atheismus auf den realen Atheismus, der eigentlich anzugreifen ist. Aber durch ihre Argumentationsweise unterstützen die Vertreter des ID gerade diesen fatalen und falschen Schluss. Sie kippen das Kind mit dem Bade aus und liefern den Gegnern eines Glaubens an Gott damit gerade die Argumente.

5.4.3 Mikroevolution versus Makroevolution

Herkunft der Begriffe

Ein wichtiges Thema in der Diskussion um Evolution und Schöpfung des Lebens hängt mit den Begriffen Mikroevolution und Makroevolution zusammen. Diese Begriffe stammen tatsächlich aus den Anfängen der naturwissenschaftlichen Modellierung der Evolution und haben eine eigene Geschichte hinter sich. Dabei geht es insbesondere um den Begriff der Makroevolution, der teilweise höchst unterschiedlich verstanden wurde, wie sehr gut auf der Webseite von Thomas Waschke dargestellt ist. Er zeigt auch auf, dass der Begriff auch heute noch aktiv verwendet und genutzt wird.

Nachdem Darwin sein Modell dargelegt hatte, dass alle Arten des Lebens sich aus einander entwickelt hätten, im Extremfall ausgehend von einer einzigen Sorte von Urmolekül, fragten die Forscher natürlich sofort danach, wie diese Entwicklung vor sich gegangen ist. Die Genetik war damals zwar noch nicht entdeckt, aber die Mendelschen Gesetze wurden einige Zeit nach Darwin bekannt und auch die Variationen, die durch Kreuzung und Vererbung möglich sind. So war es selbstverständlich, dass die Farbe von Fell, Haaren oder Blüten, die Größenausprägung von individuellen Merkmalen einer Art, die Neigung dazu, vorsichtig oder draufgängerisch zu sein usw. vererbte Merkmale darstellen, die von Generation zu Generation in gewissen Grenzen variieren. Solche Veränderungen fasste Philiptschenko 1927 unter dem Begriff der Mikroevolution zusammen.

Es war auch einsichtig, dass bestimmte Ausprägungen dieser Variationen dem Individuum einen Vor- oder Nachteil in einer bestimmten Umgebung verschaffen würden. Ein komplexeres Beispiel dieser Art ist die Variation bei den Darwinfinken auf den Galapagosinseln, an Hand derer Darwin sein Konzept von Mutation und Selektion dargestellt hatte. Die verschiedenen Arten unterscheiden sich beispielsweise durch die Schnabelformen, denen auch unterschiedliche Ernährungsweisen zugrunde liegen. Während ein kurzer, breiter Schnabel gut zum Knacken von Körnern ist, ist ein dünner, langer Schnabel gut zum Auflesen von Insekten.

Da die Schnabelform zu den natürlichen Variationen der Vererbung gehört, ist es verständlich, dass in einer Umgebung, in der wenig Körner, aber viele Insekten vorkommen, die Individuen mit längerem Schnabel im Vorteil sind und diese Eigenschaft besser an ihre Nachkommen weitergeben können. Auf diese Weise ist es unter zusätzlichen Annahmen (wie z. B. dass die Finken von vornherein sowohl Körner als auch Insekten hatten verdauen können) verstehbar, dass aus solchen Veränderungen, die als Mikroevolution eingestuft werden, die unterschiedlichen Arten von Darwinfinken entstehen.

Doch auch bis heute ist es nicht klar, wie aus solchen Variationen so massive Änderungen wie z. B. der Übergang eines Beines in einen Flügel von statten gehen sollte. Man konnte sich zwar die Summe von vielen kleinen Veränderungen vorstellen, aber wie der Übergang zwischen ganz verschiedenen Formen und Funktionen vor sich gehen sollte war unklar. Aus diesem Grund vermuteten einige Forscher damals und zum Teil auch heute noch, dass die bisher entdeckten Variationsmöglichkeiten der Vererbung nicht ausreichen würden und neue, noch unbekannte Prozesse für solche Übergänge verantwortlich wären. Um diese Prozesse von den bekannten Prozessen der Vererbung zu unterscheiden, nannte man diese Vorgänge Makroevolution, ein Begriff, der auch von Philiptschenko eingeführt worden war. Man könnte also Makroevolution definieren als „Prozess, der den Übergang zwischen grundsätzlich verschiedenen Arten hervorruft".

Im Kurzzeit-Kreationismus ist die Erkenntnis, dass so etwas wie Evolution im Kleinen überhaupt stattfindet, eine relativ neue Einsicht. Noch bis in die 60er Jahre des vorherigen Jahrhunderts hinein galt unter den Anhängern des Kurzzeit-Kreationismus das Dogma der Unveränderlichkeit der Arten, das wiederum aus dem Satz in Genesis 1 gelesen wurde, dass Gott die Tiere „jedes nach seiner Art" geschaffen hatte. Jedes auch nur geringfügige Zugeständnis an die Erkenntnisse der Evolutionsforscher wurde damals als Verrat an den Ideen des Kreationismus angesehen und so wurde auch jede Form der Veränderung – und sei es auch nur geringfügiger Art – wegdiskutiert.

Doch mit den Versuchen, den Kurzzeit-Kreationismus als naturwissenschaftliche Modellierung hinzustellen, kam man nicht mehr darum herum, die eindeutigen naturwissenschaftlichen Hinweise auf Veränderungen durch Mutation und Selektion zur Kenntnis zu nehmen. Man war gezwungen, die Wirkung dieser Prinzipien zuzugestehen. Dennoch geht man nach wie vor von der Deutung der Bibelstelle aus, dass eine Umwandlung zwischen Arten unmöglich ist. Aus diesem Grund konzentriert man sich seit dieser Zeit auf die Unterscheidung zwischen Mikroevolution und Makroevolution. Insbesondere die deutsche Gruppe der Kurzzeit-Kreationisten um Wort und Wissen betont die Möglichkeit, dass Mikroevolution stattfindet und interpretiert die Bibelstelle in Genesis 1 dahingehend, dass so etwas wie Makroevolution nicht stattfindet, man also niemals einen Mechanismus finden wird, der Makroevolution beschreibt.

Problem der Definition

Während es intuitiv klar ist, was mit dieser Unterscheidung von Mikroevolution und Makroevolution gemeint ist, liegt das zentrale Problem in der genauen Definition. Was ist denn der Unterschied zwischen diesen beiden Prozessen? Die Schwierigkeit der Definition sieht man daran, dass sich auch die Vertreter der Evolution bis heute nicht haben einigen können, wie diese Begriffe zu verstehen sind. Nach Junker kann man die folgenden Fälle unterscheiden:

- Ursprünglich wurde der Begriff Makroevolution verwendet, um auf einen anderen Mechanismus hinzuweisen, der zusätzlich zu Mutation und Selektion wirksam ist.
- Manchmal wird der Begriff verwendet, um deskriptiv die Veränderungen auf einer anderen Ebene zu beschreiben, z. B. auf der Ebene von Arten, ohne sich aber festzulegen, ob diese nun durch mikroevolutive Schritte oder durch andere Mechanismen hervorgerufen werden.
- Viele Befürworter der Evolution sagen, dass es gar keinen Unterschied gibt, dass also Makroevolution nichts anderes als eine große Ansammlung von mikroevolutiven Schritten ist.
- Junker selbst schlägt vor, die Begriffe nach der Fragestellung zu definieren, nämlich Mikroevolution als der Prozess, der genetische Konfigurationen in Hinsicht auf die Umweltbedingungen optimiert, während Makroevolution das Neu-Entstehen oder massive Umbauen von genetischen Konfigurationen (Bauplänen) ist.

Waschke zeigt zusätzlich, dass das Gegensatzpaar Mikroevolution – Makroevolution nur ein Beispiel von begrifflichen Gegensatzpaaren ist, an dem die

Forscher ihr Konzept und ihre Theorieansätze festmachen, mit denen sie versuchen, die biologische Evolution zu beschreiben.

Allerdings kranken alle diese Versuche an dem Problem genau festzulegen, was denn grundsätzlich verschiedene Arten, Formen bzw. Funktionen ausmacht. Bei Junker wird der Begriff „grundsätzlich verschiedener Bauplan“ genannt, aber was ist es genau, was zwei Baupläne – oder zwei Arten – grundsätzlich verschieden macht? Was ist das „Neue“ an neuen Bauplänen, wo ist die Grenze zwischen dem, was man Mikroevolution nennt und dem was man als Makroevolution bezeichnet?

Gefühlsmäßig scheint irgendwie klar zu sein, was darunter zu verstehen ist, wenn man sich auf die Extrembeispiele konzentriert. So ist es irgendwie klar, dass eine Bakterie anders aufgebaut ist als ein Affe und auch der Unterschied zwischen einem Affen und einem Elefanten lässt sich noch recht klar benennen. Auf diesen Unterschieden beruht die bekannte Einteilung in Arten, Gattungen und Familien. Aber solche Unterscheidungen werden immer schwieriger, je ähnlicher sich die Arten werden, weil es hier nicht nur um eine Klassifizierung, sondern um ein behauptetes Prinzip geht.

Mikroevolution ist nach allgemeinem Verständnis auf der genetischen Ebene definiert. Da, wo wir in der Lage sind zu beschreiben, welche genetischen Veränderungen – auch experimentell nachvollziehbar – zu den sichtbaren Veränderungen in dem Lebewesen führen, da setzen wir das Wort Mikroevolution ein. Auch wenn wir Veränderungen auf genetischer Basis nachweisen können, ohne dass man dies dem Lebewesen von außen ansieht, sagen wir Mikroevolution dazu.

Bei Makroevolution gehen wir aber sozusagen „von außen“ heran, wir betrachten das Gesamtsystem Lebewesen. Wir betrachten einen Flügel hier und ein Bein dort und sagen: „Das ist eine andere Konstruktion“, oder: „Das ist etwas Neues.“ Damit befinden wir uns auf einer völlig anderen Ebene als bei dem Begriff Mikroevolution. Von daher ist es erst einmal vollständig unklar, was die beiden Begriffe überhaupt miteinander zu tun haben. Es kann sein, dass eine mikroevolutive Veränderung, die keinerlei Auswirkungen nach außen zeigt, bereits die Einführung von „etwas vollständig Neuem“ bedeutet und erst durch eine Variation davon die beobachtete neue Form in Erscheinung tritt. Es kann aber sein, dass es unmöglich ist, die beiden Begriffe zueinander zu bringen.

Letztlich müssen wir davon ausgehen, dass auch makroevolutive Veränderungen eine genetische Basis haben. Das ist so, weil auch „völlig neue Baupläne“ durch eine genetische Codierung ausgedrückt werden. Das heißt, letztlich müssen wir es schaffen, den Begriff Makroevolution auf derselben

Ebene zu definieren, auf dem auch Mikroevolution definiert ist. Erst dann und nur dann können wir feststellen, was möglich ist und was eben auch nicht möglich ist. Die nach wie vor offene Frage ist also: Welche Formen des genetischen Übergangs entsprechen der Einführung von grundsätzlich Neuem?

Die Diskussion um die Begriffe

Junker versucht, diese Unterscheidung an Hand der Begriffe „Variation" und „Neuentwicklung" klar zu machen. Bei Mikroevolution geht es um die Variation von vorhandenen „Bauplänen" oder auch genetisch definierten Strukturen. Es ist etwas Vorhandenes da und wird in mehr oder weniger linearer Weise variiert. Bei Makroevolution geht es um die Neuentwicklung von genetisch definierten Strukturen, also der Erfindung von neuen Plänen. Was aber eine Variation nun von einer Neuentwicklung unterscheidet, sagt auch Junker nicht. Er behauptet aber – ohne Beweis –, dass eine Neuentwicklung nicht als eine Summe von Variationen entstehen kann. Da er sich nicht festlegt, was Neuentwicklung eigentlich ist, ist es auch leicht, eine solche vollmundige Behauptung auszusprechen. Es ist aber nicht korrekt, diese Behauptung wie einen bewiesenen Umstand zu verwenden.

In der Evolutionsforschung wird dagegen insbesondere von den Anhängern des synthetischen Modells die gegenteilige Behauptung aufgestellt, dass also die Summe von vielen Variationen gleich einer Neuentwicklung sein kann. Anhänger dieser Modellierung halten daher den Begriff Makroevolution als Kennzeichnung eines eigenen Prozesses für überflüssig. Es gibt eigentlich weder Mikroevolution noch Makroevolution, sondern ausschließlich Evolution, die auf den Prinzipien der Mutation und Selektion beruht. Zwar sehen die ehrlichen Vertreter dieser Denkrichtung ein, dass eine durchgehend nachgewiesene Modellierung eines solchen Prinzips noch nicht gelungen ist, aber sie sagen nicht ganz zu unrecht, dass der Weg dorthin inzwischen durchaus gut plausibilisiert worden ist.

Denn die bereits genannten Beispiele, wie die Entwicklung des Auges, haben sich in den letzten Jahren stark entwickelt. Stand man noch vor 40 Jahren vor völlig unklaren Befunden, bei denen nicht zu sehen war, wie eine Entwicklung dieser Strukturen von statten gegangen sein sollte, so haben sich inzwischen Wege und Möglichkeiten aufgetan, die eine solche Entwicklung zumindest möglich erscheinen lassen. Die Entdeckung von Schlüsselgenen wie Pax-6 hat ganz neue Horizonte aufgeschlossen. Es sei betont, dass das noch nicht als „Beweis" zu werten ist, dass die Modellierung stimmt, aber auch ein Gegner dieser Vorstellungen muss zugeben, dass sich das Gebiet weiterentwickelt hat und dass die Hürden, die zu überwinden sind, kleiner geworden sind.

Letztlich argumentieren sowohl die Gegner als auch die Befürworter der Makroevolution auf einer höheren Ebene, auf der zwar der Überblick möglich ist, die konkrete Modellierung aber unmöglich ist. Sollte eine Modellierung der Makroevolution möglich sein, dann müssen die Befürworter zeigen, wie dieser Prozess auf genetischer Ebene vor sich geht, d. h. wie es durch schrittweise Variation zu einer Neuentwicklung kommen kann. Einen entscheidenden Punkt werden dabei die nicht sichtbaren genetischen Veränderungen spielen, d. h. die genetischen Veränderungen, die zwischen zwei Individuen auftreten, die ansonsten dieselben äußerlich sichtbaren Merkmale besitzen. Denn gerade diese entgehen dem Forscher bei den bisher durchgeführten Mutationsexperimenten.

Sollte dagegen die Modellierung von Makroevolution unmöglich sein, wie die Kurzzeit-Kreationisten behaupten, dann muss es dafür einen konkreten genetischen Grund geben. Diesen gilt es für die Gegner der Makroevolution zu finden und experimentell zu verifizieren. Dann kann man auch genauer definieren, was Makroevolution eigentlich ist und auch die Bedingungen formulieren, unter denen sich diese Barriere überwinden lässt. Damit ist aber das Forschungsziel der Gegner der Makroevolution noch nicht abgeschlossen, denn dann gilt es noch, einen Prozess zu finden, der zu den heute beobachtbaren Arten geführt hat, denn die Tatsache, dass diese existieren, ist kaum zu leugnen. Mit anderen Worten, es geht darum, darzustellen, wie Gott denn seine Arten erschaffen hat, wenn er schon die Prinzipien Mutation und Selektion nicht verwendet hat.

Letztlich ist die Diskussion um Mikroevolution und Makroevolution aber eine Wiederholung der Diskussion um irreduzibel komplexe Systeme. Die Behauptung, dass Makroevolution in der Natur nicht vorkommt, ist äquivalent zu der Behauptung, dass irreduzibel komplexe Systeme nicht durch die Auswirkung von Mutation und Selektion entstehen können. Die Anforderungen, die an einen Beweis dieser Behauptungen – sei es dass Makroevolution möglich ist, sei es, dass Makroevolution unmöglich ist – gestellt werden, sind analog und auch die Situation, dass nämlich bisher keine Seite einen Beweis für sich beanspruchen kann, ist dieselbe. Die Beantwortung der einen Frage zieht relativ automatisch auch die Beantwortung der anderen Frage nach sich.

In dieser Hängepartie bleibt damit noch viel Raum für persönliche Glaubensäußerungen. Bei den Darstellungen der Evolutionsforscher gibt es nur wenige, die auf die noch zu füllenden Lücken hinweisen, insbesondere, wenn sie Laien einen Gesamtblick in ihr Forschungsgebiet geben wollen. Auf der Seite des Kurzzeit-Kreationismus ist es ebenfalls üblich, die Behauptungen, wie: „Makroevolution lässt sich nicht durch eine Folge von Variationen erzeugen“, als Fakt hinzustellen, selbst bei Autoren, die, wie Junker, in der Lage sind, zwischen einer naturwissenschaftlichen Modellierung und einer Glaubensaussage zu unterscheiden.

5.4.4 Das Grundtypenmodell

Während in der Vergangenheit im Kurzzeit-Kreationismus noch die Meinung vorherrschte, dass Arten sich gar nicht verändern könnten, wuchs in den letzten Jahrzehnten nicht nur die Neigung, eine solche Änderung im Rahmen der oben diskutierten Mikroevolution zuzulassen, sondern es wurde auch versucht, damit Probleme innerhalb des Kurzzeit-Kreationismus zu lösen, die ziemlich nahe liegend mit dem ganzen Ansatz verbunden waren. Da die Bibel als naturwissenschaftliches Lehrbuch missbraucht wird, sind die Anhänger des Kurzzeit-Kreationismus auch der Überzeugung, dass die meisten Tiere von einer höchst kleinen Population von Lebewesen abstammen, die im Rahmen der Arche Noah die Sintflut überlebt hatte.

Da die Landung der Arche Noah mit dem nahen Osten örtlich recht genau eingegrenzt ist, erhebt sich die Frage, wie die verschiedenen Tierarten in die Welt verstreut wurden und die deutlichen Unterschiede entwickelt haben, die heute beobachtet werden können. Frühere Anhänger des Kurzzeit-Kreationismus gingen einfach davon aus, dass alle Arten der Landtiere in der Arche vertreten waren und sich dann eben einfach verstreut haben. Das ist aber eine sehr blauäugige Annahme, denn viele Tiere leben in einer sehr spezialisierten Umwelt und können in anderen Umgegenden nicht lange überleben. Da fragt man dann schon berechtigterweise danach, wie es diese Tiere geschafft haben, tausende von Kilometern zu ihren heutigen Heimatorten zurückzulegen, selbst wenn man annimmt, dass die Kontinente alle miteinander verbunden waren und erst anschließend wie Surfbretter an ihre jetzigen Positionen geflogen sind.

Als Lösung dieses Problems wird das Grundtypenmodell angeboten, das insbesondere von den Vertretern von Wort und Wissen um Professor Scherer propagiert wird. Grundgedanke ist die Idee, dass die Art, die in der Bibel als „unveränderlich“ dargestellt wird, sehr viel umfassender ist als die Art nach dem herkömmlichen Verständnis. Nach Scherer und Junker sieht die Definition eines Grundtyps wie folgt aus:

Definition des Begriffs

Alle Tierarten, die sich direkt oder indirekt miteinander kreuzen lassen, gehören zu demselben Grundtyp. Insbesondere ist nicht gefordert, dass das Ergebnis ein fruchtbares Exemplar sein muss, es ist auch nicht gefordert, dass eine direkte Kreuzung möglich sein soll, es genügt, wenn sich zwei Arten jeweils mit einer dritten kreuzen lassen. Damit geht die Definition über die Definition einer biologischen Art hinaus, die ja fordert, dass die Kreuzung nur direkt und mit fruchtbaren Ergebnis geschehen soll.

Mit der Definition des Grundtyps ist eine Behauptung verknüpft, die von Junker und Scherer ausführlich benutzt wird. Eine wesentliche Eigenschaft eines Grundtyps soll es sein, besonders flexibel und in den Eigenschaften schnell veränderlich zu sein. Das bedeutet, dass sich eine Art, die dem Grundtyp nahe steht, besonders schnell an veränderte Umweltbedingungen anpassen kann. Besonders schnell würde im Rahmen eines kurzzeit-kreationistischen Modells bedeuten, innerhalb von maximal 2.000 Jahren, denn mehr Zeit bleibt bei Anwendung dieses Modells auf das kurzzeit-kreationistische Dogma auf gar keinen Fall, um aus einer durch die Flut leblosen Erde die Vielfalt der heute beobachtbaren Arten entstehen zu lassen.

Junker und Scherer behaupten in Verbindung mit der oben angesprochenen Differenzierung von Mikroevolution und Makroevolution, dass Artbildung aus einem Grundtyp durch Spezialisierung und „Verarmung" der Gene geschieht und identisch mit Mikroevolution ist. Das heißt, aus dem „variablen" Grundtyp entsteht eine spezialisierte Art, indem eine der Variablen festgelegt oder eine ursprünglich angelegte Information abgeschaltet wird, also der Informationsgehalt der Gene sich verringert. Das soll natürlich implizieren, dass in allen diesen Prozessen der Evolution eine Erhöhung des Informationsgehaltes nicht vorkommt, was mit der Makroevolution gleichgesetzt wird.

Junker und Scherer bringen auch eine Reihe von Beispielen, wo dieses Konzept passt und wo es auch plausibel ist, dass die beobachteten Arten innerhalb weniger Jahrhunderte entstanden sind, sei es natürlich, sei es durch Züchtung. Beispiele sind hier die Hunderassen, die Darwinfinken oder Getreidesorten. Auf diese Weise versuchen die Autoren, den Gedanken klarzumachen, dass die Artenvielfalt der heutigen Zeit aus einer sehr viel geringeren Anzahl von Grundtypen entstanden ist. Dabei ist mir keine Schätzung bekannt, die angibt, wie viele Grundtypen es ursprünglich gegeben haben soll. Das ist auch nicht verwunderlich, da noch nicht einmal bekannt ist, wie viele Arten es heutzutage auf der Erde gibt und dazu die Frage nach der Kreuzbarkeit einige offene Fragen aufwirft.

Diskussion des Begriffs

In der Definition eines Grundtyps stecken einige Stolperfallen, die in der Regel nicht ohne weiteres genannt werden. Die folgenden Punkte fallen bei genauerer Betrachtung dieser Modellierung auf:

Eine nicht widerlegbare Behauptung

Die Definition eines Grundtyps ist so gestaltet, dass eine Widerlegung der Behauptungen von Junker und Scherer praktisch ausgeschlossen ist. Denn die Definition beinhaltet keine Beschränkung der Zeit oder der Anzahl der Generationen, die zwischen der Kreuzbarkeit der verbundenen Arten liegen darf. So ist die Aussage: „Evolution hat von Beginn an stattgefunden, so wie es sich die Evolutionsbefürworter vorstellen", kein Widerspruch zum Grundtypenmodell, sondern entspricht der schlichten Aussage: „Es gibt nur einen einzigen Grundtyp."

Um das zu erkennen, muss man nur einmal annehmen, dass es einen gemeinsamen Vorfahren z. B. von Affe und Mensch gegeben hat. Aus diesem entwickelte sich dann gemäß Annahme in der einen Linie eine Affenart und in der anderen Linie der Mensch. Damit sind Mensch und diese Affenart indirekt miteinander kreuzbar und gehören damit zu demselben Grundtyp. Genauso kann argumentiert werden, wenn man annimmt, dass alles Leben sich aus einem Urmolekül entwickelt hat. Auch dann muss man sagen, dass es insgesamt nur einen einzigen Grundtyp gibt. Dies mag nicht im Sinn der Autoren sein, aber die Definition ist dennoch so gestaltet und lässt diese Aussage demnach zu.

Diese Eigenschaft der Definition eines Grundtyps hat zur Folge, dass es unmöglich ist, die Behauptung, evolutionäre Übergänge zwischen Grundtypen seien unmöglich, zu widerlegen. Denn wenn ein solcher Übergang zwischen zwei beliebigen, behaupteten Grundtypen gezeigt werden kann, dann revidiert man lediglich die Einordnung in Grundtypen, aber nicht die Behauptung. Denn es bleiben mit Sicherheit noch genügend Grundtypen übrig, an denen der geforderte evolutionäre Übergang noch nicht gezeigt werden konnte.

Probleme der Anwendbarkeit

Die Definition eines Grundtyps ist anwendbar bei Tierarten, die sich über sexuelle Vermehrung fortpflanzen. Bei Arten, bei denen dies nicht gegeben ist, ist die Abgrenzung schwierig, übrigens genauso wie bei der normalen Definition einer Art. Wie sollen dann die Veränderungen bewertet werden, die im Bereich von einzelligen oder ungeschlechtlichen Arten vor sich gehen? Wann gehören verschiedene Einzeller zu demselben Grundtyp, wann zu einem anderen? Es ist zumindest auffällig, dass das ganze Konzept sich nur auf die Tierarten erstreckt, die auch in der Bibel erwähnt werden. Junker und Scherer werden in diesen Fällen mit ihren anschaulichen Begriffen „neuer Bauplan“ und „abgewandelter Bauplan“ argumentieren, aber diese Begriffe lassen sich genauso wenig konkret in diesem Bereich festlegen. Wann hat ein Einzeller einen „neuen Bauplan“ im Vergleich mit einem anderen Einzeller?

Unbewiesene Behauptungen

Das Konzept der erhöhten Variationsfähigkeit eines Grundtyps gegenüber den Spezialisierungen, die sich daraus bilden, ist nicht belegt. Nimmt man einmal als Beispiel den Wolf als Grundtyp für alle Hunderassen, so ist die Aussage, dass sich ein Wolf flexibler an sich ändernde Umweltbedingungen anpassen kann als meinetwegen ein hochgezüchteter Chihuahua, mit Skepsis zu betrachten. Ein Chihuahua ist auf klein gezüchtet und ist dementsprechend gebaut. Aber warum sollte man nicht in der Lage sein, aus einem Chihuahua in derselben Zeit wieder einen Wolf zu züchten, wie man umgekehrt einen Chihuahua aus dem Wolf gezüchtet hat?

In diesem Zusammenhang darf man Spezialisierung und Variationsmöglichkeiten nicht verwechseln. Ein Chihuahua ist genauso wie ein Wolf auf bestimmte Umweltverhältnisse spezialisiert. Ein Wolf ist eben darauf spezialisiert, in Freiheit selbstständig zu jagen und sein Überleben zu sichern, ein Chihuahua ist eben darauf spezialisiert, in menschlichem Umfeld süß auszusehen und nach bestimmten – von Menschen festgelegten – Eigenschaften Nachkommen zu zeugen. Variationsmöglichkeit bedeutet aber das, was potentiell aus so einer Rasse werden kann, wenn man den Selektionsdruck ändert. Dass aus einem Wolf ein Chihuahua werden kann, hat man praktisch ausprobiert, was aus einem Chihuahua werden kann, ist nicht bekannt, weil man es eben noch nicht probiert hat und bisher auch noch kein geeignetes genetisches Modell für potentielle Veränderungen vorlegen kann.

Das soll allerdings nicht heißen, dass Junker und Scherer nicht durchaus auch Argumente auf der Seite ihrer Behauptung haben. Es gibt das Phänomen der „evolutionären Sackgasse“, wo Arten aussterben, weil nach einer Zeit der Spezialisierung und Variation weitere Variationen nicht mehr ohne weiteres möglich waren. Aber meines Wissens fehlt auch hier die genetische Grundlage, um wirklich sagen zu können, was möglich ist und was nicht. Die Behauptung, dass evolutionäre Sackgassen immer in Folge einer Auffächerung der Artentypen auftreten und dass eine Entwicklung aus diesen Sackgassen grundsätzlich nicht möglich ist, zählt ebenfalls zu den unbewiesenen Aussagen.

Behauptung der zu starken Variation

Die Aussage der Variationsmöglichkeit eines Grundtyps ist aber nicht nur unbewiesen, was seine prinzipielle Begrenztheit angeht (gemäß Lönnigs Gesetz), auch die Behauptung von Junker und Scherer, sämtliche Artenvielfalt der Erde ließe sich auf diese Weise auf eine winzige Population einzelner Typen vor kurzer Zeit zurückführen, ist noch lange nicht bewiesen. Eventuell kann man zeigen, dass Grundtypen sinnvolle Taxa sind, aber das reicht noch lange nicht für die Behauptung von Scherer und Junker.

Wie viele Variationen der Gene sind notwendig, um zwei Arten desselben Grundtyps ineinander überzuführen? Genvergleiche zwischen nahe verwandten Arten, die von Scherer und Junker zu demselben Grundtyp gezählt werden, legen nahe, dass hier die genetischen Unterschiede so zahlreich sind, dass eine Zeit von 2.000 Jahren nicht ausreicht, um diese Unterscheidung herzustellen. Im Rahmen der Evolutionstheorie werden für solche Änderungen zehntausende Jahre oder noch mehr zugrunde gelegt.

Mit der Grundtypenmodellierung führt also der Zwang, alles in 2.000 Jahren stattfinden zu lassen von der ursprünglichen Ablehnung einer genetischen Variation zu einer plötzlich viel zu hohen Variationsrate, die man wieder mühsam durch Wunder oder künstliche Annahmen begründen muss. In gewisser Weise fallen Scherer und Junker von dem einen Extrem, alle Variation abzulehnen in das andere Extrem, plötzlich mit einer großen Beliebigkeit alle Variationen in kürzester Zeit stattfinden zu lassen. Beide Extreme entsprechen aber nicht den experimentellen Befunden, auf denen solche Modelle aufgebaut sein müssen.

Ist das Grundtypenmodell naturwissenschaftlich relevant?

Die oben genannten offenen Punkte führen nicht notwendig dazu, das Konzept der Grundtypen prinzipiell ablehnen zu müssen. Es kann durchaus sein, dass ein Grundtyp eine sinnvolle und auch evolutionstechnisch wichtige Einordnung ist. Aber das, was Kurzzeit-Kreationisten sich von diesem Modell versprechen, nämlich die Theorie zu untermauern, dass die biologische Evolution von einem sehr kleinen Stamm an Lebewesen zu der großen Vielfalt von heute in nur 2.000 Jahren vor sich gegangen ist, basiert nach wie vor nicht auf Daten, sondern auf Behauptungen.

Das Grundtypenmodell ist zumindest in einer Art und Weise formuliert, dass eine naturwissenschaftliche Betrachtung möglich ist. Man ist in der Lage, Prozesse und Daten innerhalb dieses Modells einzuordnen und damit einer rationalen Diskussion zugänglich zu machen. Manche der behaupteten Zusammenhänge fallen dabei sozusagen „aus dem Himmel“, weil die Daten nicht unbedingt solche Behauptungen nahe legen – wie zum Beispiel die Behauptung, alle Entwicklungen seien innerhalb von maximal 2.000 Jahren vor sich gegangen, aber solche Aussagen lassen sich naturwissenschaftlich lösen, sofern man sie von ihrer weltanschaulichen Grundlage löst.

Fragt man allerdings anders herum, ob denn das Grundtypenmodell in einem Widerspruch zur Evolutionstheorie steht, so lautet die Antwort zunächst einmal „Nein". Denn die Einordnung in Grundtypen ist nur die Einführung einer neuen taxonomischen Einheit, die dadurch motiviert ist, dass Übergänge zwischen den Mitgliedern dieser Einheit besonders einfach sind und entsprechend oft vorkommen. Die Evolutionstheorie wird erst dann tangiert, wo man behauptet, dass Übergänge zwischen den Grundtypen unmöglich sind, womit wir wieder bei der Diskussion um Mikroevolution und Makroevolution sind. Und eine solche Behauptung ist weit davon entfernt, bewiesen zu sein.

Junker diskutiert diese Frage in seinem Buch „Leben woher" und schreibt unter der Annahme, dass die Einteilung der Tierarten in Grundtypen gerechtfertigt ist, dass eine solche Einteilung im Rahmen der Evolutionstheorie eher überraschend wäre, während diese Schlussfolgerung nahe liegend wäre, würde man davon ausgehen, dass Gott separate Einheiten des Lebens geschaffen hätte.

Junkers Begründung für diese Aussage ist, dass Evolution – also Mutation und Selektion – ein kontinuierlicher Vorgang ist und es daher nicht einsichtig ist, warum bestimmte „Stufen" entstehen, bei denen die Entwicklung scheinbar stehen bleibt und dann in recht kurzer Zeit in Sprüngen weiterzugehen scheint.

Allerdings vernachlässigt man bei dieser Argumentation, dass es einen Unterschied zwischen genetischem Zustand und von außen sichtbaren Eigenschaften gibt. Die Einteilung der Arten und auch der Grundtypen geschieht aktuell nach äußerlichen Gesichtspunkten. Wie die genetische Ausstattung der einzelnen Arten aussieht, bzw. wie die Grenze zwischen den Arten zu definieren ist, ist ja größtenteils noch gar nicht bekannt. Hier genau liegt die noch offene Frage, an der sich eine erfolgreiche Modellierung von Evolution oder eine erfolgreiche Widerlegung der Evolution messen lassen muss.

5.4.5 Probleme und offene Fragen

In unserer Diskussion um Evolution oder Schöpfung ist bisher hoffentlich klar geworden, dass man von einer Schöpfungstheorie als naturwissenschaftlichem Modell aus prinzipiellen Gründen von vorne herein nicht reden kann. Dies ist auch das erste grundlegende Problem, das für die Schöpfungstheorie des Lebens genauso gilt wie für eine Schöpfungstheorie der Erde oder des Universums.

Doch auch eine Abschwächung ihres Anspruchs, wie das korrekterweise die Vertreter rund um Wort und Wissen tun, hilft nur bedingt. Die deutsche Richtung des Kurzzeit-Kreationismus möchte tatsächlich naturwissenschaftliche Modelle entwickeln, die sie „nur" auf einige Dogmen stützen, die sie auf anderem Weg gewonnen haben. Doch zeigt sich bei genauem Hinsehen, dass der Ansatz zwar tatsächlich oft einer naturwissenschaftlichen Modellierung entspricht, dass aber die zentralen Punkte dieser Modellierungen allesamt unbewiesene, nicht aus Daten ableitbare Behauptungen sind.

Insofern ist das gesamte Gebiet der „Schöpfungstheorie" ein einziger offener Punkt und zieht naturwissenschaftlich so viele Probleme nach sich, dass es schwer wird, zu erkennen, worin der naturwissenschaftliche Wert dieser Theorien eigentlich besteht. Ich möchte daher einige Punkte im Folgenden zusammenfassend nochmals herausgreifen.

ID als falsche Frage

In Kapitel 5.4.2 habe ich ausführlich dargelegt, welche Probleme man bekommt, wenn man das Intelligent-Design-Konzept als naturwissenschaftliches Modell verkaufen will. In der anderen Richtung wird dem Evolutionsmodell oft vorgeworfen, ebenfalls auf einer Glaubensaussage zu beruhen, also auch keiner naturwissenschaftlichen Modellierung zu entsprechen. Nun habe ich in Kapitel 4.4.6 gezeigt, dass im Rahmen der Evolutionstheorie tatsächlich oft Weltanschauung betrieben wird, dass es aber darunter ein Evolutionsmodell gibt, was korrekterweise als naturwissenschaftliche Modellierung gesehen werden muss. Ich möchte hier noch einmal den Unterschied zwischen beiden Seiten darstellen.

Am einfachsten sieht man den Unterschied zwischen dem Evolutionskonzept und ID, wenn man sich die Frage stellt, welche Grundfrage in Bezug auf biologisches Leben das jeweilige Konzept beantwortet. Beginnen wir mit ID, so ist die Grundaussage des ID-Konzeptes, dass aus der Beobachtung von komplexen Vorgängen folgt, dass ein intelligenter Designer hinter der Erschaffung dieser Prozesse steckt. Es wird also die Frage beantwortet, wer hinter all dem steckt. Die Frage, wie dieser Designer das alles gemacht hat, wo sein Labor gestanden hat, welche Reaktionen er benutzt hat usw., diese Frage wird durch das ID-Konzept nicht nur nicht beantwortet, es wird auch vielfach behauptet, dass es gar keinen Sinn mache, diese Frage zu erforschen, da dies nicht herauszubekommen ist.

Die Grundaussage des Evolutionsmodells ist, dass die Veränderungen in den biologischen Lebensformen durch die Wirkung von Mutation und Selektion entstanden sind. Es wird also die Frage beantwortet, wie diese Veränderungen zustande kommen, die Frage wer dahinter steckt oder warum das alles passiert, wird offen gelassen und nicht beantwortet. Das Evolutionsmodell ist also eine Vorgehensbeschreibung.

Genau das aber zeichnet eine naturwissenschaftliche Modellierung aus. Es wird eine Beschreibung der Dynamik erstellt, eine Beschreibung, aus der hervorgeht, wie das Ergebnis, das wir heute sehen, zustande gekommen ist und zwar unabhängig von weltanschaulichen Einstellungen. Es wird zwar von verschiedenen Vertretern des ID versucht, diesem Grundprinzip der naturwissenschaftlichen Beschreibung zu widersprechen, indem zum Beispiel die Frage nach dem Ziel und dem Sinn in den Vordergrund gestellt wird, aber die Eigenschaft einer Beschreibung der Dynamik ist grundsätzlich auch in diesen Überlegungen nicht enthalten. Leider gibt es nur wenige Vertreter des ID, die das einsehen und demnach richtet sich die Hauptkritik der gegen ID gerichteten Vorwürfe eben gegen diese Verwechslung von wer und wie.

Ein pauschaler Vorwurf, selbst auf einer reinen Glaubensaussage zu basieren, in Richtung der Vertreter des Evolutionsmodells ist umgekehrt entsprechend falsch, selbst dann, wenn sich viele Vertreter des Evolutionsgedankens einer Grenzüberschreitung schuldig machen und weltanschauliche Behauptungen aufstellen. Was die Vertreter der Evolutionstheorie tun, ist lediglich die naturwissenschaftliche Methodik so anzuwenden, wie sie es sollen. Das ist nicht nur richtig und statthaft, es ist das einzige, was sie tun können, um Naturwissenschaftler zu sein. Dass die Menschen hinter den Naturwissenschaften dann auch eine individuelle Glaubenseinstellung haben, ist eigentlich normal. Man darf halt nur die naturwissenschaftlichen Ergebnisse nicht mit den Glaubensaussagen verwechseln, wie dies zum Beispiel Prof. Kanitscheider gemacht hat.

In der anderen Richtung ist den Vertretern des ID-Konzeptes grundsätzlich der Vorwurf zu machen, dass die Aussage: „Da steckt ein Designer dahinter", naturwissenschaftlich irrelevant ist. Über eine solche Aussage kann ich als Naturwissenschaftler (aber nicht als Mensch) achselzuckend hinweggehen. Aus diesem Grund ist meine Antwort auf die ID Aussage in der Regel die Frage: „Wunderbar, toll, und wie hat er das alles erschaffen?" Solange die Vertreter des ID nicht gewillt oder in der Lage sind, diese Frage zu beantworten, sind sie sehr weit von einem naturwissenschaftlichen Modell entfernt.

Die unbewiesene IC-Behauptung

In praktisch allen Publikationen, die die IC-Behauptung positiv besprechen, wird zwar sehr herausfordernd beschrieben, was die Evolutionsbefürworter tun müssten, um diese Behauptung zu widerlegen – Dembski ist ein gutes Beispiel dafür – aber es wird fast gar nichts dafür getan, sie auch aktiv zu belegen. Fast alle Darstellungen beruhen auf der Unfähigkeit der Leser, sich einen nicht-linearen Prozess der Evolution vorstellen zu können.

Ich muss leider sagen, dass die Darstellungen zu oft den Eindruck machen, lediglich auf Gefühlsfang gehen zu wollen. Die Fortschritte in der Erforschung der Evolutionsprozesse werden erst gar nicht erwähnt oder systematisch kleingeredet. Es wird den Lesern niemals klar gemacht, dass die Hürden für einen Beleg des Evolutionsgedankens heute ganz anders aussehen als noch vor 30 Jahren. Vielmehr wird immer wieder der Eindruck hergestellt, es hätte seit Darwin überhaupt keinen Fortschritt gegeben. Wenn aber ein solcher Eindruck bewusst erweckt wird, so ist das entweder unehrlich oder uninformiert.

Ein weiteres Phänomen in diesem Zusammenhang ist das Springen in den Diskussionsebenen, wie man es zum Beispiel in der Diskussion der IC-Behauptung bei Junker beobachten kann. In dem von Behe angebrachten Beispiel einer Mausefalle für irreduzible Komplexität ist dies besonders deutlich. Es wird das Thema irreduzible Komplexität diskutiert und über dieser Diskussion schwebt – oft nicht klar ausgedrückt – die Annahme, dass sich ein irreduzibel komplexer Prozess nicht mittels Mutation und Selektion entwickeln kann. Trotzdem wird das Beispiel Mausefalle genannt und ein unbedarfter Befürworter des Evolutionsgedanken denkt natürlich, dass dieses Beispiel zeigen soll, dass sich eine komplexe Mausefalle nicht als das Ergebnis einer technischen Weiterentwicklung einfacherer, aber trotzdem funktionierender Mausefallen darstellen lässt, dass es also um die Entwicklung von Konzepten geht.

Also macht er sich auf und zeigt, dass es tatsächlich eine Reihe von Mausefallen-Entwürfen (Bauplänen) gibt, die von einfach bis komplex eine schrittweise Entwicklung des Gedankens „Mausefalle“ zeigen. Die Antwort der ID-Befürworter – einschließlich von Junker – ist die Zurückweisung dieser Argumentation, weil sich ein technisches Gerät nicht mittels Mutation und Selektion entwickelt, sondern von Menschen konstruiert wird. Damit wird dieses sogar als eine Befürwortung der IC-Behauptung argumentiert, ohne aber zu erwähnen, dass selbst der härteste Evolutionsbefürworter niemals behauptet hat, dass sich technische Geräte mittels Mutation und Selektion entwickeln und die ganze Diskussion um die Mausefalle sich stattdessen auf der Ebene der Konzepte abgespielt hat. Dies zeigt, wie gerne in der Diskussion in der Diskussionsebene gesprungen wird.

Mit diesen Punkten zeigt sich, dass insbesondere die klare Feststellung, dass die IC-Behauptung eine unbewiesene Annahme ist, in kaum einer Diskussion vorkommt. Dieser Fehler wird auch dadurch nicht kleiner, dass in den Darstellungen der Evolutionstheorie auch oft unbewiesene Behauptungen nicht klar als solche gekennzeichnet werden. Meine Einstellung dazu ist, dass insbesondere Christen es mit der Ehrlichkeit ernster nehmen müssten als Menschen mit anderen Einstellungen – eine Forderung, die leider von der Realität nur zu oft nicht gedeckt wird.

Die Zurückweisung von Computersimulationen

Ein ähnlicher Sprung zwischen den Diskussionsebenen wie im Fall der IC-Behauptung zeigt sich auch, wenn es um die Diskussion von genetischen Programmen auf dem Computer geht, womit ich entweder die direkte Simulationen der Prinzipien Mutation und Selektion oder die genetischen Algorithmen meine, die diese Prinzipien nutzen, um Optimierungsziele zu erreichen.

Evolutionsbefürworter behaupten, dass sich durch die Mechanismen von Mutation und Selektion Entwicklungen im genetischem Code ergeben, die sich durch eine zunehmende Komplexität auszeichnen. Dabei sind die Mechanismen zwar auf der Basis biologischem Lebens definiert, werden aber als grundsätzliche Prinzipien benutzt. Mit anderen Worten, die Meinung der meisten Evolutionsbefürworter ist es, dass die Prinzipien auch wirksam sind, wenn sie eine andere Realisierung besitzen. Am weitesten geht dort der Evolutionstheoretiker Dawkins, der den Begriff Meme geprägt hat als das Objekt, das sich in der Welt der Ideen fortentwickelt. Als Analogon zwischen der konkreten biologischen Realisierung und der extremen Form der Realisierung im Raum der Ideen können Computerprogramme gelten, die das Prinzip der Änderung und Auswahl in einer anderen Art und Weise realisieren.

Wichtig in diesem Zusammenhang ist es, zwischen der abstrakten Ebene der Prinzipien und der konkreten Umsetzung im Fall des Computers oder des Lebens zu unterscheiden. Eine Argumentation, die sich auf Computerprogramme bezieht, wird niemals behaupten können, den konkreten Nachweis der Evolution auf biologischer Basis bringen zu können, aber wenn sich die Prinzipien Mutation und Selektion im Rahmen von Computerprogrammen als wirksam erweisen – oder auch zeigen, wo die Grenzen dieser Prinzipien liegen – dann steigt dadurch die Plausibilität einer ähnlichen Wirkung im biologischen Umfeld, wenn dort dieselben Muster gesehen werden, wie sie sich in den Programmen zeigen.

Genau hier wird von den Befürwortern einer wundersamen Erschaffung des Lebens zu wenig der Schritt hin zur Abstraktion durchgeführt. Da es das Ziel dieser Menschen ist, die Prinzipien der Mutation und Selektion als nicht ausreichend darzustellen, ist die Versuchung groß, in Gegenden der Unklarheit und des intellektuellen Nebels zu argumentieren, weil sich dort sehr gut eine gefühlsmäßige Gegnerschaft zu den Prinzipien und ein Gefühl der Hoffnungslosigkeit verbreiten lässt. Aus diesem Grund werden die Computersimulationen, die in den letzten Jahren einigen Fortschritt erfahren haben, wenig beachtet und wenn, dann eher negativ besprochen. So werden die Ergebnisse, die mit der Avida Software erzielt wurden, in der Regel damit beiseite gewischt, dass Truman diese ja widerlegt hätte, aber ein genaues Studium der Artikel von Truman zeigt eher, dass es nicht die Ergebnisse an sich sind, die in Frage gestellt werden. Vielmehr greift Truman die Annahmen an, die man in das Computermodell hineinsteckt mit der Erwartung, damit eine biologische Evolution simulieren zu können.

Mit anderen Worten, Truman argumentiert auf einer ganz anderen Ebene. Es steht nicht die Aussage im Vordergrund, dass alles sowieso Unsinn oder sowieso „klar wie Kloßbrühe“ ist, sondern es steht die Frage im Vordergrund, durch welche Parameter eine biologische Evolution auf dem Computer simuliert werden kann. Damit ist man mitten in einer naturwissenschaftlichen Frage, die natürlich beantwortet werden muss.

Insofern ist den Gegnern der Evolution vorzuwerfen, dass eine zu große Mehrheit von ihnen nicht in der Lage ist – oder nicht Willens ist – abstrakt und naturwissenschaftlich zu denken. Eigentlich müssten die Gegner der Evolution die Idee der Computersimulation begeistert aufnehmen, da sich damit die Chance bietet, auch zu zeigen, unter welchen Umständen Evolution eben nicht funktionieren kann. Der Versuch, Evolution auf dem Computer nachzubilden, schafft eben Klarheit – ein Ziel, das aber zu viele glühende Verteidiger des intelligent Design nicht als oberste Priorität haben.

Die Unklarheit des Begriffs Makroevolution

Auch die Diskussion um Makroevolution und Mikroevolution leidet darunter, dass die Unklarheit, die in diesen Begriffen steckt, nicht zugegeben wird. Selbst bei Junker muss man tief graben, bevor man die Aussage findet, dass eine Abgrenzung zwischen den beiden Begriffen eigentlich nicht möglich ist. Und selbst er schwächt diese Aussage sofort wieder ab, indem er betont, dass intuitiv doch „klar“ ist, was gemeint ist.

Das Problem ist, dass auf einer solchen Basis jede Behauptung richtig ist. Die Evolutionsbefürworter können fröhlich behaupten, dass Makroevolution schon längst nachgewiesen ist, ohne sich Gedanken darüber zu machen, was sie damit eigentlich meinen und die Evolutionsgegner klassifizieren fröhlich jegliche Veränderung in Evolutionsexperimenten als Mikroevolution, ohne auch nur darüber informiert zu sein, was in dem Experiment eigentlich gemacht wurde.

Der interessierte Laie bleibt damit auf der Strecke und orientiert sich in diesem Informationsnebel an denen, denen er vertrauen zu können glaubt. In den christlichen Gemeinden ist dies nur zu oft der Kurzzeit-Kreationist, der scheinbar von der Bibel her die ganze Naturwissenschaft aufrollt und in der restlichen Welt ist dies oft der Kreis der Populär-Autoren, die ihre atheistische Weltanschauung mit naturwissenschaftlichen Modellen beweisen wollen.

Dabei ist gerade im Dunstkreis der weltanschaulichen Fragestellungen Klarheit und Ehrlichkeit das Gebot der Stunde. Nur wenn man offen zeigt, was man weiß, was man annimmt und was man nur vermutet, kann sich ein Zuhörer oder Leser wirklich frei für seinen Weg entscheiden.

Aus diesem Grund sollte man sich von diesen beiden Begriffen entweder verabschieden oder klarer definieren, worum es wirklich geht. Letzteres ist aber gar nicht einfach, wie die Darstellung von Thomas Waschke zeigt. Die Unklarheit geht eben mitten durch die naturwissenschaftliche Fachwelt und die Dauerhaftigkeit, mit der der Begriff der Makroevolution bestehen bleibt, zeigt, dass die Beteiligten damit etwas ausdrücken wollen, was wichtig ist.

Man kann mit den Begriffen Mikroevolution und Makroevolution und auch dem Grundtypenmodell naturwissenschaftlich umgehen. Aber das muss man auch wollen. Insbesondere muss man den Missbrauch, der mit diesen Begriffen getrieben wird, konsequent bekämpfen, denn durch diesen Missbrauch werden eventuell brauchbare Konzepte schlecht gemacht und vor allem wird der schlecht gemacht, in dessen Namen das alles geschieht.

Die mangelnde Erklärungskraft des Schöpfungsmodells

Ein Punkt, bei dem Dembski ausgewichen ist und der auch sonst in der kurzzeit-kreationistischen Literatur eher totgeschwiegen wird, ist die Frage nach der Erklärungskraft. Das Evolutionsmodell hat eine enorme Erklärungskraft, weil es eine große Menge an Beobachtungsdaten miteinander in Beziehung setzt. Die verschiedenen genetischen Konfigurationen der Lebewesen stehen eben nicht mehr einfach nebeneinander, sondern müssen über eine gemeinsame Entwicklungslinie voneinander abhängen. Das Ganze darf auch nicht unabhängig von den Daten gesehen werden, die auf bestimmte Umweltbedingungen hindeuten und das Ganze muss wiederum korrekt sein im Sinne der Physik und Chemie, so wie wir sie kennen. Unterm Strich muss das Evolutionsmodell eine Vielzahl von Randbedingungen erfüllen, um glaubhaft zu sein. Diese Randbedingungen gelten auch für Beziehungen, die noch nicht erforscht sind, können bei der Modellbildung also als Zusatzbedingungen gesehen werden. Aber was ist mit dem Modell der Erschaffung?

Nun, hier wird ein Zusammenhang der Daten gerade bestritten. Der einzige Zusammenhang, der hergestellt wird, ist dass alles von einem Schöpfer erschaffen wurde. Aber was er wie machte, welche Materialien er benutzte, wie er seine Ideen bekam, was er neu erfand und was wiederverwendete, für all das gibt es noch nicht einmal den Hauch eines Ansatzes. Der einzige Zusammenhang ist ein Nicht-Zusammenhang, aber das ist etwas, was zu keiner Theoriebildung, zu keiner Erklärung, zu keinem Verständnis führt.

In den letzten Jahren ist es populär geworden, hier einzuwenden, dass man ja doch ein gemeinsames Prinzip erkennen kann, nämlich das Prinzip der Nützlichkeit. Der Schöpfer hat dort ähnliche Konzepte und Baupläne benutzt, wo es sich für die ergebenden Arten als nützlich erweist. Allerdings ist der Begriff höchst schwammig formuliert und macht eigentlich erst Sinn, wenn man das Wirken von Selektion und Mutation zur Hilfe nimmt. Nützlich wäre eine Eigenschaft dann, wenn sie einer Art bei dem Versuch zu überleben hilft. Allerdings sind nun so einige Arten ausgestorben und das heißt, dass verschiedene Arten offensichtlich verschieden nützliche Eigenschaften abbekommen haben. Eine Beziehung zu den (sich ändernden) Umweltfaktoren oder eine Beziehung wie das Verwandtschaftsverhältnis lässt sich damit nicht entwickeln.

Und daher ist die Erklärungskraft eines Schöpfungsmodells extrem gering. Nur dort, wo sich die Autoren dieses Modells tatsächlich einen Zusammenhang leisten, z. B. innerhalb eines Grundtyps über den Begriff der Mikroevolution, nur dort kann man wieder auf Erklärungskraft und Verstehen hoffen. Aber dieses Gebiet hat das Evolutionsmodell auch im Fokus und kann in Punkto Erklärungskraft in jeder Hinsicht mithalten.

Damit ist auch klar, dass die Tiefe und Stimulanz der wissenschaftlichen Forschung durch ein Schöpfungsmodell viel weniger gefördert werden als durch ein Evolutionsmodell. Junker bemüht sich sehr, zu argumentieren, dass das Grundtypenmodell sehr wohl Forschung stimulieren kann. Aber diese Stimulanz ist durchweg negativer Art, d. h. die Bemühungen der Forscher gehen dahin, zu beweisen, dass Zusammenhänge eben nicht existieren. Die Evolutionsforschung geht dagegen einen positiven Weg, es wird ein

Zusammenhang vom Modell vorhergesagt und das Bemühen der Forscher ist es, diesen Zusammenhang zu belegen oder zu widerlegen.

Hier leidet das Schöpfungsmodell eben wieder an dem grundsätzlichen Problem, dass wegen der Annahme eines Schöpfers, der alles kann und der Weigerung, diesen Schöpfer den Weg seiner eigenen Naturprozesse gehen zu lassen, man in einer Situation ist, alles erklären zu können und damit gar nichts. Da wo Wunder Teil der naturwissenschaftlichen Modellierung werden sollen, ist die Naturwissenschaft am Ende.

Der fehlende Nachweis für das Grundtypenmodell

Bisher habe ich um der Diskussion willen angenommen, dass das Grundtypenmodell tatsächlich als relevant nachgewiesen werden kann. Darüber sollte man aber nicht vergessen, dass es noch eine offene Frage ist, ob sich die taxonomische Einheit Grundtyp als nützlich erweist und evolutionäre Entwicklungen innerhalb des Grundtyps tatsächlich so einfach und schnell sind, wie von Junker und Scherer behauptet. Selbst wenn man also von der ungenügenden Fundierung im ID-Konzept absieht, bleiben noch viele Fragen zu klären, bevor man ein Grundtyp als naturwissenschaftlich gute Modellierung bezeichnen kann.

Das größte Problem machen dabei allerdings Annahmen, die aus weltanschaulichen Gründen von den Autoren ins Spiel gebracht werden, wie z. B. die extrem schnelle Änderung und Anpassungsfähigkeit in der sehr kurzen Zeit von nur etwa 2.000 Jahren. Im Kontext des Evolutionsmodells würde man für solche Veränderungen hunderttausende von Jahren zur Verfügung haben. Auch die Begriffe der Flexibilität von Veränderungen sowie die Prozesse „Verarmung" oder „Spezialisierung" benötigen noch eine klare Definition auf genetischer Ebene.

Ich will nicht ausschließen, dass diese Fragen tatsächlich erfolgreich geklärt werden können, das Grundtypenmodell hat dieses Potential, wenn es von den weltanschaulichen Zwangsjacken befreit wird. Mit anderen Worten, wenn man sich von dem Zwang löst, alles im Rahmen einer Sintflut und in sehr kurzer Zeit modellieren zu wollen, kann es tatsächlich sein, dass sich der Begriff des Grundtyps als nützlich erweist und auch im Rahmen der Evolution eine genetische Fundierung bekommt. Aber ob es danach noch ein Modell ist, auf das Kurzzeit-Kreationisten gerne zurückgreifen, wage ich zu bezweifeln.

5.4.6 Zusammenfassung

Auf dem Gebiet des biologischen Lebens haben die Kurzzeit-Kreationisten nach wie vor die besten Chancen, mit ihren Ansichten und Interpretationen gehört und akzeptiert zu werden. Aber von der Fähigkeit, ein funktionierendes Gegenmodell zur Evolutionsmodellierung aufbauen zu können, sind sie nach wie vor sehr weit entfernt.

Wie in den anderen Themen der Entstehung des Universums und der Entstehung der Erde auch erweist sich der Zusatz „Kurzzeit" in der weltanschaulichen Sicht der Autoren als extrem hinderlich. Auch im Bereich der Biologie, wo noch viele Fragen offen sind und wo auch überraschende Wendungen in der Modellierung nicht ausgeschlossen sind, ist es eben schädlich, wenn man die Grundlagen der naturwissenschaftlichen Vorgehensweise verletzt und Ergebnisse dogmatisch zur Voraussetzung erhebt.

Das Thema Intelligent Design spielt dabei eine etwas andere Rolle. Als Thema ist es nicht an den Zusatz „Kurzzeit" gebunden, aber der Wille, einen Designer ins Spiel bringen zu wollen, widerspricht ebenfalls den Grundlagen der naturwissenschaftlichen Modellierung. ID taugt damit nicht dazu, die Modellierung eines Vorgangs zu entwerfen. Im besten Fall ist ID ein weltanschaulicher Hintergrund, im schlechtesten Fall ist ID dann ein Hindernis für die Forschung.

Neben dem Fokus auf das Konzept des ID zeichnet sich die „Schöpfungsforschung" im biologischen Bereich durch die Konzentration auf Begriffe aus, die allenfalls schlecht definiert sind oder auf unbewiesenen Behauptungen beruhen. Dies trifft sowohl auf den Begriff Makroevolution als auch auf die Annahmen zu, die das Grundtypenmodell auszeichnen.

Damit bleiben von den Schöpfungsmodellen im Bereich des biologischen Lebens bestenfalls einige potentiell positive Ansätze, die aber durch zwangsweise eingebrachte, weltanschauliche Annahmen immer wieder ins Wanken gebracht werden. Das Grundtypenmodell beispielsweise ist unausgereift und nach wie vor mit zu vielen Annahmen befrachtet. Die Begriffe, auf denen es beruht, wie Makroevolution, Flexibilität der Veränderungsmöglichkeiten und genetische Verarmung sind schlecht definiert und daher bisher nicht tragfähig genug. Auch wenn es möglich erscheint, diese Begriffe zu klären, ist es nach wie vor eine offene Frage, ob der Begriff Grundtyp eine Zukunft in der biologischen Begriffsbildung hat.

5.5 Kritik am Kurzzeit-Kreationismus

Die Kritik am Kurzzeit-Kreationismus bleibt bei den meisten Autoren, die solche äußern, im Punkt der dogmatischen Fundierung stecken. Auch wenn diese tatsächlich das größte Hindernis ist, Modelle in diesem Bereich zu naturwissenschaftlich vernünftigen Modellen zu formen, gibt es eine ganze Menge zusätzlicher Punkte, die es zu kritisieren gilt. Ich möchte daher in diesem Kapitel, analog zu der Klassifizierung zur Kritik an den Evolutionsmodellen, die einzelnen Themen auflisten und kurz beschreiben.

5.5.1 Methodische Vorwürfe

Auf der Ebene der Methodik sind den Schöpfungsmodellen die schwerwiegendsten Vorwürfe zu machen. Hier ist vom prinzipiellen Ansatz der gesamten Modellierung her kein wirklicher Ausweg in Sicht.

Kritikpunkt: Das beliebige, wundersame Eingreifen Gottes

Während die kurzzeit-kreationistischen Kritiker der Evolutionstheorie vorwerfen, sie würde durch den methodischen Atheismus eine Glaubensaussage als Fundierung ihrer Modellierung machen, so gehen die Kurzzeit-Kreationisten in ihren eigenen Modellierungen weit über diesen einfachen Vorwurf hinaus. Die Tatsache, dass sie Gottes Handeln in ihre Überlegungen mit einbeziehen wollen, ist dabei schon schlimm genug. Das wäre noch zu akzeptieren, wenn dies wirklich nur auf der Ebene der weltanschaulichen Interpretation geschehen würde, doch genau dies genügt den Kurzzeit-Kreationisten nicht. Sie wollen bewusst, dass Gottes Handeln in Form von Wundern auch in der naturwissenschaftlichen Modellierung sichtbar wird.

Dabei wird oft (das Vorgehen der Vertreter von Wort und Wissen ist hier eine Ausnahme) nahezu nach Belieben ein wundersames Eingreifen Gottes angenommen. Damit wird der methodische Atheismus nicht nur abgeschafft, sondern auch noch durch ein Vorgehen ersetzt, das den Schwankungen theologischer Diskussion und theologischem Machteinflusses unterworfen ist. Dies wird besonders deutlich, wenn man die Aussagen von Vertretern der Schöpfungslehre in den verschiedenen Jahrzehnten miteinander vergleicht. Jede Generation hatte ihre eigenen Schwerpunkte in ihrem biblischen Verständnis und demnach wechselten auch die Schwerpunkte, in denen Gott durch persönliches Eingreifen den „natürlichen" Gang der Dinge veränderte.

Dabei sei betont, dass es kein Problem ist, wenn sich Modellvorstellungen ändern, das Problem in den Schöpfungsmodellen ist aber, dass es weder ein logisches noch ein sachliches Kriterium gibt, welche Phänomene durch ein Wunder zu beschreiben sind und welche durch eine naturwissenschaftliche Modellierung. Dies öffnet den abstrusesten Ideen die Tür. Tatsächlich muss die Grenze zwischen dem Handeln Gottes und naturwissenschaftlich beschreibbaren Vorgängen klar abgesteckt werden, ich werde das im nächsten Kapitel ausführlich tun. Da aber die Kurzzeit-Kreationisten einen natürlichen Vorgang als „nicht von Gott durchgeführt“ empfinden und beides nicht ineinander integrieren können, ist das Ergebnis vollständige Willkür.

Die Einzigen, die der Versuchung dieser Denkweise widerstehen, sind die Vertreter von Wort und Wissen. Sie haben erkannt, dass das „Gott hat es so gemacht“-Argument naturwissenschaftlicher Unsinn ist. Sie ersetzen dieses Argument durch ein: „Wir wissen nicht, wie das passiert ist.“ Gerade im Zusammenhang mit dem von ihnen vertretenen biblisch-urzeitlichen Modell in der Geologie liest man dieses oft. Das ist dann naturwissenschaftlich nur noch halb unsinnig. Halb deswegen, weil ja mit dem Evolutionsmodell eine naturwissenschaftliche Beschreibung vorliegt.

Kritikpunkt: Ergebnisse als dogmatische Voraussetzung

Während dem Evolutionsmodell vorgeworfen wird, es erhalte teilweise widersprüchliche Ergebnisse, machen die Vertreter der Schöpfungsmodelle den schwerwiegenden methodischen Fehler, bestimmte Ergebnisse per Annahme vorwegzunehmen und in die Modellierung als Voraussetzung hineinzustecken. Das ist dann genau der Punkt, wo auch die sonst durchaus ernst zu nehmenden Vertreter von Wort und Wissen, methodisch in die Irre gehen.

Die Forderung nach einer bestimmten Anzahl von Jahren für die Dauer aller Ereignisse, die Forderung nach nur einer einzigen weltweiten Katastrophe, die auch nur eine Flut gewesen sein darf und die Forderung, dass alle Lebewesen zur gleichen Zeit entstanden sein müssen, kommt einer Bankrotterklärung der naturwissenschaftlichen Methodik gleich. Unter diesen Umständen ist es besser, gleich jegliche Naturwissenschaft zu beenden und lieber darüber zu diskutieren, wie viele Engel auf einer Nadelspitze tanzen können.

Das Problem ist, dass es nicht darum geht, Modelle so zu formulieren, dass bestimmte Beobachtungen mit ihnen beschrieben werden können. Das genau wird im Kurzzeit-Kreationismus ja leider nicht gemacht. Vielmehr geht man von der Bibel und einem einseitigem Verständnis bestimmter biblischer Texte aus. Daraus erhält man eine Aussage, die noch schwerer wiegt als eine Beobachtung, da sie nämlich als Dogma gesetzt wird.

Dieses Dogma wird dann beibehalten, egal welche Bobachtungen dagegensprechen. Um dieses Dogma zu rechtfertigen, werden nur bestimmte Beobachtungen zugelassen, es wird also eine zielbewusste Datenauswahl betrieben, bekannte naturwissenschaftliche Zusammenhänge werden per Deklaration abgeschafft, wie die Konstanz von Naturkonstanten oder die Zusammenhänge zwischen einzelnen Disziplinen der Naturwissenschaft wie Geologie und Chemie und das Ganze wird ergänzt mit dem oben schon erwähnten Wunderwirken Gottes.

Um es noch einmal klarzustellen, in diesem Kritikpunkt geht es nicht darum, einen Gott zu leugnen oder göttliches Handeln prinzipiell auszuschließen. Wie ich im kommenden Kapitel zeigen werde, lässt sich ein Handeln Gottes durchaus mit naturwissenschaftlicher Modellierung verbinden. In diesem Kritikpunkt geht es in erster Linie um die Nennung konkreter Daten und Sachverhalte, die ohne naturwissenschaftliche Begründung als Voraussetzung genommen werden.

5.5.2 Unvollständigkeitsvorwürfe

Während der Evolutionstheorie vorgeworfen wird, unvollständig zu sein, weil sich immer wieder Daten finden lassen, die sich mit den aktuellen Modellen nicht so einfach verstehen lassen, haben die Schöpfungsmodelle hier noch wesentlich weitergehende Lücken. In der Regel können die Schöpfungsmodelle die Lücken der Evolutionsmodelle nicht nur ihrerseits nicht verstehbar machen, sondern dazu kommen noch unzählige Fakten, die im Rahmen des Evolutionsmodells sehr gut verstehbar sind, die jetzt plötzlich wieder in den Zustand „unverstanden“ zurückfallen.

Einerseits liegt dies am Einbau des Wunderwirkens Gottes in die Modellierung, denn überall dort, wo gesagt wird, dass Gott etwas einfach so gemacht hat, müssen wir sagen, dass wir nicht verstehen, wie dies Gott gemacht hat. Andererseits liegt das an den unnatürlichen Dogmen, die von außen in die Modelle hineingestopft werden und die diese bis zur Unmöglichkeit verzerren.

So ist im Schöpfungsmodell die gesamte Astrophysik hinfällig, denn alles, was wir am Himmel beobachten können, ist unverstanden. Nehmen wir Humphreys Modell als korrekt an, dann können wir zwar verstehen, warum die Sterne so weit entfernt sind und warum sie so alt aussehen, aber schon bei der Hintergrundstrahlung bis hin zur Frage der Elementsynthese stehen wir wieder bei Punkt Null.

In der Geologie steht die Sache noch schlimmer. Elementare Erkenntnisse der Geologie über Schichtbildung, Schichtfolgen und den Aufbau des Erdmantels werden durch das Flutmodell zur Falschaussage erklärt, ohne dass aus dem Schöpfungsgedanken heraus eine äquivalente Modellierung gebracht wird. Junker versucht diesen unhaltbaren Zustand zu mildern, indem er zwar zugibt, dass z. B. die Regelhaftigkeit der Schichtfolge im Rahmen eines Schöpfungsmodells vollständig unverstanden ist, dagegen aber setzt, dass es im Rahmen des Evolutionsmodells unverstanden ist, warum durchgängig keine Übergangsformen zu finden sind.

Beide Einwände sind allerdings durchaus nicht gleichwertig, denn ich hatte in Kapitel 4.4.4 schon darauf hingewiesen, dass der Begriff der Übergangsform sehr schlecht definiert ist und damit die Behauptung des durchgängigen Fehlens solcher Formen eher eine Annahme als eine belegte Aussage ist. Und Junker verschweigt dabei, dass es im Rahmen des Evolutionsmodells durchaus konkrete Vorschläge gibt, warum der Abstammungsbaum des Lebens so lückenhaft ist, wie im Moment noch feststellbar. Damit ist dieses Phänomen nicht unverstanden, sondern lediglich noch nicht ausreichend belegt.

In der Darstellung von Junker wird auch verschwiegen, dass es erheblich mehr gibt, was im Rahmen eines Schöpfungsmodells nicht verstanden ist, als nur die Regelhaftigkeit der Schichtfolgen. Jeder Prozess, der zu einer Schichtbildung führt und der länger dauert als die dogmatisch als Alter des Universums angenommenen 10.000 Jahre ist im Rahmen des Schöpfungsmodells ungeklärt. Und es lassen sich ohne große Schwierigkeiten und ohne Fachmann zu sein, auf Anhieb etwa 30 bis 40 solcher Prozesse identifizieren.

Im Rahmen der Evolution des Lebens sieht die Sache zwar etwas besser aus, aber auch nicht wirklich gut. Mit dem Grundtypenmodell hat man wenigstens einen Ansatz, über den man naturwissenschaftlich diskutieren kann, aber dieses Modell hängt ja auch in der Luft. Alle Verwandtschaftsbeziehungen zwischen verschiedenen Grundtypen, die sich genetisch und phänotypisch herausarbeiten lassen, hängen vom Modell her in der Luft und lassen sich nicht verstehen. Aber auch die behaupteten Eigenschaften von Grundtypen sind nur als Postulate aufgestellt worden, die einer Modellierung noch harren, seien es die mit den Begriffen Variabilität oder Spezialisierung verbundenen Eigenschaften, sei es die behauptete enorm schnelle Anpassungsfähigkeit des ursprünglichen Grundtyps.

An seinen stärksten Punkten ist das Grundtypenmodell nicht lückenloser als das Evolutionsmodell und an seinen schwachen Punkten hat es viel größere Lücken als das Evolutionsmodell. Also muss man auch in diesem Fall feststellen, dass die Schöpfungsmodellierung in viel stärkerem Maße an dem Problem krankt, das die Befürworter dieses Modells dem Evolutionsmodell vorwerfen.

5.5.3 Ethische Vorwürfe

Leider muss man den Vertretern von Schöpfungsmodellen auch ethische Vorwürfe machen. Dieses sollte überraschend sein, denn es wird ja oft behauptet, dass sich eine positive Ethik nur entwickeln kann, wenn ein göttliches Wesen diese Ethik bestimmt und genau das wollen die Vertreter des Schöpfungsmodell ja als Voraussetzung gesetzt haben. Es sei betont, dass ethische Verfehlungen immer eine Sache der individuellen Menschen sind und eigentlich prinzipiell nicht gegen oder für ein naturwissenschaftliches Modell gerichtet werden können. Das gilt auch für die ethischen Vorwürfe gegen die Vertreter des Kurzzeit-Kreationismus.

Man kann aber gewissen Phänomene immer wieder feststellen und um diese geht es hier. Es sind hier weniger die kurzzeit-kreationistischen Modelle, die das Problem darstellen, als vielmehr das Umfeld, in dem diese Modelle entstehen. Das Umfeld ist im Fall des Kurzzeit-Kreationismus so gestaltet, dass die Sicherungsmechanismen, die in der Naturwissenschaft greifen, nicht zur Geltung kommen.

Mangelnde Selbstkritik

Es gibt einen Umstand, der verhindert, dass die Vertreter von Schöpfungsmodellen durchgehend in der Lage sind, ihre eigentlich positive Ethik auch in die Tat umzusetzen: den Missionseifer.

In diesem Eifer sind zu viele (aber Gott sei Dank nicht alle) Vertreter von Schöpfungsmodellen gewillt, Lügen zu glauben, ihnen passende Aussagen ungeprüft hinzunehmen und Vertreter anderer Ansichten ebenso ungeprüft anzugreifen. Hier bilden die Vertreter von Wort und Wissen eine durchaus heraushebenswerte Ausnahme.

So ist es oft zu beobachten, dass Kritik an den Schöpfungsmodellen beinahe blind als Kritik am Glauben und damit als Kritik an Gott interpretiert wird. Es ist leider extrem selten, dass die Vertreter des Kurzzeit-Kreationismus in der Lage sind, sich selbst auch kritisch zu betrachten.

Dass auch die Vertreter von Evolutionsmodellen bei ihren eigenen Weltanschauungen sehr oft wenig selbstkritisch sind, ist dabei keine Entschuldigung. Gerade bei Menschen, die sich ihrer eigenen intellektuellen Leistung bewusst sind, ist das leider ein nur zu menschlicher Charakterzug. Aber im normalen naturwissenschaftlichen Gefüge gibt es dazu einen Ausgleich. Die Kritik wird von Kollegen in reichlichem Maße ausgeteilt, wenn man mit seiner Arbeit nicht ausreichend präzise ist. Dies sorgt im Normalfall dafür, dass der Hang zum Egoismus bei den Vertretern der Evolutionsmodelle eher selten Auswirkungen auf die eigentliche naturwissenschaftliche Arbeit hat.

Gerade diesen Sicherungsmechanismus gibt es im Rahmen der Schöpfungsmodelle nicht. Es genügt, rhetorisch in der Lage zu sein, seine wirren Ideen einem relativ schlecht gebildeten Publikum vorzutragen und in den Vordergrund zu stellen, dass man auf der klassischen biblischen Interpretation steht und schon wird man als neuer Einstein oder endgültiger Vernichter der Evolutionstheorie in den Himmel gehoben. Auf diesem Boden kann eine sachliche naturwissenschaftliche Modellierung nicht gedeihen.

Kritikpunkt: Die Unterstützung von Falschaussagen aus Glaubensgründen

Während der Evolutionstheorie vorgeworfen wird, sie würde an bestimmten Stellen mit betrügerisch konstruierten Aussagen arbeiten, so gehen die kurzzeit-kreationistischen Modelle über diesen Vorwurf ebenfalls weit hinaus. Während in der herkömmlichen Wissenschaft neue und ungewöhnliche Ideen auch von den Befürwortern extrem kritisch betrachtet werden und sich diese nur dann durchsetzen können, wenn sie ihre Brauchbarkeit in vielen Umständen unter Beweis gestellt haben, wird in den kurzzeit-kreationistischen Modellen mit einer wahren Sintflut von Spekulationen gearbeitet und diese werden freudig begrüßt, sobald sie lediglich rhetorisch geschickt vorgetragen werden. Das ist auch dann der Fall, wenn der Vortragende seine Behauptungen auf schlecht gemachte oder gar manipulierte Untersuchungen stützt.

Es ist in der Vergangenheit mehrfach vorgekommen, dass ein Vertreter eines Schöpfungsmodells mit einer beliebigen Spekulation an die christliche Öffentlichkeit getreten ist und alle jubelten ihm zu, weil er die Probleme der Schöpfungsmodellierung jetzt endlich löste. Dann kamen so nach und nach methodische und sachliche Fehler zum Vorschein, die sein Modell in immer stärkerem Maße relativierten. Doch statt den Betreffenden zu ächten und sein Modell zu vergessen, wird er weiter unterstützt, weiter hochgejubelt und seine falschen Modelle werden immer wieder vorgebracht. Beispiele in diese Richtung sind die radioaktiven Halos von Gentry oder die angeblichen gleichzeitigen Fußspuren von Menschen und Dinosauriern, die eine wesentliche Stütze des Buches von Morris und Whitcomb gebildet haben und die erst in den letzten Jahren auch von manchen Vertretern des Kurzzeit-Kreationismus als falsch dargestellt werden.

Hier zeigt sich die fatale Sackgasse, die entsteht, wenn man Glaubensaussagen den Vorzug gibt und die Beschreibung naturwissenschaftlicher Prozesse zur angeblichen Geschichtswissenschaft degradiert, was nichts anderes bedeutet, als dass man jeglichen logischen und prüfenden Rahmen aufgibt und beliebigen Spekulationen Tür und Tor öffnet. Dadurch gibt man die wesentlichen Sicherungsmaßnahmen gegen Betrüger auf, die es auch im christlichen Umfeld immer wieder gibt, weil sich mit der Anerkennung einer Gruppe jede Menge Geld und Ruhm verdienen lässt.

Betrug gibt es auch im Rahmen der normalen Naturwissenschaft. Aber Betrug ist hier sehr gefährlich. Kommt man mit einem Betrug durch, so kann man eventuell Ruhm und Ehre ernten, wird aber der Betrug entdeckt, dann ist das das sofortige Ende jeglicher wissenschaftlicher Ambitionen des Betrügers, selbst wenn der Schuldige den Betrug nicht mit Absicht vollführt hat. Dies haben zahlreiche Beispiele in der Vergangenheit gezeigt.

Und die Gefahr für den Betrüger ist auch ungleich größer, denn jede wichtige Behauptung oder Aussage wird sofort von eventuell neidischen Kollegen genauestens unter die Lupe genommen. Im Kreis derjenigen, die sich in der Schöpfungsforschung hervortun, ist aber die Ächtung von Betrügern weder üblich noch ist mir ein Fall bekannt, wo jemand aufgrund von fehlerhafter naturwissenschaftlicher Arbeit geächtet wurde. Lediglich Wort und Wissen in Deutschland versucht systematisch, die Qualität der Publikationen im Bereich Schöpfungsforschung zum Maßstab zu machen, aber der Einfluss dieser Gruppe ist dabei vergleichsweise gering.

Solche Probleme führen dazu, dass auch Aussagen, die man im Prinzip in ein naturwissenschaftliches Modell stellen kann und die man damit auch einer entsprechenden naturwissenschaftlichen Diskussion unterwerfen könnte, im weltanschaulich motivierten Drang untergehen, alles gutheißen zu müssen, was mit dem Titel „Schöpfungsmodell" erscheint. So ist die Behauptung, dass Mutation und Selektion nicht ausreichen, um die beobachteten Formen des Lebens herleiten zu können, ein ernsthafter und bedenkenswerter Einwand im Rahmen der Evolutionsforschung. Aber diesen Einwand allenfalls mit ein paar vagen Begriffen zu untermauern und als Alternative das ID-Argument zu bringen, ist mehr als schwach und führt lediglich dazu, dass jede berechtigte Kritik in der Masse der weltanschaulichen Irrungen untergeht.

Kritikpunkt: Machtausübung statt naturwissenschaftlicher Argumente

Dieser Kritikpunkt ist etwas hart formuliert und trifft auch im Wesentlichen nur die Situation in den USA, aber er soll klarmachen, worum es geht. Da sich die Vertreter von Schöpfungsmodellen in der Naturwissenschaft nicht durchsetzen können, werden andere Wege gesucht, um mehr Aufmerksamkeit und Anerkennung zu erlangen. Aus diesem Grund wurde in den USA der Kampf um die Schulen eröffnet und bis heute mit großer Verbissenheit geführt. Die nicht von der Hand zu weisende Kalkulation ist, dass Erwachsene, die von Kind auf die kurzzeit-kreationistischen Dogmen vorgekaut bekommen haben, diese mit großer Wahrscheinlichkeit akzeptieren und als Teil ihres Lebens ansehen können, selbst dann, wenn sie nicht gläubig sind.

Ein solches Vorgehen kann nur als unethisch gewertet werden, sowohl vom Standpunkt der Theologie her, die Mission betreiben will, als auch vom Standpunkt der Naturwissenschaft her, bei der es darum geht, dass die nachwachsende Generation lernt wie die technisierte Umwelt, die sie vorfindet, zustande gekommen ist.

Denn unsere heutige Zivilisation beruht auf dem Grundsatz des Pluralismus und jede Form der weltanschaulichen Einseitigkeit wurde in der Vergangenheit als nicht förderlich für die Menschen bewiesen, selbst wenn die Weltanschauung aus dem christlichen Gedanken gespeist wurde. Dabei sehe ich es nicht als Problem an, dass Religion in der Schule gelehrt wird. Gerade die christlichen Gedanken, die viel mit unseren kulturellen Wurzeln zu tun haben, sollen den Kindern verständlich gemacht werden. Aber der Kurzzeit-Kreationismus in den USA versucht, naturwissenschaftliche Methodik mit weltanschaulichen Ansichten zu überdecken und das Ganze als naturwissenschaftliche Mogelpackung an Kinder zu verkaufen, die noch nicht das Wissen haben, das eine vom anderen zu unterscheiden.

Es wäre eigentlich korrekt, die weltanschaulichen Übergriffe aus den Naturwissenschaften als solche klarzumachen, also zum Beispiel klarzumachen, dass aus einem methodischen Atheismus noch lange kein echter Atheismus folgt. Aber es ist nicht korrekt, einen spezifischen Übergriff dieser Art als den einzig wahren Weg zu denken hinzustellen.

5.5.4 Ist eine Schöpfungswissenschaft möglich?

Angesichts der oben genannten Kritikpunkte ist nun ernsthaft zu fragen, ob denn eine Schöpfungswissenschaft, so wie sie sich die Vertreter des Kurzzeit-Kreationismus heute vorstellen, überhaupt möglich ist. Diese Frage kann man abgestuft beantworten, je nachdem wie man den Begriff der Schöpfungswissenschaft verstehen möchte.

Versteht man darunter Naturwissenschaftler mit einem christlichen Glauben, dann lautet die Antwort klar „ja". Christen, die in den Naturwissenschaften wertvolle Beiträge liefern und so manches Mal sogar zu entscheidenden Wendepunkten beigetragen haben, gab es, gibt es und wird es immer geben. Das Entscheidende an diesen Personen ist aber, dass sie die Methodik der Naturwissenschaft nicht nur akzeptieren, sondern auch bis ins Letzte verwendet haben. Diese Personen haben sich in das normale naturwissenschaftliche Gefüge eingepasst und haben ihre naturwissenschaftlichen Leistungen in diesem Rahmen erbracht. Da Naturwissenschaft von ihrem Grundsatz her weltanschaulich neutral ist, konnten sie dies tun, ohne ihren christlichen Glauben zu leugnen.

Versteht man unter Schöpfungswissenschaft aber, dass nicht nur die Vertreter sich zum christlichen Glauben bekennen, sondern dass obendrein naturwissenschaftliche Ergebnisse dadurch bestimmt sind, dass sie von einem festgelegten biblischen Verständnis abgeleitet werden, dann kann die Antwort eigentlich nur „nein" heißen. Hier muss man allerdings den gemäßigten und den radikalen Weg unterscheiden.

Der gemäßigte Weg besteht darin, an Hand der Bibel Fragen zu identifizieren, die nicht durch die Naturwissenschaft beantwortet werden können oder dürfen. Dies wäre zum Beispiel die Frage der Entstehung der Arten. Davon abgeleitet werden Fragen, die wiederum einer naturwissenschaftlichen Untersuchung zugänglich sind, wie zum Beispiel die Frage, welche Eigenschaften ein Grundtyp besitzt. Man definiert an Hand der Bibel sozusagen Reservate, wo sich naturwissenschaftliches Denken und Vorgehen austoben darf.

Dies ist eine kompliziertere Situation weil innerhalb dieser Reservate ja normales naturwissenschaftliches Denken vorherrscht, also aus dem Blickwinkel der Naturwissenschaft her alles in Ordnung ist. Trotzdem werde ich gleich begründen, warum diese Art der Schöpfungswissenschaft genauso unmöglich ist wie der radikale Weg.

Der radikale Weg der Schöpfungswissenschaft wäre, die naturwissenschaftliche Methode an sich abzuwandeln und durch eine bestimmende biblische Dogmatik zu dominieren. Es zählt nicht mehr die mathematische Theorienbildung und die Verifikation an Hand von Experiment und Vorhersage, sondern es werden nur noch die Daten akzeptiert und weiterverwendet, die aufgrund der Dogmatik erlaubt sind.

Die Befürworter des radikalen Weges wehren sich im Allgemeinen dagegen, dass ihre Ansichten und Vorgehensweisen mit denen des Mittelalters verglichen werden – sie haben ja das Beste im Sinn und wollen lediglich an Gottes Wort direkter festhalten als dies die Naturwissenschaften heute tun. Aber ein solcher Vergleich und auch ein Vergleich mit den Gesetzen, die dem Scopes-Prozess zugrunde lagen, ist unvermeidlich und ich sehe keinen Weg, wie diese Befürworter verhindern wollen, dass die weltanschauliche Gewaltausübung in solch einer Schöpfungswissenschaft überhand nimmt. Gerade die heutige Zeit, die geprägt ist vom islamischen Fundamentalismus, zeigt, wie anfällig die Menschen für radikalisierte Ideen sind und wenn eine

Weltanschauung ihnen von Staats wegen einen Rahmen vorgibt, so gibt es wenig bis keine Mittel, die radikalen Elemente im Zaum zu halten.

Und Radikalismus dieser Art hat bis heute – und auch im christlichen Rahmen – immer zu Gewalt und Unterdrückung und zum Verrat an der Liebe geführt. Für das Christentum bedeutet das, dass gerade die Grundlagen, auf denen dieser Glaube beruht, durch eine solche Radikalisierung verraten werden.

Das ist auch der Grund, warum der gemäßigte Weg einer Schöpfungswissenschaft ebenfalls nicht gangbar ist. Legt man biblisch geleitet Grenzen fest, innerhalb derer die naturwissenschaftliche Methodik zur Geltung kommen darf, so werden die radikalen Denker des Glaubens diese Grenzen immer weiter verschieben. Auch hier zeigt die Geschichte des Christentums, dass selbst die unwichtigste Frage, selbst der nebensächlichste Umstand zur Ursache von Streit und gar Gewalt werden kann.

Nimmt man also an, man hat den Naturwissenschaften ihre Reservate zugestanden, so wird innerhalb kurzer Zeit jemand kommen und argumentieren, dass gerade die Fragen, die die Naturwissenschaft jetzt noch bearbeiten darf, biblisch doch schon längst beantwortet sind und man die Grenzen so verschieben muss, dass diese Reservate kleiner werden. Dieser Prozess wird sich fortsetzen, bis von der gemäßigten Lösung nichts mehr übrig bleibt.

Man mag mir hier Schwarzseherei vorwerfen, aber mit der Kenntnis der christlichen Geschichte und den Erfahrungen im Diskussionsfeld Schöpfung und Evolution habe ich keinen Grund, die menschlichen Schwächen, gerade auch von christlich eingestellten Menschen, zu unterschätzen.

5.5.5 Zusammenfassung

Durch die Ablehnung des methodischen Atheismus und den Einbau des Wunderwirkens Gottes in die naturwissenschaftliche Modellierung ist der prinzipielle Ansatz der Schöpfungsmodelle per Definition nicht naturwissenschaftlich. Daran ändern auch die Versuche der Vertreter dieser Denkrichtung nichts, durch das ID-Argument ihren Ansatz plausibel zu machen. Gott lässt sich eben nicht in eine Naturwissenschaft pressen.

Das heißt nicht, dass nicht so mancher Kritikpunkt am Evolutionsmodell berechtigt oder so manche Idee einer Alternative bedenkenswert wäre, aber diese im Prinzip nützlichen und wertvollen Denkansätze werden durch den Drang, immer wieder die persönliche Lesart der Bibel in den Vordergrund zu rücken, nahezu vollständig zunichte gemacht. Wer auf diese Weise methodisch fehlerhaft vorgeht, wird zu Recht von der normalen Naturwissenschaft ignoriert. Das ist eigentlich bedauerlich, denn die Naturwissenschaft hat immer von Querdenkern profitiert, die nicht gewillt waren, sich in den akzeptierten Denkansätzen bequem einzurichten. Aber um solch einen Profit möglich zu machen, müssen sich auch die Querdenker in die grundsätzlichen Methodiken einfügen, die die Basis unserer modernen Zivilisation bilden.

Auf der anderen Seite zeigt das Vorgehen der Kurzzeit-Kreationisten auch eine fatale Missachtung der Menschen unserer Zeit. Sie haben wohl zu Recht erkannt, dass die Naturwissenschaft das atheistische Denken in ungewollter Weise fördert, weil zu viele Naturwissenschaftler ihren persönlichen Glauben mit ihrem methodischen Vorgehen verwechseln. Doch statt auf diesen Missstand aufmerksam zu machen, verstärken sie ihn noch durch den Versuch, die Fundamente der Naturwissenschaft auf eine Basis verändern zu wollen, die der Basis der Wissenschaft im Mittelalter bemerkenswert gleicht. Damit sind sie aber in den Augen der Menschen heute größtenteils nicht glaubwürdig und verstärken damit den Hang der Menschen hin zum Atheismus.

Das, was tatsächlich fehlt, ist ein konsistentes und stabiles Bild von der Art und Weise, wie die Welt des Glaubens mit der Welt der naturwissenschaftlichen Beschreibung interagiert. Auch für mich war ein solches Bild von zentraler Bedeutung. Das Ergebnis der Überlegungen, die für mich letztlich dazu führten, dass ich Glauben und Naturwissenschaft nicht mehr als Gegensatz sehe, will ich im folgenden Kapitel darlegen.

5.6 Literatur

Bücher

Humphreys, D. R., Starlight and Time, Master Books, Colorado Springs (1994)

Whitcomb, J. C., Morris, H. M., The Genesis Flood, Presbyterian and Reformed Publisher Co. (1961)

Vardiman Larry, Snelling Andrew A., Chaffin Eugene F. (Hg.) Radioisotope und das Alter der Erde, Hänssler Verlag (2004)

Junker, Reinhard, Leben woher?, Christliche Verlagsgesellschaft, Dillenburg (2002)

Junker, Reinhard, Scherer, Siegfried, Evolution – ein kritisches Lehrbuch, Weyel Verlag, 6. Auflage (2006)

Behe, Michael J., Darwin's Black Box, New York, Free Press (1996)

Argumente gegen die rekurrenten Variation
Riedl R., Krall P., Die Evolutionstheorie im wissenschaftstheoretischen Wandel. In: Wieser, W. (Hrsg.), Die Evolution der Evolutionstheorie. Von Darwin zur DNA, Heidelberg, Berlin, Oxford, S. 234 (1994) und Rainey P. B., Travisano M., Adaptive radiation in a heterogenous environment, Nature, 394, S. 69 (1998)

Weblinks

Hinweis: Die hier aufgeführten Weblinks wurden von mir im Nov. 2006 geprüft. Web-Inhalte können sich aber kurzfristig ändern. Für die zitierten Inhalte kann ich also keine Haftung übernehmen.

Artikel und Gegenartikel zum „Starlight-Krieg": http://www.trueorigin.org/rh_connpage1.pdf, http://www.trueorigin.org/rh_connpage3.pdf, http://www.trueorigin.org/ca_rh_03.asp

Zentrale deutsche kurzzeit-kreationistische Web-Seite: http://www.wort-und-wissen.de/

Junkers Seite zur Diskussion um Schöpfung und Evolution: http://www.genesisnet.info/

Artikel von Manfred Stephan zur Kritik am biblisch-urgeschichtlichen Modell: http://www.wort-und-wissen.de/index2.php?artikel=artikel/a01/a01.html

Führende kurzzeit-kreationistische Web-Seite in den USA: http://www.answersingenesis.org/

Dembskis Verteidigung des ID-Konzeptes als wissenschaftlich: http://www.arn.org/docs/dembski/wd_isidtestable.htm

Diskussion der Begriffe Makroevolution versus Mikroevolution: http://www.waschke.de

Führende Web-Seite in den USA, die den kurzzeit-kreationistischen Behauptungen widerspricht: http://www.talkorigins.org/

Avida Software: http://dllab.caltech.edu/avida/

Truman, R., Kritische Diskussion der Ergebnisse, die man mit Hilfe der AVIDA Software erlangt: http://www.iscid.org/ubbcgi/ultimatebb.cgi?ubb=get_topic&f=10&t=000085

Argumentation, warum Lönnigs Gesetz der rekurrenten Variation nicht allgemeingültig ist: http://www.martin-neukamm.de/lederbg.html

6. Die Vereinbarkeit von Glauben und Naturwissenschaft

6.1 Warum das Buch nicht hier endet

Mit den bisherigen Kapiteln könnte mein Diskurs über Evolution und Schöpfung beendet sein. Aber es war immer meine Intention, nicht bei der Kritik des Kurzzeit-Kreationismus stehen zu bleiben. Im ersten Teil habe ich mich stark an die Seite der Naturwissenschaft gestellt und versucht klarzumachen, worauf diese beruht, was sie kann und was sie eben nicht kann. Jetzt möchte ich weiter gehen und in das Gebiet des Glaubens eindringen. Das hat zwangsweise einen persönlichen Hintergrund. Als Naturwissenschaftler alleine wäre dieser Schritt nicht notwendig, aber als Mensch und um ein vollständiges Weltbild zu erhalten, muss er gemacht werden. Wie es dazu bei mir gekommen ist, möchte ich in diesem Kapitel schildern. Es ist der Bericht eines persönlichen Weges.

6.1.1 Ein typischer Naturwissenschaftler

Hätte ich dieses Buch vor 20 Jahren geschrieben, dann wäre es mit dem letzten Kapitel beendet worden. Bis zu dieser Zeit war ich Atheist und lebte in der Überzeugung, dass es Gott nicht gibt oder dass er zumindest keinerlei Einfluss auf diese Welt hat. Die Physik hatte mich absolut begeistert und ihre Möglichkeiten erschienen mir unerschöpflich. Und daher hätte mir auch meine Haltung als Naturwissenschaftler gereicht.

Bisher habe ich mich auf den strengen Standpunkt der Naturwissenschaft gestellt und die Frage um Evolution und Schöpfung von den Möglichkeiten der naturwissenschaftlichen Modellierung her betrachtet. Diese Haltung werde ich jetzt aufgeben. Im Folgenden wird immer stärker nicht der Naturwissenschaftler, sondern der Mensch die Argumente führen und damit bitte ich die Leser, meine Argumente dementsprechend auch als weltanschaulich zu betrachten. Bisher war das ausschlaggebend, was sich mit der objektiven Methodik der Naturwissenschaft erreichen lässt, jetzt wird die Weltanschauung eines naturwissenschaftlich gebildeten Menschen die Führung übernehmen.

Das heißt nicht, dass meine Weltanschauung die Darstellung bisher nicht beeinflusst hat. Als Atheist hätte ich vermutlich die Darstellung der letzten beiden Kapitel etwas anders gestaltet. Meine Kritik am Kreationismus wäre harscher gewesen, die Darstellung der Evolutionsmodellierung wäre noch zustimmender gewesen und vor allem hätte ich die Grenzen der Naturwissenschaft nicht so betont, wie ich das bisher getan habe.

Ich war als Jugendlicher und auch als junger Erwachsener schon immer an religiösen Diskussionen interessiert. Allerdings meistens in der Rolle des unbequemen Fragestellers und des bohrenden Kritikers. Die Art und Weise, wie die Menschen um mich herum ihren Glauben lebten, stieß mich ab. Elementare Fragen konnten sie nicht oder nur sehr holprig beantworten und einen klaren Hinweis auf die Existenz eines höheren Wesens konnte mir keiner geben. Das Meiste war eindeutig rein kulturell bedingt und die Menschen machten Dinge einfach nur, weil sie es so gewohnt waren und es ihre Vorväter genauso gemacht hatten.

Aber das war mir nicht genug. Wenn es einen Gott geben sollte, dann brauchte ich schon Handfesteres als die Sitte zu Ostern und Weihnachten in die Kirche gehen zu müssen. Und als ich dann die Naturwissenschaften entdeckte, hatte ich nicht das Gefühl als wäre es notwendig, Gott anzunehmen. Ich kam ganz gut ohne diese Annahme aus, zumal die Methodik, die ich da lernte, ja genau diesen Atheismus zu stützen schien.

Ich denke, dass dies heutzutage die typische Haltung eines nicht-gläubigen Menschen ist. Ich war damals als Atheist kein Unhold, niemand der gern und viel sündigte und sich deshalb weigerte, Gott anzuerkennen. Gott spielte schlicht und ergreifend keine Rolle in meinem Leben, ich hatte keine Gelegenheit, ihn kennen zu lernen und suchte auch nicht nach einer solchen Gelegenheit. Es ist wie wenn man durch Menschenmassen geht und dabei nicht auf die Gesichter oder Personen um sich herum achtet. Man geht einfach an den vielen Personen vorbei, die da sind, die real sind und die vielleicht sogar Aufmerksamkeit verdient hätten. Aber man ist achtlos, denkt nur an die Dinge, die einen selbst angehen und versucht, seinen Weg selbst so gut wie möglich zu finden.

Mit den entsprechenden Augen sah ich die Welt um mich herum. Die Physik gab mir die Möglichkeit, Dinge zu erkennen, die für jedermann gelten, die objektiv richtig sind. Das Gefühl, das man hat, wenn man zum ersten Mal aus den Formeln für einen Naturvorgang berechnet, was in einer bestimmten Situation geschehen sollte und dann hingeht und das Experiment macht und es geschieht genau das, was man berechnet hat, ist unbeschreiblich. Man erkennt, das man hier etwas berührt, was unvergänglich ist. Etwas was richtig ist, auch dann noch, wenn man selbst längst gestorben ist.

Die Macht der Naturwissenschaft in dieser Hinsicht scheint unerschöpflich. Hier trifft der alte Satz zu, den die Väter der Naturwissenschaft formulierten:

„Messe, was messbar ist und mache messbar, was nicht messbar ist." Und die Vergangenheit zeigt, dass die Menschen sehr fähig sind, nicht messbare Dinge doch in irgendeiner Weise messbar zu machen. Doch aus denselben Gründen, warum die Naturwissenschaft so machtvoll ist, warum ihr all das gelingt, was man staunend lernen kann, aus denselben Gründen ist sie beschränkt, hat sie Grenzen, über die sie prinzipiell nicht hinwegkommen kann.

Damals vor 20 Jahren war ich im Studium der Naturwissenschaft weit genug fortgeschritten, um diese Grenzen bereits erkennen zu können. Wenn man das erste Mal, aus der Schule kommend, in der Universität die Genauigkeit, die logische Strenge und die objektive Methodik der Naturwissenschaft kennenlernt, vermag man im Allgemeinen eine Grenze der Möglichkeiten nicht zu erkennen. Aber wenn die Inhalte und das Vorgehen erst einmal zum Beruf geworden sind und man sich an die neue Methodik gewöhnt hat, wird man fähig, darüber hinaus zu sehen.

Ich fing damals an zu fragen, wo in der ganzen Welt der Elementarteilchen, der Kräfte, der Energien und der Wechselwirkungen ich als Mensch und Person eigentlich abbleiben würde. Klar, ich bestehe aus derselben Materie wie die, die ich im Studium untersuchte, die Wechselwirkungen und Kräfte, die ich kennenlernte, gelten auch für mich, aber was bestimmt mein Leben, wie kann ich für mich aus all diesem Wissen etwas ziehen? War ich vorher der Meinung, dass man alles, was real ist, mit Hilfe der Naturwissenschaft würde bewältigen können, fing diese Frage an mir klar zu machen, dass die Naturwissenschaft für solche Fragen eben keine Antwort parat hat.

Selbst wenn man die Frage außer Acht lässt, wie denn aus den wechselwirkenden Atomen eigentlich ein Mensch zustande kommt, werden diese Grenzen sichtbar. Nimmt man den Menschen als gegeben an, so kann man den üblichen Trick der Naturwissenschaften verwenden, um herauszufinden, was ein Mensch typischerweise tut, welche Fähigkeiten er hat und wie sein Verhalten in bestimmten Situationen ist. Das ist genau das, was man in der Psychologie tut. Der Mensch wird zum Objekt und es werden statistische Mittel eingesetzt, um Normverhalten und Behandlungsmöglichkeiten bei Krankheiten zu entwickeln. Der Mensch wandelt sich vom „Du" oder „Ich" zum „man".

Aber ich wollte nicht ein ununterscheidbares Objekt der Masse sein, ich wollte mich nicht an dem orientieren, was „man" tut, ich wollte wissen, was das Leben für mich persönlich in petto hat, was mich erwartet, wenn ich lebe und was mich erwartet, wenn ich sterbe. Doch darauf hat die Naturwissenschaft keine Antwort, sie hat diese Antwort noch nicht einmal dann, wenn man nach dem Schicksal eines einzelnen Elementarteilchens fragt, geschweige denn, wenn so etwas wie ein Mensch involviert ist. Es hat einige Zeit gebraucht, bis ich erkannt habe, dass die Naturwissenschaft auf solche Fragen keine Antwort geben kann, weil sie dafür einfach nicht gemacht ist. Die Methodik, die sie so erfolgreich macht, verhindert das aus Prinzip.

6.1.2 Das Ende eines Atheisten

Der Wandel für mich kam, als ich bei einem Urlaub eine Gruppe von Christen in meinem Alter kennenlernte, die nicht nur in der Lage waren, ihr Christsein überzeugend zu leben und auszudrücken, sondern die auch in der Lage waren, mir intellektuell Paroli zu bieten. Von nicht unerheblicher Wichtigkeit war es dabei, dass sich in dieser Gruppe auch zwei Physikstudenten befanden. Den Theologiestudenten konnte ich zwar auch ihren Glauben abnehmen, aber sie waren ja sozusagen von Berufs wegen auf dieses Denken verpflichtet.

In der Folge dieser Begegnung führten wir lange und heiße Diskussionsschlachten. Bei diesen Diskussionen wurde mir klar, dass ich meine atheistische Grundhaltung bisher immerzu ohne einen klaren Beweis vertreten hatte. Es war immer nur eine Annahme gewesen, dass es keinen Gott gibt, ich hatte aber keinerlei Beweis, ob diese Annahme zutraf. Ich war mit der Annahme zwar bis dahin gut zurecht gekommen, aber ich hatte niemals ernsthaft die mögliche Weltanschauung unter der gegenteiligen Annahme durchdacht.

Eine solche Haltung ist logisch unvollständig. Nehme ich etwas als wahr an, so ist es kein Wunder, dass alle Folgerungen, die sich daraus ergeben, die Annahme zu stützen scheinen. Ich konnte keine Alternative zu der Annahme finden, weil ich überhaupt nicht ernsthaft über eine Alternative nachgedacht hatte. Nun demonstrierten mir diese Christen, dass man annehmen konnte, dass es einen Gott gibt und trotzdem zu einem logischen und konsistenten Weltbild gelangen konnte. Das war für mich verblüffend, weil mir so eine Möglichkeit bisher noch nicht untergekommen war.

Ich fing an, mich zu fragen, welches Weltbild die Realität denn nun besser beschreibt. Denn die Situation war mir aus meinen naturwissenschaftlichen Studien wohl bekannt. Da versuchen Naturwissenschaftler sich ein Bild von einer Situation zu machen und finden zwei verschiedene Modelle, die die Situation in etwa gleichwertig beschreiben. Normalerweise beginnt dann das Ringen um das Schlüsselexperiment, also die Eigenschaft, die die beiden Modelle unterscheidet. Kann man dann mit einem Experiment feststellen, wie die Eigenschaft in Realität aussieht, weiß man auch, welches der beiden Modelle diese Situation besser beschreibt.

Im Fall meiner Weltanschauung ging es um die Frage, ob denn eine atheistische oder eine theistische Haltung der Realität besser entspricht. Bis zu meiner Begegnung hatte die innere Logik meiner atheistischen Haltung mich dazu gebracht, überhaupt nicht über eine Alternative nachzudenken, aber dadurch, dass mir diese Menschen demonstrierten, dass auch mit einer gegenteiligen Annahme eine durchgängige Logik möglich ist, musste ich diese Alternative ins Auge fassen. Dass es dabei so viele Christen gab, die es offensichtlich nicht schafften, ihre Glaubenshaltung auch überzeugend zu leben, war da unerheblich.

Die Grundhaltung hängt dabei an der einen Frage, ob es denn nun einen Gott gibt oder nicht. Wenn es einen gäbe, dann wusste ich noch nicht, wie ich ihn mit der Naturwissenschaft verbinden könnte, aber diese Frage ist sekundär. Zunächst ging es einfach um ein ja oder nein. Ist die Antwort: „Nein, Gott gibt es nicht", dann muss man sich über alle Folgefragen keine Gedanken mehr machen, ist die Antwort: „Ja, Gott gibt es", dann muss man das als Tatsache hinnehmen und darauf aufbauend ein Modell entwickeln, wie Gott denn in diese Welt hineinpasst.

In diesem Denken unterscheide ich mich nach meiner Erfahrung von vielen Menschen. Die meisten, die ich getroffen habe und die eine atheistische Einstellung haben, sagen: „Ich glaube nicht an Gott, weil er nicht in diese Welt passt", oder: „Ich glaube nicht an Gott, weil das nicht logisch ist." Aber eine solche Aussage ist widersinnig. Wie kann man annehmen, dass die Existenz von etwas davon abhängt, ob man versteht, wie es in die Welt hineinpasst? Es ist meine tiefste Überzeugung als Naturwissenschaftler, dass es eine Realität gibt, die schlicht und ergreifend IST, egal, ob es denn nun einen Menschen gibt, der sie erkennt, versteht oder auch nur erlebt. Gott kann nur entweder real sein oder nicht. Diese Eigenschaft von ihm ist unabhängig davon, ob es nun einen Menschen gibt, der ihn versteht oder nicht. Selbst wenn es niemanden geben würde, der ihn erkennt, dann würde zwar niemand zu ihm beten oder mit ihm reden, aber Gott wäre immer noch existent.

In dieser Hinsicht hat mir meine naturwissenschaftliche Ausbildung sehr geholfen, denn in der Physik ist es oft vorgekommen, dass die Forscher Dinge entdeckt haben, die niemand erwartet hatte. Es gibt die berühmte Geschichte von Max Planck, der in seiner Jugend im 19. Jahrhundert nicht wusste, was er studieren sollte. Also ging er zu dem Physikprofessor Phillip von Jolly und der riet ihm ab, Physik zu studieren, weil alle Dinge, die es gibt, bereits entdeckt worden wären. Trotz dieses Ratschlags studierte Planck Physik und war einer derjenigen, die das Tor zu einem völlig neuen, völlig unerwarteten Teil der Realität aufgestoßen haben, nämlich der Entdeckung der Welt der Atome und Elementarteilchen, die auch auf dieses Buch entscheidenden Einfluss hat. Doch dieser Professor in seiner überheblichen Art hatte durchaus einen Grund, Planck einen solchen Ratschlag zu geben. Alle Theorien, die er hatte, wiesen darauf hin, dass es nichts Neues mehr geben würde. Aber die Natur hat den Physikern eine Nase gedreht und gezeigt, dass das nicht Erwartete trotzdem existiert. Und in der Folge war es nicht die Natur, die ihr Sein an den Modellen der Physiker ausgerichtet hat, sondern die Physiker mussten ihre Modelle an die Natur anpassen.

Für mich war es damals, als Atheist, klar, dass alles von der einen Frage abhing, ob Gott denn nun Realität ist oder nicht. Mir war es zu diesem Zeitpunkt egal, wie die Antwort aussehen würde, ich war bereit, beide möglichen Antworten zu akzeptieren. Aber wie sollte ich zu einer Antwort gelangen? Das Führen eines Gottesbeweises oder einer Gotteswiderlegung in einem mathematischen oder logischem Sinn erschien vollständig hoffnungslos. Ich hatte durchaus ein wenig Kirchengeschichte und Philosophie gelernt und wusste, dass sich die Scholastiker des Mittelalters und die klügsten und größten Philosophen der Menschheitsgeschichte über diese Frage bereits Gedanken gemacht hatten. Einen eindeutigen Beweis für oder gegen Gott hatte niemand gefunden, wie sollte ich, der ich bei weitem nicht deren Genialität erreichen konnte, hoffen, Erfolg zu haben, wo diese scheiterten?

Eine ganze Zeit lang steckte ich in dieser Zwickmühle fest. Ich wollte eine Antwort auf eine Frage haben, auf die es nach allen Informationen, die mir zugänglich waren, keine Antwort gibt. Es war schließlich ein christlicher Prediger, der mich mit einem schlecht argumentierten und schlecht aufgebauten Vortrag darüber, dass Evolution und Schöpfung nicht zusammenpassen, ohne es zu wollen auf die richtige Spur setzte.

Was ist der wesentliche Unterschied zwischen einem Gott der wirklich existiert und einem Gott, der nicht existiert? Ganz einfach, ein real existierender Gott kann handeln, kann reagieren, kann etwas tun. Wenn es statt eines Gottes aber ein Nichts gibt, dann wird auch die Reaktion lediglich ein Nichts sein können. Damit ist klar, wie ein Schlüsselexperiment zur Existenz Gottes aussehen müsste. Man müsste ihn auffordern, etwas zu tun, was seine Handschrift trägt. Tut er das, so muss es ihn wohl geben. Passiert nichts, wird wohl auch nichts dahinter stecken.

Ich möchte hier betonen, dass man diesen Ansatz nicht vermischen darf mit einem Anspruch an das, was Gott denn tun soll. Wenn Gott als souveränes Wesen existiert, ist es seine Entscheidung, sein Willen der zählt. Wenn man mit dem Anspruch an diese Idee herangeht, dass ich Gott vorschreiben will, was er denn zu tun hat, um mich zu überzeugen, wird das Ergebnis auch ein handgemachter, zahmer Gott sein, der allein aus meiner Vorstellung stammt. Genauso wenig, wie ich anderen Menschen vorschreiben kann, wie sie zu sein haben, kann ich Gott vorschreiben, wie er zu sein hat. Es ging mir erst einmal nur um einen reinen Existenzbeweis, nicht um die Frage, wie Gott denn nun ist.

Zufrieden, dass ich einen Weg gefunden hatte, der für mich vernünftig war, forderte ich Gott auf, mir ein Zeichen seiner Existenz zu geben und übte mich in Geduld. Ich wusste ja nicht – wenn es denn so ein höheres Wesen geben sollte – was er denkt oder tun will. Ich wartete lediglich darauf, ob er sich denn melden würde.

Genau das tat Gott innerhalb weniger Wochen, nachdem ich mich entschlossen hatte, bei ihm auf diese Weise anzuklopfen. Er tat das auf eine merkwürdig indirekte und dennoch eindeutige Art und Weise, die mir keine andere Wahl ließ, als zuzugeben, dass hier etwas am Werk war, das über meine naturwissenschaftlich geschulten Sinne hinaus ging. Ich war äußerlich noch immer derselbe wie vorher, aber innerlich wurde ich fast vollständig umgekrempelt. Es war, als hätte sich irgendjemand in meinem Inneren zu schaffen gemacht und mich umgepolt. War ich vorher voller Zweifel und Skepsis, war danach die Sache für mich klarer als hätte ich gerade ein physikalisches Experiment durchgeführt und die Ergebnisse zu meiner vollsten Zufriedenheit analysiert.

Als ich erkannte, dass da etwas mit mir passiert war, was ich niemals für möglich gehalten hätte, war ich überwältigt, erstaunt und auch sehr erfreut. Mein Experiment war geglückt, ich hatte eine Antwort erhalten und da ich eine Antwort erhalten hatte von jemanden, den ich nicht erwartet hatte, zog ich die Konsequenzen und bekannte mich zum Christsein. Der Atheist war Vergangenheit.

6.1.3 Konsequenzen einer Bekehrung

Wenn Sie als Leser die Schilderung meiner Bekehrung lesen, dann gibt es drei mögliche Reaktionen, die ich immer wieder von anderen erlebt habe. Welche dieser drei Reaktionen Sie haben werden, hängt von ihrer Grundeinstellung zu der Frage ab, ob es Gott gibt oder nicht.

Hört man als Atheist eine solche Geschichte – und Geschichten wie diese gibt es ja viele – dann winkt man lediglich ab und sagt: „Klar, alles Selbstsuggestion, alles Einbildung. Da hat gar kein echter Gott gewirkt, sondern der Kerl hat sich nur selbst etwas eingeredet." Tatsächlich habe ich nichts in der Hand, um einem solchen Menschen zu beweisen, dass dies nicht der Fall war. Auch ich habe keinen Gottesbeweis führen können, auch ich habe es nicht geschafft, Gott logisch und objektiv zu beweisen. Das, was ich erlebt habe, war rein subjektiv und damit außerhalb des Zuständigkeitsbereiches der Naturwissenschaft.

Was ich geführt habe ist etwas, was ich einen subjektiven Beweis nennen möchte. Ich habe mich persönlich von der Existenz Gottes überzeugt. Aber was ich gedacht oder gefühlt habe, weiß nur ich und ich kann auch niemandem beweisen, was das gewesen ist. Ich weiß, dass es so etwas wie Selbstsuggestion gibt, ich weiß, dass andere Menschen ihre Umwelt einfach anders wahrnehmen und daher zu anderen Schlüssen kommen müssen, aber ich weiß eben auch, was ich denke und fühle, genauer gesagt, ich bin der einzige Mensch in diesem Universum, der das weiß.

Und damit bleibt Gott außerhalb des Zuständigkeitsbereich der Naturwissenschaft und die Welt und das Universum sind dieselben wie vorher, nur einer hat sich geändert und der bin ich. Menschen, die mich vorher gekannt haben, waren erstaunt ob der Wandlung, die ich durchgemacht hatte. Diese Wandlung zeigte sich nicht unbedingt an meinen Handlungen, nicht an meinem Tun, sondern an meiner Person. Diese Änderung ist im gewissen Sinn objektiv nachweisbar, weil man andere Menschen als mich befragen kann, ob dies tatsächlich passiert ist, aber das wird jene Atheisten nicht davon abhalten, weiter auf der Selbstsuggestion zu beharren. Denn die Frage nach Gottes Existenz ist eben keine Folgerung, sondern eine prinzipielle Grundhaltung aus der sich das gesamte Weltbild ableitet.

Die zweite mögliche Reaktion auf meine Geschichte ist die der Skepsis. Jener Skeptiker wird sagen: „Ich höre und staune, aber was beweist das? Ich kenne Deine Geschichte und habe viele ähnliche gehört, aber das beweist mir noch lange nicht, dass es Gott tatsächlich gibt.“ Auch hier muss ich diesem Skeptiker in seiner agnostischen Haltung Recht geben. Er steht an der Stelle, an der ich vor meiner Bekehrung stand. Auch ich konnte feststellen, dass es eben keinen Beweis für Gott gibt, genauso wie es keinen gegen Gott gibt. Und wenn man nicht weiß, was man tun soll, tut man im Allgemeinen eben nichts.

Solche Menschen kann ich nur auffordern, selbst bei Gott anzuklopfen. Ich kann weder vorhersagen, was dann passiert, noch garantieren, dass es Erfolg hat. Ich kann nur berichten, dass ich damit weitergekommen bin.

Die dritte mögliche Reaktion auf meine Geschichte ist die der Zustimmung. Menschen, die ähnliches erlebt haben, verbinden meine Worte mit ihrer eigenen Erinnerung und können nachvollziehen, was vor sich gegangen ist. Solche Zustimmung hört man gerne und ich bin froh, auch solche Reaktionen zu erleben.

Aber das ändert nichts an der Tatsache, dass alles eben subjektive Ereignisse sind und man aus den gemeinsam lautenden Ereignissen nichts ziehen kann, was für alle Menschen gleichermaßen die Folgerung erzwingt, dass Gott existiert. Noch nicht einmal die Frage, welche Eigenschaften Gott denn genau hat, ist damit beantwortet, denn es gibt auch Menschen, die sich zum muslimischen oder buddhistischen oder sonst einem Glauben bekennen, die auch berichten können, was ich berichtet habe. Das ist es ja, was Agnostiker und Atheisten verwirrt. Es wäre wesentlich einfacher, an die Existenz Gottes zu glauben, wenn die Aussagen der Glaubenden einheitlich wären.

Fragt man, wieso das nicht so ist, kommt man nicht umhin, die Grundeigenschaften der Beziehung zwischen Gott und Universum näher zu beleuchten. Genauer gesagt, man muss eine Art Modell aufstellen, wie die Beziehung zwischen Gott und Universum aussieht, um solche Phänomene zu verstehen. Man muss also eigentlich nichts anderes machen als das, was Naturwissenschaftler gewohnt sind zu machen, nur dass die Basis, auf der dieses Modell jetzt entwickelt werden soll, nicht mehr das ist, was die Basis der Naturwissenschaften ausmacht und daher auch ganz anders eingeordnet werden muss. Das, was ich damit versuche ist eher als theologisches oder philosophisches Bild einzuordnen.

Aber diese Art von Bildern wurde in der Vergangenheit von sehr vielen und sehr schlauen Menschen bereits entworfen. Wo sollte ich da anders oder besser sein als die viel klügeren Menschen vor mir? Tatsächlich habe ich an diesem Punkt lange gezögert und auch versucht, das was ich erlebt habe, in die Dinge einzuordnen, die die herausragenden Köpfe vor mir herausgefunden haben. Aber zwei Tatsachen machen es notwendig, heutzutage noch einmal ganz neu über diese Beziehung nachzudenken.

Einmal die Tatsache, dass die Naturwissenschaft in den letzten 100 Jahren eine geradezu rasante Entwicklung hinter sich gebracht hat und in der Physik mit der Quantentheorie auch noch eine neue Basis erreicht wurde, die sich ganz fundamental von den Vorstellungen der Naturvorgänge unterscheidet, die davor noch ganz selbstverständlich waren. Das mechanistische Naturbild des 19. Jahrhunderts ist den Menschen dermaßen in Fleisch und Blut übergegangen, dass sowohl die Philosophie als auch die Theologie heute noch vollständig von ihm durchdrungen sind. Ich treffe immer noch gut ausgebildete Philosophen und Theologen, die zwar die Quantenphysik gelernt haben, aber deren Auswirkungen mit einem Achselzucken übergehen.

Die zweite Tatsache ist die, dass Physiker, die die Quantenphysik am besten kennen und anzuwenden lernen, heutzutage entweder atheistisch eingestellt sind oder sich nicht zu dem Thema äußern. Und damit gibt es nur sehr wenige Physiker, die die Existenz Gottes bejahen und dieses Ja von ihrer naturwissenschaftlichen Sichtweise her analysieren. Auf diese Weise wird die Theologie von der Physik im Stich gelassen und kann die Beziehung zwischen Gott und dem Universum zwar von der theologischen Sichtweise her aufrollen, aber es fehlt der Impuls von den Naturwissenschaften her.

Und daher denke ich, dass ich einen Beitrag dazu leisten kann, das Wirken Gottes in diesem Universum verständlicher zu machen. Dadurch, dass ich aus der Naturwissenschaft komme, kann ich Sichtweisen einbringen, die in Theologie und Philosophie regelmäßig fehlen.

6.1.4 Warum Christ sein?

In meiner bisherigen Beschreibung und Argumentation ging es mir im Wesentlichen um die Frage nach der Existenz Gottes, um die Frage, ob ein denkendes, rationales Etwas existiert, das das Universum in seiner Hand hält und besonders auch auf mich einzelne Person achtet. Meine naturwissenschaftliche Sicht macht ein Ja zu dieser Frage möglich, aber sie beantwortet nicht die Frage danach, wie dieser Gott denn nun ist. Menschen haben Gott und Götter in vielerlei Form und in vielerlei Traditionen verehrt. Welche davon trifft es denn nun am besten?

Wenn ich einen besonderen Begriff herausheben sollte, der mit meinem Weg zu Gott im Besonderen verknüpft ist, dann ist es der Begriff der Liebe. Es war nicht die Ehrfurcht, nicht das Sündig-Fühlen, nicht der Drang, bestimmte Regeln zu befolgen, was mich letztendlich überzeugte. Es war das klare und undeutbare Gefühl, dass dort jemand ist, der mich als Person liebt, so wie ich bin. Das war letztlich erstaunlich, denn ich habe meine Kanten und Schwächen, ich bin nicht nur weit weg davon, perfekt zu sein, ich fühle mich auch alles andere als perfekt. Dieser Punkt war ein Hauptfaktor in meiner Entscheidung für das Christentum.

In der christlichen Formulierung der Beziehung zwischen Mensch und Gott und in den Geschichten vom Vermittler Jesus Christus, der sich selbst aufopferte, um den Menschen eine Beziehung zu Gott zu ermöglichen, habe ich mich und meine Gedanken am besten wiedergefunden. Ich werde daher in diesem Buch diese christliche Sicht verwenden, wenn es darum geht, den Vorgang der Schöpfung näher zu verstehen. Das bringt es auch unausweichlich mit sich, dass die Bibel als Hauptwerk christlichen Glaubensverständnisses dabei die zentrale Rolle spielen wird. Doch dieser Weg ist meine persönliche Glaubensentscheidung – von der grundsätzlichen Diskussion des Themas Evolution und Schöpfung her, wie ich sie bisher aus der Sicht der Naturwissenschaften vorgebracht habe, wird man keine

Entscheidung zu Gunsten oder zu Ungunsten einer bestimmten Glaubensrichtung finden.

Tatsächlich wird man allein von den Naturwissenschaften her keine Bevorzugung einer Glaubensrichtung bekommen. Naturwissenschaft ist von ihrer Grundformulierung her den Glaubensaussagen der Menschen gegenüber neutral eingestellt, es ist gleichgültig, ob ein Christ, ein Moslem, ein Hinduist oder ein Atheist Naturwissenschaft betreibt, die Methodik und die Ergebnisse sollten dieselben sein. Dasselbe gilt natürlich auch für die Diskussion der Grenzen der Naturwissenschaft.

Aber sobald ich anfange, mir über die Eigenschaften Gottes Gedanken zu machen und zu formulieren, wie Gott denn eigentlich ist, was er von mir als Individuum will und was die Konsequenzen meines Glaubens eigentlich sind, in diesem Augenblick bewege ich mich im subjektiven Raum der Weltanschauungen und es ist selbstverständlich, dass die Blickwinkel und die Schwerpunkte dann von Mensch zu Mensch differieren. Man überträgt gerne den unabhängigen, neutralen Blick der Naturwissenschaft auch auf das Gottesbild und versucht, allgemeingültige Aussagen über Gott zu formulieren, aber das ist aufgrund der grundsätzlichen Subjektivität nicht möglich. Wir werden bei diesem Versuch zu sehr von unseren Erfahrungen beeinflusst und die sind nun einmal stark verwoben mit unserer Kultur, mit unserer Geschichte und mit unserem Umfeld.

Ein Außenstehender wird daher von der Vielfalt der Aussagen über Gott verwirrt sein. Ist Gott denn nun der liebende Gott oder der rächende oder der heilige? Will er, dass man Suren oder Psalmen betet oder will er, dass wir meditieren? Sollen wir in eine Kirche oder in eine Synagoge oder in eine Moschee gehen? Ein solches Durcheinander wird in der Regel entweder die Aussage hervorrufen, dass alles Unsinn ist, weil ja Gott sowieso nur Einbildung ist oder es wird den Drang hervorrufen, zu sagen, dass alle irgendwie Recht haben.

Beide Reaktionen sind verständlich, aber nicht korrekt. Gegen die erste Argumentation, dass Gott nur Einbildung ist, habe ich den ersten Teil des Buches geschrieben und denke, gute Argumente dafür gebracht, dass man das Gefühl, dass Gott da ist, ernst nehmen muss. Die zweite Reaktion ist deshalb nicht korrekt, weil sie die Absicht, mit der sie geäußert wird, weder erreicht, noch erreichen kann. Jemand, der sagt, dass alle Glaubensrichtungen irgendwie Recht haben, versucht, es allen Recht zu machen und versucht, Gott so allgemein zu verstehen, dass alles hineinpasst. Man will sozusagen alle Glaubensrichtungen gleichzeitig retten. Tatsächlich formt man aber ein Gottesbild, das allen diesen Glaubensrichtungen letztlich widerspricht und erzeugt damit nur eine eigene Religion. Statt also alle anderen Glaubensrichtungen zu retten, schafft man sie alle ab und macht eine neue Religion. Man formt sich Gott nach eigenem Gutdünken.

Ich halte es für falsch, sich eine neue Religion zu schaffen. Unsere Väter waren vielleicht nicht schlauer als wir und wussten weniger von der Welt, aber sie waren auch nicht dümmer und eine Beziehung zu Gott lag ihnen oft näher als uns. Es wäre daher töricht, das Wissen unserer Vorfahren zu verachten und Gott ganz neu zu erfinden. Es wäre aber auch töricht, ihr Wissen dogmatisch als einzige Wahrheit zu setzen, denn auch unsere Vorfahren waren Menschen und waren beeinflusst von ihrem Umfeld, von ihren Traditionen und von ihrer Kultur.

Unter dem Strich ist damit der Weg vorgezeichnet, den ich gehen möchte. Ich wurde Christ, weil es die Liebe war, die meine Erkenntnis von Gott begleitet hat und weil ich in Jesus Christus denjenigen erkannt habe, der mich so tief berührt hat. Es war aber auch das christliche Umfeld, in dem ich zu Gott gefunden habe, durch das die Entscheidung für das Christentum für mich nahe gelegen hat. Mit dieser Entscheidung wurden die Bibel und die Überlieferungen der christlichen Tradition zu zentralen Eckpfeilern meiner Versuche, Gott zu verstehen. Ich nehme alles ernst, was in diesem Rahmen überliefert ist, aber ich nehme nicht alles für mich als Vorgabe. Denn die Übertragung in meine Zeit und in mein Umfeld, muss immer noch ich leisten, das kann mir kein Vorfahre abnehmen. So ist das Verhältnis von Schöpfung und Evolution etwas, was ich in unserer Zeit neu bedenken muss, weil sich das Verständnis der Natur gewandelt hat.

Es mag Leser geben, die meine Entscheidung für das Christentum nicht nachvollziehen können. Es würde unser Thema sprengen, wenn ich jetzt auf die Ideen eingehe, durch die ich diese Entscheidung nachträglich noch untermauern kann. Aber in unserem Zusammenhang sei gesagt, dass es für mich akzeptabler ist, wenn sich jemand zum Beispiel als Moslem bekennt und als Moslem auf der Liebe Gottes aufbaut, als wenn er jede Existenz Gottes bestreitet und allein die Naturwissenschaft als Grundlage seiner Weltsicht sieht.

6.1.5 Zusammenfassung

Auch als Naturwissenschaftler bin ich ein Mensch und als Mensch habe ich ein Weltbild. Früher war das für mich das atheistische Weltbild, das sich aus meiner Beschäftigung mit der Physik natürlich zu ergeben schien. Ich war so gefangen in der Welt der Naturwissenschaft, dass ich ein anderes Weltbild gar nicht zur Kenntnis nehmen konnte.

Es war ein langer und für mich sehr spannender Weg, der das änderte. Rückblickend kann ich sagen, dass ich von Beginn an in Gottes Hand gewesen bin. Letztlich konnte ich nicht anders, als die Existenz dieses Wesens Gott zu bejahen und mich als Christ zu bekennen. Ich habe mich persönlich von Gott überzeugen können, eine Erfahrung, die ich mit meinem ganzen Wesen erlebt habe, die ich aber trotzdem nicht als objektiven Beweis an andere weitergeben kann.

Und so bleibt Gott eine Sache, die auf dem Glauben, auf der persönlichen Weltanschauung beruht. Die naturwissenschaftliche Methodik und auch der methodische Atheismus bleibt davon unberührt. Meine Bekehrung hat das, was ich als Naturwissenschaftler gelernt hatte und noch lernte nicht ungültig gemacht. Will man auf dieser Basis die Beziehung zwischen Gott und unserem Universum näher beleuchten, dann kann man das nur, indem man beide Seiten ernst nimmt, die Naturwissenschaft mit ihren Methoden und ihren Ergebnissen und den Glauben, dem es manchmal gelingt zu erahnen, worin Gott besteht und was Gott mit einem will.

Auf dem Weg, mir in dieser Frage Klarheit zu verschaffen, war die für mich wichtigste Erkenntnis die, dass die Naturwissenschaft mit ihrer Methodik prinzipiell nur einen Teil der Realität beschreiben kann. Wir brauchen gerade unsere Weltbilder, um diesen Mangel der Naturwissenschaft zu ergänzen. Damit war für mich der Weg offen, Gott und Natur auf eine Linie zu bekommen. Und wie diese Linie aussieht, darum soll es in den nächsten Abschnitten gehen.

6.2 Die Erfassung der ganzen Realität

Mit der Erkenntnis, dass Gott ist, sind all die Fragen, die man in Zusammenhang mit Gott hat, noch lange nicht beantwortet. Im Gegenteil, jetzt beginnt der Weg in diese Fragen erst recht. Als Atheist oder Agnostiker braucht man nicht nach Gott zu fragen, denn Gott spielt ja keine Rolle. Aber nimmt man Gott ernst, dann will man auch verstehen, in welcher Beziehung er zu diesem Universum steht. Letztlich geht es um die Entwicklung eines Gottesbildes. So mager die Fakten, die man dazu in der Hand hat, so notwendig ist ein solches Bild, wenn man weiterdenken will. Also möchte ich mich in diesem Kapitel noch einmal in die Grundlagen der Naturwissenschaft begeben und fragen, wie Gott da hineinpasst.

6.2.1 Die Grenzen des objektiv Fassbaren

Wenn man versucht, sich über das Wirken Gottes in dieser Welt Klarheit zu verschaffen, benötigt man zwei Dinge. Einmal ein Bild von dem, was Naturwissenschaften eigentlich leisten und beschreiben können und dann ein Bild davon, was Gott mit diesem Universum eigentlich zu schaffen hat.

Auf welchen Grundlagen die Naturwissenschaft steht und wo sich die Grenzen der Möglichkeiten befinden, Naturwissenschaft einzusetzen, habe ich in Kapitel 3 bereits beschrieben. Hier möchte ich die wesentlichen Punkte noch einmal wiederholen und diese dann unter der Erkenntnis der Existenz Gottes beleuchten.

Naturwissenschaft funktioniert, wenn die zu beschreibenden Prozesse die Eigenschaften objektiv, wiederholbar und formal beschreibbar haben. Das Problem ist, dass es ganz normale Vorgänge im Leben – in der Realität – gibt, die nicht objektiv, nicht wiederholbar und nicht formal beschreibbar sind. Die Realität ist also mehr als das, was die Naturwissenschaft zu beschreiben vermag. Ich möchte diesen Punkt noch einmal etwas klarer machen.

Die Forderung nach Objektivität

Die Forderung nach Objektivität ist wesentlich, um sich vom Autoritätsdenken unserer Vorfahren zu trennen. Es soll und darf nicht davon abhängen, wer einen naturwissenschaftlichen Prozess beobachtet, es soll und darf kein Unterschied machen, ob ein großer Gelehrter oder ein einfacher Mensch den Prozess beobachtet. Natürlich wird sich trotzdem ein gewisser Unterschied zwischen beiden ergeben, denn für die Beobachtung eines Prozesses benötigt man eine Ausbildung, in der man lernt, auf was man achten und wie man Daten festhalten kann – aber das ist Technik, die prinzipiell jeder lernen kann.

Nun haben wir in Kapitel 3 auch schon gesehen, dass nicht jeder Prozess, der geschieht, auch objektiv feststellbar ist. Dazu gehört auch meine Bekehrung, meine Art und Weise, wie ich die Existenz Gottes festgestellt habe. Das Geschehen hatte objektiv feststellbare Auswirkungen, denn ich habe mich ja geändert und bin zu einem anderen Menschen geworden, habe also die Art und Weise geändert, wie ich mit den Menschen um mich herum umgehe. Aber das, was das verursacht hat, lässt sich nicht objektiv feststellen.

Nun ist das eine für die Naturwissenschaft durchaus normale Situation, denn gerade, wenn der Mensch als handelnde Person ins Spiel kommt, ist die kausale Kette objektiv feststellbarer Vorgänge unterbrochen. Trotzdem ist eine Grundannahme von vielen Menschen und insbesondere von Naturwissenschaftlern, dass es eigentlich nur einen einzigen, eindeutigen Vorgang gibt, der die verschiedenen objektiv feststellbaren Bestandteile miteinander verbindet. Dieses Prinzip ist das von Ursache und Wirkung, also die Annahme, dass jeder Vorgang, der existiert, eine Ursache hat.

Dieses Prinzip spielt in der Philosophie eine zentrale Rolle und auch in den Naturwissenschaften ist es tief verankert. Doch wie soll ich dieses Prinzip darauf prüfen, ob es korrekt ist, wenn es nicht objektiv nachprüfbar ist, wenn ich also bei der Zurückverfolgung der Ursache-Wirkung-Kette an den Punkt komme, wo ich keine objektive Beobachtung mehr anstellen kann?

Die Naturwissenschaft hat ein sehr mächtiges Werkzeug in der Hand, an diesen Grenzen trotzdem weiterzukommen: das Werkzeug der Statistik und der Wahrscheinlichkeitsrechnung. Der Trick besteht darin, nicht danach zu fragen, was denn geschehen ist oder geschehen wird, sondern danach, was möglich ist, also welche Möglichkeiten als Ursache oder als Wirkung überhaupt in Frage kommen. Das ist eine schwächere Frage und vor allem eine, die sich tatsächlich beantworten lässt, denn dazu kann ich das Modell, das ich aufstelle, verwenden. Nehmen wir dazu drei Beispiele.

Das erste Beispiel ist aus der klassischen Mechanik. Wir nehmen eine Masse, zum Beispiel einen Stift, und lassen ihn zur Erde fallen. Der Weg des Stifts von der Herstellung über den Verkauf bis zu dem Augenblick, wo wir ihn fallen lassen, ist eine typische Kausalkette, die an vielen Stellen von menschlicher Einwirkung beeinflusst ist und wo wir naturwissenschaftlich nur feststellen können: Es ist möglich, dass der Stift hergestellt, verkauft und umhergetragen wurde, aber welchen Weg er genau gegangen ist, lässt sich so ohne weiteres nicht feststellen. Nun lassen wir ihn fallen – was passiert? Nun, er fällt zu Boden, so weit scheinen wir keine Wahrscheinlichkeitsrechnung zu benötigen. Aber sobald wir in die Details gehen, wird es schwierig. Wo genau wird er auftreffen, wenn wir wissen, wo er losgelassen wurde, welche Geschwindigkeit wird er haben, mit welchem Teil wird er auftreffen? Wir werden dann feststellen, dass viele Faktoren diese Frage beeinflussen. Wie haben wir losgelassen, welche Stellung hatte der Stift, haben wir Wind oder gar Sturm usw. Als Folge all dieser Faktoren werden wir nicht umhinkommen, eine Wahrscheinlichkeitsaussage zu machen. Es besteht sogar eine Wahrscheinlichkeit, dass der Stift nicht zu Boden fällt, wenn der Wind nur stark genug ist. Man sieht, auch in den allereinfachsten Fällen sind Wahrscheinlichkeitsaussagen völlig normal.

Das zweite Beispiel ist aus der klassischen Thermodynamik. Ich fülle einen Raum mit Gas – was passiert? Das Gas breitet sich aus und erfüllt den Raum gleichmäßig, wieder scheinen wir keine Wahrscheinlichkeitsrechnung zu benötigen. Und wieder wird sie notwendig, wenn wir in die Details gehen.

Die Gasmoleküle bewegen sich ständig mit teilweise sehr unterschiedlicher Geschwindigkeit. Da ist es nicht auszuschließen, dass sich in dem Raum Ungleichmäßigkeiten ergeben. Es ist sogar möglich, dass sich alle Moleküle auf der einen Seite des Raumes versammeln und die andere Seite vollständig leer ist. Nur wenn wir die Wahrscheinlichkeit für diesen Zustand ausrechnen, dann ist sie so astronomisch klein, dass die Möglichkeit eben praktisch niemals vorkommt, aber sie ist möglich.

Das dritte Beispiel stammt aus der Quantenmechanik. Ein sich drehendes Elektron, das ja eine elektrische Ladung besitzt, fliegt durch ein Magnetfeld, das senkrecht zu der Drehrichtung des Elektrons ausgerichtet ist. Was passiert? Die Drehrichtung des Elektrons richtet sich in dem Magnetfeld aus, so weit so klar. Aber dazu gibt es zwei Möglichkeiten, parallel zum Magnetfeld oder entgegengesetzt zum Magnetfeld. Wir benötigen die Wahrscheinlichkeitsrechnung, denn wir können nicht vorhersagen, welche der beiden Möglichkeiten tatsächlich eintreten wird.

Alle Beispiele weisen in dieselbe Richtung. Wir sind mit einer naturwissenschaftlichen Beschreibung nur sehr selten und nur unter sehr speziellen Umständen in der Lage, den genauen Gang von Ursache und Wirkung festzustellen, alles, was uns bleibt, ist die Menge der Möglichkeiten auszuloten und mit Wahrscheinlichkeiten zu rechnen. Trotzdem wird dann in Realität nur eine einzige der Möglichkeiten tatsächlich passieren. Der Stift wird mit genau einem Punkt an einer Stelle auf dem Boden auftreffen, das Gas wird zu einem bestimmten Zeitpunkt genau eine Verteilung einnehmen und ein einzelnes Elektron wird sich nur entweder gleich oder entgegengesetzt dem Magnetfeld ausrichten. Das entspricht dem Grundprinzip, dass es nur eine einzige real existierende Kausalkette von Ursache und Wirkung gibt.

So weit ist das alles noch einfach zu verstehen und es besteht in diesem Punkt Einigkeit zwischen den verschiedenen Denkrichtungen und diese Aussage hätte man auch vor über 100 Jahren unterschrieben. Der wesentliche und entscheidende Unterschied zwischen dem Denken vor 100 Jahren und heute ist die Frage, ob man denn im Prinzip diese eindeutige Kausalkette herausbekommen kann. Damals war die Aussage: „Unsere Unfähigkeit, die eine existierende Kausalkette festzulegen und eine präzise Vorhersage zu machen, beruht alleine auf unserer Unkenntnis.“ Das Problem bei dem Stift und bei dem Gas war einfach, dass wir nicht genügend Informationen hatten und daher zur Wahrscheinlichkeitsrechnung greifen mussten. Hätten wir mehr Informationen, dann würden wir auch bessere Vorhersagen machen können, bis hin zu dem Extrem: „Wenn wir alle Informationen hätten, wäre der Gang des Universums für uns bis in alle Ewigkeit aufgedeckt.“

Dieses hat sich grundlegend und fundamental geändert. Die moderne Physik hat die Physiker gezwungen, die folgende Aussage als wahr anzusehen: „Egal wie viele Informationen du hast, selbst wenn du bis ins letzte Detail alles an Informationen hättest, selbst dann kannst du keine präzise Vorhersage machen. Selbst mit allem Wissen des Universums bleibt dir nur die Wahrscheinlichkeitsrechnung." Die Experimente, die in den letzten 30 Jahren diese auch für Physiker unbequeme Aussage untermauerten, waren sogar so ausgetüftelt, dass sogar schon die Annahme, irgendjemand im Universum könnte wissen, was genau geschehen wird, ausgeschlossen werden kann.

Man kann diese Erkenntnis auch so ausdrücken, dass das Universum selber nicht weiß, wie es im nächsten Augenblick sein wird. Es weiß zwar die Möglichkeiten, in die es sich entwickeln kann, aber davon gibt es oft genug unendlich viele. Welche dann Realität wird, ist für das Universum genauso überraschend wie für uns. Wir können also festhalten, dass die Möglichkeit, den Gang der Realität objektiv festzustellen, prinzipiell beschränkt ist, die Realität ist größer als die Naturwissenschaft objektiv beschreiben kann.

Die Forderung nach Wiederholbarkeit

Die zweite Grundeigenschaft von naturwissenschaftlichen Beschreibungen – die Wiederholbarkeit – ist ähnlichen Einschränkungen unterworfen wie die der Objektivität. Im Grunde hängt diese auch eng mit der ersten zusammen, denn wenn wir fordern, dass eine Messung oder eine Beobachtung wiederholbar sein muss, dann meinen wir in der Regel nicht, dass dies von derselben Person wiederholbar durchgeführt werden soll, die auch die ursprüngliche Messung oder Beobachtung durchgeführt hat. Wie ich jedoch schon in Kapitel 3 erklärt habe, sind die beiden Begriffe dennoch voneinander unabhängig. Es gibt wiederholbare, aber nur subjektiv wahrnehmbare Vorgänge und es gibt objektiv wahrnehmbare Vorgänge, die nicht wiederholbar sind.

Zu den wiederholbaren, aber nur subjektiv wahrnehmbaren Vorgängen zählen zum Beispiel Gefühle oder auch das Erleben Gottes im eigenen Leben. Würde so etwas nur einmal im Leben passieren, dann hätte man das schnell vergessen. Aber wenn man immer wieder feststellt, dass man jemanden liebt oder dass man Gott begegnet, dann wächst die eigene Sicherheit ob dieser Gefühle. Trotzdem sind es allein meine Gefühle, meine Erlebnisse, die ich nicht mit anderen teilen kann. Ich kann versuchen, über die Sprache zu beschreiben, was ich empfinde oder sehe, aber mein Gegenüber kann nicht wirklich objektiv feststellen, dass ich die Wahrheit sage.

In unserem Zusammenhang interessanter sind aber die objektiv feststellbaren Ereignisse, die nicht wiederholbar sind. Das Beispiel des radioaktiven

Zerfalls habe ich schon in Kapitel 3.4.1 gebracht und an dem Beispiel auch erläutert, dass es auf die Fragestellung ankommt, ob man einen naturwissenschaftlich wiederholbaren Vorgang vor sich hat oder nicht. Fragt man nach der Wahrscheinlichkeit, dass ein radioaktiver Kern nach einer gewissen Zeit zerfallen ist, dann ist dies ein Teil der Naturwissenschaft, fragt man danach, nach welcher Zeit ein einzelne Kern zerfallen ist, dann erhält man keine Antwort, da diese Situation nicht wiederholbar ist.

Bei Atomkernen scheint der Unterschied in den Fragestellungen kaum ins Gewicht zu fallen, was interessiert uns schon das Schicksal eines einzelnen Atomkerns. Aber es gibt ein berühmtes Beispiel, das von dem Physik-Nobelpreisträger Erwin Schrödinger erfunden wurde, wie man solche scheinbar unwichtigen mikroskopischen Details in durchaus wichtige makroskopische Ereignisse umwandeln kann. Erwin Schrödinger hat das Beispiel der Schrödingerschen Katze erfunden und ich wandle sein Experiment ein wenig ab.

Man nehme einen einzelnen, in einer Magnetfalle gefangenen radioaktiven Atomkern und stelle um diese Falle einen Detektor, mit dem ich den Zerfall feststellen kann, wenn er stattfindet. Diesen Detektor verbinde ich mit einer Giftflasche, die dann geöffnet wird, wenn der Detektor feuert. Daneben sitze ich als eifriger Experimentator. Wie lange habe ich dann noch zu leben? Durch die Apparatur habe ich das Schicksal des Atomkerns mit dem meinigen verbunden und plötzlich ist es mir gar nicht mehr egal, wann dieser Atomkern zerfällt oder nicht. Wenn ich Glück habe, dauert der Zerfall so lange, dass meine Freunde mir das unsinnige Experiment ausreden können, wenn ich Pech habe bin ich tot, sobald ich den Detektor aktiviert habe. Diese Aussage gilt unabhängig von der konkreten Zerfallswahrscheinlichkeit des Atomkerns, ich brauche in den verschiedenen Fällen eben etwas mehr oder weniger Glück, um zu überleben.

Obwohl dieses Beispiel künstlich konstruiert ist, so zeigt es uns doch das Prinzip, mit dem Naturwissenschaft funktioniert. Und es gibt viele Beispiele, die nicht so künstlich sind. Man nehme als Beispiel ein Einkaufszentrum und beobachte, wie sich die Menschen dort bewegen. Ich werde sehr schnell feststellen, dass ich nicht vorhersagen kann, wohin sich die Menschen wenden, das Ganze scheint ein großes Durcheinander zu sein. Doch ich kann wieder mein Instrument der Statistik anwenden und untersuchen, wie die Bewegungen aussehen, wenn ich sehr viele Einzelbeobachtungen zusammenfasse. Dabei werde ich z. B. feststellen, dass sich die Mehrheit der Menschen hinter dem Eingang nach rechts wendet oder dass die Regale mit den Grundnahrungsmitteln sehr viel öfter angesteuert werden usw. Aus solchen Untersuchungen kann ich auch durchaus wichtige Schlussfolgerungen ziehen z. B. dass ich die Regale mit den selten angesteuerten Waren vor die Regale mit den Grundnahrungsmitteln stelle, damit die Menschen, die diese besuchen auch die seltener beachteten Waren sehen und vielleicht mehr davon kaufen. Das Ergebnis sehe ich dann an meinem Umsatz. Aber der Preis solcher Untersuchungen ist, dass ich die Menschen, die das Einkaufszentrum besuchen, zu Objekten mache, ihre persönlichen Ziele, ihre Gedanken und ihren Willen vernachlässige, schon weil ich diese nicht unbedingt kenne. Meine Aussagen, die ich gewinne, sind wegen der verwendeten Methodik unabhängig vom Willen, den die einzelnen Menschen haben, das Subjekt Mensch geht also bei dieser Betrachtungsweise verloren.

An diesem Beispiel lässt sich auch sehr schön sehen, dass in den Fällen, in denen ich mit Wahrscheinlichkeitsrechnung operiere, dies keineswegs bedeutet, dass eine ominöse Macht Namens Zufall das Universum beherrscht. Ich kann zwar sagen, dass mit der und der Wahrscheinlichkeit ein ankommender Kunde das Regal mit der Milch ansteuert, aber wenn ich dann tatsächlich jemanden sehe, der dies tut, dann wäre es in dieser Situation absurd zu sagen: „Der Zufall hat diesen Menschen an das Milchregal gesteuert." Tatsächlich sind wir bei einem Menschen ja bereit zu sagen, dass dieser Mensch schlicht und ergreifend Milch kaufen will und deshalb das Regal ansteuert. Der Mensch hat einen Willen und ein Ziel, aber diese Eigenschaft lässt sich naturwissenschaftlich objektiv ja nicht feststellen.

Aber auch das Prinzip der Wiederholbarkeit ist nicht gegeben, wenn ich statt einer Menge von Menschen einen einzelnen Menschen betrachte. Ich kann beobachten, wo ein einzelner Mensch entlanggeht und welche Regale er ansteuert. Aber ich kann daraus nichts lernen und aus einer einzelnen Beobachtung kann ich kein naturwissenschaftliches Modell erstellen. Das geht so weit, dass ich einzelne Beobachtungen sogar ignorieren muss, wenn sie nicht wiederholbar sind.

Aber wenn es um mich geht, dann ist es eben nicht ausreichend, danach zu fragen, was denn in einer großen Gruppe von Menschen mit welcher Wahrscheinlichkeit vor sich geht. Ich will wissen, wie es um mich steht, was mein Schicksal, mein Ziel, mein Willen ist. Und diese Fragen kann die Naturwissenschaft nicht beantworten, weil das Subjekt, weil der Einzelne eben gerade kein Untersuchungsgegenstand der Naturwissenschaft ist.

Die Forderung der formalen Beschreibung

Die dritte Eigenschaft von naturwissenschaftlich beschreibbaren Vorgängen ist, dass sie formal beschreibbar sein müssen. Die formale Beschreibung ist wichtig, weil ich ansonsten nicht in der Lage bin, die Grenzen meiner Definitionen abzustecken und alle logischen Schlussfolgerungen aus dem, was ich vorfinde, zu ziehen.

In Kapitel 3.4.1 habe ich Beispiele von Dingen gebracht, die sich nicht einer formalen Beschreibung unterwerfen lassen, wie der Geist eines Menschen oder die Tatsache, dass viele Dinge nicht einfach wahr oder falsch, sondern beides sind. Wenn etwas nicht formal beschreibbar ist oder sich gar nicht unserer Logik unterwirft, dann haben wir extreme Mühe festzustellen, dass es dieses Ding gibt.

Der Grund dafür ist, dass unser Wahrnehmen und Denken auf Logik beruht. Ist etwas nicht logisch, so gelingt es uns oft nicht, es richtig zu fassen, denn wenn es uns gelänge, dann würden wir ja auch in der Lage sein, eine formale Beschreibung davon anzufertigen. Dennoch ist unser Denken durchaus in der Lage, über diese Begrenzung hinauszugehen, aber wenn so etwas geschieht, dann haben wir alle Mühe, dies anderen Menschen auch verständlich beizubringen.

Nehmen wir als Beispiel meine Bekehrung. Ich habe mir große Mühe gegeben, darzustellen, was ich damals erlebt und empfunden habe. Aber egal, welche Mühe ich mir gebe, ich finde einfach nicht die richtigen Worte und ich merke auch, wie das, was ich schildere, nicht so bei anderen ankommt, wie ich mir das erhoffe. Und obwohl dieses Erlebnis für mich so eindeutig und klar war, löst es für andere Menschen keine Fragen und ist für sie immer noch in Zweifel getaucht.

Will man jetzt naturwissenschaftlich beschreiben, was mit mir geschehen ist, dann steht man ziemlich auf verlorenem Posten. Dass etwas mit mir geschehen ist, ist eindeutig, aber was war es? Ich habe keine Anhaltspunkte von dem, was geschehen ist, selbst wenn ich in der Lage gewesen wäre, meine gesamte Gehirnaktivität bis in die letzte Nervenzelle hinein aufzuzeichnen. Um eine exakte Analyse davon zu erstellen, wäre es notwendig, auf die genaue Beziehung zwischen Gehirn und Geist einzugehen, doch das würde hier zu weit gehen. Es genügt festzustellen, dass auch die Aufzeichnung meiner Gehirnstrom-Messungen keine Begründung geliefert hätte, warum ich plötzlich ein völlig veränderter Mensch geworden bin.

Diese Feststellung macht klar, dass die Frage, ob denn die Realität logisch ist, durchaus seine Berechtigung hat. Ja, teilweise, eventuell sogar zu großen Teilen, ist die Realität logisch. Denn sonst wäre keine Naturwissenschaft möglich, sonst wäre das logische Reagieren auf sinnliche Wahrnehmung nicht der richtige Weg. Aber zu behaupten, dass die gesamte Realität logisch ist bzw. alles, was sich nicht logisch erfassen lässt als Irreal zu erklären, ist vermessen, denn die Beispiele, die ich genannt habe, sind ja real und haben real prüfbare Auswirkungen.

Nun gibt es viele Menschen, die ziehen sich auf die Aussage zurück, dass nur etwas was logisch ist, auch real ist. In dieser Richtung ist dem auch zuzustimmen. Aber diese Menschen sagen gleichzeitig, dass das alles ist, was man sagen kann und deshalb ignorieren sie alles, was darüber hinaus geht. Aber genau diesen Rückzug will ich nicht machen, denn es geht ja primär darum, zu verstehen, wie die Realität ist, nicht wie ein minimales Bild der Realität aussieht.

An allen diesen Grenzen des naturwissenschaftlich Erfassbaren, an der Grenze der Objektivität, der Grenze der Wiederholbarkeit und der Grenze der formalen Beschreibbarkeit sieht man, dass Naturwissenschaft in ihrem Gebiet zwar unglaublich mächtig ist, dass es aber klare Teile der Realität gibt, wo wir ohne die Naturwissenschaft auskommen müssen. Menschen sind das sehr wohl gewohnt und machen sich ein inneres, subjektives Bild des Universums. Eine solche innere Welt ist auch notwendig, denn wenn ich in meiner Umwelt richtig reagieren will, so muss ich die Teile, die ich nicht objektiv, wiederholbar oder beschreibbar erfassen kann, auch mit in meine Kalkulation hineinnehmen. Ich bin gezwungen, mir ein Weltbild zu machen.

6.2.2 Über die Unmöglichkeit, kein Weltbild zu haben

Über den Umgang mit unseren Wahrnehmungen

Die Eigenschaft, sich ein inneres Bild des Universums zu machen und ganz subjektiv danach zu handeln, ist eine fundamentale Eigenschaft jedes Menschen. Mit Hilfe dieses Bildes ordnen wir unsere Wahrnehmungen ein und leiten unsere Entscheidungen. Dies tun wir, lange bevor wir überhaupt eine Idee davon haben, was Naturwissenschaft eigentlich ist, geschweige denn, was Naturwissenschaft genau kann. Mit zunehmendem Alter lernt man, wie die natürlichen Prozesse ablaufen, und bei manchem wird, wie bei mir, der Punkt kommen, an dem man staunend feststellt, wie weitreichend und wie konsequent die Naturwissenschaften in ihren Erklärungsmöglichkeiten sind. Auch eine solche Erfahrung wird dann in das innere Weltbild gesteckt und es ist nahe liegend, dann die folgende Überlegung anzustellen: „Früher habe ich vieles nicht verstanden, was um mich herum vorgegangen ist. Jetzt habe ich die Naturwissenschaft kennengelernt und habe festgestellt, wie viel von dem, was ich nicht verstand, die Naturwissenschaft in einen logischen Zusammenhang bringt. Das Problem in der Vergangenheit lag also bei mir.

Auch jetzt verstehe ich so manches nicht. Aber das liegt auch an mir. Die Naturwissenschaft wird eine Antwort haben. Tatsächlich gibt es nichts, worauf sie keine Antwort hat."

Eine solche Überlegung wird oft nicht so direkt und nicht so vereinfacht durchgeführt, aber letztlich ist das die Ursache dafür, dass die Menschen anfangen, in der Naturwissenschaft die Quelle aller möglichen Antworten zu sehen. Aber es ist klar, dass eine solche Schlussfolgerung nicht zwingend ist. Sie ist letztlich eine unbeweisbare Annahme. Aber so lange man immer wieder neue Dinge findet, die man mit Hilfe der Naturwissenschaft behandeln kann, kann man fröhlich sagen, dass man doch offensichtlich auf dem richtigen Weg ist.

Diese Antwort wird aber auch gegeben, wenn ich mit den Beispielen und Erläuterungen komme, die ich gebracht habe, um zu zeigen, dass die Naturwissenschaften prinzipiell begrenzt sind, dass es Dinge gibt, die man mit Hilfe der Naturwissenschaft niemals wird beschreiben und fassen können. Die Menschen, die der Meinung sind, dass es nichts gibt, was die Naturwissenschaft nicht umfassen kann, hören mir freundlich zu, stimmen mit mir überein, dass es diese Grenzen gibt, aber wenn ich sage, dass diese Grenzen fundamental sind, dann zucken sie mit den Achseln und meinen, dass wir vielleicht nur noch nicht auf die richtige Idee gekommen sind und bleiben bei ihrer Meinung.

Letztlich habe ich kein Argument, das diese Menschen überzeugen könnte, denn diese Meinung ist zutiefst nicht-naturwissenschaftlich, in dem Sinn, dass dies eben ein subjektives Weltbild ist, ein Glauben, auf dem vielleicht das ganze Denken dieses Menschen beruht und das man aus diesem Grund auch nicht mit logischen Argumenten aus den Angeln heben kann. So war das auch bei mir, als ich noch Atheist war. Ich war nicht Atheist, weil ich etwas gegen Gott hatte oder weil ich so gerne böse Dinge getan hätte, sondern einfach darum, weil ich dachte, ich bräuchte Gott gar nicht, Gott war für mich eine überflüssige Hypothese.

Wenn einem Gott begegnet

Es ist aber ziemlich schwer, jemanden für eine überflüssige Hypothese zu halten, wenn man ihm direkt begegnet. Aber auch für eine solche Begegnung muss man vorbereitet sein. Ich habe von einigen Atheisten oder Agnostikern gehört, dass auch sie ähnliche Erfahrungen gemacht haben wie ich. Auch sie hatten das Gefühl einer ungewöhnlichen, übernatürlichen Begegnung oder von etwas, was von außerhalb in ihr Leben eingriff. Aber sie waren nicht in der Lage, Gott als lebende Person anzuerkennen. Selbstsuggestion und innere Erregungszustände waren die Erklärungen, die sie für dieses Erleben brachten und die sie dazu bewogen, eben nicht den Schluss zu ziehen, den ich ziehen musste.

Daran zeigt sich, dass unser Denken keine lineare Schlussfolgerung aus dem ist, was wir erleben, sondern eher wie ein Kreislauf funktioniert. Das, was wir erleben, formt unser Denken, aber das, was wir denken, formt auch das, was wir wahrnehmen oder zumindest die Interpretation dessen, was wir wahrnehmen.

Diese Erkenntnis hat weitreichende Folgen, denn sie bestimmt auch unser Verhältnis zu den Naturwissenschaften. Die Naturwissenschaft kann man in diesem Licht als den Versuch ansehen, keinen Kreislauf zu haben, wo die Wirkung die Ursache bestimmt und umgekehrt, sondern eine gerade Richtung, die von Voraussetzungen zum Ziel hinführt, von der Ursache zur Wirkung. Das, was wir von Kind auf als den logischen Zusammenhang lernen, das systematisiert und formalisiert die Naturwissenschaft, so dass alles, was wir so einordnen können, linear und zwangsläufig erscheint. Insofern können wir die Naturwissenschaft als die Quintessenz aller Dinge betrachten, die wir in eine logische, nachvollziehbare und objektiv feststellbare Reihenfolge bringen können.

Aber gerade das ist auch die Beschränkung der Naturwissenschaft und alles, was sich allein durch subjektives Empfinden in einem Kreislauf von Wahrnehmung und Interpretation erkennen lässt, bleibt dort außen vor. Und so wird klar, dass jeder ein eigenes und subjektives Weltbild hat. Dieses ist geprägt von den Wahrnehmungen, die er gemacht hat und den Interpretationen, die er sich dafür zurechtgelegt hat. Das kulturelle Umfeld fließt darin ebenso ein, wie die Erziehung, die Schule, Freunde und Feinde. So ist auch dieses Buch und der Wert, den ich den Naturwissenschaften beimesse, ein Produkt dieses Weltbilds, dieser Einstellung.

Gibt es objektive Kriterien für subjektive Weltbilder?

So wie ich dies bisher geschildert habe, scheinen Weltbilder von großer Beliebigkeit zu sein. Es erhebt sich daraus die Frage, ob es objektive Kriterien gibt, die ein Weltbild vor einem anderen auszeichnet. Diese Frage ist natürlich sehr schwierig, da Menschen auch objektive Kriterien subjektiv beurteilen, das heißt, bei den eigenen Weltbildern auch gerne objektiv feststellbare Beobachtungen ignorieren, wenn diese nicht in das eigene Weltbild passen. Letztlich ist die Frage also vergeblich, sie wird eigentlich genau dann gestellt, wenn derjenige, der sie stellt, meint, objektive Kriterien an der Hand zu haben, die sein eigenes Weltbild stützen. Meiner Erfahrung nach sind es gerade die atheistisch oder agnostisch eingestellten Menschen, die meinen, ihre Weltanschauung würde durch objektive Kriterien gestützt, während diejenigen, die an Gott glauben, hier oft in der Verteidigungshaltung stehen.

Aber was könnten Kriterien sein, die ein Weltbild als „besser“ einstufen können? Ich denke, es gibt zwei wesentliche Kriterien, die hier etwas beitragen können. Das erste Kriterium ist, dass unser Weltbild zu dem passen muss, was wir objektiv feststellen können, also zu den Ergebnissen, die die Naturwissenschaften ergeben und das zweite Kriterium ist, dass unser Weltbild in sich konsistent sein sollte, also nicht selbstwidersprüchlich. So einfach diese Kriterien sind, so problematisch wird es, wenn wir beginnen, uns genauer darüber Gedanken zu machen.

Wenn es um das erste Kriterium geht, dass das Weltbild zu den objektiv, wiederholbar und formal beschreibbaren Fakten passen sollte, liegt die Schwierigkeit darin, die Grenzen zu wahren. Sehr schnell ist ein Atheist dabei, aus dem methodischen Atheismus einen realen Atheismus zu konstruieren. Es ist schon korrekt, dass es besonders einfach ist, wenn man annimmt, dass es gar keinen Gott gibt und dessen Handeln schlicht auszublenden. Aber die Forderung war ja, dass das Weltbild zu den naturwissenschaftlich feststellbaren Fakten passt, nicht, dass es besonders einfach sein soll, sich den Übergang vorzustellen.

Wie ich im nächsten Abschnitt erläutern werde, ist die Existenz von Gott ohne Probleme vereinbar mit den Ergebnissen naturwissenschaftlicher Beschreibungen. Schwieriger wird es da, wo Grenzüberschreitungen passieren, wo man also entweder aus den Naturwissenschaften heraus versucht, weltanschauliche Aussagen zu machen oder wenn man aus der Weltanschauung versucht, naturwissenschaftliche Ergebnisse vorzuschreiben.

Den ersten Fehler begehen alle, die so tun, als könnte man mit den Naturwissenschaften weltanschauliche Festlegungen treffen und den zweiten Fehler begehen die Kurzzeit-Kreationisten in ihrer Vorgehensweise. Beides habe ich in den letzten beiden Kapiteln konsequent abgelehnt. Es gibt sehr wohl Berührungspunkte zwischen den beiden Bereichen, aber welche Inhalte die beiden Bereiche zeigen, wird unabhängig voneinander mit völlig unterschiedlichen Vorgehensweisen festgestellt.

Auch das zweite oben angesprochene Kriterium, das der inneren Logik, hat seine Fallen. So weit ich mich auf dem Gebiet der naturwissenschaftlichen Beschreibungen befinde, ist es einfach, denn diese haben eine formale Grundlage und auf dieser Basis lässt sich entscheiden, was logisch ist und was nicht. Aber was bedeutet Logik im Gebiet der Weltanschauung?

Hier gibt es die Wahl, entweder der formalen, mathematischen Logik die Oberherrschaft zu übergeben, wie das in der Philosophie geschieht. Oder es gibt die Möglichkeit, sich ein Bild dessen zu machen, was in dem Bereich vor sich geht, wie dies in der Theologie geschieht. Es gibt viele Menschen, die aussagen, dass sie Gott nicht akzeptieren können, weil die Logik, die sie verwenden, einfach nicht funktioniert. Aber wie ich oben schon einmal betont habe, ist es absurd, jemandem seine Realität abzusprechen, nur weil man ihn nicht versteht. Ich verstehe auch meine Frau des Öfteren nicht, trotzdem ist sie ohne Zweifel existent.

Wie man sieht, ist es eine weltanschauliche Entscheidung, der Logik – wie in der Philosophie – die Herrschaft zu überlassen. Aber man kann auch einen alternativen Weg gehen und versuchen, das, was man logisch nicht beschreiben kann, in logisch gegensätzlichen Bildern einzugrenzen. Jedes Bild für sich wird nicht den Umfang dessen beschreiben, was ich erfassen will, aber wenn ich genügend solche Gegensatzpaare finde, bekomme ich schon eine Vorstellung davon, was ich beschreiben will, das heißt, die innere Logik wird einem klar, ohne dass man genau festsetzen kann, worin diese besteht. Das ist zumindest die Vorgehensweise der Theologie und diesen Weg werde ich auch in diesem Buch gehen.

Um den letzten Punkt ein wenig klarer zu machen, will ich ein Beispiel nennen. Oft wird Gott als der gerechte Richter dargestellt, der die Menschen nach dem, was sie tun, beurteilt, also belohnt und bestraft, wobei wir irgendwie das Bestrafen immer als besonders problematisch empfinden. Hier ist die Vorstellung, dass Gott gerecht richtet, also alle Menschen nach demselben Maßstab misst.

Auf der anderen Seite stellen wir uns Gott aber auch als den liebenden Vater vor, der vergibt, der auf Sünden nicht schaut und der uns annimmt, egal, was wir getan haben. Die Haupteigenschaften der beiden Begriffe Richter und Vater schließen sich logisch eigentlich gegenseitig aus. Aber letztlich beschreiben sie beide wahre Bilder von Gott, die zwar logisch nicht zusammenpassen und trotzdem beide gleichzeitig gelten. Ich scheitere mit meiner Logik, aber indem ich Gott mit gegensätzlichen Begriffspaaren beschreibe, bekomme ich trotzdem eine Vorstellung der inneren Logik, die mit Gott verbunden ist.

Mit den Kriterien, die ich genannt habe, habe ich Bedingungen an Weltbilder formuliert, die aber nicht so eingegrenzt sind, dass sie eindeutig nur ein Weltbild zulassen. Das ist auch nicht weiter verwunderlich, wie ich gleich argumentieren werde. Wichtig ist mit aber zu betonen, dass auch die Vorstellung, es gäbe einen Gott, in demselben Maße diese Bedingungen erfüllen kann, wie die Annahme, es gäbe keinen Gott. Ob man also Glaubender oder Atheist ist, ist nicht aus diesen Kriterien ableitbar und damit sind beide Vorstellungen in dieser Hinsicht gleichwertig. Ein Atheist macht genauso eine weltanschauliche Glaubensaussage, wie jemand, der Gott bejaht.

Für mich ist der entscheidende Unterschied nur der, dass ich auf der Basis eigener Erfahrungen von Gott berichten kann, während ein Atheist ja annimmt, dass es Nichts gibt. Aber mit Nichts kann man gerade keine Erfahrungen erleben. Ein Atheist wird also nicht auf der Basis eigener Erfahrungen seine Vorstellung begründen können, sondern allein auf der Basis seiner mangelnden Vorstellungskraft. Das halte ich persönlich für ein schwächeres Argument, was aber natürlich eine Aussage ist, die aus meiner Weltanschauung entspringt.

6.2.3 Die Nicht-Eindeutigkeit subjektiver Weltbilder

Nach dem, was ich im letzten Punkt bereits angemerkt habe, ist es nicht zu erwarten, dass die Weltanschauung von Menschen eindeutig ist in dem Sinn, dass alle Menschen zu derselben Weltanschauung kommen. Dazu sind Menschen zu komplex, zu unterschiedlich aufgebaut, haben zu unterschiedliche Erfahrungen. Der Begriff Weltanschauung, so wie ich ihn hier verwende, erzwingt eine solche Vielfalt geradezu. Denn angenommen, es wäre möglich, einen Prozess zu finden, der die Weltanschauung von Menschen zu demselben Ergebnis treibt, so hätten wir allein damit einen Prozess, der diese Weltanschauung objektivierbar macht, also mit anderen Worten naturwissenschaftlich beschreibbar. Ich habe den Begriff Weltanschauung aber gerade so eingeführt, dass er das beschreibt, was außerhalb des naturwissenschaftlichen Zugriffs liegt, aber dennoch einen Teil der menschlichen Realität darstellt. Damit ist das, was der Begriff beschreibt, per definitionem nicht objektivierbar und damit allein vom Subjekt abhängig. Weltanschauungen sind höchst unterschiedlich und sie werden es auch immer bleiben.

Ist diese Tatsache nun eigentlich ein Problem oder ein Grund, sich zu streiten? Eigentlich nicht. Denn große Teile eines solchen Weltbilds betreffen lediglich Dinge des persönlichen Geschmacks. Was ich gut finde oder was mich kalt lässt, all das ist individuell verschieden. So finden viele die Naturwissenschaft eher unverständlich und kalt und stehen ihr gleichgültig gegenüber, während sie gleichzeitig in der Kunst hervorragende Möglichkeiten erblicken, sich auszudrücken – etwas, wofür ich wiederum wenig Verständnis finde, da ich künstlerische Konzepte nie verstanden habe.

Zu solchen Dingen, die eigentlich nur eine Frage des persönlichen Geschmacks sind, zählen auch Rituale und Gewohnheiten, die man im Familienkreis oder in dem kulturellen Umfeld lernt. Diese sind individuell zu entscheiden und sollten eigentlich keinen Streit hervorrufen. Was man anzieht, wie die Kirchen oder die Häuser aussehen, welche Form die Gottesdienste haben sollen, wann man dorthin geht, ob man sich kniet oder neigt usw. all dies sind Dinge, die kulturell geprägt sind und in das persönliche Weltbild gehören. Darüber sollte man nicht zu streiten brauchen.

Aber das Weltbild bestimmt nicht nur Aspekte des persönlichen Geschmacks, sondern macht auch Aussagen über die Dinge wie sie sind, über die Realität. Und hier beginnt das Weltbild des einen sich mit den Weltbildern der anderen zu überschneiden, weil man hier Dinge aussagt, die absolut zu sehen sind und damit auch andere betreffen. Kann ich mich z. B. bei der Frage der Kleidung aus Höflichkeit noch nach dem anderen richten, so ist das nicht mehr so einfach, wenn der andere aussagt, das es Gott nicht gibt, während ich ihn ständig erfahre und daher nicht begreifen kann, warum der andere Gott als nicht existent erklärt. Das trifft auch umgekehrt zu, wenn ich die Existenz Gottes offen betone und mein Gegenüber der tiefsten Überzeugung ist, dass das alles Unsinn ist. Solche Fragen sind existenzieller Natur und rufen daher viel eher Konflikte hervor, als wenn die Diskussion darum geht, was denn gut schmeckt oder nicht.

Aber auch schon bei der Frage der Kleidung kann der Punkt gekommen sein, wo sich die Weltbilder gegenseitig stören, wenn z. B. der eine gerne sehr offenherzig trägt und dieses dem anderen prinzipiell zuwider läuft. Es gibt genug Kulturen auf der Erde, wo Bekleidung oder Verhalten so fundamental in der Gesellschaft verankert sind, dass Menschen, die anderer Meinung sind, gut daran tun, sich diesen Gewohnheiten anzupassen. Dies passiert immer dann, wenn eine weltanschauliche Aussage nicht nur als Aussage steht, sondern Konsequenzen nach sich zieht. Und die Aussage zur Existenz Gottes ist auch eine, die nicht einfach nur da steht, sondern Konsequenzen nach sich zieht, wie ich weiter unten noch ausführlicher beschreiben werde.

Diese Beispiele machen klar, dass es nicht nur unmöglich ist, kein Weltbild zu haben, sondern dass dieses Weltbild sich dann mit denen anderer Menschen überschneidet, wenn der Punkt gekommen ist, wo ich durch Verallgemeinerung meines Weltbildes das meines Gegenübers beschneide. Bei manchen Fragen ist es im Prinzip einfach, die Aussagen des Weltbilds so zu formulieren, dass ein Nebeneinander möglich ist, bei anderen Fragen ist das aus Prinzip unmöglich.

So kann ich etwa sagen: „Frauen müssen Kopftücher tragen", und stoße dabei bei den Männern und Frauen auf Gegenwehr, die aufgrund ihres Weltbildes einen solchen Zwang nicht kennen. Formuliere ich dagegen: „Frauen sollten in dem und dem Land und im Beisammensein mit den und den Menschen aus Achtung vor diesen Menschen ein Kopftuch tragen", so ist dies eine andere Art der Aussage, die nicht mehr ein Weltbild berührt, sondern sich zurückzieht auf Konventionen und Höflichkeitsformen.

Die Aussage „Gott existiert“ oder „Gott existiert nicht“ ist aber nicht auf diese Weise in eine Relativität zurückzuziehen. Sie ist auch keine Aussage zu Verhaltensnormen oder kulturell Erlerntem, sondern sie kann nur entweder wahr oder falsch sein. Hier stoßen zwangsläufig die Weltbilder aufeinander. Der einzige Ausweg, den ich habe, ist, den anderen in seinem Weltbild bewusst stehenzulassen nach dem Motto: „Gott existiert, aber ich weiß, dass Du dies nicht so siehst und nehme Dich trotz dieser Eigenschaft als Gegenüber ernst und an.“ Mit so einer Aussage prallen die Weltbilder immer noch gegeneinander, aber man mindert den Konflikt, der sich aus so einer Tatsache ergibt. Hier geht es also nicht darum, die Weltbilder zu relativieren, sondern darum, trotz gegensätzlicher Weltbilder die Kommunikation nicht zu verlieren.

Aber trotz dieser Versuche, einen Konflikt aufeinander prallender Weltbilder zu vermeiden, bleibt es bei der Aussage, dass ich mich entscheiden muss. Ich kann entweder mein Denken und Handeln an der Realität Gottes ausrichten oder ich entscheide mich dazu, dies nicht zu tun, entweder aus einem atheistischen Gedanken heraus, wenn ich also sage, Gott existiert nicht, oder aus einem agnostischen Gedanken heraus, wenn ich also sage, dass ich nicht entscheiden kann, ob Gott existiert oder nicht.

Mir persönlich wurde diese Entscheidung abgenommen. Als junger Mensch neigt man oft dazu, sich von bekannten Autoritäten unabhängig zu machen, insbesondere, wenn man nichts Gutes mit Vertretern dieser Autoritäten erlebt hat. Insofern ist die Ablehnung Gottes erst einmal eine nahe liegende Reaktion, bei der es dann bleibt, wenn man mit so einer Einstellung gut zu leben scheint. Doch wenn man Gott erlebt, dann geht es einem wie einem Naturwissenschaftler, der ein neues, nicht erwartetes Phänomen entdeckt hat. Man akzeptiert das Entdeckte als Teil der Realität und versucht zu verstehen, was man da denn vor sich hat. So ist es auch bei der Entdeckung Gottes. Ihn zu spüren und zu akzeptieren ist ein erster Schritt. Ihn verstehen zu wollen ist der spannende, niemals endende Weg, der sich daran anschließt.

6.2.4 Das Bild des allumfassenden Gottes

Gott ist überall

Auch bei einer Frage wie der, was Gott denn mit unserem Universum zu tun hat und woran man ihn erkennt, lohnt es sich, einen Blick in die Geschichte der Menschheit zu werfen. Auch unsere Väter haben Gott gespürt und viel Interessantes und Erwähnenswertes zu Gott entdeckt. Hier fällt es zunächst auf, dass die Menschen immer überall dort Götter gesehen haben, wo sie Dinge, die sie nicht verstehen konnten, beobachteten. Der Blitz und Donner hervorrufende Ober-Gott ist ein Musterbeispiel für dieses Denken. Aber auch die Planeten, der Mond, die Sonne, Tiere, Meere und Wetterlagen waren beliebte Objekte göttlicher Verehrung. Welche Vorstellung, welches Denken steckte dahinter?

Unsere Vorfahren waren nicht dümmer als wir, sie achteten auf ihre Umwelt äußerst genau und wussten sehr gut, was normal war und was nicht. Dabei ist normal das, was wir bei unserem heutigen Denken mit einer naturwissenschaftlichen Beschreibung versehen würden. Aber sie hatten keine umfassende Vorgehensweise, keine Möglichkeit, über ein Modell Vorhersagen zu machen. Daher war es unseren Vorfahren nicht möglich, außerhalb der deutlich regelmäßigen Phänomene – wie z. B. die Mondphasen – vorauszusehen, was passieren würde. Damit kamen viele Dinge unerwartet und plötzlich, seien es Insektenplagen, seien es Trockenzeiten, seien es Stürme.

Als Konsequenz war es ein weitverbreitetes Gefühl bis ins Mittelalter herein, den Mächten des Chaos, der Natur hilflos ausgeliefert zu sein. Und in diesem Durcheinander sahen die Menschen das Walten von Göttern, von Bewusstsein. Das führte zu den Vorstellungen der Götterheerscharen, die bei allen Naturvölkern, im Hinduismus und in Europa noch bis in die Zeit des römischen Reiches weit verbreitet war. Es war das Volk Israel, das sich von dieser Vielgötterei zum ersten Mal konsequent abwandte und die Tatsache propagierte, dass die von Begierden getriebenen, allzu menschlich reagierenden Götter der anderen Völker keine wirklichen Götter sein könnten. Das jüdische Volk machte erstmals die Idee eines unsichtbaren, alle anderen Mächte in der Hand haltenden Gottes zu ihrer Gottesvorstellung.

Damit war der Vorstellung widersprochen, dass Naturphänomene wie Tiere, Planeten oder gar die Sonne selbst Götter waren, die Vorstellung wandelte sich dahin, dass Gott der Herr über all diese Dinge ist. In einer berühmten Geschichte aus dem Judentum sagte ein Kaufmann einmal einem großen Rabbi, dass der Rabbi tausend Talente Gold bekommen würde, wenn er dem Kaufmann sagen würde, wo Gott ist. Der Rabbi erwiderte dem Kaufmann, dass dieser zweitausend Talente Gold bekommen würde, wenn er sagen würde, wo Gott nicht ist. Diese Vorstellung des umfassenden Gottes ging so weit, dass er auch für das Böse verantwortlich war. Die Bibel hat keine Schwierigkeiten, Gott auch für die Dinge verantwortlich zu zeichnen, die negativ für uns Menschen waren. Nach alter Vorstellung konnte ein König und Herrscher, und erst recht Gott der Herr, einem Menschen nach Gutdünken das Leben nehmen, ihn bestrafen usw.

Die Vorstellung vom Universum als Maschine

Dieses Denken ging dann aber mit der Zeit verloren, erst Recht nach der Renaissance. Je mehr die Menschen von den Naturvorgängen begriffen, desto mehr wurde Gott bei solchen Dinge in den Hintergrund gerückt. Es entwickelte sich die Vorstellung des Universums als Maschine, bei dem Gott vielleicht der Konstrukteur war und am Anfang alles fein säuberlich eingestellt hatte, aber danach schnurrte der Ablauf vor sich hin wie eine Maschine, in die Gott nur ausnahmsweise eingriff.

Letztlich setzte sich hier das Denken durch, das schon früher Gott mit Blitz, Donner, den Planeten und der Sonne identifiziert hatte. Ist etwas unverständlich oder mysteriös, dann muss da wohl Gott dahinter stecken, verstehe ich aber etwas in seinem Ablauf, dann ist es „entgöttlicht", dann kann da Gott nicht dahinter stecken, dann geht es von selbst.

Doch dieses Denken ist das des klassischen „Lückenbüßer-Gottes", es hat die fatale Folge, dass Gott immer mehr und immer weiter aus unserem Denken verschwindet. Da nützt es auch nicht, dass man Gott wieder hervorholt und fragt, wer denn den Urknall gezündet hat. Da nützt es nicht, auf die vielen Beispiele irreduzibel komplexer Systeme in der Natur hinzuweisen – wenn man sich erst einmal darauf einlässt, Gott nur da zu suchen, wo wir etwas nicht verstehen, dann ist das Modell Gott dazu verdammt, immer mehr in der Bedeutungslosigkeit zu versinken.

Der Fehler in der Vorstellung des Universums als Maschine

Doch selbst, wenn man nicht auf all die Einschränkungen eingeht, die ich in Bezug auf die Naturwissenschaft gebracht habe, hat die Vorstellung des Universums als Maschine einen gravierenden Denkfehler, der das Bild als pure Illusion entlarvt. Um das zu erkennen, fragen wir uns einfach einmal, was vor sich geht, wenn jemand eine Maschine konstruiert, die dann von alleine vor sich hinschnurrt.

Um eine solche Maschine zu bauen, wird der Konstrukteur einen Plan machen, sich die notwendigen Materialien besorgen, Schrauben, Verbindungen, eine Batterie, eine elektronische Steuerung usw. Er wird diese Teile in bestimmter Weise zusammensetzen, einen Hebel umlegen und schon läuft die Maschine. Aber warum läuft sie? Weil der Konstrukteur sie so zusammengesetzt hat. Ist das alles? Nein, das ist nicht alles.

Die Maschine wird überhaupt erst ermöglicht, ja dem Konstrukteur wird überhaupt nur dann eine Chance gegeben, seine Kreativität auszuleben, wenn die Rahmenbedingungen dies erlauben. Die Tatsache, dass es Atome gibt, aus denen man Schrauben und Verbindungen bauen kann, die Tatsache, dass man Energie speichern kann und sie durch Abgeben dazu benutzen kann, Arbeit zu verrichten, die ganzen Grundlagen für die Technik sind erforderlich, um die Maschine überhaupt bauen zu können. Mit anderen Worten, es ist die Natur, in die Konstrukteur und Maschine eingebettet sind, die die Maschine überhaupt erst denkbar und machbar macht. Der Konstrukteur benutzt diese Rahmenbedingungen lediglich. Er tut aber eigentlich nichts dazu, damit die Maschine alleine läuft, es sind die natürlichen Rahmenbedingungen, die dafür sorgen.

Übertragen wir diese Erkenntnis nun auf unser Universum. Gott hat es also gebaut und nun schnurrt es vor sich hin. Warum? Was treibt es denn an? Damit es angetrieben wird, benötigt es die richtigen Rahmenbedingungen, eine Natur, in der es funktioniert wie eine Maschine. Zwar enthält das Universum eine solche Natur, aber wir nehmen hier ja an, dass das Universum an sich eine Maschine sein soll, es kann ja nicht gleichzeitig Maschine und Rahmenbedingung stellen. Wenn das Universum „von selbst" läuft, welche Natur ist es denn, die es antreibt? Nimmt man das Universum als Objekt, als Maschine, dann haben wir erst einmal gar keine Natur, denn diese ist ja gerade das Universum selbst.

Man merkt, hier beißt sich die Katze in den Schwanz. Soll das Universum von selbst laufen, während Gott im Wesentlichen zuschaut, brauchen wir ein „Über-Universum", ein Meta-Universum, in dem sich Gott und Universum aufhalten und in dem das Maschinenspiel gespielt werden kann.

Doch damit haben wir das Bild eigentlich ad absurdum geführt. Gott und Universum existieren in diesem Über-Universum wie Konstrukteur und Maschine und Gott scheint die Regeln dieses Über-Universums zu befolgen, ist also nicht in dem Sinne Gott, wie man sich das so vorstellt. Wir haben eine Natur in der Natur postuliert und es erhebt sich die Frage, was denn das Über-Universum antreibt. Läuft das wie eine Maschine, dann brauchen wir eine weitere Natur darüber und so weiter. Die Maschinen-Idee führt zu nichts und macht aus Gott einen immer weiter schwindenden Lückenbüßer-Gott.

Die Rückkehr zum allumfassenden Gott

Der einzige Ausweg aus diesen Überlegungen ist eine Rückkehr zu dem allumfassenden Gott unserer Vorväter. Das Universum ist keine Maschine, da läuft nichts von selbst. Gott, wenn er denn diesen Namen überhaupt verdienen soll, ist die Ursache und der Urgrund aller Dinge, nicht nur der wunderbaren, unverständlichen, sondern insbesondere auch der objektiv feststellbaren, verstehbaren, wiederholbaren Dinge. Gott ist überall.

So etwas ist leicht gesagt und ich ernte immer wieder Zustimmung zu diesem Gedanken. Auch viele Kurzzeit-Kreationisten stimmen mit mir da überein. Aber es ist eine Sache, so etwas zu sagen und eine andere Sache, die Konsequenzen dieser Überlegung zu begreifen. Eine wesentliche Rolle spielt dabei die Aussage, dass Naturwissenschaft nicht erklärt, sondern beschreibt. Ich möchte dies an ein paar Beispielen erläutern.

Nehmen wir den Fall eines Menschen, der an einer tödlichen Krankheit erkrankt, zum Beispiel Krebs. Die Ärzte tun ihr möglichstes, aber die Krankheit scheint unbesiegbar, der Tod unausweichlich. Der Mensch wendet sich in seiner Not an Gott und schreit zu ihm, dass er helfen möge. Und es geschieht ein Wunder, der Krebs verschwindet, die Ärzte sind erstaunt, der Mensch lebt weiter. Er wird keine Probleme haben, ein solches Ereignis als die Tat Gottes anzusehen, hier hat Gott gehandelt und die Natur besiegt. Das sind die typischen Beispiele, wo viele Menschen sagen: „Hier erkenne ich Gott." Es ist ein wunderbares und ungewöhnliches Ereignis, denn in den meisten Fällen stirbt der Mensch in so einer Situation.

Nun aber ein viel einfacheres Beispiel. Ich nehme einen Stift und lasse los. Was passiert? Würde er jetzt in der Luft schweben, dann würden viele nach Gott rufen. Aber was ist, wenn er zu Boden fällt? Das ist normal, das passiert doch immer, wo sollte da Gott sein? Ich kann jetzt die Naturwissenschaft aktivieren, das Newtonsche Gravitationsgesetz heranziehen, sagen, dass die Masse der Erde den Stift anzieht, ich kann Beschleunigung messen und die Endgeschwindigkeit ausrechnen und den ungefähren Punkt, wo der Stift den Boden trifft, alles einfach, alles unter Kontrolle.

Doch das ist die Beschreibung, was passiert. Warum aber passiert es? Die Schlauen würden jetzt sagen, dass es da eine Kraft gibt, aber das beantwortet die Frage nicht wirklich. Was bringt eine Masse wie die Erde dazu, eine Kraft auf eine Masse wie den Stift auszuüben? Egal ob wir das physikalische Modell der Gravitationskraft oder die Einsteinsche Idee des gekrümmten Raumes oder die moderne Vorstellung der Gravitonen, die ausgetauscht werden, nehmen, die Frage wird von der Naturwissenschaft nicht beantwortet, weil diese für so eine Frage nicht gemacht ist.

Nehmen wir die Vorstellung des allumfassenden Gottes ernst, dann ist klar, wie die Antwort lauten muss: Es ist Gott, der dafür sorgt, dass sich die Massen anziehen, hier heute und jetzt. So ist es mit jedem Naturvorgang. Es ist Gott, der in jedem Augenblick, zu jeder Zeit an jedem Ort persönlich dafür sorgt, dass alles so funktioniert, wie es soll. Gott lässt das Universum keinen Augenblick allein, es läuft nichts von selbst, es ist Gott, der funktionieren lässt, immer.

Aber das bedeutet, dass ich nicht weit suchen muss, will ich Gott bei der Arbeit sehen. Ich brauche nur einen Stift fallen zu lassen und sehe Gott. Das ist die Konsequenz aus der Vorstellung des allumfassenden Gottes. Für die Naturwissenschaft ist ein solches Bild natürlich unerheblich, für eine Beschreibung von dem, was passiert, reicht mir die Erfahrung, wie es vor sich geht. Aber hier geht es mir um das umfassende Bild, das auch die Fragen einbezieht, die die Naturwissenschaft nicht beantworten kann.

Die Freiheit Gottes

Die Vorstellung, dass Gott in jedem Augenblick das Funktionieren der Natur garantiert, hervorruft und erzeugt, erscheint uns merkwürdig. Wieso macht Gott immer wieder dasselbe? Warum lässt er Massen nicht mal so und mal so aufeinander fallen oder lässt sie gar auch einmal einander abstoßen. Warum spielt er nicht mit dem Universum, wie es Menschen machen würden, die Abwechslung suchend? Wie wir gleich noch sehen werden, hat sich Gott genügend Lücken gelassen, um zu variieren, aber er hat sein Handeln in ein Gesamtkonzept gebunden, einen Rahmen aufgestellt, den er einhält. Warum er das tut? Vermutlich weil er das so will. Es gibt Fragen, an denen scheitert sogar die Theologie.

Fest steht nach diesem Bild, dass wenn Gott es einmal nicht mehr will, wir ganz schön staunen würden. Wir haben nichts in der Hand, das uns garantiert, dass wir auch morgen noch auf dem Planeten Erde kleben werden. Alle Erfahrung, alle Gewohnheit, alles „das war schon immer so“, gibt uns keinen Anspruch darauf, dass das auch immer so bleiben wird. Aber wir können unter der Voraussetzung, dass es so bleibt immerhin Naturwissenschaft betreiben.

An diesem Bild Gottes zeigt sich auch, warum es schädlich ist, von „Naturgesetzen“ zu sprechen, wenn es darum geht, das Geschehen in der Natur zu beschreiben. Das Wort assoziiert viel zu viel. Es assoziiert ein Ständig-so-Sein, ein Anspruch-Haben, ein Ausnahmslos. Aber so ist es eben nicht. Wir wissen nicht, ob es nicht doch Ausnahmen gibt und mit dem Bild, dass Gott das Universum ständig in Gang hält, erwarten wir ja geradezu, dass es Ausnahmen gibt. Jedoch nicht weil Gott ausnahmsweise eingreift, sondern weil Gott ausnahmsweise anders handelt als er es normalerweise tut. Und wir werden herausfinden, dass diese Ausnahmen wohl viel seltener sind als sich das ein normaler Christ so vorstellt.

Das Besondere an diesem Bild, auf das ich besonders viel Wert lege, ist, dass Gott damit nicht nur in Wundern präsent ist, nicht nur in den großen Momenten zu finden ist, wo das Normale scheinbar nicht gilt, sondern eben immer da ist, auch in dem Gewohnten, Alltäglichen, ja Kontrollierbaren zu finden ist. Naturwissenschaft ist in diesem Bild eine Art Gottesdienst, weil ich genau erforsche, was Gott normalerweise tut und wie er es tut. Ich brauche nicht mehr nach Wundern zu suchen, um Gott zu sehen, es genügt, wenn ich normale Naturwissenschaft betreibe.

Auf diese Weise verdichten sich die Vorstellungen, die ich von der Beziehung zwischen Gott und Natur bekommen habe. Doch ich möchte noch einen Schritt weiter gehen. Gott hat dieses Universum erschaffen und hält es beständig am Laufen. Aber Gott ist mehr als der Motor des Universums. Er ist jemand mit einem Willen, einem Ziel und einer Absicht. Um diese zu verwirklichen, benötigt er Einfluss auf das Universum und das muss sich eigentlich irgendwie bemerkbar machen. Das Stichwort heißt Willensfreiheit. Hat Gott die Möglichkeit, seine Meinung zu ändern? Wir brauchen diese Möglichkeit eigentlich nicht, denn es könnte ja sein, dass Gott das Schicksal jedes Elementarteilchens bereits mit der Erschaffung des Universums festgelegt hat. In diesem Fall sind wir alle Marionetten des allmächtigen Schicksalsplans und bräuchten uns um solche Dinge wie Willensfreiheit keine Gedanken zu machen.

Aber falls so etwas wie Willensfreiheit Realität besitzt, braucht Gott Raum, um zu reagieren, auf seinen eigenen Willen und auf unsere Entscheidungen. Es wäre nun äußerst merkwürdig, wenn Gott ein festgelegtes Universum schafft und dann jede Sekunde daran herumfingern muss, um auf solche Willensentscheidungen zu reagieren. Ein guter Konstrukteur – und ich halte Gott für so einen – hätte sich von vorne herein Möglichkeiten der Einflussnahme offen gelassen. Tatsächlich hat die Naturwissenschaft solche Möglichkeiten aufgedeckt.

6.2.5 Zusammenfassung

Die Tatsache, dass die Naturwissenschaft keine vollständige Beschreibung der Realität erstellen kann, zwingt Menschen, ein Weltbild zu haben. Wir sind dazu gemacht, die Lücken, die die Naturwissenschaft zwangsläufig lässt, mit eigenen Vorstellungen zu füllen und danach zu handeln. Das geht so weit, dass diese Vorstellungen sogar stärker werden als das, was wir eigentlich nachvollziehbar beobachten können.

Aber die Naturwissenschaften erzeugen aufgrund ihrer Methodik gerade keine beliebigen Ergebnisse, sondern logische, objektiv nachvollziehbare, formal beschreibbare Ergebnisse. Diese Eigenschaften macht sie gerade so machtvoll. Und dies sollte man ernst nehmen, indem man von seinem Weltbild fordert, dass es konsistent mit den Ergebnissen der Naturwissenschaften zusammenpasst. Doch eine solche Forderung führt nicht zu einem eindeutigen Weltbild.

Viele Menschen glauben zwar, dass das atheistische Weltbild zwangsläufig aus den naturwissenschaftlichen Beschreibungen folgt, dies ist aber nur dann der Fall, wenn man von der Voraussetzung ausgeht, dass es keinen Gott gibt. Diese Voraussetzung ist die bequemste und ist dann nahe liegend, wenn man keine Erfahrungen gemacht hat, die darauf hinweisen, dass es Gott gibt.

Ist man Gott aber begegnet, so ist es nicht möglich, seine Existenz zu leugnen. Seine Existenz muss als Voraussetzung genommen werden und es erhebt sich die Frage, wie er zu den Ergebnissen passt, die durch die Naturwissenschaften geliefert werden. In dieser Frage zeigt sich dann, wie schädlich und wie negativ das jahrhundertealte Bild des Universums als Maschine ist, in das Gott nur ab und zu korrigierend eingreift. Ein solches Bild drängt Gott zusehends in den Hintergrund und schafft ihn als Gott letztlich ab. Das Bild des Universums als Maschine ist gleichbedeutend mit der Ersetzung Gottes durch ein unbekanntes dynamisches Prinzip.

Dagegen möchte ich Gott als denjenigen setzen, der in allem und überall wirkt. Es gibt nichts, wo Gott nicht ist. Gott ist nicht nur in den Wundern zu finden, wo etwas Ungewöhnliches und Únverstandenes abläuft, sondern gerade und insbesondere im Alltäglichen, in dem Normalen, in dem, was man normalerweise als naturgesetzlichen Ablauf bezeichnen würde. Aber es gibt keine Naturgesetze, es gibt nur Gott, der handelt.

Aber wenn man sagt, dass Gott handelt, dann bedeutet das auch, dass er sich die Freiheit gelassen hat, nach der Situation zu entscheiden. Wäre dem nicht so, wäre das Universum wie ein Video, dessen festgelegte Handlung abgespult wird. Gibt es aber so etwas wie Willensfreiheit, wie die Möglichkeit, den Gang der Dinge zu beeinflussen, dann muss sich diese Freiheit in der Natur wiederfinden lassen. Und genau davon soll das nächste Kapitel handeln.

6.3 Das Wirken Gottes in der Welt

Wenn wir das Weltbild des handelnden Gottes ernst nehmen und Naturwissenschaft als Möglichkeit sehen, dieses Handeln zu einem Teil zu beschreiben, dann muss die Freiheit Gottes in der Naturwissenschaft erkennbar sein. Bis zu Beginn des 20. Jahrhunderts sah es nicht danach aus. Doch die Revolution in der Physik und die unbestimmte Natur der Quantenwelt haben einen Mechanismus zu Tage gefördert, der gerade geeignet ist, dem Handeln Gottes Raum zu geben. Wie dies aussieht, möchte ich in diesem Kapitel näher beschreiben.

6.3.1 Die Unbestimmtheit der Natur und der freie Wille Gottes

Das dualistische Weltbild, das sich aufteilt in eine materielle Welt und eine geistige Welt ist eine sehr alte Sicht von Gott, die auch in der Bibel immer wieder zum Ausdruck kommt. Bis ins Mittelalter hinein war diese Sicht der Dinge fest etabliert, gerade auch in den philosophischen Werken, die damals natürlich von der Theologie beeinflusst worden sind. Mit der Entwicklung der Naturwissenschaft änderte sich dieses Bild. Die Philosophie distanzierte sich zunehmend von der Theologie und das naturwissenschaftliche Bild der damaligen Zeit wurde auch Grundlage des philosophischen Denkens.

In dieser Sichtweise schien kein Platz mehr zu sein für die dualistische Sicht, denn die Naturwissenschaften schienen Gott keine Eingriffsmöglichkeiten zu geben. Die Betrachtungsweise der klassischen Physik war die, dass man ausgehend von einem gegebenen Zustand des Universums, alle Details aufgrund der Bewegungsgleichungen würde vorhersagen können. Man war sich zwar klar darüber, dass kein Mensch jemals in der Lage sein würde, alle Informationen über das Universum zu sammeln, die dafür notwendig wären, aber ein Gott wäre dazu in der Lage. Dieses Denken war Grundlage der Sicht, dass alles Geschehen von vornherein festgelegt sei und der Begriff „Naturgesetz" ließ keine Ausnahmen zu. Damit wurde auch und gerade in der Philosophie der Dualismus abgeschafft, der Physikalismus griff in verschiedensten Varianten um sich.

Wie ich bereits einige Male erläutert habe, ist dieses Denken von der Naturwissenschaft aus aber inzwischen überholt. Der Nicht-Determinismus in den kleinsten Bestandteilen des Universums und der chaotische Zusammenhang der meisten Abläufe haben zur Folge, dass man die Entwicklung des Universums auch dann nicht vorhersagen kann, wenn man alle Informationen über den aktuellen Zustand hat, die man sich nur wünschen kann. Alles, was man noch tun kann, ist, die Möglichkeiten zu berechnen, die das Universum hat und die Wahrscheinlichkeiten, mit denen diese realisiert werden können.

Es liegt nahe, diese Erkenntnis nun mit dem Gottesbild zu verbinden, das ich im letzten Kapitel entworfen habe. Was könnte ein allumfassender Gott mit einem Universum zu tun haben, das selbst nicht weiß, welchen Zustand es im nächsten Augenblick genau annehmen wird? Hätten wir das Bild des Universums als Maschine, so würde sich hier keine klare Erklärung ergeben, aber mit dem Bild, dass Gott das Universum in jedem Augenblick zusammenhält, wird klar, woher es kommt, dass man nicht in jedem Detail vorhersagen kann, wie das Universum sich entwickelt.

Gott lässt sich auf diese Weise Spielräume, um die Entwicklung so voranzutreiben, wie er es will. Die Nicht-Vorhersagbarkeit der Entwicklung ist einfach ein Ausdruck des freien Willens Gottes. Wir als Menschen können nicht vorhersagen, wie sich Gott als nächstes entscheiden wird, also ist die Zukunft in dieser Hinsicht indeterminiert. Das heißt aber nicht, dass Gott willkürlich handelt. Er hat sich eine Struktur in seinem Handeln gegeben, die wir in Form der Naturwissenschaft nachvollziehen können. Diese Struktur erlaubt es uns, die Möglichkeiten abzuwägen, innerhalb derer Gott normalerweise handelt und deren Wahrscheinlichkeiten zu berechnen.

Eine solche Sichtweise wird in zweifacher Hinsicht Protest erzeugen. Atheistisch oder agnostisch eingestellte Menschen werden protestieren und sagen, dass der Schluss von der Feststellung des Indeterminismus der Naturvorgänge auf den freien Willen Gottes wohl alles andere als zwingend ist und Christen werden protestieren, weil ihnen die Sicht, dass sich das Handeln Gottes in dem quantenhaften Indeterminismus der Natur abspielt, schlicht zu wenig ist. Ich will daher zunächst ein wenig über diese beiden Einwände nachdenken, was das, was ich meine, auch ein wenig klarer werden lässt.

Ist der Schluss vom Indeterminismus der Natur auf das Handeln Gottes zwingend?

Bei dem ersten Einwand muss ich eigentlich nochmals auf das Kapitel 3 verweisen. Dieses Kapitel ist gerade im Hinblick auf diesen Einwand entstanden. Was ich gemacht habe ist nicht, von der einen Feststellung auf die andere zu schließen. Ich habe nicht versucht, einen logischen Schluss zu ziehen. Das ist auch grundsätzlich unmöglich, weil in einem solchen Schluss zwei verschiedene Ebenen des Denkens vermischt würden.

Der Indeterminismus der Natur befindet sich als Feststellung auf der Ebene der Naturwissenschaft. Diese Tatsache kann festgestellt, vermessen, modelliert und in ihren Konsequenzen beschrieben werden. Das ist Aufgabe der Naturwissenschaft. Aber sie zu verstehen, zu fragen, woher der Indeterminismus kommt, das ist nicht Aufgabe der Naturwissenschaft, ja sie ist von ihren Methoden her gar nicht in der Lage, diese Frage zu beantworten.

Die Antwort liegt auf der Ebene des Weltbilds, der weltanschaulichen Interpretation von dem, was man naturwissenschaftlich feststellt. Das, was ich präsentiere, ist eben eine solche weltanschauliche Interpretation. Damit kann ich weder behaupten, dass dies die einzig mögliche Interpretation ist, noch kann ich behaupten, dass sie zwingend aus den naturwissenschaftlich feststellbaren Fakten folgt.

Die Antwort auf den Einwand ist also einfach: „Nein, der Schluss ist nicht nur nicht zwingend, er war niemals als Schlussfolgerung gedacht." Das Bild, das ich entwerfe, ergänzt nur die – unverstehbare – naturwissenschaftliche Feststellung des Indeterminismus mit einer weltanschaulichen Interpretation, die auf dem Konzept beruht, dass es einen Gott gibt. Meine Hauptstoßrichtung ist es, zu zeigen, dass die Idee, dass Gott existiert, in vollem Umfang vereinbar ist mit der Idee, das Universum so weit es irgend geht mit Hilfe der Naturwissenschaften beschreiben zu wollen.

Man kann sich an dieser Stelle natürlich fragen, welche anderen weltanschaulichen Interpretationen es nun noch gibt. Dazu muss man sich klar machen, dass es ein Faktum gibt, das als Ausgangsbasis gelten kann:

Die Entwicklung des Universums ist unbestimmt, aber zu jedem Zeitpunkt gibt es jemand oder etwas, was festlegt, welchen Zustand das Universum einnimmt.

Dieser Satz ist nach allem, was wir heute wissen, korrekt. Die Frage ist also, wer oder was den Zustand des Universums festlegt. Die folgenden Möglichkeiten stehen zur Auswahl:

Es gibt einen determinierenden Prozess innerhalb unseres Universums, den wir aber noch nicht kennen

Diese Möglichkeit wäre die Leugnung des Indeterminismus, also die Aussage, dass man die Probleme mit dem Indeterminismus schon irgendwann in den Griff bekommen wird. Zu so einer Hoffnung kann ich nicht mehr und nicht weniger als mit den Achseln zucken. Schon möglich, dass die Quantentheorie auch irgendwann einmal durch eine noch ganz andere Modellierung abgelöst wird. Ausschließen kann ich das nicht.

Aber ich sehe im Augenblick nirgendwo auch nur den kleinsten Ansatz, in welche Richtung eine solche umfassende Modellierung gehen soll. Die hochaktuellen Spekulationen in Richtung String-Theorie oder gar der n-brane-Theorie, mit denen sich heutzutage sehr viele theoretische Physiker beschäftigen, sind keine Ablösung der Quantentheorie, sondern deren Erweiterung. Das indeterminierte Verhalten der Natur ist dort grundlegend mit eingebunden. Und die Bellschen Ungleichungen legen nahe, dass fundamentale Konzepte der modernen Physik wie Kausalität oder Lokalität geopfert werden müssten, um dieses Verhalten abzuschaffen.

Wer also in so eine Möglichkeit seine Hoffnung setzt, tut dies, weil er sich von dem klassischen Bild des Universums als Maschine nicht lösen kann. Denn es wäre gerade eine Rückkehr zu diesem Bild, wenn ein solches Modell gefunden wird. Aber derjenige muss sich den Vorwurf gefallen lassen, dass er konsequent alle Erkenntnisse aus der modernen Physik ignoriert, also gerade den Fehler macht, den er mit einer Leugnung Gottes vermeiden möchte.

Es gibt einen determinierenden Prozess, der sich aber jenseits unseres Universums abspielt.

Diese Möglichkeit ist die Idee, dass die Festlegung des Zustands unseres Universums nicht innerhalb des Universums vor sich geht, sondern außerhalb. Es bestände dann die Möglichkeit, dass dieses „Über-Universum“ andere, aber ebenso physikalisch zu beschreibende Prozesse beinhaltet, die dann Rückwirkungen auf unser Universum hätten. Das Ganze ist ein Weltbild, weil es keine Daten aus dem „Über-Universum“ gibt, ja noch nicht einmal die theoretische Möglichkeit, solche Daten zu beschaffen.

Eine solche Interpretation ist die Vielwelten-Idee. Die Aussage, die dahinter steht ist, dass das Universum all die unzähligen Möglichkeiten, die sich aus der Quantentheorie ergeben, tatsächlich realisiert, dies aber parallel tut. Zu jedem Zeitpunkt sollen also unglaublich viele Universen entstehen, die sich alle dadurch unterscheiden, dass in ihnen eine der vielen Möglichkeiten der Entwicklung realisiert wurde. Der daraus entstandene populäre Begriff ist der der Parallelwelten.

Dieses Konzept ist als Weltbild durchaus möglich, aber es hat den Nachteil, dass es völlig steril ist. Solche Parallelwelten spielen in Science-Fiction-Romanen nur dann eine Rolle, wenn die Helden in der Lage sind, zwischen diesen Welten zu wechseln, aber gerade das schließt die aktuell bekannte Struktur der Quanten-Modelle aus. Ohne eine Verbindung zwischen den Parallelwelten stehen diese einfach nebeneinander und ich kann nichts, aber auch gar nichts aus dieser Idee folgern.

Tatsächlich ist diese Idee in diesem Fall nur der Ausdruck des Unwissens, denn ich weiß ja nicht, was den Zweig, auf dem ich mich gerade befinde, nun eigentlich auszeichnet. Ich kann weder für mein Leben, noch für mein Handeln irgendwelche Konsequenzen ziehen. Die Unpersönlichkeit der

Naturwissenschaft, die Unmöglichkeit, auf das Subjekt einzugehen, bleibt in diesem Weltbild erhalten. Ich habe ein logisches Konstrukt, aber sonst gar nichts.

Es gibt eine Person, die außerhalb unseres Universums existiert und entscheidet, welchen Zustand das Universum einnimmt.

Dies wäre so etwas ähnliches wie die letzte Möglichkeit, nur jetzt nimmt Gott die Stelle des Entscheiders ein. Naturwissenschaftlich habe ich mit diesem Bild keinen großen Unterschied, aber persönlich, als Individuum unterscheidet sich dieses Weltbild grundlegend von der letzten Möglichkeit.

Einmal ist es mit den Erkenntnissen der Naturwissenschaft vereinbar und zum anderen gibt sie dem Einzelnen die Möglichkeit, sich direkt mit Gott, seinem Willen und den Auswirkungen auf das persönliche Leben auseinander zu setzen. Das Individuum als Person wird angesprochen.

Denn dieses Weltbild nimmt ja gerade an, dass Gott eine Wirkung auf unser Universum hat und damit bin ich in der Lage, mit ihm in Kontakt zu treten, im Gegensatz zu der Vielwelten-Interpretation. Ich kann dieses In-Kontakt-Treten nicht naturwissenschaftlich, objektiv beweisen, aber ich kann es erfahren und es gibt genug Menschen, die diese Erfahrung gemacht haben.

Beschneidet die Natur nicht die Macht Gottes?

Den zweiten Einwand, der in der Regel von gläubigen Menschen gemacht wird, habe ich gegenüber oben ein wenig umformuliert. Wenn mir jemand vehement sagt, dass es ihm zu wenig ist, dass sich Gottes Handeln in der Unmöglichkeit versteckt, sein Handeln vorherzusagen, dann steckt hauptsächlich das Unbehagen dahinter, dass man Gott in irgendeiner Weise den Naturgesetzen unterordnet. Gott als naturalistisches Phänomen ist mehr als die meisten Christen akzeptieren können.

Tatsächlich liegt es mir auch fern, eine solche Unterordnung vorzunehmen. Gott ist der Herr der Natur, nicht umgekehrt. Er ist es, der zu jedem Augenblick entscheidet, wo es lang geht. Er hat das Universum entworfen und hält es in Gang, jederzeit und überall. Aber er benötigt dazu einen Mechanismus der Lenkung. Indem er auf der Basis, den Atomen des Universums, die Entscheidung trifft, welche der vielen Möglichkeiten real werden soll, kann er auf sehr subtile, aber machtvolle Weise Einfluss auf das Geschehen nehmen.

Dennoch bleibt Gott aber in seinem Handeln in gewisser Hinsicht berechenbar. Auch diese Berechenbarkeit kommt vielen komisch vor. Dahinter steckt immer noch das alte Denken, dass Gott nur in den Ausnahmen, im Ungewohnten, in den Wundern präsent ist. Aber genau das Denken will ich überwinden. Gott steckt eben auch im Normalen, im Kontrollierbaren, im Berechenbaren. Und wenn Menschen eine experimentelle Anordnung so geschickt wählen, dass von allen Möglichkeiten ein gewünschtes Ergebnis mit extrem hoher Wahrscheinlichkeit eintrifft, dann ist dies eben das Arbeiten mit Gottes berechenbarem Vorgehen.

Wie aber schon oben betont, heißt Berechenbarkeit noch lange nicht Garantie. Löst man sich vom Begriff Naturgesetz und benutzt stattdessen den Begriff Modell, so wird klar, dass wir schlichtweg nicht wissen, ob sich Gottes Verhalten morgen nicht einfach ändert. Vielleicht wachen wir ja schon morgen im Weltraum auf, weil Gott in der Nacht keine Lust mehr hatte, die Gravitation wirken zu lassen.

Aber das wäre nicht der Gott, so wie ich ihn erfahren habe. Gott hat es nicht nötig, den Launenhaften zu spielen. Er braucht normalerweise kein Wunder, um seinem Willen Ausdruck zu verleihen, dazu genügen ihm die vielen kleinen „Zufälligkeiten", die unser Leben bestimmen. Dabei muss man sich nur klar machen, wie stark diese mit unserem täglichen Handeln verwoben sind. Sie sind so normal, dass wir gar nicht mehr darüber nachdenken.

Das wird klar, wenn man sich ein paar harmlose Beispiele überlegt, die jeder von uns wohl schon einmal erlebt hat. Da hängt man seinen Mantel abends auf einen Bügel und nach ein paar Stunden, ganz plötzlich, macht es plumps und der Mantel, der sonst immer schön an dem Ort blieb, wo wir ihn aufgehängt hatten, rutscht zu Boden. Darüber denken wir nicht weiter nach, wir haben ihn durch Zufall einfach nicht stabil genug aufgehängt und – ebenfalls durch Zufall – gibt der Mantel dem ständigen Zerren der Schwerkraft irgendwann nach und rutscht ab.

Oder wir starten wie jeden Morgen unser Auto und ausgerechnet heute geht irgendetwas – durch Zufall – nicht so wie wir wollen und unsere Pläne ändern sich. Und so bestimmt der „Zufall" unseren täglichen Ablauf, meistens harmlos und ohne Konsequenzen, aber manchmal eben auch fundamental ändernd.

Denn wie wohl auch jeder von uns schon erlebt hat, gibt es Schlüsselerlebnisse in unserem Leben, die uns eine neue Richtung geben, die uns verändern. Ob bei der Suche nach einem Job oder dem Treffen des zukünftigen Partners oder bei einem Leid – z. B. der Verlust eines Nächsten oder eine Krankheit – oder bei der plötzlichen Erkenntnis, dass es Gott gibt, all das sind Ereignisse, die in der Regel durch Kleinigkeiten in Gang gesetzt werden. Wie der Mantel befinden wir uns in einer Art instabilem Zustand, wo dann die Richtungsänderung eines Atoms genügt, um auch uns eine neue Richtung zu geben. Und so sind wir in wesentlichen Dingen vom Zufall bestimmt.

Doch meine Aussage ist, dass es keinen Zufall gibt. Es ist Gott, der uns leitet, der uns immer wieder anstößt und uns beeinflusst. Den Mechanismus dazu habe ich bereits einige Male genannt, naturwissenschaftlich macht er sich dadurch bemerkbar, dass wir nicht vorhersagen können, wie sich ein quantenmechanisches System verhalten wird. Und hier genügt es festzustellen, dass der Indeterminismus der Atome bei weitem nicht so machtlos ist, wie wir normalerweise denken. Christen, die die Befürchtung haben, dass diese Aussage in Bezug auf Gott zu schwach ist, unterschätzen den Einfluss, den diese Eigenschaft der Natur auf uns hat.

Für mich ist das Faszinierende an dieser Interpretation, dass es sich mit dem deckt, was ich mit Gott erlebt habe. Ich habe Gott bis heute noch nie in „massiven“ Wundern gesehen, wie dass eine Stimme vom Himmel dröhnt oder Dinge auf dem Wasser schweben oder so etwas. Ich würde auch heute noch extrem kritisch reagieren, wenn mir jemand so etwas vormachen würde. Publicityträchtige Großwunder auf Kommando sind einfach nicht Gottes Stil.

Stattdessen habe ich schon oft erlebt, wie Gott in der Stille, im Kleinen, auf ganz sanfte Art gehandelt hat und gerade dadurch große Dinge bewegt hat. Es war die minimale Sinnesänderung, es war die plötzliche Idee, es war das aus dem Nichts kommende Gefühl, es war die harmlose Begegnung, es war der einfache und kleine Umstand, der das Handeln Gottes nach meiner Erfahrung bis heute ausmacht und in dem er erkennbar ist oder aber auch geleugnet werden kann. Die Subjektivität des Glaubenslebens ist dadurch niemals durchbrochen worden, denn jeder, der Gott nicht sehen kann oder will, kann sich auf den allgegenwärtigen Zufall zurückziehen.

Damit integriert sich unsere Natursicht, die in den Naturwissenschaften zum Ausdruck kommt, in das Gottesbild, das ich entworfen habe. Auch fundamentale Konzepte des Christentums, wie die Willensfreiheit, werden hier berührt. Ich kann darauf leider nicht ausführlich eingehen, will mich aber auf die Frage konzentrieren, wie dieses Konzept in den Einzelheiten aussieht und welche Auswirkungen es für unser Thema Evolution und Schöpfung hat. Ich werde auch nicht darum herum kommen, die naturwissenschaftliche Sicht zu verlassen und zu theologischen Fragen überzugehen, denn hier liegen die hauptsächlichen Einwände, die die Kritiker dieser Sichtweise vorbringen.

6.3.2 Gottes normales Handeln in der Welt

Ich möchte das Bild, das ich oben entworfen habe, im Folgenden noch mit einigen Beispielen verdeutlichen. Dabei unterscheide ich zwischen Gottes normalem Handeln und dem nicht-normalen Handeln Gottes. Ich möchte damit zum Ausdruck bringen, dass ich nicht ausschließen kann und nicht ausschließen will, dass Gott auch ganz anders und ungewöhnlich handeln kann als wir es normalerweise erfahren. Ich habe schon oft Christen von Wundern erzählen hören und kann auch selber von wunderbaren Ereignissen reden. Aber so ein echtes, kerniges Wunder, das selbst einen gestandenen Atheisten auf die Knie treiben würde, das habe ich bisher weder selbst erlebt noch habe ich jemanden getroffen, der so etwas selbst erlebt hätte.

Auf der anderen Seite ist es meine tiefste Überzeugung, dass Gott ständig präsent ist, ständig handelt. Es geschieht also nicht nur nicht selten, dass Gott handelt, sondern es ist der Normalzustand. Warum merken wir dann so wenig davon? Eben darum, weil es normal ist. Wir Menschen können uns an Dinge so sehr gewöhnen, dass wir sie überhaupt nicht mehr wahrnehmen. Und wenn das Weltbild, etwas das wir ja alle haben, Gott nicht als normalen Teil der Umwelt sieht, dann wird Gott in diesen Dingen auch gar nicht wahrgenommen. Gehen wir aber von Gott als den Schöpfer und Erhalter dieses Universums aus, dann ergibt sich das folgende Gesamtbild, in dem sich die Naturwissenschaft und das tägliche Handeln Gottes gegenseitig ergänzen:

Gott als Schöpfer hat dieses Universum und alles darin erschaffen. Er gab dem Universum eine Struktur, in der alle Möglichkeiten, in die es sich entwickeln konnte, bereits enthalten waren. Dies setzt den Rahmen für die Naturwissenschaft, diese Struktur können wir mit unseren naturwissenschaftlichen Methoden erforschen. Über die Eigenschaften dieser Struktur waren viele Dinge von Beginn an feststehend. So waren die Naturkonstanten so, dass sich Sonnen, Planeten und schließlich Leben entwickeln konnten. Ich bin ziemlich zuversichtlich, dass die Entwicklung von Leben im Rahmen eines solchen Universums fast unvermeidbar war.

Ein Beispiel, das diesen Umstand verdeutlichen kann, sind die evolutionären Algorithmen für den Computer, von denen schon in Kapitel 4.4.3 die Rede war. Bei diesen Programmen entwerfen Menschen die Struktur. Sie legen die prinzipiellen Möglichkeiten an, in denen das Programm reagieren kann, legen die Art der Beziehungen und die Parameter der Wechselwirkung fest.

Man kann die Parameter und die Wechselwirkungen so festlegen, dass bestimmte Dinge mit Sicherheit berechnet werden, andere vielleicht nur mit geringer Wahrscheinlichkeit und wiederum andere gar nicht. Alle diese Möglichkeiten sind grundsätzlich in der Struktur des Programms angelegt. Bei den evolutionären Algorithmen ist es Teil der Programmierung, dass bestimmte Eigenschaften sich nur mit einer gewissen Wahrscheinlichkeit entwickeln und wir bei einem einzigen Lauf des Programms gar nicht so genau wissen, was herauskommt. Dieses Beispiel kann uns als Analogon dienen für unser Universum, das Gott so angelegt hat, dass alle Dinge, die entstanden sind, eben auch möglich waren. Insofern hat Gott von Beginn an alles geplant.

Wir Menschen benutzen das Computerprogramm, indem wir es immer und immer wieder laufen lassen und so statistische Schlussfolgerungen und Messungen machen, also Aussagen gewinnen können, die unabhängig sind von einzelnen Läufen. Lässt Gott auch ein Programm „Universum" immer und immer wieder laufen? Schon möglich, aber für uns irrelevant. Wir befinden uns hier und jetzt, in diesem Universum und in dieser Zeit.

Alles, was wir wissen können, ist, dass Gott uns vollständig in der Hand hält. Gott sorgt durch seine ständige Begleitung dafür, dass sich das Universum im Detail so entwickelt, wie er das will. Das Universum ist kein eigenständiges Objekt, es lebt in jedem Augenblick vom Handeln Gottes. Gottes normales Handeln geschieht innerhalb der Struktur, die er selber geschaffen hat. Er hat sich sozusagen die Spielräume gelassen, die er für seine tägliche Arbeit benötigt. Dies kommt in der naturwissenschaftlichen Betrachtung dieser Struktur dadurch zum Ausdruck, dass wir nicht vorhersagen können, wie solche Details tatsächlich laufen werden.

Das fing schon ganz zu Anfang an. Nach dem Urknall-Modell war die Materie in den ersten paar Jahren ziemlich gleichmäßig verteilt. Eine völlige Gleichmäßigkeit würde ein statisches Universum ergeben, denn wenn die Materie wirklich völlig gleichmäßig verteilt wäre, dann würde es keinen Punkt geben, wo die Gravitationskraft stärker wäre als anderswo und es würden sich keine Sonnen und keine Planeten und kein Leben ergeben. Doch die quantenhafte Natur der Elementarteilchen sorgt für etwas, was die Physiker Vakuumfluktuationen nennen. Selbst wenn Nichts da ist, gibt es etwas, weil aus dem Nichts ständig Teilchen entstehen und wieder vergehen. Im Mittel bleibt das Nichts Nichts, aber wenn diese Fluktuationen ein Gegenüber haben, mit denen sie wechselwirken können, dann haben sie Auswirkungen.

Dieses Phänomen sorgt dafür, dass es unmöglich ist, eine völlig gleich verteilte Materie im Raum zu haben. Durch die Vakuumfluktuationen entstehen Ungleichgewichte, die von der Gravitation sofort vergrößert werden.

Aus diesen Keimen des Ungleichgewichts entstehen Galaxien, Sonnen und schließlich Planeten. Und über diese „zufälligen" Fluktuationen ist auch unsere Erde entstanden mit einer Sonne und einer Atmosphäre und einer Temperatur, die die Entstehung des Lebens ermöglichte.

Naturwissenschaftlich ist es unmöglich, solche Details zu bestimmen. Wir können diese Fluktuationen durch die Messung der 3-Grad Hintergrundstrahlung studieren, wir können feststellen, dass die Fluktuationen so und so groß waren und die und die Verteilung hatten, aber einen Pfeil auf die Messungen malen und sagen „hier entstand die Erde", das gibt die Naturwissenschaft nicht her. Wir wissen nur an Hand der Randbedingungen, dass die Erde möglich war. Der, der dafür gesorgt, dass sie entstand, das war Gott.

Solche Phänomene durchziehen auch unser normales Leben. Was ich anziehe, welche Wege ich gehe, welche Entscheidungen ich treffe, das alles wird beeinflusst von einer Vielzahl von Faktoren, die nicht alle unter meinem Einfluss stehen. Manches ist mir sozusagen von Geburt an mitgegeben, wie die genetische Ausstattung oder das elterliche Umfeld, anderes suche ich mir mehr oder weniger aus, wie meine Freunde, anderes beeinflusse ich in starkem Maße selber, wie das, was ich aus meinen Möglichkeiten mache. Ich will hier betonen, dass ich es nicht so sehe, dass wir in allen Details von Gott bestimmt werden, ich sehe den Menschen als Abbild Gottes, der genau wie er einen Willen hat und Spielraum, ihn einzusetzen, aber dennoch bleiben viele Punkte, wo Gott uns beeinflussen kann, mit uns kommunizieren kann. Sei es durch eine Idee, einen Traum, ein Gefühl, all diese Dinge stellen Verbindungen dar, mit denen es Gott gelingt, uns zu beeinflussen.

Viele der Wunder, die von Christen berichtet werden, geschehen dadurch, dass „zufällige" Begegnungen, „zufällig" entstandene Gefühle oder „zufällige" Eingebungen das Handeln und Erleben von Menschen verändern. So war die Entwicklung, die dazu führte, dass ich damals diese Christen kennenlernte, die mich so sehr beeindruckten, dass ich anfing über die Existenz Gottes ernsthaft nachzudenken, gepflastert mit solchen „Zufälligkeiten". Ich wurde geradezu geführt, ohne es richtig zu merken. Dennoch war meine Entscheidung, Gottes Realität anzuerkennen, letztlich etwas, was ich selber tun musste. So liegen gerade bei uns Menschen Führung und Freiheit sehr eng beieinander.

Achtet man ein wenig auf all die Zufälligkeiten des Lebens, so merkt man, dass die Aussage, dass Gott in diesen Zufälligkeiten wirksam ist, alles andere als ein Zurückstufen Gottes ist. Tatsächlich ist es ein wirksames Steuerungsinstrument, das die Aussage, dass Gott das gesamte Universum in seinen Händen hält, lediglich unterstreicht. Dadurch dass die naturwissenschaftlichen Modelle diese Zufälligkeiten nicht einem Unwissen zuschreiben, sondern sie als grundsätzliche Eigenschaft des Universums erkennen, wird die Naturwissenschaft zu einem natürlichen Teil des Bildes. Eine Gegnerschaft zwischen Glaube und rationaler Erkenntnis ist damit endgültig der Boden entzogen.

6.3.3 Nicht-normales Handeln Gottes

Das Bild vom normalen Handeln Gottes schließt nicht aus, dass es nicht auch nicht-normales Handeln Gottes geben würde. Auch hier gibt es eine Eigenschaft naturwissenschaftlichen Beschreibens, die verhindert, das wir ein solches Handeln ausschließen können, die Wiederholbarkeit. Für eine naturwissenschaftliche Beschreibung ist es notwendig, dass der Vorgang, den wir beschreiben wollen, wiederholbar ist. Ist er das nicht, können die Zeugen, die den Vorgang bezeugen können, noch so glaubwürdig sein, er kann und darf nicht in eine naturwissenschaftliche Beschreibung einfließen.

Nehmen wir ein simples Beispiel aus der Bibel. Dort wird in den Evangelien berichtet, dass Jesus einmal über das Wasser des Sees Genezareth gelaufen ist, während die Jünger mit dem Boot unterwegs waren. Er hat sogar Petrus dazu verholfen, dasselbe zu tun. Was sollen wir von einer solchen Geschichte halten?

Bevor man sich als Naturwissenschaftler darüber ein Urteil erlaubt, muss man erst einmal wissen, was denn passiert, wenn sich ein Mensch auf eine Wasseroberfläche stellt. Ich mache mir also ein Modell und sage mit dem Modell voraus, dass ein Mensch bei normalem Gewicht und mit normalen Füßen von der Oberflächenspannung von Wasser nicht gehalten werden kann. Ich jage Horden von Menschen auf das Wasser und stelle fest, dass sie alle nicht auf dem Wasser laufen können. Naturwissenschaftlich ist die Sache damit klar. Vom Modell, den Experimenten und den Vorhersagen her kann man unter normalen Umständen nicht auf dem Wasser laufen. Unnormale Umstände gibt es viele, wie spezielle Fußbekleidung (Schwimmschuhe) oder ein sehr hoher Salzgehalt oder eine starke Aufwärtsströmung usw. Aber normalerweise geht das eben nicht.

Heißt das nun, dass man die Erzählung in der Bibel als Erfindung, als Mythos, als Einbildung abtun muss? Nicht unbedingt. Denn Gott hat die Möglichkeit eben auch unnormal zu handeln, das ist das, was man gemeinhin als Wunder bezeichnen würde. Wenn ich auf den Begriff des Natur**gesetzes** verzichte kann ich einzelne Wunder nicht ausschließen, da die Naturwissenschaft ausschließlich wiederholbare Vorgänge betrachten kann. Ist ein Vorgang aus Menschensicht nicht wiederholbar, dann wird er schlicht und ergreifend von der Naturwissenschaft nicht betrachtet.

Tatsächlich ist die Sache nicht ganz so einfach. Auch in der Naturwissenschaft werden Prozesse betrachtet, die extrem selten sind. So ist nach allem, was wir heute wissen, das Proton, der Hauptbestandteil eines Atomkernes, ein stabiles Elementarteilchen. Es wurde bis heute auch noch niemals festgestellt, dass ein Proton tatsächlich zerfällt. Dennoch gibt es einige Gründe anzunehmen, dass das Proton doch instabil ist und irgendwann einmal zerfallen wird. Doch wenn es zerfällt, ist die Halbwertszeit, also die Zeit nach der es mit einer Wahrscheinlichkeit von 50 % zerfallen ist, extrem groß, größer als die Lebensdauer des Universums.

Es kann also sein, dass einzelne Experimente schon einmal irgendwann einen Zerfall eines Protons gesehen haben. Aber weil die Situation nicht wiederholbar war, musste man davon Abstand nehmen, einen solchen Fall als naturwissenschaftlich relevant anzusehen. Findet man aber ein Modell, das sich als korrekt erweist, indem es die Umstände, unter denen ein Proton zerfällt, gut beschreibt, so kann man ein Experiment entwickeln, das den Zerfall des Protons wiederholbar zeigt und dieser Prozess kann trotz seiner extremen Seltenheit nachgewiesen werden.

Das Beispiel zeigt, dass es manchmal nur Unwissen ist, was einen von einem naturwissenschaftlich beschreibbaren Prozess trennt. Im Falle des in der Bibel beschriebenen Wunders, sei es der Gang auf dem Wasser oder sei es die Auferstehung von den Toten, wissen wir schlicht nicht, ob hier Unwissen über die Umstände uns von einer Wiederholung abhalten oder nicht. Das ist gerade der Clou eines Weltbildes, das auf Glauben beruht: Es kann nicht naturwissenschaftlich beurteilt werden.

Man wird einwenden, dass ein solches Denken ja alle Türen aufreißt. Es gibt nichts mehr, was der Phantasie des Menschen Einhalt gebieten könnte, was die Kopplung an die Realität in irgendeiner Weise sicherstellt. Wenn wir solche Dinge zulassen, bricht das gesamte Universum zusammen.

Prinzipiell ist das richtig, aber wir sind durchaus in der Lage, unserer Phantasie auch hier Fesseln anzulegen, auch wenn sie nicht ganz so streng sind, wie wenn wir Naturwissenschaft betreiben. Zwei Punkte sind es, die auch bei einem Glauben an die Wunderkraft Gottes, dem Chaos Einhalt bieten.

Einmal ist es der Punkt, dass wir hier ein unnormales Verhalten Gottes vorliegen haben. Gott hat sich sein Universum gerade so konstruiert, dass er nicht ständig die Regeln brechen muss, sondern dass er lenken kann, ohne Sand ins Getriebe zu streuen. Damit hat er es nicht nötig, sich ständig außerhalb seines selbst gesetzten Rahmens zu bewegen. Das ist anders als bei dem Bild des Universums als Maschine, wo Gott ununterbrochen in seiner

Maschinerie herumpfuscht.

Wir können ein unnormales Verhalten Gottes nicht ausschließen, wir können uns aber darauf einlassen, auf sein normales Verhalten zu vertrauen, was sich z. B. darin äußert, dass eben doch jeden Tag die Sonne aufs Neue am Horizont erscheint. Die Struktur seines normalen Handels kann über die Naturwissenschaft erfasst werden und hier gelten strenge Regeln der Objektivität und der Logik. Insofern begrenzen die Naturwissenschaft die Ausflüge der Phantasie.

Nehmen wir als Beispiel eine Idee, die in kreationistischen Kreisen sehr beliebt ist. Gott könnte durch ein unnormales Verhalten, durch ein Wunder, die Lichtgeschwindigkeit hochschrauben. Doch durch die Struktur seines Universums ist dieser Wert verknüpft mit einer großen Anzahl von Prozessen und Phänomenen, die sich schlicht und ergreifend anders verhalten, wenn die Lichtgeschwindigkeit anders ist.

Diese können wir prüfen und wenn diese ganzen Prozesse alle keine Hinweise auf eine erhöhte Lichtgeschwindigkeit ergeben, dann können wir zwar diese Behauptung immer noch nicht ausschließen – in dieser Form ist sie ja keine naturwissenschaftliche Aussage, sondern eine weltanschauliche – aber wir können konstatieren, dass sich Gott entweder gründlich und vollständig anders verhält, er hat sozusagen ein neues Universum in Kraft gesetzt, oder diese Spekulation ist schlicht und ergreifend falsch. Ein Mitteldingm, ein lokales und begrenztes unnormales Verhalten Gottes, können wir ausschließen.

Die zweite Bremse für die Phantasie ist die Theologie. Theologie ist zwar eine Geisteswissenschaft, aber eben auch eine Wissenschaft. Innerhalb einer Wissenschaft bewegen wir uns in einem menschlichen Rahmen, in vereinbarter Methodik. Das gibt zwar nicht die Objektivität einer Naturwissenschaft, schränkt aber die subjektiven Phantasien ein, denn innerhalb der Theologie arbeiten verschiedene Menschen und verschiedene Generationen daran, Gott zu verstehen und das, was sich herausschält, ist sozusagen die Zusammenfassung der verschiedenen subjektiven Wahrnehmungen von Gott. Das ist das Beste, was man in diesem Feld der Weltanschauungen erreichen kann.

Natürlich gibt es auch innerhalb der Theologie verschiedene Auffassungen und sich ändernde Konzepte, aber innerhalb eines gegebenen Konzeptes kann man quasi objektiv arbeiten, indem man über verschiedene Individuen hinweg Spielregeln für die Betrachtung von Gottes Wirken aufstellt. Damit stellt man sich in eine Denktradition, in der man zwar neue Sichtweisen entwickeln kann, so wie ich es hier auch tue, wo man aber nicht völlig losgelöst von der Sichtweise anderer Menschen im leeren Raum schwebt.

Als Quintessenz kann man konstatieren, dass man als Christ – oder auch allgemein als Glaubender – zwar immer mit dem Einbruch des Ungewöhnlichen, des Wunderbaren in diese Welt rechnen muss, dass man aber diese Sicht nur sehr vorsichtig und mit Bedacht benutzen darf. Nur so gelingt es, die Bodenhaftung zu wahren und sich vor Beutelschneidern und Betrügern zu schützen, die solche Sichtweisen sehr oft zu ihrem eigenem Vorteil zu nutzen wissen. Ich habe des Öfteren Menschen getroffen, die sich nur auf die Wunder Gottes, auf das Ungewöhnliche und auf das Unnatürliche konzentriert haben. Solche Menschen waren meist sehr leicht beeinflussbar und manipulierbar. Doch Gott will, dass wir selbstbestimmt und eigenverantwortlich unser Leben gestalten und das gelingt nur mit einer guten Portion Nüchternheit.

6.3.4 Zusammenfassung

Der Indeterminismus, den die Physik des letzten Jahrhunderts als zentralen Bestandteil der Natur aufgedeckt hat, bietet eine logische und durchgreifende Möglichkeit, Gottes normales Handeln in diesem Universum zu verstehen und einzuordnen. Indem Gott zu jedem Zeitpunkt den Zustand des Universums festlegt, hat er wirklich alle Dinge in diesem Universum in seiner Hand. Dieser Einfluss geschieht nicht ohne Struktur, nicht ohne, dass Gott selbst der Willkür Schranken setzt. Diese Struktur können wir in der Naturwissenschaft erforschen und als Grundlage für unsere Modelle nehmen. Aber diese Struktur ermöglicht es uns nicht, Gott sozusagen festzunageln, er hat nach wie vor mehr Möglichkeiten als wir uns normalerweise vorstellen können.

Der wesentliche Punkt in diesem Weltbild ist, dass damit der Gegensatz zwischen Naturwissenschaft und Glaube verschwindet. Naturwissenschaft wird in das Handeln Gottes mit einbezogen und das Handeln Gottes wird zu etwas, womit auch jemand, der die Naturprozesse in all ihrer Breite beschreibt, rechnen kann.

6.4 Die Bibel und das normale Handeln Gottes

Bei der Diskussion um Evolution und Schöpfung ist oft die Diskussion um das Verständnis der Bibel der Hauptpunkt. Menschen, die die Schöpfung betonen wollen, legen die biblischen Texte ganz anders aus als Menschen, die das Wirken der Evolution in den Vordergrund schieben. Das muss noch nicht einmal so weit gehen, dass man wie die Kurzzeit-Kreationisten die Naturwissenschaft theologisch-dogmatisch bestimmen will. In diesem Kapitel will ich darstellen, wie das Weltbild, das ich in den letzten Kapiteln entwickelt habe, in das passt, was in der Bibel erzählt und ausgesagt wird.

6.4.1 Was ist die Bibel?

Nachdem ich oben versucht habe, die Realität Gottes mit unserem naturwissenschaftlichen Denken in Einklang zu bringen, will ich mich jetzt auf die spezifisch christlichen Fragen konzentrieren, die sich daraus ergeben. Nicht jeder, der Gott als Realität anerkennt, nennt sich Christ oder sollte sich Christ nennen. Die Anzahl der möglichen Glaubensrichtungen ist sehr groß, aber wie ich in Kapitel 6.1.4 schon erläutert habe, ist mein Weg der des Christentums. Bevor ich in die Frage einsteige, was die Bibel in diesem Zusammenhang bedeutet, will ich kurz erklären, was ich unter einem Christen verstehe.

Jemand sollte sich nur dann ehrlicherweise Christ nennen, wenn sich sein Glaube zentral auf die Person Jesu Christi bezieht. Allein zu sagen, dass Gott Realität ist, macht einen noch nicht zu einem Christen, höchstens zu einem Zeugen Gottes. Auch ethisches Verhalten, bestimmte Traditionen oder Geisteshaltungen definieren keinen Christen. Je nach Prägung kann das auch ein Moslem, ein Jude, ein Hindu oder ein Anhänger einer Naturreligion sein. Christen zeichnen sich dadurch aus, dass für sie in Jesus Christus die entscheidende Verbindung zu Gott auf die Erde gekommen ist. Ein Christ sieht allein in Jesus den Weg, um zu Gott zu gelangen. Wer Jesus als seinen Herrn ansieht, der ist Christ, unabhängig von kirchlicher Bindung, gottesdienstlicher Tradition oder theologischer Ausrichtung. Sogar die Frage um Evolution oder Schöpfung ist irrelevant bei der Frage nach dem Christsein.

Das Christentum ist eine Buchreligion. Es dreht sich um die Bibel als der zentralen Offenbarung von dem, was Gott ist, was Gott tut und was Gott will. Das heißt, dass die Bibel für jeden Christen, egal welcher Couleur, eine wesentliche Rolle spielen muss. Die Diskussionen, die sich in der Theologie und in den Gemeinden ergeben, drehen sich in der Regel um die Auslegung dessen, was wir in der Bibel lesen und welche Bedeutung dies für unser tägliches Leben hat.

Bei der Auslegung haben sich über die Jahrhunderte viele verschiedene Richtungen ergeben und jede Generation legt die Bibel in ihrem Zeitkontext aus. Das ist einfach eine Folge davon, dass die Bibel in natürlicher Sprache geschrieben ist und man daher mit ihr nicht mit der Logik und der Strenge arbeiten kann, wie mit einer mathematischen Abhandlung. Die einfache Beobachtung, dass sich aus der Bibel höchst unterschiedliche Auslegungen ergeben können, ist damit eigentlich hinreichend erklärt. Es ist schlicht eine Schwäche der menschlichen Sprache.

Doch für einen Christen ist die Bibel mehr als ein Buch in menschlicher Sprache. Es ist die Offenbarung Gottes, enthält also wesentliche Aussagen über die Natur und den Willen Gottes. Gottes Möglichkeiten sind ja so ziemlich unendlich, da liegt es nahe zu vermuten, dass die Bibel mehr ist als ein Buch mit menschlichen Schwächen.

Eine Auslegungstradition – und gerade die Kurzzeit-Kreationisten vertreten diese – sieht in der Bibel eine wörtlich zu nehmende, direkte Botschaft von Gott. Diese Sicht, die streng genommen ein Dogma darstellt, ist so stark, dass sich ihr alles unterordnen muss, insbesondere auch die Natursicht, die ein Mensch haben kann. Daraus folgt der Drang der Menschen, die diesem Dogma folgen, Aussagen, die in der Bibel zu finden sind, auch als Dogma für naturwissenschaftliche Betrachtungen zu nehmen, ein Vorgehen, dass sich mit den naturwissenschaftlichen Grundprinzipien nicht vereinbaren lässt, wie ich in Kapitel 5.1 gezeigt habe.

Trotz dieser Auslegungstradition ist es möglich, dass sogar Kurzzeit-Kreationisten der Naturwissenschaft gegenüber positiv eingestellt sind. Sie würden sich sehr freuen über naturwissenschaftliche Modelle, vorausgesetzt diese ergeben genau das Ergebnis, das sie dogmatisch vorschreiben. Die Ergebnisse, die diese Menschen gerne haben wollen, nehmen sie aus der Bibel und die Güte eines naturwissenschaftlichen Modells wird dann eben zusätzlich zu den übrigen Kriterien daran gemessen, ob es diese gewünschten Ergebnisse produziert oder nicht. Mit so einem Denken ist der Konflikt mit den Naturwissenschaften vorprogrammiert und es hat sich über die Jahrhunderte ein Gegensatz entwickelt.

Das zeigt, dass letztlich das Verständnis der Bibel hinter dem Konflikt zwischen Evolution und Schöpfung steht. Im allgemeinen Denken hat sich dies teilweise sogar noch weiter entwickelt: Ist das wörtliche Verständnis der Bibel wahr, dann akzeptiert man Gott, zeigt sich aber, dass das wörtliche Verständnis der Bibel nicht korrekt ist, dann wird Gott gleich mit über Bord geworfen und seine Existenz für nichtig erklärt.

Für jemanden, der mit den Naturwissenschaften vertraut ist und der sich auch noch daran erinnern kann, wie man als Atheist denkt, ist ein solcher Gegensatz nicht akzeptabel. Nachdem sich gezeigt hat, dass die Naturwissenschaft Gott grundsätzlich nicht verneinen kann, bleibt die Frage, ob eine Auslegungstradition, die jegliches Ergebnis der Naturwissenschaft unter einen dogmatischen Zwang stellt, nicht ebenfalls überwunden werden kann und muss. In den letzten hundert Jahren hat sich die Naturwissenschaft für Gott geöffnet, wäre es da nicht auch sinnvoll, die Theologie, das Verständnis von Gott, für die Naturwissenschaft zu öffnen?

Natürlich hat die Theologie in den letzten 150 Jahren diesen Schritt auch getan. Angefangen mit Teilhard de Chardin, über die historisch-kritische Methode in der Theologie, hat sich in der katholischen und evangelischen Kirche schon längst ein Denken etabliert, das sich von einem dogmatischen Verständnis der biblischen Texte löst und damit den Ergebnissen der Naturwissenschaft Raum gibt, unabhängig von Vorgaben, die man aus der Bibel herausliest. Ich werde genau diesen Leitlinien in den nächsten Kapiteln folgen.

Dabei muss man sich klar machen, dass ein solcher Versuch, ein Verständnis der Bibel zu finden, das mit den Ergebnissen der Naturwissenschaft kompatibel ist, einer Gratwanderung gleichkommt. Die Versuchung, einzelne biblische Texte einfach beiseite zu schieben, ist sehr groß – was man schon daran sieht, dass selbst diejenigen, die ein wörtliches Verständnis der Bibel propagieren, einzelne Texte in ihren Aussagen beiseite schieben und nicht wörtlich nehmen.

Man muss sich dabei aber im Klaren darüber sein, dass die verschiedenen Wege, Gott zu verstehen allesamt menschliche Wege sind. Genauso wie unsere Vorfahren in einzelnen Punkten irrten, so können wir – und auch ich – heute in einzelnen Punkten irren. Wenn es gegensätzliche und unvereinbare Interpretationen der Bibel gibt, dann liegt das nicht daran, dass Gott gleichzeitig so verschieden ist, sondern dass wir Menschen eben nur ein begrenztes Verständnis von Gott haben und daher zu unterschiedlichen Ergebnissen kommen. Es wäre vermessen von jedem, auch von mir, zu behaupten, man hätte die endgültige Interpretation gefunden. Aber das ist eine Unsicherheit, die jeder von uns hat, auch derjenige, der absolut sicher ist, die ganze Wahrheit erkannt zu haben.

6.4.2 Wie können wir die Bibel verstehen?

Geht man an die Bibel heran und versucht, die Bedeutung der Texte für sich und unser Leben zu entschlüsseln, so spielt die Grundhaltung des Glaubens zunächst die entscheidende Rolle. Als ich noch Atheist war, habe ich die Bibel mit völlig anderen Augen gelesen als ich das heute tue, wo mir die Realität Gottes und seine Liebe klar geworden sind. Als Atheist waren die Texte für mich lediglich mythologische Geschichtstexte mit altertümlicher Kultur vermischt – interessant nur zum Studium der kulturellen Wandlungen der westlichen und nahöstlichen Zivilisation. Als Christ sehe ich, dass die Bibel die Geschichte Gottes mit den Menschen der westlichen Hemisphäre erzählt. Zunächst die Geschichte mit einzelnen Menschen wie Noah, Abraham oder Moses, dann die Geschichte eines einzelnen Volkes, Israel, und schließlich die Geschichte Jesu Christi des Erlösers, der die Bedeutung der früheren Geschichten auf die gesamte Menschheit ausgedehnt hat.

Diese vielen Geschichten sind von Menschen aufgeschrieben worden. Manchmal waren es die Menschen, die die Erlebnisse direkt mit Gott hatten, wie der Prophet Jeremia bzw. sein Schreiber Baruch oder der neutestamentliche Evangelist Lukas oder der Apostel Paulus. Manchmal waren die Geschichten jahrhundertelang mündlich überliefert worden, bevor sie von anonymen Schreibern aufgeschrieben wurden, wie die Bücher des Moses oder der Chroniken der Könige von Israel. Aber immer waren es Menschen, die die Schriften erzeugten, das wird in vielen der Geschichten auch ausdrücklich bezeugt.

Wenden wir das Modell an, das ich bisher von dem Zusammenhang zwischen Gott und dem Universum entwickelt habe, so geschieht etwas, was ich bereits weiter oben angemerkt habe. Gott nimmt Einfluss auf die Menschen, schenkt ihnen Inspiration, Ideen, Gedanken. Auf diese Weise war das, was die biblischen Schreiber aufschrieben, Offenbarung Gottes, ja sogar Wort Gottes.

Doch dieser Einfluss hatte dabei immer bestimmte Eigenschaften, die sich auch heute immer wieder feststellen lassen. Diese Eigenschaften kommen bei den Formulierungen der biblischen Texte zum Tragen und können dort eindeutig beobachtet werden. Diese Eigenschaften sind wie folgt:

- Der Einfluss Gottes passiert im Prinzip nur freiwillig, das heißt, er wirkt nur dann wirklich, wenn sich der Schreibende für das öffnet, was Gott ihm sagen will. Das bedeutet, dass die Schreiber keine Schreibsklaven waren und nicht wie unter einem äußeren Zwang nur das schrieben, was Gott ihnen aufgetragen hatte.
- Der Einfluss Gottes ist in der Regel unkonkret. Das heißt, man bekommt eine Idee, ein Gefühl für das, was man schreiben soll, man weiß das Ziel, man weiß den Gegenstand, man weiß die wichtigen Punkte, aber formu-

lieren, konkret schreiben, muss man immer noch selber.

- Der Einfluss Gottes arbeitet mit den Vorstellungen des beeinflussten Menschen. Das heißt, man kann nichts schreiben, was nicht letztlich aus einem selber erwachsen kann. Die gesellschaftlichen, politischen, kulturellen und weltanschaulichen Hintergründe des Schreibers fließen in das hinein, was er schreibt. Damit bleibt es immer noch Gottes Botschaft, aber in den Worten und Bildern fließt der zeitliche Hintergrund des Schreibers mit hinein.

Diese Eigenschaften werden von einigen Christen nicht so gesehen. Die Punkte oben folgen hier bei mir aus der Art und Weise, wie Gott mit seinem Universum arbeitet. Gerade Kurzzeit-Kreationisten stehen oft auf dem Standpunkt, dass die Bibel Wort für Wort allein von Gott stammt und dass die Vorstellung des Schreibers keine Rolle spielte. Damit wäre die Bibel allein eine Schöpfung Gottes und insbesondere auch die Weltanschauungen, die dort zum Ausdruck kommen, wären die Weltsicht Gottes und nicht die Weltsicht der Schreiber.

Eine solche Vorstellung führt dann dazu, dass es immer unsere Weltsicht ist, die falsch ist, wenn sie der Weltsicht, wie sie in der Bibel zum Ausdruck kommt, widerspricht und sie führt auch zu dem Versuch, diese Weltsicht den naturwissenschaftlichen Ergebnissen überzustülpen, mit anderen Worten, sie führt zum Kurzzeit-Kreationismus. Die Aussagen der Kurzzeit-Kreationisten sind nur dann verständlich, wenn man sie im Licht dieser biblische Interpretation sieht, was wiederum zeigt, dass Intelligent Design oder der Kurzzeit-Kreationismus heutiger Machart eben keine naturwissenschaftlich begründete Sicht sind, sondern eine Sonderform des biblischen Verständnisses.

Nimmt man aber die Eigenschaften, die ich genannt habe, ernst, dann führen sie in direkter Weise zu dem Verständnis der Exegese, wie sie heute in den großen Kirchen gang und gäbe ist. Die historisch-kritische Methode hat es sich zur Aufgabe gemacht, das, was Gott den Menschen vermitteln wollte, von dem zu unterscheiden, was an menschlichen Formulierungen in die biblischen Texte eingeflossen ist. Ich finde nicht alles gut, was im Rahmen dieser Methode erarbeitet wurde, aber letztlich ist es die Methode, mit der man ein Verständnis der Texte erreichen kann, das auch heute noch die Menschen ansprechen und überzeugen kann.

Ich möchte diese Sichtweise an zwei Beispielen erläutern, die zeigen sollen, was ich meine, wenn ich im Folgenden öfter einmal betone, dass ich die Sicht der biblischen Schreiber von der Botschaft Gottes unterscheiden möchte, die in diesen Texten mit enthalten ist.

Beispiel: Das Thema Sklaverei

Das erste Beispiel ist die Sicht der Bibel zum Thema Sklaverei. Sklaverei war zu den Zeiten, in denen die Bibel aufgeschrieben wurde, ein ganz normaler Bestandteil des täglichen Lebens, angefangen bei den Patriarchen der Zeit vor Moses bis hin zu der Zeit als Johannes seine Offenbarung verfasste. Die Sklaverei war so sehr in das gesellschaftliche und wirtschaftliche Leben integriert, dass sich kaum jemand vorstellen konnte, dass Sklaverei etwas Unrechtes wäre.

Tatsächlich ruft die Bibel nirgendwo zu einer Abschaffung der Sklaverei auf. Das ist so ungeachtet der Tatsache, dass den Menschen auch damals bewusst war, dass es Unrecht ist, wenn man einen Sklaven unmenschlich behandelt. Und tatsächlich ruft die Bibel sehr wohl zu einem verantwortungsvollen Umgang mit der Sklaverei auf, dazu, mit den Menschen eben menschlich umzugehen. Das fängt bereits in den Büchern des Moses an und zieht sich quer durch die gesamte Bibel.

Die erste Stelle zur Sklaverei findet sich schon im 2. Mose 21, 2-11 direkt nach den zehn Geboten. Hier geht es um hebräische Sklaven, also um Sklaven, die aus dem Volk Israel kamen:

> *„Wenn du einen hebräischen Sklaven kaufst, so soll er dir sechs Jahre dienen; im siebenten Jahr aber soll er freigelassen werden ohne Lösegeld. Ist er ohne Frau gekommen, so soll er auch ohne Frau gehen; ist er aber mit seiner Frau gekommen, so soll sie mit ihm gehen. Hat ihm aber sein Herr eine Frau gegeben und hat sie ihm Söhne oder Töchter geboren, so sollen Frau und Kinder seinem Herrn gehören, er aber soll ohne Frau gehen. Spricht aber der Sklave: Ich habe meinen Herrn lieb und mein Weib und Kind, ich will nicht frei werden, so bringe ihn sein Herr vor Gott und stelle ihn an die Tür oder den Pfosten und durchbohre mit einem Pfriemen sein Ohr, und er sei sein Sklave für immer.*
>
> *Verkauft jemand seine Tochter als Sklavin, so darf sie nicht freigelassen werden wie die Sklaven. Hat ihr Herr sie für sich genommen und sie gefällt ihm nicht, so soll er sie auslösen lassen. Er hat aber nicht Macht, sie unter ein fremdes Volk zu verkaufen, nachdem er sie verschmäht hat. Hat er sie aber für seinen Sohn bestimmt, so soll er nach dem Recht der Töchter an ihr tun. Nimmt er sich aber noch eine andere, so soll er der ersten an Nahrung, Kleidung und ehelichem Recht nichts abbrechen. Erfüllt er an ihr diese drei Pflichten nicht, so soll sie umsonst freigelassen werden, ohne Lösegeld" (2. Mose 21, 2-11).*

Man kann der Stelle entnehmen, dass es offenbar nicht verboten ist, Sklaven zu haben oder sogar seine Tochter als Sklavin zu verkaufen. Die Stelle regelt vielmehr das Rechtsverhältnis zwischen Sklavenbesitzer und Sklaven oder Sklavin. Sie sichert den Sklaven ein Lebensrecht und ein gewisses Selbstbestimmungsrecht zu. Diese Einstellung wird noch klarer aus 3. Mose 25, 44-46. Dort wird Sklaverei explizit erlaubt:

> *„Willst du aber Sklaven und Sklavinnen haben, so sollst du sie kaufen von den Völkern, die um euch her sind, und auch von den Beisassen, die als Fremdlinge unter euch wohnen, und von ihren Nachkommen, die sie bei euch in eurem Lande zeugen. Die mögt ihr zu eigen haben und sollt sie vererben euren Kindern zum Eigentum für immer; die sollt ihr Sklaven sein lassen. Aber von euren Brüdern, den Israeliten, soll keiner über den andern herrschen mit Härte" (3. Mose 25, 44-46).*

Die Erlaubnis bezieht sich ausschließlich auf nicht-israelische Menschen, im Zusammenhang wird aber die Existenz auch israelischer Sklaven zugestanden. So weit die Sicht des alten Testaments. Wie sieht es nun im neuen Testament aus? Hier stammen die wichtigsten Stellen aus den Haustafeln, also den Stellen in den Briefen, die sich auf das Zusammenleben zwischen den Menschen beziehen. Im Allgemeinen werden die Sklaven nach der Erwähnung des Verhaltens von Eheleuten und dem von Eltern und Kindern genannt. Als Beispiel sei Eph 6, 5-9 zitiert:

> *„Ihr Sklaven, seid gehorsam euren irdischen Herren mit Furcht und Zittern, in Einfalt eures Herzens, als dem Herrn Christus; nicht mit Dienst allein vor Augen, um den Menschen zu gefallen, sondern als Knechte Christi, die den Willen Gottes tun von Herzen. Tut euren Dienst mit gutem Willen als dem Herrn und nicht den Menschen; denn ihr wisst: Was ein jeder Gutes tut, das wird er vom Herrn empfangen, er sei Sklave oder Freier. Und ihr Herren, tut ihnen gegenüber das Gleiche und lasst das Drohen; denn ihr wisst, dass euer und ihr Herr im Himmel ist, und bei ihm gilt kein Ansehen der Person" (Eph 6, 5-9).*

Hier kommt dasselbe heraus wie bei den alttestamentlichen Stellen. Die Sklaverei wird als Fakt akzeptiert, es geht darum, in diesem Fakt des Lebens die richtige Einstellung zu finden. Demgemäß ist es auch kein Wunder, dass die Christen über lange Jahrhunderte hinweg keinen Anlass gesehen haben, die Sklaverei abzuschaffen. Dies ist erst im 19. Jahrhundert geschehen, als sich die Weltsicht der Christen unter dem Einfluss des Humanismus wandelte. In dieser Situation waren es dann Christen wie der Vater des in Kapitel 2.2.2 erwähnten Bischofs Wilberforce, die vehement für die Abschaffung der Sklaverei kämpften. Erst im Rahmen der veränderten Weltsicht wurde ihnen klar, dass das Grundgebot der Liebe des neuen Testaments klar gegen die Handlung, Menschen als Sklaven zu halten verstößt.

Nimmt man die Bibel als wörtliches Reden Gottes, so dürfte kein Christ etwas gegen die modernen Formen der Sklaverei, die es auch in unserer Welt heute gibt, unternehmen. Lediglich Überwachungsfunktionen, um sicherzustellen, dass die Sklaven auch korrekt behandelt werden, wären erlaubt. Aber auch und gerade die Christen, die im Kampf gegen die Evolutionstheorie auf einer wörtlichen Interpretation der Bibel bestehen, haben keine Probleme damit, die Verhinderung der Sklaverei als ein wichtiges christliches Ziel zu erkennen und zu bejahen, das aus dem Doppelgebot der Liebe folgt. Aber mit dieser Art der Interpretation der Bibel bleibt es eine sehr schwierige Frage, warum Gott in seiner Bibel die Sklaverei nicht schlichtweg verboten hat. Es gibt eine Menge wesentlich harmlosere Dinge, die in den Gesetzen des alten Testamentes verboten sind. Für einen alles wissenden Gott, der die Bibel selbst geschrieben hat, wäre es ein Leichtes gewesen, diese Unmenschlichkeit einfach vom Tisch zu wischen.

Aber wenn man das Verständnis der Bibel zugrunde legt, das ich hier vertreten möchte, ist es ohne Schwierigkeiten verständlich, dass Gott zu allen Zeiten den Gedanken transportiert hat, dass es Unrecht ist, Menschen zu Sklaven zu machen. Aber in früheren Zeiten war Sklaverei ein dermaßen selbstverständlicher Teil des täglichen Lebens, dass diejenigen, die versuchten, auf Gott zu hören, eben nur begreifen konnten, dass es Unrecht ist, Sklaven schlecht zu behandeln. Für die Abschaffung der Sklaverei musste die Menschheit erst noch kulturell und gesellschaftlich reifen.

Mit diesen Aussagen ist es auch möglich anzuerkennen, dass die zitierten Stellen in der Bibel für ihre Zeit tatsächlich ausgesprochen revolutionär waren. Aus Gottes Sicht, der die Entwicklung der gesamten Menschheit überblicken kann, sind diese Aussagen lächerlich gegenüber dem Anspruch, den Gott tatsächlich hat, aber für die Menschen, die diese Worte zu einer Zeit aufgeschrieben haben, wo noch ganz andere Dinge tägliche Sitte waren, waren das ganz erhebliche Meilensteine auf dem Weg zu dem menschenrechtsgeprägten Denken von heute.

Beispiel: Die Entmythologisierung

Ein Beispiel in die andere Richtung wäre das Konzept der Entmythologisierung. Unter diesem Stichwort entstand im letzten Jahrhundert eine theologische Denkrichtung, die es sich auf die Fahnen geschrieben hatte, die Wundererzählungen der Bibel dem modernen Menschen schmackhaft zu machen. Diese Denkrichtung entstand unter dem Eindruck eines Verständnisses von Naturgesetzen, das heute eigentlich als veraltet bezeichnet werden muss.

In der Bibel wird an vielen Stellen von Wundern berichtet. Im alten Testament ist hier besonders der Prophet Elia zu nennen, im neuen Testament sind die Evangelien voll dieser Erzählungen, in denen das Wetter Jesus aufs Wort gehorcht, Kranke in Minutenschnelle geheilt werden und vielerlei andere Wunder geschehen, die die Bibel als Zeichen des Wirkens Gottes interpretiert. Nach altem Verständnis der Naturvorgänge waren solche Wunder schlicht unmöglich. Benutzt man das Wort Naturgesetz und fordert indirekt, dass es keinerlei Ausnahme zum Regelverhalten geben darf, dann folgt daraus, dass diese Wunder eben niemals passiert sein können.

Die Entmythologisierung ist der Versuch, diese Sichtweise zu berücksichtigen und in die Betrachtung der Bibel zu integrieren. Das Argument ist, dass es eben nicht darauf ankommt, dass all das, was die Bibel erzählt, tatsächlich stattgefunden hat, sondern nur auf den Glauben daran. Glaube an etwas und die Frage, ob es denn real gewesen ist, wird zur Nebensache, die wir ignorieren können. Es kommt nicht darauf an, dass Jesus tatsächlich Kranke geheilt hat, sondern darauf, dass wir uns im Glauben an Jesus unserer eigenen Krankheit nicht ergeben. Es kommt nicht darauf an, dass Jesus tatsächlich gestorben ist, sondern dass wir im Glauben an Jesus eine Hoffnung für diese Welt haben usw.

Auf diese Weise versucht die Theologie den Menschen einen Glauben schmackhaft zu machen, den sie selbst schon längst verloren hat. Denn die ganze Argumentation der Entmythologisierung atmet die Aussage: „Ja, das sind alles keine real passierte Geschichten." Und da eine Theologie ohne Gott eben auch sehr schnell das Fußvolk der Gläubigen verliert, man aber seinem seelsorgerischen Anspruch gerecht werden möchte, singt man das hohe Lied des Glaubens.

Paulus hat auf diese Art des Denkens ein sehr gutes Argument gebracht, denn so neu diese Theologie auch ist, so sehr ist das Denken, das sich dahinter verbirgt, bereits in den Urgemeinden vorzufinden. In 1. Kor 15, 12-19.32 schreibt Paulus:

„Wenn aber Christus gepredigt wird, dass er von den Toten auferstanden ist, wie sagen dann einige unter euch: Es gibt keine Auferstehung der Toten? Gibt es keine Auferstehung der Toten, so ist auch Christus nicht auferstanden. Ist aber Christus nicht auferstanden, so ist unsre Predigt vergeblich, so ist auch euer Glaube vergeblich. Wir würden dann auch als falsche Zeugen Gottes befunden, weil wir gegen Gott bezeugt hätten, er habe Christus auferweckt,

den er nicht auferweckt hätte, wenn doch die Toten nicht auferstehen. Denn wenn die Toten nicht auferstehen, so ist Christus auch nicht auferstanden. Ist Christus aber nicht auferstanden, so ist euer Glaube nichtig, so seid ihr noch in euren Sünden; so sind auch die, die in Christus entschlafen sind, verloren. Hoffen wir allein in diesem Leben auf Christus, so sind wir die elendesten unter allen Menschen.

... Habe ich nur im Blick auf dieses Leben in Ephesus mit wilden Tieren gekämpft, was hilft's mir? Wenn die Toten nicht auferstehen, dann lasst uns essen und trinken; denn morgen sind wir tot!" (1. Kor 15, 12-19.32).

Die Aussage von Paulus ist einfach: Wenn das alles erfundene Geschichten sind, dann ist alles, was uns bleibt nur das Hier und Jetzt. Dann sollten wir allein zusehen, dass es uns heute gut geht, alles andere verblasst gegenüber der Realität des Todes. Tatsächlich ist genau das die Konsequenz aus der Entmythologisierung. Glaube wird zu einem Werkzeug, damit es uns heute gut geht. Ich glaube, damit ich meine Traurigkeit überwinde, ich glaube, damit ich meine Krankheit bekämpfen kann, ich glaube, damit ich die Kraft bekomme für mich selbst zu sorgen.

Aber genau dieser Pfad führt in die Gleichgültigkeit, in die Beliebigkeit, in die alleinige Konzentration auf das Diesseitige, etwas, was man zu vielen evangelischen Gemeinden heutzutage durchaus vorwerfen muss. Für Jemanden, der die Realität Gottes erfahren hat, ist ein solches Denken nicht akzeptabel. Die Geschichten in der Bibel sind mehr als Mythen. Selbst wenn wir über die historisch-kritische Methode überzeugende Hinweise dafür finden, dass Menschen bei der Abfassung der Schriften Dinge hinzugedichtet haben, selbst dann sollte klar sein, dass sie im Kern eine unglaubliche Realität besitzen. Die Frage ist immer: „Was will mir Gott durch diese von Menschen formulierte Texte sagen?"

Mein Argument gegen die Aussage, dass dies alles Mythen sind, ist ganz einfach:

Mag sein, dass Menschen Dinge dazu erfunden haben. Aber die Forderung, dass Wunder unmöglich seien, weil es doch die Naturgesetze gibt, ist ebenso ein Mythos, der sich darüber hinaus inzwischen als nicht real herausgestellt hat. Gott ist Realität – und damit sind alle Wunder potentiell ebenfalls real. Und wenn das zentrale Wunder – die Auferstehung von den Toten – nicht real gewesen ist, dann bleibt uns nichts und wir wären besser dran, wenn wir Atheisten wären.

Diese Überlegung zeigt, welchen Balanceakt wir bei der Analyse der biblischen

Texte zu vollführen haben. Auf der einen Seite wurden die Texte von Menschen geschrieben, die ihre Vorstellungen, Ideen und Absichten mit hineingepackt haben. Auf der anderen Seite hat Gott eben diese Menschen beeinflusst und sie berichten nicht von Märchen, sondern von einer Realität, die mehr ist als wir zu messen vermögen. Diese Realität sichtbar zu machen und für unsere Zeit verstehbar zu machen, das ist die Aufgabe von Analysen der Bibeltexte.

In Zusammenhang mit unserem Thema Evolution und Schöpfung möchte ich im Kapitel 7 auf einige Bibelstellen näher eingehen und dabei diesen Spagat wagen, die Texte unter der Sicht der Schreiber zu betrachten und sie trotzdem als Wort Gottes vollständig ernst zu nehmen. Ich möchte auch keinen unangenehmen Konsequenzen ausweichen, komme aber dennoch nicht darum herum, das Verständnis einzelner Texte in den Gesamtkontext dieses Buches einzuordnen. Ich komme damit oft zu ganz anderen Interpretationen als dies z. B. die Kurzzeit-Kreationisten tun. Insgesamt hoffe ich, die Interpretationen als ein schlüssiges Gesamtbild vermitteln zu können.

6.4.3 Was hat Vorrang, Naturwissenschaft oder Bibeltext?

Gerade wenn es um das Thema Evolution oder Schöpfung geht, wird man nicht umhin kommen, einen Widerspruch zwischen den naturwissenschaftlichen Modellen und der naiven Interpretation der Bibelstellen festzustellen. Konzentriert man sich auf diesen Widerspruch, so kommt man unweigerlich zu der Frage, welche Sicht denn Vorrang hat.

Für die Kurzzeit-Kreationisten ist diese Frage einfach zu beantworten. Die Interpretation der Bibel hat Vorrang und es ist egal, welches naturwissenschaftliche Modell betrachtet wird, es hat als Grundforderung die Ergebnisse zu liefern, die sich aus der Interpretation der Bibel ergeben, ansonsten ist es als Modell schlicht falsch. Diese Sichtweise hat den offensichtlichen Schwachpunkt, dass es doch sein kann, dass die Interpretation der Bibeltexte, die dieser Sichtweise zugrunde liegen, falsch sein könnte. Doch solche Einwände prallen an allen mir bekannten Kurzzeit-Kreationisten mit großer Leichtigkeit ab. Die naive Interpretation der Bibeltexte ist durch viele Generationen hindurch tradiert und geprüft und eine andere Möglichkeit kommt prinzipiell nicht in Betracht.

Doch für jemanden, der es versteht, in der Geschichte des Christentums zu lesen, ist klar, dass eine solche Selbstüberzeugung auf sehr schwachen Beinen steht. Es gibt ein berühmtes Beispiel, an dem man die Entwicklung einer Bibelinterpretation nachvollziehen kann und auch erkennen kann, dass die naturwissenschaftliche Sicht unter bestimmten Umständen zwangsläufig die stärkere Sicht sein muss. Ich hatte das Beispiel bereits schon einmal gebracht, es ist die Diskussion um die Stellung und Form der Erde.

Die Mehrheit der überzeugten Christen des Mittelalters, bis hin zum Beginn der Neuzeit, waren der eindeutigen Meinung, dass das Bild, das Ptolemäus zur Vollendung gebracht hatte, nicht nur die Realität korrekt beschrieb, sondern auch von der Bibel, dem Wort Gottes, direkt bestätigt werde. Dabei war die Frage, ob die Erde nun eine Scheibe oder eine Kugel ist, eher nebensächlich, wesentlich ist, dass die Bibel zum Ausdruck bringt, dass die Erde im Mittelpunkt des gesamten Universums steht. Es gibt eine Reihe von Stellen, an denen die geozentrische Sichtweise in den biblischen Texten durchscheint, in denen zum Ausdruck kommt, dass die Erde feststeht und der Himmel über sie gespannt ist und die daher mit einem heliozentrischen Bild nur schwer vereinbar sind.

„Die Erde mag wanken und alle, die darauf wohnen, aber ich halte ihre Säulen fest“ (Ps 74, 4).

„Denn er schaut von seiner heiligen Höhe, der HERR sieht vom Himmel auf die Erde“ (Ps 102, 20).

„So spricht der HERR, dein Erlöser, der dich von Mutterleibe bereitet hat: Ich bin der HERR, der alles schafft, der den Himmel ausbreitet allein und die Erde festmacht ohne Gehilfen“ (Jes 44, 24).

„Meine Hand hat die Erde gegründet, und meine Rechte hat den Himmel ausgespannt“ (Jes 48, 13).

„Danach sah ich vier Engel stehen an den vier Ecken der Erde, die hielten die vier Winde der Erde fest, damit kein Wind über die Erde blase noch über das Meer noch über irgendeinen Baum“ (Offb 7, 1).

Ein wenig gebildeter Mensch des Mittelalters hätte diese Stellen ohne weiteres Nachdenken so verstanden, dass sie ganz klar bezeugen, dass die Erde still und unveränderlich steht, sich die Gestirne um die Erde herum bewegen, dass die Erde auf Säulen ruht und dass es einen Rand der Erde gibt.

Nun kam zu dieser nahe liegenden Sichtweise im Mittelalter auch noch dazu, dass die gebildeten Schichten und dabei insbesondere auch die Theologen, große Anhänger des Aristoteles und des Ptolemäus waren, so dass diese Sichtweise auch noch den Status eines Dogmas in der katholischen Kirche bekam.

Tatsächlich war das Weltbild derjenigen, die die Bibel aufschrieben, ebenfalls geprägt vom geozentrischen Denken. Gerade im judäischen Raum gab es wenige, die der griechischen Gelehrsamkeit folgen konnten und auch bei den griechischen Philosophen war die Meinung, dass die Erde eine Kugel war, eher eine Minderheitsmeinung und dass gar die Erde um die Sonne kreist und nicht umgekehrt, kam meines Wissens niemandem in den Sinn. Und so ist es nach dem Verständnis der Bibel, wie ich es hier vorgelegt habe, kein Wunder, dass die Formulierungen vom geozentrischen Denken her geprägt waren.

Doch was steckt hinter diesen Worten? Wollen die Schreiber tatsächlich einen naturwissenschaftlichen Zustand der Welt beschreiben? Nein, das, was die Schreiber der oben zitierten Verse eigentlich sagen wollten, waren Dinge über die Weite, über die sich die Macht Gottes erstreckt, über das umfassende Schöpfungswerk, das Gott geleistet hat usw. Es sind nicht die Aussagen über die Form der Erde, die hier im Mittelpunkt stehen, es ist die Macht Gottes. Um das auszudrücken, benutzen die Schreiber eben die Weltbilder ihrer Zeit.

Steht man aber auf dem Standpunkt, dass Gott das alles selber geschrieben hat, dann ergibt sich schon die Frage, warum er die Worte nicht so gewählt hat, dass die Wirklichkeit besser hinter diesen Worten zum Vorschein kommt.

Heutzutage gibt es viele Kurzzeit-Kreationisten, und Reinhard Junker bildet hier keine Ausnahme, die gerade im Internet eifrig bemüht sind, nachzuweisen, dass die Bibel eben nicht das geozentrische Weltbild vertritt, dass man also auch als jemand, der die Bibel wörtlich nehmen möchte, nicht gezwungen ist, die Meinung zu vertreten, dass sich die Sonne um die Erde dreht. Hauptargument in allen diesen Bemühungen ist der Hinweis, dass alle eben zitierten Stellen dichterische Texte sind, die keinen Tatsachenbericht abliefern wollen, sondern bewusst mit Allegorien arbeiten. Dies bedeutet, dass die Hinweise auf das geozentrische Bild eher metaphorischer Natur sind. Und tatsächlich ist es ohne weiteres möglich, diese Verse eben als bildhafte Ausdrücke zu deuten, denen kein Zwang angeheftet werden darf, ihnen Realität zuzubilligen.

Solche Versuche sind letztlich aber nicht mehr als eine Bestätigung der Aussage, die ich hier machen möchte. Wie kommt man denn auf die Idee, die zitierten Verse metaphorisch deuten zu wollen? Doch nur dadurch, dass man mit dem Wissen um die tatsächliche Form des Sonnensystems die Bibel liest. Nur jemand, der ein heliozentrisches Weltbild hat, liest diese Verse als Metaphern, jemand mit eine geozentrischen Weltbild liest sie wie selbstverständlich wörtlich.

Und genau das ist mein Punkt: Unser Weltbild beeinflusst das vordergründige Verständnis der Bibel. Redet man dagegen von dem eigentlichen Thema dieser Verse, der Aussage über die Macht und Größe Gottes, dann kommt man zu demselben Ergebnis, egal welches naturwissenschaftliche Modell einem im Hinterkopf schwebt.

Das zeigt genau, um was es mir hier letztlich auch geht. Liest man die Bibel als wörtliches Reden von Gott, so wird man theologisch, naturwissenschaftlich und menschlich von einer Schwierigkeit in die nächste fallen. Das Gottesbild, das man auf diese Weise erzeugt, wird einen entweder zum Unglauben treiben oder in lieblose Dogmatik verfallen lassen.

Liest man die Bibel aber als menschliche Formulierung göttlicher Ideen, dann ist man in der Lage, aus der Bibel Schätze zu heben, die in der Zeit und im Leben von heute von fundamentaler Bedeutung sind. Gesteht man den Schreibern der Bibel Irrtümer und Schwächen zu, so wird man auch mit den eigenen Irrtümern und Schwächen viel besser umgehen können. Dazu kommt noch das Naturbild, das ich in den letzten Kapiteln entwickelt habe. Sind die natürlichen Prozesse direkt und jederzeit von Gott gewollt und gesteuert, dann ist die Erforschung dieser Prozesse gleichzeitig auch die Erforschung des Wesens Gottes. Damit ist es nicht nur statthaft, sondern auch unvermeidlich, Schlüsse zu Gottes Handeln aus dem zu ziehen, was wir über die Natur wissen. Und solange wir uns in dem Terrain bewegen, das durch die objektive Methodik der Naturwissenschaft erreichbar ist, ist diese Methodik der subjektiven Textinterpretation der Theologie überlegen.

Allerdings muss ich direkt als Warnung dazusetzen, dass es auch im Bereich der Naturwissenschaft nicht immer einfach ist, zwischen den objektiv beschreibbaren Dingen und den subjektiven Aussagen von Weltbildern zu unterscheiden. Eine Grenzüberschreitung von den Naturwissenschaften her ist schnell gemacht und ist dann nur noch scheinbar objektiv. Hier kann das, was an Wissen über Gott in der Bibel zu finden ist, helfen, das Bild von Gott zu steuern und auch das besser verstehen zu lernen, was wir in den Naturwissenschaften messen können.

6.4.4 Evolution als erschaffendes Handeln Gottes

Nachdem ich in den letzten Kapiteln die Beziehung zwischen Gottes Handeln und natürlichen Prozessen allgemein beleuchtet habe, will ich jetzt die Erkenntnisse, die wir damit gewonnen haben, auf die Frage nach Evolution und Schöpfung anwenden. Ich habe ja in meinem Modell des Handelns Gottes ein außerordentliches, wunderbares Handeln Gottes nicht ausgeschlossen. Es erhebt sich damit zuerst die Frage, ob die Schöpfung nicht eben ein solches unnormales Handeln Gottes gewesen ist.

Das ist zumindest eine Aussage, die man auch im Kreis der Kurzzeit-Kreationisten öfter zu hören bekommt, wenn man die naturwissenschaftlichen Fakten gegen die Behauptung stellt, dass das Universum lediglich 10.000

Jahre alt ist. Die Schöpfung wäre dann kein Akt, der mit den bekannten naturwissenschaftlichen Prozessen verglichen werden darf, weil Gott hier eben außerhalb dieser Prozesse gehandelt hat.

Prinzipiell auszuschließen ist diese Antwort natürlich nicht. Gottes unnormales Handeln hat eben die Eigenschaft, sich außerhalb unserer naturwissenschaftlichen Betrachtung abzuspielen und kann daher auch nicht mit naturwissenschaftlichen Mitteln widerlegt werden. Aber es sollte klar sein, dass man sich mit einer solchen Behauptung sowohl naturwissenschaftliche wie theologische Probleme einhandelt.

Naturwissenschaftlich ist diese Behauptung die Bankrotterklärung. Wie schon beispielhaft in Kapitel 5.1.6 erläutert, bricht jegliche Naturwissenschaft auf einer solchen Basis zusammen. Alle physikalischen, geologischen und biologischen Aussagen zum Aussehen des Universums, der Erde und des Lebens hängen dann in der Luft, ohne Zusammenhang und ohne Möglichkeit, das normale Handeln Gottes weiter verstehen zu können. Das Problem ist eben, dass diese Schöpfung so viele Spuren hinterlassen hat, die auch heute noch messbar und nachvollziehbar sind.

Theologisch ist es die Frage, warum Gott die Spuren der Kurzzeit-Schöpfung so gut verwischt hat. Warum sieht das Universum, die Erde und das Leben so alt aus? Betrachtet man all die Daten, die auf ein Universum hinweisen, das deutlich älter ist als die postulierten 10.000 Jahre, dann kommt man nicht darum herum zu bemerken, dass Gott die kurze Zeit, die das alles her ist, außerordentlich gut getarnt hat.

Betrachtet man diese Probleme dann im Licht der Tatsache, dass sie alleine dadurch entstehen, dass man an ganz bestimmten Interpretationen biblischer Stellen festhalten will, dann fragt man sich schon, ob der Preis der Erhaltung dieser Interpretationen nicht zu hoch ist. Ist der Glaube an ein junges Universum es wert, dafür die naturwissenschaftliche Methodik zu opfern? Als jemand, der in den Naturwissenschaften groß geworden ist, kann ich diese Frage nur verneinen.

Diese alten, überlieferten Interpretationen aufzugeben birgt aber natürlich Gefahren. Die Gefahr besteht, dass man das Kind mit dem Bade ausschüttet, dass man mit der Interpretation auch gleich den Glauben an Gott und an Jesus Christus mit über Bord wirft. Die Kurzzeit-Kreationisten bemühen sich ja eifrig, zu argumentieren, dass ein solcher Schritt unausweichlich ist, wenn man so etwas wie die Evolutionstheorie erst einmal akzeptiert. Dieses Buch ist unter anderem deswegen entstanden, um zu zeigen, dass es eben nicht unausweichlich ist.

Erkennt man die Grenze zwischen dem, was naturwissenschaftlich fassbar ist und dem, was man allein durch subjektiven Glauben erkennen kann, dann wird es möglich zu sehen, dass wir für die Schöpfung keinesfalls ein unnormales Handeln benötigen. Gott hat sein Universum mit Plan und Absicht so gebaut, dass die Entwicklung, die es genommen hat und nehmen wird, bereits von der Schöpfung an angelegt war. Wir können uns von dem einseitigen Verständnis der Bibeltexte lösen und auf das stoßen, was Gott uns als Botschaft für alle Zeiten mitgegeben hat, egal welches Weltbild wir gerade haben.

Das Bild, das auf diese Weise entsteht ist das der theistischen Evolution, also einer Evolution, die unter dem Einfluss und der Steuerung Gottes gestanden hat und steht. Sei es bei der Entstehung des Universums, der Entstehung der Erde oder bei der Entstehung des Lebens – es war Gott, der alle diese Entwicklungen gesteuert hat und dabei das Prinzip der Entwicklung, der Mutation und der Selektion verwendet hat.

Naturwissenschaftlich ist dieses Bild kein Problem. Naturwissenschaft beschreibt das „Wie" und alle Daten, die wir feststellen, lassen auf das „Wie" schließen. Die theistische Evolution ist also das ultimative Weltbild, um die Naturwissenschaften mit dem christlichen Glauben zu versöhnen.

Die Probleme, die man bekommt, liegen dagegen auf der theologischen Ebene, also auf dem Verständnis dessen, was man von Gott zu verstehen meint. Ein Gesamtbild, das sich mit der Beziehung zwischen Evolution und Schöpfung beschäftigt, muss also zwangsläufig auch auf diese theologische Ebene eingehen. Dies möchte ich in dem folgenden Kapitel ausführlich tun.

6.4.5 Zusammenfassung

Will man die Natur Gottes auch theologisch näher betrachten, so ist für Christen die Bibel und deren Verständnis von fundamentaler Wichtigkeit. In der Bibel haben unsere Vorfahren ihre Erfahrung mit Gott geschildert und damit Erlebnisse und Beobachtungen festgehalten, die uns heute grundsätzlich weiterbringen können.

Das Problem ist aber, dass die Bibel nicht selbsterklärend ist, sondern dass das Weltbild, mit dem ich die Bibel lese, die Interpretationen tiefgreifend beeinflusst. Das ist aber nicht nur beim Lesen so, auch beim Schreiben hatten die Autoren der Bibel ihre Welt- und Naturbilder, die die Worte, die sie niedergeschrieben, beeinflusst haben.

Ein Blick in die Bibel lässt erkennen, dass es einige Beispiele gibt, in denen eine Änderung des Weltbildes innerhalb der Bibel zum Vorschein kommt bzw. wo die Aussagen der Bibel klar vom damaligen Weltbild abhängig sind. Die Texte sind von Menschen geschrieben und das macht sich auch bemerkbar.

Trotzdem ist die Bibel auch Gottes Wort. Die Autoren der Bibel haben nicht nach eigenem Gutdünken geschrieben, sondern sie standen unter dem Eindruck der Nähe Gottes. Ihre Erlebnisse mit Gott bilden die Basis der Texte. Die Geschichte Gottes mit den Menschen und sein Handeln sind darin aufgezeichnet. Dies macht die Bibel zu einem zentralen Werkzeug der Erkenntnis des Willens und Handeln Gottes.

Die moderne Theologie hat es sich zur Aufgabe gemacht, die zeitlich beschränkten Weltbilder der Menschen, die in die Bibel eingeflossen sind, von den Aussagen zu trennen, die von Gott kommen. Dazu gibt es heutzutage ein breites Repertoire von Methoden, mit denen man die Texte analysieren kann.

Ich möchte in meinen Textinterpretationen diesen Methoden und ihren Ergebnissen folgen. Ich könnte auch theologische Literatur zitieren, die zum Thema Evolution und Schöpfung ähnliche Sichtweisen zu Vorschein bringt, wie ich dies in den folgenden Kapiteln darlegen werde. Aber primär möchte ich ohne Berufung auf geistliche Autoritäten die Textinterpretationen selbst erarbeiten.

Dabei geht es mir darum, meine Sicht aus den Naturwissenschaften her mit einfließen zu lassen. Die Naturwissenschaften zeigen Bereiche, mit denen Gott sein tägliches Handeln vollführt. Nun muss sich umgekehrt auch zeigen, ob die Botschaften, die Gott seit Beginn der Menschheitsgeschichte an die Menschen weitergegeben hat, auch zu dem Naturbild passen, das ich in den ersten Kapiteln aufgezeigt habe.

In all den Entwicklungen, in der gesamten Evolution, ist die permanente Begleitung durch Gottes Willen und Gottes Einfluss spürbar, wenn man sich dem wunderbaren Handeln Gottes nur öffnet. Naturwissenschaftlich lässt sich dies zwar nur an dem fundamentalen Indeterminismus erkennen, aber für einen Menschen, der ein Gesamtbild des Geschehens formulieren will, ist diese Sichtweise möglich und statthaft.

Damit verschwindet der alte Gegensatz zwischen einer Naturbeschreibung und dem Glauben an Gott endgültig. Auf der Seite der Naturwissenschaft sind damit alle Fragen geklärt, es verbleiben allerdings noch einige Fragen auf theologisch-philosophischer Seite, die das Hauptgewicht der folgenden Kapitel bilden.

6.5 Literatur

Bücher

Rohrbach, Hans, Naturwissenschaft, Weltbild, Glaube, Brockhaus Verlag (1981)

Weblinks

Hinweis: Die hier aufgeführten Weblinks wurden von mir im Nov. 2006 geprüft. Web-Inhalte können sich aber kurzfristig ändern. Für die zitierten Inhalte kann ich also keine Haftung übernehmen.

Über die Frage, ob die Menschen im Mittelalter die Erde als Scheibe angesehen haben: http://www.spiegel.de/wissenschaft/weltall/0,1518,381627,00.html

7. Theistische Evolution im Kreuzfeuer

Die Idee der theistischen Evolution, die ich im letzten Kapitel angerissen habe, ist nicht neu und wurde und wird in der Theologie in vielfacher Weise vertreten. Das Neue, das ich ergänzt habe, ist die Sicht aus Richtung der Naturwissenschaft und die Betonung der Möglichkeiten, die sich ergeben, wenn man die Unbestimmtheit der Natur in ihrer Wirkung ernst nimmt. Eine Verteidigung der Idee aus biblischer Sicht ist dann eigentlich Aufgabe der Theologie und nicht die Aufgabe eines Amateurtheologen, zumal ich einige Voraussetzungen für eine solche Verteidigung nicht mitbringe. Ich habe die Geschichte der entsprechenden theologischen Interpretationen nicht studiert, mir sind die Methoden der Theologie teilweise nicht geläufig und ich bin des Hebräischen und Griechischen nicht mächtig.

Doch als evangelisch geprägter Christ und als Laienprediger ist mir das Priestertum aller Gläubigen sehr wichtig und ich bin verpflichtet, ein so grundlegendes Konzept wie das der von Gott gelenkten Evolution selbst zu erforschen und biblisch zu begründen. Jetzt eine lange Liste von Zitaten zu bringen, die meine Einstellung teilen oder stützen ist dabei sowohl langweilig als auch überflüssig. Es geht nicht darum, welche tollen Menschen die Idee auch so oder so ähnlich gedacht haben, es geht darum herauszufinden, welche Stärken und Schwachpunkte das Konzept der theistischen Evolution hat und ob es Möglichkeiten gibt, mit den Schwachpunkten umzugehen.

Die einfachste Methode, Schwachpunkte festzustellen, ist es, einen Kritiker der theistischen Evolution zu Wort kommen zu lassen, der dieses Konzept systematisch, aber sachlich versucht auseinander zu nehmen. Obendrein sollte dieser Kritiker auch noch verständlich schreiben, was in der theologischen Literatur ein Problem für sich ist. Die beste und verständlichste Kritik, die ich zumindest im deutschsprachigen Raum kenne, ist die theologische Doktorarbeit, die Reinhard Junker im Jahr 1993 mit dem Buch „Leben durch Sterben?" veröffentlicht hat. Junker ist auch ein Mitarbeiter in der Studiengemeinschaft Wort und Wissen und ist durch seinen Internetauftritt und seine Öffentlichkeitsarbeit einer der wichtigsten Vertreter des Kurzzeit-Kreationismus in Deutschland. Nicht unwichtig ist dabei für mich auch, dass Junker auch in der Lage ist, sachlich zu bleiben und den eigenen Standpunkt kritisch zu beleuchten, was wahrlich nicht einfach ist, wenn es um so subjektive Dinge geht wie die persönliche Glaubensauffassung.

Ich werde daher im Folgenden so vorgehen, dass ich die Grundideen der theistischen Evolution vorstelle, wie sie sich aus meinem Ansatz in der

Verbindung zwischen Naturwissenschaft und Glauben ergeben und die Kritikpunkte von Junker dagegen stelle, die in die Richtung meines Konzeptes gehen. Ich werde dabei versuchen zu überlegen, ob und inwieweit die Kritik von Junker auch auf meine Überlegungen zutrifft.

Dabei werde ich die Aspekte von Junkers Arbeit außer Acht lassen, die sich mit anderen Ansätzen der theistischen Evolution als meiner beschäftigen, denn die Idee der theistischen Evolution ist keineswegs einheitlich. Aber nur auf diese Weise ist es möglich, einem ganzen Buch wie dem von Junker, in einem einzigen Kapitel gerecht zu werden.

7.1 Die Struktur der Konzepte der theistischen Evolution

Bekennt man sich zu einer von Gott gelenkten Evolution, der theistischen Evolution, so ergeben sich unmittelbar eine ganze Reihe theologischer Grundfragen. Aber unabhängig davon, wie man diese Fragen beantwortet, ergeben sich einige prinzipielle Strukturen, die allein aus dem Begriff theistische Evolution folgen. Diese sollen uns zu Beginn unseres theologischen Exkurses beschäftigen.

Benutzt man einen Begriff wie „theistische Evolution", so will man zwei Dinge damit ausdrücken. Einmal will man ausdrücken, dass man den Vorgang der Evolution anerkennt, also ausdrücklich bejaht, dass sich das Universum, die Erde und das Leben über einen eventuell langen Zeitraum entwickelt haben. Aber auf der anderen Seite möchte man das atheistische Bild, dass sehr viele Menschen mit dem Begriff der Evolution verbinden, ebenso ausdrücklich verneinen. Es ist Gott, der hinter dieser ganzen Entwicklung steht, das Ergebnis Mensch ist weder Zufall noch ungewollt, sondern Ergebnis des Handelns und des Willens Gottes.

Damit ergibt sich automatisch die Frage nach der Schnittstelle zwischen Gott und der Natur, also der Frage, wie Gott in der Natur handelt und wie er seinen Willen durchsetzt. Das Kapitel 3 und das Kapitel 6 waren darauf ausgerichtet zu beschreiben, wie diese Schnittstelle aus meiner Sicht aussieht.

Die verschiedenen Konzepte der theistischen Evolution unterscheiden sich in genau diesem Punkt. Und genau hier setzt Junker mit einer ersten Welle von Kritikpunkten an. Ich möchte also zunächst beschreiben, wie sich meine Vorstellung in Bezug auf die anderen Konzepte der theistischen Evolution einordnet und wie damit die Hauptkritikpunkte von Junker vermieden werden.

7.1.1 Einordnung in die Systematik theistischer Evolutionskonzepte

Junker beschreibt in seinem Buch zwei verschiedene Kategorien von Konzepten der theistischen Evolution, die er durch ihre jeweilige Struktur unterscheidet. Ich möchte seine Einordnung dazu verwenden, mein Konzept in den Zusammenhang mit den anderen Denkrichtungen der theistischen Evolution zu bringen.

Es ist das gemeinsame Merkmal aller theistisch-evolutionären* Konzepte, dass Gott durch Evolution erschafft, er ist die schöpferische Kraft, die die Evolution begonnen hat und sie fortführt.

Junker unterscheidet dann zwei Grundformen der theistischen Evolutionskonzepte, die gemäßigte theistisch-evolutionäre Sichtweise und die konsequente theistisch-evolutionäre Sichtweise. Er charakterisiert die Unterschiede wie folgt:

In der gemäßigten theistisch-evolutionären Position sind die folgenden zusätzlichen Punkte Teil des Konzeptes:

- Die Evolution lässt sich nicht allein aus der naturwissenschaftlichen Beschreibung heraus erklären, die Naturgesetze allein reichen nicht, um die beobachtete Entwicklung zu verstehen. Daher ist ein besonderes Eingreifen Gottes notwendig, um jeweils einen nächsten Entwicklungsschritt hervorzurufen.
- Damit steht Gott lenkend hinter allen wichtigen Schritten des Evolutionsgeschehens.
- Die naturwissenschaftliche Erkenntnismethode ist für das Erkennen des Mensch-Seins nicht ausreichend, damit ist insbesondere bei der Entstehung des Menschen ein besonderer Schöpfungsakt Gottes notwendig.

Von einigen Autoren werden daher einige biblisch bezeugte Ereignisse, wie die Erschaffung Evas oder das Auftreten des ersten Menschenpaares, als solche übernatürlichen Eingriffe Gottes gewertet.

Dagegen gelten in einer konsequent evolutionären Position die folgenden Punkte:

- In dem empirisch zugänglichen Bereich scheiden die göttlichen Aspekte der Schöpfung aus.

---

* Junker verwendet in seinem Buch den Begriff „evolutionistisch" statt „evolutionär". Dies ist meines Erachtens ein Fehlgriff, da historisch betrachtet der Evolutionismus eine spezielle Art des Rassismus ist, der mit der naturwissenschaftlichen Konzeption der Evolution nichts zu tun hat (siehe auch Kapitel 4.5.5). Ich werde diesen Begriff hier daher meiden.

- Dennoch gibt es das göttliche Wirken, dies ist aber empirisch nicht zugänglich. Eine Intervention Gottes ist lediglich metaphysischer Natur.
- Damit gehören naturwissenschaftliche und theologische Aussagen zu verschiedenen Ebenen, was auch damit gestützt wird, dass die Bibel gar keine naturwissenschaftlichen Aussagen machen möchte.

Wenn man diese beiden Kategorien zugrunde legt, wo befindet sich dann die Denkweise, die ich im letzten Kapitel dargelegt habe, wieder? Das wesentliche Unterscheidungskriterium zwischen der gemäßigten und der konsequent-evolutionären Einordnung ist die Frage, ob Gott in den selbsttätigen Gang der Naturgesetze eingreift oder nicht.

Damit steckt also hinter dieser Kategorisierung das Denken, dass das Universum eine selbstlaufende Maschine ist und die Vorstellung, dass Naturgesetze irgendwie „von selbst" und ohne Gott funktionieren können. Denn nur wenn ich diese Annahme treffe, kann ich feststellen, ob Gott denn außerplanmäßig eingreift oder nicht.

Doch wie ich in Kapitel 3.3 und an anderen Stellen argumentiert habe, gibt es gar keine Naturgesetze und diese laufen auch nicht irgendwie von selber ab. Es gibt nur Modelle, die die Menschen sich bilden, um die objektiven, wiederholbaren und beschreibbaren Teile der Realität zu beschreiben, während die anderen Teile der Realität nur über ein Weltbild modelliert werden können.

Damit finde ich mich fröhlich zwischen den beiden Stühlen wieder, die Junker aufgestellt hat. In meiner Konzeption gehören alle Prozesse, deren Eigenschaften so sind, dass sie naturwissenschaftlich beschreibbar sind, auch in den Bereich der Naturwissenschaften. Das heißt, diese Prozesse sind so, dass ich mit Hilfe des methodischen Atheismus zu einer guten Beschreibung komme. Dies spricht nicht für ein Handeln Gottes, aber auch nicht dagegen.

Denn ich habe ja auch gezeigt, dass diese Beschreibung durchaus Raum für Gottes Entscheidungen lässt und ich habe auch betont, dass Einzelereignisse, die nicht wiederholbar sind, auch nicht in Teilen, aus der von der Naturwissenschaft berücksichtigten Datenmenge zwangsläufig herausfallen müssen. Damit lässt meine Konzeption Raum für Gottes außergewöhnliches Wirken. Dieses Wirken ist aber dann so, dass die Naturgesetze nicht tangiert werden, da sie eben nicht auf diese Ereignisse Bezug nehmen können.

Dies bedeutet genau genommen, dass meine Konzeption weder durch die eine, noch durch die andere Kategorie abgedeckt wird, Junkers Kategorisierung ist also unvollständig.

7.1.2 Die Kritikpunkte Junkers

Junker verwendet die von ihm aufgestellte Kategorisierung, indem er beide Kategorien jeweils aufgrund ihrer Definition kritisiert. Im Überblick nennt er die folgenden Kritikpunkte:

1) **Das Prinzip der Evolution wird aus dogmatischen Gründen durchbrochen.**

Diese Kritik richtet sich vor allem an die Konzepte, die punktuell ein außergewöhnliches Handeln Gottes fordern und zwar überall da, wo die naturwissenschaftliche Beschreibung nicht ausreichend erscheint. Junker argumentiert, dass die Punkte, an denen dieses außergewöhnliche Eingreifen Gottes gesehen wird, z. B. bei der Entstehung des Lebens oder des Menschen, durch keinerlei naturwissenschaftliche Hinweise begründet werden.

Da solches Geschehen im Denken Junkers eine Unterbrechung des normalen naturgesetzlichen Ganges ist, würden diese speziellen Ereignisse also alleine daher kommen, dass man die Worte der Bibel in irgendeiner Weise für wahr erklären will. Genau das meint er mit dogmatischen Gründen.

2) **Gottes Handeln in der Welt wird überflüssig.**

Dieser Kritikpunkt richtet sich an die Konzepte, die das oben genannte spezielle Eingreifen Gottes eben nicht für notwendig halten. In Junkers Augen bedeutet dies, dass alles und jedes allein mit Hilfe von naturwissenschaftlichen Prozessen erklärbar wird. Das ganze Universum schnurrt vor sich hin und das Handeln Gottes ist nicht erkennbar. Ganz im Sinne einer atheistischen Argumentation bedeutet das für Junker, dass Gottes Handeln damit zu einer überflüssigen Annahme wird.

Junker schreibt dazu in Kapitel 3.3.4 seines Buches: *„Es scheint nicht möglich, aus folgendem Dilemma herauszukommen: Einerseits will man die Evolutionsforschung, auch in ihrer Prämissensetzung, nicht reglementieren und naturwissenschaftlich nachvollziehbare Evolutionsmechanismen als vollständige Erklärung akzeptieren, andererseits das Weltgeschehen nicht bloß mechanistisch verstanden wissen. Gottes freies, souveränes Handeln muss Platz haben, wenn man überhaupt noch von Schöpfung reden soll. ... Gesteht man der Naturwissenschaft die Möglichkeit einer vollständigen Erklärung des Daseins zu, ist Gottes Wirken nicht denknotwendig.“*

3) **Es existiert keine konkrete Beschreibung der Beziehung Körper – Geist.**

Mit diesem Thema spricht Junker ein Problem an, mit dem viele Autoren von theistisch-evolutionären Konzepten zu kämpfen haben, auch ich.

Der Körper eines Menschen besteht aus Materie und ist Teil dieses Universums und kann damit mit Hilfe naturwissenschaftlicher Techniken untersucht und beschrieben werden. Auch die biologische Evolutionsmodellierung bezieht sich in erster Linie auf die Entwicklung des Körpers.

Begriffe wie Gott, Geist, Sünde oder Auferstehung lassen sich aber nicht körperlich verstehen, schon gar nicht auf der Basis der heute zugänglichen Körper. Menschen, die mit einem Begriff wie Gott nichts anfangen können und sich allein auf die naturwissenschaftlich zugänglichen Bereiche des Universums stützen, klassifizieren diese Begriffe konsequenterweise als nicht relevant. Vertreter der theistisch-evolutionären Konzepte können und wollen dies aber nicht und sind daher gezwungen, ein Konzept aufzustellen, das diese beiden Bereiche verbindet. Diese Konzepte sieht Junker als nicht ausreichend.

4) **Die Bibel kennt keine Trennung zwischen Körper und Geist.**
Mit diesem Punkt greift Junker die theistisch-evolutionären Konzepte an, die das naturgesetzliche Geschehen und das geistige Geschehen auf verschiedenen metaphysischen Ebenen sehen. Eine solche Sicht bedeutet eine Unterscheidung zwischen Körper und Geist, die Junker nicht durch die biblischen Aussagen abgedeckt sieht.

Junker meint stattdessen, dass die Bibel aussagt, dass Körper und Geist eine Einheit bilden, in der der Geist wesentlichen Einfluss auf den Körper hat. Dies deckt sich mit seiner Denkweise, dass zum Beispiel das Auftreten der Sünde eine fundamentale Änderung der physikalischen Abläufe zur Folge hatte. Dieser Kritikpunkt ist also im Wesentlichen eine Kritik auf der Ebene der Theologie.

5) **Theologie darf nicht von der Natursicht abhängen.**
Hier sieht Junker, dass eine theistisch-evolutionäre Interpretation immer auch von dem jeweiligen Kenntnisstand der Naturwissenschaft abhängt. Mit anderen Worte, wenn sich unser Wissen über die Natur ändert, so wird sich auch die Interpretation der biblischen Texte ändern, weil sich die Wechselwirkung zwischen dem objektiv Feststellbaren und dem nur glaubensmäßig Erfassbaren ändert.

Junkers Meinung ist, dass dies nicht sein darf. Er sieht die theistisch-evolutionäre Konzeption zu stark in der Abhängigkeit vom Wissen über die Natur und damit auch die Gefahr, dass Theologie zu einem Zweig der Naturwissenschaft degradiert wird.

6) Der theistischen Evolution gelingt die Trennung von Glauben und Wissen nicht.

In vielen Diskussionen spielt die Unterscheidung von Glauben und Wissen eine große Rolle. Naturwissenschaft – so die weit verbreitete Meinung – vermittelt Wissen, während man an religiöse Dinge nur glauben kann. Das liegt eben daran, dass sich Naturwissenschaft mit den Dingen beschäftigt, die man wissen kann, während sich der Glaube mit der geistigen Welt beschäftigt, wo es einen solchen Wissenszugang nicht gibt. Auf diese Weise kommt eine Trennung zustande, die die naturwissenschaftlichen Aussagen unabhängig von den theologischen stehen lässt.

Junker kritisiert, dass eine solche Entflechtung nicht gelingt, dass also die Konzepte der theistischen Evolution ihrem eigenen Anspruch nicht gerecht werden. Er stellt vier Gründe für das Scheitern einer Entflechtung fest:

- Einmal macht der Glaube Aussagen über dieselbe Welt und über dieselben Dinge, über die auch die Naturwissenschaft Untersuchungen anstellt.
- Dann beruht die Naturwissenschaft selber auf metaphysischen Grundlagen.
- Die Vertreter der theistischen Evolution stellen eine Verbindung zwischen dem materiellen und geistigem Wirken her, bleiben also der eigenen Forderung nach Entflechtung nicht treu.
- Und schließlich stellt die Naturwissenschaft selber immer wieder einen Anspruch auf grenzüberschreitende Aussagen.

7.1.3 Antwort auf die Kritik Junkers

Die oben genannten sechs Punkte sind die wichtigsten Kritikpunkte, die Junker grundsätzlich zur Struktur theistisch-evolutionärer Konzepte nennt. Im Folgenden möchte ich diese Punkte im Licht meiner eigenen Konzeption beantworten.

1) Das Prinzip der Evolution wird aus dogmatischen Gründen durchbrochen.

Junkers Vorwurf, dass in den gemäßigt theistisch-evolutionären Konzepten das Prinzip der Evolution willkürlich, allein aus dogmatischen Gründen durchbrochen wird, ist nur dann richtig, wenn man im Grunde eine Vollständigkeit der naturwissenschaftlichen Beschreibung annimmt. Denn nur, wenn man davon ausgeht, dass sich sämtliche Phänomene der Realität naturwissenschaftlich beschreiben lassen, gibt es keinen Ansatzpunkt für Gottes außergewöhnliches Handeln.

Nun ist es aber gerade das Zentrum meines Ansatzes, zu erkennen, dass Naturwissenschaft prinzipiell nicht die gesamte Realität erfassen kann. Eine Durchbrechung der naturgesetzlichen Abläufe, wenn man an einem Begriff wie Naturgesetz festhält, braucht also nicht aus der dogmatischen Ecke gefordert zu werden, sondern ergibt sich sozusagen automatisch innerhalb der Naturwissenschaften selbst.

Dieser Vorteil zieht aber dann nicht, wenn man aus einem festen biblischen Verständnis her kommt und nun fordert, dass diese Durchbrechungen genau da sind, wo man sie aus dogmatischen Gründen gerne sieht. Wenn die Naturwissenschaft ernst genommen wird, muss man auch die Grenzen der Naturwissenschaft von dort aus erkennen. Und genau das ist es, was im Kurzzeit-Kreationismus nicht geschieht und was ich in Kapitel 5 als wesentlichen methodischen Makel angekreidet habe.

Junkers Kritik trifft also im Wesentlichen seine eigene Sichtweise, nicht aber meinen Ansatz. Ich habe konsequent versucht, die Grenzen der Naturwissenschaft von der Seite der Naturwissenschaft aus zu beschreiben.

2) Gottes Handeln in der Welt wird überflüssig.

Auch bei diesem Kritikpunkt ist der Hintergrund wieder die Vorstellung des Universums als eine Maschine. Läuft diese Maschine vor sich hin und weigert man sich, Gott ständige Eingriffsmöglichkeiten zu erlauben, so verschwindet Gott im Hintergrund und ist nicht mehr erkennbar. Das ist das typische Problem des Lückenbüßer-Gottes, der nur dann zum Zuge kommt, wenn man etwas hat, was man nicht erklären kann und der immer kleiner wird, wenn die Erkenntnis von Naturvorgängen weiter voranschreitet. Verweigert man Gott dazu noch ständige Eingriffsmöglichkeiten, dann verschwindet mit einem solchen Denken Gott vollständig von der Bildfläche.

Das oben von Junker beschriebene Dilemma hat zwei Ursachen. Einmal ist es das falsche Verständnis von Naturwissenschaft, der man die Möglichkeit einer vollständige Erklärung des Daseins zuschreibt. Dies ist aber prinzipiell falsch, wie ich in Kapitel 3.2 und 3.4 dargestellt habe. Die zweite Ursache des Dilemmas ist das Verständnis, dass, wenn man Gott Eingriffsmöglichkeiten in unserem Universum zugesteht, die Strukturen der naturwissenschaftlichen Methodik zusammenbrechen und man in die beliebige Spekulation des Kurzzeit-Kreationismus überwechseln darf. Genau das tut Junker, wenn er eine neue metaphysische Grundlage der Naturwissenschaft fordert und sein Bibelverständnis als Leitbild für naturwissenschaftliche Ergebnisse nehmen will.

Auch dieser zweite Punkt ist ein falsches Verständnis der Naturwissenschaft. Es ist kein Zufall und keine Willkür, wenn man der Naturwissenschaft die

Prinzipien zugrunde legt, die ich dargestellt habe, auch der methodische Atheismus ist grundlegend. Eine neue metaphysische Grundlage bedeutet nicht mehr und nicht weniger als dass man sich von der Naturwissenschaft im eigentlichen Sinn verabschiedet und eine dogmatisch gelenkte Phantasie-Naturwissenschaft einführt, deren Folgen im Mittelalter sehr gut sichtbar waren.

In dem Verständnis, das ich dargestellt habe, verschwindet das Dilemma. So etwas wie ein Naturgesetz existiert nicht und das Universum funktioniert nur deshalb, weil Gott das so will. Alles das, was wir gemeinhin als Naturgesetz bezeichnen, geschieht aufgrund von Gottes Willen. Jede Aktion, und sei es das Fallen eines Stiftes von einem Schreibtisch, ist ein Handeln Gottes. Junker wirft den Vertretern der konsequent-evolutionären Konzeption vor, dass unklar wäre, wie das Universum denn aussehen würde, wenn Gott nicht handeln würde. Meine Antwort ist ganz einfach: Das Universum wäre gar nicht mehr.

Würde Gott sich nun entschließen, in allen Situationen immer wieder anders zu reagieren als er es vorher getan hat, dann wäre jede Naturwissenschaft unmöglich, ich vermute, dann wären auch wir als Menschen unmöglich. Aber Gott hat sich entschlossen, objektiv nachvollziehbar zu reagieren, zumindest in einem gewissen Rahmen. Diesen Rahmen können wir mit den Methoden der Wahrscheinlichkeitsrechnung erschließen und auf dieser Basis Naturwissenschaft betreiben. Aber trotzdem bleibt die Entscheidungsfreiheit Gottes und es bleibt die Möglichkeit, dass Gott in Einzelfällen anders handelt als gewohnt. Aber die Erfahrung zeigt, dass er das in der Regel eben nicht tut. Auf diese Weise ist eine Synthese sehr wohl möglich, die Junker so unmöglich erscheint.

3) Es existiert keine konkrete Beschreibung der Beziehung Körper – Geist.

Wie oben schon betont, stellt diese Kritik tatsächlich ein konkretes Problem dar. Dies liegt daran, dass die Vertreter der theistischen Evolution, so wie ich auch, an der Gültigkeit der Beschreibung der Natur festhalten wollen, gleichzeitig aber geistige Ereignisse wie Beziehung zu Gott oder Sündenfall in die Gesamtbeschreibung der Realität mit einbauen. Um dies gut machen zu können, muss man eine Vorstellung entwickeln, wie die Beziehung zwischen den beiden Seiten aussieht.

Mit dem von mir in den letzten Kapiteln entworfenen Bild habe ich ein Modell in der Hand, mit dem der Einfluss des Geistigen, der Einfluss der Welt, die über unserem Universum liegt, zumindest erkannt werden kann.

Eine Modellierung des Geistes an sich im naturwissenschaftlichen Sinn ist grundsätzlich nicht möglich, da das nur ginge, wenn diese geistige Welt die Eigenschaften hätte, die eine naturwissenschaftliche Methodik erlauben würden. Aber die Auswirkungen des Geistes auf die Natur und der Einfluss des Geistes sind erkennbar und naturwissenschaftlich, statistisch beschreibbar.

Der menschliche Geist ist nach biblischer Aussage „von derselben Art“ wie der Geist Gottes, der die Schöpfung und das Handeln Gottes bewirkt. Das bedeutet, dass der menschliche Geist in ähnlicher Weise mit unserem Körper und unserem Ich zusammenhängt und in ähnlicher Weise in seinen Auswirkungen erkannt werden kann, wie dies beim Handeln Gottes in der Natur der Fall ist. Wie das im Einzelnen aussieht und wie die moderne Philosophie zu diesem Thema steht, wäre noch ausführlich zu diskutieren, jedoch ist hier nicht der Platz dazu.

Die Unklarheit, die Junker bemängelt, liegt demnach nicht in der Evolutionstheorie oder im Konzept der theistischen Evolution begründet, sondern ist fundamental mit Begriffen verbunden, die naturwissenschaftlich eben nicht direkt zugänglich sind.

Die Unklarheit in Bezug auf die Beziehung zwischen Körper und Geist herrscht nämlich auch, wenn man ein kurzzeit-kreationistisches Verständnis an den Tag legt. Denn die Vertreter des Kurzzeit-Kreationismus haben dasselbe Problem, denn auch sie haben Gott erfahren und müssen daher Begriffen wie „Geist“ oder „Sünde“ einen Sinn zuweisen. Und auch sie haben keine konkrete Beschreibung, wie die Beziehung aussieht, auch Junker hat keine Handhabe. Dazu kommt, dass gerade Junker den Einfluss des Geistes auf die Materie noch viel tiefer und stärker sieht, denn aufgrund von der menschlichen Sünde hat sich nach Junkers Vorstellungen die gesamte Physik, Chemie und Biologie der Natur umgekrempelt.

Insofern ist dieser Kritikpunkt wieder ein Beispiel, wo Vertreter des Kurzzeit-Kreationismus zwar ein konkretes Problem ansprechen, aber nicht in der Lage sind, einen Ausweg aus dem Problem zu geben. Also ist Junkers Kritik als Kritik an den theistisch-evolutionären Konzepten nicht stichhaltig.

4) **Die Bibel kennt keine Trennung zwischen Körper und Geist.**

Um zu untersuchen, ob Junkers Kritik zutreffend ist, muss man theologisch vorgehen, d. h. man muss sich die Stellen in der Bibel anschauen, die die Bedeutung von Körper und Geist in ihrem Zusammenhang erwähnen. Dabei fällt auf, dass die Bibel sehr wohl zwischen den körperlichen und den geistigen Bereichen unterscheidet und dass beide Bereich eigene, für sich getrennte Eigenschaften haben. Man kann daher betonen, dass die Bibel keineswegs von einer Ununterscheidbarkeit von Körper und Geist ausgeht, selbst wenn es korrekt ist, dass im hebräischen Denken, im Gegensatz zum griechischen Denken, eine Trennung zwischen beiden Bereichen nicht vorhanden war.

Dies wird schon in der Schöpfungsgeschichte deutlich. In Genesis 2, 7 heißt es:

„Da machte Gott der HERR den Menschen aus Erde vom Acker und blies ihm den Odem des Lebens in seine Nase. Und so ward der Mensch ein lebendiges Wesen."

Unabhängig von dem genauen Vorgang, der hier beschrieben wird, wird doch deutlich, dass der Mensch allein durch den Körper kein vollständiger Mensch ist. Erst der Odem, der Geist, der ihm verliehen wird, macht ihn zu einem wirklich lebenden Wesen und erst anschließend kann der Mensch als Abbild Gottes bezeichnet werden. In diesem Sinne haben Körper und Geist also biblisch zwei unterschiedliche Funktionen. Der Körper ist die Basis des Lebens in diesem Universum, der Geist ist die Basis der Gottgleichheit.

Ein weiterer Hinweis in diese Richtung, mit einem expliziten Verweis auf die Genesis-Stelle, gibt Paulus in 1. Kor 15, 39-46. Dort beschäftigt er sich mit dem Unterschied zwischen dem natürlichen Körper und dem geistlichen Körper. Dabei ist der geistliche Körper das, was man als körperliche Substanz hat, wenn man im Reich Gottes lebt. Er ist dabei seiner Natur nach sehr verschieden von dem, was wir als natürlichen Körper hier auf der Erde haben:

„(39) Nicht alles Fleisch ist das gleiche Fleisch, ... (40) Und es gibt himmlische Körper und irdische Körper; aber eine andere Herrlichkeit haben die himmlischen und eine andere die irdischen ...

(44) Es wird gesät ein natürlicher Leib und wird auferstehen ein geistlicher Leib. Gibt es einen natürlichen Leib, so gibt es auch einen geistlichen Leib. (45) ... (46) Aber der geistliche Leib ist nicht der erste, sondern der natürliche; danach der geistliche."

Paulus betont hier, dass der natürliche Körper keinen Bestand haben wird. Oder anders ausgedrückt: Das, was wir mit Naturwissenschaft vermessen können, wird vergehen und ein Ende haben. Das, was übrig bleibt, das was ewig existiert, ist etwas anderes, etwas, was er geistlichen Leib nennt. Aus der Wortwahl ist klar, dass dieser geistliche Körper trotzdem noch die Person kennzeichnet, die vorher mit dem natürlichen Körper verbunden war. Hier von einer Untrennbarkeit zwischen Körper und Geist zu reden, wäre also schlicht nicht richtig.

Junker sieht diese Passage in unserem Zusammenhang als zweitrangig an, weil er argumentiert, dass Paulus hier von dem Unterschied zwischen dem

Körper nach dem Sündenfall und dem Körper im Reich Gottes spricht. Er nimmt an, dass sich der Körper des Menschen, ja die ganze Natur durch den Sündenfall geändert hat und dass der von Paulus erwähnte Unterschied erst danach entstanden ist. Auf diese Weise steckt er die Antwort auf die Frage, ob Körper und Geist trennbar sind, also von Beginn an in seine Argumentation hinein. Insofern ist es kein Wunder, dass Junker zu dem Schluss kommt, dass die Bibel eine Trennung von Geist und Körper nicht kennt, da er genau das, was er argumentieren will, als Voraussetzung in seine Interpretation mit hineinnimmt.

Nimmt man die genannten Stellen aber als die Beschreibung des Prinzips, wie Körper und Geist von vornherein erschaffen worden sind, kommt man zu einem anderen Bild. Es ist nicht so, dass der natürliche Körper unwesentlich ist, wie das zum Beispiel zur Zeit der urchristlichen Gemeinden die gnostischen Denker vertreten haben und wie es heutzutage hauptsächlich im Buddhismus gelehrt wird. Das wäre nur dann sinnvoll, wenn Körper und Geist wesentlich unabhängig voneinander wären.

Es gibt viele Beispiele aus der Bibel und aus der Naturwissenschaft, die zeigen, dass nicht nur der Geist den Körper beeinflusst, sondern umgekehrt, der Körper auch Einfluss auf den Geist hat. Erst damit wird überhaupt verständlich, warum es dieses Universum gibt. Denn wenn der Körper keinen Einfluss auf den Geist hätte, wäre auch das gesamte körperliche Leben hier in unserem Universum irrelevant und es wäre für den Geist eigentlich nur ein unbequemes Ärgernis, für eine beschränkte Zeit in diesen Körper verbannt zu sein. Nun bilden aber Körper und Geist ein sich gegenseitig beeinflussendes Paar. Ob dies jetzt eine Trennbarkeit bedeutet oder nicht, ist damit eigentlich unwichtig. Wichtig ist, dass die Verbindung Körper-Geist nicht bestehen bleibt, weil der Körper ausgetauscht oder umgewandelt wird.

Damit erhält man das Bild der verschiedenen Aufgaben, der verschiedenen Ebenen, das von den Vertretern der theistischen Evolution propagiert wird. Körper und Geist haben verschiedene Funktionen. Der Körper bildet die Basis der Verbindung in dieses Universum hinein, ist naturwissenschaftlich untersuchbar und aufgrund der Eigenschaften des Universums endlich. Der Geist stellt die unvergänglichen Eigenschaften des Menschen dar, seine Gottähnlichkeit, und ist naturwissenschaftlich nicht direkt messbar.

Die Frage der Trennbarkeit wird damit eigentlich unerheblich. Vielleicht kann man Körper und Geist gar nicht trennen, auf der Basis von philosophischen Überlegungen (Peter Strawson (1959)) liegt es sogar nahe, dass ein Geist ohne Körper nichts ist, was in irgendeiner Weise handeln, denken oder etwas tun kann. Geist benötigt einen Körper, aber die wesentliche Aussage der theistischen Evolution ist, dass dies nicht der Körper sein muss, der zu diesem Universum gehört und dieser Umstand war von Beginn an von Gott so vorgesehen und ist nicht erst durch den Unfall des Sündenfalls entstanden.

5) Theologie darf nicht von der Natursicht abhängen.
Die Beobachtung Junkers, dass für viele Autoren das biblische Verständnis aus dem Naturverständnis erwächst, ist meines Erachtens in der Regel korrekt. Auch bei mir war das Naturverständnis zuerst da und für meinen eigenen Weg zum Glauben war es enorm wichtig, zu erkennen, dass sich die Modellierung der Natur mit der Vorstellung eines existierenden und handelnden Gottes verbinden lässt. Ich habe auch schon genug Menschen kennengelernt, die einen Glauben an Gott ablehnen, weil ihnen die Modellierung der Natur ausreichend vollständig und lückenlos erscheint.

Die Frage, die ich an Junkers Kritikpunkt stellen würde, ist die Frage, ob ein solcher Zusammenhang zwischen Naturvorstellung und Gottesvorstellung nicht unvermeidlich ist und auch in den Interpretationen Junkers zum Tragen kommt. Auch in der Bibel selbst kann man aus den Schwerpunkten, die die Texte zu verschiedenen Zeiten setzen, ersehen, dass das Bild, das sich die Menschen vom Wirken Gottes gemacht haben, davon abhing, wie ihre Natursicht war. Zumindest ist das aus den Textteilen erkennbar, wo beispielsweise von einem Himmelsgewölbe die Rede ist oder von einem Sonnenwagen oder von den Säulen der Erde.

Aber auch die Art und Weise, wie Krankheiten behandelt wurden oder wie handwerkliche Berufe ausgeübt wurden, hatte Einfluss auf die textliche Darstellung und auf die Bilder, die die Menschen benutzt und verstanden haben, was z. B. in den Gleichnissen Jesu zum Ausdruck kommt.

Betrachtet man das Gottesbild, das Junker selbst entwickelt, so kann man feststellen, dass auch dieses sehr stark von den naturwissenschaftlichen Erkenntnissen abhängt. Das Grundtypenmodell steht beispielsweise in starkem Gegensatz zu den Vorstellungen, die sich die Christen früher vom Handeln Gottes gemacht haben. Früher war es kein Problem, dass jede Art und jede Unterart in genau dieser Form erschaffen wurde und seitdem unveränderlich ist. Noch kurz nach dem zweiten Weltkrieg wurde alles Rütteln an den Vorstellungen der Unveränderlichkeit von den Vertretern des Kurzzeit-Kreationismus als Häresie angesehen.

Diese Beziehung zwischen Naturvorstellung und Gottesvorstellung ist also tatsächlich unvermeidlich. Immer dann, wenn wir versuchen, uns eine Vorstellung von unserer Beziehung zu Gott zu machen, werden unsere gesellschaftlichen, philosophischen, moralischen und naturbildlichen Vorstellungen mitwirken. Insofern ist Junkers Kritikpunkt eigentlich kein Kritikpunkt, sondern die Feststellung einer Selbstverständlichkeit.

Allerdings wirkt die Beziehung zwischen Naturbild und Gottesbild nach zwei Seiten. Nicht nur das Naturbild beeinflusst unser Gottesbild, sondern umgekehrt genauso, unser Gottesbild beeinflusst unser Naturbild. Dies ist merkbar an denen, die mit einer atheistischen Einstellung an die Betrachtung der Natur herangehen. Fällt Gott weg, so bleibt eine Lücke, die dann durch die Natur zu füllen ist. Und so wird aus der Modellierung eines Naturvorgangs ein gesetzmäßiges Funktionieren, das jeden Winkel unseres Seins durchdringt. So wird aus unseren beschränkten Modellen die Vorstellung, dass alles und jedes sich durch naturwissenschaftliche Methoden beschreiben, erklären, kontrollieren und festlegen lässt. Fällt Gott weg, so wird die Natur zum Gott.

So lange man nicht in der Lage ist, die Grenze zwischen dem, was naturwissenschaftlich beschreibbar ist und dem, was so nicht beschreibbar ist, festzustellen, so lange herrscht Unsicherheit, welches Bild denn dominant ist und nach welcher Seite man sich orientieren soll. So lange besteht auch die Gefahr, dass eine Seite zur untergeordneten Seite wird, dass also Gott als Teil der naturwissenschaftlichen Beschreibung gesehen wird, wie bei einigen atheistischen Autoren, oder dass die Natur als beliebiger Spielball von Gottes Willkür gesehen wird, wie bei den Kurzzeit-Kreationisten. Auch Junkers Forderung nach einer dogmatischen Vorherrschaft der Theologie fällt in diese Richtung.

Erkennt man aber, dass sowohl Naturwissenschaft als auch Gottesvorstellung Gebiete sind, die zwar viel miteinander zu tun haben, letztlich aber verschiedene Aspekte der Realität abdecken, wird es möglich, beiden Seiten gerecht zu werden, ohne eine Unterordnung zu fordern. Je nachdem welchen Teil der Realität man betrachtet, hat einmal die eine und einmal die andere Seite den Vorrang.

Betrachtet man naturwissenschaftlich feststellbare und beschreibbare Prozesse, dann muss die Naturwissenschaft mit ihrer Methodik den Vorrang haben und wir müssen Konsequenzen und Schlussfolgerungen, die naturwissenschaftlich sauber erzeugt werden, akzeptieren. Bedenkt man aber weltanschauliche, naturwissenschaftlich nicht feststellbare Fragestellungen, so greift der Glaube und man muss die theologischen Wege beschreiten, die durch die Erkenntnis, z. B. von Jesus als dem Sohn Gottes, vorgegeben sind. Und in diesem Teil der Realität hat auch die Theologie mit ihrer Methodik und ihrer Erkenntnisfähigkeit ihren Wert und ihren Sinn.

Das bedeutet allerdings nicht, dass beide Seite absolut unabhängig voneinander sind. Es gibt Berührungspunkte, die dafür sorgen, dass beide Seiten sich auch beständig gegenseitig beeinflussen und im positiven Fall auch gegenseitig befruchten.

6) Der theistischen Evolution gelingt die Trennung von Glauben und Wissen nicht.

Junker argumentiert in seiner Kritik, dass die theistische Evolution ein getrenntes körperliches und geistiges Geschehen fordert, diese Trennung aber nicht konsequent durchgeführt wird, ja auch nicht konsequent durchgeführt werden kann. Meine Antwort besteht im Wesentlichen darin, zu zeigen, dass eine solche Trennung auf der einen Seite zwar tatsächlich nicht konsequent geschehen kann, dass es aber auf der anderen Seite durchaus unterschiedliche Prinzipien gibt, auf denen die jeweiligen Bereiche beruhen. Meine Antwort teilt sich auch in vier Punkte:

Glauben und Wissen beruhen auf unterschiedlichen Prinzipien.

Die Aussage von Junker, dass sich Glauben und Wissen auf dieselben Phänomene beziehen, ist prinzipiell korrekt. Das heißt aber nicht, dass beide Seite austauschbar sind. Die Aussagen der Naturwissenschaft haben, im Gegensatz zu dem Gebiet, das nur über den Glauben zugänglich ist, ein präzise definiertes Fundament und beruhen auf nachvollziehbaren Experimenten und Modellen. Das liegt an der Methodik, die in der Naturwissenschaft anwendbar ist. Insofern besteht ein objektiver Zugang zu den naturwissenschaftlichen Modellen.

Bei dem Gebiet, das nur dem Glauben zugänglich ist, besteht diese strenge Basis erst einmal nicht. Zu diesem Gebiet zählt auch das Einordnen der naturwissenschaftlichen Modelle in den Gesamtzusammenhang der Realität, in dem der Glaube eine Rolle spielt. Aber dies bedeutet nicht, dass diese Einordnung beliebig passieren kann, wie Junker und Vertreter seiner Denkrichtung glauben machen wollen. Die Aussagen, die der Glauben in den Gebieten macht, die der Naturwissenschaft zugänglich sind, müssen auf der Basis der Naturwissenschaft auf die Probe gestellt werden. Damit dürfen diese Teile der Aussagen des Glaubens auch nicht dogmatisch festgeschrieben werden. Das heißt, in diesen Gebieten müssen die Aussagen des Glaubens hinter denen der Naturwissenschaft zurückstehen, selbst wenn das bedeutet, dass man sich von der Fähigkeit der Menschen, naturwissenschaftlich zu arbeiten, abhängig macht.

Aber man darf auch nicht auf den Fehler verfallen, die Aussagen der Naturwissenschaften zu weit zu ziehen. Wie ich mehrfach betont habe, ist der

Übergang zu einer weltanschaulichen Glaubensfrage sehr schnell vollzogen. Hier gelten die Aussagen des Glaubens, die nicht naturwissenschaftlich nachprüfbar sind. Diese müssen dann entsprechend z. B. theologisch behandelt werden und haben einen viel individuelleren und subjektiveren Charakter. Hier hat man dann auch die Freiheit, eine Dogmatik zu definieren.

Die metaphysische Grundlage der Naturwissenschaft erzeugt keine Beliebigkeit.

Die Tatsache, dass die Naturwissenschaft auf metaphysischen Grundlagen, d. h. auf einer definierten Methodik, beruht, heißt nicht, dass der Unterschied zwischen Glauben und Wissen verschwindet und beide Dinge beliebig ausgetauscht werden können. Man kann z. B. den Begriff Wissen definieren als das, was man auf der Grundlage der Naturwissenschaft erkennen kann. Aber in dieser Definition steckt die Gefahr, dass normale Menschen, die nicht so viel über Wissenschaftstheorie wissen, das Wort „Wissen" fälschlicherweise mit „absoluter Gewissheit und Sicherheit" verwechseln.

Diese Verwechslung aber mit der Parole „Glauben und Wissen sind dasselbe" zu kontern, ist der falsche Weg, man kann keine Lüge mit der Unwahrheit bekämpfen. Es bestehen fundamentale Unterschiede zwischen dem Bereich des Glaubens, der eine Gotteserfahrung und eine glaubensmäßige Akzeptanz Gottes voraussetzt und der naturwissenschaftlichen Methodik, die lediglich eine gute Ausbildung voraussetzt.

Der richtige Weg ist vielmehr, die Möglichkeiten der Naturwissenschaft besser und allgemeinverständlicher darzustellen und den Menschen klarzumachen, was naturwissenschaftlich möglich ist und was nicht. Den Menschen muss klar werden, dass sie den sicheren Grund der Naturwissenschaften verlassen, wenn sie die Grenze zum geistigen Gebiet überschreiten und dass dort eine christliche Argumentation mindestens genauso gut oder sogar besser möglich ist, als eine atheistische. Aber man wird bei dieser Art der Argumentation nur dann glaubwürdig, wenn man die Aussagen der Naturwissenschaft dort akzeptiert, wo ihr Wirkungsbereich tatsächlich ist und das tun viele Vertreter des Kurzzeit-Kreationismus gerade nicht.

Das Bestreben, die Begriffe Glauben und Wissen streng zu trennen, beruht auf einem veralteten Naturbild.

Die Vertreter der theistischen Evolution, die Junker in seinem Buch zitiert und auf deren Aussagen seine Kritik aufbaut, sind hauptsächlich Theologen, die bei allem guten Wissen um die Naturwissenschaft die Konsequenzen der Revolution, die die Physik im letzten Jahrhundert durchgemacht hat, nicht erkannt haben. Wie sollen sie auch, wenn selbst viele Physiker mit dieser Revolution noch schwer zu kämpfen haben. Aber diese theologischen Vertreter haben gespürt, dass es einen Grund dafür gibt, dass die Naturwissenschaften so erfolgreich sind und dass dieser Grund von Gott gewollt ist.

Aus dieser Motivation kommt die Idee der Trennung, die dann im Rahmen des Bildes des mechanischen Universums formuliert wird. Es ist aber die Physik selber, die diesem Bild ein Ende setzt und die Spielräume lässt, die man als Konsequenzen des Handelns Gottes erkennen kann. Aus diesem Grund ist es für das Konzept der theistischen Evolution auch kein Problem zuzugeben, dass eine Trennung zwischen Körper und Geist eigentlich unmöglich ist.

Grenzüberschreitungen aus der Richtung der Naturwissenschaft rechtfertigen keine Grenzüberschreitung in die andere Richtung.
Dem Anspruch der Naturwissenschaft auf einen grenzüberschreitenden Einfluss in Richtung des Gebietes, das traditionell der Theologie zuzurechnen ist, kann nur dadurch begegnet werden, dass man diese Grenze klar definiert. Wo solche Grenzüberschreitungen durch unzulässige Extrapolationen aus dem methodischen Vorgehen der Naturwissenschaft entstehen, kann man dies klarstellen und andere Extrapolationen vorgeben, die mit den methodisch tatsächlich erreichbaren Ergebnissen der Naturwissenschaft ebenfalls verträglich sind.

Zu dem letzten Punkt möchte ich zwei Beispiele bringen:

Wenn ein Prozess (wie zum Beispiel die Evolution) mit Hilfe statistischer Methoden beschrieben wird, so ist es eine beliebte Aussage von Atheisten und Christen, dass dies bedeutet, dass ein „seelenloser Zufall“ diesen Prozess steuert. Atheisten mögen diese Argumentation, um Gott als Lenker abzuschaffen und Christen mögen diese Argumentation, um die Beschreibung des Prozesses als unchristlich darzustellen. Tatsächlich stellt diese Aussage aber eine unbegründete Extrapolation aus der Methodik dar. Nur weil ich statistische Methoden verwende – verwenden muss, um naturwissenschaftlich arbeiten zu können – kann ich damit keine Aussage über das oder den gewinnen, der den Prozess steuert. Wie ich gezeigt habe, ist die Aussage, dass Gott den Prozess steuert und sein freier Wille eben nur durch statistische Methoden verfolgt werden kann, eine ebenso gute, wenn nicht bessere Interpretation der Methodik.

Das zweite Beispiel ist die ebenfalls oft gehörte Aussage, dass aus der Evolutionsmodellierung folgt, dass der einzige Zweck im Leben der ist, dass man seine Gene weitergibt und die Gene seines Mitmenschen übervorteilt. Bin ich nicht in der Lage, meine Gene weiterzugeben und stirbt meine Linie aus, dann habe ich meinen Lebenssinn nicht erfüllt, ich bin in gewisser Weise ein Ausschuss.

Auch hier findet wieder eine unzulässige Extrapolation aus der naturwissenschaftlichen Beschreibung statt. Sie setzt voraus, dass mit dem Tod alles zu Ende ist. Bin ich tot, dann ist alles, was von mir übrig ist, das, was ich meinen Kindern an Genen weitergegeben habe. Damit kann man dieses Denken als Christ einfach dadurch kontern, dass man bemerkt, dass der Tod eben nicht das Ende ist. Wenn ich bei Gott weiterlebe, nachdem ich körperlich gestorben bin, dann bin ich auch dann unendlich viel wert, wenn ich keine Kinder hinterlassen habe.

Zusammenfassend zeigt sich also, dass es für das Konzept der theistischen Evolution nicht notwendig ist, eine Trennung zwischen Körper und Geist durchzuführen, es genügt, die Grenzen zwischen dem Bereich, für den die Naturwissenschaft zuständig ist und dem Bereich, für den der Glaube zuständig ist, klar zu definieren.

7.1.4 Zusammenfassung

Die Kritik Junkers an der Grundkonzeption der bislang vorgetragenen Konzepte der theistischen Evolution stützt sich im Wesentlichen auf zwei Punkte: auf ein mechanisches Verständnis von Naturabläufen und auf eine prinzipielle Geltung der Naturwissenschaft für alles, was den Anspruch hat, sich Realität zu nennen. Die Ideen vieler Vertreter der theistischen Evolution basierten auf diesen beiden Punkten, zumindest konnten die Autoren ihr Unbehagen hinsichtlich dieser Punkte lediglich theologisch begründen.

Erkennt man aber aus der Sicht der Naturwissenschaft, dass beide Punkte falsch sind, so kann man, wie in meinem Konzept, die Grenze zwischen Glauben und Wissen viel besser definieren. Das nimmt allen Kritikpunkten Junkers entweder die Grundlage oder zeigt, dass die angesprochenen Punkte nicht spezifisch ein Problem des Evolutionsmodells sind. Im letzten Fall gelten diese Punkte also in gleicher Weise für die Vorstellungen von Junker, man hat also kein Argument gewonnen, warum man den kurzzeit-kreationistischen Gedanken vorziehen sollte.

Das von mir präsentierte Konzept ermöglicht im Gegensatz dazu, sowohl die Naturwissenschaft als auch die Theologie in ihrer ganzen Breite ernst zu nehmen und ihre Stärken in den jeweiligen Gebieten zum Tragen zu bringen, in denen sie ihre Gültigkeit haben.

7.2 Der Begriff der Sünde in der theistischen Evolution

Ein aus christlicher Sicht grundlegender Begriff ist Sünde – die Trennung zwischen Mensch und Gott. Die Sünde begründet die Erlösungsnotwendigkeit des Menschen und damit auch die zentrale Bedeutung von Jesu rettender Tat. Mit diesem Begriff verbindet sich die Gottesebenbildlichkeit des Menschen und an diesem Begriff wird auch der Begriff des Todes festgemacht. Doch der Begriff ist keiner, der naturwissenschaftlich definiert werden kann. Wo also ist die Verbindung zu diesem Begriff, wenn man das Konzept der theistischen Evolution zugrunde legt?

Im Kapitel 6 habe ich das Konzept der theistischen Evolution aus dem Blickwinkel der Naturwissenschaft betrachtet. Dort gibt es nur wenige Reibungspunkte und so gelange ich auch mit atheistisch eingestellten Naturwissenschaftlern meist schnell zu einem Konsens. Diese belächeln zwar oft meinen Glauben an eine höhere Macht, aber den Argumenten, dass es kein objektives Mittel gibt, eine solche höhere Macht auszuschließen, können sie in der Regel nichts entgegensetzen.

In dieser Konstellation ist man in der Lage, die jeweils andere Glaubensvorstellung stehen zu lassen, denn ich habe ja genauso keine objektive Handhabe, den Unglauben meines Gegenübers zu widerlegen, höchstens ein paar recht überzeugende Argumente. Aber ob man Argumente einsieht oder nicht, hängt öfter als man denkt von der glaubensmäßigen Grundhaltung ab und so entwickelt sich zwar eine interessante Diskussion, aber kein Streit.

Insofern ist das Konzept der theistischen Evolution unter naturwissenschaftlich eingestellten Menschen ohne große Probleme akzeptabel. Unter den christlich eingestellten Menschen sieht das aber schon ganz anders aus.

Die vielleicht entscheidendste Frage im Zusammenhang mit Christentum und Evolution ist die Frage nach der Rolle der Sünde und der Rolle des Todes. Während ich mich mit dem Tod und seiner Rolle im nächsten Kapitel beschäftigen will, möchte ich in diesem Kapitel auf den Begriff der Sünde eingehen. Es ist kaum verwunderlich, dass gerade hier die ausführlichste und härteste Kritik von Junker einsetzt. Ich werde daher versuchen, seinen wichtigsten Kritikpunkten zu antworten.

7.2.1 Der Mensch als Sünder und der Begriff der Sünde

Beschäftigt man sich mit dem Begriff der Sünde, so erhebt sich die Frage, wodurch der Mensch als Sünder gekennzeichnet ist. Die Tatsache der Sündhaftigkeit selbst, die Tatsache eines „Verkehrt-Seins", ist sogar für viele

Menschen spürbar, die nicht an einen Gott glauben, weil die Menschen im Allgemeinen und die Gesellschaft im Speziellen nicht so sind, wie sie sein könnten oder gar sein sollten. Zwar gehen die Meinungen darüber, was falsch ist und wie man die Probleme beseitigen kann, auseinander, aber über die Tatsache, dass die Menschen ihren wahren Zustand nicht besitzen, gibt es wenig Diskussionen.

Von einer Tierart wird dagegen im Rahmen einer Diskussion der Evolutionsbiologie oft gesagt, dass diese genau so ist, wie sie sein sollte. Es ist oft zu hören, wie gut diese Art an ihre jeweilige Umwelt angepasst ist, wie hervorragend sie geeignet ist, in der jeweiligen ökologischen Nische zu überleben und welche guten Strategien sie entwickelt hat, um die eigene Art zu erhalten. In dieser Sicht scheint das „Verkehrt-Sein" nicht für Tiere zu gelten.

Aber diese Sicht kommt natürlich wieder aus einer Vermischung der Ebenen. Betrachtet man den Menschen aus einer evolutionären Perspektive, so ist er zwar nicht an irgendwelche speziellen Umstände besonders angepasst, ist aber als Generalist und höchst flexibel reagierendes Wesen ungemein erfolgreich. So erfolgreich, dass die Art Mensch inzwischen anfängt den Planeten zu überschwemmen. Umgekehrt müsste man fragen, ob denn ein einzelnes Tier innerhalb seiner artgerechten Schranken „wahrhaftig" ist, also so ist, wie es sein sollte. Aber so eine Frage kommt einem seltsam vor, weil man einem Tier in der Regel nur instinkthaftes Verhalten zubilligt und bei einem instinkthaften (also automatischen) Verhalten ist es irgendwie nicht angemessen, von einem „Falsch-" oder „Richtig-Sein" zu sprechen.

Dennoch hat es einige Versuche von Vertretern der theistisch-evolutionären Denkweise gegeben, Sünde als Teil des Evolutionsgeschehens umzudeuten. Dies kann man auf Teilhard de Chardin zurückführen, der die Evolution als zielgerichteten Prozess Gottes verstanden hat und jedes Arbeiten gegen dieses Ziel als Sünde definiert. Ähnliche Ideen sind in jüngerer Zeit zum Beispiel von von Ditfurth geäußert worden. Auch hier ist Sünde ein Verhalten, das die Ziele der Evolution nicht unterstützt. Einen solchen Standpunkt kann ich nicht vertreten. Um klar zu machen, warum das so ist, ist der Begriff der Sünde zuerst in dem von mir entwickelten Rahmen klar zu stellen und biblisch zu begründen.

Der Begriff der Sünde aus naturwissenschaftlicher Sicht

Setze ich zunächst die naturwissenschaftliche Brille auf, so ist festzustellen, dass Sünde überhaupt kein naturwissenschaftlicher Begriff ist. Naturwissenschaft beschreibt Dinge, sie bewertet sie nicht. Und Sünde ist ein Ausdruck einer Bewertung. Auch wenn wir Menschen sehr schnell in eine Bewertung hineinfallen, so ist dies nicht ein Ausdruck der Naturwissenschaft, sondern ein Ausdruck unseres Menschseins. So werden Tiere und Pflanzen zum Beispiel in Nützlinge und Schädlinge eingeteilt, aber das Wissen um ökologische Zusammenhänge hat in den letzten Jahren gezeigt, wie verfehlt ein solcher Blick eigentlich ist. Ein gutes Beispiel ist der Yellowstone National Park in den USA, wo man früher die Wölfe als „blutgierige Raubtiere" systematisch ausgerottet hat. Alles was man aber damit erreicht hat, ist die Zerstörung der Natur, die man dadurch eigentlich erhalten wollte. Das Beispiel hat gezeigt, wie verfehlt unser bewertender Blick ist, wenn wir in die Regelkreisläufe der Natur schauen.

Dies gilt auch dann, wenn wir den Prozess der Evolution selbst betrachten. Naturwissenschaftlich gesehen ist Evolution, also die Wirkung von Mutation und Selektion über Generationen hinweg, schlicht eine Beschreibung von dem, was geschieht. Das ist wie die Beschreibung von Dingen, die im Gravitationsfeld der Erde fallen. Man beschreibt wie sie fallen, nennt Beschleunigung und Geschwindigkeit. Aber zu sagen, ob das gut ist oder schlecht, dass etwas fällt, ist nicht Aufgabe der Naturwissenschaft. Es ist auch nicht einzusehen, warum es Sünde wäre, sich gegen das Fallen zu wehren. Auch aus diesem Blickwinkel her sehe ich den Ansatz von Teilhard de Chardin für verfehlt an, Sünde als ein Sich-Wehren gegen die Evolution zu sehen. Wenn Evolution ein Handeln Gottes darstellt, dann ist das einfach die Art und Weise, wie er handelt. Seine Absicht oder seine Gebote an uns stehen dabei auf einem ganz anderen Blatt.

Es ist also sinnlos, einen Begriff wie Sünde auf naturwissenschaftliche Zusammenhänge zu gründen. Der Begriff benötigt einen nicht-naturwissenschaftlichen Zugang, was auch der Grund ist, warum Menschen, die nicht an Gott glauben, diesen gerne abgeschafft sehen würden. Als Christ ist es klar, dass dieser Begriff etwas mit Gott zu tun hat und wir müssen also beleuchten, wie und warum dieser Begriff ins Spiel kommt, wenn wir Gott betrachten. Dazu wäre als Erstes zu fragen, wie die Bibel den Begriff sieht.

Die zwei Aspekte der Sünde

In der Bibel gibt es zwei Hauptaspekte von Sünde. Da ist zunächst einmal Sünde als verfehltes Verhalten, also als Verhalten, wie es nicht sein soll. Die Beispiele dazu in der Bibel sind zahlreich, gerade im alten Testament. Dieser Aspekt ist sehr gut zusammengefasst in den zehn Geboten, die die Ehre Gottes und den Schutz von Leben und Eigentum des Nächsten als Inhalt haben. Allerdings werden Verstöße gegen die zehn Gebote auch schon als Sünde bezeichnet, bevor die zehn Gebote als solche formuliert worden sind, so zum Beispiel in Genesis 20, wo Abraham aus Angst seine Frau vor dem ägyptischen Pharao als seine Schwester ausgibt (Lüge und Falschdarstellung) und der Pharao im letzten Augenblick durch einen Traum davor bewahrt wird, sie sich zur Frau zu nehmen (Ehebruch).

Der zweite Hauptaspekt von Sünde ist das prinzipielle Sündigsein, weil die Beziehung zu Gott zerrissen ist. Dies beginnt mit Kain und Abel, wo in Genesis 4, 6-7 Gott mit Kain spricht:

„Da sprach der HERR zu Kain: Warum ergrimmst du? Und warum senkst du deinen Blick? Ist's nicht also? Wenn du fromm bist, so kannst du frei den Blick erheben. Bist du aber nicht fromm, so lauert die Sünde vor der Tür, und nach dir hat sie Verlangen; du aber herrsche über sie."

Was Luther hier mit „fromm sein" bezeichnet, ist der Zustand, wo man ein reines Gewissen hat, wo man frei aufblicken kann, weil man seinem Gott mit offenen Herzen gegenübertreten kann. Kain konnte das nicht, er stand bereits an der Schwelle zum Brudermord und die Worte Gottes haben ihn zu seiner Tat erst recht angestachelt. Gott wollte ihm sagen, dass er noch eine Chance zur Umkehr hat, aber Kain war schon jenseits des Punktes, wo er auf Gott hören wollte. Seine Beziehung zu Gott war bereits zerrissen, daher konnte und wollte er das sündhafte Verhalten nicht mehr aufhalten.

Im neuen Testament beschäftigt sich Paulus im Römerbrief mit der Sünde. Die zentralen Sätze stehen in Röm 3, 9-12:

„Was sagen wir denn nun? Haben wir Juden einen Vorzug? Gar keinen. Denn wir haben soeben bewiesen, dass alle, Juden wie Griechen, unter der Sünde sind, wie geschrieben steht: Da ist keiner, der gerecht ist, auch nicht einer. Da ist keiner, der verständig ist; da ist keiner, der nach Gott fragt. Sie sind alle abgewichen und allesamt verdorben."

Das eigentliche Thema von Paulus im ersten Teil des Römerbriefes ist das Gesetz. Paulus sieht im Gesetz den wesentlichen Unterschied zwischen Juden und Griechen, wobei mit „Griechen" alle Nicht-Juden, also alle, die nicht an Gott glaubten, gemeint waren. Den Juden war das Gesetz gegeben worden, in dem formuliert war, was Gott von den Menschen verlangt und durch das sie wissen, was sündhaftes Verhalten ist und was nicht.

Aber dadurch hatten die Juden keinen Vorteil. Sie konnten zwar wissen, was richtig und was falsch war und die Griechen konnten das nicht wissen, dennoch ist zwischen beiden, was die Sünde angeht, kein Unterschied. Keiner, egal ob da nun ein Gesetz vorhanden war oder nicht, keiner fragte nach Gott. Ähnlich sagt es Johannes in 1. Joh 1, 8-10, der durch das „Wir" klarmacht, dass dies auch für Christen zutrifft:

„Wenn wir sagen, wir haben keine Sünde, so betrügen wir uns selbst, und die Wahrheit ist nicht in uns. Wenn wir aber unsre Sünden bekennen, so ist er treu

und gerecht, dass er uns die Sünden vergibt und reinigt uns von aller Ungerechtigkeit. Wenn wir sagen, wir haben nicht gesündigt, so machen wir ihn zum Lügner, und sein Wort ist nicht in uns.“

Diese Worte treffen zu, obwohl allen, auch Paulus und Johannes klar ist, dass jeder Mensch sowohl Gutes wie Schlechtes tut. Jeder, egal in welchen Umständen, egal mit welchem Leben und mag es noch so wüst sein, tut auch Dinge, die anderen Menschen helfen, die andere schützen und die selbstlos sind. Die Zitate hier beziehen sich auch nicht auf irgendwelches sündiges Verhalten, sondern auf ein Sündigsein, das daher kommt, dass man die Beziehung zu Gott verloren hat. Dafür möchte ich den Begriff „Grundzustand der Sünde“ verwenden, den wir nach diesen Zitaten als einen Zustand verstehen können, in dem Menschen von Gott getrennt sind, auch wenn sie gar nichts Sündhaftes tun wollen, selbst wenn sie mit all ihrer Kraft und all ihrem Sein versuchen zu Gott zu kommen.

Woher kommt der Grundzustand der Sünde?

Eine sehr schwierige theologische Frage ist, woher der Grundzustand der Sünde denn nun genau kommt und wie er seine Wirkung entfaltet. Einig ist man sich darin, dass dies bei Adam und Eva gestartet wurde, dass die Verfehlung, die jene ersten Menschen begingen, diesen Grundzustand der Sünde in die Welt brachte. Doch oft genug habe ich Erwachsene und Kinder fragen hören, wieso wir, die Jahrtausende nach diesen ersten Menschen leben, für etwas bestraft werden sollen, was wir gar nicht begangen haben, zumal Gott explizit die Regel aufstellt, dass eine Bestrafung für Missetaten nicht über die Generationen hinweg passieren soll (5. Mose 24, 16).

Aber es geht ja gar nicht darum, für eine Sünde von Adam und Eva bestraft zu werden, sondern darum, dass wir von ihnen etwas geerbt haben, was uns von Gott trennt. Dies wird verständlich, wenn man sich klar macht, dass der Mensch nur zum Teil aus der genetischen Information heraus gebildet wird. Ein neugeborenes Baby hat alle Organe und Körperteile ausgebildet, aber das Gehirn beginnt erst nach der Geburt in seinem rationalen Zentrum Verknüpfungen auszubilden, die es dem Kind ermöglichen, in der Umgebung, in die es hineingeboren wurde, intelligent zu reagieren. Und die wesentliche Informationsquelle dafür sind die Menschen, die dem Kind als Bezugspersonen dienen. Dies betrifft nicht nur Verhaltensweisen, sondern zu allererst die Dinge, die wir uns vorstellen, also Denkkonzepte und die Art und Weise, wie wir die Welt um uns herum wahrnehmen.

Und hier kommt dann der Grundsatz zum Tragen, dass wir überhaupt nicht in der Lage sind, zu erkennen, was wir nicht denken können. Viele

Menschen halten die Gedanken für beliebig frei, aber tatsächlich sind sie eingeschränkt durch das, was wir gelernt haben zu denken. Und wenn wir in eine Umwelt hineingeboren werden, in der unsere Eltern losgelöst von Gott ihr Leben gestalten und danach ihre Vorstellungen und Grundsätze bilden, dann lernen wir dies unwillkürlich und ohne, dass wir oder unsere Eltern etwas dagegen machen können. Um es noch einmal zu betonen: Es geht nicht um richtiges oder falsches Verhalten, es geht um das Denken, um das Sich-vorstellen-Können, um das Überhaupt-in-der-Lage-Sein, etwas gedanklich zu erfassen.

Dieser Mangel ist so tief in unserem Gehirn abgelegt, dass wir ihn nicht loswerden können, selbst wenn wir das eigentlich wollen. Aus ihm erwächst das falsche Verhalten, das wir uns im allgemeinen als Sünde vorstellen, und selbst wenn wir wissen, wie wir uns eigentlich verhalten sollen, sind wir nicht in der Lage, den Wunsch, richtig zu handeln, umzusetzen. Eher im Gegenteil, wenn wir wissen, was wir eigentlich nicht tun sollten, führt uns das nur zu oft dazu, erst Recht das Falsche zu tun. Dies ging auch z. B. Paulus so, der in Röm 7, 7-11 schreibt:

„Aber die Sünde erkannte ich nicht außer durchs Gesetz. Denn ich wüsste nichts von der Begierde, wenn das Gesetz nicht gesagt hätte (2. Mose 20, 17): ‚Du sollst nicht begehren!' Die Sünde aber nahm das Gebot zum Anlass und erregte in mir Begierden aller Art; denn ohne das Gesetz war die Sünde tot. Ich lebte einst ohne Gesetz; als aber das Gebot kam, wurde die Sünde lebendig, ich aber starb. Und so fand sich's, dass das Gebot mir den Tod brachte, das doch zum Leben gegeben war. Denn die Sünde nahm das Gebot zum Anlass und betrog mich und tötete mich durch das Gebot."

Der Sündenfall in der theistischen Evolution

Betrachtet man nun das Konzept der theistischen Evolution, wie ich es bisher dargestellt habe, so ist zu fragen, was denn geschehen ist, als die ersten Menschen mit Gott in Berührung kamen. Worin besteht denn die Sünde des Menschen, wenn dieser sich ganz normal aus einem tierischen Urahn entwickelt hat? Und was bedeutet denn die Sünde, wenn dieses Universum schon immer so war und der Zyklus des Lebens die biologische Entwicklung bestimmt hat?

Auch hier ist es scheinbar so, dass sich der Gedanke der Evolution und die Vorstellung der Bibel nicht vertragen. In der Bibel wird gesagt, dass der Mensch in einer besonderen Umgebung gelebt hat, dem Garten Eden, wo alles gut war, wo der Mensch ganz normal und täglich mit Gott umgegangen ist. Aber durch eine Abkehr von dem, was Gott angeordnet hatte, durch das

Essen der Früchte vom Baum der Erkenntnis, zertrennte der Mensch die Beziehung zu Gott und wurde aus dem Garten Eden vertrieben. Wie soll in ein solches Geschehen die Evolution hineinpassen?

Ein wörtliches Verständnis dieses Vorgangs ist naturwissenschaftlich und theologisch Unsinn. Naturwissenschaftlich ist es kaum zu verstehen, warum das Essen einer Frucht denn Änderungen im Denken mit sich bringen würde, was ich oben ja als Hauptmechanismus des Sündigwerdens beschrieben habe. Wieso soll der Verdauungsvorgang so etwas auslösen? Man kann sich zwar die Wirkung von halluzinogenen Drogen vorstellen, aber solche Wirkungen sind bei einmaligem Essen immer vorübergehend und wirken auch nicht auf nachfolgende Generationen. Und der Sündenfall als Drogenrausch mutet auch etwas komisch an.

Auch theologisch ist das wörtliche Verständnis nicht sinnvoll. Wieso sollte sich Gott an einem Gebot zum Essen von Früchten festhalten und nicht direkt den Menschen erzählen, worum es ihm eigentlich geht, wie er es dann in den zehn Geboten getan hat? Gegen das wörtliche Verständnis spricht auch die Aussage des neuen Testamentes, dass nichts, was man isst, also nichts, was in den Magen-Darm-Trakt gelangt, einen unrein machen, also von Gott trennen kann. Wenn Essen einen von Gott nicht trennen kann, wie kann dann das Essen der Früchte vom Baum der Erkenntnis einen von Gott trennen?

Die einzig sinnvolle Antwort auf diese beiden Probleme ist, dass es da nicht auf das Essen an sich angekommen ist, der Text also nicht wörtlich verstanden werden darf, sondern darauf, dass die Menschen eben ein Gebot Gottes nicht befolgt haben. Das Wörtlich-Nehmen des Fruchtessens ist also auch theologisch unrichtig, es kommt vielmehr auf den Kontext, auf den Zusammenhang an, darauf, dass die Menschen Gott nicht gehorcht haben.

Es ist daher lange Tradition in der Theologie, das Essen vom Baum der Erkenntnis bildlich zu deuten, d. h. als ein Bild, das die Schreiber des Textes für einen Vorgang verwendet haben, der sonst in Worten nicht zu beschreiben ist. Was wären die wesentlichen Punkte einer solchen Beschreibung, wenn wir den Zwang aufgeben, den Text wörtlich verstehen zu wollen?

Da ist zunächst einmal der Name des Baumes, von dem die Frucht stammen soll. Es ist der Baum „der Erkenntnis von Gut und Böse“. Damit drückt sich etwas aus, was auch in der Sozialwissenschaft ein wichtiges Kriterium zur Unterscheidung einer menschlichen Gemeinschaft von einer Gemeinschaft von Tieren ist. Menschen machen sich eine Ethik, ein Regelwerk von „das ist gut“ und „das ist schlecht“. Menschen teilen Handlungen in diese Kategorien ein und steuern ihr Handeln danach. Im Tierreich gibt es zwar auch soziale Ordnungen und Positionskämpfe innerhalb dieser Ordnungen, aber nur der Mensch ist fähig, in verallgemeinerter Form die Konzepte „gut" und „böse" zu verwenden.

Bevor der Mensch einen Geist entwickelte, also anfing, eine selbstständig handelnde Person zu sein und sich über das, was er tut, Gedanken zu machen, da kam die Einteilung in „gut" und „schlecht" von Gott. Der Mensch tat, was Gott für ihn schöpfungsmäßig vorgesehen hatte, wie bei jeder anderen Tierart auch. Ein Raubtier jagt und frisst andere Tiere nicht, weil es böse ist, sondern weil es seiner Art entspricht, dies zu tun, weil Gott es so geschaffen hat. Ein Pflanzenfresser ist nicht sanftmütig, weil er es so will, sondern weil er so lebt, wie Gott ihn geschaffen hat. Auch der Mensch lebte als Jäger und Sammler so, wie Gott ihn geschaffen hatte.

Doch dann bekam der Mensch einen Geist und konnte seine eigenen Regeln machen. Er erkannte, dass es einen Unterschied zwischen „gut" und „böse" gibt, doch anstatt Gott zu folgen, begann er, diese Erkenntnis zu seinem eigenen Vorteil auszubauen. Der Mensch begann, eigene Regeln zu bilden und seine Mitmenschen dazu zu zwingen, nach eben diesen zu leben. Die Voraussetzung für die Sünde bestand in der Erkenntnis, dass es „gut" und „böse" gibt und in der Möglichkeit, zwischen dem, was Gott will und dem was der Mensch sich selber macht, zu wählen. Und die Sünde bestand darin, dass der Mensch eben nicht Gott folgt, sondern sich selbst als Gott aufrichtet.

So wie Gott durch Regeln das Zusammenleben von Menschen ermöglichen, unterstützen und voranbringen will, genauso will der Mensch immer wieder die Gemeinschaft ausnutzen, aus Egoismus und selbstherrlicher Überschätzung. Eine Gemeinschaft, die solidarisch lebt, die dem Schwachen hilft und einen Ausgleich sucht, die lässt sich eben auch herrlich ausnutzen und für die eigenen Zwecke missbrauchen.

Damit lässt sich die Schöpfungsgeschichte sehen als der Weg, den die Menschen gegangen sind von der Übernahme der göttlichen Ordnung in Verbindung mit Gott, bis hin zur Rebellion gegen Gott und seine Regeln und damit das In-Kauf-Nehmen einer Trennung. Wenn der Mensch nicht mehr so lebt, wie Gott will, dass er lebt, dann geschieht eine Trennung, die letztlich in den endgültigen, in den zweiten Tod führt, über den wir im nächsten Kapitel sprechen werden.

Im Rahmen der Evolution ist es das Besondere dieser Aussage, dass man ja einem Fossil nicht ansehen kann, ob es erlöst war oder nicht. Das Geschehen von Sünde ist etwas Geistliches, etwas was auf einer Ebene passiert, die man in den Knochen nicht sehen kann. Und deshalb ist dieses Geschehen auch mit der Vorstellung einer Evolution vereinbar. Das, was wir naturwissenschaftlich beschreiben können, widerspricht nicht der Aussage, dass ein Sündenfall stattgefunden hat und dass der Mensch nicht so lebt, wie Gott es für ihn vorgesehen hat.

Sündiges Verhalten ist nicht das eigentliche Problem

Das Zitat aus Römer 7, das ich oben gebracht habe, begründet darüber hinaus, dass nicht das sündige Verhalten das eigentliche Problem ist, sondern das Sündigsein. Sünde, die zum Tod führt, ist also ein geistiger Zustand und nicht eine Verhaltensweise, im Gegensatz zur landläufigen Interpretation, die immer dann das Wort Sünde in den Mund nimmt, wenn sich jemand falsch verhält. Dies ist dann auch der Grund, warum der Versuch, den Begriff Sünde im Rahmen einer theistisch-evolutionären Anschauung umzuinterpretieren sowohl verfehlt als auch unnötig ist.

In einer evolutionären Beschreibung von dem, was geschehen ist, also in einer Naturwissenschaft, kann man bestenfalls Verhaltensweisen beschreiben, die die verschiedenen Vertreter der Tiere und Menschen typischerweise an den Tag legen. Aber eine Bewertung der Verhaltensweise ist damit nicht möglich, die erreicht man erst, wenn man ein übergeordnetes, geistiges Konzept dazu nimmt. Am ehesten macht man sich das klar, wenn man das Verhalten von Tieren betrachtet. Bei Tieren gibt es je nach Art alle möglichen Verhaltensweisen, die wir als sündhaft betrachten würden. Ameisen führen Kriege, Affen oder Löwen begehen Kindesmord, bei Herdentieren werden kranke oder alte Tiere oft aus der Gemeinschaft ausgegrenzt und einen Gottesdienst, in dem Gott geehrt wird, gibt es unter den Tieren auch nicht. Heißt das nun, dass Tiere ebenfalls sündig sind?

Die Antwort der Bibel heißt nein, sie sind nicht sündig. Der Zustand der Natur ist zwar heute nicht mehr so, wie von Gott gewollt (darauf werde ich im Kapitel über den Tod zurückkommen), aber Tiere als Individuen sind nicht sündig und können auch nicht sündig sein. Tiere sind von ihren geistigen Kapazitäten her nicht in der Lage, Begriffe wie „Gesetz“ oder „gut“ oder „schlecht“ zu erfassen. Jemand aber, der das Gesetz nicht kennt oder es nicht erfassen, begreifen kann, der steht auch nicht unter dem Gesetz und der wird auch nicht nach dem Gesetz beurteilt. Dies ergibt sich zum Beispiel aus den Worten von Jesus nach Joh 15, 21-24:

„Aber das alles werden sie euch tun um meines Namens willen; denn sie kennen den nicht, der mich gesandt hat. Wenn ich nicht gekommen wäre und hätte es ihnen gesagt, so hätten sie keine Sünde; nun aber können sie nichts vorwenden, um ihre Sünde zu entschuldigen. Wer mich hasst, der hasst auch meinen Vater.

Hätte ich nicht die Werke getan unter ihnen, die kein anderer getan hat, so hätten sie keine Sünde. Nun aber haben sie es gesehen, und doch hassen sie mich und meinen Vater.“

Analog drückt es Paulus im zweiten Teil des Verses in Röm 5, 13 aus, wobei mich diese Stelle im Zusammenhang mit dem Tod noch im kommenden Kapitel ausführlich beschäftigen wird:

„Denn die Sünde war wohl in der Welt, ehe das Gesetz kam; aber wo kein Gesetz ist, da wird Sünde nicht angerechnet.“

Dies alles bedeutet, dass man dem Begriff der Sünde überhaupt nicht gerecht wird, wenn man auf irgendwelches Verhalten schaut. Ein und dasselbe Verhalten kann Sünde sein, weil derjenige, der dies tut, wissen kann, dass er es nicht tun sollte, aber es kann auch nicht als Sünde zählen, wenn diese Voraussetzung eben nicht erfüllt ist.

Und genau dieser Punkt ist es, der es einer naturwissenschaftlichen Beschreibung unmöglich macht, über ein Sündigsein zu entscheiden. Wenn wir Fossilien ausgraben oder eine Kultur oder eine Artengemeinschaft rekonstruieren, dann können wir an diesen Daten nicht entscheiden, in welchem Verhältnis diese Lebewesen zu Gott standen. Damit verhält es sich wie mit dem Begriff des Geistes, der ebenfalls an den Fossilien nicht ablesbar ist. Nach dem biblischen Zeugnis wurde der Urgrund der Sünde gelegt, als die ersten Menschen einen Geist bekamen, eine Beziehung zu Gott entwickelten und sich ihm dann verweigerten. An diesem Erbe tragen wir noch heute. Aber Versuche, die Sünde auf etwas Messbares zu reduzieren, müssen scheitern, weil eben auch die Beziehung zu Gott nicht messbar ist.

Die Uneinigkeit über den Begriff der Sünde

Bevor ich auf die Kritikpunkte Junkers zum Begriff der Sünde als geistigen Zustand eingehe, ist zu überlegen, warum die Uneinigkeit über den Begriff der Sünde gerade unter den Vertretern der theistischen Evolution so groß ist. Tatsächlich ist diese Uneinigkeit nicht allein damit zu begründen, dass man mit der Evolutionsmodellierung einen anderen Rahmen vorgibt, sondern eigentlich damit, dass sich durch das Aufkommen der Evolutionsmodellierung Fragen aufgetan haben, die sich in dieser Form vorher einfach noch nicht gestellt hatten.

Jahrtausendelang waren es die Menschen gewohnt, dass das Handeln und Tun Gottes schlicht und ergreifend unverständlich war. Gottes Handeln in der Geschichte, sein Handeln in der Natur, sein Handeln als Gesetzgeber und Ordnungsschaffender waren bewundernswert, lobenswert, staunenswert, aber kaum verständlich. Und so kann ein einfaches Reaktionsschema in der Form Verbot –> Übertretung –> Strafe auch akzeptiert werden. Was das Verbot für einen Sinn hat, wieso die Menschen auf die Idee kamen, das Verbot zu übertreten und was für einen Sinn die Strafe hat, wurde zwar in den philosophisch gebildeten Kreisen durchaus gefragt, aber die Antworten, die in 2.000 Jahren Theologie dazu im christlichen Rahmen formuliert wurden, hatten allein die biblischen Texte als Fundament. Doch zur Auslegung dieser Texte bedarf es eines Grundkonzeptes, das in der Vergangenheit entsprechend aus dem philosophischen Umfeld genommen wurde.

Mit dem Aufkommen der Naturwissenschaft hat sich diese Situation geändert. Die Menschen konnten erfahren, dass es möglich ist, vorher völlig unverständliche Abläufe so zu modellieren, dass sie einen Sinn ergaben. Die Naturwissenschaft erwies sich als sehr mächtiges Werkzeug. Unter diesen Umständen ist es verständlich, wenn man fragt, ob es nicht möglich ist, dieses Werkzeug auf das Phänomen der Sünde anzuwenden. Wenn durch das Essen der Frucht der Mensch plötzlich auf Ideen gekommen ist, die er vorher nicht hatte, wie ist das vor sich gegangen? Was ist da im Körper und im Gehirn des Menschen passiert? Wenn die Beziehung zu Gott unterbrochen wurde, was hat sich da physiologisch geändert? Wenn der Mensch vorher unsterblich war und nachher sterblich, was hat sich denn verändert? Solche Fragen hat man vorher schlicht und ergreifend nicht gestellt, genauso wenig wie die Frage, welche Mechanismen Gott denn benutzt hat, als er das Universum erschuf.

Dann kam dazu, dass die Evolutionsmodellierung die Behauptung der Kurzzeit-Kreation grundsätzlich in Frage gestellt hat. Durch die Idee der Evolution wurde der Vorgang der Schöpfung ganz anders beantwortet, als dies die Menschen in den Jahrhunderten vorher aufgrund irgendwelcher philosophischer Konzepte getan hatten. Da liegt es nahe zu versuchen, den Begriff der Sünde ebenfalls unter die Lupe zu nehmen und nach Alternativen zu den traditionellen Konzepten zu suchen. Die Menschen, die die Naturwissenschaft als befreiend und erhellend erlebt hatten, versuchten, dieses Werkzeug auch für den Begriff der Sünde zu verwenden.

Doch dieser Begriff ist naturwissenschaftlich nicht fassbar. Das Werkzeug, das uns in so vielen Dingen so gute Dienste leistet, erweist sich in dieser Fragestellung als stumpf. So lange die Naturwissenschaft selbst keinen Hinweis auf ihre Beschränkung gegeben hat, war diese Feststellung schwer zu akzeptieren. Ein Teilhard de Chardin oder auch ein Hoimar von Ditfurth waren noch viel zu sehr in die Idee verwurzelt, dass die naturwissenschaftliche Methodik keine Grenze kennt. In der katholischen Theologie wurde eine solche Grenze zwar schon immer vermutet, aber so lange die Naturwissenschaft selbst keinen Hinweis darauf gibt, wo diese Grenze eigentlich ist, so lange bleibt ein Nachdenken darüber der Spekulation verhaftet.

Und so mussten die Versuche, den Begriff der Sünde auf naturwissenschaftliche Fundamente zu stellen, zwangsläufig von der jeweiligen persönlichen theologischen Sicht geleitet werden und damit so verschieden ausfallen, wie die Menschen eben sind. Dabei spielt nicht nur eine Rolle, dass es keine Messungen gibt, die eine Sündhaftigkeit feststellen können, dazu kommt, dass ja die Definition selbst nicht objektiv durchführbar ist. Damit ist die Situation schlechter als heutzutage bei den String- und Membran-Theorien des Universums in der Physik, wo es zwar auch keine Messungen gibt, wo aber wenigstens ein mathematischer Rahmen existiert, der die Modelle leiten kann.

Und so zeigt sich an diesem Begriff, dass die Vorstellungen von dem, was Gott ist, was er tut und von den Begriffen in seinem Umfeld eben von der subjektiven Sicht abhängig sind. Löst man sich von der Vorgabe, so denken zu müssen, wie dies die Vorväter getan haben, kann man in sehr viele verschiedene Richtungen laufen und entsprechend verschieden fallen die Antworten aus. Ein objektives Kriterium um zu entscheiden, wer denn der Wahrheit am nächsten kommt, gibt es nicht.

Dieses Problem gilt in unverminderter Schärfe auch für die Vertreter des Kurzzeit-Kreationismus, auch für Junker und letztlich auch für mich. Junker geht explizit den Weg, zurückzukehren zu dem Denken, das unsere Vergangenheit geprägt hat und ist damit katholischer als die katholische Kirche, die trotz ihrer Vorgabe, dass die traditionellen Auslegungen ein hohes Gewicht haben, in der Frage um Evolution und Schöpfung zu einer anderen Einstellung gekommen ist.

Mein Weg ist der Versuch, eine Harmonisierung zwischen den Erkenntnissen unserer Vorväter und der totalen Revolution zu erreichen. Mit dem Wissen im Hintergrund, wo Naturwissenschaft erfolgreich ist und wo Naturwissenschaft ihre Grenzen hat, kann das Terrain viel deutlicher abgesteckt werden. In den Bereichen, in die die Naturwissenschaft grundsätzlich nicht hineinreichen kann, haben die Vorstellungen unserer Vorväter ein hohes Gewicht, denn was die Beziehung zu Gott angeht, hatten sie andere und womöglich bessere Voraussetzungen als wir heute. Und aus einem Vergleich kann man dann wertvolle Einsichten gewinnen.

7.2.2 Die Kritikpunkte Junkers

Der Begriff der Sünde ist einer der Hauptpunkte, an denen Junker seine Kritik festmacht. Er sieht die Versuche der Vertreter der theistischen Evolution, den Begriff der Sünde in ihr Konzept einzuordnen, als verfehlt an, wobei es ihm zu Gute kommt, dass die Meinungen darüber, was Sünde im Konzept der theistischen Evolution bedeutet, so weit auseinander gehen. Insbesondere die Vorstellungen von Teilhard de Chardin, die ich ja auch nicht teile, bieten viel Platz für Kritik. Insofern werde ich feststellen, dass viele Kritikpunkte Junkers berechtigt sind, was aber nicht dazu führt, dass die Vorstellung der theistischen Evolution verfehlt ist.

Die wesentlichen Kritikpunkte Junkers sind wie folgt:

1) Eine Leugnung der historischen Realität des Sündenfalls führt zur Leugnung der Erlösungstat Jesu

Viele Konzepte der theistischen Evolution verlegen den Sündenfall so sehr ins Geistige, dass sie den Sündenfall als historisch tatsächlich geschehenes Ereignis bezweifeln oder zumindest stark herunterspielen. Diese Konzepte verlegen sich darauf, das Sündigsein des Menschen eher als angelerntes Gefühl zu verstehen, das man durch Glauben überwinden kann. Solche Denkrichtungen sehen in Jesus in der Regel auch nur einen besonders guten Menschen ohne göttlichen Anspruch.

Junker argumentiert, dass mit einer solchen Einstellung dem Christentum das Fundament entzogen ist. Die besondere Erlösungstat Jesu kann nur dann verstanden werden, wenn es einen tatsächlichen Bruch in der Beziehung zwischen Menschen und Gott gegeben hat.

2) Durch die Darstellung der Sünde als Teil des evolutionären Geschehens wird die Verantwortung des Menschen am Sündenfall geleugnet.

Junker kritisiert, dass bei bestimmten theistisch-evolutionären Definitionen von Sünde die Verantwortung für das, was passiert ist, dem Menschen abgenommen wird. Ist Sünde ein Nebenprodukt der Evolution und Evolution ist Handeln Gottes, dann war es ja Gott, der die Sünde hervorgebracht hat und der Mensch kann nicht schuldig gesprochen werden. Junker betont, dass sich dieses Problem dann ergibt, wenn man den Begriff der Sünde aus den naturwissenschaftlichen Prozessen heraus definieren will.

3) Der Sündenfall im theistisch-evolutionären Konzepten war unvermeidbar.

Ein weiterer Kritikpunkt, den Junker an die theistisch-evolutionären Konzepte richtet, ist, dass im Rahmen einer Evolution der Sündenfall unvermeidbar gewesen ist, weil er eben als Teil der Entwicklung auftrat. Dazu kommt, dass die ersten Menschen in unseren Augen „primitiv", fast tierähnlich gewesen sind und daher die Konsequenzen ihres Tun gar nicht abschätzen konnten. Letztlich läuft dieses Argument wieder darauf hinaus, dass die ersten Menschen ja gar keine Schuld haben und daher die Strafe für die Menschheit unverhältnismäßig hoch und ungerecht ist.

4) **Der Sündenfall hat in der theistisch-evolutionären Interpretation keine Konsequenzen.**

Ein Kritikpunkt, den Junker insbesondere an solche theistisch-evolutionären Konzepte richtet, die unter Sünde und Tod im Wesentlichen ein geistiges Geschehen sehen, ist die von ihm postulierte Einheit von Körper, Seele und Geist. Sein Argument ist, dass ein physisches Übel auch Auswirkungen auf die Psyche hat und umgekehrt. Diese Wechselwirkung hat bei den Menschen auch schon vor dem Sündenfall bestanden. War der Sündenfall ein geistiges Ereignis, so muss das auch körperliche Konsequenzen gehabt haben und genau davon ist in den theistisch-evolutionären Darstellungen nichts zu sehen.

5) **Sünde wird in theistisch-evolutionären Beschreibungen verharmlost.**

Junker kritisiert insbesondere bei den Vertretern von theistisch-evolutionären Konzepten, die die Sünde als automatische Konsequenz der Evolution ansehen, dass dadurch die Sünde verharmlost wird. Dadurch dass sie eben Bestandteil der Entwicklung ist, verliert sie ihre Stellung als Wendepunkt in der Geschichte der Menschen und erst durch die Person Jesu Christi wird versucht, die Sünde wieder aufzuwerten.

6) **Der Zeitpunkt des Sündenfalls ist in einer theistisch-evolutionären Interpretation nicht erkennbar.**

Junker kritisiert mehrfach, dass die evolutionäre Entwicklung des Menschen in der Regel sehr glatt und im Einklang mit dem normalen evolutionären Geschehen dargestellt wird. Ein Wendepunkt wie der Sündenfall ist aus der naturwissenschaftlichen Beschreibung heraus nicht erkennbar. Junker zitiert eine Reihe von Autoren, die diesen Missstand in den theistisch-evolutionären Konzepten betonen bzw. auf die Zwangsläufigkeit eines solchen Missstandes hinweisen.

7) **Die Gebote, die der Mensch befolgen soll, widersprechen den evolutionär gewachsenen Instinkten.**

In diesem Kritikpunkt geht es um die ererbten Verhaltensweisen des Menschen. Sieht man den Menschen in einem evolutionären Zusammenhang, so liegt es nahe, das Verhalten von Menschen mit dem von Tieren zu vergleichen und zu versuchen, Gemeinsamkeiten und Unterschiede festzustellen. Dieser Vergleich ist im Rahmen der anthropologischen Verhaltensforschung auch gemacht worden und das Ergebnis ist, dass der Mensch viele Verhaltensweisen in sich trägt, die noch aus einer Zeit stammen, wo der Mensch primär instinktiv und weniger rational gehandelt hat. Der Verhaltensforscher Konrad Lorenz hat dies in die prägnanten Worte gepackt: „... in der einen Hand die Atombombe und im Herzen immer noch die archaischen Instinkte unserer prähistorischen Vorfahren".

Ein Kritikpunkt gegen ein theistisch-evolutionäres Konzept wird dann daraus, wenn man sieht, dass das, was Gott von den Menschen in seinen Geboten fordert, diesen Instinkten geradezu widerspricht. Da sich Instinkte aber evolutionär herausgebildet haben und somit von Gott gelenkt werden, ergibt sich darin ein Widerspruch.

7.2.3 Antwort auf die Kritik Junkers

Die Kritik Junkers trifft auf einige Entwürfe der theistischen Evolution durchaus zu. Dies liegt aber durchweg nicht an der Annahme einer Evolution, sondern an den Versuchen der jeweiligen Autoren, einen naturwissenschaftlich nicht definierbaren Begriff mit der Naturwissenschaft zu verbinden. In meinem Konzept herrscht eine Form der Trennung der beiden Bereiche, die es ermöglicht, der Kritik Junkers zu begegnen.

1) Eine Leugnung der historischen Realität des Sündenfalls führt zur Leugnung der Erlösungstat Jesu.

Für eine große Zahl von Entwürfen der theistischen Evolution hat Junker mit dieser Kritik nur zu Recht. Junker zitiert in seinem Buch eine ganze Reihe von Konzeptionen, die die Historizität des Sündenfalls bezweifeln oder diesen zumindest stark herunterspielen. Daraus haben sich dann theologische Strömungen gebildet, die behaupten, dass es nicht darauf ankommt, dass die Auferstehung Jesu real passiert sei. Es komme lediglich darauf an, dass man daran glaube.

Die Auswirkungen dieser Schlussfolgerung sind sehr negativ. Das Fundament des christlichen Glaubens selbst wird damit weggezogen. Es gilt dann das, was Paulus schon in 1. Kor 12, 14-17 und 32b gesagt hat:

„Ist aber Christus nicht auferstanden, so ist unsre Predigt vergeblich, so ist auch euer Glaube vergeblich. Wir würden dann auch als falsche Zeugen Gottes befunden, weil wir gegen Gott bezeugt hätten, er habe Christus auferweckt, den er nicht auferweckt hätte, wenn doch die Toten nicht auferstehen. Denn wenn die

Toten nicht auferstehen, so ist Christus auch nicht auferstanden. Ist Christus aber nicht auferstanden, so ist euer Glaube nichtig, so seid ihr noch in euren Sünden. ... Wenn Tote nicht auferweckt werden, dann lasst uns fressen und saufen, denn morgen sind wir tot."

Klarer kann man es eigentlich nicht sagen und der Schlussfolgerung des Paulus zu entgehen ist sehr schwierig, wenn man aussagt, dass der Sündenfall nicht stattgefunden hat. Denn es besteht gar keine Notwendigkeit, die Menschen von etwas zu befreien, wenn dieses etwas nicht Einfluss auf unsere menschliche Realität nimmt.

Aus diesem Grund kann und will ich die Historizität des Sündenfalls nicht bezweifeln, sondern habe gesagt: Ja, er hat stattgefunden und ja, durch dieses Ereignis sind die Menschen geworden, wie sie nicht sein sollten und sind unfähig, das von Gott gewünschte Sein zu leben. Stellt man nun fest, dass der Sündenfall tatsächlich stattgefunden hat, so erhebt sich die Frage, ob man das denn an Hand von naturwissenschaftlichen Messungen merken kann. Dies ist aber der Kritikpunkt 6, auf den ich dann unten noch zurückkomme.

2) Durch die Darstellung der Sünde als Teil des evolutionären Geschehens wird die Verantwortung des Menschen am Sündenfall geleugnet.

Ich habe schon beschrieben, dass die Definition von Sünde aus der Naturwissenschaft heraus zwangsläufig scheitern muss. Junkers Kritik bezieht sich aber explizit auf die theistisch-evolutionären Konzepte, die genau das versuchen, denn in diesen Darstellungen wird Sünde gerade mit der Weiterentwicklung – der Evolution – des Menschen in Verbindung gebracht. Ich bin ebenfalls gegen eine solche Identifikation, insofern wird mein Konzept durch diesen Kritikpunkt nicht getroffen.

Dennoch geht Junkers Kritik tatsächlich über diesen Spezialfall heraus, denn die Frage nach der Verantwortung des Menschen stellt sich auch bei einer Sechs-Tage-Schöpfung und auch dann, wenn man den Sündenfall als geistigen Beziehungsbruch zwischen Mensch und Gott versteht, wie ich dies getan habe.

Bei einer Sechs-Tage-Schöpfung ist es klar, dass Gott den Fall des Menschen billigend in Kauf genommen hat. Er hat den Menschen die Möglichkeit zur Sünde gegeben und er hat den Versucher, den Satan, zu den Menschen gelassen und ein Menschenpaar dessen Verführungsreden preisgegeben, das nach dieser Interpretation höchstens ein paar Jahre auf dem Buckel hatte. Woher hätten Adam und Eva die Lebenserfahrung, das Wissen oder das Gefühl hernehmen sollen, wie man mit solchen Verführungssituationen umgeht? Der Mensch lernt aus Nachahmung von den Eltern oder aus negativer Erfahrung – beides war Adam und Eva in diesem Fall verwehrt.

Bei einer Interpretation wie der meinen stellt sich das Problem auch. Wenn der Mensch mit Gott in einer engen Beziehung gelebt hat, die dann durch den erwachenden Geist zur Disposition gestellt wurde, woher hätten die ersten Menschen ahnen können, was ein solcher Bruch für Folgen hat? Wächst man in einer Situation auf, in der man die negativen Folgen nicht kennt, dann fällt es schwer, an solche negativen Folgen zu glauben. Gott hat schlicht Gehorsam von den Menschen gefordert, aber eine Regel nur einzuhalten, weil ein höheres Wesen dies befiehlt, ist sehr viel schwerer als wenn man einsieht, warum eine Regel einzuhalten ist.

Man kann die Situation ein wenig vergleichen mit der Situation einer unserer Katzen. Katzen haben keine Vorstellung von richtig und falsch, sie haben kein Gesetz. Aber Katzen, die bei Menschen leben, bekommen von diesen ein Gesetz vorgeschrieben, bei uns ist es, dass sie sich nicht streiten sollen oder auch eine Reglementierung der Terrassentür, die eben nicht zu jeder Zeit offen steht. Die Katzen wissen nicht, warum wir ihnen diese Regeln geben, sie verstehen sie nicht, müssen sie aber befolgen, wenn sie die Vorteile der menschlichen Nähe – Zuneigung, Unterkunft und Essen – nutzen wollen.

Bei einer unserer Katzen war der Freiheitsdrang zunächst größer als die Bereitschaft, sich unseren Regeln unterzuordnen. Eines Tages war sie verschwunden und kam über drei Monate hinweg nicht zurück. Wir haben sie gesucht und um sie getrauert und sie eigentlich schon verloren gegeben. Aber eines Tages stand sie wieder vor unserer Tür, abgemagert, aber gesund und mit dem offensichtlichen Bedürfnis, wieder die Vorteile der Nähe des Menschen zu suchen. Es war ihr vermutlich nicht bewusst, in welche Gefahren sie sich begeben hat, aber sie war schon immer eine sehr vorsichtige Katze.

So ähnlich kann ich mir den Sündenfall der Menschen vorstellen. Gott geht und ging schon immer über unser Begreifen, aber so lange wir in seiner Nähe waren, konnten wir die Vorteile seiner Liebe genießen. Doch der Freiheitsdrang der ersten Menschen war größer. Und sie haben sich so weit von zu Hause entfernt, dass eine Rückkehr nicht so ohne weiteres möglich war. Gott musste seinen Sohn suchen schicken, nachdem alles Rufen vorher nichts geholfen hatte. Und wir müssen einsehen, dass es richtig und wichtig ist, diesem Sohn nach Hause zu folgen.

Doch auch wenn die Situation des Sündenfalls auf diese Weise verständlich wird, die Grundfrage bleibt auch hier. Wieso kann der Mensch für diesen

Fall verantwortlich gemacht werden, wenn er den Umfang und die Folge seiner Tat niemals lernen und damit begreifen konnte. Ich kann und will diese Frage hier nicht beantworten, weil dazu eigene theologische und philosophische Bücher notwendig sind. Mir geht es darum zu zeigen, dass die Frage, die Junker aufwirft, für alle Interpretationen des Sündenfalls gelten und dass in allen diesen Interpretationen eine Antwort schwer fällt.

Das Problem ist damit nicht spezifisch für das theistisch-evolutionäre Konzept und kann damit auch nicht als Kritik an diesem Konzept genommen werden. Junker mag das Gefühl haben, dass ein Rückzug auf jahrhundertealte Aussagen seine Position verstärkt, aber dem kann man entgegnen, dass er dann dem theistisch-evolutionären Konzept auch seine Zeit lassen soll, nach einem Verstehen der Schuldigkeit des Menschen zu suchen. Die Zeit, in der dieses Konzept existiert, ist möglicherweise zu kurz, um bei diesen schwierigen Fragen schon zu einem einheitlichen Verständnis gekommen zu sein.

3) **Der Sündenfall im theistisch-evolutionären Konzepten war unvermeidbar.**

Die Frage, ob der Sündenfall vermeidbar gewesen wäre, ist hoch spekulativ und stellt sich nicht nur im Rahmen einer theistisch-evolutionären Konzeption, sondern auch im Rahmen eines Konzeptes wie der Sechs-Tage-Schöpfung. Die Bibel spekuliert über diese Frage nicht, sondern stellt nur fest, dass es zu einem Bruch zwischen Mensch und Gott gekommen ist. Es befriedigt aber unser Gerechtigkeitsempfinden, wenn wir feststellen, dass die Menschen den Bruch hätten vermeiden können.

Letztlich kann man ohne Quellen und ohne Daten die Frage nach der Vermeidbarkeit des Sündenfalls aber nicht beantworten, weder im Rahmen der theistischen Evolution noch im Rahmen einer Kurzzeit-Schöpfung. Was ich jedoch machen kann, ist die Annahmen zu hinterfragen, die zu bestimmten Aussagen führen. Zunächst ist da die Annahme, dass die ersten Menschen primitiv gewesen waren. Eine solche Sicht kommt aus einer gewissen Überheblichkeit heraus, weil man denkt, dass die moderne Zivilisation so enorme Leistungen vollbracht hat und denkt dabei an die technischen Leistungen.

Tatsächlich werden die Fähigkeiten unserer Vorfahren, die Natur technisch-organisatorisch zu beherrschen, beschränkter gewesen sein als heute. Das heißt aber nicht, dass die Gemeinschaft, in der sie lebten, primitiv gewesen ist. Mit ihren Mitteln und ihrer Erfahrung kamen sie in ihrem Lebensumfeld so gut zurecht, dass sie die Grundlage zur Ausbreitung des Homo sapiens bildeten. Insofern halte ich den Begriff „primitiv“ in diesem Zusammenhang für verfehlt. Die meisten Menschen heutzutage würden sehr schnell sterben, wenn man sie ihrer technischen Hilfsmittel berauben würde und sie alleine nach Nahrung suchen ließe.

Die zweite Annahme, die in den Kritikpunkt von Junker eingeht, ist die Annahme, dass diese Menschen auch in Hinsicht ihrer Gotteserkenntnis primitiver gewesen wären. Wahr ist vermutlich, dass sie noch keine hochentwickelte Theologie hatten und dass ihre Gottesvorstellung sehr bodenständig und naturnah gewesen ist. Aber ein solcher Glaube ist nicht notwendig minderwertiger oder schlechter als unsere kopflastige Theologie von heute. Im Gegenteil, die Bibel lobt den einfachen, akzeptierenden Glauben von Menschen als den Glauben, der von Gott gutgeheißen wird. So gibt es den berühmten Satz von Jesus aus Matthäus 18, 3:

„Wahrlich, ich sage euch: Wenn ihr nicht umkehrt und werdet wie die Kinder, so werdet ihr nicht ins Himmelreich kommen."

Was Jesus hier betont ist, dass ein Glaube, der sich davon abhängig macht, Gott in allen Dingen Herr sein zu lassen, der Glaube ist, den Gott will. Alles verstehen oder gar kontrollieren zu wollen, führt oft dazu, dass man Gott ablehnt. Ich denke, dass unsere Vorfahren Gott einfach akzeptiert haben und damit genau die richtige Einstellung hatten.

Die „Primitivität" unserer Vorfahren war in dieser Hinsicht also eher ein Vorteil, den sie uns gegenüber hatten. Wir schleppen viele Jahrtausende Erfahrung an jüdischer und christlicher Geschichte mit uns herum, wir haben Gesetze und wir haben ausgefeilte Philosophien. So wichtig diese Dinge sind – gerade für einen Menschen wie mich – so sehr können sie uns den Weg zu Gott verbauen.

So können wir möglicherweise annehmen, dass unsere Vorfahren, dass Adam und Eva nicht darüber nachgedacht haben, welche Konsequenzen ihr Handeln für ihre Kinder mit sich bringt, sie werden aber gut gewusst haben, welche Konsequenzen ihr Handeln für sie selber bringt. In Gott hatten sie ein behütetes, geborgenes Dasein, ohne Gott mussten sie zwar nicht mehr auf diese lenkende Stimme hören, gingen aber letztlich der Geborgenheit verlustig. Insofern waren sie durchaus schuldfähig und schuldig, genauso wie wir uns täglich schuldig machen. Und das gilt auch wenn wir in Lebensverhältnisse geboren werden, die es uns unmöglich machen, nicht schuldig zu werden.

4) Der Sündenfall hat in der theistisch-evolutionären Interpretation keine Konsequenzen.

Das Hauptgewicht dieses Kritikpunktes liegt auf der Bewertung von Leid und Tod, dieses will ich im nächsten Kapitel diskutieren. Der Nebenaspekt dieser Kritik betrifft aber die Diskussion um die Sünde. Eine Antwort habe ich im Kapitel 7.1.3 bereits vorbereitet.

Die Aussage Junkers, dass es eine Beeinflussung zwischen Körper und Geist auch schon vor dem Sündenfall gegeben hat, halte ich für korrekt. Eine solche Beeinflussung ist unvermeidlich, will man in der Erschaffung des Menschen als körperliches Wesen überhaupt einen Sinn sehen. Da der Begriff des Geistes nicht-naturwissenschaftlicher Art ist, ist die Beantwortung dieser Kritik auch nicht allein auf der Basis der Naturwissenschaften möglich. Die Frage ist, wie diese Beeinflussung tatsächlich aussieht.

Junker in seiner kurzzeit-kreationistischen Interpretation nimmt einfach an, dass die Beziehung zwischen Körper und Geist so ist, dass der Geist die Materie grundsätzlich umgestalten kann. In einer Art göttlichem Erschaffungsprozess gestaltet der sündhafte Geist eine völlig neue, widergöttliche Natur. Umgekehrt ist der sündhafte Geist erst durch das sündhafte Tun erzeugt worden, also auch hier hat die Sünde eine erschaffende Qualität. Junker kommt zu diesem Schluss, der biblisch auf sehr unsicheren Füßen steht, weil er eben den körperlichen Tod mit dem Sündenfall als neues Element in die Natur einführt. Da die Endlichkeit des körperlichen Seins aber weitgehende Auswirkungen auf der physischen und psychischen Seite hat, muss er annehmen, dass die Sünde in der Lage ist, einen so massiven Schöpfungsprozess zu gestalten.

Ich gehe davon aus, dass die physischen Prozesse über den Sündenfall hinweg im Wesentlichen unverändert geblieben sind, dass Sünde und die Trennung von Gott hauptsächlich auf der geistigen Ebene stattgefunden haben. Damit ist es möglich, aus der heutigen Situation und dem rettenden Handeln Gottes, heute Rückschlüsse darauf zu ziehen, wie der Urzustand des Menschen vor dem Sündenfall beschaffen war.

Wie oben betont, ist dabei der Umgang mit Leid der wesentliche Punkt, auf den ich später eingehen werde. Was die Sünde betrifft, so ist es nach Aussagen der Bibel unmöglich, Sünde zu begehen, wenn man in Einklang und in Verbindung mit Gott lebt, wenn man Gottes Gesetz „im Herzen hat". Dies kann man z. B. an der Zusammenschau der folgenden Bibelstellen ersehen:

Jer, 31, 31-33: *„Siehe, es kommt die Zeit, spricht der HERR, da will ich mit dem Hause Israel und mit dem Hause Juda einen neuen Bund schließen, nicht wie der Bund gewesen ist, den ich mit ihren Vätern schloss, als ich sie bei der Hand nahm, um sie aus Ägyptenland zu führen, ein Bund, den sie nicht gehalten haben, ob ich gleich ihr Herr war, spricht der HERR; sondern das soll der Bund sein, den ich mit dem Hause Israel schließen will nach dieser Zeit, spricht der*

HERR: Ich will mein Gesetz in ihr Herz geben und in ihren Sinn schreiben, und sie sollen mein Volk sein, und ich will ihr Gott sein."

Röm 9, 31-32 und 10, 4: *„Israel aber hat nach dem Gesetz der Gerechtigkeit getrachtet und hat es doch nicht erreicht. Warum das? Weil es die Gerechtigkeit nicht aus dem Glauben sucht, sondern als komme sie aus den Werken. ... Denn Christus ist des Gesetzes Ende; wer an den glaubt, der ist gerecht."*

Gott formuliert hier sein Ziel mit den Menschen. Eine äußerliche Erfüllung des Gesetzes, eine pharisäerhafte Auslegung von Verhaltensvorschriften, ein So-Tun-als-ob entsprechen nicht dem Willen Gottes. Stattdessen will er, dass die Menschen aus innerer Überzeugung und mit innerem Bewusstsein das tun, was er in den jeweiligen Situationen will.

Hier wird wieder deutlich, dass das Tun an zweiter Stelle steht, in dem Sinn, dass sich das Tun aus dem Sein ergibt und nicht umgekehrt. Nimmt man an, dass die Menschen vor dem Sündenfall in dem Sein waren, das Gott wollte, also im Einklang mit ihm, so konnten sie auch nichts Falsches tun. Das falsche Tun ergab sich erst, als sich die Menschen gegen Gott wandten und den Einklang mit ihm unterbrachen. Daraus folgt, dass es auch erst mit dem Abbruch der Beziehung zu Gott möglich war, dass falsches Tun negativen Einfluss auf den Geist nehmen konnte. Dies ist die Folge des Sündenfalls, der eben ein geistiges Ereignis war.

Der Aussage Junkers, dass es eine Beziehung zwischen Geist und Körper gegeben hat, kann ich also zustimmen. Aber nicht in dem Maße, dass eine gesunde Beziehung zu Gott einen ewig jungen, niemals kranken, niemals sterbenden Körper zur Folge hätte. Sondern in dem Sinn, dass eine gesunde Beziehung zu Gott es einem ermöglicht, Alter, Krankheit und Tod als Gabe Gottes zu akzeptieren und den Tod als Übergang in das Reich Gottes zu sehen. Junker sieht dagegen einen extremen Einfluss des Geistes, der bis in die von Gott festgelegten Reaktionsmechanismen der Natur reicht.

Insofern beruht Junkers Kritik zu stark auf seiner Interpretation, auf seinem auslegerischen Konzept. Legt man aber ein anderes Konzept zugrunde, dann ergibt sich wieder eine konsistente Auslegung des Geschehens beim Sündenfall und auch zumindest eine Ahnung davon, wie es vorher war. In diesem Fall trifft dann auch der Kritikpunkt Junkers nicht zu.

5) Sünde wird in theistisch-evolutionären Beschreibungen verharmlost.
Junker hat mit diesem Kritikpunkt insofern Recht, als dass sich in der Theologie Strömungen ergeben haben, die der Überbetonung der Sündhaftigkeit, die in der Vergangenheit üblich war, andere Bilder entgegensetzen wollten.

Die Absicht ist dabei durchaus verständlich. Setzt man den Schwerpunkt seiner Verkündigung in die Sündhaftigkeit des Menschen und betont ständig die Konsequenzen, dann gerät man in die Schwert-und-Hölle-Verkündigung des Mittelalters. Die Menschen wenden sich vielleicht Gott zu, aber sie tun es aus Angst und aus Eigennutz. Die Kalkulation ist ja ganz einfach: Wenn es mir schlecht geht, wenn ich mich nicht zu diesem Gott bekenne – und diese Gläubigen sorgen schon dafür, dass es mir dann schlecht geht – dann muss ich eben alles tun, damit ich äußerlich den Anschein erwecke, als würde ich mich zu diesem Gott bekennen. Auf die innere Haltung kommt es dabei weniger an, denn die sehen diese Drohprediger ja nicht.

Zu lange Zeit hat die christliche Kirche das „gut" aus der guten Botschaft vernachlässigt. Dieser Vernachlässigung musste durch eine starke Betonung der Liebe Gottes und ein Nach-hinten-Drängen der Sünde ein Gegenpol gesetzt werden. Der Glaube an Gott und die Bereitschaft Jesus Christus anzugehören, kann niemals eine erzwungene Entscheidung sein, sie muss immer ein freiwilliger und bewusster Akt sein. Und wenn das bedeutet, dass man von Sünde erst in zweiter Linie redet, dann ist das ein Preis, der bezahlt werden muss.

Aber auch hier darf man das Kind nicht mit dem Bade ausschütten und da hat Junker dann einfach Recht. Wenn man sich nicht in einer dramatischen, ausweglosen Situation befindet, wieso sollte die Tat Jesu dann irgendwelche Besonderheiten haben? Wirft man den Begriff der Sünde ganz weg, dann wird das, was Jesus getan hat, ebenfalls weggeworfen und damit auch das, was uns als Christen ausmacht.

Letztlich geht es darum, den richtigen Mittelweg zu finden. Sünde ist ein Einbruch in diese Welt, sie hat die Situation der Menschen grundlegend verändert und sie hat bis heute tödliche Auswirkungen. Doch sie so stark in den Vordergrund zu spielen, dass sie sogar die Macht hat, sämtliche Naturvorgänge zu verändern, das macht die Sünde auch theologisch zu mächtig. Wenn Sünde die Macht hat, die von Gott gewählten Naturprozesse zu verändern, so dass plötzlich Tod vorkommt, wo Gott vorher nur Leben wollte, wo sich plötzlich die Lichtgeschwindigkeit ändert oder wo sich plötzlich physikalische Prozesse verändern, dann hätte die Sünde schöpferische Kräfte, Kräfte, die eigentlich nur Gott zukommen. Die Sünde wäre in der Lage, physisch und konkret Gottes Willen zu durchbrechen – ein Vorgang zu dem es in der Bibel keinerlei Hinweis gibt.

Sünde kann aber die Beziehungen zwischen Menschen und zwischen Mensch und Gott zerstören. Wenn man betrachtet, welche Auswirkung Sünde so auf Menschen hat, dann können wir niemals feststellen, dass sich plötzlich Naturprozesse ändern, wohl aber, dass sich die Einstellung von Menschen ändert. Naturprozesse, die es schon vorher in dieser Form gibt, werden dann zum Nachteil von Menschen und Natur eingesetzt. Wenn wir die Ausbeutung der Natur betrachten, dann ist das eine Folge des gefallenen Menschen, aber dadurch, dass wir Gottes Willen nicht beachten, wird kein Prozess in der Natur anders stattfinden als vorher.

Und so ist die Sünde nicht harmlos, sie macht den Menschen erlösungsbedürftig und unfähig, sich selbst aus der Schlinge zu ziehen. Aber sie tut dies auf einer geistigen Ebene und muss auch auf einer geistigen Ebene bekämpft werden. Nur wenn hier der Kampf angenommen wird, nur dann können die Prozesse, die schon vorher da sind, zum Vorteil des Lebens eingesetzt werden.

6) Der Zeitpunkt des Sündenfalls ist in einer theistisch-evolutionären Interpretation nicht erkennbar.

Was diesen Kritikpunkt angeht, gilt das, was ich in Kapitel 7.2.1 erläutert habe. Einmal ist Sünde kein naturwissenschaftlich definierbarer Begriff und zum anderen ist das biblische Verständnis von Sünde als Zustand und Sünde als Tat dadurch abgestuft, dass Sünde als Tat nicht zählt, wenn derjenige, der sie begeht, nicht in der Lage ist, Gottes Gesetz zu kennen.

Genau im letzten Punkt liegt das Problem der Autoren, die den hier genannten Kritikpunkt bringen und dabei den Unterschied zwischen Tat und Zustand nicht beachten und Sünde allein vom Tun aus verstehen. Zu stark ist unsere Prägung, die verhaltensorientiert geschult ist. Wir denken unwillkürlich: „Wenn du das und das tust, dann ist das Sünde und wenn du das und das nicht tust, dann ist's okay." Und so kommt es, dass die Autoren – und auch Junker – fragen, wie denn ein Mensch sündloses Verhalten an den Tag legen konnte, bevor er in den Sündenfall geriet und plötzlich, sozusagen unmittelbar nach dem Sündenfall, in einen immer stärkeren Schwall sündigen Verhaltens hineingezogen wurde.

Evolutionstheoretisch ist ein solcher plötzliche Übergang im Verhalten tatsächlich sehr schwer zu verstehen. Das Studium des Art- oder Gruppenverhaltens gehört zu den naturwissenschaftlich messbaren Dingen und es gibt eine Reihe von Indizien, die man auch heute noch finden kann, die Rückschlüsse auf Verhalten unserer Vorfahren erlauben. Klassifiziert man Sünde als sündiges Verhalten, dann ist es unvermeidbar, dass man zu dem Schluss kommt, dass es keinen Bruch in der Geschichte der Menschen gegeben hat, denn die Art und Weise, in der sich die ersten Menschen verhielten, hat sich wahrscheinlich nicht wesentlich von dem Verhalten der Tiere unterschieden, die die unmittelbaren Vorfahren dieser Menschen gewesen sind.

Doch die Bibel gibt einen Hinweis darauf, dass das Verhalten selbst nicht der Angelpunkt des Begriffes Sünde beim Sündenfall gewesen ist. In Genesis 3, 7 heißt es:

„Da wurden ihnen beiden die Augen aufgetan, und sie wurden gewahr, dass sie nackt waren, und flochten Feigenblätter zusammen und machten sich Schurze."

Vor dem Sündenfall waren Adam und Eva nackt, aber weder für sie noch für Gott war das offensichtlich ein Problem. Sexualität ist nach der Bibel Teil des Lebens von Adam und Eva gewesen. Nach dem Bruch mit Gott wurde Nackt-Sein aber ein Problem und es gibt selbst heute noch zu viele Christen, die es als Problem ansehen. Dies demonstriert, dass der Bruch mit Gott nicht zuerst eine Änderung im Verhalten, sondern zuerst eine Änderung in der Bewertung von Verhalten mit sich gebracht hat. Erst mittelbar, als Folge dieser Bewertung, hat sich auch das Verhalten geändert, was noch durch Gott bestätigt wird, der nach Genesis 3, 21 richtige Kleidung für Adam und Eva anfertigt.

Dies legt es nahe, dass es weniger das genaue Verhalten der Menschen war, das den Sündenfall charakterisiert hat, sondern vielmehr die Frage, wie die Menschen ihr Verhalten bewerteten. Solange sie im Einklang mit Gott lebten, hatten sie eigentlich die volle Freiheit, solange sie nur Gottes Willen folgten. Als sie sich aber von Gott losgelöst hatten und anfingen, sich ihre eigenen Gesetze zu machen, da war auch der Anfang der Gesetzgebung, der Formulierung der Regeln, die für ein gemeinschaftliches Zusammenleben verbindlich wurden, ob man es wollte oder nicht.

Damit in Zusammenhang steht die oft gemachte theologische Annahme, dass der Wille Gottes für alle Menschen zu allen Zeiten und in allen Situationen immer gleich gewesen ist. Zumindest legt man eine solche Annahme zugrunde, wenn man auf den eben geschilderten Gedankengang einwendet, dass man ja wisse, was der Wille Gottes sei, heute hat man ja das Gesetz und daher kann man ja feststellen, dass sich auch schon die allerersten Menschen nicht so verhalten haben, wie dies dem Willen Gottes entspricht.

Ich halte diese Annahme aber für falsch. In der Bibel gibt es einige Beispiele, wie Gott sein Gebot an die Menschen situationsbedingt verändert. Sei es die Frage der Ehescheidung, die Gott eigentlich nicht will, aber für das Volk Israel reglementiert, seien es die Speisegebote, die im Alten Testament an zentraler Stelle stehen und im Neuen Testament verändert werden oder seien es die Gebote für die Rolle von Mann und Frau, die im neuen Testament im gesellschaftlichen Kontext der damaligen Zeit gesehen werden und heute in einer veränderten Gesellschaft anders gesehen werden müssen. Selbst das Gebot: „Du sollst nicht morden", ist von Gott selbst in den Eroberungsfeldzügen Israels vorübergehend abgewandelt worden. Immer ist es so, dass es der souveräne Gott ist, der mit seinem Willen über den formal formulierten Gesetzen steht. Nicht die Gesetze sind die Herrscher, sondern Gott ist es.

Und so geht die Vorstellung, dass auch für Adam und Eva, für unsere Vorfahren in ihren Jäger-und-Sammler-Strukturen, dieselben Gebote gegolten hätten, wie für uns, an Gottes Wirklichkeit vorbei. Wenn man jetzt fragt: „Und wie soll man dann wissen, was Gott eigentlich von uns will?", dann lautet die einfache Antwort: „Wenn Du in echter und enger Verbindung zu Gott stehst, dann stellt sich die Frage gar nicht." Das ist genau der Punkt im Sündenfall und mit dem Grundzustand der Sünde. Weil die ersten Menschen sich von Gott lösten und anfingen, Gesellschaftsstrukturen aufzubauen, die nicht auf Gott beruhten, deshalb benötigen wir Krücken wie geschriebene Gesetze und geschriebenes Wort Gottes. Weil wir eben nicht von selbst wissen, was gut und richtig ist, deshalb benötigen wir den formalen Rahmen, an dem wir uns orientieren können.

So gesehen ist es auch verständlich, dass wir von dem her, was wir naturwissenschaftlich messen können, so wenig mitbekommen von dem Bruch, den die Sünde mit sich gebracht hat. Dies wird noch dadurch verstärkt, dass ein solcher Bruch auch nicht messbar ist, wenn man von einer Sechs-Tage-Schöpfung ausgeht. Junker postuliert zwar den großen Bruch, nimmt zwar die Umwälzung der gesamten Natur an, aber dafür, dass dies ein so weltbewegendes, das ganze Universum umspannendes Ereignis gewesen sein soll, dafür ist bemerkenswert wenig davon zu merken. Dies zeigt, dass die Forderung, man müsste vom Sündenfall ja etwas messen können, wohl eher auf einer Fehlinterpretation des Sündenbegriffs beruht als auf einem realen Argument.

7) Die Gebote, die der Mensch befolgen soll, widersprechen den evolutionär gewachsenen Instinkten.

In diesem Kritikpunkt geht es um die ererbten Verhaltensweisen des Menschen und den Vergleich zwischen instinkthaftem Handeln und dem Handeln nach den Geboten Gottes.

Ein solcher Vergleich ist natürlich nur sinnvoll, wenn man einen evolutionären Hintergrund besitzt. Ist der Mensch kurzzeit-kreationistisch erschaffen worden, so ist sowieso prinzipiell unklar, woher er seine Verhaltensweisen erhalten hat. Insbesondere die Tatsache, dass viele Reaktionen beim Menschen instinkthaft ablaufen, also den rationalen Entscheidungsweg kurzschließen, ist nicht damit erklärbar, dass der Mensch den Weg der Sünde gewählt hat, es ist zu fragen, wieso er überhaupt Instinkte besitzt. Auch die vielen erlernten Verhaltensweisen bleiben im Dunkeln, denn es ist nicht klar, wieso sich Adam und Eva erwachsen benehmen konnten, obwohl sie keine Kindheit genossen hatten, in der sie all das lernen konnten. Kurzzeitkreationistisch ist die Antwort also wieder einmal: „Weil es einfach so ist", zu verstehen gibt es da nichts.

Ist aber der Mensch evolutionär entstanden, so ist es sinnvoll, die Verhaltensweisen zu vergleichen und es ist möglich, aus den abgeleiteten Umwelt- und Artbedingungen des Frühmenschen Rückschlüsse auf das vorhandene Erbe zu ziehen. Dinge wie sexuelle Bedürfnisse oder Aggressionen können so in Verbindung gebracht werden mit dem gruppenbedingten Verhalten unserer Vorfahren und manches Verhalten kann zurückgeführt werden auf die Vorteile, die es im Überleben und in der Fortpflanzung bringt. Dies ist auch ein wichtiger Faktor in der Analyse und der Behandlung von psychischen Leiden.

Nach der theistisch-evolutionären Konzeption ist aber das instinkthafte Verhalten von Gott gewollt und eingerichtet. Es ist eines der Elemente, mit dem Gott seine Welt weiterentwickelt. Daraus ergibt sich dann der Kritikpunkt, den Junker nennt. Das Problem ist eigentlich ganz einfach. Wenn Gott sich des evolutionären Prozesses der Erschaffung des Menschen bedient hat, also die Instinkte, die der Mensch ererbt hat, selbst eingerichtet hat, so fordert er nachher vom Menschen Verhaltensweisen, die eben dieser (evolutionären) Natur widersprechen.

Junker sieht diese Forderung Gottes als Widerspruch. Ein konsequentes evolutionäres Denken erfordert, instinkthaftes Verhalten als richtig anzusehen und sich damit in einen Widerspruch zu den biblischen Aussagen zu sündhaftem Verhalten zu begeben. Tatsächlich gibt es Autoren, die versuchen, das instinkthafte Verhalten der Menschen als richtiges Verhalten im Sinne Gottes zu sehen.

Im Prinzip berühren wir hier die Frage, was den Menschen gegenüber dem Tier eigentlich auszeichnet. Wenn der Mensch nichts anderes ist als ein Tier auf zwei Beinen, dann ist auch zu fordern, dass der Mensch sich so verhält wie ein Tier. Aber wie ich weiter unten noch erläutern werde, ist der Mensch mehr als nur ein Tier. Er hat tierische Vorfahren und ein tierisches Erbe, aber er hat auch einen Geist, er hat das Vermögen, Gott als Gegenüber aufzutreten und er ist in der Lage, mit den Begriffen „gut" und „böse" umzugehen. Und genau dieses ist der entscheidende Unterschied.

Gott fordert vom Menschen, dass er sein tierisches Erbe durch seinen Geist beherrscht. Die Situation ist vergleichbar mit der Erziehung eines Kindes. So lange das Kind noch ein Baby ist und unfähig, seine eigenen Bedürfnisse und den Willen der Eltern zu erkennen, so lange ist es zu akzeptieren und richtig, dass es schreiend und fordernd die Stillung seiner Bedürfnisse wünscht. Die Eltern werden das auch sehen und akzeptieren. Wird das Kind aber älter, so muss und kann es lernen, in anderer Weise mit den Eltern zu kommunizieren und auch auf die Bedürfnisse der Eltern Rücksicht zu nehmen. Dies zu lernen ist für ein Kind elementar wichtig, da es sonst die Fähigkeit zu angemessenen sozialen Kontakten nicht erlernt.

Ähnlich kann man das Verhältnis zwischen dem tierisch ererbten Verhalten und dem von Gott gewollten Verhalten sehen. So ist z. B. das Rivalitätsverhalten beim Menschen ein Aspekt des tierischen Ursprungs. Dieses Verhalten treibt insbesondere Männer dazu, Revierkämpfe auszutragen, andere Männer als Bedrohung zu sehen und sie eventuell mit allen Mitteln zu bekämpfen. Die menschliche Fähigkeit des Geistes kann aber dazu dienen, in dem männlichen Konkurrenten einen Bruder zu erkennen und den Drang, den Konkurrenten zu bekämpfen, umzuwandeln in positive oder neutrale Verhaltensweisen, wie zum Beispiel den sportlichen Wettkampf oder die bewusste Kooperation.

Oder das ererbte Bedürfnis nach möglichst vielen sexuellen Kontakten, also der möglichst großen Streuung der eigenen Gene, kann durch die Überlegung überlagert werden, dass der Partner, den man hat, durch Untreue verletzt wird und dies dem Gebot der Liebe widerspricht. Genau hier liegt dann auch die Entscheidungsfreiheit eines Menschen, nämlich dem Drang nach tierischem Verhalten nachzugeben oder eben sich bewusst dagegen zu entscheiden.

Insofern ist die Forderung Gottes an die Menschen, sich anders zu verhalten als es dem tierischen Instinkterbe eventuell entsprechen würde, kein Widerspruch, sondern ein Teil der Erziehung, ein Teil des Wachstums, das der Mensch in seinem irdischen Leben durchmacht. Ist der Mensch nicht im Zustand des Sündigseins, ist er also in Verbindung mit Gott, dann kann er durch beständige Kontrolle und durch das beständige Wissen, was richtig und was falsch ist, sein Verhalten beherrschen, ja er wird gar keine andere Idee haben als sich richtig zu verhalten. Dies kommt auch in der Bibel klar zum Vorschein, wo ausgedrückt ist, dass es nicht auf äußeres Verhalten ankommt, sondern auf inneres Sein (Amos 5, 21-24, Mt 23, 23-26, 1. Kor 13, 1-3).

7.2.4 Zusammenfassung

Der Begriff der Sünde ist ein schwieriger theologischer Begriff, der aber die Eigenschaft hat, nicht in den Rahmen einer naturwissenschaftlichen Modellierung gestellt werden zu können. Der Begriff ergibt sich aus dem glaubensmäßig erfassbaren Menschen- und Gottesbild und ist damit einer Messung nicht zugänglich.

Solange man Naturwissenschaft als einziges beschreibendes Mittel verwendet, so lange kann man diesem Begriff und seiner Bedeutung im Christentum nicht gerecht werden. Daher hat Junker Recht, wenn er entsprechende Versuche im Rahmen theistisch-evolutionärer Konzepte kritisiert, insbesondere Teilhard de Chardin ist in seiner Pionierarbeit in diesem Punkt auch meiner Meinung nach zu weit gegangen. Dies wird allerdings verständlich aus der veralteten Vorstellung von Naturprozessen, die Teilhard de Chardin noch hatte.

In den von mir entwickelten Vorstellungen ist aber der Sündenfall als geistiger Umstand in der Beziehung zwischen Mensch und Gott charakterisierbar. Die Dramatik und Folge des Sündenfalls lässt sich in diesem Rahmen so formulieren, wie es in der Bibel und im neuen Testament zum Ausdruck kommt.

Naturwissenschaftlich bleiben diese Vorgänge dennoch unerreichbar. An der Messung von Fossilien oder der Untersuchung von Verhaltensweisen lässt sich kein Mittel finden, so etwas wie den Zustand des Sündigseins oder einen Zeitpunkt des Sündenfalls zu beweisen.

Damit ist der von Junker geforderte Umbruch im Universum mit seiner vollständigen Umwälzung sämtlicher Naturprozesse, die auch noch so vonstatten ging, dass wir heute nichts mehr davon merken, weder notwendig noch besonders logisch. Ein Gott, der sich dermaßen von einer falschen Handlung zweier Menschen beeinflussen lässt, entspricht nicht dem biblischen Bild des souveränen Gottes.

Damit sind natürlich nicht alle Fragen zur Sünde und ihrer Folge in Zusammenhang mit meiner theistisch-evolutionären Sichtweise geklärt, aber die Rahmenbedingungen sind deutlich und ermöglichen so einen Ansatz, um die offenen Punkte theologisch zu bearbeiten.

7.3 Die Rolle des Todes in der theistischen Evolution

Die Frage nach der Bedeutung und Stellung des Todes ist die zentrale Frage in der Evolution des Lebens und im christlichen Denken. In der Evolution des Lebens und im übertragenen Sinn auch in der Evolution des Universums und der Erde, ist der Tod wesentlicher Bestandteil der Entwicklung. Im Christentum ist der Tod der Angelpunkt der Bedeutung von Jesus Christus, der für uns den Tod überwunden und den von Gott ursprünglich gewollten Zustand wieder hergestellt hat. Wie man beide Richtungen biblisch begründet zusammen denken kann, will ich in diesem Kapitel erläutern.

Der Begriff und die Bedeutung des Todes sind die zentralen Punkte und zeigen den Unterschied zwischen der Denkweise in einem evolutionären Ansatz und einem traditionellen christlichen Ansatz. In der biologischen Evolution ist der Tod unverzichtbarer Bestandteil aller Veränderung. Veränderung geschieht allein durch Entwicklung über Generationen hinweg und dafür ist geboren werden und sterben erste Voraussetzung. Auch die Konkurrenz um Ressourcen und Lebensrecht geschieht im Kampf um Leben oder Tod und führt zu dem lenkenden Faktor Selektion.

In der christlichen Vorstellung aber ist der Tod allein durch die Trennung von Gott gekommen, erst die Sünde des Menschen hat den Tod in diese Welt gebracht. Und erst auf dieser Basis ist das Erlösungswerk Jesu verständlich, er hat den Tod überwunden und uns damit den Weg eröffnet, ebenfalls dem Tod zu entrinnen. So gesehen sind die beiden Seiten unvereinbar, hier unverzichtbare Grundlage der Entwicklung, dort von Menschen erzeugtes Übel, ohne das das Werk Jesu nicht verständlich ist.

Mit dem letzten Kapitel ist aber der Boden bereitet, um diesen zentralen Punkt im Verständnis einer christlichen Sichtweise auf der Basis einer evolutionären Entwicklungsbeschreibung zu diskutieren. Das Thema Tod und dessen Überwindung ist sozusagen der rote Faden, der die Bibel durchzieht und um den es beim Christentum letztendlich geht. Die frohe Botschaft, mit der die ersten Christen und allen voran Paulus durch die damalige bekannte Welt gezogen sind, war die Botschaft, dass da jemand, der schuldlos gekreuzigt wurde, auferweckt wurde von den Toten.

Um diese Diskussion führen zu können, ist es notwendig, sich primär darüber Gedanken zu machen, wie die christlichen Vorstellungen zu Tod und Auferstehung entstanden sind. Welche biblischen Aussagen haben wir, was ist direkt gesagt und was ist „nur“ indirekte Schlussfolgerung. Wir werden sehen, dass viele christlichen Aussagen über den Tod gar nicht direkt in der Bibel bezeugt sind, sondern das Ergebnis einer theologischen, nachträglich zugefügten Interpretation sind.

Die traditionelle Sichtweise, die auch bei den Vertretern des Kurzzeit-Kreationismus die alles entscheidende Sichtweise ist, ist die Aussage, dass es vor dem Sündenfall keinen Tod gegeben hat, weder bei den Menschen noch bei den Tieren. Aber wie kommt man zu dieser Vorstellung? Was ist die Begründung, mit der diese weitreichende Behauptung gemacht wird? Dieses Thema füllt ganze Bibliotheken theologischer Werke, die ich selbstverständlich nicht alle kenne und die man als normaler Christ auch nicht kennen kann. Im Rahmen des evangelischen Verständnisses der Priesterschaft aller Gläubigen habe ich aber die Verpflichtung, selber in die Bibel zu schauen und auf der Basis meines eigenen Verständnisses eine Interpretation zu suchen. Dabei sollte klar sein, dass es keine eindeutige Interpretation der biblischen Stellen gibt. Wie schon einige Male klar geworden ist, benötigt man ein theologisches Grundkonzept für das Verständnis der Bibel und wenn sich das ändert, ändert sich auch das Verständnis.

7.3.1 Das Verhältnis von Sünde und Tod nach dem Genesisbericht

In der Bibel kommt die Zeit vor dem Sündenfall nur extrem kurz zur Sprache. Das macht es schwierig, irgendwelche theologischen Aussagen über den Übergang von der Welt, wie sie sein sollte und der Welt, wie sie heute ist, machen zu können. Es gibt eigentlich nur eine Stelle, die sich direkt mit dieser Zeit beschäftigt, nämlich die Schöpfungsgeschichte und dabei hauptsächlich Genesis 2 und 3. Da diese Zeit von keinem Menschen direkt bezeugt werden konnte, ist das, was in Genesis geschrieben steht, eine durch die Vorstellungswelt der Schreiber gefilterte Botschaft Gottes. Die Hauptfrage ist nun, worin diese Botschaft genau bestand, was Gott also allen Menschen sagen will.

Die wohl prominenteste Stelle im neuen Testament, die sich – wenn auch indirekt – mit der Beziehung zwischen der Welt vor und nach dem „Sündenfall" beschäftigt, ist der Abschnitt von Kapitel 5-8 im Römerbrief. Die Beschäftigung ist indirekt, weil es Paulus hier eigentlich um Christologie geht, also um das Verständnis der Taten Jesu und von dem, was sie bewirken. Da Jesus gekommen ist, um die Trennung aufzuheben, die sich mit dem Sündenfall aufgetan hat, kann man aus den Aussagen des Paulus Rückschlüsse ziehen auf das, was vorher gewesen sein müsste. Dass wir dabei aber vorsichtig sein sollten, darauf werde ich noch kommen.

War der Tod vor dem Sündenfall präsent?

Doch zunächst will ich die Frage diskutieren, ob es vor dem Sündenfall Tod gegeben hat. Die Antwort ist schlicht und ergreifend ein eindeutiges „Ja". Die dafür entscheidende Stelle ist Genesis 1, 29+30:

„Und Gott sprach: Sehet da, ich habe euch gegeben alle Pflanzen, die Samen bringen, auf der ganzen Erde, und alle Bäume mit Früchten, die Samen bringen, zu eurer Speise. Aber allen Tieren auf Erden und allen Vögeln unter dem Himmel und allem Gewürm, das auf Erden lebt, habe ich alles grüne Kraut zur Nahrung gegeben. Und es geschah so."

Diese Stelle besagt selbst bei wörtlichem Verständnis, dass die Pflanzen der Erde keinen Anteil an der Ferne des Todes hatten, den die Kurzzeit-Kreationisten so sehr in den Mittelpunkt ihres Naturverständnisses stellen. Pflanzen wurden gefressen und mussten sterben. Dabei kennt die Biologie sehr viele und sehr ausgeklügelte Mechanismen von Pflanzen, um sich zu wehren und ihr Überleben zu sichern und auch Schutzreaktionen bei Verletzungen und Krankheiten sind bekannt. Im Sinne der Bibel scheinen Pflanzen bei diesem Verständnis so etwas wie minderwertige Lebewesen zu sein.

Nicht in der Bibel erwähnt wird das vielfältige mikroskopische Leben auf unserem Planeten, Bakterien, Viren, Einzeller, kleine Mehrzeller. Gerade hier sind die Mechanismen der Evolution besonders deutlich ausgeprägt und der „Kampf ums Dasein" in den unterschiedlichsten Formen beobachtbar. Es ist kein Wunder, dass die Bibel dieses Reich nicht erwähnt, denn es gehörte nicht zu dem Erfahrungsbereich der Schreiber der Bibel. Dadurch wird für diesen Bereich die Tür für jede Art der Spekulation geöffnet, was denn hier mit der Abwesenheit des Todes gemeint sein könnte.

Auch nicht erwähnt sind die Fische bzw. das marine Leben. Der Begriff „Tiere auf Erden" wird in Genesis für die Landtiere verwendet, das marine Leben wird an anderen Stellen extra aufgezählt. Hier fehlt dieser Bereich des Lebens. Wenn man von dem Verständnis ausgeht, dass hier ein Schreiber am Werk ist, der eben nur eine eingeschränkte Kenntnis der Naturvorgänge besitzt, dann ist das verständlich. Dass Fische sich nicht auf grünen Wiesen herumtreiben, war auch den Menschen vor 5.000 Jahren bekannt, doch wie die Welt unter Wasser aussieht, darüber gab es keine großen Kenntnisse, denn ausgedehnte Tauchgänge waren nicht möglich. Schreibt hier aber ein allwissender Gott, dann ist diese Auslassung schon sehr merkwürdig. Galt die Aussage des Nicht-Fleischfressens etwa nicht für Fische?

Die wenigen Kommentatoren, die das Konzept des Kurzzeit-Kreationismus vertreten und die sich zu diesen Fakten äußern, sagen, dass die Abwesenheit des Todes nur für die Lebewesen gilt, die einen „höheren Organisationsgrad" besessen haben. Man wäre versucht, dieses vielleicht an der Anwesenheit eines Gehirns festzumachen, aber das Gewürm der Erde ist explizit erwähnt und das zeichnet sich sehr oft durch einen Mangel an Gehirn aus, zumindest im Vergleich mit Fischen. Analog wird die Behauptung der Abwesenheit des Todes per Postulat auf den marinen Bereich übertragen, also auch die „höher organisierten" Fische haben nur pflanzliche Nahrung zu sich genommen. Um das Konzept umzusetzen, dass es vor dem Sündenfall den Tod nicht gegeben hat, ist also auch bei „wörtlich" verstandener Bibel eine Menge Spekulation notwendig.

Der biblische Befund der Genesis Stelle alleine ist aber nicht eindeutig und nicht ausreichend, um die Frage, ob es vor dem Sündenfall den körperlichen Tod gegeben hat, direkt zu beantworten. Zu viele Bereiche sind unerwähnt, zu viel ist eben gerade nicht beschrieben. Dies legt den Schluss nahe, dass die Absicht des Genesis Berichtes, also die Botschaft, die Gott den Menschen übermitteln will, eben auch nicht gewesen ist, eine Aussage über den Tod im Allgemeinen zu machen. Es geht in Genesis nicht um das, was mit der Natur passiert ist oder passiert sein könnte, es geht um das, was mit dem Menschen passiert ist.

Die Konsequenz des Sündenfalls

Wenn durch den Sündenfall der körperliche Tod in die Welt gekommen ist, dann muss dies in der Bibel auch so beschrieben sein. Als Schlüsselstelle hierfür wird Genesis 2, 16+17 genannt:

„Und Gott der HERR gebot dem Menschen und sprach: Du darfst essen von allen Bäumen im Garten, aber von dem Baum der Erkenntnis des Guten und Bösen sollst du nicht essen; denn an dem Tage, da du von ihm issest, musst du des Todes sterben."

Trotz dieser Drohung werden Adam und Eva schwach, essen von dem verbotenen Baum und werden bestraft. Aber nicht mit dem körperlichen Tod. In Genesis 3, 16-24 werden die Menschen verflucht und aus dem Paradies vertrieben. Die Bibel kommentiert diese augenscheinliche Änderung der angedrohten Strafe nicht weiter, was wiederum andeutet, dass der Schreiber diesen Punkt nicht weiter bemerkenswert fand, es also nicht notwendig war, diese Passage weiter zu kommentieren.

Die zeitgenössische Theologie sieht in dieser Textstelle einen wesentlichen Baustein zu argumentieren, dass die Vorstellung, dass durch den Sündenfall der körperliche Tod in die Welt gekommen ist, nicht korrekt ist. Junker dagegen versucht, diese Interpretation zu retten. Tatsächlich gibt es zwei Wege, diese Stelle zu verstehen.

Der Weg, den die Vertreter des Kurzzeit-Kreationismus gehen, ist, auf einen Übersetzungsfehler zu pochen. Der Urtext sei sprachlich nicht eindeutig, sagen sie. Die Übersetzung kann auch lauten:

„... denn an dem Tag, da du von ihm issest, wirst Du sterblich."

Junker übersetzt etwas weniger prägnant: „... stehst Du unter der Strafe des Todes", was aber sinngemäß dasselbe meint. Als normaler Christ kann ich diesen Übersetzungsstreit nicht beurteilen. Aus der Tatsache, dass die meisten international üblichen Bibeln mit der Übersetzung von Luther konform gehen, zeigt, dass die alternative Übersetzung zumindest nicht nahe liegend ist. Auf eine solche sprachliche Zweideutigkeit dann ein ganzes Theoriengebäude zu stützen, das eine prinzipielle Änderung der Naturabläufe postuliert, halte ich zumindest für gewagt.

Die Alternative ist, den Text inhaltlich so zu nehmen, wie er es aussagt. In Genesis 2, 16+17 wird den Menschen der Tod angedroht und in Genesis 3, 16-24 wird beschrieben, dass sie tot sind. Adam und Eva entscheiden sich für die Sünde und sterben, sofort und in derselben Stunde – so wie Gott es ihnen vorausgesagt hat. Da sie ja körperlich offensichtlich wohlauf sind, ist es der geistige Tod, die Trennung von Gott, die hier beschrieben wird.

Dies geht konform mit der Aussage vom letzten Kapitel, dass Sünde ein geistiger Zustand ist und nichts ist, was man an körperlichen Merkmalen unmittelbar ablesen kann. Das lässt auch verstehen, dass Adam und Eva noch lange Zeit lebten und viele Nachkommen hatten. Vom körperlichen Standpunkt aus hatten sie ein erfülltes und gutes Leben. Aber die Quelle, aus der sie einen paradiesischen Zustand schöpfen konnten, die war nicht mehr vorhanden. Die Verbindung zu Gott ist abgerissen und damit wird Arbeit zur Mühsal und Geburt zu einer schmerzvollen Angelegenheit.

Welche der beiden Interpretation der Wahrheit näher kommt, ist an dem Text aus Genesis allein nicht zu entscheiden. Es gibt allenfalls noch einen weiteren Hinweis darauf, dass der körperliche Tod für Adam und Eva nichts Neues war, als sie von Gott getrennt wurden.

Der Baum des Lebens

In der Schöpfungsgeschichte werden im Garten Eden zwei Bäume hervorgehoben, der Baum der Erkenntnis von Gut und Böse und der Baum des Lebens. Es sollte klar sein, dass diese Bäume symbolhaften Charakter haben, dass sie also für einen geistigen Umstand stehen und nicht als reale Bäume in der biologischen Welt zu identifizieren sind. Was der Schreiber von Genesis sich bei diesem Symbolen gedacht hat, wird klar aus Genesis 3, 22:

„Und Gott der HERR sprach: Siehe, der Mensch ist geworden wie unsereiner und weiß, was gut und böse ist. Nun aber, dass er nur nicht ausstrecke seine Hand und breche auch von dem Baum des Lebens und esse und lebe ewiglich!"

Die beiden Bäume symbolisieren die beiden Eigenschaften Gottes, in denen sich der Mensch von Gott unterscheidet, obwohl er ja als Bild Gottes geschaffen wurde. Einmal ist Gott der gesetzgebende, Ordnung schaffende Gott, die Person, die die ethischen Maßstäbe bestimmt, an dem sich die Begriffe Gut und Böse überhaupt erst definieren lassen. Der Mensch wurde geschaffen mit der Maßgabe, sich in dieser Hinsicht allein von Gott bestimmen zu lassen. Aber das Essen vom Baum der Erkenntnis von Gut und Böse sagt, dass der Mensch diese Maßstäbe in die eigene Hand genommen hat und sich damit von Gott getrennt hat. Nach dem eben zitierten Vers hat er damit begonnen, sich göttlichen Status anzumaßen.

Der Baum des Lebens symbolisiert die andere Eigenschaft Gottes, die der Mensch nicht hatte, das ewige Leben. Der Mensch wurde geschaffen mit der Verheißung, einmal von dem Baum des Lebens essen zu dürfen, was nach dem Vers Genesis 3, 22 noch nicht passiert war. Der Mensch wurde aus der Nähe Gottes, aus dem Paradies, vertrieben, um nicht eigenmächtig auch noch diese Eigenschaft an sich zu reißen.

Daraus lässt sich ablesen, dass die zeitliche Beschränkung der körperlichen Existenz eine Tatsache war, die Adam und Eva auch schon vor dem Sündenfall kannten. Nur in der Verbindung mit Gott und mit der Aussicht, einmal vom Baum des Lebens essen zu dürfen, also mit anderen Worten von Gott in Gottes Reich das ewige Leben empfangen zu können, lebten sie ewig. Aber genau das wurde durch den Sündenfall und den geistigen Tod unmöglich gemacht. Die Menschen standen damit unter der Aussicht des Todes, der endgültigen Trennung von Gott.

7.3.2 Das Verhältnis von Sünde und Tod im neuen Testament

Wie oben betont, reichen die alttestamentlichen Texte nicht aus, um zu entscheiden, wie der Zustand des Menschen vor dem Sündenfall gewesen ist. Alles, was man aus den Texten klar herauslesen kann, ist, dass es zu einem fundamentalen Bruch zwischen Mensch und Gott gekommen war. Im alten Testament liegt der Fokus hinfort sehr stark auf dem diesseitigen Leben, auf der Frage des rechten Gottesdienstes, den Regeln des Zusammenlebens und der Bildung eines von Gott auserwählten Volkes. Die Menschen und die Schreiber der biblischen Texte waren auf das diesseitige Leben konzentriert, die Vorstellung, dass es eine Existenz nach dem körperlichen Tod geben könnte, kommt nur an wenigen Stellen zum Vorschein und ist dort von den

Totenreichvorstellungen der Mythologien geprägt, die in den umliegenden Völkern von Israel zu finden waren.

Erst mit dem Kommen Jesu war es notwendig, die Vorstellungen über den Tod und das Leben theologisch aufzuarbeiten, was im Wesentlichen Paulus geleistet hat. Der zentrale Text ist natürlich Röm 5, aber bevor ich diesen Text diskutiere, nenne ich einige andere Stellen, die in diesem Zusammenhang wichtig sind.

Das körperliche Sterben als Voraussetzung für den Eingang in das Reich Gottes

Es war Jesus, der zuerst die Jünger darauf aufmerksam gemacht hat, dass das körperliche Leben nicht nur nicht das eigentliche Ziel ist, sondern dass es notwendig ist, dass man körperlich stirbt. Hier seien als Beispiel das Matthäus- und das Johannesevangelium genannt.

Mt 16, 24-26: *„Da sprach Jesus zu seinen Jüngern: Will mir jemand nachfolgen, der verleugne sich selbst und nehme sein Kreuz auf sich und folge mir. Denn wer sein Leben erhalten will, der wird's verlieren; wer aber sein Leben verliert um meinetwillen, der wird's finden. Was hülfe es dem Menschen, wenn er die ganze Welt gewönne und nähme doch Schaden an seiner Seele? Oder was kann der Mensch geben, womit er seine Seele auslöse?"*

Joh 12, 24+25: *„Wahrlich, wahrlich, ich sage euch: Wenn das Weizenkorn nicht in die Erde fällt und erstirbt, bleibt es allein; wenn es aber erstirbt, bringt es viel Frucht. Wer sein Leben liebhat, der wird's verlieren; und wer sein Leben auf dieser Welt hasst, der wird's erhalten zum ewigen Leben."*

Jesus redet hier gegen unsere Vorstellungen, dass es das Höchste ist, sein eigenes Leben zu erhalten. Der Kampf ums körperliche Wohlergehen prägte die damalige und prägt unsere Zeit. Er setzt dagegen, dass es gerade dieser Kampf ums eigene Wohlergehen ist, der uns umbringt, weil er die Beziehungen zerstört, die uns am Leben erhalten. Auch wenn wir unser körperliches Leben verlieren sollten, werden wir das wahre, das echte Leben gewinnen in Gott.

Damit sagt Jesus nicht mehr und nicht weniger als dass es unmöglich ist, in unseren Körpern in das Reich Gottes zu kommen. Mit anderen Worten, der körperliche Tod ist keine Strafe für unsere Sünde, sondern eine notwendige Voraussetzung dafür, das zu bekommen, was Gott für uns vorgesehen hat. Mit keinem Wort sagt Jesus hier, dass der Körper nur wegen der Sünde sterben muss. Etwas anders drückt dies Paulus in 1. Kor 15, 35-37 und 44-46 aus: *„Es könnte aber jemand fragen: Wie werden die Toten auferstehen, und* *mit was für einem Leib werden sie kommen? Du Narr: Was du säst, wird nicht lebendig, wenn es nicht stirbt. Und was du säst, ist ja nicht der Leib, der werden soll, sondern ein bloßes Korn, sei es von Weizen oder etwas anderem. ... Es wird gesät ein natürlicher Leib und wird auferstehen ein geistlicher Leib. Gibt es einen natürlichen Leib, so gibt es auch einen geistlichen Leib. Wie geschrieben steht: Der erste Mensch, Adam, ‚wurde zu einem lebendigen Wesen' (Genesis 2, 7), und der letzte Adam zum Geist, der lebendig macht. Aber der geistliche Leib ist nicht der erste, sondern der natürliche; danach der geistliche."*

Paulus betont in Vers 45 sogar ausdrücklich, dass Adam eben in einem verweslichen, also vergänglichen Körper geschaffen wurde. Aus der Formulierung ist klar, dass er die Erschaffung von Adam meint, nicht seinen Zustand nach dem Sündenfall. Also bezieht er sich explizit nicht auf eine Eigenschaft eines sündig gewordenen Adams. Oder um es mit anderen Worten auszudrücken: Bereits bei seiner Erschaffung hatte Adam einen natürlichen Leib, der bei Paulus der Ausdruck eines Leibes ist, der vergehen muss.

Damit ist dieser Text vereinbar mit der Interpretation, dass Adam und Eva zu Beginn körperlich sterblich gewesen waren, eine Sterblichkeit, die aber wegen der ungebrochenen Beziehung zu Gott eigentlich nicht als solche bezeichnet werden konnte. Denn der Übergang von diesem Universum in das ewige Reich Gottes entsprach eher einer Verwandlung, einer Transformation und hat in keiner Weise die dunkle Seite, wie wir sie mit dem Begriff Tod in Verbindung bringen.

Der Tod ist der Sünde Sold

Mit den oben genannten Versen im Hinterkopf lässt sich jetzt der Text in Römer Kapitel 5, 12-14 und 17-19 einordnen: *„(12) Deshalb, wie durch einen Menschen die Sünde in die Welt gekommen ist und der Tod durch die Sünde, so ist der Tod zu allen Menschen durchgedrungen, weil sie alle gesündigt haben. (13) Denn die Sünde war wohl in der Welt, ehe das Gesetz kam; aber wo kein Gesetz ist, da wird Sünde nicht angerechnet. (14) Dennoch herrschte der Tod von Adam an bis Mose auch über die, die nicht gesündigt hatten durch die gleiche Übertretung wie Adam, welcher ist ein Bild dessen, der kommen sollte" (Röm 5, 12-14).*

„(17) Denn wenn wegen der Sünde des Einen der Tod geherrscht hat durch den Einen, um wie viel mehr werden die, welche die Fülle der Gnade und der Gabe der Gerechtigkeit empfangen, herrschen im Leben durch den Einen, Jesus Christus. (18) Wie nun durch die Sünde des Einen die Verdammnis über alle Menschen gekommen ist, so ist auch durch die Gerechtigkeit des Einen für alle

Menschen die Rechtfertigung gekommen, die zum Leben führt. (19) Denn wie durch den Ungehorsam des einen Menschen die Vielen zu Sündern geworden sind, so werden auch durch den Gehorsam des Einen die Vielen zu Gerechten" (Röm 5, 17-19).

Wie auch Junker in Kapitel 4.3.2.1 seines Buches betont, wird der Grundgedanke aus Röm 5, 12 in Röm 5, 18 fortgesetzt. Paulus will hier durch das, was bei Adam passiert ist, herausstellen, welche Bedeutung Jesus zukommt. Abgesehen von den Gedanken über das Gesetz sind die folgenden Punkte Hauptaussagen dieser Stelle bei Paulus:

- Durch Adam wurde die Sünde als geistiger Zustand in die Welt gesetzt, in dessen Folge der Tod bei den Menschen Einzug hielt. Welchen Tod er meint, sagt Paulus nicht klar, es könnte vom Textzusammenhang sowohl der körperliche Tod als auch der geistige Tod, die Trennung von Gott, sein. Klar ist nur, dass Paulus mit Sünde nicht das falsche Verhalten meint, weil dieses eben erst mit dem Gesetz definiert worden ist.
- Genauso wie durch Adam der Tod zur Herrschaft geführt wurde, genauso wurde durch Jesus die Herrschaft des Lebens wieder aufgerichtet. Paulus zieht damit eine direkte Parallele zwischen dem, was bei Adam geschehen ist und dem, was bei Jesus geschehen ist. Auch hier sagt Paulus nicht, welche Art von Tod bei Adam zur Herrschaft gerufen wurde.

Damit kann man durch diese Textstelle alleine nicht entscheiden, welche Art von Tod Paulus hier meint. Junker sieht das selbstverständlich anders, in Kapitel 4.3.2.1 seines Buches schreibt Junker:

„Durch den weiteren Textzusammenhang (V. 14) ist eindeutig zu beantworten, von welchem Tod die Rede ist. Paulus spricht vom physischen Tod. ... der geistliche Tod kommt allein nicht in Frage, da dieser im NT (insbesondere auch bei Paulus) mit dem Sündigsein identifiziert wird, hier jedoch von der Sünde unterschieden wird. Dies wird unterstrichen dadurch, dass in V. 13f. offensichtlich vom physischen Tod die Rede ist (nämlich von der Herrschaft des Todes von Adam bis Mose)."

Das Argument von Junker steht auf sehr schwachen Beinen. Natürlich sieht Paulus das Sündigsein und den geistigen Tod auf innigste miteinander verknüpft, das eine ist die Folge des anderen, die Begründung für diesen Zusammenhang steht eben in den zitierten Versen. Dennoch sind beide Dinge begrifflich getrennt, der Zustand des Sündigseins ist ein Zustand, in dem man von Geburt an nicht in der Lage ist, die Verbindung zu Gott aufzurichten, der geistige Tod ist die Unfähigkeit, ohne Verbindung zu Gott das ewige

Leben zu erlangen. In diesem Sinn kann ohne weiteres auch die Herrschaft des Todes von Adam bis Mose verstanden werden, die von Junker ausgerufene offensichtliche Klarheit kann also bei diesem Text nicht bestätigt werden.

Da der Text in sich unklar ist, benötigt man eine Handhabe aus anderen Texten, um zu einer konsistenten Auslegung zu kommen. Diese Handhabe erhält man über die Parallelität zwischen dem, was Jesus getan hat und dem, was Adam getan hat. Paulus betont, dass Jesus in demselben Maße zum Leben führt wie Adams Sünde zum Tod geführt hat. Und die Erlösung, die Jesus bringt, liegt eben nicht in dieser Welt, ist eben nicht mit diesem Körper zu haben. Jesus betont, dass das körperliche Sterben die Voraussetzung für die Erlösung ist, weil der Körper, den wir haben, eben nicht das ist, was erlöst wird. Daraus lässt sich über die Parallelität zwischen Jesus und Adam wiederum schließen, dass die Sünde, die Adam in die Welt gebracht hat, eben auch nicht zum körperlichen Tod, sondern zum geistigen Tod geführt hat.

Zusammenfassend erhält man ein konsistentes Verständnis zwischen Genesis 2 und 3 und Römer 5 dadurch, dass man den geistigen Tod als das Ereignis sieht, das durch die Sünde der ersten Menschen in die Welt gekommen ist. Dieses Ereignis ist wiederum durch Jesus aufgehoben worden, so dass wir über Jesus das Leben haben können. All dies sind Geschehnisse, die wenig bis nichts mit dem zu tun haben, was man auf naturwissenschaftlicher Ebene beobachten kann. Zwar gibt es die Wechselwirkungen zwischen der geistigen und der körperlichen Ebene, aber diese sind nicht so, dass man irgendwelche Naturabläufe verändern müsste, sondern genau wie Gott zu jedem Zeitpunkt die Geschehnisse in unserem Universum beeinflussen kann, so können geistige Geschehnisse uns und unseren Körper beeinflussen, positiv wie negativ. Naturwissenschaftlich sind alle solchen Abläufe aber im Rahmen von statistischen Methoden beschreibbar, wie dies ja in der Psychologie auch geschieht.

Der körperliche Tod und die körperliche Auferstehung Jesu

Ein letztes Argument, das von den Vertretern des Kurzzeit-Kreationismus oft gebracht wird, um ihre theologische Interpretation der Schöpfungsgeschichte zu verteidigen, ist die Aussage: „Jesus ist ja auch körperlich auferstanden." Dahinter steckt das in der Regel nicht formulierte Argument, dass, wenn der Tod, der auf den Sündenfall folgte, nur der geistige Tod gewesen sei, die Auferstehung ja auch nur geistig geschehen könne. Jesus hat aber einen Körper zum Anfassen bekommen.

Nun, was immer es war, das Jesus nach seiner Auferstehung bekommen hat, ein normaler Körper war es nicht. Nach dem Zeugnis der Bibel konnte

Jesus durch geschlossene Türen gehen und war an mehreren Orten gleichzeitig. Es ist daher gute Tradition in der Theologie, diesen Leib Jesu mit dem „Auferstehungsleib“ zu bezeichnen, um auch klarzustellen, dass Jesus nicht einfach nur einen normalen Körper bekommen hat.

Das Argument der Kurzzeit-Kreationisten ist nun ganz einfach: „Weil Jesus einen neuen Leib mit der Auferstehung bekommen hat, muss Adam genau diesen beim Sündenfall verspielt haben.“ Aber dieses Argument ist nicht stichhaltig. Dahinter steht nämlich die Vermutung, dass das, was Jesus nach seiner Auferstehung bekommen hat, genau dem entspricht, was Adam beim Sündenfall verspielt hat. Dem ist aber, was den Körper betrifft, nicht so. Adam hatte einen normalen Körper bekommen, Jesus aber etwas Neues, noch nie dagewesenes.

Am Besten sieht man das durch den Vergleich zwischen Genesis 1, 27+28 und Mt 22, 29-32:

Genesis 1, 27-28: *„Und Gott schuf den Menschen zu seinem Bilde, zum Bilde Gottes schuf er ihn; und schuf sie als Mann und Weib. Und Gott segnete sie und sprach zu ihnen: Seid fruchtbar und mehret euch und füllet die Erde und machet sie euch untertan und herrschet über die Fische im Meer und über die Vögel unter dem Himmel und über das Vieh und über alles Getier, das auf Erden kriecht.“*

Mt 22, 29-32: *„Jesus aber antwortete und sprach zu ihnen: Ihr irrt, weil ihr weder die Schrift kennt noch die Kraft Gottes. Denn in der Auferstehung werden sie weder heiraten noch sich heiraten lassen, sondern sie sind wie Engel im Himmel. Habt ihr denn nicht gelesen von der Auferstehung der Toten, was euch gesagt ist von Gott, der da spricht (2. Mose 3, 6): ‚Ich bin der Gott Abrahams und der Gott Isaaks und der Gott Jakobs‘? Gott ist nicht ein Gott der Toten, sondern der Lebenden.“*

Adam und Eva wurden mit dem Auftrag geschaffen, sich zu vermehren, also waren ihre Körper auf den normalen Akt der Werbung, der Heirat und der Vermehrung eingestellt. Genau das ist aber nicht mehr der Fall, wenn man in dem Zustand ist, der das Ziel allen Lebens ausmacht. Das ist auch durchaus verständlich, denn in einer Welt, die sich verändert, die sich nach Gottes Plan entwickelt, muss es neben der Geburt auch den körperlichen Tod geben. Hat man aber die Ewigkeit erreicht, das immerwährende Reich Gottes, dann ist ein Vermehren, dann ist Geburt nicht mehr notwendig, sondern sogar widersinnig.

Wir können also festhalten, dass der Leib, den Jesus bekommen hat, nicht einfach die ursprüngliche Art von Leib war, den Adam verspielt hat. Damit kann dieser Vorgang auch nicht als Argument benutzt werden, um anzunehmen, dass sich durch die Sünde der Leib der Menschen so sehr verändert hat, dass die heute beobachtbare Körperlichkeit nichts mehr mit dem zu tun hatte, was ursprünglich für die Menschen gedacht war.

Ein letztes Aufbäumen dieses Arguments wäre dann die Idee, dass wir an Karfreitag ja des Todes Jesu gedenken und dass Jesus ja auch körperlich gestorben ist. Da Jesus die Sünde der Welt trägt und die Strafe getragen hat, die wir zu erwarten hatten, heißt das doch, dass es eben jenes körperliche Sterben war, das die Strafe der Sünde gewesen sein muss.

Wer so argumentiert schaut nicht in die Feinheiten der Karfreitagsgeschichte. Man kann sich fragen, was der Tiefpunkt bei Jesu Kreuzigung gewesen ist, was war die schwärzeste Minute in diesem dunklen Geschehnis? War das der Moment seines körperlichen Todes? Nein, das war es nicht, Jesu körperlicher Tod war nicht der Tiefpunkt, sondern der Aufbruch in die Herrlichkeit. Jesu letzte Worte als er körperlich starb waren: „Es ist vollbracht!“, eine Wortwahl, die man dann trifft, wenn das Schlimmste vorbei ist, wenn man endlich Licht am Horizont sieht. Der Moment des körperlichen Todes war für Jesus eigentlich der Moment seines größten Triumphes, keine Strafe, die er tragen musste.

Nein, der tiefste Punkt in Jesu Kreuzigung lag davor, es war der Moment, in dem Jesus rufen musste: „Mein Gott, mein Gott, warum hast Du mich verlassen?“ Es war der Moment, wo er, der sein Leben lang in inniger Verbindung mit Gott gewesen war, diese Verbindung verlor. Es war der Moment seines geistigen Todes, der Moment, wo Jesus die Strafe trug, die wir verdient haben. Auch diese Situation bestätigt die Interpretation, dass die eigentliche Strafe für die Sünde der geistige Tod ist und schon immer gewesen war.

Infolgedessen liegt die Vermutung nahe, dass Jesus nicht körperlich sterben musste, weil er unsere Sünden trug, sondern weil er nur über diesen Weg in das Reich Gottes eingehen konnte. Der körperliche Tod war von vornherein für die Menschen geplant gewesen, es war auch vor dem Sündenfall der reguläre Weg zur Erfüllung, zum endgültigen Eingang zu Gott.

Ich komme hier auf das Bild vom Baum des Lebens zurück. Was passiert wäre, hätten Adam und Eva davon gegessen, darüber lässt sich trefflich spekulieren. Aber ein Gedanke ist, dass dieser Baum das Symbol für die Transformation ist, die mit Adam und Eva geschehen wären, wenn sie körperlich gestorben wären, ohne sich von Gott getrennt zu haben.

Aber wie gesagt, das sind Spekulationen, die auch zu nichts führen würden. Für hier und jetzt ist es wesentlicher, dass wir durch das Beispiel Jesu wissen, wohin die Reise für uns geht. Der Körper, mit dem wir in dieses Universum gebunden sind, wird sterben, das ist sicher. Aber durch Gott ist uns die Verheißung auf einen neuen Körper gegeben, der das, was wir jetzt haben, in den Schatten stellt.

7.3.3 Kritikpunkte Junkers

Gegen die theologische Interpretation, die ich zum Thema Tod und Leid gebracht habe, fährt Junker seine schwersten Geschütze auf. In diesem Thema gibt es auch gefühlsmäßig eine Menge Zündstoff, die es schwierig machen, meine Interpretation zu akzeptieren. Die folgenden Kritikpunkte kennzeichnen diese Gefühlslage:

1) Tod und Leid sind schrecklich

Das Hauptargument von Junker zum Thema Leid und Tod ist die Aussage: Leid und Tod sind destruktiv, werden in der Bibel immer destruktiv gesehen und bleiben destruktiv, egal von welcher Warte aus man es betrachtet. Ein Universum, das von Gott als „sehr gut" bezeichnet wird, kann nicht Leid und Tod enthalten.

Noch deutlicher wird Junker in seiner öffentlichen Präsentation. Auf seiner Website http://www.genesisnet.info (Stand November 2006) schreibt er in dem Kapitel „Schöpfung – Fachgebiete – Theologie, biblische Apologetik – Evolutionsmechanismen als Schöpfungsmethode?":

„Die Schöpfungsmethode Gottes durch Evolution hätte gewaltige Krisen und Katastrophen sowie einen erheblichen Verlust an biologischer Substanz in Kauf genommen. Angesichts dieses destruktiven, lebensverneinenden Aspekts einer Schöpfungsmethode durch Evolution erscheint die Frage ‚War der Teufel auch dabei?' von W. Heitler folgerichtig. Denn in der Schöpfung findet man heute neben dem Zweckmäßigen und Schönen auch das Destruktive und Grausame. Mit der Auffassung, Gott habe sich dieser Mechanismen bedient, um die Schöpfungswerke hervorzubringen, ist daher die Konsequenz gekoppelt, dass die Kehrseiten der Schöpfung zum Wesen der ‚guten Schöpfung Gottes gehören'."

2) Der Kampf ums Überleben und das Leiden der Natur

Der erste Punkt konzentrierte sich auf den Menschen als denjenigen, der leidet. Aber was ist mit der Natur, leidet die nicht auch? Was ist mit den Beutetieren, die mit großer Anstrengung versuchen, dem Jäger zu entwischen? Was ist mit den unzähligen Überlebensstrategien, die wir als unehrenhaft und verachtenswert empfinden? Was ist mit Giftanschlägen und Unterwanderungen oder auch den Strategien von Schmarotzern und Parasiten? Was ist mit dem Aussterben einer ganzen Art? All diese Phänomene sind nach dem theistisch-evolutionären Konzept kein Kennzeichen einer gefallenen

Welt, wie dies bei Junker der Fall ist, sondern sind in der evolutionären Entwicklung der Natur von Anfang an enthalten und entsprechen gerade dem Handeln Gottes. Und was ist mit der Bibelstelle aus Röm 8, 18-22, wo geschrieben steht, dass die Natur unter dem Tod leidet und sich nach Erlösung sehnt? All das sind nach Junker Argumente, die dagegen sprechen, dass eine theistisch-evolutionäre Interpretation korrekt sein kann.

3) Der Tod wird in der Bibel als schrecklich bezeichnet

Ein weiterer Kritikpunkt, den Junker in Richtung einer theistisch-evolutionären Konzeption von Sünde und Tod anbringt, ist die Frage, woher es denn kommt, dass der Tod in der Bibel als der schreckliche, erst als letztes besiegter Feind betrachtet wird. Gerade in der Auffassung, wie ich sie hier vertrete, ist der Tod vor dem Sündenfall eigentlich gar kein richtiger Tod gewesen. Der körperliche Tod vor dem Sündenfall gleicht eher einer Transformation, durch die man aus einem Gott verbundenen, körperlich vergänglichen Leben in ein Gott verbundenes, körperlich unvergängliches Leben übergeht. Die Begriffe Verwandlung oder Vollendung kennzeichnen diesen Vorgang viel besser.

In der Bibel wird vom Tod aber fast durchgängig negativ gesprochen, bis hin zu der Zuspitzung in der Offenbarung des Johannes, in der der Tod nach langen Mühen und Qualen endlich niedergerungen und besiegt wird. Auch Jesus hat seinen Tod am Kreuz nicht als Transformation, sondern als Qual empfunden. Dies, so Junker, widerspricht dieser Art des Denkens.

7.3.4 Antworten auf die Kritik Junkers

Die Kritikpunkte Junkers sind zum Teil extrem emotional und es fällt schwer, auf diese Emotionen eine Antwort zu geben ohne grausam und kalt zu erscheinen. Ich kann die Emotionen Junkers zum Teil sehr gut verstehen, muss aber trotzdem bei meinem theologischen Bild bleiben. Neben theologisch-logischen Gründen sind es auch und gerade meine Emotionen, die mich zu diesem Ziel führen.

1) Tod und Leid sind schrecklich

Tod und Leid sind schrecklich, waren schrecklich und bleiben schrecklich und eine schreckliche Methode kann und darf nicht von einem Gott verwendet werden, der das Recht hat, sich gut nennen zu lassen. Gegen ein solches, stark emotional geprägtes, Argument vorzugehen ist schwer. Beim Lesen werden wir automatisch an die vielen leidvollen Erfahrungen erinnert, die jeder von uns mit sich herumträgt und der alte oder gerade aktuelle Schmerz macht es unmöglich, die Vorstellung eines guten Gottes mit einem evolutionären Universum zu verbinden, was natürlich genau der Zweck dieses Argumentes ist.

Bevor man überhaupt in die Lage versetzt wird, über die Gründe und die Logik dieses Argumentes nachzudenken, muss man zuerst eine ähnlich starke Emotion dagegen halten, die einen fähig macht, in eine positive Richtung zu denken. Solche positiven Erfahrungen können alle Christen nachvollziehen, denn eine positive Erfahrung erwächst aus dem Kontakt mit Gottes Geist. Auch die Bibel berichtet von genau dieser Erfahrung. Die folgenden Stellen sollen zeigen, in welche Richtung es geht:

Psalm 86, 12+13: *„Ich danke dir, Herr, mein Gott, von ganzem Herzen und ehre deinen Namen ewiglich. Denn deine Güte ist groß gegen mich, du hast mich errettet aus der Tiefe des Todes."*

Joh, 16, 33: *„In der Welt habt ihr Angst; aber seid getrost, ich habe die Welt überwunden."*

Röm 8, 18: *„Denn ich bin überzeugt, dass dieser Zeit Leiden nicht ins Gewicht fällt gegenüber der Herrlichkeit, die an uns offenbart werden soll."*

Der Tenor dieser Texte ist klar. Leid und Tod werden überwunden im Kontakt zu Gott und zwar lange bevor man körperlich stirbt. So tief die Abgründe sind, in die diese Welt einen Menschen werfen kann, so tief ist Gottes Fähigkeit, einen da wieder heraus zu holen. Und an allen Stellen ist klar, dass dieses Herausholen kein Vertrösten auf die jenseitige Welt ist, sondern ganz konkret und ganz real schon in diesem Leben wirksam wird. Ultimativ wird uns zwar doch der körperliche Tod ereilen, oftmals wird eine Krankheit auch trotz aller Hilfesuche bei Gott im körperlichen Tod enden, aber genau dieser Umstand wandelt sich von einer destruktiven Katastrophe in einen tragbaren und akzeptablen Umstand, wenn man weiß, dass es danach in den Armen Gottes weitergeht, dass Befreiung auf einen wartet.

Mein Argument gegen Junkers Darstellung ist also die Gegenfrage: Wenn ich als Mensch in einer gefallenen und von Gott getrennten Welt die Macht von Gottes Liebe auf diese Weise erfahren und Leid und Tod damit überwinden kann, wie fern müssen Adam und Eva vor der Trennung von Gott Leid und Tod gewesen sein, egal, ob denn nun ein körperlicher Tod auf sie gewartet hat oder nicht. Wenn ich schon in dieser gefallenen Welt in Verbindung mit Gott die Anwesenheit von Leid und Tod ertragen kann, wie viel mehr muss das für die gegolten haben, die in klarer und unverdorbener Verbindung mit Gott standen.

Junker kennt diese Gefühle natürlich auch und weiß ebenfalls um die Fähigkeit Gottes, Leid und Tod allein durch die Kraft seiner Anwesenheit zu überwinden. Aber er sieht diesen Umstand als nicht übertragbar, als eine ausschließliche Eigenschaft der gefallenen Welt. Dass Gott rettet ist eben nur in einer gefallenen Welt sinnvoll und notwendig, also sind diese Gefühle und diese Einsichten etwas, das nur für dieses Äon, nur für die Zeit nach dem Sündenfall anwendbar ist.

Es ist klar, dass eine solche Aussage aus der biblischen Interpretation Junkers herauskommt, aber aus sich selbst heraus ist keineswegs klar, dass eine solche Aussage korrekt ist. Wenn die Gottverbundenheit heute Leid und Tod überwinden kann, dann sehe ich den Verlust der Gottverbundenheit als den entscheidenden Faktor, warum es überhaupt Leid und Tod gibt.

Mit dieser Feststellung im Hinterkopf wäre zu fragen, was die Argumente Junkers denn jenseits der negativen Emotionen bedeuten, die sie in uns wecken. Was ist denn nicht „sehr gut" an einer Schöpfung, die auf ökologischen Kreisläufen beruht, in der geboren werden und körperlich sterben der Motor einer ständigen Anpassung und Entwicklung sind?

Fragt man sich so eine Frage, so stellt man fest, dass wir ja zuerst sagen müssen, was eigentlich „sehr gut" bedeutet. Dieser Begriff wird im Allgemeinen gedeutet als die Aussage: „Sehr gut ist, wenn der Mensch sich wohl fühlt." Damit wäre „sehr gut" das, was wir als sehr gut empfinden. Das ist aber eine höchst egoistische Sichtweise, denn was für den Menschen sehr gut ist, was uns also das Leben angenehm und bequem macht, ist noch lange nicht sehr gut für andere Tierarten oder gar für die Pflanzen, die als Nahrung dienen sollen. Es ist schon wünschenswert, diesen Begriff unabhängig von dem zu definieren, was wir uns lediglich wünschen. Sehr gut kann etwas sein, was niemand sonst machen kann oder was an der oberen Skala der Möglichkeiten dessen liegt, der es gemacht hat. Sehr gut kann auch etwas sein, was kunstvoll konstruiert ist, wie beispielsweise eben jene ökologischen Kreisläufe, die Junker so negativ empfindet. Es gibt viele Möglichkeiten, etwas als sehr gut zu beschreiben, die Bibel lässt sich nicht näher darauf ein.

Insofern kann man das Universum und auch die Natur auch heute noch als sehr gut bezeichnen, eben weil Gott es so geschaffen hat. Es hat zwar den Bruch der Sünde gegeben, aber dieser Bruch hat das Universum nicht schlecht gemacht, sondern „lediglich" die Bestimmung, die der Mensch hatte, zerstört und ihm die Folgen des Todes gebracht. Die Natur selbst, das Universum wird dagegen in der Bibel an mehreren Stellen als „wunderbar" beschrieben, als auch jetzt noch in Gottes Hand befindlich. Aus biblischer Sicht ist das „sehr gut" der Schöpfung keineswegs zurückgenommen, mit der Ausnahme der Stellung des Menschen, der eigentlich als Haushalter wirken sollte, diese Rolle aber nicht mehr so ausfüllen kann, wie es vorgesehen war.

Heißt das nun, dass Leid und Tod nicht schrecklich sind? Für einen Menschen, der allein auf das Diesseits fokussiert ist, der keine Aussicht auf Rettung hat, der unendlich viel verpasst, wenn er es nicht schafft, alles in seine kurze Lebensspanne zu pressen, für den ist jede Krankheit, jede Gefahr und der Tod sowieso unendlich schrecklich. Aber auch Christen leiden, verzweifeln und sind keineswegs gefeit gegen Leid. Auch Jesus hat gelitten, er, der in perfekter Harmonie mit dem Vater gelebt hat. Heißt das nicht, dass die Verbindung mit Gott nicht genügt, dass es die Welt ist, die anders werden muss, damit Tod und Leid überwunden werden?

Schaut man sich die Leiden Jesu an, so gibt es zwei Situationen, die Jesus Leid verursacht haben. Da ist einmal Mitleid, wenn Jesus über Jerusalem trauert oder dem reichen Jüngling hinterherschaut. Es ist das Wissen von Jesus, dass hier Menschen die Chance vertun, durch die Hand Gottes gerettet zu werden. Ein solches Leid erwächst aus der Liebe zu allen Menschen und dem Bewusstsein, dass man diese Menschen nicht zwingen kann, ohne ihnen ihre Menschlichkeit, ihre Würde zu nehmen, selbst wenn das bedeutet, dass man sie in ihr Unglück laufen lassen muss. Ein solches Leid wird es immer geben, wenn es Menschen gibt, die verloren gehen. Solches Leid wird tatsächlich erst vergehen, wenn es keine Sünde mehr gibt, wenn kein Mensch mehr die Verbindung zu Gott verstößt.

Die zweite Situation ist das Leiden von Jesus vor Ostern, wo er im Garten Gethsemane Blut und Wasser schwitzte. Immer wenn ich diese Stellen lese, fällt mir der gravierende Unterschied zu den Stellen vorher auf, wo Jesus fast kühl, überlegen und sachlich von seinen Leiden geredet hat. Jesus ist sogar so weit gegangen, Petrus als vom Teufel beeinflusst zu bezeichnen, nur weil Petrus ihm diese fixe Idee vom Leiden und Sterben ausreden wollte. Was war der Unterschied, war Jesus unfähig, sich vorzustellen, dass das, was er ankündigte, wahr werden würde?

Der Unterschied bestand meines Erachtens genau aus der Verbindung zu Gott. Vorher, in seinen Ankündigungen, da war Jesus in Harmonie mit seinem Vater, er berichtet von einem Plan und er weiß, wie die Sache läuft. Alles ist klar und machbar. Aber in Gethsemane da beginnt die Verbindung zu Gott zu bröckeln. Jesus wird dem Menschen ähnlicher. Die Verbindung zu Gott ist noch da, aber Jesus wird sich bewusst, dass er eben gerade das, was ihn zum Herrn über Leid und Tod macht, verlieren wird. Jesus musste seine überragende Verbindung zu Gott verlieren, sonst hätte er unsere Leiden gar nicht erleben können, sonst hätte er unsere Sünde gar nicht tragen können. Gerade das, was Jesus vorher so überlegen, so sehr zum Sohn Gottes gemacht hat, gerade das musste verloren gehen und davor hatte Jesus Angst.

Insofern ist das Leiden Jesu gerade der Spiegel unserer eigenen Leiden. Selbst als frommste Christen, selbst als tägliche Beter, selbst als intensiv Gläubige, sind wir immer noch nur Menschen, die den Kontakt zu Gott mühsam suchen müssen. Unser Glaube ist klein und bleibt klein, egal wie wir uns anstrengen. Deshalb müssen auch Christen leiden. Aber es bleibt damit trotzdem und gerade deswegen klar, dass es in Verbindung mit Gott kein Leid gibt, auch wenn der körperliche Tod vor einem steht.

Eine solche Aussage ist aber zweischneidig, sie kann sehr leicht negativ genutzt werden. Denn die Versuchung ist da, wenn man einen Christen sieht, der leidet, dem es schlecht geht, einfach zu sagen: „Du musst nur mehr glauben", oder einem Kranken zu sagen: „Du warst nur zu ungläubig." So ein Ausspruch wäre eine Verhöhnung Gottes. Die Bibel selbst sagt doch, dass wir auch als Christen eben nicht perfekt sind. Zu sagen: „Du musst nur mehr glauben", heißt, eine Unmöglichkeit fordern, die auch der Fordernde niemals leisten kann. Glaube kann nicht einfach „gemacht" werden.

Ich habe selbst die Erfahrung gemacht, dass ich in einer leidvollen Situation monatelang damit gerungen habe, zu verstehen, warum Gott mich das durchleben lässt, warum Gott denn nicht eingreift, doch das Leid wurde nicht weniger. Erst als ich losgelassen habe, erst als ich sagen konnte: „Ich kann nicht mehr Gott, dein Wille geschehe", erst da wurden meine Tränen weggewischt und die Situation hat sich geklärt. Ein Helfer, der zu einem Christen sagt „Du musst nur mehr glauben", ist kein Helfer, sondern ein Zerstörer. Dennoch ist der einzige Weg, das Leid und den Tod zu überwinden, die Verbindung zu Gott zu suchen und sich seinem Willen zu ergeben.

Und genau in diesem Punkt sagt auch die Bibel, dass das Leid seinen Sinn hat. Man kann zwar nicht immer einen Kausalzusammenhang zwischen Sünde und Leid herstellen, aber das Leid lehrt, auf Gott zu schauen und wirkt damit eben nicht immer destruktiv. Insofern ist die Aussage Junkers nicht vollständig richtig. Gerade im alten Testament wird oft betont, dass man durch negative Erfahrungen und durch leidvolle Situationen lernen soll, seinen Sinn auf Gott zu richten und durch die Verbindung mit ihm dieses Leid überwinden kann. Und auch der körperliche Tod birgt keine Schrecken mehr, wenn man weiß, dass der Tod der Eingang in eine neue, viel weitere Welt ist.

2) Der Kampf ums Überleben und das Leiden der Natur

In diesem Kritikpunkt Junkers geht es darum, dass ein Gott, der durch Evolution erschafft, dieses mit den Mitteln der Ausrottung, des Jäger- und Beuteverhaltens und all der erbarmungslosen Wege macht, die in einer evolutionären Entwicklung eben vorkommen.

Tatsächlich enthält der Kritikpunkt zwei Teile, einmal die Interpretation der biblischen Stelle Röm 8, 18-22 und dann die Frage, was es mit dem Leiden der Natur auf sich hat. Beginnen wir bei dem Leiden der Natur, ein Satz, der wieder sehr stark emotional geprägt ist. Fragen wir uns, worunter die Natur denn nun genau leidet. Warum bringt Junker denn die Beispiele Parasit und Krankheit, warum nicht andere Beispiele? Da wäre zum Beispiel das Sterben einer Sonne. Hat eine Sonne genug Masse, so wird sie, wenn ihr Brennstoff, der sie am Leuchten erhält, zu Ende geht, in einer gigantischen Explosion, einer Supernova, ihr Ende finden, die Sonne wird im Extremfall in ein schwarzes Loch und eine Gaswolke verwandelt. Sollten wir nicht sagen, dass die Sonne unter dem Energiemangel leidet und schließlich einen qualvollen Tod stirbt?

Eine solche Ausdrucksweise kommt uns seltsam vor, denn eine Sonne kann doch offensichtlich nicht leiden. Die Umwandlung einer Sonne ist doch nichts, was man mit Leiden oder Tod bezeichnen muss, dazu gehört schon eine Leidensfähigkeit und die hat eine Sonne nicht. Mit diesem Gedanken haben wir schon einen wichtigen Anhaltspunkt, warum Junker mit Beispielen aus der Biologie kommt und nicht mit Prozessen aus der Physik, der Chemie oder der Geologie. Die Reaktion von Elementarteilchen, die chemische Veränderung oder das Ablagern von Sedimenten sind eben keine Prozesse, die in uns die Assoziation „Leid" oder „Tod" wecken. Und daher stehen wir diesen Prozessen auch relativ neutral gegenüber. Solche Dinge können wir auch ohne weiteres mit einem Gott verbinden, der in der Natur handelt, so wie wir die Natur auch heute noch entdecken. Nur mit der Biologie, dem Leben, ist das anders.

Allerdings ist das auch in der Biologie nicht durchgehend so. Denn wenn Bakterien sich vermehren, wenn Einzeller mit ausgefeilten Methoden um ihre Vermehrung und die verschiedenen Arten der Energieressourcen kämpfen, dann ist dieselbe Frage angebracht, wie bei der Sonne. Kann man diese Prozesse denn als Leid bezeichnen und das Ende von Bakterien als Tod? Bakterien oder Einzeller an sich sind doch gar nicht leidensfähig, haben ja noch nicht einmal ein Gehirn. Wieso sollte man diese Prozesse nicht genauso als Gottes gelenkte Natur verstehen, wie bei der Sonne? Sieht man das bei der Sonne so, so muss eigentlich konsequenterweise auch bei Bakterien diese Sichtweise verwendet werden. Das Leben und Sterben von Einzellern ist nicht mit Leid verbunden, weil diese Lebewesen gar nicht leidensfähig sind.

Damit sind wir sehr schnell bei allen möglichen Tierarten, bei denen man bezweifeln kann, dass diese Arten leidensfähig sind. Den Tod erleben alle diese Tierarten, auch das Aussterben ist eine Sache, die alle gleichermaßen trifft, aber das ist eventuell eine Möglichkeit, den biblisch bezeugten Tod der Pflanzen zu verstehen. Weil Pflanzen keine bewussten Wesen sind, sind sie eben eingebunden in den natürlichen Kreislauf des Lebens und Sterbens, ohne dass damit die negative Wertung einer gefallenen Welt verbunden ist.

Verbleiben die Säugetiere, die Arten, die uns nahe stehen, die ein hochentwickeltes Gehirn haben, die sehr wohl leidensfähig sind. Ich denke dabei noch nicht einmal an jenen Vorfahren des Menschen, der den letzten Schritt darstellte, bevor der Homo sapiens auf der Bildfläche erschien, ich denke da an unsere Haustiere, an Hunde und Katzen und Vögel, mit denen wir sehr eng zusammenleben und deren Gemütsleben und Persönlichkeit manchmal in frappanter Weise spürbar ist. Leiden diese Tiere nicht auch?

Die Antwort ist ganz einfach: Wir wissen es nicht. Leid ist eine sehr subjektive Erscheinung und bei Menschen wird dies immer und immer wieder deutlich. Menschen, die in Situationen leben, wo man sich vorstellt, dass man selber unter der Last der Situation zusammenbrechen würde, wo man sich und seinen Gott aufgeben würde, diese Menschen sind fröhlicher und optimistischer als alle anderen Personen im Umkreis. Und Menschen, denen es eigentlich unglaublich gut geht, die alles haben, was man sich wünschen kann, die leiden ungeheuerlich. Wenn man also schon bei Menschen nicht weiß, wie sie in den Situationen der Krankheit, des Verlustes oder des Todes reagieren, wie sollen wir dies für Tiere wissen, mit denen wir noch nicht einmal direkt reden können.

Ich hatte oben bereits erwähnt, dass meine Familie mit einigen Katzen zusammenlebt und wir kennen unsere Stubentiger gut. Jede hat ihre Persönlichkeit und ihre Möglichkeit, ihren Ärger oder ihre Freude oder ihre Liebe auszudrücken. Und auch wenn es ihnen schlecht geht, merken wir das deutlich. Trotzdem würde ich mich nicht in der Lage fühlen, zu sagen, ob eine von ihnen leidet, wenn sie krank ist oder etwas verboten bekommt. Und ich weiß auch nicht, ob sie unter der Drohung des Todes leben oder ob sie den Tod nicht vielmehr als spannenden Aufbruch in ein neues Sein betrachten würden.

All dies macht deutlich, dass Junkers Argument der leidenden Natur eigentlich eine Selbstreflexion ist. Wir sehen die Natur leiden, weil wir wissen und uns vorstellen, dass wir in dieser Situation leiden würden. Wir sehen die Natur unter der Drohung des Todes, weil wir eben selbst unter der Drohung des Todes leben. Ja, es kann sein, dass Tiere genauso leiden wie wir, ja es kann sein, dass eben dieses Leiden von Gott so gewollt und Teil seines täglichen Handelns ist, aber – nein, für mich ist dies kein Grund, ein Konzept abzulehnen, das in so vielfältiger Weise stimmig und konsistent ist.

Denn das, was ich da dann nicht verstehe, ist ja die Frage, wie Gott denn gut sein kann, wenn er dieses Handeln an den Tag legt. Aber diese Frage stellt sich unbeantwortbar sowieso, egal ob ich eine theistisch-evolutionäre oder eine kurzzeit-kreationistische Konzeption zugrunde lege. Denn die analoge Frage an die kurzzeit-kreationistische Denkweise wäre die Frage, wie Gott denn gut sein kann, wenn er es zulässt, dass alle Naturprozesse von Grund auf umgestaltet werden, entgegen seinem Schöpferwillen, nur weil die Menschen ihm nicht gehorchen. Wieso müssen all die Tiere leiden, wieso so üble Konsequenzen für all die Unschuldigen? Wenn ich also wegen meiner Unfähigkeit, das Handeln Gottes zu verstehen, das theistisch-evolutionäre Konzept verwerfe, dann begebe ich mich vom Regen in die Traufe, denn in der anderen Konzeption habe ich dieselben Fragen und dieselben Schwierigkeiten, sie zu beantworten. Wenn dies ein Kritikpunkt an der theistisch-evolutionären Konzeption ist, dann ist dies ein genauso großer Kritikpunkt an der kurzzeit-kreationistischen Interpretation.

Der zweite Punkt der Kritik Junkers ist die Bibelstelle Röm 8, 18-22, in der vom Leiden der Natur die Rede ist. Paulus schreibt dort:

„Denn ich bin überzeugt, dass dieser Zeit Leiden nicht ins Gewicht fallen gegenüber der Herrlichkeit, die an uns offenbart werden soll. Denn das ängstliche Harren der Kreatur wartet darauf, dass die Kinder Gottes offenbar werden. Die Schöpfung ist ja unterworfen der Vergänglichkeit – ohne ihren Willen, sondern durch den, der sie unterworfen hat –, doch auf Hoffnung; denn auch die Schöpfung wird frei werden von der Knechtschaft der Vergänglichkeit zu der herrlichen Freiheit der Kinder Gottes. Denn wir wissen, dass die ganze Schöpfung bis zu diesem Augenblick mit uns seufzt und sich ängstigt“ (Röm 8, 18-22).

Zwei Dinge fallen auf, wenn man diesen Text liest. Einmal redet Paulus hier von der Hoffnung, von dem, was uns erwartet und nicht nur für uns, sondern auch für die gesamte Schöpfung. Er redet also von dem Zielpunkt, auf den wir hinstreben und meint damit das Reich Gottes. Er redet nicht vom Sündenfall, sondern von dem, was uns erwartet. Sodann redet er davon, dass die Natur der Sklaverei und der Verlorenheit unterworfen ist, aus der sie befreit werden soll. Auch die Vergänglichkeit ist erwähnt.

Junker bezieht diese beiden Teile direkt aufeinander und meint, dass es eben die Vergänglichkeit ist, die die Sklaverei ausübt, dass also die Natur in einem Zustand ist, der so nicht von Gott gewollt war, also durch den Sündenfall des Menschen hervorgerufen wurde.

Gegen eine solche Interpretation spricht, dass Paulus direkt sagt, wer die Vergänglichkeit der Natur eingerichtet hat. Es ist eben nicht die Sünde des

Menschen gewesen, sondern derselbe, der auch die Hoffnung gibt, also Gott. Gott hat die Natur der Vergänglichkeit unterworfen – entweder von Beginn an oder nachträglich als Konsequenz der Sünde des Menschen.

Für Paulus ist es wichtig, dass Gott diese Vergänglichkeit zusammen mit einer Perspektive eingerichtet hat, nämlich der Perspektive des Reiches Gottes. Diese Hoffnung erfüllt sich aber für die Natur nur, wenn die Kinder Gottes, also die Menschen, dieses Ziel erreichen und daher ist die Hoffnung der Natur an die Hoffnung der Menschen geknüpft, über die Paulus in den Versen schreibt, die an den zitierten Text anschließen.

Vom Text her sind beide Interpretationen möglich, nämlich die Interpretation, dass Gott die Vergänglichkeit eingerichtet hat als Konsequenz der menschlichen Sünde oder dass die körperliche Vergänglichkeit von Anfang an Teil des Universums gewesen ist.

Nimmt man die zweite Interpretation, so war die Vergänglichkeit am Anfang nichts Schlimmes, nichts, was man mit einem Begriff wie Knechtschaft beschreiben müsste. Dieser Begriff wird erst durch den Sündenfall notwendig. Der Mensch ist von der Schöpfung her als Haushalter der Natur berufen, kann aber wegen seiner Trennung von Gott eben diese Rolle nicht erfüllen. Dadurch wandelt sich – wie beim Menschen – die Vergänglichkeit in Knechtschaft und der Übergang in die Herrlichkeit Gottes in eine schwarze Tür, die ins Nichts zu führen scheint.

Wenn man daran denkt, wie sehr wir heutzutage die Natur ausbeuten, die Regelkreisläufe zerstören und auf Kosten der nachfolgenden Generationen leben, dann kann man dieses Bild auch sehr gut verstehen. Der Mensch in seiner Verlorenheit tritt als Zerstörer der Natur auf und überträgt damit diese Verlorenheit eben auf die Natur. Die einzige Hoffnung ist die, mit der auch wir unsere Verlorenheit ertragen können, die Hoffnung auf das Leben in direkter Verbindung mit Gott.

Dies zeigt, dass der genannte Bibeltext eine durch Sündenfall vollständig umgekrempelte Natur nicht rechtfertigt, aber eine Interpretation im Rahmen des theistisch-evolutionären Konzeptes ermöglicht. Die Vergänglichkeit, also der körperliche Tod, ist durch Gott von vornherein in der Natur eingerichtet gewesen. Aber die Hoffnung der Natur, nach dieser Vergänglichkeit in das ewige Reich Gottes übergehen zu können, ist eben durch die Verlorenheit der Menschen ins Wanken geraten.

3) Der Tod wird in der Bibel als schrecklich bezeichnet

In diesem Kritikpunkt geht es um die Darstellung in der Bibel, dass der Tod schrecklich und ein Feind Gottes ist, obwohl in meiner Auffassung der

Tod vor dem Sündenfall eigentlich besser als Übergang bzw. Transformation bezeichnet werden sollte.

Meine Antwort auf diesen Kritikpunkt ergibt sich eigentlich bereits aus den vorherigen Kapiteln. Der Übergang von diesem Leben in das Reich Gottes ergibt sich allein in der Verbindung mit Gott. Nur unter dieser Voraussetzung kann der Tod mit den schwächeren Begriffen charakterisiert werden.

Im Sündenfall ist aber gerade diese Verbindung, diese Grundlage allen Lebens aufs Spiel gesetzt worden. Der Verlust der Beziehung zu Gott macht aus dem Übergang einen schrecklichen Tod. Genau das war es auch, was Jesus als so qualvoll empfand, denn um unseren Tod zu sterben, musste er gerade die Beziehung zu Gott verlieren. Auch die Aussage, dass bei Christen die Beziehung zu Gott durch Jesus ja doch wieder repariert wird, gilt in voller Stärke erst, wenn das Reich Gottes angebrochen ist. Hier und heute leben die Christen zwar mit dem Glauben und der Ahnung einer intakten Beziehung zu Gott, aber wirklich repariert ist sie noch lange nicht.

Insofern spricht die Bibel zu Recht von der schrecklichen Macht des Todes, denn die Bibel erzählt fast ausschließlich Geschichten, die uns Menschen hier auf der Erde angehen. Denn letztlich will die Bibel kein theologisches Lehrgebäude aufbauen, sondern an praktischen Beispielen zeigen, was die Menschen über die Jahrtausende hinweg von Gott gelernt und mit Gott erlebt haben.

7.3.5 Zusammenfassung

Im Rahmen der theistisch-evolutionären Konzeption wird der Tod unterschieden in einen körperlichen Tod, den es seit Beginn der Schöpfung so gegeben hat und einen geistigen Tod, der durch die Trennung von Gott der Urgrund der Schrecken ist, den die Menschen mit diesem Begriff verbinden. Diese Unterscheidung ist erst im neuen Testament durch Jesus hervorgehoben worden. Aber auch im alten Testament, speziell in der Schöpfungsgeschichte, gibt es Hinweise darauf, dass sie von Beginn der Schöpfung an vorhanden und von Gott so gewollt war.

Da sich die naturwissenschaftliche Beschreibung der Schöpfung nur auf körperliche Merkmale beziehen kann, ist diese Unterscheidung der Angelpunkt zum Verständnis von Tod und Leid in der theistisch-evolutionären Interpretation. Leid und ewiger Tod entstehen nur, wenn man in der Trennung von Gott körperliches Leid und körperlichen Tod erfährt. Für jemanden, der mit Gott verbunden ist, ist der Tod tatsächlich ein Tor zu der ewigen Welt bei Gott und Dinge wie Krankheit und Schmerz sind Kennzeichen des Wachstums auf diese wahre Welt hin. Paulus Ausspruch, dass die kurze

Zeit des Leids in dieser Welt nichts ist gegen die Ewigkeit bei Gott, zielt in genau diese Richtung. Wichtig ist es aber, diese Denkweise nicht als „Glaubenskeule“ gegen leidende Menschen zu missbrauchen. Der Ausspruch: „Du musst nur mehr glauben“, ist eine Zumutung, weil eben dieser Glaube in unserer gefallenen Welt nicht einfach machbar ist. Glaube, der in der Weise, wie dies im Ursprung der Schöpfung vorgesehen war, von Leid befreit, ist immer nur ein Geschenk Gottes und nicht einfach herstellbar. Genau das ist die schreckliche Folge der Sünde, die mit den ersten Menschen in unsere Welt gekommen ist.

Mit der Aussage, dass die geistige Trennung von Gott den Tod erst zu einem schrecklichen Ereignis gemacht hat, sind auch die Stellen in der Bibel verständlich, die vom Tod als schrecklichen Feind des Menschen und Gottes redet, der als Letztes im Gericht Gottes von Jesus besiegt wird. Die biblische Auslegung ist damit durchgängig und konsistent möglich.

Das größte Problem in dieser Denkweise ist vielleicht die Frage nach den leidenden Tieren. In der kurzzeit-kreationistischen Denkweise kommt das Leid der Tiere dadurch, dass praktisch sämtliche Tiere der Erde durch die die Ursünde der Menschen umgestaltet wurden. Aus friedlichen Pflanzenfressern wurden Raubtiere und aggressive Herdentiere und sie entwickelten Abwehrmaßnahmen gegen Fressfeinde und genetische Konkurrenten. Da dazu eine Umgestaltung praktisch der gesamten Körperchemie und der Verhaltensweisen nötig ist, zeugt dies von der schöpferischen Kreativität der Sünde im Konzept des Kurzzeit-Kreationismus.

In der Denkweise der theistischen Evolution wird Leid durch die Abwesenheit der Verbindung mit Gott erzeugt. Da instinkthaft handelnde Tiere nach meiner Denkweise von den Prozessen gesteuert werden, die Gott selber lenkt, ist diese Abwesenheit gerade nicht anzunehmen.

Letztlich steckt hinter der Frage die Frage danach, wie bewusst Tiere eigentlich sind. Erst damit lässt sich sagen, ob sie unter Tod, Krankheit oder Verletzung wirklich leiden, denn Leid ist im Wesentlichen ein höherer Bewusstseinsprozess. Die Interpretation von Junker vom Zusammenhang der menschlichen Sünde mit der leidenden Natur entlarvt sich in diesem Zusammenhang zunächst als Projektion menschlicher Denkweise auf Tiere. Wie diese Frage zu beantworten ist und welche eventuelle Antwort darauf das theistisch-evolutionäre Konzept hat, bleibt erst einmal offen. Hier bleibt naturwissenschaftlich und theologisch noch einiges zu tun.

7.4 Menschenbild, Christusbild und Auferstehung in der theistischen Evolution

In diesem Abschnitt sollen die Vorstellungen zum Menschenbild, zur Person Christi und zur Auferstehung im Rahmen der theistischen Evolution erläutert werden, so wie sie sich in meinem Konzept darstellen. In diesen Themengebieten, außer zum Menschenbild, gibt es eigentlich keine Kritikpunkte von Junker zu beantworten, da er seine Kritik hier ausdrücklich nur an die theistisch-evolutionären Konzepte richtet, die sich die Erlösung als evolutionäre Weiterentwicklung des Menschen vorstellen. Da ich diese Ansicht nicht vertrete, geht die Kritik Junkers also an meinen Vorstellungen vorbei.

Junker präsentiert in seinem Buch auch einige Kritikpunkte, die das Menschenbild betreffen, so wie es sich in einem theistisch-evolutionären Konzept darstellt. Dagegen richtet er seine Kritik zu den Themen „Person Jesu Christi" und „die Vorstellungen von Erlösung und Auferstehung" ausdrücklich nur gegen die theistisch-evolutionären Vorstellungen, die im Evolutionsprozess nicht nur die Beschreibung eines von Gott gesteuerten Naturvorgangs sehen, sondern die Evolution als Mittel der Erlösung selbst ansehen. In diesen Vorstellungen entspricht die Erlösung des Menschen der Entwicklung einer neuen, höheren Evolutionsstufe und Gottes Weg, diese Erlösung herbeizuführen, eben dem Weg der Evolution. Die Person Christi und die Vorstellung einer Wiederkunft Christi als Einleitung von Gericht und Weltende tritt bei diesen Vorstellungen in der Regel in den Hintergrund.

Da ich die Interpretation der Evolution als Erlösungsweg auch nicht teile, werde ich nach der Darstellung meiner Auffassung zu diesen Themen, auch nur auf die Kritikpunkte Junkers zum Menschenbild eingehen.

7.4.1 Die Gottesebenbildlichkeit des Menschen

Eine der wesentlichen Aussagen der Schöpfungsgeschichte der Bibel ist die Begründung, warum der Mensch existiert. Er wurde als Gegenüber, als Gesprächspartner Gottes geschaffen und hat als wichtigstes Merkmal die Gottesebenbildlichkeit. Dies kommt in Genesis 1, 26 zum Ausdruck:

„Und Gott sprach: Lasset uns Menschen machen, ein Bild, das uns gleich sei, die da herrschen über die Fische im Meer und über die Vögel unter dem Himmel und über das Vieh und über alle Tiere des Feldes und über alles Gewürm, das auf Erden kriecht."

Nach diesem Vers ist der Auftrag des Menschen die Beherrschung der Natur im Sinne der Pflege und der Bewahrung. Was es aber bedeutet, dass der Mensch ein Bild Gottes ist, darüber schweigt sich die Bibel aus und dieser Begriff ist demzufolge auch theologisch recht umstritten.

Einig ist man sich im Allgemeinen darüber, dass Gottesebenbildlichkeit nichts mit dem Aussehen des Menschen zu tun hat, also damit, dass der Mensch aufrecht läuft, zwei Arme und zwei Beine hat, das Gehirn oben im Kopf sitzt usw. Konsens besteht auch darin, dass die Gottesebenbildlichkeit eher mit dem zu tun hat, was durch den Begriff des Geistes ausgedrückt werden soll. Menschen besitzen einen Geist, was bedeutet, dass sie sich mehr oder weniger unabhängig von Naturvorgängen entscheiden und ihr Handeln in intelligenter Weise bestimmen können. Es liegt nahe zu vermuten, dass es genau diese Möglichkeit des Menschen ist, die ihn als Gottes Ebenbild auszeichnet, weil es genau diese Eigenschaft ist, die Gott den Naturvorgängen voraus hat.

Aber diese Charakterisierung macht deutlich, dass Gottesebenbildlichkeit nichts ist, was wir durch Messung an Fossilien oder durch andere naturwissenschaftliche Vorgehensweisen herausfinden können. War der Homo habilis bereits Gottes Ebenbild? Wir können versuchen, indirekt aus dem Fossilbefund auf die geistigen Fähigkeiten zu schließen, die der Homo habilis gehabt hat, aber das Ganze wird prinzipiell immer sehr stark auf der spekulativen Ebene stehen bleiben.

Damit ist klar, dass das Evolutionsmodell nur sehr wenig zu dieser Frage beitragen kann. Nimmt man an, dass sich der gottesebenbildliche Mensch aus einem Tier entwickelt hat, so muss irgendwann einmal der Punkt gekommen sein, wo man diese Gottesebenbildlichkeit feststellen konnte, aber dies aufgrund von Fossilbefunden zu tun, ist unmöglich.

7.4.2 Gab es Adam und Eva?

Im Zusammenhang mit der Frage nach dem Sündenfall wird auch oft die Frage gestellt, ob es Adam und Eva wirklich gegeben hat. In der Bibel wird die Aussage gemacht: „Genauso wie durch einen einzelnen Menschen die Sünde in die Welt kam, genauso wurde sie durch einen einzelnen Menschen besiegt.“ Diese Aussage soll die Tat Jesu theologisch in den Zusammenhang mit der Erschaffung des Menschen bringen. In kurzzeit-kreationistischen Kreisen wird das als Argument gegen die Evolution verwendet.

Betrachtet man das Konzept der theistischen Evolution, so wird oft behauptet, dass es Adam als konkrete Person im Kontext der Evolution nicht gegeben haben kann. Das ist eine Behauptung, die aber nicht belegt wird und die möglicherweise auch überhaupt nicht korrekt ist, wie durch aktuelle Entwicklungen in der Populationsforschung zum Homo sapiens gezeigt wird.

Hintergrund ist die genetische Untersuchung der Menschen. Nach der Entschlüsselung des menschlichen Genoms vor ein paar Jahren, hat man begonnen, die menschlichen Gene zu verwenden, um herauszufinden, wie sich der Mensch über die Erde verbreitet hat. Wo lag der Ursprung des Menschen? Das sind die Fragen, in denen die Genforscher einige wesentliche Schritte voran gekommen sind. Das aktuell beste Modell, mit dem sich die genetischen und andere Befunde erklären lassen, heißt das „Out of Afrika"-Modell.

Danach ist der Homo sapiens in Afrika vor etwa 150.000 Jahren entstanden in einer relativ kleinen Population von wenigen Individuen. Dieser moderne Mensch brachte solche Vorteile mit sich, dass er sich vermehrte und ausbreitete und dann in mehreren Auswanderungswellen Asien, Europa und Amerika besiedelte. Der Garten Eden lag also nicht in Mesopotamien, sondern eher in Äthiopien oder Sudan.

Wie groß diese Gruppe war, von der der moderne Mensch abstammte, lässt sich nicht so genau festlegen. Im Extremfall können es etwa zwei Individuen gewesen sein, die aber – schon um überleben zu können – in einer Gruppe von anderen Individuen gelebt haben müssen. Was war der entscheidende Vorteil, den diese kleine Gruppe hatte, um sich so erfolgreich vermehren zu können? Die Sprache war es noch nicht, die hat sich vermutlich erst später entwickelt. (Einige Forscher glauben, dass es die Sprache war, die den Homo sapiens in die Lage versetzte, den Homo neandertalensis in Europa zu verdrängen.) Werkzeuggebrauch war es auch nicht, denn Werkzeug ist auch vorher schon verwendet worden.

Es war wohl das Potential für all diese Dinge, es war das besonders gut entwickelte Gehirn, das dieser Gruppe den entscheidenden Vorteil gab. Es war die Fähigkeit zu planen, vorauszudenken und zu abstrahieren – oder mit anderen Worten, es war die Fähigkeit zu denken, mit wieder anderen Worten, es war der Geist, der den Menschen den Vorteil gab.

Naturwissenschaftlich gerät man hier an gewisse Grenzen, aber theologisch scheint damit klar, dass es Adam und Eva sehr wohl gegeben haben kann. Es war das Ehepaar, das sich als erstes seiner Fähigkeiten bewusst wurde, das als erstes in der Lage war, Gott bewusst zu erkennen und das als erstes in der Lage war, sich auch gegen Gott zu entscheiden. Das, was diese Gruppe auszeichnete, um sich erfolgreich vermehren zu können, genau das machte es auch fähig, sich von Gott zu trennen, in Sünde zu verfallen.

Und damit wird das allgemeine Argument gegen die theistische Evolution hinfällig. Auch im Rahmen der Evolution kann es Adam und Eva gegeben haben. Sie waren die ersten Menschen in dem Sinn, dass sie die Art des

Homo sapiens begründet haben, der sich so erfolgreich über die ganze Erde ausgebreitet hat. Allerdings hängt das Konzept der theistischen Evolution nicht von diesem Umstand ab. Sollte sich – wider Erwarten – erweisen, dass der Homo sapiens gleichzeitig in mehreren Gebieten entstanden ist, dann bleiben die Grundaussagen bestehen. Denn die Sünde wurde vielleicht durch einen einzelnen Menschen Realität, aber tatsächlich ist es jeder von uns, der diese Sünde in seinem Leben wiederholt. Jeder von uns ist Adam und ist Eva.

7.4.3 Die Erlösungstat Jesu Christi

Wenn man versteht, was die Sünde im Rahmen der theistischen Evolution ist, dann versteht man auch, was Jesus für uns bedeutet. Der Mensch wendet sich von Gott ab, indem er seinen eigenen Gesetzen folgt und indem er das nicht beachtet, was Gott ihm vorgibt. Statt Liebe und Gemeinschaft treiben Egoismus und Vorteilnahme fröhliche Blüten, haben es immer getan und tun es auch heute noch. Selbst in unserer heutigen, demokratischen Gesellschaft gilt letztlich das Recht des Stärkeren, ist derjenige erfolgreich, der sich durchsetzen kann und haben diejenigen, die mit schlechteren Karten auf die Welt kommen, weniger Chancen, ein würdevolles Leben zu leben.

Dabei wissen wir es eigentlich besser. Unsere auf dem Christentum beruhende Kultur und unser vom Humanismus durchdrungenes Denken geben uns viele Voraussetzungen in die Hand, es besser zu wissen und besser zu machen. Aber letztlich scheitern auch wir an dem Versuch eine bessere Gesellschaft zu schaffen. Und das gilt nicht nur für die Gesellschaft im Ganzen, sondern gerade auch für die Beziehungen, die jeder in seinem eigenen Umfeld hat. Die ungebremste Menge an Trennungen und Beziehungsdramen, von Mobbing und Gerichtsverfahren spricht Bände. Die Menschen von heute haben die Erlösung nötig wie die Menschen früher auch.

Der Grund dafür ist der Zustand des Sündigseins, der durch den Sündenfall hervorgerufen wurde. Die Begründer der menschlichen Gesellschaft trennten sich von Gott und schufen damit das Umfeld, das ihren Kindern gar keine Wahl mehr ließ. Um heranzuwachsen, um uns behaupten zu können, um in dieser Gesellschaft zu leben, müssen wir dieselben Sünden begehen, wie Adam und Eva. Wir wissen es auch gar nicht besser.

Es ist wie bei einem Kind, das noch nicht erwachsen ist und auch noch nicht über die Fähigkeiten eines Erwachsenen verfügt. Es rebelliert gegen die Vorgaben, die die Eltern machen und schreit, wenn es zu Dingen gezwungen wird, die eigentlich zu seinem Besten dienen. Solche Rebellion gehört zum Prozess des Erwachsenwerdens, aber erwachsen ist man erst, wenn man nicht mehr um der Rebellion wegen etwas anders macht, sondern wenn man aus eigenem Antrieb erkennt, was gut und richtig ist.

So ist es auch mit uns in der Beziehung zu Gott. Gott will, dass die Regeln in unseren Herzen wohnen, nicht in unserer Gewohnheit. Das Liebe-Üben soll nicht mehr passieren, weil man dazu gezwungen wird, nicht mehr, weil es eben üblich ist, nicht mehr, damit man dabei gesehen und groß angesehen wird. Liebe üben soll natürlich aus einem heraus kommen, soll erwachsen aus einer prinzipiellen Grundhaltung, Teil des Lebens sein, das man eben lebt.

Ich kenne niemanden, der das schafft. Auch ich schaffe es nicht und selbst die besten Beispiele wie Mutter Theresa oder Mahatma Gandhi sind nur ein Abklatsch der wahren Liebe, zu der wir fähig sein sollten. Wenn Gott uns so lässt, wie wir sind, dann hat er eigentlich keine Wahl. Solche Menschen kann er nicht gebrauchen. Würde er nach dem gehen, was wir heute sind, wäre seine einzige Möglichkeit die, dass er uns sang- und klanglos im Nichts verschwinden ließe. Das ist es, was ich mir unter dem Gericht Gottes vorstelle, das ist es, was ich meine, wenn ich sage, dass die Konsequenz der Sünde der Tod ist. Getrennt von Gott bleibt uns nur der Weg in die Vergessenheit.

Aber Gott sei Dank ist dieser Weg nicht der einzige der bleibt. Durch Jesus Christus ist uns ein neuer Weg eröffnet worden. Er hat das Getrenntsein von Gott durchlebt und ist zur Brücke geworden, über die wir zu Gott kommen können. Sein Geist hat die Verbindung zu Gott nicht verloren und durch seinen körperlichen Tod ist er jetzt permanent mit Gott verbunden. Über ihn wird die Liebe in menschlicher Gestalt zum Ausdruck gebracht und über ihn können wir neu geboren werden als Menschen, die den Kontakt zu Gott wiederbekommen. Er ist so etwas wie der Katalysator, über den wir schaffen können, was wir alleine nicht schaffen.

Diese Neugeburt ist zunächst ein rein geistlicher Vorgang, der geschieht, wenn wir uns zu Jesus bekennen und uns im Glauben mit ihm verbinden. Ich wurde grundlegend verändert, als ich Christ wurde, doch äußerlich hat man mir nichts angesehen. Das macht es Menschen, die mit diesem Glauben nichts anfangen können, ja gerade so schwer. Niemand kann in meinen Kopf hineinschauen, also kann auch niemand beurteilen, wie grundlegend die Veränderung war, die in mir vorgegangen ist. Ich kann nur versuchen, in dürftigen Worten davon zu berichten, aber die Worte werden diesem Vorgang niemals auch nur annähernd gerecht.

Diese Änderung ist aber erst einmal nur teilweise. Auch wenn ich mich verändert habe, bin ich immer noch der Mensch, der das, was er eigentlich Gutes will, nicht tun kann und das, was er Schlechtes eigentlich nicht tun will, trotzdem tut. Auch jetzt, nach meiner Bekehrung, bin ich immer noch nicht so mit Gott verbunden, dass ich dieses Band wirklich in allen Konsequenzen leben kann.

Das, was fehlt, ist die Verwandlung in etwas, was nicht von den physischen Bedingungen dieses Universums abhängt. Es ist das, zu dem ich werden kann, wenn ich hier körperlich sterbe. Es ist eben das, was mir zugesagt ist und was von Beginn an in der Schöpfung vorgesehen war. Von dieser Verwandlung spricht die Bibel in Form von Auferstehung, von dem Erhalt eines neuen Leibes, von dem Reich Gottes. Unser Geist wird dann in eine Form gebracht, die die Beschränkungen dieses Universums hinter sich lässt.

Gibt es denn nun einen Unterschied zu dem, was man wird, wenn man sich zu Christus bekennt und dem, was man wird, wenn man einer anderen Glaubensrichtung angehört? Im Punkt der Akzeptanz Gottes, im Glauben an ein höheres Wesen nicht. Ein Moslem oder ein Jude glaubt genauso an Gott, wie dies ein Christ tun sollte. Hier sehe ich keinen grundlegenden Unterschied.

Der Unterschied kommt von der Person Jesu her. Jesu Aussage: „Keiner kommt zum Vater, denn durch mich“, bedeutet, dass man den Weg selber eben nicht finden wird. Und hier besteht der wesentliche Punkt, in dem das Glaubensverständnis der Christen sich von dem anderer Religionen unterscheidet. Bei anderen Religionen kommt es darauf an etwas zu tun, sei es fünfmal täglich beten, sei es den Sabbat halten, sei es sich durch Meditation von der Nichtigkeit der Welt zu überzeugen. In allen Fällen ist das, was zur Erlösung führt, etwas was der Mensch tut. Etwas tun – zumal wenn es von Liebe getrieben ist – ist auch nicht schlecht und es würde auch allen Christen gut tun, mehr Liebe zu üben.

Aber sich selbst zu erlösen, das ist nicht möglich. Wir sind dermaßen gefangen im eigenen Sein, im Körper dieses Universums, dass wir nicht in der Lage sind, die Fesseln selbst zu sprengen. Wir sind nur in der Lage, ein Abbild, ein Abglanz von dem zu geben, was eigentlich sein wird. Heute sehen wir wie durch einen undeutlichen Spiegel, aber wenn das Wahre kommt, dann werden wir erst durch und durch erkennen, wie es wirklich ist. Und genau das ist es, was Jesus uns geben kann. Wir erlösen uns nicht selbst, sondern wir hängen uns an den, der uns erlösen kann.

7.4.4 Jesus ganz Mensch und ganz Gott

In der Anfangszeit der Christenheit tobte ein schwerer theologischer Kampf um die Frage, wie Jesus Christus eigentlich zu verstehen ist. War Jesus ein besonderer Mensch, der durch die Gnade Gottes eine besondere Stellung erhalten hatte oder war Jesus der Mensch gewordene Gott mit all seiner Macht. Beide Seiten konnten an Hand der Dokumente und der Überlieferungen Argumente anführen, dass ihre jeweilige Interpretation die richtige wäre. Nach manchen Stellen in der Bibel verhält sich Jesus wie ein Mensch mit all seinen Beschränkungen und nach anderen Stellen wie ein göttliches, allwissendes und alles kontrollierendes Wesen. Die Argumente waren jeweils so stark, dass keine Seite gewinnen konnte und so erfanden die Kirchenväter schließlich die Formel „ganz Mensch und ganz Gott".

Diese Formel, die rein logisch gesehen eigentlich als falsch angesehen werden muss, weil es nach der zweiwertigen, mathematischen Logik nicht möglich ist, dass eine Aussage gleichzeitig wahr und falsch sein kann, ist typisch für die Probleme, die man bekommt, wenn man über Gott und sein Handeln nachdenkt. Dennoch hat diese Formel viel Positives bewirkt und ermöglicht, beide Sichtweisen nebeneinander zu haben. Als Physiker stelle ich auch belustigt fest, dass in der Natur ähnliche Phänomene vorkommen. Der Welle-Teilchen-Dualismus der Quantenmechanik ist genau solch ein Problem, wo man rein logisch betrachtet eigentlich falsch liegen muss, denn ein physikalisches Objekt kann doch nicht gleichzeitig eine Welle und ein Teilchen sein. Doch die Natur dreht der menschlichen Logik eine lange Nase und beweist damit, wie beschränkt das menschliche Denken eigentlich ist.

Die Formel „ganz Mensch und ganz Gott" ist aus der Sichtweise der theistischen Evolution einfach zu akzeptieren. Naturwissenschaftlich gesehen war Jesus ganz Mensch. Alle körperlichen Merkmale Jesu scheinen völlig normal gewesen zu sein, zumindest ist nichts ungewöhnliches überliefert und wenn Jesus sich darin in positiver oder negativer Hinsicht ausgezeichnet hätte, dann wäre es in den Evangelien sicher vermerkt gewesen.

Dagegen war das Verständnis Jesu für alle Dinge, die Gott betrafen, ungewöhnlich, denn darüber berichten die Evangelien. Schon im jungen Alter von zwölf Jahren stellte Jesus die Weisheit der Schriftgelehrten in den Schatten. Mit dem Verständnis, dass es die Verbindung zu Gott ist, die einen verlorenen Menschen von einem geretteten unterscheidet, ist damit die Aussage, dass Jesus ganz Gott ist, ebenfalls akzeptabel. Jesus war so eng mit Gott verbunden, dass er eben nicht nur göttliche Einsichten und Erkenntnisse hatte, sondern auch in Gottes Namen wirkte, was letztlich die Herrschaft auch über natürliche Prozesse bedeutete.

Naturwissenschaftlich gesehen waren die Wundertaten Jesu Einzelereignisse, die nicht wiederholbar sind, zumindest hat noch niemand einen experimentellen Aufbau ausgedacht, mit dem Menschen allein durch Glauben zum Beispiel über Wasser laufen können. Da eine solche Wiederholbarkeit fehlt, sind diese Überlieferungen auch nicht Teil der naturwissenschaftlich verwertbaren Datenmenge. Naturwissenschaft muss solche Wunderüberlieferungen also zwangsläufig ignorieren, das hat nichts damit zu tun, ob man dieser Überlieferung glaubt oder nicht. Behauptet man umgekehrt, dass, weil eine Wiederholbarkeit nicht gegeben ist, diese Überlieferungen Märchen und erfunden sein müssen, unternimmt man wieder eine unzulässige Grenzüberschreitung, indem man behauptet, dass alles, was real ist, einer naturwissenschaftlichen Methodik zugänglich sein muss. Und dass das nicht der Fall ist, habe ich ja schon in Kapitel 3.4 erläutert.

Auf diese Weise fügen sich die Besonderheiten der Person Jesu in der hier vorgestellten Konzeption der theistischen Evolution harmonisch zusammen. Jesus war ganz Mensch, er ist als Baby geboren, ist aufgewachsen und hat vermutlich den Beruf des Zimmermanns gelernt. Er ist am Kreuz unseren Tod gestorben als er ausrufen musste: „Mein Gott, mein Gott, warum hast Du mich verlassen!" Aber er war auch ganz Gott. Für ihn trafen die Beschränkungen nicht zu, die wir haben, wenn wir versuchen Gott zu erfahren, ihn zu verstehen oder auch nur, an seine Existenz zu glauben. Für ihn war Gott greifbar wie für uns ein Tisch, wenn wir neben ihm stehen. Für ihn waren die Wunder keine Wunder, sondern zwangsläufige Konsequenzen aus der Geisteshaltung der Menschen. Seine oft wiederholte Formel: „Dein Glaube hat dir geholfen", zeigt, dass für ihn die Zusammenhänge zwischen Glauben und körperlichen Auswirkungen selbstverständlich waren. Er zeigt damit, welche Vielfalt an Erkenntnis noch auf uns wartet, wenn wir erst einmal mit Gott eins sind.

Auch die Person Jesu als Retter kann damit zumindest anschaulich gemacht werden. Rettung ist nicht einfach nur der Transport in einen Himmel und Verlorensein ist nicht einfach nur die Überführung in eine Art Grillstation für Menschen. Rettung oder Verlorensein definiert sich an der Beziehung zu Gott. Christen sehen ihre Hoffnung eben in Jesus, darin, dass er die verlorene Beziehung zu Gott aufrichtet und damit eine Brücke zu uns baut. Nicht wir müssen von uns aus etwas leisten, es ist Jesus, der für uns leistet und der dazu in der Lage ist, weil er ein Leben in ungebrochener Beziehung zu Gott gelebt hat.

7.4.5 Die Erlösung und die Hoffnung auf das Reich Gottes

Mit den Ausführungen des letzten Abschnitts sind auch die Themen Erlösung und Reich Gottes definiert. In meinem Konzept sind weder die Erlösung noch das Reich Gottes Dinge, die sich in diesem Universum abspielen und daher auch nicht durch so etwas wie eine evolutionäre Entwicklung hergestellt werden können. Teilhard de Chardin hat mit seinem Konzept der Evolution als Mittel der Erlösung einen Sprung gemacht, der nicht wirklich zu dem führt, was als Hoffnung für die Menschen bezeichnet werden kann.

Dies wird durch die folgenden Punkte begründet:

- **Der einzelne Mensch, das Individuum geht verloren**

Ist Evolution der Weg der Erlösung, dann gilt das Wort Erlösung nur für die Menschheit an sich, für die Art Homo Sapiens. Der Einzelne, der auf dem Weg dahin lebt, hat nichts davon. Was nutzt es mir, wenn mein Urururur-Nachfahre erlöst ist, aber ich muss ohne Hoffnung sterben. Dies verfehlt den eigentlichen Sinn und damit auch die eigentliche Kraft dessen, was Gott uns durch Jesus gesagt hat.

- **Der Begriff des ewigen Reiches Gottes wird sinnlos**

Unser Universum ist mit Sicherheit nicht ewig. In spätestens etwa 5 Milliarden Jahren ist es mit unserer Erde vorbei, vermutlich ist sie bereits in etwa 800 Millionen Jahren unbewohnbar und weitere vielleicht 20 Milliarden Jahre später wird sich in unserem Universum nicht mehr viel regen, weil dann die Energie des Universums aufgebraucht sein wird. Klar, das sind recht lange Zeiträume, aber unter Ewigkeit stelle ich mir nun doch etwas anderes vor. Ist also Evolution der Weg in die Erlösung, dann wäre das Ergebnis eben auch der Vergänglichkeit unterworfen.

- **Der Tod kann nicht besiegt werden**

Ist Evolution der Weg der Erlösung, dann funktioniert das Konzept zur Überwindung des Todes nicht, das ich im letzten Kapitel beschrieben habe. Das, was überlebt ist vielleicht die Art oder das Leben an sich, aber ein wirkliches Auferstehen von den Toten gibt es dann nicht. Und damit sind alle Ankerketten, mit denen man sich gegen den Tod wehren kann, gerissen.

Diese Punkte zeigen, dass das Konzept von Teilhard de Chardin nicht wirklich funktioniert. Die Begriffe Hoffnung, Erlösung und Reich Gottes sind nur dann verstehbar, wenn man sie aus dem hiesigen Universum herauslöst und sich klar macht, dass Gott als Schöpfer des Universums nicht zugleich Teil des Universums sein kann. Aus diesem Grund kann ich der Kritik Junkers nur zustimmen, wenn er sich gegen diese Art der Interpretation in den Konzepten der theistischen Evolution wendet. Allerdings ist die Kritik Junkers keine prinzipielle Kritik an der theistischen Evolution, denn wie man an meinem Konzept sieht, geht es auch anders.

In meiner Konzeption ist das körperliche Sterben und der Kampf um die Ressourcen des Lebens nur deswegen akzeptabel und erträglich, weil sich in der Verbindung mit Gott die Perspektive auf ein anderes Leben ergibt. Das ganze Leben in unseren Dimensionen ergibt nur deswegen einen Sinn, weil es auf eben dieses echte Leben in Gottes Reich vorbereitet. Wir werden zwar körperlich sterben, aber unsere Zukunft liegt in einem Reich, das anders beschaffen ist als dieses Universum. Wie das aussieht und wie wir dorthin gelangen, lässt sich naturwissenschaftlich nicht feststellen, denn alle naturwissenschaftlichen Methoden sind auf dieses Universum beschränkt. Damit bleiben mir nur philosophische und theologische Methoden, um über diese Zukunft nachzudenken.

Aus diesem Grund sind die Antworten, die im Rahmen einer theistisch-evolutionären Konzeption gegeben werden können, nicht anders als die in anderen Konzeptionen, nicht einmal anders als die Antworten, die sich im Rahmen des kurzzeit-kreationistischen Denkens ergeben.

Ein beliebtes Spiel unter Christen ist es, Vermutungen darüber zu äußern, wann denn das Reich Gottes hereinbrechen wird. Würde man eine Umfrage zu dieser Frage machen, dann bin ich mir sicher, dass die Mehrheit, vermutlich die absolute Mehrheit aller befragter Christen aussagen würde, dass Christus innerhalb der nächsten 50-100 Jahre wiederkommen wird. Das Lustige an so einer Umfrage ist, dass diese Meinung unter Christen schon seit 2.000 Jahren verbreitet ist. Auch und gerade Paulus und Petrus lebten in so einer Naherwartung. Psychologisch ist das durchaus normal, denn 50-100 Jahre ist in etwa die Zeitspanne, die ein Mensch aufgrund seiner Lebenserwartung überblicken und verplanen kann.

Ich versuche gerne, die Leute aus ihrem normalen Denkschema herauszureißen, indem ich die Behauptung aufstelle, dass es noch 800 Millionen Jahre dauert, bis Christus wiederkommt. Biblisch habe ich da kein Problem, denn in der Bibel wird ausdrücklich gesagt, dass wir nicht wissen, wann es so weit ist. Ich kann den Wert natürlich begründen, weil in dieser Zeit die Sonnenaktivität aufgrund des langsam zu Neige gehenden Brennstoffes die Erde in eine unbewohnbare Hölle verwandeln wird.

Allerdings nimmt kaum einer meiner Zuhörer diesen Wert ernst und sogar ich selber werfe ihn nur deswegen in den Ring, damit wir darüber nachdenken, wieso wir überhaupt über diese Frage nachdenken. Was macht es für einen Unterschied, ob Gott das Universum morgen in einem Sonderakt abschafft oder ob er sich noch Millionen oder Milliarden Jahre Zeit lässt und das Universum sozusagen natürlich auslaufen lässt? Für mich persönlich genau gar keinen. Und naturwissenschaftlich ist diese Frage sowieso falsch gestellt, weil sich Gott naturwissenschaftlich einfach nicht festnageln lässt.

Insofern kann ich die Frage nach dem „Wie" und „Wann" des Hereinbrechens des Reiches Gottes hier offen lassen. Natürlich habe ich meine Lieblingsvorstellung, aber hierfür eine Exegese zu machen, würde am Thema des Buches vorbeigehen.

7.4.6 Die Kritikpunkte Junkers

Die Kritikpunkte Junkers, die ich hier besprechen will, beziehen sich nur auf die Vorstellungen zum Menschenbild, das sich aus dem Konzept der theistischen Evolution ergibt.

1) Kritikpunkt: Der Mensch kann nicht als Mensch charakterisiert werden.

Der Ausgangspunkt für diesen Kritikpunkt ist eine Frage von Junker, die durchaus berechtigt ist. Wenn der Mensch eine besondere Stellung, eine besondere Aufgabe hat, wodurch ist diese denn eigentlich begründet? Diese Frage stellt er an die theistisch-evolutionäre Konzeption und stellt fest, dass es vom Prozess der Evolution her keinen Anhaltspunkt gibt, den Menschen auszuzeichnen. Es ist ja gerade ein oft vertretener Standpunkt von atheistisch eingestellten Evolutionsbefürwortern, den Menschen als nichts besonderes, als Tier auf zwei Beinen darzustellen. Dies widerspricht aber den Aussagen der Bibel, die den Menschen als etwas Besonderes, Gott ähnliches bezeichnet.

2) Kritikpunkt: Der Zeitpunkt der Entstehung der Gottesebenbildlichkeit ist nicht feststellbar.

Junker fragt in dem Zusammenhang auch danach, wie die Gottesebenbildlichkeit in einem evolutionären Kontext eigentlich entstanden ist. Wann ist der Mensch erstmals Gottes Ebenbild gewesen? Ist der Mensch mehr Gottes Ebenbild als ein Tier, so muss irgendwann einmal ein Übergang stattgefunden haben.

Die Darstellung der Evolution ist aber so, dass von einem solchen Übergang nichts erkennbar ist. Insbesondere im Denken Junkers, das das Handeln Gottes unmittelbar in der Natur sichtbar machen möchte, ist das Fehlen eines klaren Übergangs ein Problem in einer theistisch-evolutionären Konzeption.

7.4.7 Antworten auf die Kritik Junkers

1) Kritikpunkt: Der Mensch kann nicht als Mensch charakterisiert werden.

Junker erwähnt in Zusammenhang mit seinem Kritikpunkt nicht, dass diese Frage auch berechtigt ist, wenn man kein Evolutionsmodell als Hintergrund nimmt und dass diese Frage auch dann sehr schwer zu beantworten ist, wenn man davon ausgeht, dass der Mensch in einem nicht-natürlichen Sonderakt von Gott erschaffen wurde.

Die Situation ist typisch für die Argumentation, die von Kurzzeit-kreationistischen Vertretern gegen die Evolutionskonzeption verwendet wird. Es wird eine sogar berechtigte Frage aufgeworfen, es werden die Schwierigkeiten dargestellt, die ein Evolutionsmodell mit dieser Frage hat, wenn man aber umgekehrt fragt, wie sich diese Frage im Modell der Kurzzeit-Erschaffung darstellt, dann lautet die Antwort: „Weil Gott das so gemacht hat." Auch bei der Frage, was den Menschen denn gegenüber der Tierwelt auszeichnet, warum er denn eigentlich als Mensch hervorgehoben ist, lautet die Antwort im Kurzzeit-Erschaffungs-Modell lediglich: „Weil Gott das so gemacht hat." Zumindest ist aus dem Akt der Erschaffung keine andere Antwort ableitbar.

Betrachtet man die Frage aus der theistisch-evolutionären Perspektive, so wird sie noch zusätzlich erschwert, weil aus dieser Perspektive sämtliche beobachtbaren Prozesse ein Ausdruck des Handelns Gottes sind. Ob nun Elementarteilchen miteinander reagieren, chemische Verbindungen sich ändern, ein Einzeller sich teilt oder ein Tier mit bestimmten Strategien nach Nahrung sucht, in all dem handelt Gott und in all dem lässt sich der Wesenszug Gottes als Liebhaber des Lebens auch erkennen. Solange man den Menschen also auf seine rein körperlichen Funktionen reduziert, so lange wird sich kein Unterschied feststellen lassen und so lange kann man auch das Besondere des Menschen nicht sehen.

Das ist dann auch genau das, was einem im Rahmen eines atheistisch interpretierten Evolutionsmodells Schwierigkeiten bereitet. Evolutionsforscher, wie fast alle Naturwissenschaftler, neigen dazu, alle Phänomene unter ihrem Blickwinkel zu sehen und damit wird auch der Mensch als Teil der Physik, Chemie, Biologie oder des Abstammungsbaumes gesehen. Und in diesem beschränkten Gesichtsfeld haben die Naturwissenschaftler auch Recht. Der Mensch besteht ja aus denselben Elementarteilchen wie die Physik sie untersucht, in ihm laufen dieselben chemischen Prozesse ab, wie im Reagenzglas und von der Evolution her gesehen hat sich der Mensch mit seinen artspezifischen Eigenschaften entwickelt. Aber die Gesamtheit dessen, was einen Menschen ausmacht, erfassen sie damit nicht.

So ist der Mensch evolutionsbiologisch gesehen erst einmal nichts Besonderes. Viele seiner Eigenschaften sind durch Vorteile erklärbar, die der Mensch im Rahmen einer Konkurrenzsituation um Nahrung oder Fortpflanzung hat. Aber macht das den Menschen als Ganzes aus? Ist der Mensch dadurch definiert, wie gut er sich Nahrung verschaffen oder sich fortpflanzen kann? Ist es meine Aufgabe als Individuum, mich fortzupflanzen, um meinem Menschsein Ausdruck zu verleihen?

Die Antwort auf alle diese Fragen lautet „nein". Gerade in Deutschland weigern sich viele Menschen, ihren Sinn im Fortpflanzen zu sehen und die Geburtenrate ist schon seit einiger Zeit niedriger als die Sterberate. Aus der Beschreibung eines evolutionsbiologischen Mechanismus folgt noch lange nicht, dass man dadurch alles erfasst hat, was den Menschen angeht. Dieselbe Aussage gilt auch dann, wenn man ein eigenes Schöpfungswunder für den Menschen annimmt. Aus der Art der Erschaffung kann man nicht auf das schließen, was den Menschen ausmacht.

Die Evolutionsbiologie im Besonderen und die Naturwissenschaft im Allgemeinen tut sich damit schwer, den Menschen als Besonderheit zu charakterisieren. Sie vermag, seine artspezifischen Besonderheiten zu beschreiben, sie vermag statistische Aussagen über sein Verhalten zu machen und sogar seine Populationsdynamik zur Kenntnis zu nehmen, aber einen Zugang zum Menschen, zum Individuum hat sie damit nicht. Aber die Grundaussage des theistisch-evolutionären Denkens ist es ja gerade, dass die Naturwissenschaft zwar in ihrem Bereich hervorragende Arbeit leistet, dass es aber Bereiche gibt, in die sie nicht hineingelangt, prinzipiell nicht.

Damit ist man also gar nicht darauf angewiesen, sich – wie Junker implizit fordert – auf eine rein naturwissenschaftliche Charakterisierung des Menschen zu beschränken. Der Mensch ist als Geschöpf Gottes ein Gegenüber Gottes und hat die Aufgabe, als Haushalter Gottes in der Natur zu wirken, jeder einzelne in seinem Bereich. Diese Antwort, die man als Christ geben kann, gilt auch für das theistisch-evolutionäre Konzept und diese Antwort ist auch dann gültig, wenn jemand versucht, die Besonderheit des Menschen als nicht real zu betonen, nur weil man mit einer speziellen evolutionsbiologischen Brille keine Besonderheiten feststellen kann.

Insofern bleibt als Antwort auf Junkers Kritik ganz einfach dasselbe, was auch Junker auf eine entsprechende Anfrage sagen würde. Das Besondere des Menschen ist sein Geist und sein von Gott verliehener Haushalterauftrag in der Natur. Dass man beides nicht aus einer evolutionären Modellierung ableiten kann, liegt nicht an dem Evolutionsmodell, sondern an den Beschränkungen naturwissenschaftlicher Beschreibung im Allgemeinen.

2) Kritikpunkt: Der Zeitpunkt der Entstehung der Gottesebenbildlichkeit ist nicht feststellbar.

Leider äußert Junker seine Kritik in diesem Punkt „ohne auf den schwierigen Imago-Dei Begriff – dem Begriff der Gottesebenbildlichkeit – eingehen zu müssen“ (Junker, Kapitel 4.1.1). Hier muss man natürlich einwenden, wie es denn möglich ist, einen Übergang von etwas zu etwas zu beschreiben, ohne zu sagen, wie sich das eine vom anderen denn eigentlich unterscheidet. Will man in einem theistisch-evolutionären Kontext feststellen, wann der Mensch die Ebenbildlichkeit Gottes erworben hat, so muss man zunächst beschreiben, worin diese eigentlich besteht. Und wenn dieser Begriff der Gottesebenbildlichkeit schwierig ist, dann darf man nicht erwarten, dass sich die Antwort der Entstehung einfach gestaltet.

In einem kurzzeit-kreationistischen Kontext lautet die Antwort wieder einmal: „als Gott den Menschen so gemacht hat“, oder mit anderen Worten: „Wir wissen das auch nicht, aber plötzlich war der Mensch da und damit brauchen wir nicht weiter auf diese Frage einzugehen.“ Insofern ignoriert Junker diese Kritik für seine eigenen Vorstellungen und verschweigt, dass man auch in diesem Punkt um keinen Deut besser dran ist, wenn man die kurzzeit-kreationistische Denkweise zugrunde legt.

Wie ich oben schon betont habe, lässt sich das, was den Menschen ausmacht, nicht an Hand seiner körperlichen Merkmale charakterisieren. Daraus lässt sich zumindest schließen, dass der Körper nicht die Gottesebenbildlichkeit ausmacht. Wir sind also nicht Gottes Ebenbilder, weil wir aufrecht laufen oder zwei Augen haben oder in einem bestimmten Frequenzspektrum sehen können.

Bleibt die Frage, ob wir Gottes Ebenbilder sind, weil wir ein bestimmtes Verhalten an den Tag legen, z. B. liebevoll zu unseren Kindern sind oder materielle Dinge teilen können. Wir kommen damit dem Wesen Gottes auf die Spur, aber dasselbe Verhalten können auch Tiere zeigen, auch das charakterisiert den Menschen noch nicht als Menschen.

Wenn weder unser Aussehen noch unser Verhalten uns als Menschen charakterisieren, so bleibt nur das, was schon mehrfach unter dem Stichwort „Geist“ angeklungen ist. Es ist die Fähigkeit des Menschen, aus einer eigenen Überlegung heraus frei zu entscheiden, über sich und seine Umwelt zu reflektieren, ein Selbstbewusstsein zu haben und schließlich die Fähigkeit, Gott zu erkennen. All dies sind Fähigkeiten, die sich nicht an materiellen Definitionen festmachen lassen. Dies kennzeichnet einmal mehr die Unfähigkeit der Naturwissenschaft, den Begriff „Mensch“ ordentlich zu definieren.

Daraus folgt zunächst einmal, dass der Übergang Tier –> Mensch naturwissenschaftlich gar nicht messbar ist. Da ich den Begriff Mensch nur auf einer geistigen Ebene beschreiben kann, muss dieser Übergang ebenfalls auf einer geistigen Ebene vonstatten gegangen sein. Natürlich gibt es auch arteigene, also naturwissenschaftlich feststellbare Eigenarten des Menschen, wie eben seine Gehirngröße oder der aufrechte Gang oder der Gebrauch von Werkzeug. Aber inwieweit diese Eigenschaften mit der Eigenschaft Mensch zu sein im Zusammenhang stehen, ist zunächst eine offene Frage.

Dies liegt aber nicht an der Evolutionstheorie, sondern an der Theorie des Geistes. Solange man nicht in der Lage ist, so etwas wie einen Geist mit körperlichen oder naturwissenschaftlich messbaren Größen in Zusammenhang zu bringen, so lange bleibt der Übergang Tier –> Mensch ein Gegenstand, der aus Spekulationen heraus lebt.

Der nahe liegende Ansatz ist, dass die Entwicklung des Gehirns und die Ausgießung des Geistes in unmittelbarem Zusammenhang stehen, dass also der Mensch zum Menschen wurde, als das Gehirn die Kapazität bekam, einen Geist zu tragen. Aus dieser Vorstellung heraus hat sich das Konzept der „plötzlichen Beseelung“ entwickelt, mit der Gott einen Noch-nicht-Menschen durch Ausgießung des Geistes zu einem Menschen gemacht hat, ohne dass man irgendwelche körperlichen Änderungen hätte registrieren können.

Ein solches Konzept ist auf naturwissenschaftlichem Wege nicht entscheidbar, weil es per Konstruktion naturwissenschaftlich nicht messbar ist. Dasselbe gilt aber auch für andere Konzepte, wie zum Beispiel für das, wonach das Gehirn eines Menschen erst langsam lernt, mit dem bereitstehenden Geist zu kommunizieren, nach dem dieser Übergang also nicht einzeln und plötzlich geschieht, sondern allmählich und für alle Individuen, deren Gehirn dazu fähig ist. Auch ein solches Konzept ist naturwissenschaftlich möglich, aber nicht naturwissenschaftlich entscheidbar. Diese Frage ist also theologisch zu entscheiden oder auch philosophisch.

Ich persönlich finde das Konzept des plötzlichen Übergangs nicht wirklich plausibel, aber das ist mehr eine Frage des persönlichen Geschmacks und meiner Erfahrungen mit Gott. Ich habe immer wieder die Erfahrung gemacht, dass Gott zwar manchmal mit bemerkenswerter Geschwindigkeit handelt, dass sich aber im Allgemeinen die Dinge entwickeln und reifen. Gott lässt dem Menschen Zeit für seine Entscheidungen und passt sich seinem Entwicklungsstand an. Daher ist für mich ein allmählicher Anfang Gottes mit der Menschheit durchaus plausibel, der sich bei einem Adam über viele Jahre hingezogen hat.

Die Kritik Junkers geht hier also ins Leere, denn sein Kritikpunkt hat nichts mit dem theistisch-evolutionären Konzept zu tun, sondern ist ein grundsätzliches Problem der Naturwissenschaft. In der Naturwissenschaft können wir uns ausschließlich auf körperliche, messbare Dinge konzentrieren und daher wird der Übergang zwischen einem Lebewesen ohne Geist und einem Lebewesen mit Geist immer ein Problem bleiben.

7.4.8 Zusammenfassung

Im Rahmen der theistisch-evolutionären Vorstellung, die ich hier präsentiert habe, sind die Vorstellungen zum Menschenbild und zu Christologie und Erlösung den klassischen Vorstellungen in der Theologie sehr ähnlich.

Der Mensch ist zwar auch ein körperliches Wesen, aber eben nicht nur, er besitzt als nicht-naturwissenschaftlich messbare Komponente einen Geist. Christus kann demnach als ganz Mensch und ganz Gott eingestuft werden, weil er zwar auf der menschlichen Seite unsere körperliche Existenz, die Beschränkungen dieses Universums genauso durchgemacht hat, wie wir dies tun, aber in geistiger Hinsicht war er ganz Gott und hatte bis auf die Zeit seines Kreuzigungstodes die Verbindung zu Gott, die Gott für uns seit Beginn der Schöpfung vorgesehen hat.

Auch die Erlösung muss im Rahmen meines Konzeptes als ein Vorgang verstanden werden, der auf der geistigen Ebene vor sich geht. Das Universum, so wie wir es vorfinden hat nicht die Qualitäten, die eine ewige Existenz ermöglichen und kann damit nicht das Reich Gottes umfassen. Damit ist auch klar, dass es naturwissenschaftlich gar nicht möglich ist, so etwas wie ein Reich Gottes zu definieren.

Der Zielpunkt unserer Entwicklung liegt also jenseits dieses Universums, hat schon immer jenseits dieses Universums gelegen. Es ist die Verheißung der Bibel, dass das Universum als Übergangsstadium zu diesem Ziel einmal abgeschafft wird, aber wann dies der Fall sein wird, wissen wir nicht und werden es auch nie wissen.

Für die Menschen persönlich ist diese Frage auch höchst irrelevant, denn ihnen bleibt nur dieses Menschenleben, um den Wunsch zu entwickeln, Kontakt zu Gott aufzunehmen.

7.5 Das Gottesbild in der theistischen Evolution

Das letzte Thema, das im Rahmen von Junkers Kritik zu diskutieren ist, ist das Gottesbild. Junker wirft den theistisch-evolutionären Konzepten vor, ein Gottesbild zur Folge zu haben, das nicht mit dem Bild der Bibel übereinstimmt. Dabei sind diese Kritikpunkte im Wesentlichen eine Konsequenz aus den Vorstellungen von Sünde und Tod, die Junker entwirft. Mit dem Fundament, das ich bisher erarbeitet habe, lässt sich auch das Gottesbild begründen, das in der Bibel bezeugt wird.

7.5.1 Gottes Handeln in der Welt

In den theistisch-evolutionären Konzepten, die bisher angedacht worden sind, ist das Gottesbild sehr oft von der naturwissenschaftlichen Sicht der jeweiligen Autoren geprägt. Oft verschwindet Gott vollständig hinter der Beschreibung der naturwissenschaftlichen Prozesse. Dabei verbirgt sich in der Regel das Denken dahinter, dass die naturwissenschaftliche Beschreibung alles und jedes erfassen muss, was Teil der Realität ist. Auf diese Weise mutiert Gott zu einem Teil der Naturwissenschaft und die jeweiligen Autoren versuchen, Gott mit Hilfe der naturwissenschaftlichen Prozesse zu rekonstruieren.

Dass dieser Versuch fehlschlagen muss, habe ich schon in den Kapiteln 3.4 und 6.2 deutlich gemacht. Dabei sind es die naturwissenschaftlichen Gründe, die gegen den Erfolg eines solchen Versuches sprechen. Aber auch theologisch sind diese Versuche zweifelhaft. Gott wird in der Bibel an vielen Stellen als Herr über die Schöpfung beschrieben und das könnte nicht der Fall sein, wenn Gott eben durch dieselben Prozesse definiert wird. In meiner Sicht ist Gott der Urheber nicht nur des Universums an sich, sondern auch von jeder einzelnen Aktion, die bis heute in diesem Universum geschieht.

Am ähnlichsten zu dieser Sichtweise hat es Karl Heim ausgedrückt. Karl Heim lag die Versöhnung mit den Naturwissenschaften sehr am Herzen und er hat sein Lebenswerk an diesem Ziel orientiert. Interessanterweise bespricht auch Junker diese Sicht durchaus positiv, auch wenn er nicht darauf eingeht, warum er dann nicht auch die Konsequenzen von Heim und mir nachvollzieht, die auf eine Akzeptanz der naturwissenschaftlichen Ergebnisse hinauslaufen. Es ist interessant, diesen Punkt etwas deutlicher zu machen.

Das Weltbild von Karl Heim

In seiner Arbeit über das Verhältnis von Naturwissenschaft und Glaube ging es Karl Heim immer um eine Harmonisierung, ein Zusammen-Denken dieser beiden Richtungen. Karl Heim kämpfte sehr mit der mechanistischen Natursicht, die so gar keinen Platz für Gott zu lassen schien und kam in diesem Kampf auf einige bemerkenswerte Ideen.

Sein Hauptansatzpunkt war die Frage, wie Wunder denn zu verstehen sind. Wunder waren und sind für viele Autoren Durchbrechungen, Störungen der normalen, naturgesetzlichen Abläufe. Dahinter steht eben wieder dieses unsägliche Bild des Universums als Maschine, das nur hier und da von Gott sozusagen angehalten und in seinem normalen Gang gestört wird. Genau ein solches Bild war aber für Karl Heim nicht akzeptabel.

Für Heim hat das Universum aber überhaupt gar keine Eigengesetzlichkeit, nichts maschinenhaftes. Es ist allein Gott, der in jedem Augenblick das Universum in Gang hält. Die Objektivität, Wiederholbarkeit und Fassbarkeit natürlicher Vorgänge ist nichts, was dem Universum als Eigenschaft innewohnt, es ist etwas, was von Gott erzeugt wird, weil er das so will.

Damit sind Wunder keine Unterbrechungen eines natürlichen Ablaufes mehr, sondern Momente, in denen Gott einfach anders handelt als normalerweise. Diese Punkte sind naturwissenschaftlich nicht fassbar und allein der Souveränität Gottes unterworfen.

Man erkennt unschwer, dass die Position Karl Heims mit der Sicht, die ich hier präsentiert habe, übereinstimmt. Karl Heim gelangte zu dieser Überzeugung als Theologe, der die Naturwissenschaften kennenlernt, ich bin zu dieser Sichtweise gekommen als Naturwissenschaftler, der Theologie kennengelernt hat. Es ist eine Sicht, die beiden Seiten gerecht wird und dabei sowohl das regelhafte, naturwissenschaftlich fassbare Verhalten Gottes als auch sein wunderbares, unfassbares Verhalten zur Geltung kommen lässt.

Junker bespricht diese Weltsicht durchaus in einem positiven Ton, aber er zieht keine Konsequenzen daraus, weder positiv noch negativ. Offensichtlich genügt ihm die Feststellung, dass Wunder nach dieser Sicht nicht ausgeschlossen sind. Die Schöpfung ist nach seinem Denken ein solches nichtnaturwissenschaftlich fassbares Wunder und damit gut. Das reicht ihm, um sein gesamtes Konzept des Kurzzeit-Kreationismus zu fundieren.

Doch Heims Ansatz zu nennen reicht nicht aus. Karl Heim war Theologe und hat sich naturgemäß mit den theologischen Implikationen seines Denkens beschäftigt, aber er hat die genaue Beziehung zwischen Naturphänomenen und Wundern nicht spezifiziert. Nur wenn man diese Beziehung genauer beschreibt, ist man vor der Willkür kurzzeit-kreationistischen Modellierens gefeit, nur dann ist man in der Lage zu sagen, was mit Naturwissenschaft erreicht werden kann und was nicht. Hier will ich mit meinen Überlegungen die Sicht schärfen und von der naturwissenschaftlichen Seite diese Grenze präzisieren und so den Vorstellungen von Karl Heim stärkeren Rückhalt verschaffen.

Insofern muss man Junker den Vorwurf machen, dass er Heims Ansatz zwar verwendet und gutheißt, die naturwissenschaftliche Seite aber einfach verkümmern lässt. Dies mag auch daran liegen, dass es Karl Heim immer um eine Harmonisierung zwischen Naturwissenschaft und Glaube ging und er eher als Vertreter der theistischen Evolution bezeichnet werden kann. Als Begründung für seine Haltung würde Junker sicherlich seine biblische Interpretation anführen, aber wie ich bisher gezeigt habe, ist diese Interpretation durchaus von der Weltsicht abhängig – auch und gerade Junkers Interpretation. In meinen Vorstellungen spielen im Gegensatz dazu sowohl die Exegese eine Rolle als auch das Ernstnehmen der naturwissenschaftlichen Möglichkeiten und Methoden. Wie sich das auf das Bild des handelnden Gottes auswirkt, möchte ich im nächsten Punkt verdeutlichen.

Der grausame Gott

Einer der größten Kritikpunkte gegen die theistisch-evolutionäre Vorstellungen ist das Bild des grausamen Gottes. Ein solches Bild ist tatsächlich ein schwerer Hinderungsgrund für viele, überhaupt an Gott glauben zu können. In so gut wie jeder atheistischen Meinungsäußerung kommt das Argument vor: „An so einen grausamen Gott will ich gar nicht glauben." Wie wir gleich noch sehen werden, bezieht sich diese Äußerung aber nicht spezifisch auf theistisch-evolutionäre Vorstellungen, sondern ziemlich allgemein auf jede Vorstellung, die auf einem christlichen Gott nach biblischer Begründung beruht.

Es erhebt sich bei der Betrachtung dessen, was während der Evolution so alles geschehen ist, tatsächlich die Frage, ob Gott denn nicht grausam ist. Die Menschen haben seit jeher mit dieser Frage gekämpft und dabei höchst unterschiedliche Antworten gefunden. In der Antike wurde Gott – oder wurden die Götter – als so etwas wie überdimensionale Herrscher gesehen, bei denen es ganz normal war, dass sie Todesurteile verhängten und ihre Macht ausspielten. In der Zeit des Humanismus hat sich dieses Bild gewandelt und die Menschen glauben eher an den „lieben Gott" und wenn sie feststellen, dass er gar nicht so lieb ist, wollen sie ihn mit Nichtglauben strafen.

Ich möchte mich gegen die negativen Suggestionen des Bildes des grausamen Gottes wehren, indem ich die Leben spendende Kraft Gottes dagegen setze. Wie ich schon in Kapitel 7.3 erläutert habe, überwindet Gott jede Form des Todes und des Leides allein dadurch, dass er das Leben letztlich in sein Reich überführt und die einzige Form des Todes, die wirklich zu fürchten ist, ist die Abkopplung von Gott, ist die Trennung von der Quelle, die allein Leben erhalten kann.

Doch diese allgemeine Erkenntnis ist schwer begreiflich angesichts der Dinge, die in der Bibel von Gott berichtet sind. Wieso sollte Gott ganze Völker ausrotten dürfen, also auch Frauen, Kinder und Tiere, nur weil die führenden Männer diese Volkes Unrecht begangen haben Wieso verstockt Gott Menschen, nur um sein Strafgericht durchführen zu können?

Es sei betont, dass diese Fragen grundsätzlicher Natur sind und kein Problem einer theistisch-evolutionären Denkweise. Es hängt mit der Frage zusammen, ob wir das Handeln Gottes überhaupt verstehen. Ich kann darauf keine bessere oder schlechtere Antwort geben als die vielen Theologen, die es versucht haben. Mein Ansatz ist eigentlich ganz pragmatisch der, dass ich erkannt habe, dass Gott da ist und ich ihn einfach so akzeptieren muss, wie er ist, genauso wie die Naturwissenschaftler die Natur so akzeptieren müssen, wie sie eben ist.

Ein – möglicherweise schwacher – Versuch, Gottes Handeln zu verstehen, liegt in dem folgenden Gedanken: Gott darf ganze Völker ausrotten, weil der körperliche Tod eben gar kein Tod ist, die Tiere und auch der Mensch sind schon immer körperlich gestorben, weil sie ein Leben nach jenem körperlichen Tod erwartet. Gott hat die Physik nicht umgekrempelt, weil er so handelt, wie er es tut und schon immer genau so gehandelt hat. Gott ist derselbe in Vergangenheit, Gegenwart und Zukunft.

Natürlich hat sich mit dem Sündenfall etwas geändert. Die Menschen haben sich von der Leben spendenden Kraft abgekoppelt. Denn wenn man das Leben nicht mehr im Rücken hat, dann ist der Tod zu fürchten. Die Schuldigen, diejenigen, die Unrecht und Tod hervorrufen und hervorgerufen haben, die müssen Gottes Gericht fürchten und für die ist der körperliche Tod eventuell ein endgültiger. Und darum muss man die Aussagen der Bibel in vollem Umfang ernst nehmen, wenn sie uns warnt vor dem Tag des Gerichts. Diese Worte haben nichts an Schärfe eingebüßt.

Auf diese Weise erhält man also ein theistisch-evolutionäres Gottesbild, das nicht ohne Probleme ist, das aber einen Weg aufzeigt, wie man den liebenden Gott mit der Existenz des Bösen zusammen denken kann. Es bietet einen Ansatz, wie auch die Stellen in der Bibel verstanden werden können, die dem heute populären Bild des „lieben Gottes“ so große Schwierigkeiten machen.

7.5.2 Die Kritikpunkte Junkers

1) Fehlende Kennzeichen des Handelns Gottes

Die Kritik, die Junker den theistisch-evolutionären Entwürfen entgegenbringt, die ihren Fokus ausschließlich auf die naturwissenschaftlichen Prozesse legen, kann durch die folgenden Fragen ausgedrückt werden:

- Wodurch ist Gottes Handeln gekennzeichnet?
- Ist Gottes Handeln überhaupt denknotwendig?
- Worin besteht die Rolle Gottes?
- Wie steht es um die Souveränität Gottes?

Stellt man sich die Naturprozesse als selbstständig wirkende Aktionen vor, die maschinenhaft verlaufen und setzt man zusätzlich noch das Postulat, dass alles, was real ist, sich in solchen Prozessen beschreiben, begründen und fundieren lässt, dann sind diese Fragen nicht nur fundamental, sie führen zwangsläufig dazu, dass das Konzept „Gott" abgelehnt werden muss.

2) Der Kampf ums Dasein als Schöpfungsmethode

Junkers Kritik ist in diesem Punkt ziemlich einfach. Wenn die Evolution eine Schöpfungsmethode Gottes ist, dann erschafft Gott nur auf Kosten des Todes und des Leidens ungezählter Individuen und Arten (Aussterben). Ohne diesen „Ausschuss" hätte eine Evolution höher entwickelter Lebewesen gar nicht stattgefunden. Die Schöpfungsmethode Gottes hätte gewaltige Krisen und Katastrophen sowie einen erheblichen Verlust an biologischer Substanz in Kauf genommen. An die Auffassung, Gott habe sich dieser Mechanismen bedient, um die Schöpfungswerke hervorzubringen, ist daher die Konsequenz gekoppelt, dass die negativen Seiten der Schöpfung zum Wesen der „guten Schöpfung" Gottes gehören. Dies sieht Junker als fundamentalen Gegensatz zu dem, was die Bibel von Gott bezeugt.

3) Das Theodizee-Problem

Mit dem Theodizee-Problem ist eine Frage angesprochen, die die Menschen schon seit Jahrhunderten plagt. Die Frage ist ganz einfach, wie das Böse überhaupt zur Existenz gelangen konnte, wenn Gott ein liebender Gott ist und gleichzeitig allmächtig und allwissend ist. Schon die Kirchenväter haben sich darüber Gedanken gemacht und eine allgemein befriedigende Antwort darauf gibt es bis heute nicht, das Theodizee-Problem bleibt ungelöst.

Junker sieht dies ebenso, behauptet allerdings, dass die Theodizee-Frage im theistisch-evolutionären Kontext verschärft wird. Er formuliert dies folgendermaßen:

Junker, Kapitel 4.7.3: „*Wie kann an Gottes Gerechtigkeit und Gutheit festgehalten werden, wenn Gott Krankheit, Missbildung, Grausamkeit, Tod, Artentod, aber auch Sünde (als Nebenprodukt) eingesetzt hat, um die Lebewesen hervorzubringen? Dies hat weitreichende theologische Konsequenzen. Nach dem Zeugnis des neuen Testamentes stirbt Jesus für die Sünde der Menschen, nicht etwa dafür, eine fragwürdige Schöpfungsmethode Gottes zu einem letztlich guten Ziel zu bringen. ...*

Wenn Gott die Evolution gesteuert hat, dann ist er definitiv und ausschließlich der alleinverantwortliche Urheber des Übels. Hier wird die Theodizee Frage beantwortet: definitiv zu Ungunsten Gottes. Darin besteht die Unverträglichkeit der Evolutionslehre mit dem biblischen Zeugnis in dieser Sache.“

Junker sieht also in der Unlösbarkeit der Theodizee-Frage einen Vorteil, während er in dem theistisch-evolutionären Denken keinen Ausweg sieht als Gott das Zeichen „grausam“ anzuheften.

4) Evolution ist ein ineffizientes Mittel der Entwicklung

Dieser Kritikpunkt entsteht, wenn man annimmt, dass Gott einen Plan hat, ein Ziel erreichen will und seine Schöpfung auf dieses Ziel hin entwickelt. Erschafft Gott diese Zielvorstellung aus dem Nichts heraus gleich so, wie er es im Sinn hat, dann ist klar, dass das nur ein sehr mächtiger, allwissender Gott machen kann, denn von den menschlichen Konstruktionen weiß man zwar, dass sie ihren Zweck oft erfüllen, aber oft auch Nebenwirkungen haben, die die Menschen bei der Konstruktion eben nicht bedacht haben. Aber bei den Vorstellungen, die wir von Gott haben, erscheint es irgendwie falsch anzunehmen, dass Gott etwas bei seiner Schöpfung nicht bedacht hat.

Evolution als Weg der Schöpfung sieht aber nicht sehr zielgerichtet, sehr planmäßig aus. Da wird der Mensch erst entwickelt, nachdem das Experiment Dinosaurier durchgeführt und verworfen wurde. Da entsteht nicht gleich das perfekte Exemplar, sondern die Entwicklung geschieht ganz langsam über viele nicht perfekte Zwischenstufen. Das Ganze macht nicht den Eindruck eines Gottes, der sehr planmäßig und sehr zielgerichtet vor sich geht.

5) Evolution als Weg der Irrtümer

Eine weitere Kritik Junkers zum Gottesbild erwächst aus der Betonung der Irrtümer und des zufälligen Charakters, den die evolutionären Prozesse aufzuweisen scheinen. Wenn Gott durch Evolution erschafft, so erreicht er sein Ziel nur durch mehr als 99,9 % Irrtümer. Es wird eben nicht die fertige Form geschaffen, sondern ständig und immer wieder Zwischenformen, die irgendwie noch nicht das sind, worauf Gott hinaus will. Das Ganze verläuft auch nicht in irgendeiner erkennbaren Weise gradlinig, sondern schwankt zufällig in verschiedene Richtungen. Das Ganze ergibt das Bild eines Gottes, der nicht weiß, was er will oder der nicht die Macht hat, sein Ziel zu erreichen.

7.5.3 Antworten auf die Kritik Junkers

1) Fehlende Kennzeichen des Handelns Gottes

Der Kritikpunkt Junkers beruht wesentlich auf der Vorstellung eines maschinenartigen Ablaufs des Universums. Dass diese Vorstellung durch die naturwissenschaftliche Methodik nicht abgedeckt ist und dass das Postulat, dass alles was geschieht auch naturwissenschaftlich beschreibbar ist, schlicht und ergreifend falsch ist, das habe ich schon in Kapitel 3.4 erläutert. Ich sehe auch gar keine Notwendigkeit, dieses Denken und das Postulat zu retten. Nur wenn man mit einem atheistischen Ansatz an die Welt heran geht, wenn man also von dem Wunsch beseelt ist, Gott als solches als nicht denknotwendig zu postulieren, nur dann wird man in diese Vorstellungen zurückkehren wollen.

Karl Heims Ansatz und meiner ebenso gehen von der Existenz und dem Handeln Gottes als Grundlage aus. Alles ist Handeln Gottes, sowohl das, was man naturwissenschaftlich beschreiben kann als auch das, was man naturwissenschaftlich nicht erfassen kann. Insofern ist die Souveränität Gottes, sein umfassendes Handeln, seine zentrale, erhaltende Rolle gesichert. Was die Erkennbarkeit betrifft, die Junker kritisiert, so ist das normale Handeln Gottes für Menschen eben normal. Und wie das typisch ist bei Vorgängen, an die wir uns gewöhnt haben, sehen wir das Besondere dahinter gar nicht. Der Kritikpunkt Junkers rührt also eher daher, dass Junker etwas haben will, worauf er hinweist, um sagen zu können: „Seht her, das beweist, dass es Gott gibt“, während mein Ansatz umgekehrt ist. Weil ich Gott erkannt habe, kann ich sein Handeln in jedem Detail dieses Universums erkennen.

Die Sichtweise, dass Gott hinter jedem Vorgang steckt, den man beobachten kann, hat allerdings eine gewisse Unsicherheit zur Folge. Denn die regelhaften Prozesse sind für Menschen von zentraler Bedeutung, nur mit regelhaften Prozessen sind Menschen in der Lage, Sinn in ihre Umwelt zu bringen, nur mit regelhaften Prozessen sind Menschen in der Lage planvoll und intelligent zu handeln. Mit dem Denken von Karl Heim und mir wird aber diesen regelhaften Prozessen teilweise der Boden entzogen und sie werden der Willkür eines Gottes ausgeliefert. Eine solche Willkür verführt dazu, immer dann, wenn man etwas nicht versteht, Gottes Wirken zu postulieren, so wie das Junker in seinem Konzept auch durchaus tut.

Dabei ist es möglich, diesen Auswüchsen zu entkommen, wenn man die Naturwissenschaft nur in der richtigen Weise verwendet. Wenn Gott durch sein Handeln alle Prozesse des Universums in Gang hält, sowohl die naturwissenschaftlich beschreibbaren als auch die wunderbaren, dann bedeutet das eben auch, dass naturwissenschaftliche Modelle nichts anderes sind als Modelle von Gottes Verhalten. Auch wenn diese Modelle aus methodischen Gründen den methodischen Atheismus enthalten müssen, sind sie doch nichts anderes als die Beschreibung von Verhalten Gottes, so wie Gott sich eben verhalten will (nicht muss).

Das bedeutet, dass eine naturwissenschaftliche Beschreibung gar nicht etwas sein kann, was gegen Gott gerichtet ist, naturwissenschaftliche Beschreibungen sind lediglich Folgerungen aus Spuren, die Gott selber gelegt hat. Führen solche Spuren eben zu einer evolutionären Beschreibung, dann ist das genau das, was Gott mit den Spuren gewollt hat, die er selbst hinterlassen hat.

Denn auf die Spuren kommt es an. Hier liegt der wesentliche Unterschied zwischen der Schöpfung des Universums und einem beliebigen in der Bibel beschriebenen Wunder. Nehmen wir zum Beispiel das Laufen von Jesus auf dem Wasser. In den Evangelien wird davon berichtet und vom Grundsatz her ist es ohne weiteres möglich, dass Gott in der Person Jesu dieses Wunder tun konnte. Aber dieses Wunder hat keine messbaren Spuren hinterlassen. Es gibt keinerlei Daten, die wir heute messtechnisch erfassen können, die uns helfen dieses Ereignis zu beobachten und damit zu beschreiben. Es gibt auch keinen experimentellen Aufbau, der dieses Ereignis wiederholbar macht oder höchstens mit solchen Randbedingungen, deren Voraussetzung beim geschilderten Ereignis eher zweifelhaft sind, wie zum Beispiel der Möglichkeit über einen zugefrorenen See zu laufen.

Naturwissenschaftlich gesehen muss damit dieses Wunder ignoriert werden. Wir besitzen keine objektiven, wiederholbaren Fakten, also kann dieses Geschehen nicht in die naturwissenschaftlich benutzbare Datenmenge eingehen. Das sagt noch nichts über die Realität des Ereignisses aus, wohl aber über die naturwissenschaftliche Verwendbarkeit.

Anders sieht es bei der Entstehung des Universums, der Erde und des Lebens aus. Diese Vorgänge haben Spuren hinterlassen, sogar jede Menge Spuren, eine Fülle von Datenmaterial. Im Rahmen von Gottes normalem, heute immer noch beobachtbarem Verhalten sind diese Daten im Rahmen der Evolutionsmodellierung verstehbar und gut eingeordnet. Gott verhält sich heute so, dass dieses Modell passt und es gibt keinen Grund anzunehmen, er habe sich früher anders verhalten. Dazu kommt, dass das Bibelverständnis, das für Junker den entscheidenden Haken darstellt, genauso positiv und konsequent ist, wenn man die Evolutionsmodellierung als Tat Gottes ernst nimmt, wie wenn man mit unverstehbaren Wundern arbeitet.

Zusätzlich erreicht man auf diese Weise eine klare Zuordnung des Handelns Gottes. Wenn Gott sich naturwissenschaftlich überprüfbar verhält, dann haben wir das Recht und die Möglichkeit, mit der naturwissenschaftlichen Methodik daraus Schlüsse zu ziehen und unser Modell nach den Daten auszurichten, so wie die naturwissenschaftliche Methodik dies erfordert. Ein Rückgriff auf besondere Offenbarungen oder die Bibel ist in diesem Bereich weder notwendig noch gefordert.

Damit vermag man in der Naturwissenschaft das Handeln Gottes genauso zu erkennen, wie in den unverstehbaren individuellen Begegnungen und Ereignissen, die einen sonst immer in die Arme Gottes treiben. Man darf sich nicht wundern, wenn man einmal einem Wunder begegnet, aber man sollte immer und zu allen Zeiten misstrauisch sein gegenüber Menschen, die mit solchen Wundergeschichten eine große Aufmerksamkeit auf sich ziehen. Christen sind manchmal etwas anfällig in diesem Punkt, weil sie sehr schnell mit dem zustimmenden Jubel sind, wenn von Gottes Wundern die Rede ist. Aber Jesus selbst hat uns vor den Scharlatanen gewarnt, die letztlich nur ihr eigenes Interesse im Auge haben und arglose Menschen in die Irre führen wollen.

2) Der Kampf ums Dasein als Schöpfungsmethode

Sich der negativen Kraft des Bildes von Junker, dem Kampf ums Dasein als grausames Geschehen, zu entziehen, ist schwer. Das liegt nicht unbedingt daran, dass das Bild zutreffend wäre, sondern hauptsächlich daran, dass wir es von unserer Perspektive der gefallenen Schöpfung aus sehen. Weil wir den Kampf ums Dasein als belastend und negativ empfinden, weil wir Angst haben vor Leid und Tod, weil wir uns vor der Dunkelheit fürchten, die uns mit unserem Tod erwartet, deshalb hat der Begriff des Kampfes ums Dasein diese negative Kraft.

Aber mit welchem Recht bezeichnet Junker die ausgestorbenen Arten als „Ausschuss"? Wieso bezeichnet er es als Verlust an biologischer Substanz, wenn Individuen nicht zur Fortpflanzung kommen? Welche hässlichen und negativen Phänomene der Natur bezeichnet Junker als „negative Seite" der Schöpfung? Der Wortschatz, dessen sich Junker hier bedient, ist ein atheistischer Wortschatz. Er verwendet Bezeichnungen, die nur dann ins Spiel kommen, wenn man die Wirklichkeit Gottes ablehnt.

Denn Individuen oder Arten sind nur dann „Ausschuss", wenn man annimmt, dass der Sinn des Lebens eben die Fortpflanzung ist und wenn man annimmt, dass mit dem Tod eines Individuums oder einer ganzen Art, diese eben zu schlecht sind und irgendwie aussortiert werden müssten. Aber mit einem Gott, der Leben gibt, auch wenn der Körper stirbt, ist diese Sichtweise schlichtweg falsch. Ein Individuum das stirbt, geht nicht verloren, sondern kehrt in die Arme Gottes zurück. Eine Art, die ausstirbt, ist kein Ausschuss, sondern ein sinnvoller Zwischenschritt nach Gottes Willen. Lebewesen, die den Tod erfahren, um anderen Lebewesen zum Leben zu verhelfen – und sei es als Beute – ereilt nicht der Tod, sondern höchstens eine Verwandlung.

Hinter dem Szenario, das Junker entwickelt, steckt die Frage nach dem grausamen Gott, die ich oben schon angesprochen habe. Junker meint, diese Probleme nicht zu haben, weil er Gott und die Schöpfung als grundsätzlich gut ansieht und die Grausamkeiten der Evolution als Folge des Sündenfalls betrachtet. Aber natürlich ist der Vorwurf des grausamen Gottes auch in dem Bild enthalten, das die Kurzzeit-Kreationisten entwerfen. In der Bibel, und insbesondere im alten Testament und in der Offenbarung des Johannes, werden Dinge erzählt, die so gar nicht zu der Vorstellung eines liebenden Gottes passen. Gott ordnet die Ausrottung ganzer Völkerscharen an, in der Offenbarung des Johannes ist ein brutales und blutreiches Vorgehen gegen alle geschildert, die nicht diesem Gott angehören. Diese Stellen sind es, die Atheisten dazu bringen, von einem grausamen Gott zu reden und diese Stellen sind es auch, die den Christen heutzutage die meisten Probleme mit ihrem Gottesbild einbringen.

Junker argumentiert, dass diese Stellen nicht als Beleg dafür genommen werden dürfen, dass Gott grausam ist. In seiner Sichtweise ist Gott der liebende Gott und alle diese Auswüchse sind allein Folge der Sünde der Menschen und Ausdruck des Gerichtshandelns Gottes. Die Menschen sind also selber an diesen grausamen Taten Gottes schuld, sie haben sie verursacht, sie haben die gefallene Schöpfung herbeigeführt, die eigentlich eine guten Schöpfung ist. Die Grausamkeiten entsprechen einem Gerichtshandeln Gottes.

Junker überschätzt aber die Wirksamkeit seines Argumentes. Dass Gott gerecht ist und Ungerechtigkeit richtet, werden alle gerne hören, die schon Ungerechtigkeit erlebt haben. Aber ein Gerichtshandeln kann und wird nur dann als solches akzeptiert, wenn der Zusammenhang zwischen Tat und Gericht erkennbar ist. In der menschlichen Rechtssprache gibt es dafür auch den Begriff der Verhältnismäßigkeit. Und genau hier hapert es mit dem Gerichtshandeln Gottes, wie es im alten Testament und in der Offenbarung des Johannes geschildert wird.

Wieso führt Gott den Tod für alle Tierrassen ein, nur weil zwei Menschen ihm nicht gehorchten, wieso krempelt Gott die Physik eines gesamten Universums um, nur weil die Menschen gesündigt haben? Gerichtshandeln an sich ist akzeptabel, aber hier sind die Zusammenhänge so wenig erkennbar und verstehbar, dass diese Erklärung Junkers zum Bumerang wird und das Bild des grausamen Gottes noch deutlicher hervortritt. Letztlich müssen wir an diesen Punkten zugeben, dass wir den Grund für Gottes Handeln einfach nicht verstehen.

Das Argument mit dem Gerichtshandeln erweist sich damit als ein Bild, das nicht viel bringt und das das Bild des grausamen Gottes nicht zu verwischen vermag. Völlig unverständlich wird dieses Argument, wenn das Gerichtshandeln aufgrund der Sünde des Menschen an Tieren vollzogen wird. Was versteht eine Bakterie, ein Fisch oder ein Beutetier von diesem Gerichtshandeln? Gerade hier erweist sich das Gerichtsargument als unfähig, das Geschehen wirklich begreifbar oder auch nur akzeptabel zu machen. Dazu kommt, dass Gerichtshandeln in der Bibel eben immer nur Gericht an Menschen ist, es werden keine Tiere oder die Natur selber gerichtet.

Insofern ist die Kritik Junkers zwar sehr wohl eine Kritik an die Menschen, die an einen guten Gott glauben, aber nicht eine spezielle Kritik an das theistisch-evolutionäre Konzept. Die Antwort, die ich angedeutet habe, nämlich dass der Tod eben nicht grausam ist, wenn er lediglich einen Übergang in eine andere Welt darstellt, gilt natürlich auch für ein kurzzeitkreationistisches Konzept. Dies zeigt aber lediglich, dass die Frage, um die es hier geht, mit diesen Denkansätzen nicht viel zu tun hat.

3) Das Theodizee-Problem

Das Fundament, auf dem Junker seine Kritik in Bezug auf das Theodizee-Problem aufbaut, ist eine menschliche Bewertung von Naturprozessen, die hier in Form einer Behauptung hingestellt wird, ohne eine Begründung zu erfahren. Wie schon oben angesprochen, bezeichnet es Junker als Sünde oder Übel oder Böse oder nicht gottgemäß, wenn eine Bakterie eine andere absorbiert, wenn eine Maus zur Beute einer Katze wird, wenn Individuen aufgrund von Mutationen bei der Fortpflanzung benachteiligt werden, wenn sich Bakterien oder Viren auf Kosten eines Lebewesens vermehren und so weiter. All dies entspricht einer gewissen Tradition des letzten Jahrhunderts, wo auch und gerade Naturwissenschaftler sehr schnell dabei waren mit einer Bewertung, wo Wölfe als blutgierig abgestempelt wurden, wo Pflanzen und Tiere in Nützlinge und Schädlinge eingeteilt wurden, wo also von den Biologen selbst zu oft eine moralische Bewertung abgegeben wurde.

Dass dieses Fundament Junkers aber sehr zweifelhaft ist, habe ich schon angesprochen. Dazu kommt, dass dieses Fundament auch nach biblischem Zeugnis zweifelhaft ist. Am aussagekräftigsten ist hier das Buch Hiob. Auch Junker führt das Buch Hiob an, weil hier Gott auf die Anfrage und Anklage Hiobs, warum er denn Leid und Böses zulasse, in menschlich sehr unbefriedigender Weise antwortet. Gottes Antwort besteht darin, dass er auf die Großartigkeit der Natur verweist und Hiob fragt, wo er denn gewesen sei, als das alles geschaffen wurde. Er sagt: „Du musst und kannst gar nicht verstehen, wie das alles zustande gekommen ist, du musst lediglich akzeptieren, dass es von mir kommt." Junker betont diese offene Antwort Gottes ebenfalls und sieht in dem theistisch-evolutionären Konzept einen Widerspruch dazu, weil er dort Gott als Urheber all dieses Bösen zementiert sieht.

Was Junker aber nicht erwähnt ist die Art und Weise, wie Gott seine Antwort gestaltet. Hier ein paar Zitate, von denen es noch mehr im Buch Hiob gibt.

Hiob 38, 1-5: *„Und der HERR antwortete Hiob aus dem Wettersturm und sprach: Wer ist's, der den Ratschluss verdunkelt mit Worten ohne Verstand? Gürte deine Lenden wie ein Mann! Ich will dich fragen, lehre mich! Wo warst du, als ich die Erde gründete? Sage mir's, wenn du so klug bist! Weißt du, wer ihr das Maß gesetzt hat oder wer über sie die Richtschnur gezogen hat?"*

Hiob 38, 39-41: *„Kannst du der Löwin ihren Raub zu jagen geben und die jungen Löwen sättigen, wenn sie sich legen in ihren Höhlen und lauern in ihrem Versteck? Wer bereitet dem Raben die Speise, wenn seine Jungen zu Gott rufen und irrefliegen, weil sie nichts zu essen haben?"*

Hiob 39, 27-30: *„Fliegt der Adler auf deinen Befehl so hoch und baut sein Nest in der Höhe? Auf Felsen wohnt er und nächtigt auf Zacken der Felsen und steilen Klippen. Von dort schaut er aus nach Beute, und seine Augen sehen sie von ferne. Seine Jungen gieren nach Blut, und wo Erschlagene liegen, da ist er."*

In Gottes Antwort im Buch Hiob wird nämlich gerade die Schöpfung, werden gerade die Naturprozesse als Begründung für Gottes Macht aufgeführt und zwar nicht die idealisierten Vorstellungen Junkers der Vor-Sündenfall-Zeit. Es werden explizit die Raubtiere als Bilder benutzt, es werden explizit all die Vorgänge genannt, die Hiob aus seiner Erfahrung kannte. Es ist die Schöpfung wie sie heute zu sehen ist – in Junkers Augen die gefallene Schöpfung – die als Begründung des Geheimnisses Gottes herhalten muss. Dazu gehören auch all die Erscheinungen der Natur, die Junker als Folgen der Sünde sieht.

Das Buch Hiob betont also, dass es eben diese heute beobachtbaren Prozesse, dass es eben die Kreisläufe der Natur sind, die Gottes Werk darstellen.

Zu behaupten, dass diese Prozesse nur deswegen so passieren, weil wir gesündigt haben, weil wir Menschen etwas falsch gemacht haben, das bedeutet einen Rückfall in das Denken der Freunde Hiobs, denen im Buch Hiob aber eine deutliche Abfuhr erteilt wird. Dies bestätigt die theistisch-evolutionäre Denkweise, die ich bislang vorgestellt habe.

Auf der anderen Seite bleibt das Vorgehen Gottes ein Geheimnis. Es ist nun einmal Tatsache, dass wir Menschen von unserem Standpunkt aus die Prozesse teilweise negativ bewerten, insbesondere dann, wenn wir selber oder Freunde und Verwandte von Krankheit, Naturkatastrophen, Behinderungen oder Tod betroffen sind. Wir leiden darunter und übertragen dieses Leid auf das Geschehen, auch wenn es uns selber nicht betrifft. Spätestens dann kommt die Frage und Anklage an Gott, spätestens dann kommt das „Warum", das auch schon Hiob gefragt hat. Und genau dann trifft uns die Antwort Gottes, sein: „Das kannst Du doch gar nicht verstehen", mit voller Macht und bringt viele dazu, zu sagen: „Mit diesem Gott will ich nichts zu tun haben." Dies zeigt, dass die Theodizee- Frage ungelöst bleibt.

Und damit wird das Buch Hiob zu einem zweifachen Bumerang für die Interpretation Junkers. Es entlarvt Junkers Interpretation als falsches Denken von „aus Sünde folgt Gericht und jedes Gericht ist mit Sünde begründet" und es zeigt, wie gerade in der theistisch-evolutionären Interpretation, wie ich sie hier vorgestellt habe, das Theodizee-Problem auf die Fragen zurückgeführt wird, die in der Bibel als offen dargestellt werden.

Bleibt zum Schluss noch eine Antwort auf die Kritik Junkers, dass in der theistisch-evolutionären Konzeption Gott definitiv und ausschließlich der alleinverantwortliche Urheber allen Übels ist. Bei einem solchen Vorwurf kann ich nur mit den Achseln zucken. Es gefällt mir ja auch nicht, aber die Bibel und alle Erfahrungen der Menschen mit Gott bestätigen diese Aussage. Gott ist der Grund und die Ursache aller Geschehnisse und aller Ereignisse. Das ist ja gerade die Wurzel des Theodizee-Problems, wenn Gott nicht allmächtig wäre, wenn er einen gleich starken Gegenspieler hätte, dann gäbe es dieses Problem ja nicht. Insofern ist diese Kritik von Junker etwas unverständlich, wenn er der theistisch-evolutionären Denkweise eine biblische Selbstverständlichkeit negativ ankreidet, die in derselben Form und noch verstärkter Schärfe auch für die kurzzeit-kreationistische Denkweise gilt.

4) Evolution ist ein ineffizientes Mittel der Entwicklung

Der Kritikpunkt beruht auf dem Eindruck, dass Evolution ineffizient ist. Dieser Eindruck entsteht aber nur, wenn man indirekt annimmt, dass man über das Ziel, das Gott hat, Bescheid weiß. Aber dies wissen wir im Allgemeinen eben gerade nicht. Aus der Bibel wissen wir nur drei Dinge: Erstens wollte Gott das Chaos beseitigen und Ordnung schaffen, dann wollte er Menschen schaffen als Gegenüber und zum Dritten wissen wir, dass er seine Ziele auf jeden Fall erreicht. Mehr wird uns in der Bibel nicht über Gottes Motive mitgeteilt, an einigen Stellen ist sogar zu lesen, dass wir überhaupt nicht in der Lage sind, Gottes Ziele und den Sinn seines Handelns zu erfassen. Zu behaupten, es sei doch klar, dass Gott den Menschen auf dem kürzest möglichen Weg erschaffen wollte und dass der Rest der Schöpfung nur Beiwerk, Nebensächlichkeit sei, widerspricht geradezu grundlegenden biblischen Aussagen.

Da wir Gottes Absichten nicht kennen, ist es auch nicht möglich zu beurteilen, ob Evolution nun ein guter oder ein schlechter Weg zu diesem unbekannten Ziel ist. Die Menschen sind entstanden, aber war es unvermeidlich, dass es so lange gedauert hat oder nicht? Solange nicht alle Rahmenbedingungen bekannt sind, ist es pure Spekulation, darauf jetzt das Bild eines unfähigen Gottes aufzubauen. Eine solche Kritik lässt mehr über die Meinung zur Evolution erkennen als über die Fähigkeit, Gott zu erkennen. Die Kritik ist eine künstliche Kritik ohne Substanz.

Natürlich kann man sich auch auf der Seite der theistisch-evolutionären Interpretation zu Spekulationen hinreißen lassen. Gibt es eventuell Gründe, warum Gott diesen scheinbar langen Weg zur heutigen Zeit genommen hat? Nun, eine Möglichkeit wäre die Freude am Leben überhaupt. Gott ging es nicht darum, möglichst schnell Menschen herzustellen, sondern darum, Leben zu erschaffen. Die Variation, das Spielen mit den Möglichkeiten hat eine eigene Freude und vielleicht empfindet Gott genauso Freude daran, mit all diesen Variationen umzugehen.

Oder – ein anderer Ansatzpunkt ist die Überlegung, dass Konstruktion mehr Energie erfordert als Entwicklung. Wenn man Maschinen konstruiert und baut, dann erfolgt dies mit einem gewaltigen Aufgebot an Energie, bis das Endprodukt da steht. Entwickelt man aber eine Sache von einfachen Fällen bis hin zum fertigen Produkt in kleinen, simpel zu handhabenden Schritten, dann kostet das viel weniger Energie, Mühe und Anstrengung. In diesem Sinn kann die Evolution tatsächlich das effizienteste Mittel sein, um das Ziel, das Gott im Sinn hat, zu erreichen.

Doch letztlich sind diese Spekulationen müßig. Die einzige Möglichkeit wäre, Gott selber zu fragen und dafür gibt es aktuell keinen objektiv nachvollziehbaren Weg. Wer etwas gegen die Evolution hat, wird die Kritik von Junker freudig aufnehmen, wer die bewundernswerte Schönheit und Komplexität der evolutionären Prozesse erkennt, wird sich dem nicht anschließen können, sondern lediglich darüber staunen können, welche Leistung Gott hier vorgelegt hat. Wir Menschen sind auf jeden Fall noch weit davon entfernt, die ganze Größe Gottes beurteilen zu können.

5) Evolution als Weg der Irrtümer

Dieser Kritikpunkt Junkers beinhaltet zwei Aspekte, den Aspekt der Irrtümer und der Aspekt der Ziellosigkeit. Entsprechend dieser zwei Aspekte der Kritik gibt es auch zwei Antworten. Bei der Betonung der Irrtümer ist zu fragen, ob es denn Irrtümer waren, die da als Zwischenformen aufgetreten sind. Woher weiß man das? Waren denn Adam und Eva Irrtümer, nur weil sie bei Gott so kläglich versagten? Oder hat Gott sie nicht mit Absicht so erschaffen, dass sie die Möglichkeit zur Sünde hatten, hat Gott den Weg nicht von vornherein mit einkalkuliert?

Ähnlich sieht die Antwort auf den Irrtümer-Vorwurf aus. Der Prozess der Entwicklung, das Lernen ist ein wichtiger Aspekt bei Gott und genauso wie einzelne Menschen als Babys noch fast unbeschriebene Blätter sind und erst im Verlauf ihres Lebens lernen, genauso entwickelt sich die Natur im Allgemeinen und die Menschheit im Speziellen. Dazu zähle ich nicht nur die genetische, sondern auch die kulturelle und wissenschaftliche Entwicklung der Menschheit. In einer perfekten, ungebrochenen Beziehung zu Gott wäre diese Entwicklung ohne die dunklen Schatten vor sich gegangen, die uns heute immer noch bedrohen, aber die Möglichkeit des Beziehungsbruchs war von Gott mit in das ganze System einkalkuliert worden.

Insofern beruht der Vorwurf, dass Gott über die Evolution fast ausschließlich Irrtümer produziert auf einer etwas hochmütigen Einstellung zum heutigen Zustand der Welt. Nur weil wir heute existieren sieht man uns als Krone der Schöpfung an (mit einer gewissen Berechtigung) und alles, was vor uns kam als minderwertig (was nicht berechtigt ist). Die richtige Sichtweise ist aber, dass Gott an der Natur und an uns arbeitet wie ein Töpfer an dem arbeitet, was er erschafft (ein Bild, das auch in der Bibel an einigen Stellen gebraucht wird).

Wir müssen und können nicht davon ausgehen, dass der Prozess, den Gott begonnen hat, bereits beendet ist. Würde man den Irrtümer-Vorwurf daher ernst nehmen, so wäre festzustellen, dass auch wir heute Irrtümer sind. Das wäre auch durchaus biblisch so untermauert, denn die wahren Menschen, also das, worauf Gott hinarbeitet, wird nach biblischen Zeugnis erst dann entstehen, wenn die neue Erde und der neue Himmel geschaffen ist. Aber wir heute sind eben keine Irrtümer, sondern gewollte Lebewesen bei Gott und genauso sieht es mit den unzähligen Individuen und Arten aus, die früher existiert haben. Einzelnen Menschen mag diese Lebensbejahung Gottes wankelmütig vorkommen, aber dieses Attribut ist damit wirklich Ansichtssache.

Der zweite Aspekt des Irrtümer-Vorwurfs steckt in der Zufälligkeit der Evolutionsprozesse bzw. der Naturprozesse im Allgemeinen. Diese Zufälligkeit scheint zu implizieren, dass Gott kein Ziel hat, zumindest ist dieses Ziel nicht aus den Prozessen erkennbar. Also ist Gott wohl ein Ziel-loser Gott. Wie in den vergangenen Kapiteln einige Male betont, ist diese Zufälligkeit eine Konsequenz aus den Möglichkeiten, die sich Gott in den Abläufen der Natur gelassen hat und aus dem freien Willen Gottes, selbst zu entscheiden, welche Möglichkeiten er zu jedem Zeitpunkt real werden lässt. Gott ist Herr über seine Schöpfung, auch wenn der Mensch teilweise erkennen kann, wie er seine Schöpfung lenkt. Das einzige Mittel, das unter diesen Umständen für eine Beschreibung bleibt, ist das Mittel der Statistik. Es bleibt allerdings nicht bei der völligen Unwissenheit. Auch mit statistischen Mitteln lassen sich unter Umständen Vorhersagen über zukünftige Wege machen. Dies ist aber nicht immer möglich, sondern nur unter bestimmten Umständen und dann auch nur mit gewissen Unsicherheiten, aber es ist das Beste, was man in Anbetracht der von Gott erschaffenen Natur machen kann.

So ist es in den letzten Jahren populär geworden, über das weitere Voranschreiten der Evolution zu spekulieren und zu überlegen, wie das Leben auf der Erde wohl in mehreren Millionen oder gar Milliarden Jahren aussehen mag. Solche Spekulationen lassen sich in sehr beeindruckende, populäre Filme umwandeln, allerdings wird dem breiten Publikum im Allgemeinen verschwiegen, wie unsicher solche Vorhersagen sind.

Trotzdem zeigen diese Versuche, dass die Evolution am Ende vielleicht nicht ganz so zufällig ist, wie sie erscheint, aber so lange man Gott als Herrn anerkennt, wird man nicht erwarten können, dass die Unsicherheiten verschwinden, die in Gottes Handeln prinzipiell liegen. Insofern beruht der Vorwurf, den Junker macht, auf einer falschen Sichtweise von dem, was Naturwissenschaft tun kann.

Auch im Kurzzeit-Kreationismus hat man keine Ahnung, was Gott tut und wann er etwas tun will, nur möchte man sich dort zu der Konsequenz gezwungen sehen, jegliche naturwissenschaftliche Beschreibung und insbesondere das Mittel der Statistik aufzugeben. Und wenn eine naturwissenschaftliche Beschreibung akzeptiert wird, dann nur, wenn sie das Wort Zufall nicht enthält. Aber auch das ist gleichbedeutend mit der Ablehnung praktisch der gesamten Methoden der Naturwissenschaft. Dies zeigt, dass auch dieser letzte Kritikpunkt im Wesentlichen eine Kritik an der naturwissenschaftlichen Methodik ist und nicht an der theistisch-evolutionären Sichtweise.

7.5.4 Zusammenfassung

Junker sieht in den theistisch-evolutionären Entwürfen das Bild eines grausamen, ziellosen, ohnmächtigen Gottes verborgen. Allerdings beruht diese Sicht fast ausschließlich auf dem Verständnis vom Tod, das Junker entwickelt und auf der Sicht eines mechanischen Universums, das durch die Macht eines Wesens namens Zufall beherrscht wird.

Im Rahmen meiner Denkweise ist aber Gottes Herrschaft durchgehend lebensbejahend bis über den Tod hinaus. Die Zwischenstufen einer Evolution können also nicht mit den negativen Begriffen bezeichnet werden, die Junker verwendet. Gott hat jedes einzelne Individuum gewollt und jede einzelne Zwischenstufe geschaffen, auch wenn diese nicht alle weiter zur Fortpflanzung gekommen sind.

Auch das Thema Zufall habe ich schon mehrfach besprochen. Das, was uns zufällig erscheint, ist nur Ausdruck unserer Unfähigkeit, das Handeln Gottes in allen Einzelheiten festzulegen. Die Freiheit Gottes ist hier erkennbar und erlaubt uns nicht, an den Prozessen abzulesen, wo Gott hin will.

Als ungelöstes Problem bleibt das Theodizee-Problem, das aber nach übereinstimmender Interpretation aller theologischer Richtungen ungelöst bleibt. Die theistisch-evolutionäre Beschreibung verschärft dieses Problem nicht, bietet aber auch keine billige Handhabe, es vom Tisch zu wischen, wie dies manche theistisch-evolutionären Autoren versuchen. Wir als Menschen müssen lernen, mit dieser offenen Frage als offen umzugehen.

Mit diesem Kapitel sind die wesentlichen Kritikpunkte diskutiert, die Junker in seiner Doktorarbeit aufgeworfen hat. Die meisten dieser Punkte konnte ich mit meinem theistisch-evolutionären Ansatz entkräften, auch wenn einige offene Fragen übrig bleiben. Aber zum Einen bleiben diese Fragen auch in der kurzzeit-kreationistischen Sichtweise offen und zum Anderen ging es mir im Wesentlichen darum zu zeigen, dass eine strenge biblische Interpretation mit allen Gesichtspunkten, die einem gläubigen Christen wichtig sind, auch im Rahmen der theistisch-evolutionären Konzeption möglich ist.

Die theologische Diskussion ist damit nicht beendet, aber sie bekommt durch die Charakterisierung der Grenze zwischen Naturwissenschaft und Glaube eine Unterstützung aus der Naturwissenschaft, die den jahrhundertealten Konflikt in eine echte Partnerschaft übergehen lässt.

7.6 Literatur

Bücher

Junker, Reinhard, Leben durch Sterben?, Hänssler Verlag (1994)
Küng, Hans, Der Anfang aller Dinge, Piper Verlag München (2006)
von Sprockhoff, Harald, Naturwissenschaft und christlicher Glaube – ein Widerspruch?, Darmstadt (1992)
de Chardin, Teilhard, Der Mensch im Kosmos, dtv Verlag München (1981)
von Ditfurth, Hoimar, Wir sind nicht nur von dieser Welt, Hoffmann und Campe Verlag (1981)
Ebeling, Gerhard, Dogmatik des christlichen Glaubens Teil 1, Mohr Verlag Tübingen (1982)

Weblinks

Hinweis: Die hier aufgeführten Weblinks wurden von mir im Nov. 2006 geprüft. Web-Inhalte können sich aber kurzfristig ändern. Für die zitierten Inhalte kann ich also keine Haftung übernehmen.

Führende deutsche, kurzzeit-kreationistische Webseite: http://www.wort-und-wissen.de/

Webseite Reinhard Junkers, auf der viele seiner Kritikpunkte nachgelesen werden können: http://www.genesisnet.info/

8. Schlussbemerkungen

In diesem Buch habe ich systematisch versucht, die Verbindung zwischen der Welt der Naturwissenschaft und der Welt des Glaubens zu analysieren und klar zu machen, dass beide Sichtweisen ihre jeweilige Berechtigung, ihre Stärken, aber auch ihre Grenzen haben. Die Naturwissenschaft entspricht dem Versuch, das Universum, die Natur und auch uns selbst allein auf der Basis der Vernunft zu verstehen, zu beschreiben und letztlich zu kontrollieren. Die Erfolge, die die Menschheit bei diesem Versuch erzielt hat, veranlassen viele Menschen an die unbegrenzte Macht dieser Denkweise zu glauben. Das naturwissenschaftliche Modell der Entwicklung des Universums, der Entwicklung der Erde und der Entwicklung des Lebens ist sicherlich ein fulminanter Höhepunkt, der viele dazu treibt, Gott und alles Metaphysische für tot zu erklären.

Doch gleichzeitig ist die Naturwissenschaft auch erheblich bescheidener geworden. Die Begrenzung in der Physik in Form der Unschärferelation und die Beschränkung in der Mathematik durch Gödels Arbeit hinterlassen die ersten Spuren. Und auch gesellschaftlich sind die Folgen der Technik, der Anwendung der Naturwissenschaften, überall spürbar, positiv und negativ. Damit zeigt sich, dass die naturwissenschaftliche Sicht zwar eine sehr wichtige und möglicherweise führende Sicht unserer Welt ist, aber bei weitem keine vollständige. Viele und wichtige Aspekte unseres Seins lassen sich mit Naturwissenschaft prinzipiell nicht erfassen und zeigen, dass eine weltanschauliche und eine theologische Deutung unserer Welt notwendig und richtig ist.

Um ein Nebeneinander beider Sichtweisen möglich zu machen, ist es nötig, die Grenze zwischen den Bereichen zu verstehen und zu respektieren. Es ist falsch, wenn Naturwissenschaft sich anmaßt, weltanschauliche Aussagen mit derselben Objektivität und Neutralität machen zu wollen, wie sie dies korrekterweise bei naturwissenschaftlichen Fragestellungen tut. Es ist aber genauso falsch, wenn man aus einer Glaubenshaltung heraus die Ergebnisse naturwissenschaftlicher Modellbildung vorwegnimmt und die Methoden der Naturwissenschaft dabei außer Acht lässt.

Das Thema Evolution und Schöpfung ist dabei besonders geeignet, diese Aussage deutlich zu machen. In der Frage unserer Herkunft gerät man nur zu leicht von den naturwissenschaftlichen Ergebnissen zu weltanschaulichen Aussagen. Und vielleicht als Gegenreaktion auf diese Denkweise versucht der Kurzzeit-Kreationismus aus seinen Glaubensvorstellungen heraus die naturwissenschaftlichen Ergebnisse dogmatisch zu dominieren.

Ich habe versucht systematisch klarzumachen, dass die richtige Gegenreaktion auf die weltanschaulichen Übergriffe naturwissenschaftlichen Denkens das sorgfältige Auseinanderhalten der Fragestellung ist. Auf ihrem Gebiet ist die Naturwissenschaft mit ihren Ergebnissen zu respektieren und zu akzeptieren, doch die weltanschauliche Interpretation und Einordnung dieser Ergebnisse ist dadurch noch lange nicht festgelegt.

Gerade aus christlicher Sicht ist ein Nebeneinander christlicher Vorstellungen mit naturwissenschaftlichen Ergebnissen durchaus möglich und biblisch begründbar. Dazu muss man sich auf der einen Seite von einem naiven, scheinbar wörtlichen Verständnis des biblischen Textes lösen, man muss aber auch bereit sein, Gottes Wirken in den Abläufen der Natur zu sehen. Wie so oft gelingt ein solcher Schritt nur, wenn man sieht, dass Glaube nicht logisch begründbar und herleitbar ist, sondern auf der Voraussetzung der Existenz und des Handelns Gottes beruht.

Mit den Überlegungen, die ich in diesem Buch präsentiert habe, ist aber die Beziehung zwischen christlichem Glauben und naturwissenschaftlichen Denken nicht endgültig zementiert. Eine Beziehung lebt und muss sich auch in geänderten Umständen immer wieder bewähren. Eine solche Änderung ist in Form der Gehirnforschung und der Konsequenzen dieser Forschung für unsere Vorstellung von Geist und Denken bereits erkennbar. Während also die Frage unserer Herkunft in der Vergangenheit die Beziehung zwischen Naturwissenschaft und Glaube geprägt hat, wird die Frage, ob der Mensch einen Geist besitzt und wie dieser mit dem Körper interagiert die Frage sein, die die Beziehung in Zukunft prägen wird.

9. Stichwortverzeichnis

A

B

C

D

E

F

G

H

I

J

K

L

M

N

O

P

Q

R

S

T